Auer

Buchhaltung – Bilanzierung – Analyse

# Buchhaltung Bilanzierung Analyse

## Schritt für Schritt zu Bilanz, GuV und Kapitalflussrechnung

4., überarbeitete und erweiterte Auflage

von

Dr. Kurt V. Auer

Linde

Bibliografische Information Der Deutschen Bibliothek

Die Deutsche Bibliothek verzeichnet diese Publikation in der Deutschen Nationalbibliografie; detaillierte bibliografische Daten sind im Internet über http://dnb.ddb.de abrufbar.

*Prof. Dr. Kurt V. Auer, Universität Innsbruck*
*Institut für Betriebliche Finanzwirtschaft,*
*Universitätsstraße, 15, 6020 Innsbruck, Österreich*

ISBN 3-7073-0654-2

© LINDE VERLAG WIEN Ges.m.b.H., Wien 2005
1210 Wien, Scheydgasse 24, Tel.: 01 / 24 630
www.lindeverlag.at

Druck: Hans Jentzsch & Co. GmbH, 1210 Wien, Scheydgasse 31

# VORWORT/ZIELSETZUNG

An unsere Leserinnen und Leser,

Mit den Zahlen des Rechnungswesens können Sie während ihrer Ausbildung oder erst später in Ihrem Beruf in Berührung kommen. Hierbei mag bei Ihnen in der ersten Phase Ihres „Einstiegs" in das Rechnungswesen der Eindruck entstehen, dass das Zahlenwerk dieses Rechnungswesens schwer zu erfassen ist. Wir hoffen aber, dass wir Ihnen das Rechnungswesen mit diesem Buch einfach, verständlich und interessant vermitteln können.

*warum spielt das Rechnungswesen für Sie eine Rolle?*

Ziel des Buches ist es hierbei, Sie mit dem **Einzelabschluss** und dessen zentralen Instrumenten vertraut zu machen, dh mit **Bilanz**, **GuV (Erfolgsrechnung)** und **Kapitalflussrechnung**. Insbesondere sollen Sie in die Lage versetzt werden,

- die Bilanz, GuV und Kapitalflussrechnung einschließlich sämtlicher Buchungen **erstellen** zu können, sowie

- die in Bilanz, GuV und Kapitalflussrechnung gegebenen Informationen iS der **Analyse** richtig interpretieren und verwerten zu können.

Das Buch soll Ihnen somit nicht nur Detailwissen, sondern auch die **Zusammenhänge** zwischen Bilanz, GuV und Kapitalflussrechnung vermitteln. In der traditionellen Ausbildung wird oft noch die Behandlung von Detailproblemen in den Vordergrund gerückt, beispielsweise die detaillierte Verbuchung von Vorräten oder Pensionsrückstellungen. Hingegen tritt der gesamthafte, integrative Überblick eher in den Hintergrund.

*Ziel des Buches ist sowohl die Vermittlung von Detailwissen als auch des Gesamtzusammenhangs zwischen Bilanz, GuV und Kapitalflussrechnung*

Sie werden die einzelnen Buchungen eines Jahresabschlusses bzw die Detailprobleme aber nur dann richtig verstehen lernen, wenn Sie diese Buchungen/Detailprobleme in den Gesamtzusammenhang des Jahresabschlusses iS von Bilanz, GuV und Kapitalflussrechnung richtig einordnen können. Dementsprechend sollten Sie nicht nur die Buchungen und die Lösung von Detailproblemen kennen, sondern auch verstehen, wie sich die Buchungen/Detailprobleme auf die Struktur von Bilanz, GuV und Kapitalflussrechnung auswirken. Diese Abbildung sollten Sie immer vor dem Hintergrund sehen, dass die **Daten des Rechnungswesens nicht Selbstzweck** sind, **sondern** in vielfältiger Weise **für** die **Entscheidungsfindungen** in einem Unternehmen **herangezogen** werden. Die Frage der spezifischen Behandlung und Abbildung von Geschäftsfällen in **Bilanz**, **GuV** und **Kapitalflussrechnung** erlangt daher in der Praxis einen zentralen Stellenwert für die Steuerung von Unternehmen.

Um nun dieses Verständnis für das Rechnungswesen zu erreichen, beginnen wir dieses Buch mit allgemein gehaltenen, übergreifenden Ausführungen zum gesamten Rechnungswesen und behandeln diese Ausführungen in den folgenden

Abschnitten immer detaillierter. Um den **Gesamtzusammenhang** sicherzustellen, haben wir in Abschnitt G. eine zusammenhängende Fallstudie zu **Bilanz**, **GuV** und **Kapitalflussrechnung** angefügt, die auch Basis für das Fallbeispiel zur Jahresabschlussanalyse in Abschnitt H. ist. Da dieser Fallstudie immer dieselben Geschäftsfälle zugrunde gelegt werden, ist ein unmittelbarer Vergleich hinsichtlich der unterschiedlichen Funktionsweisen und Abbildungen dieser Instrumente möglich. Der Gesamtzusammenhang zwischen den einzelnen Instrumenten der Rechnungslegung wird auch dadurch verstärkt, als in den einzelnen Gliederungspunkten immer wesentliche Querverweise zu anderen Stellen des Buches angeführt sind.

Abb.: *Überblick über die Struktur des Buches*

| Abschnitt | | Zielsetzung |
|---|---|---|
| A. | Grundlagen der Buchhaltung und Rechnungslegung | Einführung, Überblick |
| B. | Instrumente des Jahresabschlusses | Detailwissen, Beispiele |
| C. | Behandlung einzelner Geschäfts-fälle in Bilanz und GuV | Detailwissen, Beispiele |
| D. | Abschlussbuchungen | Detailwissen, Beispiele |
| E. | Kapitalflussrechnung (Cashflow-Statement) | Überblick, Detailwissen, Beispiele |
| F. | Einnahmen-Ausgaben-Rechnung | Überblick, Detailwissen, Beispiele |
| G. | Zusammenhängende Fallstudie zu Bilanz, GuV, Kapitalflussrechnung | Fallstudie |
| H. | Analyse von Jahresabschlüssen | Detailwissen, Beispiele |
| I. | Bilanzpolitik | Detailwissen, Beispiele |
| J. | Anhang | begleitende Detailinformationen |
| K. | Glossar | Erklärung wichtiger Begriffe |

Obwohl dieses Buch auf die nationale Rechnungslegung betreffend den Einzelabschluss ausgerichtet ist, wurden wesentliche **Schnittpunkte** in das Buch aufgenommen:

*wichtige **Schnittpunkte** wurden in das Buch aufgenommen*

- Der **Schnittpunkt** zur **Analyse von Jahresabschlüssen**: Aufgrund dieser Analyse treffen die Zielgruppen des Jahresabschlusses ihre Entscheidungen. Beispielsweise neben den Unternehmen selbst vor allem die Banken im Rahmen von Kreditvergaben sowie die Investoren im Rahmen des Aktienkaufs bzw des Beteiligungserwerbs.
- Der **Schnittpunkt** zum **Konzernabschluss**: Der Konzernabschluss ergänzt den Einzelabschluss in jenen Fällen, in denen von einem Unternehmen eine Beteiligung erworben wird. Diese Ergänzung ist vor dem Hintergrund zu sehen, dass Beteiligungen im Konzernabschluss völlig anders ausgewiesen werden als im Einzelabschluss.
- Der **Schnittpunkt** zur **internationalen Rechnungslegung**: Kennzeichen der aktuellen Entwicklung ist der durch die zunehmende Globalisierung und internationale Finanzierungstätigkeit der Unternehmen ausgelöste Einfluss internationaler Rechnungslegungsstandards auch auf die Rechnungslegung österreichischer Unternehmen. Für die Anwender und Benützer von Jahresabschlüssen bedeutet dies, dass sie künftig noch weit mehr als bisher mit unterschiedlichen Bilanzierungs- und Bewertungsvorschriften konfrontiert werden. Dementsprechend haben wir zentrale Merkmale dieser internationalen Standards auch in diesem Buch angesprochen.

Die Inhalte des Lehrbuchs werden durch das **Arbeitsbuch** ergänzt und vertieft, in dem Sie **Kontrollfragen** zu den einzelnen Bereichen des Lehrbuchs sowie ergänzende und vertiefende **Übungsbeispiele mit Lösungen** finden. Lehrbuch und Arbeitsbuch bilden damit eine Einheit. Mit diesem Konzept hoffen wir, dass wir Ihnen neben Detailwissen auch den Gesamtzusammenhang des Rechnungswesens einschließlich wichtiger Schnittpunkte einfach, verständlich und interessant vermitteln können.

*das Lehrbuch wird durch das **Arbeitsbuch** mit **Kontrollfragen** und **Beispielen** ergänzt*

Schließlich möchte ich mich bei den Leser/inne/n für das Interesse an meinem Buch bedanken, ebenso bei all jenen Referent/inn/en, die das Buch in ihren Veranstaltungen eingesetzt und empfohlen haben. Dieses Interesse und diese Empfehlungen haben es ermöglicht, nunmehr eine 4. Auflage zu veröffentlichen, die für Aktualisierungen, Überarbeitungen und Erweiterungen des Lehrstoffs genutzt wurde.

Kurt Vinzenz Auer

Dr. Auer & Partner Consulting

Hinweis: Ein Teil der Beispiele des Arbeitsbuches wurde mit Genehmigung der Dr. Auer & Partner Consulting abgedruckt, bei der auch das Copyright verbleibt.

# INHALTSÜBERSICHT Seite

Das **ARBEITSBUCH** ergänzt und vertieft das **Lehrbuch**.
Arbeitsbuch und Lehrbuch bilden daher eine Einheit.

# INHALTSVERZEICHNIS

Das **ARBEITSBUCH** ergänzt und vertieft das **Lehrbuch**.
Arbeitsbuch und Lehrbuch bilden daher eine Einheit.

# ABKÜRZUNGSVERZEICHNIS

| | |
|---|---|
| A | Aktiva, auch: Gewinn |
| AB | Anfangsbestand |
| Abb | Abbildung |
| Abs | Absatz |
| Abschn | Abschnitt |
| abzgl | abzüglich |
| ADR | American Depositary Receipt |
| AfA | Absetzung für Abnutzung |
| AG | Aktiengesellschaft |
| AK | Anschaffungskosten |
| AktG | Aktiengesetz |
| allg | allgemein(e) |
| Anm | Anmerkung |
| ao | außerordentlich |
| AR | abnormale Rendite |
| aRAP | aktiver Rechnungsabgrenzungsposten |
| Aufl | Auflage |
| AV | Anlagevermögen |
| BAB | Betriebsabrechnungsbogen |
| BAO | Bundesabgabenordnung |
| Bd | Band |
| B/G-Ausstatt | Betriebs- und Geschäftsausstattung |
| BÜB | Betriebsüberleitungsbogen |
| betr | betreffend; auch betrieblich(e)(er) |
| BW | Buchwert |
| BewG | Bewertungsgesetz |
| BMV | betriebliche Mitarbeitervorsorge |
| bzw | beziehungsweise |
| ca | cirka |
| CF | Cashflow |
| CFS | Cashflow-Statement |
| DB | Dienstgeberbeitrag |
| Def | Definition |
| DGA | Dienstgeberanteil |
| dh | das heißt |
| dHGB | deutsches Handelsgesetzbuch |
| DZ | Zuschlag zum Dienstgeberbeitrag |
| E | Erwartungswert |
| EA | Einzelabschluss |

| | |
|---|---|
| EB | Endbestand |
| EBIT | earnings before interest and taxes |
| EBITDA | earnings before interest, taxes, depreciation and amortization |
| EBK | Eröffnungsbilanzkonto |
| EGT | Ergebnis der gewöhnlichen Geschäftstätigkeit |
| einschl | einschließlich |
| EK | Eigenkapital |
| EKR | Eigenkapitalrentabilität/ Eigenkapitalrendite; auch Einheitskontenrahmen |
| EPS | Earnings per share (Gewinn je Aktie) |
| Erl | Erläuterung |
| ESt | Einkommensteuer |
| EStG | Einkommensteuergesetz |
| EStR | Einkommensteuerrichtlinie(n) |
| EU | Europäische Union |
| EuE | Einkommen und Ertrag |
| EVA | Economic Value Added |
| exkl | exklusive |
| f | folgend |
| ff | folgende |
| FA | Finanzamt |
| FCF | Free Cashflow |
| FIFO | First in first out |
| FK | Fremdkapital |
| FKZ | Fremdkapitalzins |
| Forts | Fortsetzung |
| FW | Fremdwährung |
| gem | gemäß |
| ggf | gegebenenfalls |
| GJ | Geschäftsjahr(e) |
| GK | Gesamtkapital/gesamtes Kapital |
| GKR | Gesamtkapitalrentabilität/ Gesamtkapitalrendite |
| GKV | Gesamtkostenverfahren |
| GL | Grundlagen |
| GmbH | Gesellschaft mit beschränkter Haftung |
| GoB | Grundsätze ordnungsmäßiger Buchführung bzw Bilanzierung und Bewertung |

| | | | | |
|---|---|---|---|---|
| GuV | Gewinn- und Verlustrechnung | | MA | Minderheitenanteil(e) |
| GW | Goodwill | | MEK | Materialeinzelkosten |
| | | | MGK | Materialgemeinkosten |
| HGB | Handelsgesetzbuch | | MU | Mutterunternehmen |
| HIFO | Highest in first out | | MW | Marktwert(e) |
| HK | Herstellungskosten | | MWSt | Mehrwertsteuer |
| hM | herrschende Meinung | | | |
| hrsg | herausgegeben | | na | nicht verfügbar |
| Hrsg | Herausgeber | | NOPAT | net operating profit after taxes |
| HW | Handelsware(n) | | NWP | Niederstwertprinzip |
| | | | NYSE | New York Stock Exchange |
| iA | im Allgemeinen | | | |
| IAS | International Accounting Standard(s) | | ÖFG | Österreichisches Fachgutachten der Kammer der Wirtschaftstreuhänder |
| IASB | International Accounting Standards Board | | OHG | Offene Handelsgesellschaft |
| idR | in der Regel | | oJ | ohne Jahresangabe |
| idS | in dem Sinne/in diesem Sinne | | | |
| ieS | im engeren Sinn(e) | | P | Passiva, auch: Aktienkurs |
| IFB | Investitionsfreibetrag | | PEK | Personaleinzelkosten |
| IFRS | International Financial Reporting Standard | | PGK | Personalgemeinkosten |
| | | | Pkt | Punkt |
| inkl | inklusive | | pRAP | passiver Rechnungsabgrenzungsposten |
| insb | insbesondere | | | |
| IOSCO | International Organisation of Securities Commissions | | RAP | Rechnungsabgrenzungsposten |
| iS | im Sinne | | RHB | Roh-, Hilfs- und Betriebsstoffe |
| iSd | im Sinne der | | RL | Rechnungslegung |
| iSv | im Sinne von | | RLZ | Restlaufzeit |
| iVm | in Verbindung mit | | Rn | Randnummer |
| iW | im Wesentlichen | | ROA | Return on Assets |
| IWP | Institut der österreichischen Wirtschaftsprüfer | | ROE | Return on Equity |
| | | | ROI | Return on Investment |
| iwS | im weiteren Sinn(e) | | RBW | Restbuchwert |
| | | | RSt | Rückstellung(en) |
| JA | Jahresabschluss | | RW | Rechnungswesen |
| JÜ | Jahresüberschuss | | Rz | Randzahl |
| | | | | |
| KA | Konzernabschluss | | S | Satz |
| KESt | Kapitalertragsteuer | | SB | Spezifische(r) Bereich(e) |
| KFR | Kapitalflussrechnung | | SBK | Schlussbilanzkonto |
| KG | Kommanditgesellschaft | | SEC | Securities and Exchange Commission |
| KommSt | Kommunalsteuer | | | |
| KonzAG | Konzernabschlussgesetz | | SFr | Schweizer Franken |
| KÖSt | Körperschaftsteuer | | sog | so genannt(e)(r) |
| KStG | Körperschaftsteuergesetz | | sonst | sonstige(r) |
| kurzfr | kurzfristig | | SV | Sozialversicherung |
| | | | | |
| langfr | langfristig | | t | Zeitperiode |
| LIFO | Last in first out | | TU | Tochterunternehmen |
| LL | Lieferungen und Leistungen | | | |
| LM | Liquide Mittel | | U | Umsatz |
| lt | laut | | ua | unter anderem(n) |

| | |
|---|---|
| UKV | Umsatzkostenverfahren |
| US-GAAP | US Generally Accepted Accounting Principles |
| USt | Umsatzsteuer |
| UStG | Umsatzsteuergesetz |
| UV | Umlaufvermögen |
| | |
| v | von |
| Vbdl | Verbindlichkeit(en) |
| Vdg | Veränderung |
| vgl | vergleiche |
| vs | versus |
| VSt | Vorsteuer |
| | |
| WACC | weighted average cost of capital |
| WB | Wertberichtigung(en) |
| WES | Wareneinsatz |
| WPK | Wirtschaftsprüferkammer |
| WTK | Kammer der Wirtschaftstreuhänder |
| | |
| Z | Ziffer |
| zB | zum Beispiel |
| zzgl | zuzüglich |

# TIPPS FÜR DAS ARBEITEN MIT DEM BUCH

Damit Sie einen **möglichst großen Nutzen** aus diesem Buch ziehen können, sollten Sie die **folgenden Ratschläge** berücksichtigen:

**Abschnitt A.** ist als **übergreifender Abschnitt** zu verstehen, der in verschiedene thematische Bereiche einführt und diese iS eines gesamthaften Überblicks darstellt. Da die hierbei angesprochenen Themen erst in nachfolgenden Abschnitten des Buches näher erklärt und diskutiert werden, empfehlen wir Ihnen, diesen Abschnitt nach Durcharbeiten des ganzen Buches noch einmal zu lesen, um den Gesamtzusammenhang zu festigen.

*Abschnitt A. bietet einen Gesamtzusammenhang*

Wichtig für das Verständnis und die Umsetzung der Rechnungslegung und Buchhaltung in der Praxis ist neben dem Detailwissen vor allem die Kenntnis über den **Gesamtzusammenhang** zwischen den einzelnen Instrumenten des Jahresabschlusses. Um dieses Verständnis zu fördern, möchten wir Sie auf **zwei Hilfestellungen des Buches** hinweisen:

*Querverweise sowie eine durchgehende Fallstudie fördern die integrative Sichtweise*

- In den Ausführungen der einzelnen Gliederungspunkte des Buches finden Sie regelmäßig mit „→" gekennzeichnete **Hinweise auf andere Stellen des Buches**, die für das Verständnis des behandelten Problems und/oder des Gesamtzusammenhangs wichtig sind. Wir empfehlen Ihnen daher, diesen Querverweisen bei Bedarf nachzugehen. Das am Ende des Lehrbuchs angefügte **Stichwortverzeichnis** erleichtert Ihnen das Auffinden der jeweiligen Begriffe.

- Um den **Gesamtzusammenhang** weiter zu verstärken, haben wir in Abschnitt G. eine zusammenhängende, integrative **Fallstudie** zur **Bilanz, GuV** und zur **Kapitalflussrechnung** angefügt. Da in dieser Fallstudie für die Erstellung der Bilanz, der GuV und der Kapitalflussrechnung immer dieselben Geschäftsfälle zugrunde gelegt werden, wird die unterschiedliche Funktion und die unterschiedliche Abbildung der Geschäftsfälle in Bilanz, GuV und Kapitalflussrechnung unmittelbar ersichtlich. Auch das Fallbeispiel zur **Jahresabschlussanalyse** in Abschnitt H. baut auf dieser Fallstudie auf und fördert damit den angestrebten Gesamtzusammenhang.

Die vor allem in Abschnitt C. angeführten **Buchungssätze** betreffend die Geschäftsfälle eines Unternehmens weisen strukturmäßig die folgende **Reihenfolge** auf: „Kontoname, Kontonummer, Betrag". Nehmen wir zB den folgenden Buchungssatz:

*Struktur der Buchungssätze*

| Bank (28..) *10.000* | / | Forderungen aus LL (20..) *10.000* |

In diesem Fall steht auf der Sollseite das Konto „Bank", das der Kontengruppe „28" zugeordnet ist. Auf dieses Bankkonto geht ein Betrag von € 10.000 ein.

*im **Arbeitsbuch** finden Sie **Kontrollfragen***

Die Inhalte des Lehrbuchs werden durch das Arbeitsbuch ergänzt und vertieft. Lehrbuch und Arbeitsbuch bilden damit eine Einheit. In diesem Arbeitsbuch finden Sie **Kontrollfragen** zu den einzelnen Bereichen des Lehrbuchs. Um das Ausarbeiten der Lösungen zu den Kontrollfragen zu erleichtern, sind die Stellen des Buches, auf die sich die Fragen beziehen, vermerkt.

*im **Arbeitsbuch** finden Sie **Übungsbeispiele***

Vor allem finden Sie im Arbeitsbuch aber **Übungsbeispiele**, welche Ihnen die Erarbeitung und Vertiefung des im Lehrbuch aufbereiteten Stoffes erleichtern sollen.

Mit diesen Tipps würde ich mir wünschen, dass Ihnen die Erarbeitung des Stoffes Spaß macht.

Kurt Vinzenz Auer

Dr. Auer & Partner Consulting

# A. GRUNDLAGEN DER BUCHHALTUNG UND RECHNUNGSLEGUNG

| | |
|---|---|
| **Lernziele:** | Der folgende Abschnitt gibt einen Überblick über das Rechnungswesen als solches. Behandelt werden die Ziele und Aufgaben des Rechnungswesens. Darüber hinaus werden der Stellenwert der externen Rechnungen (Finanzbuchhaltung) und internen Rechnungen (Erlös- und Kostenrechnung) sowie zentrale Begriffe der Buchhaltung (wie der doppelten Buchhaltung) diskutiert. |

# 1. ZIELE UND AUFGABEN DES RECHNUNGSWESENS

**Hinweis**: Entsprechend der Zielsetzung dieses Kapitels werden iS einer integrativen, überblicksmäßigen Sichtweise verschiedene Begriffe des Rechnungswesens angesprochen, die zum Teil erst in nachfolgenden Bereichen des Buches näher erläutert werden. Die für das Verständnis notwendigen Querverweise sind aber jeweils angeführt.

## 1.a. Warum brauchen wir ein Rechnungswesen?

Betrachten wir die Aktivitäten eines Unternehmens im Zeitablauf, so können diese als ein dynamischer, integrativer Prozess von Zielsetzung und Realisierung charakterisiert werden. Zu diesem Prozess tragen mehrere Bausteine bei:

*Zielsystem, Managementsystem und Leistungs- sowie Finanzprozess sind die zentralen Bausteine der Unternehmensaktivitäten*

- Das Handeln von Unternehmen richtet sich am **Zielsystem** unter Berücksichtigung der Umweltbedingungen aus. Diese Ziele können sowohl quantitativer, als auch qualitativer Natur sein. Zu den **quantitativen Zielen** zählen vor allem das *Liquiditätsziel* (Erhaltung der Zahlungsfähigkeit) sowie das *Erfolgs- und Rentabilitätsziel* (Erzielung von Gewinnen und einer entsprechenden Rentabilität betr das im Unternehmen eingesetzte Kapital), wobei das Liquiditätsziel als Grundvoraussetzung für das Bestehen eines Unternehmens anzusehen ist. Im Rahmen der **qualitativen Ziele** ist zB die soziale Verantwortung eines Unternehmens gegenüber seinen Mitarbeitern und seiner Umwelt zu erwähnen.
- Das **Managementsystem** trägt dazu bei, dass die Unternehmensprozesse iS der gesetzten Ziele in Gang gesetzt und in ihrem Ablauf koordiniert werden.

Leistungsprozess:
⇒ Beschaffung
⇒ Produktion
⇒ Absatz

Finanzprozess:
⇒ Investitionen
⇒ Verkauf

- Der **Leistungsprozess** umfasst die Leistungserstellung sowie den Absatz dieser Leistungen auf dem Markt, dh also:
  - die Beschaffung von Produktionsmitteln,
  - die Produktion/Leistungserstellung (zB der Produkte und Dienstleistungen) sowie
  - der Absatz der Produkte und/oder Dienstleistungen.
- Der **Finanzprozess** läuft spiegelbildlich zum Leistungsprozess ab und umfasst folgende Aktivitäten:
  - Kapitalbindung (zB die Investitionen in Grundstücke, Gebäude, Maschinen und Beteiligungen),
  - Kapitalfreisetzung iS von Desinvestition (zB der Verkauf von Beteiligungen),
  - Kapitalzuführung (Aufnahme von Eigen- und Fremdkapital) sowie
  - Kapitalabfluss (vor allem die Rückzahlung von Fremdkapital).

Abb: *Zielsystem und Unternehmensprozess*

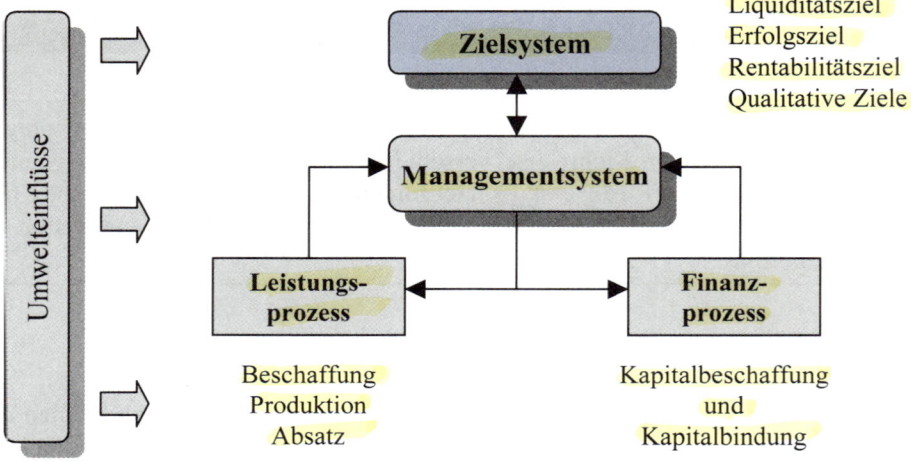

*das **Rechnungswesen** erfasst und **bildet** die **Veränderung** von Unternehmen ab*

Aufgrund der im Rahmen dieser Aktivitäten getroffenen Entscheidungen und deren Realisation kommt es zu einer **permanenten Veränderung** der ökonomischen, unternehmensrelevanten Daten. Da diese veränderten Rahmenbedingungen wiederum die Basis für die Formulierung neuer Strategien sowie die Basis für die Überarbeitung bereits bestehender Strategien darstellen, müssen diese Veränderungen in den Unternehmen adäquat **erfasst** und **aufbereitet** werden. Diese **Funktion** übernimmt das **betriebliche Rechnungswesen**, indem es

- die leistungs- und finanzwirtschaftlichen Sachverhalte in einem Unternehmen **dokumentiert**,
- die **rechnerische Fundierung** unternehmenspolitischer **Entscheidungen** liefert (zB Daten zur Sicherung der Liquidität und Rentabilität des Unternehmens) sowie

- zur extern-orientierten **Rechenschaftslegung** gegenüber jenen externen Adressatengruppen beiträgt, welche ein Interesse an der wirtschaftlichen Entwicklung bzw dem Wohlergehen eines Unternehmens haben.

Zu diesen **externen Adressatengruppen** zählen die Eigentümer/Gesellschafter (Aktionäre), Kreditgeber, Lieferanten, Kunden, Mitarbeiter, Konkurrenten, Steuerbehörden und die Öffentlichkeit. Wobei diese **einzelnen** externen **Adressatengruppen** aber unterschiedliche Informationswünsche an ein Unternehmen herantragen:

*die einzelnen Adressatengruppen haben unterschiedliche Informationsinteressen*

- Die **Eigentümer/Gesellschafter/Aktionäre** wollen sich mit den im Jahresabschluss gegebenen Informationen vor allem einen Überblick über die Rentabilität ihres Investments verschaffen.
- Die **Kreditgeber** und **Lieferanten** sind vor allem an Informationen hinsichtlich der Abschätzung eines möglichen Ausfallrisikos ihrer Kredite/Forderungen interessiert. Im Mittelpunkt steht bei diesen Gruppen somit die Frage, ob ein Unternehmen seinen Zahlungsverpflichtungen (jederzeit) nachkommen kann oder nicht.
- Die **Kunden** sind besonders daran interessiert, inwieweit ein Unternehmen die Versorgung seiner Umwelt mit Gütern und Dienstleistungen auch in Zukunft sicherstellen kann.
- Das Interesse der **Arbeitnehmer** fokussiert sich vor allem auf die Frage des Erhalts bzw der zukünftigen Sicherung ihres Arbeitsplatzes.
- Der Informationsbedarf der übrigen Zielgruppen ist unterschiedlich: Die **Steuerbehörde** ist primär an der Höhe der Bemessungsgrundlage „Gewinn" für die Besteuerung interessiert. Die **Konkurrenten** sind an Informationen über das Unternehmen im Rahmen des Benchmarkings interessiert (zB der Vergleich der →Rentabilität eines Konkurrenzunternehmens mit der des eigenen Unternehmens). Die **Öffentlichkeit** kann zB an Fragen betreffend die Einhaltung von Umweltstandards durch das Unternehmen im Rahmen der Produktion interessiert sein.

**Hinweis**: Siehe zu diesen Fragen die →**Analyse** von Jahresabschlüssen mittels Kennzahlen.

Abb: *Externe Adressaten eines Jahresabschlusses*

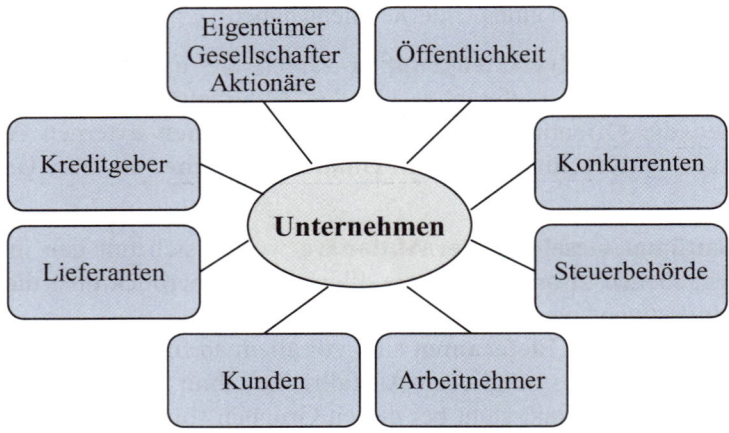

*das Rechnungswesen richtet sich an **interne** und **externe** Gruppen und ist sowohl eine **Dokumentations-** als auch eine **Planungsrechnung***

Aus diesen Aufgaben und Erwartungen können wir bereits **2 Eigenschaften** des Rechnungswesens ableiten:

- Das Rechnungswesen richtet sich sowohl an **unternehmensinterne** als auch an **unternehmensexterne Adressatengruppen**.
- Das Rechnungswesen ist sowohl vergangenheitsorientiert iS einer **Dokumentationsrechnung** als auch auf die Zukunft iS einer **Planungsrechnung** ausgerichtet.

Die zentralen **Instrumente** für die Berichterstattung gegenüber diesen unternehmensinternen und unternehmensexternen Adressaten sowie für die retrospektive und prospektive Abbildung sind der externe (handelsrechtliche) Jahresabschluss und die internen Rechnungen (vor allem die Leistungs- und Kostenrechnung). Die nachfolgenden Ausführungen werden allerdings noch zeigen, dass zwischen dem handelsrechtlichen Abschluss und der internen Rechnung sehr enge Beziehungen bestehen können.

*die **Instrumente** des Jahresabschlusses können sowohl **retrospektiv** als auch **prospektiv** eingesetzt werden*

> **Hinweis:** Wir werden zwar im Rahmen der →Analyse noch sehen, dass der extern offen gelegte **Jahresabschluss** idR nur Entwicklungen der Vergangenheit aufzeigt und damit retrospektiv ausgerichtet ist, doch werden die Instrumente dieses externen Jahresabschlusses zumindest intern idR auch in die Zukunft und damit prospektiv angewandt, beispielsweise im Rahmen von **Plan-Bilanzen** und **Plan-Erfolgsrechnungen**. Die sich oft findende Kritik hinsichtlich der Vergangenheitsorientierung des externen Jahresabschlusses kann sich damit nicht auf das Instrument „Jahresabschluss" beziehen. Diese Kritik betrifft nur die Frage der Offenlegung von Informationen/der Transparenz gegenüber externen Adressatengruppen (wie Banken).

## 1.b. Überblick über die Funktionen und Instrumente des Rechnungswesens

### 1.b.1. Funktionen des Rechnungswesens

Was sind nun aber mögliche **Informationswünsche**, die die einzelnen Adressaten-gruppen an die Rechnungslegung stellen, beispielsweise die **externen Gruppen**? Einige dieser Informationswünsche haben wir bereits im vorangegangenen Punkt angesprochen. Stellen Sie sich nun dazu vor, Sie überlegen, Aktien eines bestimmten Unternehmens zu kaufen. Oder Sie sollen entscheiden, ob Ihre Bank einem Unternehmen einen Kredit geben soll. Oder Sie überlegen, ob Sie als Lieferant mit einem Unternehmen Geschäftsbeziehungen aufnehmen sollen. In vielen solcher Fälle wird der Geschäftsbericht bzw der (externe) Jahresabschluss die einzige Quelle sein, die Ihnen Informationen über dieses Unternehmen liefert und damit als Basis für Ihre Entscheidung dienen kann.

*idR ist der **Jahresabschluss die einzige Informations-quelle**, die Investoren, Banken oder Lieferanten über ein Unternehmen zur Verfügung steht*

> **Hinweis**: Vereinfachend werden in diesem Buch die beiden Begriffe „Jah-resabschluss" und „Geschäftsbericht" synonym angewandt. Streng genom-men umfasst der eigentliche **Jahresabschluss** bei →Kapitalgesellschaften aber idR nur Bilanz, GuV, Anhang sowie Informationen des Lageberichts. Von börsennotierten Unternehmen muss im Rahmen der erstmaligen Notie-rung zusätzlich noch eine Kapitalflussrechnung offen gelegt werden. Im **Ge-schäftsbericht** werden über den Jahresabschluss hinaus jedoch noch weitere Informationen gegeben, ua über die Art der Geschäftstätigkeit eines Unter-nehmens, das Management, die Produkte und Produktgruppen sowie das für das Unternehmen relevante konjunkturelle Umfeld.

Die obigen Beispiele zeigen bereits, dass die Interessenlagen, welche Informatio-nen im Jahresabschluss offen gelegt werden sollen, naturgemäß sehr unterschied-lich sind. Trotz unterschiedlicher Gewichtungen lässt sich ein gemeinsamer Nenner aber dadurch finden, dass die angesprochenen Gruppen an der Vermögenslage eines Unternehmens, dessen Zahlungsfähigkeit sowie an der Frage interessiert sind, wie profitabel dieses Unternehmen arbeitet. Diese **Dreiteilung der Informations-wünsche** bildet auch die zentrale Aufgabe eines Jahresabschlusses, nämlich den Adressatengruppen eines Unternehmens ein möglichst getreues Bild von dessen **Vermögens-, Finanz- und Ertragslage** zu vermitteln. Man bezeichnet dies auch als die **Generalnorm (true and fair view)**.

*der Jahresabschluss soll die Vermögens-, Finanz- und Ertragslage eines Unter-nehmens vermitteln (**true and fair view**)*

> Nach der **Generalnorm** (dem **true and fair view**) soll ein Jahresab-schluss den Adressaten einen möglichst getreuen Einblick in die Ver-mögens-, Finanz- und Ertragslage eines Unternehmens vermitteln.

> Es ist aber zu beachten, dass im HGB bei Kapitalgesellschaften von der Ver-mittlung eines möglichst getreuen Bildes der Vermögens-, Finanz- und Er-tragslage eines Unternehmens, bei Personengesellschaften hingegen nur von der Vermittlung eines möglichst getreuen Bildes der Vermögens- und Ertrags-lage gesprochen wird (§§ 195 und 222 Abs 2 HGB).

*Vermögens - Finanz - und Ertragslage = Generalnorm*

*die Vermittlung des **true and fair view** kann im HGB aufgrund der Steuerbemessungs- und Ausschüttungsbemessungsfunktion **beeinträchtigt** sein*

Im HGB kann die Erfüllung dieser Generalnorm jedoch aufgrund der unterschiedlichen Funktionen des Jahresabschlusses beeinträchtigt sein.

 So kommt nach **HGB** dem **Einzelabschluss** neben der **Informationsfunktion** auch eine **Steuerbemessungsfunktion** sowie eine **Ausschüttungsbemessungsfunktion** zu.

Abb: *Funktionen des handelsrechtlichen Jahresabschlusses*

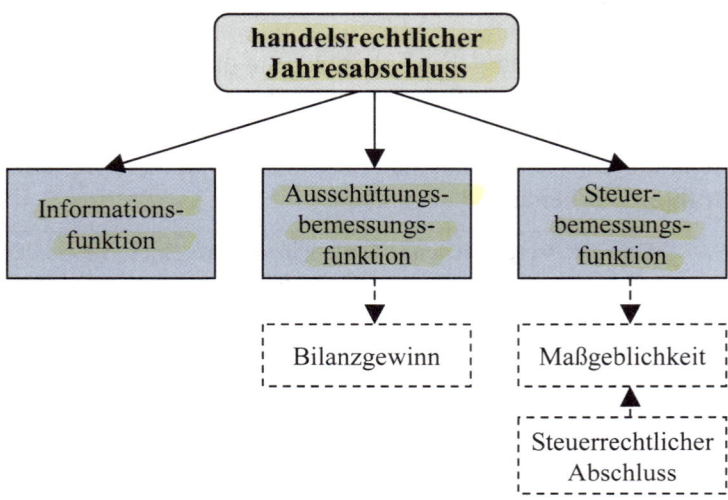

Die beiden letztgenannten Aufgaben bedeuten, dass die Höhe der im Jahresabschluss ausgewiesenen Ergebnisse (Gewinne) die Grundlage sind für die Berechnung

- der Höhe der von einem Unternehmen zu zahlenden Steuern (**Steuerbemessungsfunktion**), sowie
- die Höhe der von einem Unternehmen an die Aktionäre zu zahlenden Dividenden (**Ausschüttungsbemessungsfunktion**).

Was versteht man nun aber unter dieser Steuer- und Ausschüttungsbemessungsfunktion?

## ► Steuerbemessungsfunktion

*über die **Steuerbemessungsfunktion** wird die Höhe der von einem Unternehmen **zu zahlenden Steuern** ermittelt*

Beginnen wir vorerst mit der **Steuerbemessungsfunktion**. Hierbei ist vorauszuschicken, dass es in Österreich zwei zentrale Regelungen für die Ermittlung des Gewinns eines Unternehmens gibt: Die Ermittlung des **Gewinns nach Handelsrecht (HGB**; der „eigentliche" Jahresabschluss) sowie die Ermittlung des **Gewinns nach Steuerrecht (EStG)**; wobei für die Höhe der an die Steuerbehörde (das Finanzamt) zu zahlenden Steuern vom Einkommen und vom Ertrag der Gewinn nach Steuerrecht (EStG) ausschlaggebend ist. Die Steuerzahlungen eines Unternehmens sind dabei umso höher, je höher dieser nach Steuerrecht ermittelte Gewinn ist.

Steuerbemessungs funktion
berechnet die Höhe
d. zu zahlenden Steuern

Zentral für den Stellenwert bzw die Auswirkungen der Steuerbemessungsfunktion ist nun die Frage, inwieweit es zu Abweichungen zwischen dem handels- und dem steuerrechtlich ermittelten Gewinn kommt. Dieses Verhältnis und damit auch allfällige Abweichungen zwischen dem handels- und dem steuerrechtlich ermittelten Gewinn drücken sich über die sog **Maßgeblichkeit** aus.

*die **Maßgeblichkeit** beschreibt das Verhältnis von handels- zu steuerrechtlicher Rechnungslegung*

In Österreich gilt gem § 5 EStG für im Firmenbuch eingetragene (protokollierte) Gewerbetreibende (§ 23 EStG) die sog **Maßgeblichkeit der Handelsbilanz für die Steuerbilanz**. Nach dieser Maßgeblichkeit sind für die steuerliche Gewinnermittlung von Unternehmen die handelsrechtlichen Grundsätze ordnungsmäßiger Buchführung maßgebend, außer zwingende gesetzliche Vorschriften sehen abweichende Regelungen vor.

Je weniger Abweichungen es zwischen der handelsrechtlichen (dh dem „eigentlichen" Jahresabschluss) und der steuerrechtlichen Rechnungslegung nun gibt, desto mehr schlagen sich die handelsrechtlichen Regelungen auf die Höhe der zu zahlenden Steuern durch und desto weniger Korrekturen sind in der sog →**Mehr-Weniger-Rechnung** zu machen. In dieser Mehr-Weniger-Rechnung wird der handelsrechtlich ermittelte Gewinn auf den allenfalls davon abweichend ermittelten Gewinn gemäß den steuerrechtlichen Vorschriften übergeleitet.

**Hinweis**: Siehe dazu die **Ausführungen** und die **Beispiele** zur →**Mehr-Weniger-Rechnung** in Abschnitt D.

Handels- und steuerrechtlicher Gewinn weichen dadurch in der Höhe voneinander ab. Da in Österreich die Maßgeblichkeit (weitgehend) gilt, tritt hier der Stellenwert der Mehr-Weniger-Rechnung in den Hintergrund. Somit bestimmen auch die handelsrechtlichen Vorschriften weitgehend die Höhe der zu zahlenden Steuern.

Vereinfachend gilt somit grundsätzlich, dass ein **hoher** (niedriger) **Gewinn** im handelsrechtlichen Jahresabschluss auch zu **hohen** (niedrigen) **Steuerzahlungen** führt. Außer es sind im Rahmen der Mehr-Weniger-Rechnung Korrekturen vorzunehmen.

Als Konsequenz werden die Unternehmen nun aber versuchen, den im handelsrechtlichen Jahresabschluss ermittelten Gewinn möglichst niedrig zu halten, um die Steuerzahlungen zu optimieren. Allerdings sinkt damit einhergehend die Eignung des handelsrechtlich ermittelten Gewinns als Indikator für die tatsächliche Ertragskraft eines Unternehmens. Womit auch der Informationsgehalt des Jahresabschlusses reduziert wird.

## ▶ Ausschüttungsbemessungsfunktion

*die **Ausschüttungsbemes-**
**sungsfunktion** wird durch
die **Kapitalerhaltungsfunk-**
**tion** eingeschränkt*

Kommen wir nun zur zweiten Funktion des Jahresabschlusses: der **Ausschüttungsbemessungsfunktion**. Zentral für diese Ausschüttungsbemessungsfunktion ist die Höhe des im Jahresabschluss ausgewiesenen Gewinns. Je höher dieser Gewinn ist, desto höher ist grundsätzlich die für die Ausschüttung (Dividenden) an die Aktionäre zur Verfügung stehende Summe.

Eingeschränkt wird dieser Zusammenhang jedoch durch die **Ausschüttungssperrfunktion**, welche die Erhaltung des Kapitals sicherstellen soll (**Kapitalerhaltungsfunktion**). Zu dieser Kapitalerhaltungsfunktion tragen im HGB im Einzelabschluss mehrere **Bestimmungen** bei:

- Nur der nach Bildung und Auflösung von Rücklagen verbleibende Betrag (der sog **Bilanzgewinn**) ist **ausschüttungsfähig** (→Ergebnisverwendung).
- Bei Kapitalgesellschaften die Verpflichtung zur **Bildung einer gesetzlichen Rücklage**, welche den Haftungsrahmen erhöht. Die Auflösung dieser Rücklage ist zudem nur in besonderen Fällen möglich (→Eigenkapital, Kapitalgesellschaften).
- In bestimmten Fällen besteht eine **Ausschüttungssperre** für jene Erträge, die als nicht realisiert angesehen werden. Beispielsweise im Falle der Aktivierung →latenter Steuern.
- Gestärkt wird die Kapitalerhaltung schließlich durch Bewertungsprinzipien wie das **Anschaffungskostenprinzip** (→Bewertungsmaßstäbe) sowie die **strenge Auslegung des →Realisationsprinzips**.

Da aber die Steuer- und Ausschüttungsbemessungsfunktion - wie wir noch sehen werden - zu einer stärkeren Betonung des Vorsichtsprinzips im Jahresabschluss bzw zu einem Einfluss steuerpolitisch motivierter Überlegungen in diesen führt, laufen diese beiden Funktionen in ihrer Zielsetzung dem true and fair view entgegen.

*iS der **Abkoppelungsthese**
sind bei Verletzung des true
and fair view im **Anhang**
**ergänzende Angaben** zu
machen*

So ist es nach **HGB** auch möglich, dass Einzelnormen die Generalnorm außer Kraft setzen. Wird durch die Befolgung der Einzelnormen der true and fair view verletzt, müssen jedoch im Anhang die erforderlichen ergänzenden Angaben gemacht werden. Man spricht in diesem Zusammenhang von der sog **Abkoppelungsthese**.

## 1.b.2. Instrumente des Rechnungswesens

Trotz der im obigen Punkt aufgezeigten Einschränkungen des Informationsgehalts des Jahresabschlusses stellt sich die Frage, mit welchen Instrumenten der true and fair view gegenüber den Jahresabschlussadressaten grundsätzlich zu vermitteln ist. Bei den Instrumenten des Rechnungswesens müssen wir vorab zwischen **externen** (Bilanz, GuV, Kapitalflussrechnung) und **internen Instrumenten** (Leistungs- und Kostenrechnung, Wirtschaftlichkeitsrechnung für die Beurteilung von Investitionen) unterscheiden. Wobei jedoch auch die externen Instrumente intern von den Unternehmen genutzt werden. Ein Unterschied ergibt sich aber insofern, als intern mehr Informationen zur Verfügung stehen, als extern idR in aggregierter/verdichteter Form weitergegeben werden.

> **Hinweis**: Diese „**aggregierte/verdichtete Form**" kann man sich beispielsweise so vorstellen: **Intern** stehen dem Management Informationen nicht nur darüber zur Verfügung, wie hoch der Gewinn des gesamten Unternehmens ist, sondern auch Informationen darüber, wie hoch der Gewinn der einzelnen Produkte, Produktgruppen und Sparten ist. **Extern** wird den Adressatengruppen der Gewinn iS der Aggregation aber idR nur auf der obersten Ebene und damit nur für das gesamte Unternehmen offen gelegt. Die externen Adressatengruppen wissen somit idR nicht, wie hoch der Gewinn der einzelnen Produkte, Produktgruppen und/oder Sparten ist. Im internationalen Kontext werden von börsennotierten Unternehmen aber auch solche Informationen offen gelegt.

Bezüglich der „externen Instrumente" wurde bereits einleitend erwähnt, dass der Jahresabschluss gem der Generalnorm bei Kapitalgesellschaften die Vermögenslage, Finanzlage und die Ertragslage eines Unternehmens vermitteln soll. Dafür werden mehrere Instrumente benötigt:

*für die **Vermittlung des true and fair view** tragen **Bilanz** (Vermögenslage und Finanzierungsstruktur), **KFR** (Finanzlage) und **GuV** (Ertragslage) bei*

- Für die Vermittlung der **Vermögenslage** und der **Finanzierungsstruktur** benötigen wir eine Bilanz:

   Die **Bilanz** bildet das Vermögen sowie das Eigen- und Fremdkapital eines Unternehmens zu einem bestimmten Stichtag (dem Bilanzstichtag) ab. Man spricht daher bei der Bilanz auch von einer **Bestandsgrößenrechnung** bzw einer **statischen Rechnung**.

  *Bilanz = Bestandsgrößenrechnung*

- Für die Vermittlung der **Ertragslage** benötigen wir eine GuV:

  In der **GuV (Erfolgsrechnung)** werden die Erträge und die Aufwendungen eines Unternehmens für eine bestimmte Rechnungsperiode (einem Geschäftsjahr) einander gegenübergestellt und daraus abgeleitet der Erfolg eines Unternehmens ermittelt. Die GuV ist damit eine **Stromgrößenrechnung** bzw eine **dynamische Rechnung** und ergänzt die statische Bilanzrechnung.

  *GuV (Gewinn + Verlust) Erfolgsrechnung*

- Und schließlich benötigen wir für die Vermittlung der **Finanzlage** neben der Bilanz eine Kapitalflussrechnung (ein Cashflow-Statement):

  In der **Kapitalflussrechnung** (dem **Cashflow-Statement**) werden die Einzahlungen und Auszahlungen eines Unternehmens für eine bestimmte Rechnungslegungsperiode einander gegenübergestellt und daraus abgeleitet die Veränderung der Finanzlage eines Unternehmens dargestellt. Die Kapitalflussrechnung ist damit eine **Stromgrößenrechnung**.

Diese Bilanz und GuV werden wir in Abschnitt B., die Kapitalflussrechnung in Abschnitt E. noch ausführlich diskutieren.

Abb: *Vermittlung des true and fair view im externen Jahresabschluss*

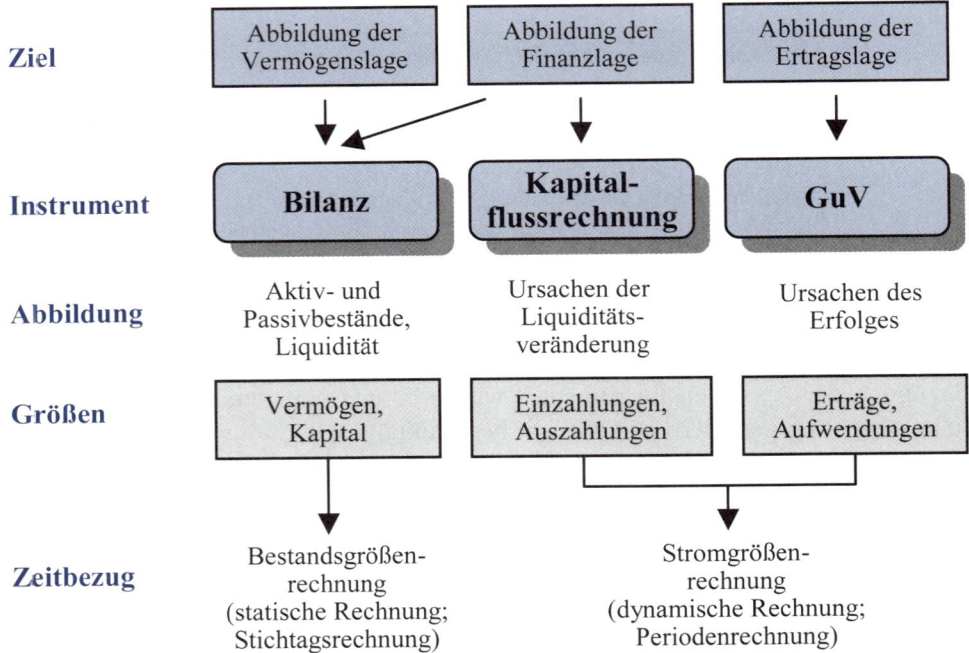

| | Abbildung der Vermögenslage | Abbildung der Finanzlage | Abbildung der Ertragslage |
|---|---|---|---|
| **Ziel** | | | |
| **Instrument** | **Bilanz** | **Kapital-flussrechnung** | **GuV** |
| **Abbildung** | Aktiv- und Passivbestände, Liquidität | Ursachen der Liquiditäts-veränderung | Ursachen des Erfolges |
| **Größen** | Vermögen, Kapital | Einzahlungen, Auszahlungen | Erträge, Aufwendungen |
| **Zeitbezug** | Bestandsgrößen-rechnung (statische Rechnung; Stichtagsrechnung) | Stromgrößen-rechnung (dynamische Rechnung; Periodenrechnung) | |

*Bilanz, GuV und KFR bilden ein und dasselbe Unternehmen auf Basis **unterschiedlicher Größen** ab*

Wir ersehen aus den obigen Definitionen und der Abbildung auch, dass Bilanz, GuV und Kapitalflussrechnung für die Abbildung der Unternehmenstätigkeit unterschiedliche Größen verwenden. Ein Aspekt, auf den wir im Laufe dieses Buches immer wieder zu sprechen kommen werden. Zu diesen Größen zählen:

- →Erträge und Aufwendungen,
- →Einzahlungen und Auszahlungen sowie
- →Vermögen, Eigen- und Fremdkapital.

*über die Bilanz, GuV und KFR erhält man **unterschiedliche „Bilder" ein und desselben Unternehmens***

Was genau nun diese Größen ausdrücken, werden wir in einem anderen Teil des Buches noch ausführlich diskutieren. Warum die Kenntnis über diese Größen und deren Unterschiede so wichtig ist, muss jedoch bereits jetzt aufgezeigt werden: Über diese Größen wird **ein und dasselbe Unternehmen unterschiedlich abgebildet**:

- *Erträge und Aufwendungen* werden für die Abbildung des Unternehmenserfolges in der (externen) Erfolgsrechnung (GuV) herangezogen,
- *Ein- und Auszahlungen* liegen der Abbildung der Liquiditätssituation in der Kapitalflussrechnung (der Finanzrechnung) zugrunde,
- *Vermögen, Eigen- und Fremdkapital* wiederum dienen dem Ausweis der Vermögens- und Finanzierungsstruktur in der Bilanz.

*die **unterschiedlichen Bilder** eines Unternehmens sind **gleichwertig**, da sie **unterschiedlichen Zwecken** dienen*

Je nachdem, welches Instrument des Jahresabschlusses wir betrachten, werden wir daher **unterschiedliche Bilder** eines Unternehmens erhalten. Hierbei ist es wichtig zu sehen, dass diese unterschiedlichen **Bilder gleichwertig** sind, da sie jeweils unterschiedlichen Informationszwecken dienen: Die Bilanz dient der Vermittlung

Bilanz vermittelt Vermögenslage
GuV vermittelt Ertragslage
Kapitalflussrechnung vermittelt Finanzlage

der Vermögenslage, die GuV der Vermittlung der Ertragslage und die Kapitalfluss-rechnung der Vermittlung der Finanzlage.

Hinzuweisen ist jedoch darauf, dass sich der Jahresabschluss je nach Rechtsform aus unterschiedlichen Instrumenten zusammensetzt (siehe auch die →**Abbildung**):

*die **Bestandteile des Jahresabschlusses** variieren je nach Rechtsform*

- **Einzelunternehmen** und **Personengesellschaften**: Der Jahresabschluss besteht aus Bilanz und GuV.
- **Kleine Kapitalgesellschaften**: Der Jahresabschluss besteht aus Bilanz, GuV und Anhang.
- **Mittelgroße und große Kapitalgesellschaften**: Der Jahresabschluss besteht aus Bilanz, GuV, Anhang und Lagebericht (→Kapitalgesellschaften, Größen-klassen).
- **Börsennotierte Unternehmen**: Der Jahresabschluss besteht aus Bilanz, GuV, Anhang, Lagebericht und (im Rahmen der erstmaligen Notierung) Kapitalfluss-rechnung.

> **Hintergrund**: Die von einem Unternehmen offen zu legenden Informatio-nen hängen ua davon ab, ob sich das Unternehmen neben Eigenkapital und Krediten auch über den Aktienmarkt finanziert. Da **Investoren** idR nur der Jahresabschluss als Basisinformation über ein Unternehmen zur Verfügung steht, müssen börsennotierte Unternehmen mehr an Informationen extern of-fen legen als Unternehmen, die sich primär über **Banken** finanzieren. Letzte-ren stehen Informationen über Unternehmen aber auch im Rahmen von Kre-ditverträgen offen.

Abb: *Bestandteile des Jahresabschlusses*

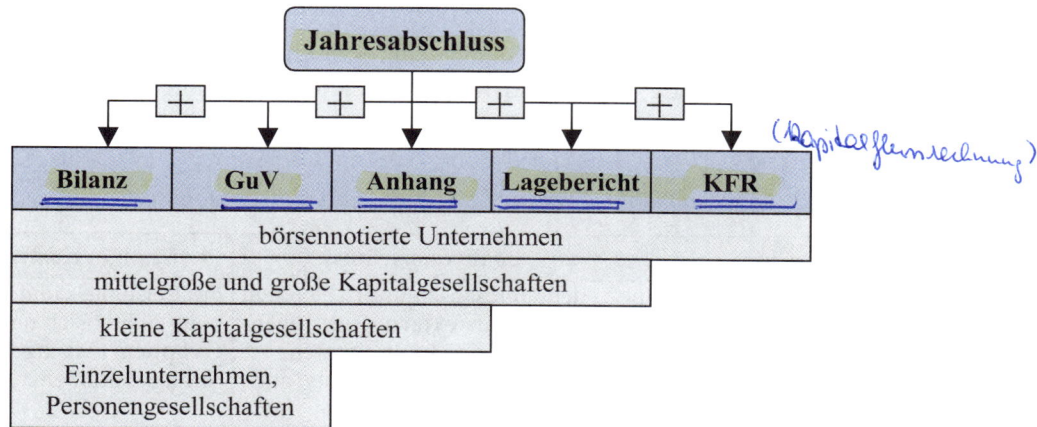

Die Funktion des **Anhangs** liegt vor allem in der Ergänzung von Bilanz, GuV und (sofern offen gelegt) Kapitalflussrechnung. In diesem Anhang werden Erläuterun-gen zu den angewandten (gewählten) Bilanzierungs- und Bewertungsmethoden, weitergehende oder erläuternde Ausführungen zu einzelnen Bilanzposten, GuV-Posten und/oder Posten der Kapitalflussrechnung gegeben. Darüber hinaus finden

*im **Anhang** finden sich ua erläuternde sowie tiefer-gehende Angaben zu ein-zelnen Bilanz- und GuV-Posten*

sich im Anhang auch Informationen betreffend die Aufgliederung der Umsatzerlöse nach Tätigkeitsbereichen und geografisch bestimmten Märkten eines Unternehmens sowie Informationen über die Beteiligungen und die Organe und Arbeitnehmer eines Unternehmens.

*im **Lagebericht** finden sich
ua Angaben zur **voraus-
sichtlichen Entwicklung**
einer Gesellschaft sowie zur
**Forschung** und **Entwicklung***

Ein **Lagebericht** ist zwar grundsätzlich für Kapitalgesellschaften vorgeschrieben,
kleine Kapitalgesellschaften brauchen den Lagebericht aber nicht aufzustellen
(§ 243 Abs 3 HGB; →Kapitalgesellschaften, Größenklassen). Im Lagebericht ist
der Geschäftsverlauf und die Lage eines Unternehmens so darzustellen, dass ein
möglichst getreues Bild der Vermögens-, Finanz- und Ertragslage dieses Unternehmens vermittelt wird.

Der Lagebericht hat dabei auch einzugehen auf:

- **Vorgänge von besonderer Bedeutung**, die nach dem Schluss des Geschäftsjahres eingetreten sind,
- die **voraussichtliche Entwicklung** des Unternehmens,
- den Bereich **Forschung und Entwicklung** sowie
- bestehende **Zweigniederlassungen** der Gesellschaft.

*die **externen Rechnungen**
werden **durch interne
Rechnungen** (vor allem die
Erlös- und Kostenrech-
nung) **ergänzt***

Ergänzt werden die Instrumente der externen Rechnung (also Bilanz, GuV und
Kapitalflussrechnung) durch die nur von den Unternehmen selbst verwendeten
internen Rechnungen (vor allem die **Leistungs- und Kostenrechnung**). Diese
internen Rechnungen dienen der rechnerischen Fundierung unternehmenspolitischer Entscheidungen. Darüber hinaus werden von Fall zu Fall Sonderrechnungen
vorgenommen. Als Beispiel seien die **Investitionsrechnungen** genannt, deren
Aufgabe darin besteht, die Wirtschaftlichkeit/Vorteilhaftigkeit verschiedener Anla-
geinvestitionen zu prüfen; beispielsweise die Frage, ob eine Maschine aus Wirt-
schaftlichkeitsgründen gekauft werden soll oder nicht.

*Vergleich **Finanzbuchhaltung** und **Leistungs-/
Kostenrechnung***

Stellen wir die externe Rechnung (Jahresabschluss, Finanzbuchhaltung) und die
interne Rechnung (iS der Leistungs- und Kostenrechnung) anhand verschiedener
Kriterien einander gegenüber, so kommen wir zu folgendem Ergebnis:

Tab:  *Jahresabschluss versus Leistungs- und Kostenrechnung*

| Kriterium | Jahresabschluss | Leistungs-/Kostenrechnung |
|---|---|---|
| • **Adressatengruppe** | der Jahresabschluss richtet sich sowohl an **externe** (ua Eigentümer/Aktionäre/Investoren, Banken, Lieferanten) als auch an **interne Gruppen** (Management, Controlling, Mitarbeiter) | die Leistungs- und Kostenrechnung richtet sich nur an **interne Gruppen** (Management, Controlling, Mitarbeiter) |
| • welche **Größen** werden verwendet? | im Jahresabschluss finden periodisierte Größen (**Erträge, Aufwendungen**) und unperiodisierte Größen (**Einzahlungen, Auszahlungen**) Anwendung | die Leistungs- und Kostenrechnung baut auf kalkulatorischen Größen iS der **Leistungen** und **Kosten** auf (→interne Rechnungen) |

| Kriterium | Jahresabschluss | Leistungs-/Kostenrechnung |
|---|---|---|
| • **Verpflichtungsgrad** der Rechnung | **obligatorisch**, da die Unternehmen einen Jahresabschluss erstellen müssen | idR **nicht verpflichtend** vorgeschrieben; eine Ausnahme hiervon ergibt sich jedoch bei der Preiskalkulation von öffentlichen Aufträgen |
| • **Ausgestaltung** der Rechnung | es bestehen **unterschiedliche Ausgestaltungen** des Jahresabschlusses je nach Rechtsform und Größe eines Unternehmens | bei der formalen Ausgestaltung der Leistungs- und Kostenrechnung haben die Unternehmen einen **Spielraum**; die spezifischen Informationsbedürfnisse eines Unternehmens können damit berücksichtigt werden |
| • **Zeitraum** der Rechnung | der Jahresabschluss wird **idR für ein Jahr** (Geschäftsjahr) erstellt; für börsennotierte Unternehmen besteht aber auch die Verpflichtung zu einer (im Umfang reduzierten) Quartalsberichterstattung | die Leistungs- und Kostenrechnung ist idR eine **unterjährige Rechnung** (kurzfristige Erfolgsrechnung) iS einer Monats- oder einer Quartalsrechnung |
| • **Zeitbezug** der Rechnung | der Jahresabschluss ist extern **idR** eine **retrospektive Rechnung**; intern werden aber auch Planbilanzen, Plan-GuV sowie Plan-KFR erstellt | die Leistungs- und Kostenrechnung wird sowohl **retrospektiv** (iS der Leistungs- und Kostenkontrolle) als auch **prospektiv** (iS der Planung von Leistungen und Kosten) erstellt |

Die im Rahmen von Bilanz, Erfolgsrechnung, Kapitalflussrechnung sowie den internen Rechnungen aufbereiteten Daten werden auf Basis von **Kennzahlen** und **Kennzahlensystemen** in verschiedenster Weise ausgewertet:

*die **Daten** des Rechnungswesens werden mittels Kennzahlen und Kennzahlensystemen **ausgewertet***

- Analyse der Daten im Rahmen eines **Zeitvergleichs**: Hierbei werden wichtige Kennzahlen über mehrere Geschäftsjahre hinweg verglichen. Beispielsweise Kennzahlen zur Liquidität, Umsatzrentabilität und Kapitalrentabilität.
- Analyse der Daten im Rahmen eines **Soll-Ist-Vergleichs**: Verglichen werden die budgetierten (geplanten) Zahlen eines Unternehmens mit den tatsächlichen Ergebnissen, einschließlich des Ausweises von Abweichungen.
- Analyse der Daten im Rahmen eines **zwischenbetrieblichen Vergleichs**: Hierbei werden die Zahlen des eigenen Unternehmens mit den Zahlen gleichartiger Unternehmungen oder mit Durchschnittszahlen der Branche verglichen.

Diese Bereiche sowie die dabei verwendeten *Kennzahlen* werden wir in Abschnitt H. (**Analyse**) ausführlich diskutieren.

## 1.c. Stellenwert einzelner Rechnungslegungsinstrumente im internationalen Kontext

Im internationalen Kontext können die interne (Leistungs- und Kostenrechnung) und externe Rechnung (Jahresabschluss) je nach Verhältnis von handels- und steuerrechtlicher Rechnungslegung zwei unterschiedliche Ausprägungen annehmen: das Zweikreissystem und das Einkreissystem.

*beim **Zweikreissystem** bilden die handels- und steuerrechtliche Rechnungslegung eine Einheit; parallel dazu wird eine eigenständige Leistungs- und Kostenrechnung geführt*

- Im Falle der bereits angesprochenen **Maßgeblichkeit** sind die (externe) steuerrechtliche Rechnungslegung und die (externe) handelsrechtliche Rechnungslegung als ein weitgehend einheitliches System ohne wesentliche Abweichungen zu betrachten (allfällige Abweichungen zwischen diesen beiden Rechnungen werden über die →Mehr-Weniger-Rechnung korrigiert). Parallel dazu wird in den Unternehmen eine eigenständige interne Rechnung (Leistungs- und Kostenrechnung) geführt. Man spricht in diesem Zusammenhang auch von einem **Zweikreissystem**, da die Finanzbuchhaltung (handels- und steuerrechtliche Rechnungslegung) und die Betriebsbuchhaltung organisatorisch voneinander getrennt sind. Da in Österreich die Maßgeblichkeit gilt, verwenden die österreichischen Unternehmen idR dieses Zweikreissystem.

Diese **eigenständige** interne **Leistungs**- und **Kostenrechnung** wird **notwendig**, da der Informationsgehalt eines Jahresabschluss sinkt, wenn er mehreren Zwecken dient. Ein Aspekt, den wir bereits im Rahmen der Maßgeblichkeit angesprochen haben. Beispielsweise läuft ein aus rein steuerlichen Motiven niedrig „gehaltener" Gewinn, der nur der Optimierung der Steuerzahlungen eines Unternehmens dient, den Zielsetzungen der Leistungs- und Kostenrechnung entgegen. Bei Letzterer interessiert grundsätzlich nur der tatsächlich erwirtschaftete Gewinn und zwar unabhängig davon, wie hoch die daraus resultierenden Steuerzahlungen sind.

*die **Ausgestaltung des Rechnungswesens** hängt von der **Größe der Unternehmen** ab*

Wie genau die Ausgestaltung des Rechnungswesens im Falle eines Zweikreissystems aussieht, hängt aber ua von der Größe eines Unternehmens ab. Je kleiner die Unternehmen sind, desto mehr werden sie versuchen, aus Kostengründen nur einen Jahresabschluss für steuerliche und interne Zwecke zu verwenden. Zwar sinkt durch diese gleichzeitig zu erfüllenden unterschiedlichen Funktionen der **Informationsgehalt** des Jahresabschlusses, dafür entstehen aber geringere **Erstellungskosten**. Je kleiner Unternehmen sind, desto eher werden sie jedoch in der Lage sein, dieses Informationsdefizit aufgrund der Überschaubarkeit der Informationsverzerrung auszugleichen. Ab einer **bestimmten Größe** bzw einem **bestimmten Komplexitätsgrad** werden aber Unternehmen dazu übergehen müssen, zusätzlich zum steuerrechtlichen Abschluss eine eigenständige Leistungs- und Kostenrechnung aufzubauen, welche die für die interne Unternehmenssteuerung relevanten Daten liefert, beispielsweise für die Preiskalkulation von Produkten.

Abb: *Zweikreissystem und Einkreissystem*

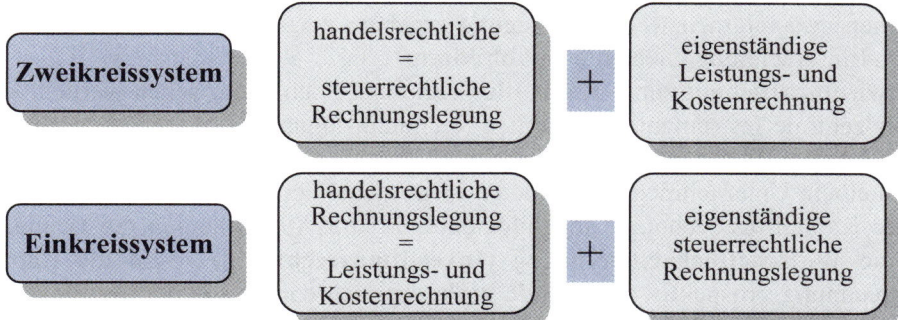

- Besteht eine Maßgeblichkeit der Handelsbilanz für die Steuerbilanz nicht, so zeichnet sich in der derzeitigen internationalen Entwicklung eine Angleichung des internen an das externe Rechnungswesen ab. Dies wird möglich, wenn die Informationen des externen handelsrechtlichen Jahresabschlusses nicht durch steuerliche Vorschriften verzerrt sind. In diesem Fall nähert sich dieser externe Jahresabschluss der für die interne Steuerung/Leistungs- und Kostenrechnung erforderlichen Ausgestaltung an. Parallel dazu muss nun aber von den Unternehmen eine eigenständige externe Rechnung für steuerliche Zwecke (Steuerbemessungsfunktion) geführt werden (siehe die **Abbildung**).

*beim Einkreissystem bilden die handelsrechtliche Rechnungslegung und die Leistungs- und Kostenrechnung eine Einheit; parallel dazu wird eine eigenständige steuerrechtliche Rechnungslegung geführt*

Da die Finanz- und Betriebsbuchhaltung in einem solchen Fall einen einheitlichen Buchungskreislauf bilden, liegt ein sog **Einkreissystem** vor. Je betriebswirtschaftlicher nun die Bilanzierungs- und Bewertungsvorschriften eines Rechnungslegungsstandards ausgerichtet sind, desto mehr wird das Einkreissystem begünstigt, da sich die Erträge/Aufwendungen (externe Größen) und die Leistungen (Erlöse)/Kosten (interne Größen) wertmäßig aneinander angleichen (→interne Rechnungen). Die Angleichung des internen an das externe Rechnungswesen ist von daher (eher) auf Basis der internationalen Rechnungslegungsnormen (**IAS/IFRS**), nicht aber auf Basis des HGB möglich. Für die IAS/IFRS wird dies möglich, da sie betriebswirtschaftlich und nicht steuerrechtlich ausgerichtet sind (→IAS/IFRS). Die im Rahmen des internen Rechnungswesens verwendeten Instrumente (zB die Kostenträgerrechnung für die Preiskalkulation von Produkten) lassen sich darauf aufbauend nicht nur auf Basis der Kosten, sondern auch auf Basis der Aufwendungen nutzen. Diese weitgehende Übereinstimmung von Aufwendungen und Kosten nutzen bereits auch jene österreichischen Unternehmen, die ihren Jahresabschluss auf Basis der IAS/IFRS erstellen.

Soll die Leistungs- und Kostenrechnung in die externe Rechnung integriert werden, so erfordert dies aber, dass bereits im externen Jahresabschluss die GuV auf Basis des →**Umsatzkostenverfahrens (UKV)** strukturiert ist. Da das Umsatzkostenverfahren auf den **Kostenstellen** aufbaut, weist es dieselbe Struktur wie die →interne Rechnung (Leistungs- und Kostenrechnung) auf.

*die Leistungs- und Kostenrechnung erfordert eine GuV auf Basis des Umsatzkostenverfahrens*

*zwischen den **Instrumenten** des externen und internen **Rechnungswesens** ergeben sich enge **Interdependenzen***

Dass sich neben der Angleichung des internen an das externe Rechnungswesen bereits jetzt sehr enge **Verbindungen** zwischen den einzelnen Instrumenten der externen und internen Rechnungslegung ergeben, zeigt sich beim Bezug auf die Kapitalflussrechnung (siehe die →**Abbildung**).

Wie wir im Abschnitt zur →Kapitalflussrechnung noch näher sehen werden, kann dieses zentrale Instrument der externen Rechnungslegung die Aufgaben der klassischen internen **Finanzplanung** übernehmen. Es trägt von daher zu einer Reduktion der in einem Unternehmen verwendeten Instrumente bei. Darüber hinaus bilden die in der Kapitalflussrechnung abgebildeten Ein- und Auszahlungen die Grundlage für die Wirtschaftlichkeitsrechnung (**Investitionsrechnung**). Wird die Kapitalflussrechnung prospektiv angewandt, so lassen sich daraus sowohl die für die Finanzplanung als auch die für die Investitionsrechnung benötigten Daten entnehmen. Für die Verwendung der Kapitalflussrechnung spricht vor allem der Umstand, dass bei diesem keine verzerrenden Einflüsse aus nicht betriebswirtschaftlich orientierten Bilanzierungs- und Bewertungsvorschriften auftreten können. Ausschlaggebend dafür ist, dass die der Kapitalflussrechnung zugrunde liegenden Ein- und Auszahlungen keinen Bilanzierungs- und Bewertungsspielräumen unterliegen. Diesbezüglich sei auf den Abschnitt zur Kapitalflussrechnung verwiesen.

Abb: *Bereiche und Interdependenzen der externen und internen Rechnungslegung*

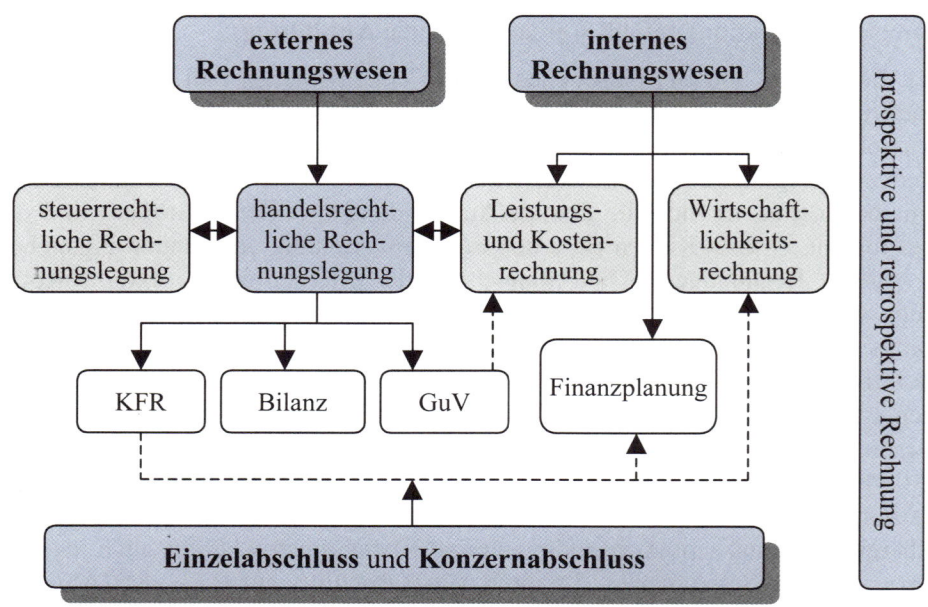

► Siehe **Arbeitsbuch: Kontrollfragen** zu **A.1.**

# 2. ÜBERBLICK ÜBER DIE EINZELNEN ABSCHLÜSSE/RECHNUNGEN

Bei den einzelnen Abschlüssen/Rechnungen müssen wir vor allem unterscheiden zwischen handels- versus steuerrechtlichem Abschluss, Konzernabschluss, internationalen Abschlüssen sowie internen Rechnungen. Wobei zwischen den externen und den internen Rechnungen (vor allem Leistungs- und Kostenrechnung) Querverbindungen bestehen.

*Überblick*

Abb: *Übersicht über die einzelnen Abschlüsse/Rechnungen*

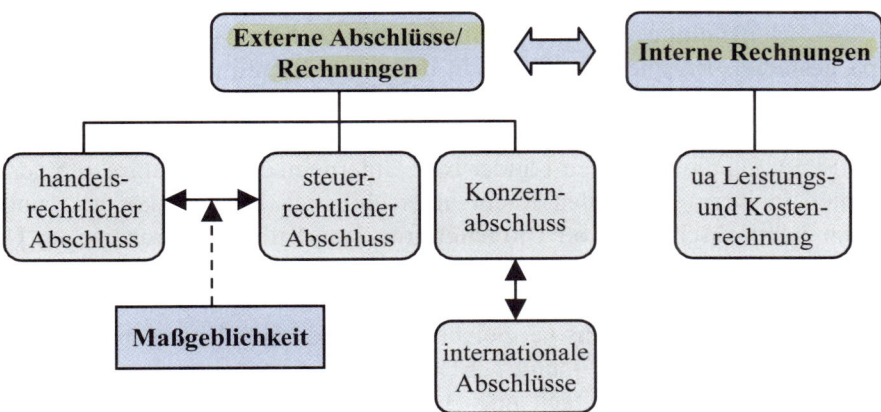

## 2.a. Externe Abschlüsse/Rechnungen

*HGB = Handelsgesetzbuch*

## 2.a.1. Handels- versus steuerrechtlicher Abschluss

### 2.a.1.1. Übersicht

Die **wichtigsten rechtlichen Vorschriften** betr die Rechnungslegung in Österreich finden sich in folgenden **Quellen**:

*wichtige Quellen betr die Rechnungslegung*

- Handelsgesetzbuch (HGB)
- Aktiengesetz (AktG)
- Gesetz über die Gesellschaften mit beschränkter Haftung (GmbHG)
- Einkommensteuergesetz (EStG)
- Umsatzsteuergesetz (UStG)
- Bundesabgabenordnung (BAO).

Die Grundlage des für den Jahresabschluss zentralen **HGB (Handelsgesetzbuch)** wiederum bilden die EG-Richtlinien. Für Kapitalgesellschaften sind dabei vor allem die **4. EU-Richtlinie** (sie umfasst einzelabschlussspezifische Vorschriften) und die **7. EU-Richtlinie** (sie bezieht sich auf den Konzernabschluss) von Bedeutung.

*die EU-Richtlinien bilden die Rahmenvorschriften für das HGB*

Diese EU-Richtlinien verpflichten die Mitgliedstaaten der Europäischen Union, ihre nationalen Rechnungslegungsvorschriften an den Inhalt der jeweiligen EG-Richtlinie anzupassen. Man spricht in diesem Zusammenhang davon, dass die **Bestimmungen** der EU-Richtlinien **in das nationale Recht „transformiert"** werden.

> So wurden mit dem **Rechnungslegungsgesetz (RLG)**, das mit Anfang 1992 in Kraft getreten ist, Bestimmungen des Handelsgesetzbuches, Aktiengesetzes, GmbH-Gesetzes und anderer Gesetze abgeändert, um die Rechnungslegungsvorschriften weitgehend an die EU-Richtlinien anzupassen.

*die **Vergleichbarkeit von Jahresabschlüssen innerhalb der EU** ist nach wie vor **nicht gegeben;** eine Ausnahme hiervon ergibt sich nur für Österreich und Deutschland*

Das **Problem der EU-Richtlinien** (und damit auch des HGB) liegt vor allem darin, dass in diesen Richtlinien für die Mitgliedstaaten und/oder die nationalen Gesellschaften eine **Vielzahl von Wahlrechten** vorgesehen sind, die eine unterschiedliche Behandlung einzelner Bereiche der Rechnungslegung innerhalb von Europa gestatten. Beispielsweise erlaubt die 4. EU-Richtlinie sowohl die Bewertung des →Finanzvermögens auf Basis von Anschaffungskosten als auch auf Basis von über den Anschaffungskosten liegenden Marktwerten (siehe auch die →IAS/IFRS). Da die einzelnen Länder bzw Unternehmen die Wahlrechte der EU-Richtlinien in ihrem nationalen Recht unterschiedlich ausüben können, sind die einzelnen Jahresabschlüsse von **Unternehmen** innerhalb der Europäischen Union nach wie vor **nicht direkt vergleichbar**. Damit ist zB der Jahresabschluss eines englischen Unternehmens nach wie vor nicht direkt mit dem Jahresabschluss eines österreichischen Unternehmens vergleichbar, obwohl beide Unternehmen als Basis für ihren Jahresabschluss die 4. und 7. EU-Richtlinie verwenden. Vergleichbar sind jedoch aufgrund der sehr weitgehenden Übereinstimmung der Rechnungslegungsvorschriften die Jahresabschlüsse in Österreich und Deutschland.

Im Hinblick auf eine internationale Harmonisierung der Rechnungslegung müssen ab **2005** grds alle börsennotierten Unternehmen in der EU ihren **Konzernabschluss** auf Basis der **IAS/IFRS** erstellen. Im Sinne eines Wahlrechts können die Mitgliedstaaten der EU die Anwendung der IAS/IFRS aber auch für Einzelabschlüsse vorsehen.

*das **HGB** ist iS des legalistic approach durch **umfangreiche gesetzliche Vorschriften** gekennzeichnet*

Betrachten wir die Struktur des HGB etwas genauer, so zeigt sich, dass die Rechnungslegung in Österreich iS eines **legalistic approach** durch umfangreiche, detaillierte gesetzliche Vorschriften gekennzeichnet ist. Diese Vorschriften regeln ua den Ansatz und die Bewertung von Vermögensposten und Fremdkapital in der Bilanz, die Erfassung von Erträgen und Aufwendungen in der GuV sowie die Berichterstattung. Wobei sich die **Struktur des HGB** wie folgt darstellt:

Tab: *Struktur des HGB*

| | | **HGB** |
|---|---|---|
| **Erster Abschnitt:** | **Für Vollkaufleute geltende Vorschriften** | **§§ 189-220** |
| • Erster Titel: | Buchführung, Inventar | §§ 189-192 |
| • Zweiter Titel: | Eröffnungsbilanz, Jahresabschluss | §§ 193-200 |
| • Dritter Titel: | Bewertungsvorschriften | §§ 201-211 |
| • Vierter Titel: | Aufbewahrung und Vorlage von Unterlagen | §§ 212-216 |
| **Zweiter Abschnitt:** | **Ergänzende Vorschriften für Kapitalgesellschaften (AG und GmbH)** | **§§ 221-243** |
| • Erster Titel: | Größenklassen | § 221 |
| • Zweiter Titel: | Allgemeine Vorschriften über den Jahresabschluss und den Lagebericht | §§ 222-223 |
| • Dritter Titel: | Bilanz | §§ 224-230 |
| | Gliederung | § 224 |
| | Vorschriften zu einzelnen Posten der Bilanz | §§ 225-230 |
| • Vierter Titel: | GuV (Gewinn- und Verlustrechnung) | §§ 231-235 |
| | Gliederung | § 231 |
| | Vorschriften zu einzelnen Posten der GuV | §§ 232-235 |
| • Fünfter Titel: | Anhang und Lagebericht | §§ 236-243 |
| | Anhang | §§ 236-242 |
| | Lagebericht | § 243 |
| **Dritter Abschnitt:** | **Konzernabschluss und Konzernlagebericht** | **§§ 244-267** |
| **Vierter Abschnitt:** | **Vorschriften über die Prüfung, Offenlegung, Veröffentlichung und Zwangsstrafen** | **§§ 268-283** |
| • Erster Titel: | Abschlussprüfung | §§ 268-276 |
| • Zweiter Titel: | Offenlegung, Veröffentlichung und Vervielfältigung, Prüfung durch das Registergericht | §§ 277-281 |
| • Dritter Titel: | Prüfungspflicht und Zwangsstrafen | §§ 282-283 |

Ein Spezifikum des HGB ist darin zu sehen, dass dieses größenabhängige Verpflichtungen/Erleichterungen vorsieht. Diese Größenkriterien können sich auf unterschiedliche **Bereiche** auswirken: ua auf die mindestens vorzunehmende Tiefe der Gliederung von Bilanz und GuV, auf die Angabe- und Erläuterungsverpflichtungen im Anhang sowie auf die Prüfungs- und Offenlegungspflichten.

Die Einstufung der Kapitalgesellschaften in kleine, mittlere und große Kapitalgesellschaften richtet sich nach **3 Kriterien**: a) **Bilanzsumme**, b) **Umsatz** und c) **Anzahl** der **Arbeitnehmer**. Kapitalgesellschaften, deren Aktien oder andere von ihr ausgegebene Wertpapiere an einer **Börse notiert** sind, werden jedoch immer als große Kapitalgesellschaften eingestuft. Damit scheiden größenabhängige Erleichterungen für die börsennotierten Unternehmen aus.

*das HGB enthält **größenabhängige Vorschriften/Erleichterungen**: als Kriterien dienen die Bilanzsumme, die Umsatzerlöse und die Anzahl der Arbeitnehmer*

Tab: *Übersicht über die Einteilung der Kapitalgesellschaften hinsichtlich der Größenkriterien*

| | Bilanzsumme | Umsatzerlöse[1] | Arbeitnehmer[2] |
|---|---|---|---|
| • kleine Kapitalgesellschaften[3] | ≤ € 3,65 Mio | ≤ € 7,3 Mio | ≤ 50 |
| • mittelgroße Kapitalgesell-schaften[4] | ≤ € 14,6 Mio | ≤ € 29,2 Mio | ≤ 250 |
| • große Kapitalgesellschaften[5] | > € 14,6 Mio | > € 29,2 Mio | > 250 |

Erl.: [1] in den zwölf Monaten vor dem Abschlussstichtag; [2] im Jahresdurchschnitt; [3] wenn mindestens zwei der drei Kriterien nicht überschritten werden; [4] wenn mindestens zwei der drei Merkmale von kleinen Kapitalgesellschaften überschritten und mindestens zwei der drei Merkmale von großen Kapitalgesellschaften nicht überschritten werden; [5] wenn mindestens zwei der drei Merkmale überschritten werden; Quelle: § 221 HGB

## 2.a.1.2. Wer unterliegt in welcher Form der Buchführungspflicht?

Die Frage, wie die Buchführung eines Unternehmens ausgestaltet ist, hängt von verschiedenen Kriterien ab:

*Vollkaufleute*

- **Vollkaufleute** sind verpflichtet, Bücher zu führen und in diesen ihre Handelsgeschäfte und die Lage ihres Vermögens nach den Grundsätzen ordnungsmäßiger Buchführung ersichtlich zu machen (§ 189 HGB). In diesem Fall ist der Gewinn/Verlust eines Geschäftsjahres durch eine →doppelte Buchhaltung zu ermitteln.

> Siehe betr die Definition der Vollkaufleute §§ 1-6 HGB.

Diese **Grundsätze ordnungsmäßiger Buchführung** sehen ua vor:

- die Buchführung muss so beschaffen sein, dass sie einem sachverständigen Dritten innerhalb angemessener Zeit einen Überblick über die Geschäftsvorfälle und über die Lage des Unternehmens vermitteln kann;
- die Aufzeichnungen müssen in einer lebenden Sprache erfolgen;
- die Bedeutung von Abkürzungen und Symbolen muss im Einzelfall eindeutig feststehen;
- die Eintragungen müssen vollständig, richtig, zeitgerecht und geordnet vorgenommen werden;
- Änderungen müssen so vorgenommen werden, dass der ursprüngliche Inhalt ersichtlich ist; ferner muss erkennbar sein, wann die Änderung vorgenommen wurde;
- der Kaufmann hat Abschriften der abgesendeten Handelsbriefe (ua Rechnungen, Zahlungsbelege) sowie die erhaltenen Handelsbriefe geordnet aufzubewahren
- es gilt eine Aufbewahrungsfrist von 7 Jahren ab Ende des Geschäftsjahres.

> **Hinweis**: Die Grundsätze ordnungsmäßiger Buchführung hängen eng mit den →**Grundsätzen ordnungsmäßiger Bilanzierung/Bewertung** (→**GoB**) zusammen, da die Grundlage für die Erstellung der Bilanz die Aufzeichnungen in den Büchern sind (§§ 189, 190 und 212 HGB).

In **steuerlicher Sicht** hat derjenige, der nach Handelsrecht oder anderen gesetzlichen Vorschriften zur Führung und Aufbewahrung von Büchern oder Aufzeichnungen verpflichtet ist, diese Verpflichtungen auch im Interesse der Abgabenerhebung erfüllen (§ 124 BAO). Soweit eine solche Verpflichtung nicht gegeben ist, sieht die **Bundesabgabenordnung (BAO)** weitere Vorschriften vor:

*steuerliche Vorschriften*

- **Sonstige Unternehmer** müssen nur bei **Überschreiten** der im **§ 125 BAO** angeführten **Grenzen** Bücher iS des HGB führen. Diese Grenzen ergeben sich wie folgt:

  *sonstige Unternehmer*

  - Für einen **Betrieb** oder **wirtschaftlichen Geschäftsbetrieb**, wenn der Jahresumsatz in zwei aufeinanderfolgenden Kalenderjahren jeweils € 400.000, bei Lebensmitteleinzel- und Gemischtwarenhändlern jeweils € 600.000 überstiegen hat.
  - Für **land- und forstwirtschaftliche Betriebe**, wenn der Wert des Betriebes zum 1. Jänner eines Jahres € 150.000 überstiegen hat.

  Die Pflicht zur Führung einer doppelten Buchhaltung entsteht automatisch (und bedarf somit nicht mehr eines Bescheides durch das Finanzamt), wenn der Betrieb in zwei unmittelbar aufeinanderfolgenden Jahren die Grenzen überschritten hat, beginnend mit dem darauf folgenden Jahr.

- Unterliegt ein Unternehmer nicht der Buchführungspflicht, weil er weder Vollkaufmann noch die Grenzen des § 125 BAO überschritten werden, so muss er zumindest eine **Einnahmen-Ausgaben-Rechnung** führen (§ 4 Abs 3 EStG) (siehe jedoch die nachfolgende →steuerliche Pauschalierung). Unter diese Bestimmung fallen zB kleine Handels- und Handwerksbetriebe. Nicht in vollem Umfang buchführungspflichtig sind auch die sog „freien Berufe" wie Ärzte, Rechtsanwälte, Wirtschaftstreuhänder, Journalisten und Dolmetscher. Auch diese freien Berufe müssen zumindest eine Einnahmen-Ausgaben-Rechnung führen. Da wir Letztere in Abschnitt F. behandeln, verweisen wir bezüglich der Zielsetzungen und Ausgestaltung dieser Rechnung auf die dort gemachten Ausführungen.

  *Einnahmen-Ausgaben-Rechnung*

- Sonstige Unternehmer sowie Unternehmer iS der freien Berufe können auch Aufzeichnungen im Rahmen der **steuerlichen Pauschalierung** (Betriebsausgabenpauschale) vornehmen, sofern der Umsatz des vergangenen Wirtschaftsjahres nicht mehr als € 220.000 betragen hat (§ 17 EStG; →Erfolgsermittlung).

  *steuerliche Pauschalierung*

Vollkaufleute: sind verpflichtet, Bücher zu führen

Sonstige Unternehmer: sind nur bei Übertreten d. im BAO (Bundesabgabenordnung) angef. Grenzen verpfl.

alle anderen: müssen Einnahmen-Ausgaben-Rechnung führen

*freiwillige Buchführung iS des HGB*

- Jene **Unternehmer**, welche die **Grenzen** des **§ 125 BAO nicht überschreiten** sowie Unternehmer iS der freien Berufe können jedoch freiwillig Bücher iS des § 189 HGB führen.

Abb: *Übersicht über die möglichen Ausgestaltungen der Buchführungspflicht*

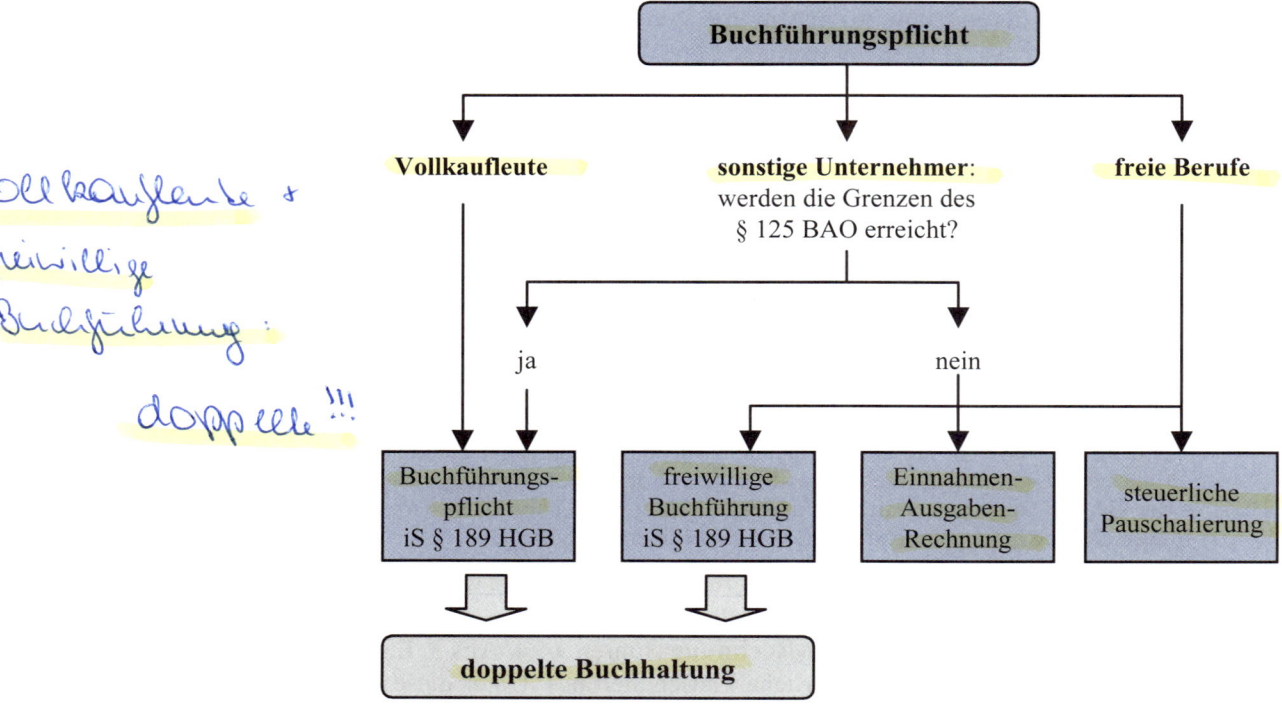

*Vollkaufleute + freiwillige Buchführung: doppelte !!!*

**Buchführungspflicht** *und* **Erfolgsermittlung**

Im Kontext dieser Buchführungspflicht sind auch die unterschiedlichen Möglichkeiten zur →**Erfolgsermittlung** (Ermittlung des Gewinnes/Verlustes) zu sehen, die wir an anderer Stelle des Buches genauer diskutieren.

## 2.a.2. Konzernabschluss

*der Konzernabschluss hat eine **ausschließliche Informationsfunktion***

Der Konzernabschluss ergänzt unter bestimmten Bedingungen den handelsrechtlichen Einzelabschluss. Für das Verständnis der Bedeutung des Konzernabschlusses ist daher die Kenntnis über den Einzelabschluss sehr wichtig. Weiters ist es wichtig zu sehen, dass Konzernabschluss und Einzelabschluss mit unterschiedlichen Funktionen nebeneinander stehen: Während der **Einzelabschluss drei Funktionen** zu erfüllen hat (Informationsfunktion, Steuerbemessungsfunktion und Ausschüttungsbemessungsfunktion), hat der **Konzernabschluss** eine **ausschließliche Informationsfunktion**. Damit können an das Ergebnis des Konzernabschlusses keine Ansprüche gestellt werden: Weder iS von Steuerzahlungen (Finanzamt) noch iS von Ausschüttungen (Aktionäre).

Im Sinne der Informationsfunktion des Konzernabschlusses brauchen die Jahresabschlussadressaten dann einen Konzernabschluss, wenn ein Unternehmen eine **Beteiligung** an einem anderen Unternehmen hält und auf dieses Unternehmen **Einfluss** nimmt. Je nach Höhe dieses Einflusses finden im Konzernabschluss unterschiedliche Konsolidierungsmethoden Anwendung. Diese Methoden sind ausschlaggebend dafür, „wie" diese Beteiligung in der Bilanz und GuV des Konzernabschlusses letztendlich aufscheint. Die **wichtigsten Methoden** sind dabei die Vollkonsolidierung, Quotenkonsolidierung und die Equity-Methode.

*die **wichtigsten Konsolidierungsmethoden** sind: Vollkonsolidierung, Quotenkonsolidierung, Equity-Methode*

Da es sich hier nur um eine sehr kurze Einführung in den Konzernabschluss handelt, wollen wir nur die **Vollkonsolidierung**, als die zentrale Methode des Konzernabschlusses, behandeln. Diese Vollkonsolidierung kommt zur Anwendung, wenn ein sog **beherrschender Einfluss** vorliegt. Aufgrund dieses beherrschenden Einflusses wird ein Unternehmen (Tochterunternehmen) von einem anderen Unternehmen (Mutterunternehmen) so geführt, als ob das Tochterunternehmen eine unselbständige Betriebsstätte des Mutterunternehmens ist. Ziel des Konzernabschlusses ist es daher, Mutterunternehmen und Tochterunternehmen in der Bilanz und GuV so abzubilden, als ob die beiden Unternehmen insgesamt ein einziges Unternehmen sind. Eine solche Abbildung entspricht der **Einheitstheorie**.

*die Idee hinter der **Vollkonsolidierung** ist die **Einheitstheorie***

Es ist jedoch wichtig zu sehen, dass die beiden Unternehmen (Mutterunternehmen und Tochterunternehmen) unabhängig von der Abbildung im Konzernabschluss nach wie vor rechtlich selbständige Unternehmen bleiben. Damit ermitteln sich die Steuerzahlungen und die Ausschüttungen nach wie vor auf Basis der Ergebnisse von Mutterunternehmen und Tochterunternehmen und nicht auf Basis des Konzerns. Die Abbildung im Konzernabschluss ist somit nur als Fiktion iS der Einheitstheorie zu verstehen.

Um dies zeigen zu können, gehen wir von einem einfachen Beispiel aus. Gegeben sei die folgende Bilanz vom Unternehmen, das die Beteiligung hält (MU, Mutterunternehmen) sowie die Bilanz der Beteiligung (TU, Tochterunternehmen). Die Beteiligung von MU an TU wird in der Bilanz von MU mit einem Wert von 1.000 ausgewiesen. MU ist mit 100 % am Kapital von TU beteiligt.

*ein einfaches **Beispiel** zur Vollkonsolidierung*

Tab: *Annahmen des Beispiels*

| Bilanz | MU | TU |
|---|---|---|
| Anlagevermögen | 3.600 | 900 |
| Beteiligung | 1.000 | - |
| Umlaufvermögen | 2.400 | 600 |
| **Bilanzsumme** | **7.000** | **1.500** |
| Eigenkapital | 3.000 | 700 |
| Fremdkapital | 4.000 | 800 |
| **Bilanzsumme** | **7.000** | **1.500** |

Wir werden im Rahmen der Analyse in Abschnitt H. noch sehen, dass aus der Bilanz verschiedene Kennzahlen abgeleitet werden können, die uns Auskunft über die Lage eines Unternehmens geben sollen, beispielsweise Informationen über die Liquiditätssituation eines Unternehmens. Gehen wir nun vom Regelfall aus, dass uns für die Analyse nur die Bilanz von MU zur Verfügung steht. Ist in einem solchen Fall eine aussagefähige Analyse des Konzerns „MU + TU" auf Basis der Bilanz von „MU" möglich? Mit Sicherheit nicht, da TU in der Bilanz von MU nur mit einem einzigen Wert aufscheint: als Beteiligung in Höhe von 1.000.

Wir wissen aber, dass MU für diese „1.000 Kaufpreis" Anlagevermögen, Umlaufvermögen und Fremdkapital in TU bekommt. Aufgrund der Bilanzierung zu Anschaffungskosten und aufgrund des Einflusses des Vorsichtsprinzips wissen wir auch, dass in den Vermögensposten und Schulden eines Unternehmens idR stille Reserven enthalten sind (→Bewertungsmaßstäbe). Weiters wissen wir, dass Unternehmen bei Akquisitionen idR auch einen sog Goodwill (Firmenwert) für das andere Unternehmen bezahlen müssen.

*wie ermittelt sich der **Wert** einer **Beteiligung**?*

Gehen wir nun davon aus, dass MU 100 % des Unternehmens TU besitzt und dass im Anlagevermögen von TU stille Reserven von 100 und im Umlaufvermögen von TU stille Reserven von 40 enthalten sind, so ergibt sich als Beziehungsgleichung für die Akquisition von TU in unserem Fall:

> Beteiligungsbuchwert von TU
> = AV + UV – FK + stille Reserven + Firmenwert
> = EK von TU auf Basis von Marktwerten.

In unserem Fall also:

> 1.000 (Beteiligungsbuchwert)
> = 900 (AV) + 600 (UV) – 800 (FK) + 140 (stille Reserven) + 160 (Firmenwert).

*Konsolidierungsschritte*

Um die Aussagefähigkeit des Konzernabschlusses zu erhöhen, führen wir nun zwei Konsolidierungsschritte durch:

**Schritt 1**:  Herausnahme des Beteiligungsbuchwerts aus der Bilanz von MU.

**Schritt 2**:  Anstelle des Beteiligungsbuchwerts und des Eigenkapitals von TU nehmen wir die obige Gleichung in die Bilanz von MU auf. Also das Anlagevermögen (inkl anteiliger stiller Reserven, dh 900+100), Umlaufvermögen (inkl anteiliger stiller Reserven, dh 600+40), Fremdkapital (800) und den Firmenwert (160).

Die Schritte 1 und 2 sehen wir in der nachfolgenden Tabelle in der Spalte „Konsolidierung". Nach Durchführung dieser Schritte erhalten wir die **Konzernbilanz** (siehe die →**Tabelle**).

Wie wir aus der letzten Spalte in der →Tabelle „Konzernbilanz" ersehen, scheint der Beteiligungsbuchwert von TU nun nicht mehr auf. Dafür wird nun aber in der Konzernbilanz das Anlagevermögen von TU, das Umlaufvermögen von TU und das Fremdkapital von TU ausgewiesen, einschließlich der im Rahmen der Akquisition bezahlten stillen Reserven im Anlage- und Umlaufvermögen sowie des Firmenwerts. Damit können wir nun auch die Vermögens-, Finanz- und Liquiditätskennzahlen des Konzerns „MU+TU" besser berechnen. Technisch gesprochen handelt es sich bei diesem Vorgang um die sog **Kapitalkonsolidierung**.

Tab: *Ein Beispiel zur Vollkonsolidierung einer Beteiligung*

| Bilanz | I MU | II TU | III = I + II Summe | IV Konsolidierung | V =III + IV Konzernbilanz |
|---|---|---|---|---|---|
| Anlagevermögen | 3.600 | 900 | 4.500 | +100 | 4.600 |
| Beteiligung | 1.000 | - | 1.000 | -1.000 | - |
| Firmenwert | - | - | - | +160 | 160 |
| Umlaufvermögen | 2.400 | 600 | 3.000 | +40 | 3.040 |
| **Bilanzsumme** | **7.000** | **1.500** | **8.500** | | **7.800** |
| Eigenkapital | 3.000 | 700 | 3.700 | -700 | 3.000 |
| Fremdkapital | 4.000 | 800 | 4.800 | | 4.800 |
| **Bilanzsumme** | **7.000** | **1.500** | **8.500** | **+/-0** | **7.800** |

Dieser Unterschied in der Bilanz des Einzel- und des Konzernabschlusses wird für das Beispiel auch anhand der folgenden →**Tabelle** noch einmal deutlich:

| Bilanz | Einzelabschluss | Konzernabschluss |
|---|---|---|
| Anlagevermögen | 3.600 | 4.600 |
| Beteiligung | 1.000 | - |
| Firmenwert | - | 160 |
| Umlaufvermögen | 2.400 | 3.040 |
| **Bilanzsumme** | **7.000** | **7.800** |
| Eigenkapital | 3.000 | 3.000 |
| Fremdkapital | 4.000 | 4.800 |
| **Bilanzsumme** | **7.000** | **7.800** |

Was wir hier exemplarisch für die Bilanz dargestellt haben, gilt natürlich auch für die **GuV**. Stellen Sie sich vor, TU liefert an MU Waren mit Gewinn, die MU im Rahmen seiner Produktion wieder einsetzt. TU ist damit Zulieferer von MU. Soll dieser Gewinn von TU im Konzern „MU+TU" ausgewiesen werden? Nein, wenn MU das Unternehmen TU wiederum wie sein eigenes Unternehmen führt. Der Gewinn, den TU beim Verkauf an MU erzielt hat, ist im Konzernabschluss somit zu eliminieren.

*konzerninterne Erträge, Aufwendungen und Gewinne/Verluste müssen eliminiert werden*

Hintergrund für diese Korrektur ist wiederum die **Einheitstheorie**. Aufgrund dieser Einheitstheorie kann ein Unternehmen an sich selber keine Waren verkaufen. In diesem Fall ist der Gewinn erst dann zu zeigen, wenn die Waren vom Mutterunternehmen an ein anderes Unternehmen als „MU+TU" verkauft werden. Technisch gesehen spricht man bei dieser Korrektur von der sog **Ertrags- und Aufwandskonsolidierung** sowie **Zwischenergebniseliminierung**.

> **Erl**: Verkauft also zB ein Unternehmen eines Konzerns an ein anderes Unternehmen desselben Konzerns eine Ware mit Gewinn oder Verlust und liegt diese Ware bei diesem Unternehmen noch auf Lager, so scheint dieser Gewinn/Verlust zwar im Abschluss des Einzelunternehmens auf, nicht jedoch im Abschluss des Konzerns, da dieser an sich selber keine Waren verkaufen kann.

Ähnlich stellt sich der Fall, wenn MU an TU einen Kredit vergeben würde. Führt MU das Unternehmen TU wiederum wie eine unselbständige Betriebsstätte, so müssten wir uns auch hier wieder fragen: Kann ein Unternehmen (MU) an sich selber (TU) einen Kredit vergeben? Aus Sicht der **Einheitstheorie** wiederum nein! Und damit wird auch in diesem Fall im Konzernabschluss die Kreditvergabe von

*konzerninterne Forderungen und Schulden müssen eliminiert werden*

MU an TU rückgängig gemacht. Technisch gesprochen handelt es sich hierbei um die sog **Forderungs- und Schuldenkonsolidierung**.

Mit diesen exemplarischen Beispielen zur Bedeutung und Funktion des Konzernabschlusses wollen wir es belassen. Da der Konzernabschluss nicht Schwerpunkt dieses Buches ist, verweisen wir hinsichtlich weitergehender Ausführungen auf die im Literaturverzeichnis angeführte Literatur.

## 2.a.3. Internationale Abschlüsse

> Im **internationalen Kontext** müssen wir berücksichtigen, dass man hinsichtlich des Kriteriums „Ausgestaltung" **nicht** von „**der**" **externen Rechnungslegung** bzw „**dem**" **externen Jahresabschluss** sprechen kann.

*im internationalen Kontext gibt es **unterschiedliche Arten** von **externer Rechnungslegung***

So werden wir aufgrund der zunehmenden Internationalisierung und Globalisierung der Unternehmen im Rahmen der Analyse von Jahresabschlüssen und Geschäftsberichten auch in Österreich nicht nur mit dem nationalen Rechnungslegungsstandard (dem HGB), sondern zusätzlich auch mit internationalen Standards konfrontiert. Zu diesen internationalen Standards zählen vor allem die US-amerikanischen Normen „**US-GAAP**" (United States Generally Accepted Accounting Principles) sowie die internationalen Normen „**IAS/IFRS**" (International Accounting Standards/International Financial Reporting Standards).

Als Beispiel, welche Auswirkungen sich zwischen den einzelnen Rechnungslegungsstandards ergeben können, sei auf Daimler-Benz hingewiesen.

> Wie sich die damalige **Daimler-Benz AG** (nunmehr DaimlerChrysler) entschlossen hat, ihren Jahresabschluss nicht nur auf Basis der deutschen Rechnungslegungsnormen (dh dem deutschen HGB), sondern parallel dazu auch auf Basis der US-GAAP zu veröffentlichen, hat sich Daimler-Benz hinsichtlich zentraler Jahresabschlussgrößen wie des Gewinns und des Eigenkapitals unterschiedlich abgebildet. So hat Daimler-Benz für das Geschäftsjahr 1993 nach **US-GAAP** einen sehr hohen **Verlust** (DM -1.839 Mio), nach **dHGB jedoch** einen **Gewinn** (DM +615 Mio) ausgewiesen (aktuelle Zahlen für Daimler-Benz gibt es nicht mehr, da für den Konzern „DaimlerChrysler" jetzt nur mehr ein US-GAAP-Ergebnis veröffentlicht wird).
> **Beachten Sie**: Diese **unterschiedlichen Ergebnisse** beziehen sich auf **ein und dasselbe Geschäftsjahr ein und desselben Unternehmens**. Ausschlaggebend für die Unterschiede (Gewinn einerseits, Verlust andererseits) sind nur die Unterschiede in den Bilanzierungs- und Bewertungsvorschriften zwischen dem deutschen HGB und den US-GAAP, das Unternehmen ist in beiden Fällen aber dasselbe.

Es ist jedoch wichtig zu sehen, dass es sich bei solchen Unterschieden von HGB einerseits und US-GAAP andererseits weniger um die Frage einer besseren/schlechteren oder richtigen/unrichtigen Abbildung, sondern nur um die Frage einer „**anderen**" **Abbildung** handelt. Diese andere Abbildung wird durch unterschiedliche Ansprüche der einzelnen Adressatengruppen an das Unternehmen herangetragen. Im Falle von Daimler-Benz waren dies die Informationswünsche der anglo-amerikanischen Investoren, die ein spezifisches „US-GAAP-Bild" von Daimler-Benz gefordert haben. Ein Bild, das ihnen Daimler-Benz im Hinblick auf die Börsennotierung in den USA auch gegeben hat. Dieses „**US-GAAP-Bild**" weicht aber sehr deutlich von dem in Deutschland geforderten „**HGB-Bild**" ab, das nicht von den Investoren, sondern von den Informationsinteressen der Banken iS eines hohen Stellenwerts des Vorsichtsprinzips geprägt ist.

*im internationalen Kontext geht es nicht um eine bessere/schlechtere oder richtige/unrichtige Abbildung, sondern nur um eine „andere" Abbildung*

Ein Problem des HGB liegt aus **Kapitalmarktsicht** darin, dass die US-amerikanische Börsenaufsichtsbehörde SEC das HGB nicht für Börsennotierungen in den USA anerkennt. Womit sich für jene österreichischen Unternehmen, die eine Börsennotierung an der **NYSE (New York Stock Exchange)** anstreben, das Problem gestellt hat, dass diese - je nach Art des Listings - hierfür neben dem nationalen HGB-Abschluss einen **zweiten Abschluss** auf Basis der US-GAAP oder zumindest eine **Überleitung** von Gewinn und Eigenkapital auf die US-GAAP veröffentlichen mussten. Ein solcher zweiter Abschluss bzw eine solche Überleitung ist für Unternehmen arbeitsintensiv und kostenaufwendig. Darüber hinaus kann die damit einhergehende Veröffentlichung mehrerer Ergebnisse auch zu **Missverständnissen** bei den Anlegern und dem breiten Publikum führen, wie das oben angesprochene Beispiel von Daimler-Benz zeigt (also zB die gleichzeitige Veröffentlichung eines Gewinns auf Basis HGB und eines Verlustes auf Basis US-GAAP). Um solchen Problemen entgegenzuwirken, müssen **ab 2005** grds alle börsennotierten europäischen Unternehmen verpflichtend die IAS/IFRS anwenden.

*die **EG-Richtlinien** sind an die **IAS/IFRS** angeglichen*

In der folgenden **Tabelle** sind grundlegende Unterschiede zwischen den IAS/IFRS und dem HGB dargestellt. Für eine detaillierte Diskussion dieser Unterschiede sei auf die weiterführende IAS/IFRS-Literatur im Literaturverzeichnis verwiesen. Im Buch an anderer Stelle erklärte Begriffe sind durch Querverweise gekennzeichnet.

*tabellarische **Übersicht** zu den **Unterschieden HGB** versus **IAS/IFRS***

Tab: *Zentrale Unterschiede zwischen den IAS/IFRS und dem HGB*

| Kriterien | IAS/IFRS | HGB |
|---|---|---|
| • **Zielgruppe** | Investoren, da die IAS primär als Standard für Börsennotierungen konzipiert sind | Ziel ist zwar ein Interessensausgleich zwischen mehreren Gruppen, es dominiert aber die Gläubigerschutz-Orientierung und damit die Interessen der Kreditgeber |
| • im Vordergrund stehende **Unternehmen** | primär auf börsennotierte Unternehmen ausgerichtet | auf kleine, mittlere, große sowie börsennotierte Unternehmen ausgerichtet |
| • **Transparenz** der Jahresabschlüsse | sehr hoch, da viele Informationen offen gelegt werden; auch verlangen die Investoren mehr an Informationen, um ihre Investments beurteilen zu können | niedrig, da im Vergleich zu den IAS/IFRS nur wenige Informationen verpflichtend offen gelegt werden müssen |
| • **Vorsichtsprinzip** | das →Vorsichtsprinzip ist schwach ausgeprägt; es dominieren betriebswirtschaftliche Bilanzierungs- und Bewertungsgrundsätze; im Vergleich zum HGB zeigt sich tendenziell, dass das Vermögen nach IAS/IFRS mit einem höheren Wert angesetzt wird, die Schulden (sonstige Rückstellungen, Verbindlichkeiten) hingegen mit einem niedrigeren Wert | iS der Steuerbemessungs- und der Ausschüttungsbemessungsfunktion ist das →Vorsichtsprinzip stärker ausgeprägt; dementsprechend sollen die Vermögenswerte tendenziell niedriger, die Schulden hingegen tendenziell höher angesetzt werden; Unternehmen sollen sich damit auch nicht reicher rechnen als sie sind |
| • **Marktwerte** | gewisse Vermögenswerte (zB Teile der Wertpapiere) werden nach IAS/IFRS auch zu über den →Anschaffungskosten bzw →Herstellungskosten liegenden Marktwerten im Jahresabschluss ausgewiesen; die IAS/IFRS weisen im Jahresabschluss damit auch noch nicht realisierte Erträge aus (da zB die höheren →Marktwerte der Wertpapiere ja erst bei einem Verkauf als Ertrag realisiert werden könnten) | aufgrund des Vorsichtsprinzips dürfen Vermögenswerte nach HGB nur maximal mit den →Anschaffungs- bzw →Herstellungskosten im Jahresabschluss ausgewiesen werden, nicht jedoch zu darüber liegenden →Marktwerten |
| • **Erfassung** von **Erträgen** und **Aufwendungen** | in gewissen Fällen werden die Erträge und Aufwendungen nicht über die →GuV, sondern direkt über das →Eigenkapital verrechnet (sog erfolgsneutrale Verrechnung); beispielsweise bei Teilen der Wertpapiere oder beim Wahlrecht zur Neubewertung des Sachanlagevermögens | Erträge und Aufwendungen werden im Einzelabschluss immer über die →GuV verrechnet |

| Kriterien | IAS/IFRS | HGB |
|---|---|---|
| • **Funktion(en)** des **Einzelabschlusses** | da der Einzelabschluss eine reine →Informationsfunktion hat, werden betriebswirtschaftlich-orientierte Bilanzierungs- und Bewertungsvorschriften angewandt, während das Vorsichtsprinzip in den Hintergrund tritt (siehe dazu oben das Vorsichtsprinzip und die Marktwerte) | der Einzelabschluss hat drei Funktionen: →Informations-, →Steuerbemessungs- sowie →Ausschüttungsbemessungsfunktion; ua scheidet durch die Steuer- und Ausschüttungsbemessungsfunktion der Ausweis von →Marktwerten im Jahresabschluss aus |
| • **steuerlicher Einfluss** | nicht vorgesehen; handels- und steuerrechtliche Rechnungslegung sind getrennt; da die →Maßgeblichkeit damit gelöst ist, wird neben dem handelsrechtlichen Jahresabschluss ein eigener steuerrechtlicher Jahresabschluss erstellt; der Ausweis →latenter Steuern erlangt damit an Bedeutung | die handels- und steuerrechtliche Rechnungslegung hängen über die →Maßgeblichkeit weitgehend zusammen |
| • **Regelungsdichte** | mittel/hoch | mittel |
| • **Anzahl** von **Bilanzierungs-** und **Bewertungswahlrechten** | mittel | hoch (siehe dazu die Ausführungen zur →Bilanzpolitik) |
| • ist der Standard für die **Börsennotierung in den USA** anerkannt? | nein | nein |
| • Eignung als **Basis für** die **Leistungs-** und **Kostenrechnung** | grundsätzlich ja, da betriebswirtschaftliche Bilanzierungs- und Bewertungsgrundsätze angewandt werden | nein, da die Bilanzierung und Bewertung durch →steuerliche Überlegungen beeinflusst sind und damit der Informationsgehalt des Jahresabschlusses sinkt |

Wie wir aus der obigen →**Tabelle** ersehen, unterscheidet sich die **grundsätzliche Ausrichtung** von IAS/IFRS und HGB hinsichtlich mehrerer **Kriterien**:

*Zusammenfassung der wesentlichen Unterschiede*

- **Zielgruppe des Jahresabschlusses**: Im Vordergrund steht die Frage, ob sich der Jahresabschluss primär nur auf eine Zielgruppe (wie die IAS/IFRS) oder auf mehrere Gruppen bezieht (wie das HGB):
  - So stellen die **IAS/IFRS** die Investoren in den Mittelpunkt ihrer Betrachtung. Sie gehen zwar davon aus, dass es grundsätzlich mehrere Interessentengruppen gibt, letztendlich werden aber nur die Interessen der Aktionäre (Investoren) berücksichtigt. Die IAS/IFRS rechtfertigen diese Einschränkung damit, dass sich die Informationsinteressen der

Investoren mit denen der anderen Zielgruppen (Banken, Lieferanten, Öffentlichkeit) decken.

- Im Gegensatz dazu versucht das **HGB**, die Informationsinteressen von mehreren Zielgruppen gleichzeitig zu berücksichtigen. Damit einhergehend reduziert sich aber der Informationsgehalt des HGB-Abschlusses. Es kommt zu einem „Kompromiss" der Informationsinteressen, womit der Nutzen aus Sicht der spezifischen Interessen einzelner Gruppen sinkt. Diese Überlegungen werden an anderer Stelle des Buches noch ausführlich diskutiert (→Bilanzierungs- und Bewertungsgrundsätze).

- Betreffend die **Funktion des Jahresabschlusses** muss dahin gehend unterschieden werden, ob dem Einzelabschluss nur eine reine Informationsfunktion (wie nach **IAS/IFRS**) oder zusätzlich auch eine Steuerbemessungs- und Ausschüttungsbemessungsfunktion zukommt (wie im Falle des Einzelabschlusses nach **HGB**). Hierbei gilt, dass der Informationsgehalt eines Jahresabschlusses umso mehr sinkt, je mehr Funktionen ein Jahresabschluss zu erfüllen hat. In diesem Fall kommt es - wie beim HGB - zu einem „Kompromiss" der Funktionen. Damit einhergehend sinkt auch die Eignung des Jahresabschlusses als Basis für die Leistungs- und Kostenrechnung, da die Wertansätze im Abschluss vor allem im Hinblick auf eine Optimierung der Steuerzahlungen gewählt werden. Rein betriebswirtschaftlich orientierte Bilanzierungs- und Bewertungsgrundsätze treten damit in den Hintergrund. Diese Überlegungen werden an anderer Stelle des Buches noch ausführlich diskutiert (→interne Rechnungen und →Bilanzierungs- und Bewertungsgrundsätze).

- Während nach **HGB** bei der **Bilanzierung/Bewertung** das Vorsichtsprinzip dominiert, orientieren sich die **IAS/IFRS** an einer betriebswirtschaftlich-orientierten Bilanzierung/Bewertung, um den Informationsbedürfnissen der Investoren gerecht zu werden. Dies äußert sich darin, dass nach IAS/IFRS das Vermögen im Vergleich zum HGB tendenziell höher angesetzt wird (zB durch die Bilanzierung von Teilen der Wertpapiere zu Marktwerten), das Fremdkapital hingegen niedriger. Zudem erfassen die IAS/IFRS gewisse Erträge und Aufwendungen nicht über die GuV, sondern direkt über das Eigenkapital (**erfolgsneutrale Erfassung**).

## 2.b. Interne Rechnungen (Leistungs- und Kostenrechnung)

In den vorangegangenen Punkten haben wir uns mit dem „externen" Rechnungswesen beschäftigt. Daneben existiert in den österreichischen Unternehmen aber idR auch ein sog **internes Rechnungswesen**, vor allem iS einer Leistungs- und Kostenrechnung. Zwar beschäftigt sich auch diese Leistungs- und Kostenrechnung – wie die GuV – mit dem betrieblichen Leistungserstellungsprozess, jedoch sind in diesem internen Rechnungswesen nicht die Erträge und Aufwendungen die zentralen Rechnungsgrößen, sondern die Leistungen und Kosten. Man spricht bei der internen Rechnung daher auch von der sog **Leistungs- und Kostenrechnung** (oder auch **Erlös- und Kostenrechnung**):

*GuV und **Leistungs-/Kostenrechnung** verwenden andere Größen*

- Unter **Kosten** versteht man dabei den bewerteten Verbrauch von Produktionsfaktoren für die Leistungserstellung (zB die Produktion von Konsumgütern oder die Erstellung von Dienstleistungen) und zur Aufrechterhaltung der Betriebsbereitschaft.

*Definition der **Kosten***

- Die **Leistungen** sind der Gegenbegriff zu den Kosten und repräsentieren das Ergebnis der betrieblichen Tätigkeit (zB der Erlös aus dem Verkauf von Konsumgütern oder für die Erbringung von Dienstleistungen).

*Definition der **Leistungen***

Um den Stellenwert der Leistungs- und Kostenrechnung innerhalb des betrieblichen Rechnungswesens richtig einschätzen zu können, müssen wir uns **zwei Fragen** stellen:
- Warum brauchen Unternehmen überhaupt zusätzlich zu den Erträgen und Aufwendungen noch Erlöse und Kosten?
- Darauf aufbauend müssen wir uns die Frage stellen, inwieweit die Erträge/Aufwendungen von den Erlösen/Kosten abweichen.

Für die Beantwortung der **ersten Frage** lassen wir die bisherigen Ausführungen Revue passieren. Wir haben bereits gesehen, dass der externe (handelsrechtliche) Jahresabschluss in Österreich mehrere Funktionen erfüllen muss: eine Informationsfunktion, eine Steuerbemessungsfunktion und eine Ausschüttungsbemessungsfunktion. Wir haben dabei auch gesagt, dass der Informationsgehalt des Jahresabschlusses dann verzerrt wird, wenn der Jahresabschluss mehrere Funktionen erfüllen muss. Der Jahresabschluss ist in einem solchen Fall ein „Kompromissinstrument", gleichzeitig sinkt damit auch die Eignung des Jahresabschlusses für die Zwecke der Unternehmenssteuerung. Daher sind auch die Erträge und Aufwendungen nur mehr bedingt für die Unternehmenssteuerung geeignet und müssen korrigiert werden.

*Frage: warum brauchen wir zusätzlich zu Erträgen/Aufwendungen noch Erlöse/Kosten?*

> **Hinweis**: Wir haben aber bereits gesehen, dass im Falle der →**IAS/IFRS** eine solche Beeinträchtigung in den Hintergrund tritt, da diese weitgehend betriebswirtschaftliche Bilanzierungs- und Bewertungsgrundsätze verwenden. In diesem Falle beginnen die Grenzen zwischen Jahresabschluss einerseits und Leistungs- und Kostenrechnung andererseits zu verschwimmen. **Problembereiche** in der Angleichung von internem und externem Rechnungswesen sind aber die Wiederbeschaffungskosten und die Eigenkapitalkosten.

*worin liegt der **Unterschied** zwischen **Erträgen/Aufwendungen** einerseits und **Erlösen/Kosten** andererseits?*

Wie sind nun aber die Erträge/Aufwendungen iS unserer **zweiten Frage** zu korrigieren?

Beginnen wir mit dem Aufwand. Der **Aufwand** lt handelsrechtlichem Abschluss (GuV) drückt – wie im vorangegangenen Punkt angesprochen - den im Jahresabschluss erfassten Wertverzehr (Wertverbrauch) einer Abrechnungsperiode für die Leistungserstellung aus. Dieser Verbrauch kann auf unterschiedliche Art erfolgen:

- durch Umformung von Werten (zB der Verbrauch von Rohstoffen für die Erstellung von Produkten) sowie
- ohne direkt zurechenbare Gegenwerte (zB die Zahlung von Steuern).

Zwar stellen nun auch die **Kosten** gem internem Rechnungswesen - wie die Aufwendungen - einen Wertverzehr während einer Periode dar, der für die Erstellung der Betriebsleistungen angefallen ist, es ergeben sich jedoch zwischen den Aufwendungen und den Kosten **Unterschiede im Umfang und im Wertniveau**.

*zwischen den **Aufwendungen** und den **Kosten** bestehen **vier Beziehungsebenen***

So müssen wir **vier Beziehungsebenen** zwischen Aufwendungen und Kosten unterscheiden (siehe auch die nachfolgende →**Abbildung** und die →**Tabelle**):

**Fall I**:      Die Aufwendungen und die Kosten entsprechen sich in ihrer Höhe (sog **Zweckaufwand** oder **Grundkosten**). Damit entfällt eine Überleitung der Aufwendungen auf Kosten. Die Aufwendungen werden direkt in die Kostenrechnung übernommen, beispielsweise die Löhne und Gehälter für die Angestellten.

**Fall II**:      Die Aufwendungen und die Kosten weichen umfangmäßig voneinander ab, da im Jahresabschluss ein Wertverzehr erfasst wird, der nichts mit der Erstellung der Betriebsleistungen zu tun hat (sog **neutraler Aufwand I**). Dazu zählen beispielsweise **Spenden**, aber auch der **außerordentliche Aufwand**, der zwar durch die Erstellung der Betriebsleistung verursacht worden ist, aber so außergewöhnlich ist, dass er nicht in die Kostenrechnung übernommen wird (zB Feuerschäden). Dieser neutrale Aufwand I scheint zwar in der GuV als Aufwand, nicht aber als Kosten in der Kostenrechnung auf.

**Fall III**:      Auch hier weichen - wie im Fall II - die Aufwendungen und die Kosten umfangmäßig voneinander ab. Allerdings mit dem Unterschied, dass die Aufwendungen nun - wenn auch mit einem abgeänderten Betrag - in die Kostenrechnung übernommen werden. Den Kosten steht damit ein in der Höhe abweichender Aufwand gegenüber (sog **neutraler Aufwand II** bzw **Anderskosten/kalkulatorische Kosten I**). Dazu zählen die Abschreibungen und die Wagnisse (siehe dazu die →**Tabelle**).

**Fall IV**:      Die Kosten und die Aufwendungen weichen umfangmäßig voneinander ab, da es Kosten gibt, denen kein Aufwand gegenübersteht (sog **Zusatzkosten/kalkulatorische Kosten II**). Während in der GuV somit kein Aufwand angesetzt wird, kommen in der Kostenrechnung Kosten hinzu. Dazu zählen die kalkulatorischen Zinsen auf das Eigenkapital, der kalkulatorische Unternehmerlohn und die kalkulatorischen Mieten (siehe dazu die →**Tabelle**).

Abb: *Abgrenzung von Aufwand und Kosten*

| | Gesamter Aufwand | | | | |
|---|---|---|---|---|---|
| Neutraler Aufwand I | Neutraler Aufwand II | Zweckaufwand | | | |
| Aufwand, der nicht als Kosten verrechnet wird | Aufwand, der in anderer Höhe als Kosten verrechnet wird | Aufwand, der in voller Höhe als Kosten übernommen wird | Kosten, denen Aufwand in anderer Höhe entspricht (**Anderskosten**) | Kosten, denen kein Aufwand entspricht (**Zusatzkosten**) | |
| | | **Grundkosten** | **Kalkulatorische Kosten I** | **Kalkulatorische Kosten II** | |
| | | Gesamte Kosten | | | |

kommt in der Kostenrechnung neu hinzu

scheint in der Kostenrechnung nicht mehr auf

Überleitung von Aufwand auf Kosten

In der folgenden →**Tabelle** sind zentrale Unterschiede zwischen dem handelsrechtlichen Aufwand und den kalkulatorischen Kosten angeführt:

*tabellarische **Gegenüberstellung Aufwand** versus **Kosten***

Tab: *Zentrale Unterschiede zwischen Aufwendungen und Kosten*

| Bereiche | handelsrechtlicher Abschluss | Leistungs- und Kostenrechnung |
|---|---|---|
| **Abschreibungen:** | | |
| • Abschreibungsbasis | Anschaffungskosten | Wiederbeschaffungskosten |
| • Abschreibungsdauer | iS der Maßgeblichkeit durch steuerrechtliche Vorschriften beeinflusst | rein betriebswirtschaftlich bestimmt |
| • Abschreibungsmethode | durch steuerrechtliche Vorschriften beeinflusst; steuerrechtlich ist in Österreich die lineare Methode verpflichtend vorgeschrieben | rein betriebswirtschaftlich bestimmt |
| **Zinsen** | angesetzt werden nur Fremdkapitalkosten | angesetzt werden sowohl die Fremdkapitalkosten als auch die Eigenkapitalkosten (Letztere als Opportunitätskosten iS kalkulatorischer Zinsen) |
| **Wagnisse** | die Höhe der angesetzten Wagnisse/Rückstellungen | die Höhe der angesetzten Wagnisse/Rückstellungen |

| Bereiche | handelsrechtlicher Ab-schluss | Leistungs- und Kosten-rechnung |
|---|---|---|
| | wird vom Vorsichtsprinzip beeinflusst | wird aufgrund betriebswirt-schaftlicher Kriterien be-stimmt; erfasst werden nur Einzelrisiken, nicht aber das allgemeine Unternehmerrisi-ko (dieses allgemeine Unter-nehmerrisiko kann sich bei-spielsweise in Form fehlge-schlagener Produktentschei-dungen aufgrund schlechter Konjunkturlagen oder infolge eines wirtschaftlichen Ab-schwungs zeigen; die Vor-sorge für diese Wagnisse erfolgt nicht über die Kosten-rechnung, sondern über die Gewinne eines Unterneh-mens) |
| **Unternehmerlohn** | bei Einzelunternehmen und Personengesellschaften wird kein Unternehmerlohn an-gesetzt; bei Kapitalgesell-schaften wird jedoch für die Geschäftsführer/Vorstands-mitglieder in der GuV ein Personalaufwand angesetzt | es wird auch bei Einzelunter-nehmen und Personengesell-schaften ein Unternehmer-lohn iS von Opportunitäts-kosten angesetzt |
| **Mieten** für im Privateigen-tum des Unternehmers stehende und vom Betrieb genutzte Vermögensge-genstände (zB von Lager-räumen) | bei Einzelunternehmen und Personengesellschaften wird kein Mietaufwand ange-setzt; bei Kapitalgesell-schaften wird für diese Vermögensgegenstände in der GuV jedoch ein Miet-aufwand berücksichtigt | es wird auch bei Einzelunter-nehmen und Personengesell-schaften ein Mietaufwand iS von Opportunitätskosten angesetzt |

*zwischen den **Erträgen** und den **Leistungen/Erlösen** bestehen **vier Beziehungs-ebenen***

Die Unterscheidung zwischen Erträgen und Leistungen iS von Erlösen kann nun analog zu der obigen Differenzierung von Aufwand und Kosten vorgenommen werden (siehe die folgende **Abbildung**).

So muss – analog zur Abgrenzung der Aufwendungen und Kosten – auch hier zwi-schen mehreren **Beziehungebenen** unterschieden werden:

- **Ertragsgleiche Erlöse** stammen aus dem Sachzielbereich eines Unternehmens und werden unverändert in gleicher Höhe als **Grunderlöse** in die Erlösrech-nung übernommen, beispielsweise Umsatzerlöse.
- **Neutrale Erträge I** werden in sachzielfremden Bereichen eines Unternehmens erzielt oder weichen aufgrund ihrer Periodenfremdheit oder Außerordentlichkeit von den Erlösen ab. Diese neutralen Erträge scheinen zwar in der GuV als Er-träge, nicht aber als Erlöse in der Kostenrechnung auf. Beispielsweise zählen zu

den sachzielfremden Bereichen eines Unternehmens Erträge aus der Vermietung von nicht betriebsnotwendigem Vermögen.

- **Neutrale Erträge II** bzw **kalkulatorische Erlöse I (Anderserlöse)**: Diese Erträge werden in der Erlösrechnung aufgrund von Umbewertungen durch Erlöse in anderer Höhe angesetzt. Es werden somit sowohl die GuV als auch die Erlösrechnung angesprochen, allerdings in unterschiedlicher Höhe.

- **Zusatzerlöse** werden nur in der Erlösrechnung ausgewiesen, nicht aber in der Finanzbuchhaltung als Ertrag. Zusatzerlöse wären beispielsweise Erlöse aus selbst geschaffenen immateriellen Vermögensgegenständen des Anlagevermögens, ua Patente. Da diese selbst geschaffenen Patente nach HGB nicht aktiviert werden dürfen, sind in der Erlösrechnung Zusatzerlöse anzusetzen (→immaterielle Vermögenswerte).

Abb: *Abgrenzung von Erträgen und Leistungen/Erlösen*

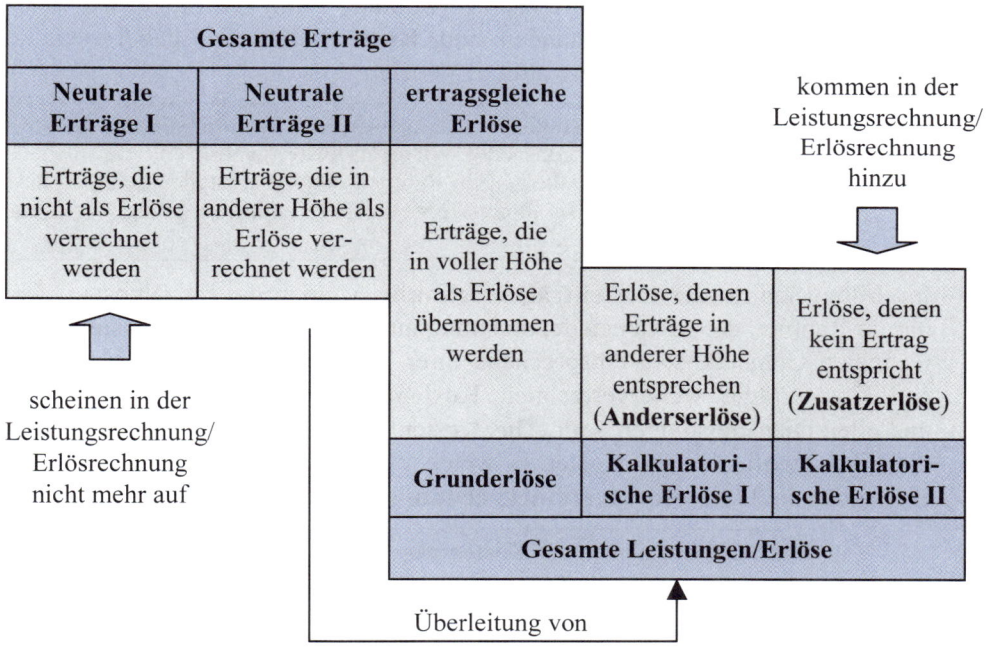

Was passiert nun mit den vom Jahresabschluss auf die Leistungs- und Kostenrechnung „übergeleiteten" Zahlen? Sind die *Kosten* der betrieblichen Leistungserstellung ermittelt, so werden sie im Rahmen der Kostenartenrechnung, der Kostenstellenrechnung und der Kostenträgerrechnung „weiterverarbeitet" (siehe auch die nachfolgende Abbildung):

*die **Daten** der Erlös- und Kostenrechnung werden „**weiterverarbeitet**"*

*Kostenartenrechnung:*
*welche Kosten sind*
*entstanden?*

- In der **Kostenartenrechnung** werden sämtliche Kosten des Leistungs- und Finanzprozesses, die – im Falle der Istkostenrechnung – in der Berichtsperiode angefallen sind, erfasst. Beispielsweise werden hier die im Rahmen der Leistungserstellung angefallenen Materialkosten und Personalkosten erfasst.

> **Hinweis**: Die **Kostenartenrechnung** entspricht im Ergebnis von der Struktur her der →**GuV** auf Basis des →**Gesamtkostenverfahrens**.

*Kostenstellenrechnung:*
*wo sind welche Kosten*
*entstanden? Kostenstellen*
*sind die **Herstellung**, die*
***Verwaltung** und der **Vertrieb***

- Im Anschluss an die Kostenartenrechnung werden in der **Kostenstellenrechnung** zuerst die Kosten in Einzel- und Gemeinkosten aufgespalten. Die **Einzelkosten** gehen hierbei unmittelbar in die an die Kostenstellenrechnung anschließende **Kostenträgerrechnung** ein. Im Gegensatz dazu werden die angefallenen **Gemeinkosten** zuerst im sog **Betriebsabrechnungsbogen (BAB)** auf die einzelnen betrieblichen Teilbereiche (Kostenstellen) aufgeteilt. Erst im Anschluss daran gehen auch die Gemeinkosten in die Kostenträgerrechnung ein.

  Insgesamt beantwortet die Kostenstellenrechnung somit die Frage, wo welche Kosten in welcher Höhe entstanden sind. **Kostenstellen** sind dabei vor allem die Bereiche „Herstellung, Verwaltung, Vertrieb".

> **Hinweis**: Die **Kostenstellenrechnung** entspricht im Ergebnis von der Struktur her der →**GuV** auf Basis des →**Umsatzkostenverfahrens**. Beispielsweise werden die Personalkosten im Rahmen der Kostenstellenrechnung dahin gehend aufgeteilt, ob sie in der Herstellung (Produktion), in der Verwaltung oder im Vertrieb angefallen sind.

*Kostenträgerrechnung:*
*Weiterverrechnung der*
*Kosten auf die Produkte*
*und/oder Dienstleistungen*

- Im dritten Schritt, der **Kostenträgerrechnung**, werden die Einzelkosten sowie die im Rahmen der Kostenstellenrechnung auf die einzelnen Kostenstellen verrechneten Gemeinkosten entsprechend ihrer Verursachung auf die verschiedenen Kostenträger weiterverrechnet. **Kostenträger** können hierbei Produkte und/oder Dienstleistungen sein. Die Kostenträgerrechnung beantwortet damit die Frage, wofür welche Kosten in welcher Höhe in der Abrechnungsperiode entstanden sind (**Kostenträgerstückrechnung** oder **Kalkulation**).

> **Hinweis**: Im Rahmen der **Kostenträgerstückrechnung** bzw der **Kalkulation** wird somit die Frage beantwortet, mit welchem Preis ein Produkt am Markt verkauft werden soll. Dazu werden auf die **Herstellkosten** (siehe dazu die davon teilweise abweichenden →Herstellungskosten) die Vertriebs- und allgemeinen Verwaltungskosten hinzugezählt, was die sog **Selbstkosten** eines Unternehmens ergibt. Wird auf diese Selbstkosten auch der Gewinnzuschlag berechnet, so erhält man den **Verkaufspreis** eines Produktes.

*Ermittlung des **Betriebser-***
***gebnisses** durch Gegen-*
*überstellung von Perioden-*
*leistung und Periodenkos-*
*ten*

Im Anschluss an die Kostenartenrechnung, die Kostenstellenrechnung und die Kostenträgerrechnung wird der **kurzfristige Betriebserfolg** (das Betriebsergebnis) ermittelt. Hierzu werden die Periodenkosten den Periodenerlösen gegenübergestellt. Basis für die Ermittlung des kurzfristigen Betriebserfolges kann sowohl das →**Gesamtkostenverfahren (GKV)** als auch das →**Umsatzkostenverfahren (UKV)** sein. Diese beiden Verfahren werden wir im Rahmen des handelsrechtlichen Jahresabschlusses noch ausführlich behandeln.

Abb: *Arbeitsschritte der periodischen Betriebsabrechnung auf Vollkostenbasis*

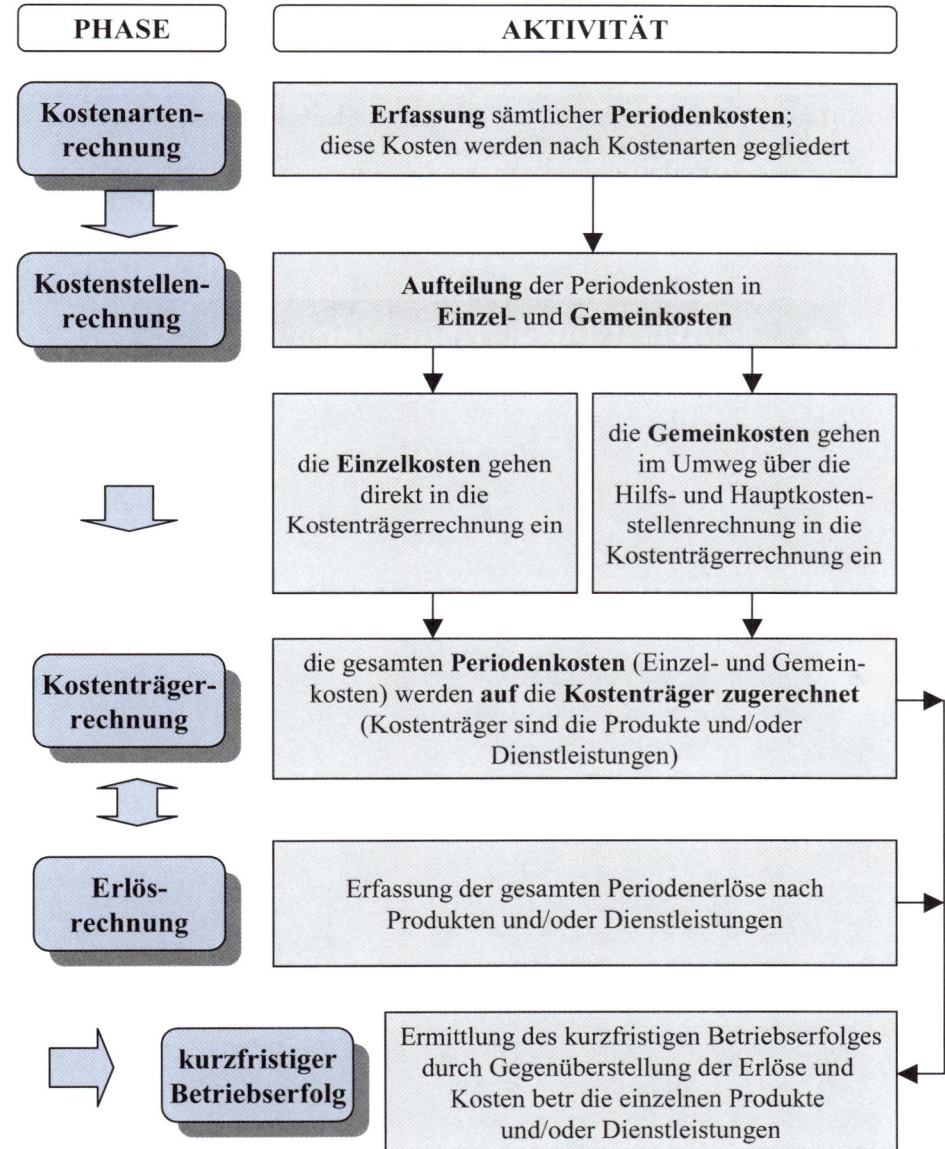

| PHASE | AKTIVITÄT |
|---|---|
| **Kostenarten-rechnung** | **Erfassung** sämtlicher **Periodenkosten**; diese Kosten werden nach Kostenarten gegliedert |
| **Kostenstellen-rechnung** | **Aufteilung** der Periodenkosten in **Einzel-** und **Gemeinkosten** |
| | die **Einzelkosten** gehen direkt in die Kostenträgerrechnung ein / die **Gemeinkosten** gehen im Umweg über die Hilfs- und Hauptkosten-stellenrechnung in die Kostenträgerrechnung ein |
| **Kostenträger-rechnung** | die gesamten **Periodenkosten** (Einzel- und Gemein-kosten) werden **auf** die **Kostenträger zugerechnet** (Kostenträger sind die Produkte und/oder Dienstleistungen) |
| **Erlös-rechnung** | Erfassung der gesamten Periodenerlöse nach Produkten und/oder Dienstleistungen |
| **kurzfristiger Betriebserfolg** | Ermittlung des kurzfristigen Betriebserfolges durch Gegenüberstellung der Erlöse und Kosten betr die einzelnen Produkte und/oder Dienstleistungen |

*Verwendung der Daten iS des **Controllings** der Kosten und der **Wirtschaftlichkeit** von Unternehmensprozessen*

Die im Rahmen der Leistungs- und Kostenrechnung ermittelten Zahlen dienen ua als Basis für das **Controlling** der Kosten und der Wirtschaftlichkeit von Unternehmensprozessen. Hierbei werden auf Basis der in der Kostenarten-, Kostenstellen- und Kostenträgerrechnung erfassten Zusammenhänge jene Prozesse in der Leistungserstellung aufgezeigt, die das Wirtschaftlichkeitsprinzip bzw vorgegebene Kostendeckungs-, Gewinn- oder Rentabilitätsziele verletzen.

> **Hinweis**: Diesbezüglich sei auf die **Kennzahlenberechnung** im Rahmen der **Analyse** in Abschnitt H. verwiesen.

Damit verbunden ist die Funktion des internen Rechnungswesens iS der **Budgetierung**, dh der Vorgabe von Erlös- und Kostenzielen.

▶ Siehe **Arbeitsbuch**: **Kontrollfragen** zu A.2.

# 3. ZENTRALE BEGRIFFE DER BUCHHALTUNG

## 3.a. Grundlagen der Verbuchung

### 3.a.1. Belege und verwendete Bücher

Wir haben bereits einleitend gesagt, dass der Jahresabschluss grundsätzlich nichts anderes darstellt als die Summe aller Geschäftsfälle eines Unternehmens für eine bestimmte Zeitperiode (idR ein Geschäftsjahr). Die **Aufgabe der Buchhaltung** besteht nun darin, diese Geschäftsfälle darzustellen, dh „zu verbuchen". Dabei sind als Geschäftsfälle all jene Tatbestände anzusehen, die zu Veränderungen von Vermögen und Kapital (→Bilanz) bzw Gewinnen und Verlusten (→GuV) führen (→Abbildungssystematik).

Abb: *Grundlagen der Verbuchung*

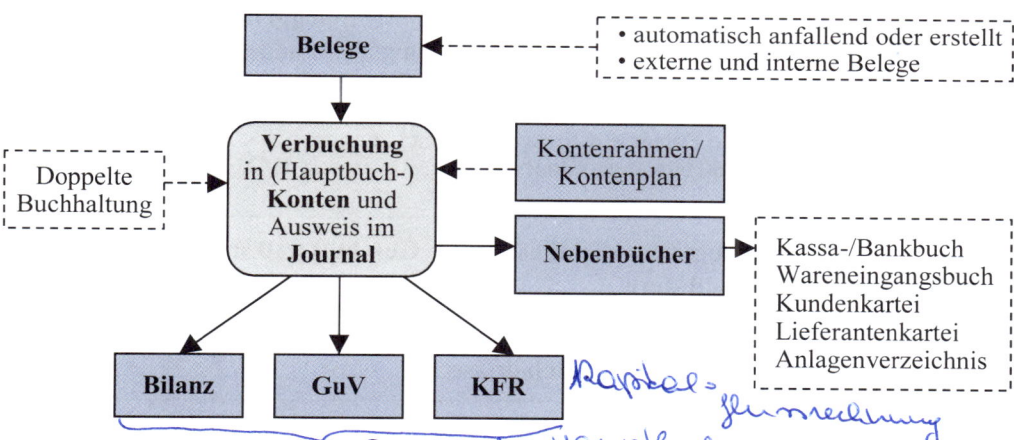

Hinweis: Die doppelte Buchhaltung ist iVm der Erfolgsermittlung über die GuV vorgesehen

Die **Grundlage** für jede **Buchung** im Jahresabschluss muss hierbei ein **Beleg** sein (→**Abbildung**).

*Grundlage für jede Buchung ist ein Beleg*

 Damit gilt auch als **zentrale Regel**: **Ohne Beleg** darf es **keine Buchung** geben.

Ein solcher **Beleg** ist eine schriftliche **Aufzeichnung** über einen bestimmten **Geschäftsfall**. Der Beleg ist damit Bindeglied zwischen einem Geschäftsfall und seiner Verbuchung im Jahresabschluss; die Verbuchung erfolgt auf den im nachfolgenden Punkt behandelten →**Konten**.

*fallen die **Belege** nicht **automatisch** an, so sind sie **anzufertigen***

Die Belege können **automatisch anfallen**, wie bei Eingangsrechnungen, Kopien von Ausgangsrechnungen oder bei Kontoauszügen. Fallen die Belege hingegen nicht automatisch an, so sind sie **anzufertigen**: zB im Falle von Buchungsanweisungen, Materialentnahmescheinen oder Belegen über Privatentnahmen.

*externe versus interne Belege*

Wir können die Belege aber auch einteilen, indem wir zwischen externen und internen Belegen unterscheiden:

- **Externe Belege** sind jene Belege, die durch Außenbeziehungen des Unternehmens entstehen, beispielsweise zu Lieferanten, Kunden oder Banken. Zu diesen externen Belegen zählen ua Eingangsrechnungen, Durchschriften von Ausgangsrechnungen, Kontoauszüge, Erlagscheinabschnitte sowie Quittungen.
- **Interne Belege** sind jene Belege, die aufgrund innerbetrieblicher Vorgänge entstehen. Dazu zählen ua Materialentnahmescheine, Inventuraufzeichnungen, Buchungsanweisungen sowie Belege über Privatentnahmen.

Aus diesen Belegen muss ersichtlich werden, wann, wo und wie diese verbucht worden sind. Hierbei werden oft **Beleggruppen** gebildet, beispielsweise die Gruppen AR (Ausgangsrechnungen), ER (Eingangsrechnungen), BA (Bankbelege) sowie BU (Buchungsanweisungen).

*Belege müssen eine gewisse Zeit aufbewahrt werden*

> **Hinweis**: Die Belege sowie die sonstigen Unterlagen des Jahresabschlusses müssen **7 Jahre** lang geordnet aufbewahrt werden (**Aufbewahrungspflicht**; § 212 HGB).

*Übersicht über die verwendeten **Bücher***

Fällt nun ein neuer Beleg an, so ist dieser neue **Geschäftsfall** in der Buchhaltung **aufzuzeichnen** (→**Abbildung**):

- Die Geschäftsfälle werden zunächst in einem **Journal** (Grundbuch, Prima nota, Tagebuch) und in einem **Hauptbuch** erfasst.

> **Hinweis**: Im **Journal** erfolgt die Erfassung der Geschäftsfälle ausschließlich in der Reihenfolge ihres zeitlichen Anfalls. Das Journal gibt somit darüber Auskunft, welche Geschäftsfälle an einem bestimmten Tag angefallen sind. Über das Journal können damit auch die einzelnen Buchungen einer Periode nachvollzogen werden. Im Gegensatz dazu werden die Geschäftsfälle im **Hauptbuch** nach dem sachlichen Inhalt der Geschäfte ausgewiesen (Informationsfunktion). EDV-mäßig erfolgt die Erfassung im Hauptbuch, das Journal erhält man als Auswertung des Hauptbuchs.

- Zusätzlich zum Journal und Hauptbuch werden **Nebenbücher** geführt. Diese Nebenbücher können sowohl aus gesetzlichen Vorschriften (zB das Anlagenverzeichnis, siehe dazu den →Anlagenspiegel) als auch aus dem Ziel einer Aufgliederung der einzelnen Konten des Hauptbuches (zB die Kundenkartei) resultieren. Zu diesen Nebenbüchern zählen ua:

Tab: *Hauptbuchkonten und die Nebenbücher*

| Hauptbuchkonto | Nebenbuch |
|---|---|
| • Kassa/Bank | **Kassa-/Bankbuch**: Erfasst werden alle Einzahlungen auf das sowie alle Auszahlungen vom Kassa-/Bankkonto. |
| • Warenvorrat | **Wareneingangsbuch**: Erfasst werden alle Einkäufe von Handelswaren, Roh-, Hilfs- und Betriebsstoffen. |
| • Lieferforderungen | **Kundenkartei**: Darin werden die Forderungen nach den einzelnen Kunden eines Unternehmens aufgegliedert. |
| • Lieferverbindlichkeiten | **Lieferantenkartei**: Darin werden die Verbindlichkeiten aus Lieferungen und Leistungen nach den einzelnen Lieferanten eines Unternehmens aufgegliedert. |
| • Anlagenkonten | **Anlagenverzeichnis (Anlagenkartei)**: Betreffend die einzelnen Vermögensgüter werden folgende Informationen aufgezeichnet: Anschaffungszeitpunkt, Anschaffungspreis, Nutzungsdauer (sofern planmäßig abschreibbar), Abschreibungsbeträge und (Rest-)Buchwert. |

## 3.a.2. Konto / Kontenrahmen - Kontenplan

> Ein **Konto** ist der kleinste Baustein in einer Buchhaltung. In diesem Konto werden die im obigen Punkt behandelten **Belege verbucht**.

Solche Konten existieren für jeden Vermögens- und Kapitalposten der Bilanz sowie für jeden Ertrags- und Aufwandsposten der GuV. Beispielsweise ein eigenes Konto für Bankguthaben, Warenvorräte, Umsatzerlöse, Materialaufwand und Personalaufwand.

Im Hinblick darauf, welchem Instrument des Jahresabschlusses dieses Konto zuzuordnen ist, müssen wir wie folgt unterscheiden (→**Abbildung**):

*Arten von Konten:*
*aktive Bestandskonten oder Vermögenskonten,*
*passive Bestandskonten oder Kapitalkonten,*
*Erfolgskonten*

- Die Konten auf der Aktivseite der Bilanz werden als **aktive Bestandskonten oder Vermögenskonten** bezeichnet. Die Konten auf der Passivseite der Bilanz sind **passive Bestandskonten oder Kapitalkonten**.
- Die Konten betr die Erträge und Aufwenden in der GuV werden als **Erfolgskonten** bezeichnet (**Ertragskonten**, **Aufwandskonten**).

> **Hinweis**: Mittels dieser Erfolgskonten wird der Erfolg eines Unternehmens hinsichtlich von Eigenkapitalminderungen (→Aufwendungen) und Eigenkapitalmehrungen (→Erträge) ermittelt.

- Mittels der sog **Abschlusskonten (Schlussbilanzkonto, GuV-Konto)** wird eine komprimierte, zusammenfassende Darstellung der Finanzbuchhaltung für eine bestimmte Rechnungsperiode bezweckt.

*die **Bestandskonten** und die **Erfolgskonten** hängen über das **Eigenkapital** zusammen*

Wir ersehen aus der →**Abbildung** auch, dass die **Bestandskonten** und **Erfolgskonten** über das **Eigenkapital** zusammenhängen. Unterstellen wir eine gegenüber dem vorangegangenen Geschäftsjahr unveränderte finanzielle Beteiligung der Eigentümer, so verändert sich das →Eigenkapital im Falle einer Gewinnsituation durch den Jahresüberschuss (Gewinn) des Geschäftsjahres abzgl der in diesem Geschäftsjahr ausgeschütteten Dividenden. Der Jahresüberschuss ist aber wiederum nichts anderes als der Saldo der auf den Ertrags- und Aufwandskonten erfassten Beträge. Die Ertrags- und Aufwandskonten stellen somit wiederum **Vorkonten/Unterkonten** des Bestandskontos „**Eigenkapital**" dar.

> **Hinweis**: Diesen Aspekt diskutieren wir im Rahmen des →**Buchungskreislaufs** ausführlich. Siehe ergänzend auch den Zusammenhang von →Bilanz und →GuV sowie die **Abgrenzung** der →Erträge und →Aufwendungen.

Die Geschäftsfälle, die zu den Veränderungen (Zugänge, Abgänge) in den diversen aktiven und passiven Bestandskonten sowie in den Ertrags- und Aufwandskonten der GuV führen, betrachten wir in **Abschnitt C.** näher.

Abb: *Übersicht über die einzelnen Konten*

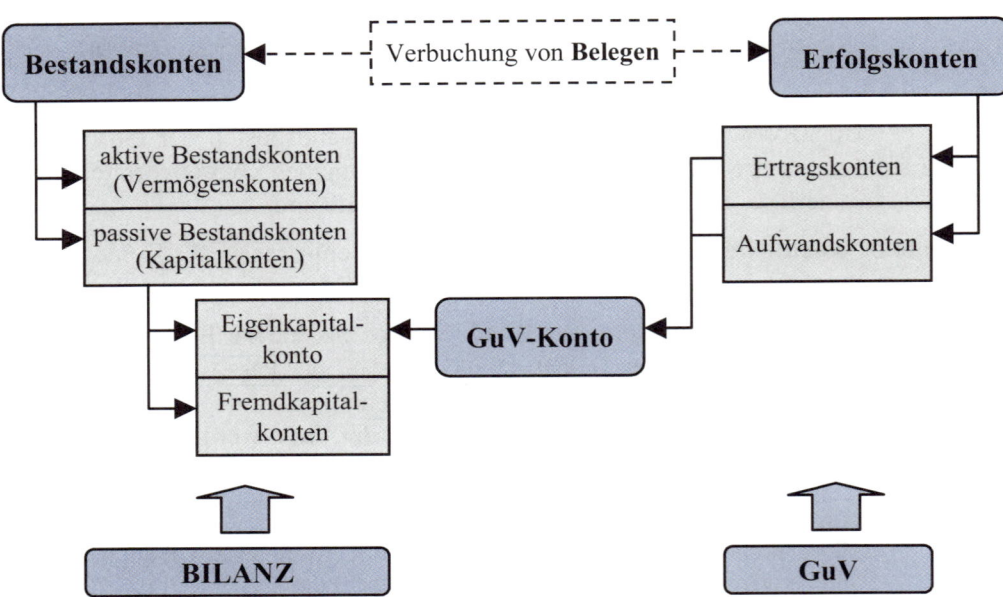

*wichtige Begriffe betr ein **Konto***

**Formal** weist jedes **Konto zwei Seiten** auf, wobei wir diesbezüglich zwischen folgenden wichtigen **Begriffen** unterscheiden müssen (diese Begriffe sind im Zusammenhang mit der nachfolgend diskutierten **Form des Kontos** zu sehen):

- **Sollseite**:      linke Seite des Kontos
- **Habenseite**:    rechte Seite des Kontos

- **Sollbuchung**: Buchung auf der Sollseite des Kontos
- **Habenbuchung**: Buchung auf der Habenseite des Kontos
- **Sollsaldo**: wenn die Sollseite größer ist als die Habenseite (der Sollsaldo steht damit auf der Habenseite)
- **Habensaldo**: wenn die Habenseite größer ist als die Sollseite (der Habensaldo steht damit auf der Sollseite)

Die Differenz zwischen der Soll- und der Habenseite eines Kontos nennt man **Saldo**. Im Falle von Bestandskonten ergibt sich der Saldo als Differenz zwischen der Summe der Sollseite (= Anfangsbestand plus Zugänge) und der Habenseite (= Abgänge). Dieser Saldo gibt an, wie viel von der Bestandsart des betrachteten Postens zu einem bestimmten Zeitpunkt vorhanden sein sollte (siehe dazu die →**Abbildung**).

*der Saldo eines Kontos ist die Differenz zwischen der Soll- und der Habenseite; allerdings ist dieser Saldo nicht direkt ersichtlich*

> **Hinweis**: Da die Zugänge und Abgänge bei einem Konto einzeln verrechnet werden, ist der aktuelle Stand eines Kontos (der Saldo) nicht direkt ersichtlich. Um diesen Saldo zu erhalten, müssen beide Seiten addiert und die Differenz gebildet werden. Zu Kontrollzwecken wird der Saldo in die kleinere Seite (im Falle von aktiven Bestandskonten die rechte Seite bzw Habenseite) eingesetzt. Da dem Saldo eine Ausgleichsfunktion zukommt, müssen die beiden Seiten eines Kontos gleich hoch sein.

Betreffend die Form eines Kontos sind **zwei Ausgestaltungen** zu unterscheiden: das T-Konto und das paginierte Konto:

*formal kann ein Konto als **T-Konto** oder als **paginiertes Konto** ausgestaltet sein*

- **T-Konto** (**zweiseitiges Konto**, das die Form des Blockbuchstabens „T" aufweist): Hier werden die Sollbuchungen auf der linken Seite, die Habenbuchungen auf der rechten Seite des Kontos eingetragen (siehe die →**Abbildung**). Das T-Konto wird zwar aus didaktischen Gründen in der Literatur, nicht aber in der Praxis angewandt.

Abb: *T-Konto (im Falle eines Sollsaldos)*

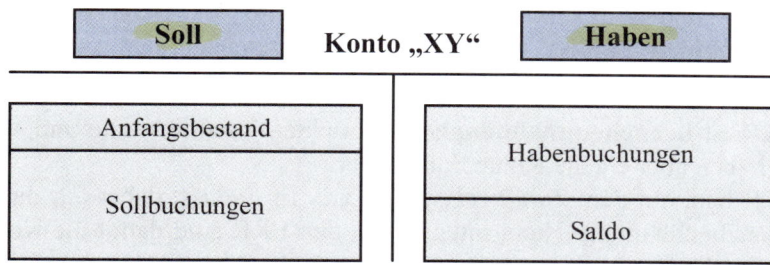

- In der **Praxis** wird das **einseitige Konto** (**paginiertes Konto**) verwendet, welches die in der →**Abbildung** dargestellte Form aufweist. In den Spalten dieses Kontos werden das Datum der Buchung, der betreffende Geschäftsfall (Beleg) sowie der Betrag iS einer Soll- oder Habenbuchung vermerkt.

Abb: *Einseitiges Konto (paginiertes Konto) im Falle eines Sollsaldos*

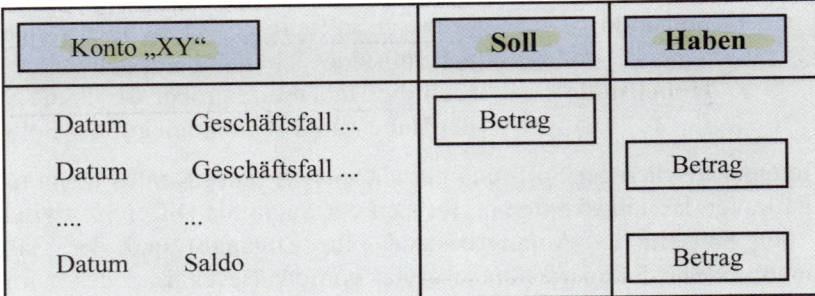

 **Gliederungsmäßig** sind die einzelnen **Konten in** einen **Kontenrahmen** bzw **Kontenplan eingebettet**, mittels derer die formale Ausgestaltung der Buchhaltung vereinheitlicht werden soll. Ein solcher Kontenplan stellt alle Konten einer Buchhaltung in einer strukturierten Form dar.

*die **Kontenrahmen** dienen der **Strukturierung** der **Buchhaltung***

Auf Basis dieses Kontenrahmens können die Unternehmen dann eine Detaillierung der einzelnen Konten vornehmen, die ihren spezifischen Bedürfnissen entspricht.

***Ausgestaltung** des Kontenrahmens: **Einkreissystem** versus **Zweikreissystem***

Hinsichtlich der Beziehung von Finanzbuchhaltung (→Jahresabschluss) und Betriebsbuchhaltung (→Leistungs- und Kostenrechnung) muss zwischen zwei Ausgestaltungen von Kontenrahmen unterschieden werden: **Einkreissysteme**, bei denen die Betriebsbuchhaltung in die Finanzbuchhaltung integriert ist und **Zweikreissysteme**, bei denen die Finanzbuchhaltung und die Betriebsbuchhaltung getrennt sind (→interne Rechnungen).

*Struktur und Merkmale des **Österreichischen Einheitskontenrahmens (EKR)***

Von der Kammer der Wirtschaftstreuhänder und dem ÖPWZ (Österreichisches Produktivitäts- und Wirtschaftlichkeitszentrum) wird der **Österreichische Einheitskontenrahmen (EKR)** empfohlen. Dieser zeichnet sich durch folgende Merkmale aus:

- Der EKR ist **branchenunabhängig** ausgerichtet. Kreditinstitute und Versicherungen haben aber eigene Kontenrahmen.
- Der EKR baut auf dem **Zweikreissystem** auf. Er umfasst daher nur die Konten der Finanzbuchhaltung. Nicht integriert in den EKR sind damit die Konten der Betriebsbuchhaltung (Leistungs- und Kostenrechnung; im Gegensatz dazu baut zB der Deutsche Gemeinschaftskontenrahmen der Industrie auf dem Einkreissystem auf; →interne Rechnungen).
- Gegliedert ist der EKR in **10 Kontenklassen (Klassen 0-9)**. Jede dieser zehn Kontenklassen kann weiter in 10 Kontengruppen untergliedert werden (00-99). Weitere Untergliederungen dieser Kontengruppen sind möglich (zB für einzelne Bankverbindungen oder einzelne Kunden). Beispielsweise könnte eine solche weitere Untergliederung wie folgt aussehen:

| **Konto 2804:** | Erläuterung: Die Zahlen dieses Kontos stehen für: |
|---|---|
| | 2: **Kontenklasse „2"**: sonstiges Umlaufvermögen |
| | 8: **Kontengruppe „28"**: Guthaben bei Banken |
| | 0: **Kontenuntergruppe „280"**: Bank Austria |
| | 4: **weitere Untergliederung**: Zweigstelle Innsbruck |

- Die 10 Kontenklassen des EKR basieren auf den **Gliederungsvorschriften des HGB** betr die Bilanz und GuV von Kapitalgesellschaften (siehe dazu den →**Anhang**). Dementsprechend sind die betrieblichen Erträge und Aufwendungen und die Finanzerträge/Finanzaufwendungen unterschiedlichen Kontenklassen zugeordnet: die betrieblichen Erträge/Aufwendungen den Kontenklassen 4-7, die Finanzerträge/-aufwendungen der Kontenklasse 8.

Abb: *Aufbau und Struktur des Österreichischen Einheitskontenrahmens (EKR)*

| Klasse | Bereich | Art der Konten | |
|---|---|---|---|
| 0 | Anlagevermögen, Aufwendungen für das Ingangsetzen und Erweitern eines Betriebes | aktive Bestandskonten | Bilanzkonten |
| 1 | Vorräte | | |
| 2 | sonstiges Umlaufvermögen aktive RAP | | |
| 3 | Rückstellungen, Verbindlichkeiten, passive RAP | passive Bestandskonten | |
| 4 | betriebliche Erträge | betriebliche Ertragskonten | GuV-Konten |
| 5 | Materialaufwand und Aufwendungen für bezogene Leistungen | betriebliche Aufwandskonten | |
| 6 | Personalaufwand | | |
| 7 | Abschreibungen und sonstige betriebliche Aufwendungen | | |
| 8 | Finanzerträge und Finanzaufwendungen, ao Erträge/ao Aufwendungen Steuern v Einkommen u Ertrag Rücklagenbewegung | Finanzerfolg, ao Erfolg Steuern | |
| 9 | Eigenkapital unversteuerte Rücklagen Einlagen stiller Gesellschafter Abschlusskonten Evidenzkonten | passive Bestandskonten Kapitalkonten Abschlusskonten | Bilanzkonten Kapitalkonten Abschlusskonten |

- Die Struktur des EKR orientiert sich im Bezug auf die betrieblichen Ertrags- und Aufwandskonten am →**Gesamtkostenverfahren**.

► Siehe **Arbeitsbuch**: **Beispiele** zu **A.3.a.2.**

### 3.a.3. Doppelte Buchhaltung

*einfache Buchhaltung:*
*der Gewinn/Verlust eines*
*Unternehmens ermittelt sich*
*als Veränderung des*
*Eigenkapitals*

Das Wesen der doppelten Buchhaltung wird deutlich, wenn diese mit einer einfachen Buchhaltung verglichen wird. Im Rahmen der **einfachen Buchhaltung** werden nur das Vermögen und die Schulden eines Unternehmens sowie deren Veränderung aufgezeichnet. Der Gewinn/Verlust eines Unternehmens ermittelt sich damit durch einen Vergleich des Reinvermögens, indem das →**Eigenkapital** von zwei aufeinander folgenden Bilanzstichtagen einander gegenübergestellt wird. Dies zeigen wir in einem nachfolgenden Punkt zur →**Erfolgsermittlung**.

*doppelte Buchhaltung :*

Wird nun diese einfache Buchhaltung insofern erweitert, als die laufenden Veränderungen des →**Nettovermögens** bzw des →**Eigenkapitals** während eines Geschäftsjahres erfasst werden, so liegt eine **doppelte Buchhaltung** vor.

⇨ Die **doppelte Buchhaltung** erweitert die **einfache Buchhaltung** um die einzelnen Veränderungen des Eigenkapitals iS der **Erfolgskonten**.

Für diese laufende Erfassung müssen die Konten der Buchhaltung erweitert werden: Wie bei der einfachen Buchhaltung sind die einzelnen **Konten** für das **Nettovermögen** zu führen, zusätzlich müssen nun aber auch die einzelnen Konten betr die **Veränderung des Eigenkapitals** geführt werden. Wie wir bereits wissen, handelt es sich bei der Veränderung des Eigenkapitals um die Ertrags- und Aufwandskonten, sofern keine Kapitalerhöhungen oder Kapitalherabsetzungen erfolgt sind.

⇨ Charakteristisch für die **doppelte Buchhaltung** ist nun, dass **jeder Geschäftsfall** sowohl im **Soll** eines Kontos wie auch im **Haben** eines Gegenkontos **gebucht** wird.

Siehe dazu auch das Beispiel im Rahmen der →**Erfolgsermittlung**.

*die **Verbuchung** auf den*
*zwei Seiten eines Kontos*
*hängt davon ab, ob es sich*
*um **Vermögens**- oder **Kapi-***
*talkonten handelt*

Wie die Verrechnung auf diesen einzelnen Konten vorzunehmen ist, hängt davon ab, ob es sich um ein Vermögens- oder um ein Kapitalkonto handelt.

Beginnen wir mit den **Vermögenskonten** (**Anlage**- und **Umlaufvermögen**):
- Auf der Sollseite (linke Seite) des Kontos werden jene Beträge ausgewiesen, die addiert werden sollen.
- Auf der Habenseite (rechte Seite) des Kontos werden jene Beträge ausgewiesen, die abgezogen werden sollen.

Die Bezeichnungen „Soll" und „Haben" leiten sich aus dem italienischen „deve dare" (soll geben) und „deve avere" (soll haben, iS von soll bekommen) ab.

*Soll : –*
*Haben : +*

Für die **Kapitalkonten (Eigen-** und **Fremdkapital)** der Bilanz ergibt sich:

- Auf der Habenseite (rechte Seite) des Kontos werden jene Beträge ausgewiesen, die addiert werden sollen.
- Auf der Sollseite (linke Seite) des Kontos werden jene Beträge ausgewiesen, die abgezogen werden sollen.

Für die **GuV-Konten** ergibt sich:

- Auf der Sollseite (linke seite) des Kontos werden die Aufwendungen ausgewiesen.
- Auf der Habenseite (rechte Seite) des Kontos werden die Erträge ausgewiesen.

Diese Abbildungsregel betr die GuV-Konten wird verständlich, wenn man berücksichtigt, dass das **GuV-Konto** ein **Unterkonto** des **Eigenkapitalkontos** ist (siehe die →**Abbildung**).

 Die **Ertrags-** und **Aufwandskonten** sind Unterkonten des Kontos „GuV". Das **GuV-Konto** wiederum ist ein Unterkonto des Eigenkapitals. Das **Eigenkapital-Konto** ist schließlich ein Konto der Bilanz.

Da das Eigenkapitalkonto auf der Habenseite der Bilanz steht, sind Erhöhungen des Eigenkapitals (Gewinne, Kapitalerhöhungen) auf der Habenseite, Abnahmen (Verluste) auf der Sollseite auszuweisen (→**Abbildung**).

Abb: *EK und Erträge/Aufwendungen*

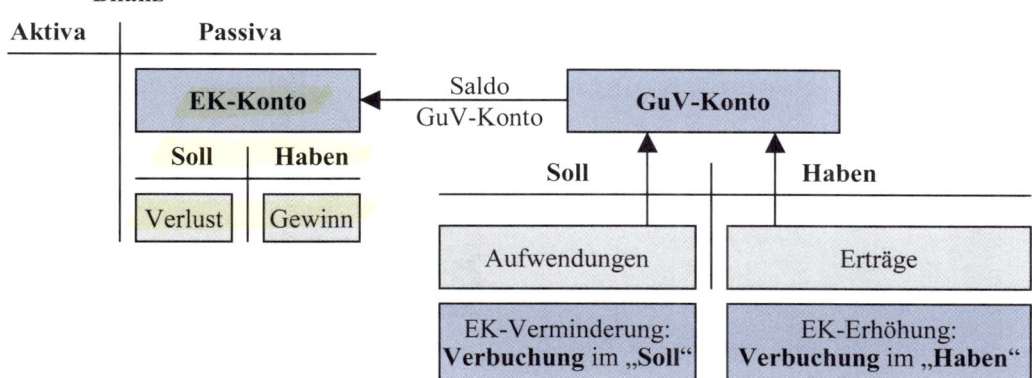

Der Zusammenhang betreffend die Erfolgskonten wird auch aus der großen →**Abbildung** noch einmal ersichtlich.

**Hinweis**: Zusätzlich werden wir das Verhältnis zwischen „Aufwendungen – Erträgen – GuV – Eigenkapital – Schlussbilanz" auch noch einmal im Rahmen des →**Buchungskreislaufes** an einem konkreten **Beispiel** erläutern.

Abb: *Abschluss der Erfolgskonten (im Falle einer Gewinnsituation, ohne Kapitalein- und rückzahlungen)*

Zusammenfassend ergeben sich damit die nachfolgend dargestellten **Buchungsregeln** betreffend die **Bilanz**.

*Buchungsregeln betr Bestandskonten*

| Kriterium | Aktive Bestandskonten | Passive Bestandskonten |
|---|---|---|
| • Anfangsbestand | Soll | Haben |
| • Zugänge | Soll | Haben |
| • Abgänge | Haben | Soll |
| • größere Seite ist die | Sollseite | Habenseite |
| • Saldo steht im | Haben | Soll |

**Beachten Sie**: Bei aktiven Bestandskonten spricht man von einem **Sollsaldo**, der aber im Haben steht. Umgekehrt spricht man bei passiven Bestandskonten von einem **Habensaldo**, der aber im Soll steht.

**Hinweis**: Siehe betreffend eine Übersicht über die aktiven und passiven Bestandskonten die **Struktur** der **Bilanz** im →**Anhang**.

Für die **GuV** ergibt sich als **Buchungsregel**:

| Kriterium | Erfolgskonten | Aufwandskonten |
|---|---|---|
| Zugang | Haben | Soll |

Die Verbuchung von Geschäftsfällen auf Konten iS von Soll und Haben sei nachfolgend an einigen Beispielen dargestellt.

*Beispiele*

**Tipp**: Für das **Verständnis** der **Buchungssätze** ist es auch hilfreich, sich die Struktur von Bilanz und GuV vor Augen zu halten. Siehe dazu die Übersicht über die Bilanz und GuV im →**Anhang** sowie zur →**GuV** insbesondere auch die Struktur der GuV in Kontoform (und nicht in Staffelform).

| Geschäftsfall[1] | betroffenes Konto | Art des Kontos | Veränderung | Verbuchung im: |
|---|---|---|---|---|
| • Bezug von Vorräten | Vorräte | aktives Bestandskonto | Zunahme | Soll |
| • die Vorräte werden verkauft | Vorräte | aktives Bestandskonto | Abnahme | Haben |
| • die Forderungen aus LL nehmen durch einen Verkauf zu | Forderungen aus LL | aktives Bestandskonto | Zunahme | Soll |
| • Aufnahme eines Bankkredits | Bankkredit | passives Bestandskonto | Zunahme | Haben |
| • Begleichung von Lieferantenverbindlichkeiten | Lieferantenverbindlichkeiten | passives Bestandskonto | Abnahme | Soll |
| • durch den Verkauf von Waren entstehen Umsatzerlöse | Umsatzerlöse | Ertragskonto | Zunahme | Haben |
| • Löhne und Gehälter werden bezahlt | Löhne/ Gehälter | Aufwandskonto | Zunahme | Soll |

Erl: [1] die Geschäftsfälle werden isoliert betrachtet; dh dass zB beim Bezug von Vorräten nur der Zugang der Vorräte und nicht auch deren Bezahlung betrachtet wird

> **Hinweis**: Siehe zur obigen Tabelle auch die entsprechenden **Buchungssätze** in Abschnitt C. des Lehrbuchs.

*bei einer doppelten Buchhaltung kann der **Erfolg** eines Geschäftsjahres **direkt** und **indirekt ermittelt** werden*

Als Konsequenz der doppelten Buchhaltung ergibt sich auch, dass der Erfolg eines Unternehmens in einem bestimmten Geschäftsjahr auf zweifache Weise ermittelt werden kann:

> Auf Basis der **doppelten Buchhaltung** kann der **Erfolg eines Geschäftsjahres** nicht nur indirekt über einen **Reinvermögensvergleich** zwischen zwei Bilanzstichtagen, sondern auch direkt über die **GuV** iS einer Gegenüberstellung von Erträgen und Aufwendungen ermittelt werden.

Abb: *Doppelte Buchhaltung*

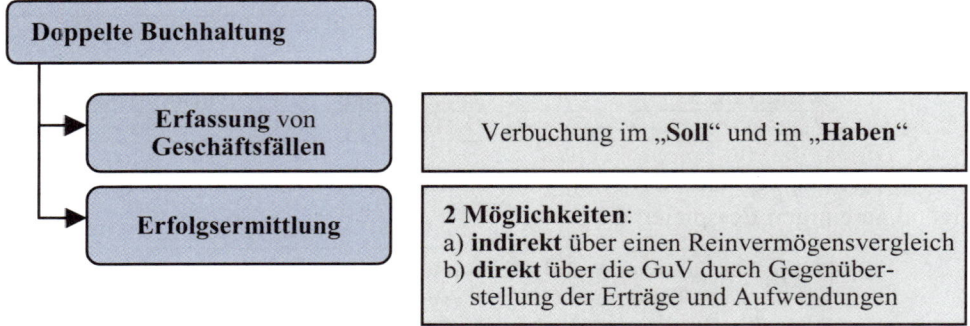

Betreffend die Erklärung dieser beiden Arten von →**Erfolgsermittlungen** sei auf den nachfolgenden Punkt verwiesen.

▶ Siehe **Arbeitsbuch**: **Beispiele** zu **A.3.a.3.**

## 3.b. Erfolgsermittlung

Die Erfolgsermittlung für eine bestimmte Periode (idR ein Geschäftsjahr) kann grundsätzlich sowohl auf Basis eines Reinvermögensvergleichs als auch auf Basis der GuV erfolgen:

*Ermittlung des Gewinns/Verlusts: durch Reinvermögensvergleich sowie durch den Saldo aus Erträgen und Aufwendungen*

- Bei einem **Reinvermögensvergleich (Eigenkapitalsvergleich, indirekte Ermittlung)** wird das Eigenkapital von zwei aufeinander folgenden Bilanzstichtagen miteinander verglichen.

> **Hinweis**: Das **Reinvermögen** entspricht dem **Eigenkapital**, da Anlagevermögen zzgl Umlaufvermögen und abzgl Fremdkapital das Eigenkapital und damit das Reinvermögen eines Unternehmens darstellt. Siehe zu dieser Beziehungsgleichung die Erklärung des →Eigenkapitals im Rahmen der →Bilanz.

Haben sich im abgelaufenen Geschäftsjahr keine Kapitalerhöhungen durch die Eigentümer sowie keine Kapitalrückzahlungen an die Eigentümer ergeben, so stellt die Differenz zwischen dem Eigenkapital zu einem Stichtag t und zu einem davor liegenden Stichtag t-1 den Erfolg eines Unternehmens dar. Bei einer **positiven Differenz** spricht man hierbei von einem **Gewinn**, bei einer **negativen Differenz** von einem **Verlust**. Diese Beziehung wird ausführlich im Rahmen der →Bilanz beim →Eigenkapital diskutiert.

Abb: *Methoden der Erfolgsermittlung*

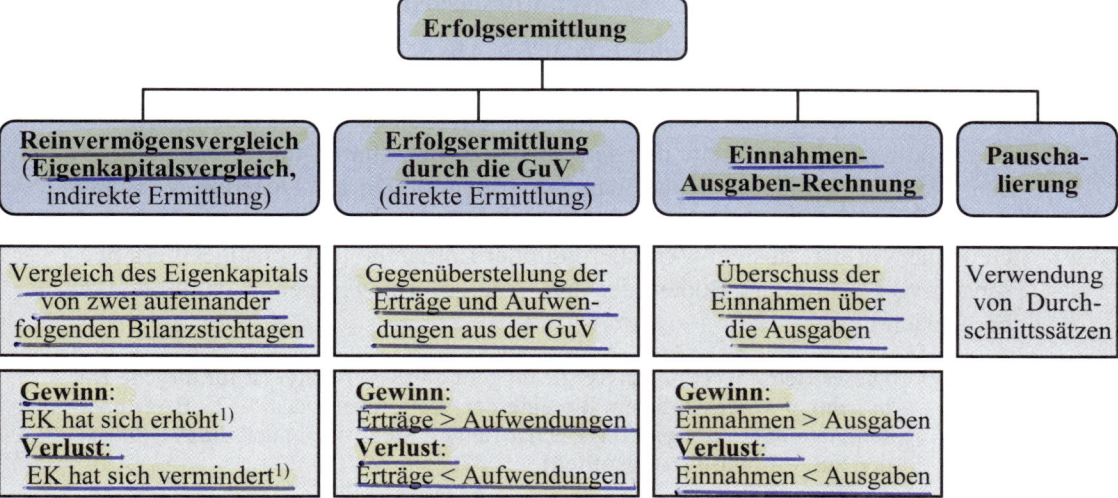

Erl: [1] unterstellt wird, dass keine Kapitalein- und keine Kapitalrückzahlungen stattgefunden haben

- Bei der **Erfolgsermittlung durch die GuV (direkte Ermittlung)** ergibt sich der Erfolg eines Geschäftsjahres als Differenz von Erträgen und Aufwendungen. Sind die Erträge höher als die Aufwendungen, so liegt ein **Gewinn** vor.

Sind die Aufwendungen hingegen höher als die Erträge, so spricht man von einem **Verlust**. Unterstellt wird hierbei, dass keine Kapitaleinzahlungen und keine Kapitalrückzahlungen stattgefunden haben. Für eine ausführliche Diskussion hierzu sei auf die Ausführungen zur →GuV verwiesen.

> **Hinweis**: Die **Erfolgsermittlung** über die **GuV** ist nur im Falle einer →**doppelten Buchhaltung** möglich.

*Beispiel zur Erfolgsermittlung*

Der Zusammenhang zwischen der direkten und der indirekten Ermittlung sei an einem einfachen Beispiel dargestellt:

- Eigenkapital per 1.1.X01: € 110.000, Eigenkapital per 31.12.X01: € 135.000
- Erträge der Periode X01: € 95.000, Aufwendungen der Periode X01: € 70.000

Als **Lösung** ergibt sich:

| indirekte Methode: Vermögensvergleich | Eigenkapital per 31.12.X01: | 135.000 |
|---|---|---|
| | abzgl Eigenkapital per 1.1.X01: | -110.000 |
| | +/- Kapitaleinzahlungen/Kapitalrückzahlungen | - |
| | **Gewinn der Periode X01:** | **+25.000** |

| direkte Methode: Ermittlung durch die GuV | Erträge der Periode X01: | 95.000 |
|---|---|---|
| | abzgl Aufwendungen der Periode X01: | -70.000 |
| | **Gewinn der Periode X01:** | **+25.000** |

Im Ergebnis ergibt sich somit sowohl nach der indirekten als auch nach der direkten Methode ein Gewinn des Geschäftsjahres X01 in Höhe von € 25.000.

*steuerrechtliche Gewinnermittlungsarten*

**Steuerrechtlich** bestehen vier **Gewinnermittlungsarten**:

- Der **Betriebsvermögensvergleich** gem § 4 Abs 1 EStG: Gewinn ist demnach der Unterschiedsbetrag zwischen dem Betriebsvermögen am Schluss des Wirtschaftsjahres und dem Betriebsvermögen am Schluss des vorangegangenen Wirtschaftsjahres, vermehrt um den Wert der Entnahmen und vermindert um den Wert der Einlagen. Wobei das Betriebsvermögen als Differenz zwischen dem Gesamtvermögen und den Schulden (= Reinvermögen) verstanden wird. Gewinne/Verluste aus der Veräußerung oder Entnahme und sonstige Wertänderungen von Grund und Boden, der zum Anlagevermögen gehört, sind nicht zu berücksichtigen.

> Dieser Betriebsvermögensvergleich gem § 4 Abs 1 EStG ist für all jene Unternehmer vorgeschrieben, die eine der Wertgrenzen des § 125 BAO überschreiten oder die freiwillig Bücher führen. Siehe dazu auch die Ausführungen zur →**Buchführungspflicht**.

- **Überschuss der Einnahmen über die Ausgaben** gem § 4 Abs 3 EStG: Gewinn ist hierbei die Differenz zwischen den tatsächlich zugeflossenen Betriebseinnahmen und den tatsächlich getätigten Betriebsausgaben. Diese Einnahmen-Ausgaben-Rechnung behandeln wir in Abschnitt F. genauer.

> Dieser Betriebsvermögensvergleich gem § 4 Abs 3 EStG ist für all jene Unternehmer möglich, welche die Wertgrenzen des § 125 BAO nicht überschreiten, aus sonstigen Gründen nicht zur Buchführung verpflichtet sind und Bücher auch nicht freiwillig führen. Siehe dazu auch die Ausführungen zur →**Buchführungspflicht**.

- **Betriebsvermögensvergleich** gem **§ 5 EStG**: Dieser Vermögensvergleich entspricht im Wesentlichen dem oben genannten Betriebsvermögensvergleich gem § 4 EStG. Allerdings sind hier nun auch die Gewinne/Verluste aus der Veräußerung oder Entnahme und sonstige Wertänderungen von Grund und Boden, der zum Anlagevermögen gehört, zu berücksichtigen.

> Der Betriebsvermögensvergleich gem § 5 EStG gilt für jene Steuerpflichtigen, deren Firma im Firmenbuch eingetragen ist und die Einkünfte aus Gewerbebetrieb (§ 23 EStG) beziehen (protokollierte Gewerbetreibende).

- Gewinnermittlung nach **Durchschnittssätzen gem § 17 EStG**: Hierbei wird die Betriebsausgabenpauschalierung angewandt. Zu deren Charakteristika zählen:

  o die **Betriebsausgaben** werden idR mit **12 % des Umsatzes** pauschaliert; eine Pauschalierung mit **6 % des Umsatzes** (höchstens jedoch € 13.200) kommt bei freiberuflichen oder gewerblichen Einkünften aus einer kaufmännischen oder technischen Beratung, einer Tätigkeit iS § 22 Z 2 EStG (Einkünfte aus sonstiger selbständiger Arbeit; ua Einkünfte aus einer vermögensverwaltenden Tätigkeit) sowie aus einer schriftstellerischen, vortragenden, wissenschaftlichen oder erzieherischen Tätigkeit zur Anwendung;

  o neben den pauschalen Betriebsausgaben dürfen noch folgende Ausgaben gesondert angesetzt werden: Ausgaben für **Vorratseinkäufe** (Waren, Rohstoffe, Halberzeugnisse, Hilfsstoffe), **Personalausgaben** (Gehälter, Löhne einschl Nebenkosten) und **Fremdlöhne**, soweit diese unmittelbar in Leistungen eingehen, die den Betriebsgegenstand des Unternehmens bilden, **Sozialversicherungsbeiträge** des Unternehmers iS § 4 Abs 4 Z 1 EStG.

> Die Pauschalierung gem § 17 EStG ist möglich für Gewerbetreibende und selbständig Tätige, für die keine Buchführungspflicht besteht, die auch nicht freiwillig Bücher führen und deren Umsätze des vorangegangenen Wirtschaftsjahres nicht mehr als € 220.000 betragen. Siehe dazu auch die Ausführungen zur →**Buchführungspflicht**.

Damit ergibt sich im Rahmen der Pauschalierung folgendes **Ermittlungsschema**:

|   | Nettoeinnahmen |
|---|---|
| - | Betriebsausgaben in Höhe von 12 % bzw 6 % der Nettoeinnahmen |
| - | Nettoausgaben für Vorräte (Waren, Roh-/Hilfsstoffe, Halberzeugnisse) |
| - | Personalausgaben (Gehälter und Löhne einschl Nebenkosten, Fremdlöhne) |
| - | Sozialversicherungsbeiträge des Unternehmers |
| = | **Steuerrechtliches Ergebnis** |

Als **Steuersätze** ergeben sich:

- Die **Körperschaftsteuer** ist die Steuer auf das Einkommen oder auf den Gesamtbetrag der Einkünfte **juristischer Personen** (→Aktiengesellschaft, GesmbH). Die Körperschaftsteuer beträgt derzeit **25 %** (§ 22 Abs 1 KStG), wobei Regelungen betreffend eine Mindeststeuer zu beachten sind.

- Die **Einkommensteuer** ist die Steuer auf das Einkommen **natürlicher Personen** und ist wie folgt gestaffelt (§ 33 Abs 1 EStG):

| Einkommen von | Einkommensteuer | Steuersatz |
|---|---:|---:|
| € 10.000 und darunter | € 0 | 0,0 % |
| € 25.000 | € 5.750 | 23,0 % |
| € 51.000 | € 17.085 | 33,5 % |
| Einkommensteile über € 51.000 | | 50,0 % |

> **Hinweis**: Bei bestimmten Unternehmen wird der im Unternehmen verbleibende, dh **nicht entnommene Gewinn**, zunächst nur mit dem **halben durchschnittlichen Einkommensteuersatz** versteuert (wobei Höchstgrenzen zu beachten sind). Nicht unter diese Begünstigung fallen die Kapitalgesellschaften (AG, GmbH) sowie jene Unternehmer, die Einkünfte aus selbständiger Tätigkeit beziehen, ua Freiberufler und Unternehmensberater (§ 11a EStG).

## 3.c. Vorsteuer und Umsatzsteuer

## 3.c.1. Übersicht

Die Umsätze von Unternehmen unterliegen idR der Umsatzsteuer (USt), welche monatlich bzw vierteljährlich an das Finanzamt abzuführen ist (§ 21 UStG). Konzipiert ist diese Umsatzsteuer als:

- **Allphasensteuer**, da jeder Unternehmer die USt vom Nettobetrag der jeweiligen Ausgangsrechnung berechnet. Die Umsatzsteuer ist somit auf jeder Stufe des Geschäftsprozesses (zB vom Erzeuger, Großhändler und Einzelhändler) zu entrichten. Diesbezüglich sei auf das Beispiel am Ende diese Punktes verwiesen.
- **Indirekte Steuer**: *Steuerträger* ist der Abnehmer der Lieferung/Leistung, da diesem die Umsatzsteuer in Rechnung gestellt wird. *Steuerzahler* ist hingegen das liefernde/leistende Unternehmen, da dieses die Umsatzsteuer an das Finanzamt bezahlt.

Grundsätzlich ist jeder steuerbare Umsatz umsatzsteuerpflichtig, sofern er nicht ausdrücklich von der Umsatzsteuer befreit ist. Bei der Frage, welche Umsätze nun genau der Umsatzsteuer unterliegen, muss somit zwischen steuerpflichtigen Umsätzen sowie echten und unechten Steuerbefreiungen unterschieden werden:

Zu den **USt-pflichtigen Umsätzen (steuerbaren Umsätzen)** zählen (§ 1 UStG):

- die **Lieferungen und sonstigen Leistungen**, die ein Unternehmer im Inland gegen Entgelt im Rahmen seines Unternehmens ausführt;
- der **Eigenverbrauch** im Inland, dh wenn ein Unternehmer im Inland Gegenstände des Unternehmens für außerhalb des Unternehmens liegende Zwecke verwendet;
- die **Einfuhr von Gegenständen aus** dem **Drittlandsgebiet** (dh alle Länder, die nicht Mitglieder der EU sind) in das Inland (Einfuhrumsatzsteuer, EUSt); ausgenommen hiervon sind die Gebiete Jungholz und Mittelberg;
- die **Einfuhr von Gegenständen aus** dem **übrigen Gemeinschaftsgebiet** (dh aus einem Mitgliedstaat der EU) in das Inland.

*welche **Umsätze** sind USt-pflichtig?*

Bestimmte Lieferungen und Leistungen unterliegen zwar nicht der Umsatzsteuer, ein Unternehmer kann jedoch die von ihm bezahlte Umsatzsteuer iS einer Vorsteuer vom Finanzamt zurückfordern (sog **echte Steuerbefreiungen**, →**Abbildung**). Zu den echten Steuerbefreiungen zählen (§ 6 Abs 1 Z 1-7 UStG):

*echte Steuerbefreiungen*

- die Ausfuhrlieferungen und die Lohnveredelungen an Gegenständen der Ausfuhr,
- die Umsätze für die Seeschifffahrt und für die Luftfahrt,
- die grenzüberschreitende Güterbeförderung,
- die Lieferung von Gold an Zentralbanken,
- die Vermittlung der obigen Leistungen.

Auch bei den **unechten Steuerbefreiungen** (→**Abbildung**) unterliegen die Lieferungen und Leistungen nicht der Umsatzsteuer. Im Gegensatz zu den echten Steuerbefreiungen darf der Unternehmer aber keine Vorsteuer geltend machen. Zu diesen unechten Steuerbefreiungen zählen ua (§ 6 Abs 1 Z 8-28 UStG):

*unechte Steuerbefreiungen*

- Leistungen der Kreditinstitute (Gewährung und Vermittlung von Krediten, Wertpapiergeschäft, Zahlungsverkehr, Einlagengeschäft);
- Umsätze von im Inland gültigen amtlichen Wertzeichen (zB Briefmarken);
- Umsätze von Grundstücken;
- Umsätze aus Versicherungsverhältnissen;
- die unmittelbar dem Postwesen dienenden Umsätze der Post und Telekom Austria AG (dh betr die Brief- und Paketbeförderung; Achtung: die Telefon- und Telegrammgebühren sowie die Entgelte für die Personenbeförderung sind jedoch umsatzsteuerpflichtig);
- Umsätze von privaten Schulen und anderen allgemein bildenden und berufsbildenden Einrichtungen (in bestimmten Fällen);
- Umsätze aus der Tätigkeit als Bausparkassenvertreter und Versicherungsvertreter;
- Umsätze der Pflege- und Tagesmütter;
- Vermietung und Verpachtung von Grundstücken (in bestimmten Fällen);
- Umsätze aus der Tätigkeit als Arzt, Dentist, Psychotherapeut, Hebamme sowie anderer Gesundheitsberufe;
- Umsätze von Kleinunternehmern (Definition siehe Glossar).

**Bemessungsgrundlage** (→**Abbildung**) für die Lieferungen und sonstigen Leistungen ist jenes **Entgelt**, das der Empfänger aufzuwenden hat, um die Lieferung oder sonstige Leistung zu erhalten. In die Bemessungsgrundlage sind somit neben dem eigentlichen Entgelt auch Zuschläge wie Verpackungskosten oder Zustellkos-

***Bemessungsgrundlage** der USt ist das Entgelt ohne USt (sog **Nettoentgelt**)* ten einzurechnen, während Rabatte und Skonto die Bemessungsgrundlage vermindern. Die Umsatzsteuer selbst zählt nicht zur Bemessungsgrundlage (§ 4 UStG).

Abb: *Übersicht über die Umsatzsteuer und Vorsteuer*

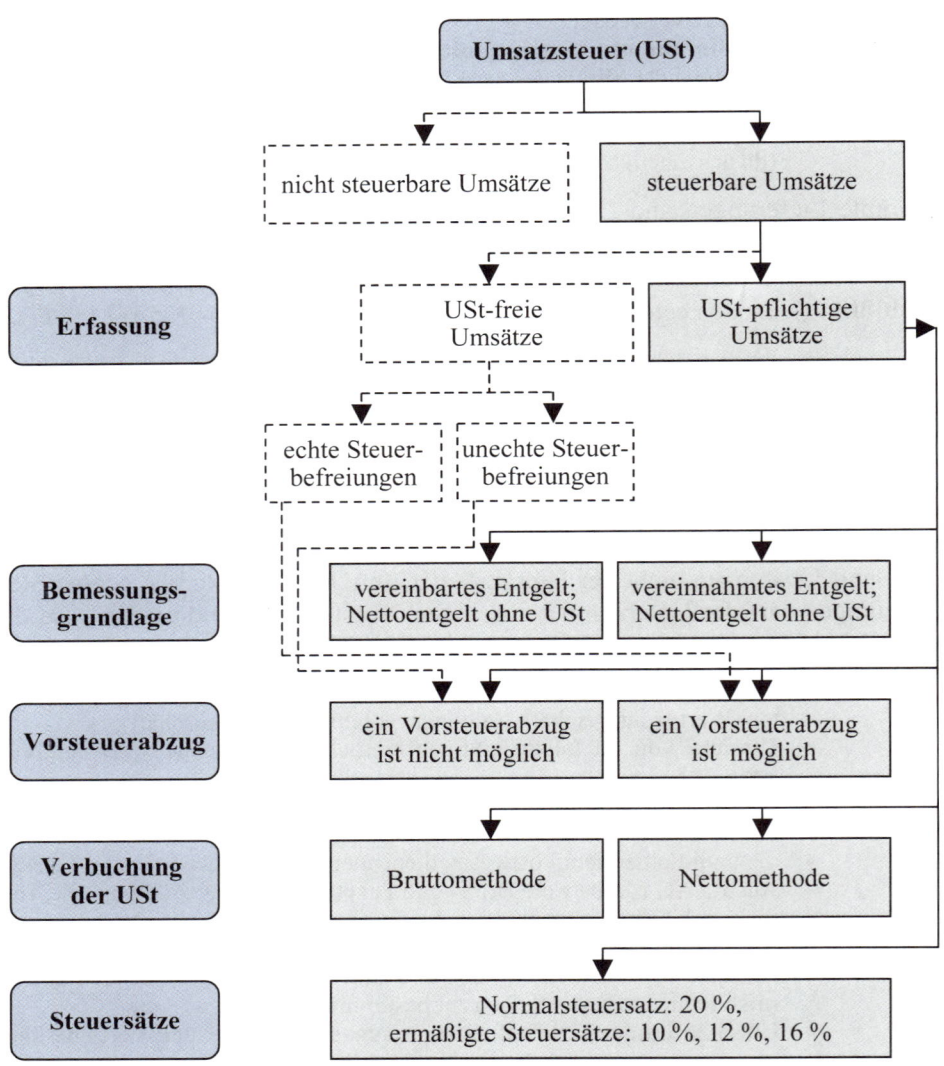

*vereinbartes Entgelt/*
*Sollbesteuerung*

Grundsätzlich ist die Umsatzsteuer auf Basis der **vereinbarten Entgelte** zu berechnen (**Sollbesteuerung**). Basis der Berechnung sind somit die in einem Monat ausgestellten Rechnungen und Barverkaufsquittungen betr die Lieferungen und sonstigen Leistungen, unabhängig davon, ob die Rechnungen schon bezahlt worden sind oder nicht.

Im Falle von Vorauszahlungen und Anzahlungen entsteht die Steuerschuld bei der Sollbesteuerung mit Ablauf jenes Monats, in dem das Entgelt vereinnahmt worden ist.

In gewissen Fällen kann die Besteuerung nicht nach vereinbarten, sondern nach **vereinnahmten Entgelten** erfolgen (**Istbesteuerung**; § 17 UStG). Beispielsweise bei Unternehmen mit Einkünften aus freiberuflicher Tätigkeit iSv § 22 EStG. In diesen Fällen wird die USt auf Basis der Zahlungseingänge berechnet und zwar unabhängig davon, wann der Zeitpunkt der Lieferung bzw die Ausführung der sonstigen Leistung gewesen und die Rechnung ausgestellt worden ist. Grundlage der Besteuerung sind die Bareinnahmen sowie Bank- und Postsparkasseneingänge für die Lieferungen und sonstigen Leistungen des Unternehmens.

*vereinnahmtes Entgelt/ Istbesteuerung*

Das UStG sieht **verschiedene Steuersätze** vor (§ 10 UStG):

*USt-Sätze: 20 % (Regel), ermäßigte Sätze: 10 %, 12 %, 16 %*

**USt 20%**: Der Normalsteuersatz für alle Lieferungen, sonstigen Leistungen, den Eigenverbrauch und die Einfuhr beträgt 20 %, sofern diese Umsätze nicht steuerfrei sind oder einem ermäßigten Steuersatz unterliegen.

**USt 10 %**: Unter den ermäßigten Steuersatz von 10 % fallen ua:

- die Lieferungen, der Eigenverbrauch sowie die Einfuhr der in der Anlage zum UStG aufgezählten Gegenstände: zB Lebensmittel (soweit nicht der ermäßigte Steuersatz von 12 % zur Anwendung kommt), land- und forstwirtschaftliche Produkte, Waren des Buchhandels;
- die Umsätze aus der Tätigkeit als Künstler;
- die Beherbergung in eingerichteten Wohn- und Schlafräumen und die regelmäßig damit verbundenen Nebenleistungen, wobei als Nebenleistung auch die Verabreichung eines ortsüblichen Frühstücks anzusehen ist, wenn der Preis hierfür im Beherbergungsentgelt enthalten ist;
- die Nutzungsüberlassung von Grundstücken für Campingzwecke;
- die Personenbeförderung mit Verkehrsmitteln aller Art (Bahn, Straßenbahn, Seilbahn).

**USt 12 %**: Unter den ermäßigten Steuersatz von 12 % fallen:

- die Lieferungen und der Eigenverbrauch von Wein und von anderen gegorenen Getränken, die innerhalb eines landwirtschaftlichen Betriebes im Inland erzeugt wurden, soweit der Erzeuger die Getränke im Rahmen seines landwirtschaftlichen Betriebes selbst liefert oder für Eigenverbrauchszwecke entnimmt.

**USt 16 %**: Unter den ermäßigten Steuersatz von 16 % fallen grundsätzlich

- die Umsätze in den Gemeinden Jungholz und Mittelberg betr Unternehmer, die einen Wohnsitz (Sitz), gewöhnlichen Aufenthalt oder eine Betriebsstätte in diesen Gebieten haben.

Den Unternehmen steht idR sein sog **Vorsteuerabzug** zu. Mittels dieses Vorsteuerabzugs darf sich ein Unternehmen die Vorsteuer (dh die USt der Eingangsrechnungen) abziehen, die von einem anderen Unternehmen für die Erbringung einer Lieferung oder sonstigen Leistung an das eigene Unternehmen in einer gem UStG ordnungsgemäßen Rechnung (siehe dazu die nachfolgenden Ausführungen) ausgewiesen ist (§ 12 UStG).

*idR steht den Unternehmen ein **Vorsteuerabzug** zu*

Die **Vorsteuer** ist jene Umsatzsteuer, die einem Unternehmen von einem anderen Unternehmen für die von Letzterem erbrachten Lieferungen oder sonstigen Leistungen in Rechnung gestellt wird.

Der Unternehmer zahlt über diesen Vorsteuerabzug somit nur mehr die Differenz zwischen Umsatzsteuer und Vorsteuer (die sog Zahllast) an das Finanzamt. Da dies der Umsatzsteuer auf den Mehrwert entspricht, wird die Umsatzsteuer im Sprachgebrauch oft auch als **Mehrwertsteuer (MWSt)** bezeichnet. Diesbezüglich sei auch auf das nachfolgende Beispiel verwiesen.

Ein wirtschaftlicher Zusammenhang muss bei diesem Vorsteuerabzug nicht gegeben sein. Die Vorsteuer muss damit nicht dem selben Geschäftsfall wie die Umsatzsteuer angehören. So können beispielsweise die Vorsteuern aus dem Bezug von Fachliteratur mit der Umsatzsteuer aus dem Verkauf von Produkten verrechnet werden.

*Voraussetzungen für einen Vorsteuerabzug*

**Voraussetzungen** für einen solchen **Vorsteuerabzug** sind (§ 11 UStG):

- der Empfänger der Lieferung oder sonstigen Leistung muss Unternehmer sein,
- es muss eine den gesetzlichen Bestimmungen entsprechende Rechnung vorliegen,
- der Unternehmer darf nicht unecht steuerbefreit sein.

Ein **Vorsteuerabzug** ist jedoch idR **nicht möglich** für die Anschaffung, die Miete und den Betrieb von Personenkraftwagen, Kombinationskraftwagen sowie Krafträdern. Ausnahmen bestehen jedoch für Fahrschulkraftfahrzeuge, Vorführkraftfahrzeuge und Kraftfahrzeuge, die ausschließlich zur gewerblichen Weiterveräußerung bestimmt sind, sowie Kraftfahrzeuge, die zu mindestens 80 % der gewerblichen Personenbeförderung oder der gewerblichen Vermietung dienen.

**Betreffend** die **Rechnungen** trennt das UStG zwischen Rechnungen über und Rechnungen unter € 150 Gesamtbetrag (§ 11 UStG):

- **Rechnungen über € 150** müssen enthalten:
  1) Name und Anschrift des liefernden oder leistenden Unternehmens;
  2) Name und Anschrift des Abnehmers der Lieferung oder des Empfängers der sonstigen Leistung;
  3) Menge und handelsübliche Bezeichnung der gelieferten Gegenstände bzw Art und Umfang der sonstigen Leistung;
  4) Tag der Lieferung oder der sonstigen Leistung oder der Zeitraum, über den sich die sonstige Leistung erstreckt;
  5) Entgelt für die Lieferung oder sonstige Leistung und den anzuwendenden Steuersatz bzw im Falle einer Steuerbefreiung einen Hinweis, dass für diese Lieferung oder sonstige Leistung eine Steuerbefreiung gilt;
  6) den auf das Entgelt entfallenden Steuerbetrag;
  7) zusätzlich hat die Rechnung folgende Angaben zu enthalten: das Ausstellungsdatum; eine fortlaufende Nummer mit einer oder mehre-

ren Zahlenreihen, die zur Identifikation der Rechnung einmalig vergeben wird; die dem Unternehmer vom Finanzamt erteilte Umsatzsteuer-Identifikationsnummer.

- **Rechnungen bis zu € 150** müssen nur enthalten:

  1) Name und Anschrift des liefernden oder leistenden Unternehmens;
  2) Menge und handelsübliche Bezeichnung der gelieferten Gegenstände bzw Art und Umfang der sonstigen Leistung;
  3) Tag der Lieferung oder der sonstigen Leistung oder der Zeitraum, über den sich die sonstige Leistung erstreckt;
  4) Entgelt und Steuerbetrag für die Lieferung oder sonstige Leistung in einer Summe;
  5) Steuersatz.

Mit der Möglichkeit des Vorsteuerabzugs hat ein Unternehmen damit nur mehr jene Umsatzsteuer zu entrichten, die sich als Differenz zwischen der USt auf die Umsätze und die abziehbare Vorsteuer ergibt. Ist die USt höher als die Vorsteuer, so ergibt sich eine **Zahllast**, die an das Finanzamt zu entrichten ist. Im umgekehrten Fall ergibt sich eine **Gutschrift**.

*Zahllast:*
*USt > Vorsteuer*
*Gutschrift:*
*Vorsteuer > USt*

Der Unternehmer hat die Zahllast für jeden Umsatzsteueranmeldungszeitraum (Monat/Quartal) an das Finanzamt abzuführen (§ 21 UStG).

- Die Zahllast ist **idR für jeden Monat**, spätestens am 15. des zweitfolgenden Monats zu entrichten.
- Zusätzlich hat bei einem monatlichen Voranmeldungszeitraum der Unternehmer bis zum 15. Dezember eines jeden Kalenderjahres eine **Sondervorauszahlung** in Höhe von einem Elftel der Summe der entrichteten bzw vorangemeldeten oder festgesetzten Vorauszahlungen abzgl der Überschüsse für September des vorangegangenen Kalenderjahres bis August des laufenden Kalenderjahres zu entrichten; diese Sondervorauszahlung ist auf die Vorauszahlung für den Voranmeldungszeitraum November des laufenden Kalenderjahres (Fälligkeit 15. Jänner des Folgejahres), frühestens aber am 15. Jänner des folgenden Kalenderjahres anzurechnen; die Sonderzahlung entfällt, wenn sie € 750 nicht übersteigt.
- **Unternehmer**, deren **Umsätze** im vorangegangenen Kalenderjahr **€ 22.000** nicht überstiegen haben, können als Voranmeldungszeitraum auch das **Kalendervierteljahr** wählen (zB ist damit für das 1. Kalendervierteljahr die Voranmeldung spätestens am 15. Mai zu entrichten).

Im Falle einer Gutschrift muss eine Umsatzsteuervoranmeldung beim Finanzamt eingereicht werden. Der Vorsteuerüberhang kann vom Finanzamt zurückverlangt werden.

In der →**Abbildung** ist ein Beispiel für einen solchen Vorsteuerabzug angeführt. Es wird hierbei angenommen, dass ein Produzent selbst erstellte Erzeugnisse an einen Großhändler verkauft, die dieser an einen Einzelhändler und dieser wiederum an einen Konsumenten weiterverkauft. Vereinfachenderweise vernachlässigen wir einen allfälligen Vorsteuerabzug des Produzenten.

*ein **Beispiel** zum* ***Vorsteuerabzug***

Der Großhändler, der Einzelhändler und der Konsument zahlen als Rechnungsbetrag jeweils den Verkaufspreis inkl USt. Der Großhändler bezahlt somit einen

Rechnungsbetrag von € 12.000, der Einzelhändler von € 16.800 sowie der Konsument von € 24.000. Nun nehmen wir an, dass dem Großhändler und dem Einzelhändler ein **Vorsteuerabzug** zusteht. Damit bezahlt der **Großhändler** an das Finanzamt nur mehr die **Zahllast** in Höhe von 800 (Erl: USt 2.800 abzgl der VSt 2.000), der **Einzelhändler** eine **Zahllast** in Höhe von 1.200 (Erl: USt 4.000 abzgl der VSt 2.800).

Obwohl auf den einzelnen Stufen USt in Höhe von € 8.800 bezahlt worden ist, fließt infolge des Vorsteuerabzugs (€ 4.800) dem Finanzamt somit insgesamt nur eine Zahllast von € 4.000 zu. Diese Zahllast von € 4.000 entspricht genau der USt vom Nettoentgelt des Einzelhändlers (dh 20 % v 20.000) bzw der USt, die der Konsument zu tragen hat.

Abb: *Beispiel zur Verrechnung der Umsatzsteuer und Vorsteuer*

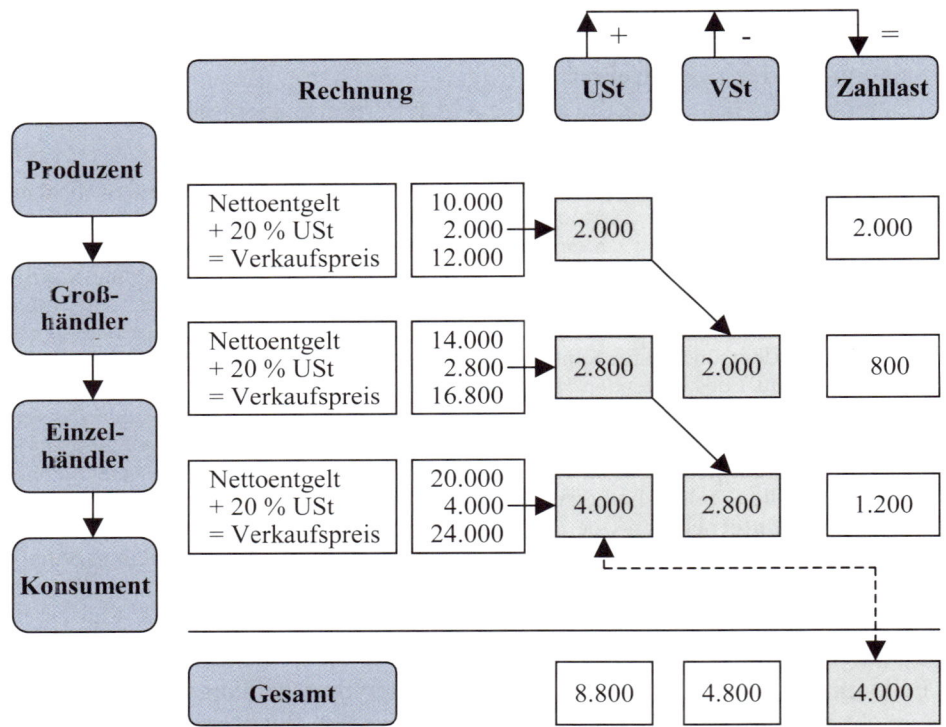

***Regelungen*** *betr den*
***EU-Binnenmarkt***

Hinsichtlich der Lieferungen und Leistungen zwischen Österreich und anderen EU-Mitgliedstaaten ist zwischen folgenden Gebieten zu unterscheiden:

- das **Gemeinschaftsgebiet** umfasst alle EU-Staaten,
- das **übrige Gemeinschaftsgebiet** umfasst alle EU-Staaten mit Ausnahme Österreichs,
- zum **Drittlandsgebiet** zählen alle Staaten mit Ausnahme der EU-Staaten.

Betr Lieferungen und Leistungen innerhalb des Gemeinschaftsgebiets sind die folgenden Regelungen zu beachten (sog **Binnenmarktregelung**; siehe dazu den Anhang zum UStG):

- Der **Umsatzsteuer** unterliegt auch der innergemeinschaftliche Erwerb im Inland gegen Entgelt.
- Die Binnenmarktregelung orientiert sich grundsätzlich am **Bestimmungsland-prinzip**.

> Nach dem **Bestimmungslandprinzip** erfolgt die Besteuerung der Lieferungen idR im Einfuhrstaat. Nach dem **Ursprungslandprinzip** werden die Lieferungen in jenem Staat versteuert, in dem die Lieferungen gekauft werden.

- **Lieferungen und sonstige Leistungen zwischen Unternehmen**: Liegen bei einer innergemeinschaftlichen Lieferung die im UStG genannten Voraussetzungen vor, so ist die Lieferung von der Umsatzsteuer befreit.
- Für den innergemeinschaftlichen Handel benötigen die Unternehmen die sog **Umsatzsteuer-Identifikationsnummer** (**UID**): So kann ein Unternehmen nur dann an ein anderes Unternehmen innerhalb der EU steuerfrei liefern, wenn der Erwerber seine UID-Nummer bekannt gegeben und der Lieferer deren Gültigkeit überprüft hat. Die UID-Nummer beginnt in Österreich grundsätzlich mit „ATU........“; „AT“ steht hierbei für Österreich, „U“ für Umsatzsteuer. Danach folgt eine achtstellige Ziffernkombination.
- **Lieferungen an Privatpersonen**: Im Falle von **Abhollieferungen** wird die Umsatzsteuer in jenem EU-Staat entrichtet, in dem die Privatperson die Ware einkauft (**Ursprungslandprinzip**). Im Falle von **Beförderungen/Versendungen** ist die Umsatzsteuer grundsätzlich im Bestimmungsland zu bezahlen, sofern der Betrag der sog „Lieferschwelle“ überschritten wird. Wird diese Lieferschwelle nicht überschritten, so erfolgt die Besteuerung idR im Ursprungsland.

## 3.c.2. Berechnung und Verbuchung

In Rechnungen kann die Umsatzsteuer sowohl einzeln ausgewiesen als auch im Rechnungsbetrag inkludiert sein. Im letzteren Fall ist die Umsatzsteuer aus dem Rechnungsbetrag herauszurechnen. Hierbei ergibt sich:

*Berechnung des USt-Betrages*

$$USt = \frac{Betrag\,(inkl\,USt)}{(100 + USt(\%))} \times USt(\%)$$

Nehmen wir zB an, dass der Rechnungsbetrag € 1.200 beträgt und dass darin 20 % USt enthalten sind, so ergibt sich die USt wie folgt:

$$USt = 200 = \frac{1.200}{(100 + 20)} \times 20$$

*Verbuchung der USt*

Bei der Verbuchung der Umsatzsteuer und Vorsteuer ist zwischen folgenden Konten zu unterscheiden:

- **Vorsteuer**: Konto „25..", Forderungen gegen das Finanzamt aus Vorsteuer.
- **Umsatzsteuer**: Konto „35..", Verbindlichkeiten an das Finanzamt aus Umsatzsteuer.
- **Zahllast**: Konto „35..".

Die Verbuchung der Umsatzsteuer kann hierbei nach der Nettomethode oder nach der Bruttomethode erfolgen, wobei jedoch in der **Praxis** idR die **Nettomethode** angewandt wird:

*bei der Nettomethode wird die USt sofort auf dem entsprechenden Konto verbucht*

- Bei der **Nettomethode** wird die Umsatzsteuer für jeden Geschäftsfall sofort auf dem entsprechenden Steuerkonto verbucht.
  Im Falle eines Vorratsbezugs in Höhe von € 10.000 zzgl 20 % USt, der durch Banküberweisung beglichen wird, lautet der Buchungssatz somit:

| HW-Vorrat (16..) *10.000* | / | Bank (28..) *12.000* |
|---|---|---|
| Vorsteuer (25..) *2.000* | | |

*bei der Bruttomethode wird die USt erst am Monatsende auf das entsprechende Konto umgebucht*

- Bei der **Bruttomethode** wird die Umsatzsteuer hingegen zuerst auf den betreffenden Konten erfasst und erst am Monatsende umgebucht.
  Im obigen Falle eines Vorratsbezugs in Höhe von € 10.000 zzgl 20 % USt, der durch Banküberweisung beglichen wird, lauten die Buchungssätze somit nun:

| HW-Vorrat (16..) *12.000* | / | Bank (28..) *12.000* |
|---|---|---|

sowie am Monatsende:

| Vorsteuer (2500) *2.000* | / | HW-Vorrat (1600) *2.000* |
|---|---|---|

*Buchungssätze am Monats-/Quartalsende betr die Netto- und Bruttomethode*

Zusätzlich müssen am **Monats-/Quartalsende** sowohl bei der **Netto-** als auch bei der **Bruttomethode** die folgenden **Buchungen** vorgenommen werden:

- für die Umbuchung/den **Abschluss** des **Umsatzsteuerkontos**:

| USt (35..) | / | FA-Zahllast (35..) |
|---|---|---|

- für die Umbuchung/den **Abschluss** des **Vorsteuerkontos**:

| FA-Zahllast (35..) | / | Vorsteuer (25..) |
|---|---|---|

- für die **Bezahlung** einer **Zahllast** an das Finanzamt:

| FA-Zahllast (35..) | / | Zahlungsmittel (27.., 28..) |
|---|---|---|

*zusammenfassende Abbildung*

Die zentralen Begriffe und Behandlungen betr die Umsatzsteuer und Vorsteuer sind in der →**Abbildung** am Beginn der Ausführungen zur Umsatzsteuer und Vorsteuer noch einmal zusammengefasst.

► Siehe **Arbeitsbuch**: **Kontrollfragen zu A.3.**

# B. INSTRUMENTE DES JAHRESABSCHLUSSES

| | |
|---|---|
| **Lernziele:** | In diesem Abschnitt werden die Grundlagen der zentralen Instrumente des Jahresabschlusses vermittelt. Behandelt werden die Bilanz, GuV und die Kapitalflussrechnung (das Cashflow-Statement). Zusätzlich soll aufgezeigt werden, wann welche Geschäftsfälle in Bilanz, GuV und/oder Kapitalflussrechnung abgebildet werden. Die konkrete Verbuchung dieser Geschäftsfälle erfolgt dann in Abschnitt C. |

# 1. ÜBERBLICK ÜBER DIE EINZELNEN INSTRUMENTE DES JAHRESABSCHLUSSES

Im Folgenden sollen die Grundlagen der zentralen Instrumente des Jahresabschlusses diskutiert werden. Zu diesen Instrumenten zählen die Bilanz, GuV und die Kapitalflussrechnung.

*Ziel der folgenden Ausführungen*

## 1.a. Bilanz

### 1.a.1. Aufgabe und Funktion

Um die Aufgabe und Funktion der Bilanz besser erklären zu können, nehmen wir folgende Bilanz an (Hinweis: Diese Bilanz entspricht auch der Bilanz in der Fallstudie in →Abschnitt G.; Rundungen können Differenzen ergeben):

*Annahmen*

Tab: *Schlussbilanz eines Unternehmens im GJ X03 (mit Vorjahreszahlen)*

| Aktiva | 31.12.X02 | 31.12.X03 | Passiva | 31.12.X02 | 31.12.X03 |
|---|---|---|---|---|---|
| **Anlagevermögen** | **27.150** | **28.825** | **Eigenkapital** | **25.996** | **30.694** |
| **Sach-AV** | **18.150** | **19.825** | Grundkapital | 14.000 | 14.000 |
| Grundstücke | 2.000 | 2.000 | Kapitalrücklage | 7.000 | 7.000 |
| Gebäude | 4.750 | 4.625 | Gewinnrücklage | 4.796 | 9.194 |
| Maschinen | 9.600 | 12.000 | Bilanzgewinn | 200 | 500 |
| B/G-Ausstattung | 1.800 | 1.200 | **Rückstellungen** | **850** | **2.018** |
| **Finanz-AV** | **9.000** | **9.000** | Garantierückstellung | 315 | 385 |
| Beteiligungen | 9.000 | 9.000 | Steuerrückstellung | 535 | 1.633 |
| **Umlaufvermögen** | **18.646** | **21.826** | **Verbindlichkeiten** | **19.000** | **18.000** |
| RHB-Stoffe | 1.760 | 2.210 | Bankkredite | 15.000 | 13.000 |
| Erzeugnisse | 7.500 | 9.800 | Lieferantenvbdl | 4.000 | 5.000 |
| Forderungen LL | 8.550 | 9.025 | | | |
| Wertpapiere | - | 100 | | | |
| Bank, Kassa | 836 | 691 | | | |
| **aRAP** | **50** | **60** | | | |
| **Bilanzsumme** | **45.846** | **50.711** | **Bilanzsumme** | **45.846** | **50.711** |

Diese Bilanz werden wir nun hinsichtlich verschiedener Kriterien diskutieren:

## ▶ Stichwort „Aufgabe/Struktur der Bilanz"

*Aufgabe der Bilanz:*
*Darstellung von Vermögen*
*und Kapital*

Im Sinne der statischen Interpretation wird die Bilanz als eine stichtagsbezogene Gegenüberstellung von Vermögen (dh Investitionen) und Kapital (dh Finanzierung) eines Unternehmens verstanden. IdR erfolgt diese Gegenüberstellung auf den Stichtag 31.12.

> Die **Bilanz** bildet hierbei auf der einen Seite (**Aktivseite**) die Mittelverwendung und damit das Vermögen eines Unternehmens ab, auf der anderen Seite (**Passivseite**) die Mittelherkunft und damit die Finanzierungsmittel.

*die **Aktivseite** der Bilanz*
*zeigt die **Mittelverwen-***
***dung**, die **Passivseite** die*
***Mittelherkunft***

Die Struktur der Bilanz ergibt sich somit wie folgt (siehe auch die →**Abbildung**):
- Die **Aktivseite** („linke" Seite) der Bilanz zeigt die **Mittelverwendung** auf. Hieraus wird ersichtlich, in welche Vermögenswerte ein Unternehmen seine finanziellen Mittel investiert hat.
  In unserem →**Beispiel** sind dies ua Grundstücke, Gebäude, Maschinen, Betriebs- und Geschäftsausstattung, Wertpapiere, Beteiligungen und Vorräte.
- Die **Passivseite** („rechte" Seite) der Bilanz zeigt die **Mittelherkunft** auf. Hieraus wird ersichtlich, woher die finanziellen Mittel eines Unternehmens kommen, damit ein Unternehmen zB in Grundstücke, Gebäude und Maschinen investieren sowie Vorräte kaufen konnte.
  In unserem →**Beispiel** hat sich das Unternehmen mit Eigenkapital sowie Fremdkapital (Verbindlichkeiten, Rückstellungen) finanziert.

Abb: *Struktur der Bilanz*

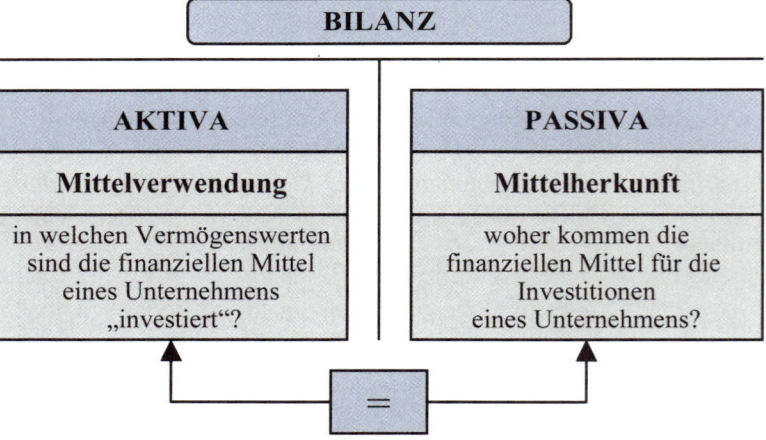

*die **Summe** der **Aktiva** muss*
*zu jedem Zeitpunkt **gleich***
***hoch wie** die **Summe** der*
***Passiva** sein*

Für die Struktur der Bilanz gilt ein **zentrales Prinzip**: Zu jedem Zeitpunkt muss die Summe der Mittelverwendungen gleich hoch wie die Summe der Mittelherkünfte sein. Damit muss auch zu jedem Zeitpunkt die Summe der Aktiva gleich hoch wie die Summe der Passiva sein.

> Da die Bilanz auf der **Aktivseite** die **Mittelverwendung** und auf der **Passivseite** die **Mittelherkunft** eines Unternehmens zeigt, müssen die **Aktiv-** und **Passivseite** einer Bilanz **stets gleich groß** sein. Damit muss die Summe aller Vermögensposten zu jedem Zeitpunkt (Bilanzstichtag) auch gleich groß sein wie die Summe aller Finanzierungsmittel.

Für unser →**Beispiel** gilt damit, dass am Ende des GJ X03 sowohl die Summe der Mittelverwendung als auch die Summe der Mittelherkünfte mit € 50.711 gleich hoch ist. →Anlagevermögen in Höhe von € 28.825, →Umlaufvermögen von € 21.826 sowie aktive →Rechnungsabgrenzungen von € 60 wurden mit →Eigenkapital von € 30.694 sowie →Fremdkapital von 20.018 (davon →Rückstellungen € 2.018 und →Verbindlichkeiten von € 18.000) finanziert.

> **Hinweis**: Siehe zu den obigen **Begriffen** die Erklärungen in den entsprechenden Bereichen des Buches.

Allerdings besteht idR keine direkte **Beziehung** zwischen einzelnen Kapitalquellen und einzelnen Vermögensgegenständen, da im Allgemeinen nur die gesamte Summe des Kapitals das gesamte Vermögen deckt. Dementsprechend können wir für unser Beispiel auch zB nicht sagen, ob die Maschinen mit Eigenkapital oder mit den langfristigen Bankkrediten finanziert werden.

Eine Ausnahme hiervon sind aber zB jene Waren, welche von einem Unternehmen auf Lieferantenkredit bezogen werden. In diesem Falle kann ein bestimmter Lieferantenkredit (Passivseite der Bilanz) ganz bestimmten Vorräten (Aktivseite der Bilanz) zugewiesen werden. So wurden auch in unserem →**Beispiel** mit den Lieferantenverbindlichkeiten von € 5.000 Roh-, Hilfs- und Betriebsstoffe (RHB-Stoffe) gekauft, die auf der Aktivseite ausgewiesen werden.

## ▶ Stichwort „Ermittlung des Reinvermögens"

Das **Reinvermögen** (**Nettovermögen**) eines Unternehmens entspricht dem **Eigenkapital**, das auf der Passivseite der Bilanz ausgewiesen wird. Das Eigenkapital lässt sich aber auch dadurch ermitteln, dass vom Vermögen das gesamte Fremdkapital abgezogen wird. Somit gilt auch die Beziehung: AV + UV – FK = EK.

*Reinvermögen = Eigenkapital = AV + UV - FK*

Abb: *Ermittlung des Reinvermögens*

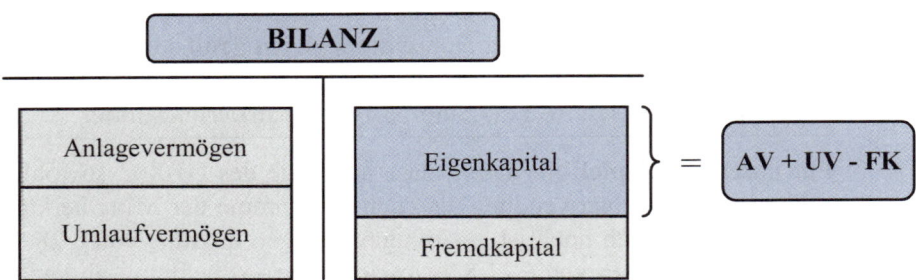

In unserem →**Beispiel** beträgt das Eigenkapital am Ende des GJ X03 € 30.694. Dieses Eigenkapital ergibt sich aber auch, wenn wir vom gesamten Vermögen am Ende des GJ X03 (€ 50.711) das gesamte Fremdkapital iS der Rückstellungen (€ 2.018) und der Verbindlichkeiten (€ 18.000) abziehen (dh wir unterstellen, dass das Unternehmen damit schuldenfrei ist).

> **Hinweis**: Das **Eigenkapital** ist auch **Basis** für die **indirekte** →**Erfolgsermittlung**. Wird das Eigenkapital an zwei aufeinander folgenden Stichtagen miteinander verglichen, so ergibt dies den Erfolg (Gewinn/Verlust) eines Unternehmens, sofern keine Kapitaleinzahlungen bzw Kapitalrückzahlungen stattgefunden haben.

### ► Stichwort „Bilanzsumme"

*Bilanzsumme =*
*Höhe der Aktiva bzw*
*Höhe der Passiva*

Wie viel nun ein Unternehmen insgesamt investiert bzw an Mitteln aufgenommen hat, ersehen wir an der Bilanzsumme.

> Unter der **Bilanzsumme** versteht man die Höhe der Aktivseite bzw die Höhe der Passivseite. Da die Summe der Aktiva gleich hoch wie die Summe der Passiva sein muss, muss auch die Bilanzsumme von Aktiva und Passiva gleich hoch sein.

In unserem →**Beispiel** ist die Bilanzsumme am Ende des Geschäftsjahres X03 € 50.711. Dies bedeutet, dass unser Unternehmen per Ende des GJ X03 finanzielle Mittel in Höhe von € 50.711 in Vermögen (Grundstücke, Gebäude, Vorräte ...) investiert hat. Wir wissen damit aber auch, dass Eigentümer/Investoren sowie Banken und Lieferanten Mittel iS von →Eigenkapital und →Fremdkapital in Höhe von insgesamt € 50.711 bereitgestellt haben.

### ► Stichwort „Vergleichbarkeit"

In der Bilanz werden idR sowohl die Zahlen für das abgelaufene Geschäftsjahr als auch - iS des **Grundsatzes der Vergleichbarkeit** - für das vorangegangene Geschäftsjahr angegeben. So werden auch in unserem →**Beispiel** sowohl die Bilanz für das abgelaufene Geschäftsjahr X03 (**Berichtsjahr**) als auch iS der Vergleichbarkeit für das vorangegangene Geschäftsjahr X02 offen gelegt.

## ▶ Stichwort „Eröffnungsbilanz - Schlussbilanz"

 Aufgrund des **Grundsatzes der Bilanzidentität** muss die Schlussbilanz des vorangegangenen Geschäftsjahres mit der Eröffnungsbilanz des abgelaufenen Geschäftsjahres übereinstimmen.

Wobei die **Eröffnungsbilanz** die Bilanz eines Unternehmens zu Beginn eines Geschäftsjahres, idR per 1.1. ist, die **Schlussbilanz** die Bilanz eines Unternehmens zum Ende eines Geschäftsjahres, idR per 31.12. (→**Abbildung**).

*Eröffnungsbilanz: Bilanz zum Beginn eines Geschäftsjahres (idR der 1.1.)*
*Schlussbilanz: Bilanz zum Ende eines Geschäftsjahres (idR der 31.12.)*

Abb: *Grundsatz der Bilanzidentität*

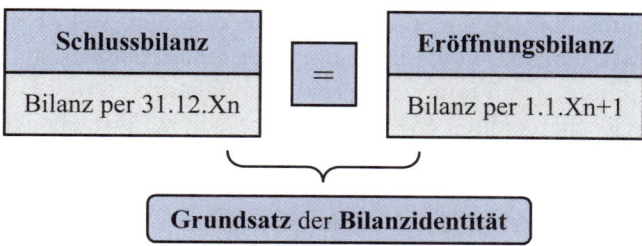

In unserem →**Beispiel** entspricht somit die Schlussbilanz per 31.12.X02 sowohl hinsichtlich der einzelnen Posten als auch hinsichtlich deren Höhe der →Eröffnungsbilanz per 1.1.X03. Weiters entspricht die Schlussbilanz per 31.12.X03 der Eröffnungsbilanz per 1.1.X04.

Den Tag, zu dem die Bilanz aufgestellt wird, nennt man **Abschlussstichtag** bzw **Bilanzstichtag**. In unserem →**Beispiel** ist dies der 31.12. des jeweiligen Geschäftsjahres.

Der **Zusammenhang** zwischen **Eröffnungsbilanz** und **Schlussbilanz** während eines Geschäftsjahres wird aus folgender **Überlegung** deutlich:

*wie hängen die* **Eröffnungs-** *und die* **Schlussbilanz** *zusammen?*

- Den Ausgangspunkt bildet die Vermögensstruktur und die Kapitalstruktur eines Unternehmens zum 1.1. eines bestimmten Geschäftsjahres (**Eröffnungsbilanz**). In unserem Fall per 1.1.X03.

- Infolge der **laufenden Geschäftsfälle** (ua Kauf/Produktion und Verkauf von Waren, Erbringung von Dienstleistungen), der **Investitions-** und der **Finanzierungsmaßnahmen** eines Unternehmens sowie Einflüssen der Umwelt verändert sich die Vermögens- und Kapitalstruktur eines Unternehmens während eines Geschäftsjahres ständig. Da es Aufgabe der Bilanz ist, diese veränderten Vermögens- und Kapitalstrukturen aufzuzeigen, müssen diese Einflüsse in die Bilanz integriert/aufgenommen werden.

- Nimmt man die Eröffnungsbilanz und all diese Einflüsse zusammen, so erhält man die **Schlussbilanz**, in unserem Fall per 31.12.X03. Dieses „Schlussbilanz-konto" zeigt die aktiven und passiven Bestände, die per Ende der Rechnungsperiode vorhanden sind. Diese einzelnen Vermögens- und Kapitalkonten einer Bilanz wiederum können in einzelne Konten aufgeteilt werden. Beispielsweise das Bankkonto nach den einzelnen Konten bei den jeweiligen Bankinstituten sowie das Kundenkonto aufgeteilt nach den einzelnen Kunden eines Unternehmens. In Summe repräsentieren die einzelnen **Konten** einer Buchhaltung somit gleichzeitig die **Bilanz**. Womit die Buchhaltung wiederum nichts anderes ist als eine zerlegte Bilanz.

> **Hinweis**: Dieser **Zusammenhang** zeigt sich beim **Beispiel** zum →**Buchungskreislauf** in Abschnitt B. sowie im Rahmen der **Fallstudie** in →Abschnitt G.

Theoretisch könnten wir täglich eine neue Bilanz erstellen. Würde man diese täglichen Bilanzen wie einzelne Fotos in einem Film hintereinander stellen, so würden wir die Entwicklung der Vermögens- und Kapitalstruktur dieses Unternehmens während eines Geschäftsjahres ersehen. Da eine solche Vorgehensweise aber aus Kostengründen ausscheidet, werden die Veränderungen idR für ein ganzes Geschäftsjahr zusammengefasst und die Bilanz erst nach Ablauf eines Geschäftsjahres (idR 1 Jahr) erstellt. Börsennotierte Unternehmen müssen eine Bilanz (in komprimierter Form) aber auch quartalsweise offen legen, **intern** werden von mittleren/größeren Unternehmen Bilanzen aber auch monatlich erstellt.

> Gemäß HGB darf die **Dauer** eines **Geschäftsjahres** 12 Monate nicht überschreiten. Kürzere Geschäftsjahre (sog „**Rumpfgeschäftsjahre**") treten aber zB auf, wenn der Bilanzstichtag verlegt wird (§ 193 Abs 3 HGB).

## ▶ Stichwort „Unter der Bilanz vermerkt"

Gewisse →Verbindlichkeiten werden nicht aus der Bilanz ersichtlich, sondern unmittelbar unter der geschriebenen Bilanz angeführt. So sind gem HGB Verbindlichkeiten aus der Begebung und Übertragung von Wechseln, Bürgschaften, Garantien sowie sonstige vertragliche Haftungsverhältnisse, soweit sie nicht auf der Passivseite der Bilanz auszuweisen sind, unter der Bilanz zu vermerken (§ 199 HGB).

## ▶ Stichwort „Wie verändert sich die Bilanz?"

Im Rahmen der →Abbildungssystematik werden wir uns noch genauer mit der Frage beschäftigen, welche Geschäftsfälle in einer Bilanz auszuweisen sind und welche nicht.
Wir wollen hier aber bereits jene **vier Grund-Typen von Geschäftsfällen** unterscheiden, die sich bei ihrer Verbuchung unterschiedlich auf die Struktur einer Bilanz auswirken: der Aktivtausch, der Passivtausch, die Bilanzverlängerung und die Bilanzverkürzung:

**Fall 1:** Bei einem **Aktivtausch** kommt es nur zu einer Umschichtung in der Vermögensstruktur, während die Passivseite der Bilanz und die Bilanzsumme davon unberührt bleiben. Bei einem Aktivtausch wird somit ein Vermögensposten kleiner und ein anderer Vermögensposten größer. Beispielsweise, wenn eine Kundenforderung mit € 1.000 bar eingeht. In diesem Fall nehmen die Kundenforderungen um € 1.000 ab, die Bankguthaben nehmen hingegen um € 1.000 zu. Die Bilanzsumme verändert sich damit nicht (siehe dazu die →**Tabelle**).

*bei einem **Aktivtausch** verändern sich zwar **Vermögenswerte**, nicht aber die Bilanzsumme*

**Fall 2:** Analog dazu liegt ein **Passivtausch** vor, wenn es nur zu einer Umschichtung in der Kapitalstruktur kommt, während die Aktivseite der Bilanz und die Bilanzsumme davon unberührt bleiben. Bei einem Passivtausch wird somit ein Kapitalposten kleiner und ein anderer Kapitalposten größer. Beispielsweise bei der Begleichung einer Lieferantenverbindlichkeit in Höhe von € 8.000 zu Lasten des Bankkreditkontos. In diesem Fall nehmen die Lieferantenverbindlichkeiten um € 8.000 ab, die Bankverbindlichkeiten nehmen hingegen um € 8.000 zu. Die Bilanzsumme verändert sich damit nicht (siehe dazu die →**Tabelle**).

*bei einem **Passivtausch** verändern sich zwar **Kapitalposten**, nicht jedoch die Bilanzsumme*

**Fall 3:** Bei einer **Bilanzverlängerung** nimmt sowohl ein Vermögensposten als auch ein Kapitalposten und damit auch die Bilanzsumme zu. Damit einhergehend verändert sich sowohl die Vermögens- als auch die Kapitalstruktur, die Bilanzsumme erhöht sich. Beispielsweise infolge eines Wareneinkaufs auf Ziel in Höhe von € 4.000. In diesem Fall nehmen auf der Aktivseite der Bilanz die Vorräte um € 4.000 zu. Gleichzeitig erhöhen sich auf der Passivseite der Bilanz die Lieferantenverbindlichkeiten um € 4.000. Auch die Bilanzsumme erhöht sich somit um € 4.000 (siehe dazu die →**Tabelle**).

*bei einer **Bilanzverlängerung** nehmen sowohl ein **Vermögens-** als auch ein **Kapitalposten** und damit auch die **Bilanzsumme** zu*

**Fall 4:** Eine **Bilanzverkürzung** liegt demgemäß vor, wenn sowohl ein Vermögensposten als auch ein Kapitalposten und damit auch die Bilanzsumme abnehmen. Damit einhergehend verändert sich sowohl die Vermögens- als auch die Kapitalstruktur. Beispielsweise bei der Tilgung eines Bankkredits in Höhe von € 9.000. Hier nehmen auf der Aktivseite der Bilanz die liquiden Mittel (Bankguthaben) um € 9.000 ab, auf der Passivseite der Bilanz vermindern sich die Bankkredite um € 9.000. Die Bilanzsumme vermindert sich somit auch um € 9.000 (siehe dazu die →**Tabelle**).

*bei einer **Bilanzverkürzung** nehmen sowohl ein **Vermögens-** als auch ein **Kapitalposten** und damit auch die **Bilanzsumme** ab*

> Für die obigen Beispiele sei nochmals darauf hingewiesen, dass sich die **Aktivseite** und die **Passivseite** einer Bilanz aufgrund von Geschäftsfällen **immer um denselben Betrag verändern** müssen, da die Summe der Aktiva zu jedem Zeitpunkt gleich der Summe der Passiva sein muss.

Die obigen vier Grund-Typen von Geschäftsfällen sind in der folgenden →**Tabelle** noch einmal zusammengefasst.

| Bilanz | Fall 1 Aktivtausch | | Fall 2 Passivtausch | | Fall 3 Bilanz- verlängerung | | Fall 4 Bilanz- verkürzung | |
|---|---|---|---|---|---|---|---|---|
| | **Aktiva** | **Passiva** | **Aktiva** | **Passiva** | **Aktiva** | **Passiva** | **Aktiva** | **Passiva** |
| Vorräte | | | | | +4.000 | | | |
| Forderungen | -1.000 | | | | | | | |
| Bankguthaben | +1.000 | | | | | | -9.000 | |
| Bankkredite | | | | +8.000 | | | | |
| Lieferantenvbdl | | | | -8.000 | | +4.000 | | -9.000 |
| **Bilanzsumme** | **+/-0** | | | **+/-0** | **+4.000** | **+4.000** | **-9.000** | **-9.000** |

## ▶ Stichwort „Veränderung des Eigenkapitals"

*der gesicherte langfristige Fortbestand eines Unternehmens spiegelt sich nur im Eigenkapital wider*

Bei der Interpretation der Kapitalsituation eines Unternehmens muss unterschieden werden, ob sich die Kapitalerhöhungen oder Kapitalverminderungen im Bereich des Fremdkapitals oder im Bereich des Eigenkapitals vollzogen haben. Die Erfolgssituation eines Unternehmens spiegelt sich aber nur im Eigenkapital, nicht jedoch im Fremdkapital wider. Entscheidend für den gesicherten langfristigen Fortbestand eines Unternehmens ist somit nur eine positive Änderung im Bereich des Eigenkapitals (Hinweis: Zu prüfen sind jedoch auch die Entwicklungen im Bereich der kurzfristigen Liquidität, dh die Frage, ob die finanzielle Stabilität kurzfristig gesichert ist).

*das Eigenkapital kann sich sowohl durch Kapitalerhöhungen/-herabsetzungen als auch durch Gewinne/Verluste verändern*

Diese Aussage muss aber noch insofern präzisiert werden, als sich das Eigenkapital durch zwei Geschäftsfälle verändern kann:
- durch **Kapitalerhöhungen** und **Kapitalherabsetzungen**, sowie
- durch **Gewinne/Verluste aus der Geschäftstätigkeit**.

Entscheidend für den langfristig gesicherten finanziellen Fortbestand eines Unternehmens ist hierbei aber nur die Entwicklung der Geschäftstätigkeit: Ein aus der Geschäftstätigkeit resultierender Ertrag führt zu einer Erhöhung des Eigenkapitals, ein aus der Geschäftstätigkeit resultierender Aufwand zu einer Minderung des Eigenkapitals. Diesen Aspekt greifen wir bei der Diskussion des →Eigenkapitals und der →GuV noch einmal auf.

> **Hinweis**: Das **Eigenkapital** ist auch **Basis** für die **indirekte Erfolgsermittlung**. Wird das Eigenkapital an zwei aufeinander folgenden Stichtagen miteinander verglichen, so ergibt dies den Erfolg (Gewinn/Verlust) eines Unternehmens, sofern keine Kapitaleinzahlungen bzw Kapitalrückzahlungen stattgefunden haben (→Erfolgsermittlung).

▶ Siehe **Arbeitsbuch**: **Beispiele** zu B.1.a.1.

## 1.a.2. Gliederung

Die Bilanz ist (mit weiteren Untergliederungen) auf der Aktivseite in Anlagever- mögen und Umlaufvermögen, auf der Passivseite in Eigenkapital und Fremdkapital (Rückstellungen, Verbindlichkeiten) untergliedert (→**Abbildung**). In den folgen- den Unterpunkten werden wir die einzelnen Vermögens- und Kapitalposten vor dem Hintergrund der Bilanzstruktur diskutieren.

*Gliederung der Bilanz in Anlage- und Umlauf- vermögen, Eigen- und Fremdkapital*

Abb: *Struktur der Bilanz*

**BILANZ**

| AKTIVA | PASSIVA |
|---|---|
| Anlagevermögen | Eigenkapital |
| Umlaufvermögen | Fremdkapital (Rückstellungen, Verbindlichkeiten) |
| Aktive RAP | Passive RAP |

## 1.a.2.1. Anlagevermögen versus Umlaufvermögen

Gem HGB sind von **Vollkaufleuten** das Anlagevermögen und das Umlaufvermö- gen sowie die Rechnungsabgrenzungsposten gesondert auszuweisen und unter Bedachtnahme auf die Grundsätze des § 195 HGB aufzugliedern (dh eine den GoB entsprechende, klare und übersichtliche Aufstellung).

*Gliederung der Aktivseite der Bilanz bei Vollkaufleu- ten*

Für **Kapitalgesellschaften** sieht das HGB hingegen weiter gehende Vorschriften vor. So ist von Kapitalgesellschaften die **Gliederung** der **Aktivseite** der **Bilanz** in folgende vier Bereiche vorzunehmen (siehe dazu die Gliederung im →**Anhang**):

*Gliederung der Aktivseite der Bilanz bei Kapitalge- sellschaften*

- Aufwendungen für das Ingangsetzen und Erweitern eines Betriebes,
- Anlagevermögen,
- Umlaufvermögen sowie
- aktive Rechnungsabgrenzungsposten.

Hierbei wird die **Gliederung nach steigender Liquidität** vorgenommen. Dies bedeutet, dass die langfristig genutzten/gebundenen Vermögenswerte (Anlagever- mögen, zB Gebäude) vor den kurzfristig genutzten/gebundenen Vermögenswerten (Umlaufvermögen, zB Vorräte) stehen. Dazu sei auf die Gliederungsvorschriften des HGB für Kapitalgesellschaften im →**Anhang** verwiesen.

*Anlagevermögen:*
*Vermögen, das dauernd*
*dem Unternehmenszweck*
*dient*

Bei der **Gliederung** der **Vermögensposten** auf der Aktivseite der Bilanz ist Folgendes zu beachten:

- Jene Vermögensgegenstände, die idR nicht der Veräußerung dienen, sondern auf Dauer oder über mehrere Perioden (längerfristig) im Unternehmen genutzt werden, werden im **Anlagevermögen** zusammengefasst.

  Das **Anlagevermögen** wird üblicherweise noch weiter untergliedert in:

  - *immaterielles Anlagevermögen* (ua Firmenwert und Patente),
  - *Sachanlagevermögen* (Grundstücke, Gebäude, Betriebs- und Geschäftsausstattung) sowie
  - *Finanzanlagevermögen* (Wertpapiere des Anlagevermögens, langfristige Beteiligungen, langfristig vergebene Kredite).

 Das **Anlagevermögen** umfasst die über einen längeren Zeitraum (mehrere Perioden, Geschäftsjahre) hinweg gebundenen Vermögensgegenstände. Es wird weiter in das **immaterielle Anlagevermögen,** das **Sachanlagevermögen** sowie das **Finanzanlagevermögen** untergliedert.

*Umlaufvermögen:*
*Vermögen, das idR inner-*
*halb eines Geschäftsjahres*
*umgeformt oder umgesetzt*
*wird*

- Die Abgrenzung der Vermögensgegenstände des Umlaufvermögens von den Vermögensgegenständen des Anlagevermögens wird idR als Umkehrschluss vorgenommen. Damit zählen zum **Umlaufvermögen** all jene Vermögensgegenstände, die nicht dazu bestimmt sind, dauernd dem Geschäftsbetrieb zu dienen. Das Umlaufvermögen umfasst somit jene Vermögensposten, die idR innerhalb einer Periode (eines Geschäftsjahres) umgeformt oder umgesetzt werden und damit nur kurzfristig im Unternehmen verbleiben.

Die oben angesprochene **Umformung/Umsetzung** kann man sich so vorstellen: Werden zB auf Lager liegende Produkte verkauft, so erhöhen diese die liquiden Mittel, welche wiederum für die Beschaffung neuer Produkte, die Begleichung der laufenden Kosten und/oder die Begleichung von kurzfristigen Zahlungsverpflichtungen verwendet werden können. Eine Ausnahme hiervon stellt jedoch der sog „**eiserne Bestand an Vorräten**" dar, den ein Unternehmen aus Sicherheitsgründen immer halten muss, um die Lieferbereitschaft aufrechtzuerhalten. Obwohl dieser eiserne Bestand damit langfristigen Charakter hat, wird auch dieser im Umlaufvermögen ausgewiesen. Im Rahmen der **Analyse** erfolgt aber eine Umgliederung des eisernen Bestandes in das Anlagevermögen (siehe dazu die →**Analyse** in Abschnitt H.).

*weitere Untergliederung*
*des UV*

Die **Bilanzstruktur** des **Umlaufvermögens** stellt sich damit (bei Ausweis nach steigender Liquidität) wie folgt dar:

- **Vorräte** (Roh, Hilfs- und Betriebsstoffe, unfertige Erzeugnisse, fertige Erzeugnisse und Waren, noch nicht abrechenbare Leistungen, geleistete Anzahlungen),
- **Forderungen** und sonstige Vermögensgegenstände,
- **Wertpapiere und Anteile** des Umlaufvermögens,
- **Liquide Mittel** (Kassenbestand, Schecks, Guthaben bei Kreditinstituten).

Gegliedert ist das Umlaufvermögen im HGB wieder nach der oben erläuterten, **steigenden Liquidität**. Die Bankguthaben werden somit als letzter Posten ausgewiesen. Da die Vorräte im Vergleich dazu aber erst verkauft werden müssen und somit nicht die gleich hohe Liquidität wie die Bankguthaben aufweisen, werden die Vorräte vor den Bankguthaben ausgewiesen.

> Zum **Umlaufvermögen** zählen all jene Vermögensgegenstände, die nicht dauernd dem Geschäftsbetrieb dienen. Diese **Vermögensposten** werden im Allgemeinen mindestens **einmal pro Jahr umgesetzt** oder **umgeformt**. Zum Umlaufvermögen zählen damit ua der Bargeldbestand, Guthaben bei Banken, Forderungen aus Lieferungen und Leistungen sowie Waren und RHB-Stoffe.

Nach dem Anlagevermögen und Umlaufvermögen werden die **aktiven →Rechnungsabgrenzungsposten (aRAP)** als separater Posten auf der Aktivseite der Bilanz ausgewiesen (siehe dazu die Gliederung im →**Anhang**). *aRAP*

Wie wir bereits gesehen haben, bildet die Bilanz auf der Aktivseite das Vermögen iS der „Investitionen" eines Unternehmens ab. Für diese Vermögenswerte besteht grundsätzlich eine **Bilanzierungspflicht**. Wir müssen dies aber insofern präzisieren, als nach HGB gewisse Vermögensposten/Investitionen überhaupt nicht abgebildet werden dürfen (sog **Bilanzierungsverbote**, wie beispielsweise der eigene/originäre →**Firmenwert**), während für andere Vermögenswerte/Investitionen ein Wahlrecht besteht, diese in der Bilanz zu zeigen (sog **Bilanzierungswahlrechte**, wie beispielsweise der derivative →**Firmenwert**). *betr den Ausweis von Vermögenswerten in der Bilanz muss zwischen **Bilanzierungspflicht**, **Bilanzierungswahlrechten** und **Bilanzierungsverboten** unterschieden werden*

Abb: *Bilanzierung dem Grunde nach*

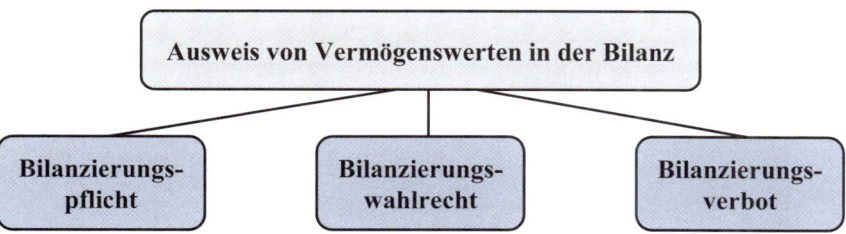

Die Frage „Bilanzierungspflicht, Bilanzierungsverbot, Bilanzierungswahlrecht" wird, wie die Frage der Bilanzierungshilfen, im Rahmen der Abschlussbuchungen behandelt (→Bilanzierungsgrundsätze und Bewertungsmaßstäbe).

## 1.a.2.2. Eigenkapital versus Fremdkapital

Gemäß HGB sind von **Vollkaufleuten** das Eigenkapital, die unversteuerten Rücklagen, die Rückstellungen, die Verbindlichkeiten sowie die Rechnungsabgrenzungsposten gesondert auszuweisen und unter Bedachtnahme auf die Grundsätze *Gliederung Passivseite Bilanz bei **Vollkaufleuten*** des § 195 HGB aufzugliedern (dh eine entsprechend den GoB klare und übersichtliche Aufstellung).

Für **Kapitalgesellschaften** sieht das HGB hingegen weiter gehende Vorschriften vor. So ist von Kapitalgesellschaften die **Gliederung** der **Passivseite** der **Bilanz** in **folgende Hauptbereiche**, mit den entsprechenden weiter gehenden **Untergliederungen**, vorzunehmen (siehe dazu die Gliederung im →**Anhang**):

- *Eigenkapital* (Eigenmittel),
- *Unversteuerte Rücklagen,*
- *Rückstellungen,*
- von Dritten zur Verfügung gestellte Mittel (*Verbindlichkeiten*) sowie
- *passive Rechnungsabgrenzungsposten.*

Von diesen sind die Rückstellungen, die Verbindlichkeiten und die passiven Rechnungsabgrenzungen als **Fremdkapital** zu charakterisieren.

**Gegliedert** ist die Passivseite der Bilanz gem HGB **nach fallender Laufzeit**. Dies bedeutet, dass die am längsten dem Unternehmen zur Verfügung stehenden Mittel zuerst auszuweisen sind. Somit wird zuerst das Eigenkapital und erst daran anschließend das Fremdkapital ausgewiesen. Dazu sei auf die Gliederungsvorschriften des HGB für Kapitalgesellschaften im →**Anhang** verwiesen.

 Das **Eigenkapital** umfasst sämtliche vom Unternehmer bzw den Gesellschaftern zur Verfügung gestellten Mittel. Hierzu zählen sowohl die von außen eingebrachten Mittel (aus der Unternehmensgründung sowie nachfolgenden Kapitaleinzahlungen/Kapitalerhöhungen) als auch die vom Unternehmen selbst erarbeiteten und im Unternehmen belassenen (nicht ausgeschütteten, dh thesaurierten) Mittel.

 Zum **Fremdkapital** zählen die **Verbindlichkeiten**, welche dem Grunde und der Höhe nach sichere Verpflichtungen sind (zB Bankkredite). Zum Fremdkapital zählen aber auch die →**Rückstellungen**, welche als Vorsorge für zukünftige, wahrscheinliche, aber hinsichtlich ihrer Höhe nach unsichere Zahlungen an Dritte zu verstehen sind.

Während wir zB bei den **Bankkrediten** (Verbindlichkeit) genau wissen, in welcher Höhe und wann wir den Kredit an die Bank zurückbezahlen müssen, ist dies zB im Falle einer **Garantierückstellung** nicht der Fall. Wir wissen zwar mit einer gewissen Wahrscheinlichkeit, dass wir für einen Teil der verkauften Waren Garantien an die Kunden leisten müssen, wir wissen aber heute noch nicht genau, in welcher Höhe und wann dies der Fall sein wird. Wie dieser unsichere Betrag in Bilanz und GuV angesetzt wird, sehen wir genauer im Rahmen der →Rückstellungen.

Innerhalb des **Fremdkapitals** muss wiederum zwischen folgenden **Posten** differenziert werden:

*weitere **Untergliederung des Fremdkapitals***

- **Rückstellungen**
  - Rückstellungen für Abfertigungen
  - Rückstellungen für Pensionen
  - Steuerrückstellungen
  - sonstige Rückstellungen
- **Verbindlichkeiten**
  - Anleihen, davon konvertibel
  - Verbindlichkeiten gegenüber Kreditinstituten
  - erhaltene Anzahlungen auf Bestellungen
  - Verbindlichkeiten aus Lieferungen und Leistungen
  - Verbindlichkeiten aus der Annahme gezogener Wechsel und der Ausstellung eigener Wechsel
  - Verbindlichkeiten gegenüber verbundenen Unternehmen
  - Verbindlichkeiten gegenüber Unternehmen, mit denen ein Beteiligungsverhältnis besteht
  - sonstige Verbindlichkeiten, davon aus Steuern, davon im Rahmen der sozialen Sicherheit

Diese Fremdkapitalposten können jeweils lang-, mittel- oder kurzfristigen Charakter haben:

*lang-, mittel- und kurzfristiges FK*

- Zum **lang-** und **mittelfristigem Fremdkapital** zählen all jene Posten, die frühestens in einem Jahr zur Zahlung fällig werden. Wobei hierbei noch idR zwischen einer Laufzeit von mehr und weniger als fünf Jahren unterschieden wird.
- Zum **kurzfristigen Fremdkapital** zählen all jene Posten, die spätestens innerhalb eines Jahres beglichen werden müssen.

Die Unterscheidung der Mittelherkünfte in Eigen- und Fremdkapital bietet sich insofern an, als sich diese nicht nur in deren **Laufzeit**, sondern auch in deren „**Bedienung**" unterscheiden.

*das **EK** und **FK** unterscheiden sich hinsichtlich der **Laufzeit** und der **Bedienung***

Während das Eigenkapital einem Unternehmen immer langfristig zur Verfügung steht, kann das Fremdkapital grundsätzlich sowohl langfristigen als auch kurzfristigen Charakter haben.

Die Bilanz weist diesbezüglich aber ein **Spezifikum** auf. Der Ausweis des Fremdkapitals nach der Laufzeit bezieht sich in der **Bilanz** nicht auf die in diesem Zusammenhang eigentlich interessierende **Restlaufzeit** des Fremdkapitals, dh zB die Frage, wie lange die Bankkredite (Darlehen) von einem Unternehmen noch in Anspruch genommen werden können. Der Ausweis des Fremdkapitals in der Bilanz bezieht sich nur auf die Frage, wie hoch die Laufzeit bei Aufnahme des Fremdkapitals vereinbart worden ist, also beispielsweise die ursprüngliche Laufzeit eines Kredites. Dieses Spezifikum ist vor allem darauf zurückzuführen, dass bei einem Ausweis des Fremdkapitals nach der Restlaufzeit eine regelmäßig vorzunehmende Neuzuordnung der einzelnen Fremdkapitalposten erfolgen müsste. Beispielsweise wenn ursprünglich langfristig aufgenommene Kredite durch Zeitablauf zu kurzfristigen Krediten werden. Würden wir uns im Rahmen der Überprüfung der fristen-

*aus der **Bilanz** wird die **Restlaufzeit des Fremdkapitals nicht ersichtlich***

konguenten Finanzierung (dh die Frage, ob langfristiges Vermögen langfristig und kurzfristiges Vermögen kurzfristig finanziert ist; →Analyse) eines Unternehmens nur auf die Bilanz verlassen, so würden wir unter Umständen einen langfristig aufgenommenen Kredit, der aber nun bereits in einem Jahr zur Rückzahlung fällig wird, nach wie vor als langfristig dem Unternehmen zur Verfügung stehendes Finanzmittel interpretieren, obwohl dies nicht mehr gegeben ist.

> **Beispielsweise** wird unter den **Verbindlichkeiten** ein Posten „**Anleihen**" ausgewiesen. Ohne weitere Informationen würden diese Anleihen idR mittel- bis langfristig eingestuft, obwohl die Anleihe vom Unternehmen unter Umständen bereits in einem Jahr getilgt werden muss.

Um diesen Informationsnachteil der Bilanz auszugleichen, müssen Kapitalgesellschaften die Restlaufzeit der Verbindlichkeiten im **Anhang** im Rahmen des sog **Verbindlichkeitenspiegels** offen legen. Hierbei ist der Gesamtbetrag der Verbindlichkeiten mit einer Restlaufzeit von mehr als fünf Jahren sowie der Gesamtbetrag der Verbindlichkeiten mit einer Restlaufzeit von mehr als einem Jahr anzugeben (§ 237 Z 1 HGB). Die **formale Struktur** des Verbindlichkeitenspiegels ist im HGB nicht festgelegt, er könnte aber die in der folgenden **Abbildung** dargestellte Struktur aufweisen.

Abb: *Mögliche Struktur eines Verbindlichkeitenspiegels*

| | Restlaufzeit der Verbindlichkeiten | | | |
|---|---|---|---|---|
| | < 1 Jahr | > 1 < 5 Jahre | > 5 Jahre | Gesamt |
| • Anleihen | € … | € … | € … | € … |
| • Bankverbindlichkeiten | € … | € … | € … | € … |
| • Lieferantenverbindlichkeiten | € … | € … | € … | € … |
| • sonstige Verbindlichkeiten | € … | € … | € … | € … |
| **Gesamte Verbindlichkeiten** | € … | € … | € … | € … |

*die Eventualverbindlichkeiten werden entweder unter der Bilanz oder im Anhang ausgewiesen*

Nicht in der Bilanz ausgewiesen werden die sog **Eventualverbindlichkeiten** (**Haftungsverhältnisse**). Während bei den in der Bilanz ausgewiesenen Verbindlichkeiten mit Sicherheit sowie bei den Rückstellungen mit einem wahrscheinlichen Mittelabfluss für das Unternehmen zu rechnen ist, wird dies für die Eventualverbindlichkeiten nicht angenommen. Zu diesen Eventualverbindlichkeiten zählen die Verbindlichkeiten aus der Begebung und Übertragung von Wechseln, Bürgschaften, Garantien sowie sonstige vertragliche Haftungsverhältnisse, soweit sie nicht auf der Passivseite der Bilanz auszuweisen sind, auch wenn ihnen gleichwertige Rückgriffsforderungen gegenüberstehen (§ 199 HGB).

*das Fremdkapital muss auch bei schlechtem Geschäftsgang „bedient" werden, Eigenkapital nicht*

Aus Sicht des **zweiten Unterscheidungskriteriums**, dh der „Bedienung", unterscheiden sich Eigen- und Fremdkapital insbesondere dadurch, dass für die Verbindlichkeiten idR (vertraglich fixierte) periodisch anfallende **Zinszahlungen** aufgewendet werden müssen, und zwar unabhängig davon, wie gut oder schlecht der Geschäftsgang eines Unternehmens ist. Bei der „Bedienung" des Eigenkapitals iS von **Dividendenausschüttungen** an die Eigentümer/Aktionäre besteht hingegen im Falle eines schlechten Geschäftsganges ein Spielraum seitens des Managements.

Ein weiterer Unterschied zwischen Eigen- und Fremdkapital ergibt sich schließlich daraus, dass Eigenkapital haftendes Kapital ist, das als „Puffer" eventuelle Verluste aufzufangen hat und im Insolvenzfall der Befriedigung bestehender Gläubigeransprüche dient. Dem gegenüber stellt Fremdkapital kein haftendes Kapital dar, da es ja gerade durch die Haftungsfunktion des Eigenkapitals geschützt werden soll.

*das **Eigenkapital** dient als **finanzieller Puffer** für eventuelle Verluste*

Wir haben bereits erwähnt, dass zwischen Anlagevermögen, Umlaufvermögen, Eigenkapital und Fremdkapital insofern eine Beziehung besteht, als dass das Anlagevermögen und Umlaufvermögen durch Eigen- und Fremdkapital finanziert werden.

*__Ermittlung des EK__: AV + UV - FK*

> Im Rahmen der Analyse wird iS der **Liquiditätssituation** eines Unternehmens überprüft, inwieweit die Übereinstimmung der Fristigkeit von Mittelbindung und Mittelherkunft (Grundsatz der **Fristenkongruenz**) gegeben ist. Diesbezüglich sei auf die Ausführungen zu den statischen Liquiditätskennzahlen im Rahmen der →**Analyse** verwiesen.

*__Querverweis__: Über die **Fristenkongruenz** soll die finanzielle Stabilität eines Unternehmens sichergestellt werden*

Die Beziehung zwischen Anlagevermögen, Umlaufvermögen, Eigenkapital und Fremdkapital wird vielleicht aber auch dadurch verständlicher, wenn man berücksichtigt, dass das Eigenkapital den Anteil der Eigentümer/Aktionäre darstellt, den diese im Falle einer Liquidation des Unternehmens zu den in der Bilanz ausgewiesenen Werten erhalten würden. In diesem Falle ermittelt sich das Eigenkapital dadurch, dass von den gesamten Vermögenswerten gemäß Aktivseite der Bilanz das gesamte lang- und kurzfristige Fremdkapital abgezogen wird:

|   | Summe der Aktiva |
|---|---|
| - | erforderlicher Betrag zur Zahlung des Fremdkapitals |
| = | **den Aktionären zustehender Betrag (= Eigenkapital).** |

Wir können auch sagen:

Anlagevermögen + Umlaufvermögen – Fremdkapital = Eigenkapital

Im Falle einer Unternehmensbewertung, eines Verkaufs oder einer allfälligen Liquidation sind aber noch allfällige **stille Reserven** sowie ein **Firmenwert** zu berücksichtigen (siehe dazu die Kapitalkonsolidierung beim →Konzernabschluss). Solche stillen Reserven ergeben sich ua aus der Bewertung zu Anschaffungskosten sowie dem Einfluss des Vorsichtsprinzips (zB bei der Bildung von Rückstellungen). Ein Aspekt, den wir im Rahmen der →**Analyse** und der →**Bilanzpolitik** näher diskutieren. Darüber hinaus muss berücksichtigt werden, dass gewisse →immaterielle Vermögenswerte in der Bilanz nicht abgebildet werden dürfen (zB der eigene/originäre →Firmenwert).

▶ Siehe **Arbeitsbuch**: **Beispiele** zu B.1.a.2.

## 1.a.2.3. Eigenkapital und Rechtsform

*die **Struktur** des **Eigenka-pitals** hängt von der **Rechtsform** ab*

Der Ausweis und die **Struktur** des oben angesprochenen Eigenkapitals variieren je nachdem, ob das Eigenkapital von Einzelunternehmen, Personenunternehmen oder von Kapitalgesellschaften betrachtet wird. Daraus resultierende Unterschiede wollen wir uns im Folgenden näher ansehen.

*Querverweis: **Rechtsform** und **Erfolgsverteilung***

> Die **Rechtsform** bestimmt aber auch die **Erfolgsverteilung** und ihre Verbuchung. Während beim Einzelunternehmen Gewinne und Verluste zur Gänze den (einzigen) Unternehmer betreffen, bestehen bei den verschiedenen Gesellschaftsformen vertragliche oder gesetzliche Regelungen für deren Verteilung. Zu beachten ist, dass die „Bedienung des Eigenkapitals" iS von bezahlten **Dividenden** nicht erfolgswirksam ist, sondern im Rahmen der →**Gewinnverwendung** vorgenommen wird.

## 1.a.2.3.a. Eigenkapital bei Einzelunternehmen

*bei **Einzelunternehmen** wird das **Eigenkapitalkonto** als **Saldogröße** geführt*

Bei Einzelunternehmen wird das Eigenkapitalkonto in der Bilanz als Saldogröße geführt, dessen Veränderung sich durch Privateinlagen und/oder Privatentnahmen der Unternehmerin/des Unternehmers sowie durch Gewinne/Verluste des Unternehmens ergibt. Damit gilt folgende Beziehung:

Tab: *Eigenkapitalkonto eines Einzelunternehmens*

|  |  |
|---|---|
|  | Anfangsbestand des Eigenkapitals per 1.1. des Geschäftsjahres |
| +/- | Gewinn/Verlust des Geschäftsjahres |
| + | Privateinlagen |
| - | Privatentnahmen |
| = | **Endbestand des Eigenkapitals per 31.12. des Geschäftsjahres** |

> ▶ Siehe **Arbeitsbuch: Beispiele** zu B.1.a.2.3.a.

## 1.a.2.3.b. Eigenkapital bei Personengesellschaften

*OHG versus KG aus Sicht der Haftung*

Bei den Personengesellschaften muss zwischen der **OHG (offene Handelsgesellschaft)** und der **KG (Kommanditgesellschaft)** unterschieden werden. Hinsichtlich des Kriteriums der **Haftung** ist dabei wie folgt zu differenzieren:
- Die Gesellschafter der **OHG** haften wie die Einzelunternehmer für die Schulden des Unternehmens unbeschränkt mit ihrem gesamten Vermögen.
- Bei der **KG** ist zwischen den Komplementären und den Kommanditisten zu trennen. Während die **Komplementäre** den Gläubigern unbeschränkt mit ihrem gesamten Vermögen haften, ist die Haftung der **Kommanditisten** auf ihre jeweilige Kapitaleinlage beschränkt.

Darauf aufbauend hängt die **Struktur der Eigenkapitalkonten** von Personenge-sellschaften nun davon ab, wie die einzelnen Gesellschafter haften und welche Regelungen der Gesellschaftsvertrag diesbezüglich enthält:

- Die Eigenkapitalkonten der **unbeschränkt haftenden Gesellschafter** (Gesell-schafter der OHG und Komplementäre der KG) werden grundsätzlich wie die Konten der Einzelunternehmer geführt, womit auf die im obigen Punkt gemach-ten Ausführungen verwiesen werden kann.

- Für den Kapitalanteil der nur **beschränkt haftenden Gesellschafter** (Kapital-einlage der Kommanditisten) wird ein in der Bilanz **gesondert ausgewiesenes Konto** geführt. Diesen Gesellschaftern zustehende Gewinne sind diesem Konto so lange zuzuschreiben, solange deren Einlage nicht zur Gänze eingebracht wurde. Im Falle von bereits zur Gänze einbezahlten Einlagen sind die Gewinn-anteile einem gesonderten **Gewinnverrechnungskonto** zuzuschreiben, welches vom Charakter her aber nicht Eigenkapital, sondern eine Verbindlichkeit der Gesellschaft gegenüber dem jeweiligen Gesellschafter darstellt. Im Falle einer Verlustzuweisung ist dieser Verlust mit Folgegewinnen zuerst abzudecken, be-vor die Auszahlung eines Gewinnes erfolgen kann.

*OHG versus KG aus Sicht der Eigenkapitalkonten*

## 1.a.2.3.c. Eigenkapital bei Kapitalgesellschaften

Kennzeichen der Kapitalgesellschaften (Aktiengesellschaft, Gesellschaft mit be-schränkter Haftung) ist, dass die Gesellschafter nur mit ihrer Kapitaleinlage (Ver-mögenseinlage) haften. Im Gegensatz zu Einzelunternehmen und Personengesell-schaften umfasst das Eigenkapital bei Kapitalgesellschaften nun die folgenden Posten (siehe dazu auch die Gliederung der Bilanz im **Anhang**):

*Eigenkapital bei Kapitalgesellschaften*

- **Nennkapital (Grundkapital, Stammkapital)**
- **Kapitalrücklagen**
  - gebundene Kapitalrücklagen
  - nicht gebundene Kapitalrücklagen
- **Gewinnrücklagen**
  - gesetzliche Rücklage
  - satzungsmäßige Rücklagen
  - andere Rücklagen (freie Rücklagen)
- **Bilanzgewinn/Bilanzverlust**
  - davon Gewinnvortrag/Verlustvortrag.

Der **Inhalt** dieser **Posten** ist wie folgt zu sehen:

- **Nennkapital**: Im Falle von **Aktiengesellschaften (AG)** wird das Nennkapital als Grundkapital bezeichnet. Es entspricht der mit den Nominalbeträgen der Ak-tien multiplizierten Aktienanzahl, resultierend aus der Gesellschaftsgründung und allenfalls danach folgenden Kapitalerhöhungen. Beispielsweise ergeben 20.000 Aktien à Nominale von € 1.000 ein Nennkapital von € 20 Mio.
  Im Falle von **Gesellschaften mit beschränkter Haftung (GmbH)** wird das Nennkapital als „Stammkapital" bezeichnet. Dieses Stammkapital setzt sich aus den Stammeinlagen aller Gesellschafter zusammen.

*Nennkapital: Grundkapital bei AG, Stammkapital bei GmbH*

*die **Beträge** der **Kapitalrücklagen** werden einem
Unternehmen **von außen
zugeführt**; die Kapitalrücklagen können **gebunden**
oder **nicht gebunden** sein*

- **Kapitalrücklagen**: In die Kapitalrücklagen sind jene Eigenkapitalbeträge einzustellen, die einem Unternehmen von außen zugeflossen sind. Gem dem AktG ist zwischen den gebundenen und den ungebundenen Rücklagen zu unterscheiden. Diese Unterscheidung wirkt sich auf die Frage aus, für welchen Zweck diese Rücklagen aufgelöst werden können (§ 229 Abs 2 Z1-5 HGB iVm § 130 AktG):

  - **Gebundene Kapitalrücklagen** können nur zum Ausgleich eines sonst auszuweisenden Bilanzverlustes, nicht jedoch für Ausschüttungen an die Gesellschafter verwendet werden. Zu den gebundenen Kapitalrücklagen zählen:

    - das **Agio** aus der Ausgabe von **Anteilen**

      > **Beispiel**: Beträgt zB der Ausgabebetrag der Aktien € 1.500, der Nominalbetrag der Aktien 1.000, so werden pro Aktie € 500 als Agio den Kapitalrücklagen zugeführt (Erl: € 1.500 Ausgabebetrag abzgl € 1.000 Nominale). Im Falle der obigen 20.000 Aktien würden somit insgesamt € 10 Mio in die Kapitalrücklagen eingestellt.

    - das **Agio** aus der Ausgabe von **Wandlungs-** und **Optionsrechten**
    - der **Betrag**, den die Gesellschafter gegen **Gewährung** eines **Vorzugs** für ihre Anteile leisten
    - der **Betrag**, der bei vereinfachten **Kapitalherabsetzungen** die zu beseitigenden **Verluste** übersteigt.

  - Bei den **nicht gebundenen Kapitalrücklagen** besteht eine solche Beschränkung nicht. Die nicht gebundenen Kapitalrücklagen stammen aus Zahlungen, die durch gesellschaftsrechtliche Verbindungen veranlasst sind.

  Die Kapitalrücklage wird dabei **erfolgsneutral** gebildet und aufgelöst. Die Bildung und Auflösung berührt daher den Jahresüberschuss/-fehlbetrag nicht.

*die **Beträge** der **Gewinnrücklagen** werden **im Unternehmen selbst gebildet***

- **Gewinnrücklagen**: Den Gewinnrücklagen werden einbehaltene, dh nicht an die Aktionäre ausgeschüttete (thesaurierte) Gewinne zugewiesen. Während allen in der Kapitalrücklage ausgewiesenen Beträgen gemeinsam ist, dass sie dem Unternehmen von außen zugeführt worden sind, werden Gewinnrücklagen somit im Unternehmen gebildet. Ihre Bildung erfolgt im Rahmen der →**Ergebnisverwendung**, also nach dem Jahresüberschuss/Jahresfehlbetrag.

  > ⇨ Im Gegensatz zu den Kapitalrücklagen zeigt die Entwicklung der **Gewinnrücklagen** somit an, **wie profitabel** ein **Unternehmen** in den bisherigen Geschäftsjahren **gearbeitet hat**.

Die Gewinnrücklagen werden im **HGB** weiter unterteilt in gesetzliche Rücklage, satzungsmäßige Rücklagen sowie andere Gewinnrücklagen:

*die **gesetzliche Gewinnrücklage** ist eine **gebundene Rücklage***

  - Unter die **gesetzliche Rücklage** fällt jener Teil der Gewinnrücklagen, der von Aktiengesellschaften aufgrund gesetzlicher Vorschriften gebildet werden muss.

> So müssen Aktiengesellschaften so lange 5 % des Jahresüberschusses (abzgl eines Verlustvortrags und nach Berücksichtigung der Veränderung der unversteuerten Rücklagen) in die gesetzliche Rücklage einstellen, bis diese zusammen mit den Kapitalrücklagen (gebundenen Rücklagen) 10 % des Grundkapitals oder einen von der Satzung bestimmten höheren Prozentsatz erreicht hat. Im Falle eines Verlustvortrags ist der Jahresüberschuss entsprechend zu kürzen (§ 130 Abs 3 AktG).

Die gesetzliche Rücklage ist hierbei eine **gebundene Rücklage**.

> Die **gesetzliche Gewinnrücklage** darf nur zum **Ausgleich** eines ansonsten auszuweisenden **Bilanzverlustes** aufgelöst werden (§ 130 Abs 4 AktG).

- Die **satzungsmäßigen Rücklagen** (auch **statutarische Rücklagen** genannt) umfassen all jene Gewinnrücklagen, zu deren Bildung eine Kapitalgesellschaft aufgrund des Gesellschaftsvertrages bzw der Satzung verpflichtet ist. Inwieweit die satzungsmäßigen Rücklagen gebundene oder ungebundene Rücklagen sind, hängt vom Gesellschaftsvertrag ab.

*die satzungsmäßige Gewinnrücklage kann gebunden und/oder ungebunden sein*

- Die Bildung der **anderen (freien) Rücklagen** liegt im Ermessen des Vorstandes der AG bzw der Gesellschafterversammlung der GmbH. Bei ihrer Auflösung unterliegen diese Rücklagen keinen Beschränkungen.

*die freien Gewinnrücklagen sind ungebunden*

- **Bilanzgewinn/Bilanzverlust**: Der Bilanzgewinn/Bilanzverlust gem Bilanz entspricht dem Bilanzgewinn/Bilanzverlust gem GuV. Dieser ergibt sich durch Jahresüberschuss/Jahresfehlbetrag des Geschäftsjahres abzgl der Zuweisung zu und/oder der Auflösung von Rücklagen sowie zzgl/abzgl eines allfälligen Gewinnvortrags/Verlustvortrags. Dieser Zusammenhang wird im Rahmen der →**Ergebnisverwendung** ausführlich diskutiert. Das HGB sieht vor, dass die Bilanz nach teilweiser Ergebnisverwendung aufzustellen ist.

*Bilanzgewinn/ Bilanzverlust*

> Hinsichtlich des Kriteriums „→Ergebnisverwendung" kann sich die **Struktur des Eigenkapitals** wie folgt unterscheiden: Im Falle einer **Bilanz vor Ergebnisverwendung** werden die (geplanten) Dividendenausschüttungen zusammen mit den zu thesaurierenden Mitteln betr das abgelaufene Geschäftsjahr in der Bilanz noch als Jahresüberschuss ausgewiesen. Im Falle einer **Bilanz nach Ergebnisverwendung** werden die zu thesaurierenden Mittel in die Gewinnrücklagen, die Dividendenausschüttungen nach Beschlussfassung in die Verbindlichkeiten umgebucht. Im Falle einer **Bilanz nach teilweiser Ergebnisverwendung** werden die zu thesaurierenden Mittel in die Gewinnrücklagen umgebucht, die geplanten Dividendenzahlungen werden als Bilanzgewinn ausgewiesen.

*Behandlung der Ergebnisverwendung*

Die **Rücklage für eigene Anteile** ist in jenen Fällen zu bilden, in denen eine Kapitalgesellschaft eigene Anteile besitzt. Diese Rücklage muss in der Höhe den auf der Aktivseite ausgewiesenen Anteilen entsprechen (§ 225 Abs 5 HGB).

*Rücklage für eigene Anteile*

*Anteil Minderheiten*

Im **HGB-Konzernabschluss** wird dieser Eigenkapitalausweis durch den „*Anteil von Minderheiten am Kapital (Anteil anderer Gesellschafter am Kapital)*" erweitert (siehe dazu den →Konzernabschluss).

*die **unversteuerten Rücklagen** sind **Sonderposten** zwischen **Eigen-** und **Fremdkapital***

Als Sonderposten des Eigenkapitals sind die **unversteuerten Rücklagen** anzusehen.

> **Hinweis**: Im Gegensatz zu diesen unversteuerten Rücklagen sind die →**Gewinnrücklagen** grds sog **versteuerte Rücklagen**.

Bei diesen Rücklagen handelt es sich um Auswirkungen einer rein steuerlich bedingten Bewertung. Interpretationsmäßig weisen diese Posten aufgrund des idR eintretenden Steuerstundungseffektes daher sowohl **Eigenkapital-** als auch **Fremdkapitalcharakter** auf. Als **Beispiele** für diese Rücklagen sind der Investitionsfreibetrag, die Übertragungsrücklage, die sofortige Abschreibung geringwertiger Wirtschaftsgüter (wenn der Abschreibungsbetrag aus den geringwertigen Wirtschaftsgütern im Verhältnis zu den übrigen Abschreibungen wesentlich ist) sowie die vorzeitige Abschreibung zu nennen (Erl: der Investitionsfreibetrag und die vorzeitige Abschreibung können derzeit aber nicht mehr in Anspruch genommen werden). Wobei die unversteuerten Rücklagen bei Kapitalgesellschaften in die **Bewertungsreserve für Sonderabschreibungen** sowie die **sonstigen unversteuerten Rücklagen** aufzugliedern sind.

Da wir die →unversteuerten Rücklagen im Rahmen der →Abschlussbuchungen behandeln, verweisen wir auf die dort gemachten Ausführungen. Gem HGB erfolgt der **Ausweis** der unversteuerten Rücklagen zwischen Eigen- und Fremdkapital (siehe dazu die Gliederung der Bilanz im →**Anhang**).

*zu den **stillen Rücklagen** zählen die **Zwangsreserven**, **Ermessensreserven** sowie die **Willkürreserven***

**Zusammenfassend** ergibt sich die in der →**Abbildung** dargestellte Struktur der **offenen Rücklagen**. Im Gegensatz zu den offenen Rücklagen sind die **stillen Rücklagen/stillen Reserven** (Zwangsreserven, Ermessensreserven, Willkürreserven) im Jahresabschluss nicht direkt ersichtlich. Diese stillen Rücklagen/stillen Reserven ergeben sich wie folgt:

- **Zwangsreserven** sind jene stillen Reserven, die aufgrund von verpflichtend anzuwendenden Bilanzierungs-/Bewertungsmethoden entstehen. Beispielsweise aufgrund des Anschaffungskostenprinzips, wenn der Marktwert eines Vermögenswertes in den auf die Anschaffung folgenden Perioden über diese Anschaffungskosten hinaus steigt.

- **Ermessensreserven** entstehen als Folge der Ungewissheit bei Schätzungen und infolge von Wahlrechten bei der Bilanzierung und Bewertung. Beispielsweise bei der Ermittlung des Wertberichtigungsbetrages von dubiosen Forderungen oder bei der Bilanzierung von fertigen Erzeugnissen zum Mindestansatz (zu Teilkosten).

- **Willkürreserven** sind jene stillen Reserven, die über die Zwangsreserven und die Ermessensreserven hinaus gebildet werden. Beispielsweise wenn Unternehmen über den iS des Vorsichtsprinzips notwendigen Betrag hinaus Rückstellungen dotieren.

Abb: *Struktur der Rücklagen bei Kapitalgesellschaften*

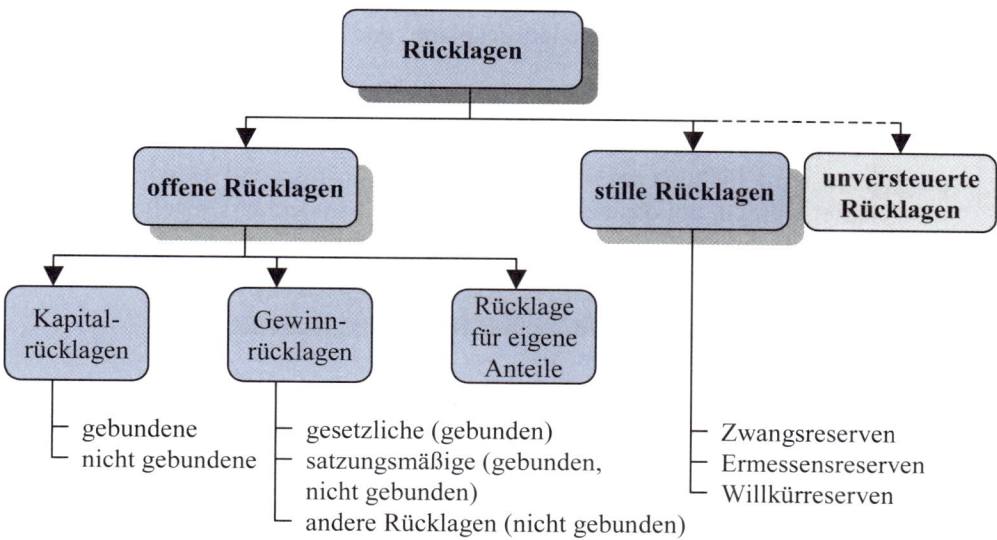

Neben den offenen und den stillen Rücklagen können in HGB-Abschlüssen auch sog **unversteuerte Rücklagen** auftreten, die im Abschluss von Kapitalgesellschaften nach dem Eigenkapital als separater Posten ausgewiesen werden (siehe dazu die Bilanzgliederung im →**Anhang**). Betreffend eine Erläuterung der unversteuerten Rücklagen sei auf die Ausführungen zu den Rücklagen im Rahmen der →**Abschlussbuchungen** verwiesen. *unversteuerte Rücklagen*

Ist das **Eigenkapital einer Kapitalgesellschaft durch Verluste aufgebraucht**, so ist dies in der Bilanz auf der Passivseite als „**negatives Eigenkapital**" auszuweisen. Zusätzlich ist im →**Anhang** zu erläutern, ob eine **Überschuldung** im Sinne des Insolvenzrechts vorliegt. Grds ist bei der Frage des negativen Eigenkapitals in diesem Zusammenhang zwischen einer bilanzmäßigen Überschuldung, einer rechnerischen Überschuldung und einer insolvenzrechtlich bedeutsamen Überschuldung zu unterscheiden: *negatives Eigenkapital/ Arten der Überschuldung*

a) Eine **bilanzmäßige Überschuldung** liegt vor, wenn ein Bilanzverlust die Summe aus Nennkapital und allen sonstigen im Eigenkapital ausgewiesenen Posten (ohne die unversteuerten Rücklagen) übersteigt.

b) Im Fall von a) sind die einzelnen Bilanzposten auf mögliche stille Reserven auf Basis von Liquidationswerten hin zu untersuchen. Eine **rechnerische Überschuldung** liegt in diesem Sinne somit dann vor, wenn die Schulden des Unternehmens (bewertet zu Liquidationswerten) das Vermögen dieses Unternehmens (bewertet zu Liquidationswerten) übersteigen. Die rechnerische Überschuldung unterstellt somit die Liquidation des Unternehmens, wodurch es zur Aufdeckung von stillen Reserven kommt. Kommen eine **Fortführungsprognose** und begründete Ansichten, dass die Überschuldung durch zukünftige Gewinne beseitigt werden kann, für das Unternehmen zu einem **positiven** Ergebnis, so liegt kein insolvenzrechtlicher Tatbestand vor (Hinweis: Im Rahmen einer Fortführungsprognose werden die Verlustursachen, die Finanzierungspläne und die geplanten Sanierungsmaßnahmen analysiert).

c)  Eine **insolvenzrechtliche Überschuldung** liegt erst dann vor, wenn eine **rechnerische Überschuldung** und eine **negative Fortführungsprognose** (dh es wird nicht erwartet, dass zukünftig ausreichend Gewinne erwirtschaftet werden, um das negative Eigenkapital zu decken) gegeben ist.

► Siehe **Arbeitsbuch**: **Beispiele** zu B.1.a.2.3.c.

## 1.a.3. Der Anlagenspiegel als Ergänzung zur Bilanz (Anlagengitter)

*Kapitalgesellschaften müssen einen Anlagenspiegel offen legen*

Bei Kapitalgesellschaften wird die Schlussbilanz eines Geschäftsjahres um einen Anlagenspiegel (auch Anlagengitter genannt) ergänzt (§ 226 Abs 1 HGB).

⇨ Der **Anlagenspiegel** zeigt die Entwicklung/die Bewegungen der einzelnen Posten des Anlagevermögens von den (historischen) Anschaffungs-/Herstellungskosten zum Beginn eines Geschäftsjahres bis zum Buchwert am Ende eines Geschäftsjahres auf.

Diese Entwicklung ist auch für aktivierte *Ingangsetzungs- und Erweiterungsaufwendungen* zu zeigen. Diese Ingangsetzungs- und Erweiterungsaufwendungen werden vor dem Anlagevermögen ausgewiesen und als *Bilanzierungshilfe* verstanden (→Bilanzierungsgrundsätze).

*die **Bilanz** zeigt die (Rest-)Buchwerte von Vermögenswerten, der **Anlagenspiegel** die AK/HK zu Beginn des jeweiligen GJ*

Als **Spezifikum** des **Anlagenspiegels** ist zu sehen, dass dieser mit den Anschaffungs-/Herstellungskosten zu Beginn des jeweiligen Geschäftsjahres startet (= die historischen AK/HK) und nicht wie die Bilanz mit den Restbuchwerten. Die Bilanz weist damit nur den Betrag aus →Anschaffungskosten/Herstellungskosten abzgl der bis zum Beginn des Geschäftsjahres angefallenen Abschreibungen aus.
Im Rahmen dieser Entwicklung sind im Anlagenspiegel zu zeigen:

- **Zugänge**: Erhöhungen des Anlagevermögens während des Berichtsjahres durch Zukäufe sowie durch selbst erstelltes Anlagevermögen. Die Bewertung der Zugänge erfolgt auf Basis der historischen AK/HK.
- **Abgänge**: Verminderungen des Anlagevermögens während des Berichtsjahres durch Ausscheiden von Vermögensgegenständen, ua infolge von Verkauf, Tausch, Verschrottung oder Entnahme. Die Bewertung der Abgänge erfolgt auf Basis der historischen AK/HK.
- **(Kumulierte) Abschreibungen**: Abschreibungen infolge von produktionsbedingtem oder zeitlichem Wertverzehr vom Beginn der Anschaffung/Herstellung bis inkl der Abschreibungen des Berichtsjahres (→Abschreibungen).

- **Zuschreibungen**: Wertaufholungen, weil die Gründe für eine vorangegangene außerplanmäßige Abschreibung weggefallen sind (→Zuschreibungen).
- **Umbuchungen**: Ausweisänderungen zwischen den einzelnen Kategorien des Anlagevermögens, zB eine Umbuchung von „Anlagen in Bau" auf „technische Anlagen und Maschinen" im Falle von selbst erstellten Maschinen (→aktivierte Eigenleistungen).

Im HGB wird nur gefordert, dass die Entwicklung des Anlagevermögens in der **Bilanz oder** im **Anhang** dargestellt wird. Üblich ist in der **Praxis** hierbei aber die Darstellung im Anhang. Eine spezifische formale Ausgestaltung des Anlagenspiegels ist jedoch nicht vorgesehen. Der Anlagenspiegel könnte aber die in der folgenden →**Tabelle** dargestellte Struktur aufweisen.

*Beispiel zum Anlagenspiegel*

Um die Funktion des Anlagenspiegels besser erklären zu können, haben wir in dieser Tabelle die Zahlen für ein Geschäftsjahr X03 dargestellt (siehe dazu die Fallstudie in →Abschnitt G.).

Tab: *(Verkürzter) Anlagenspiegel für das GJ X03*

| Anlagen-spiegel | AK/HK | | | | Abschreibungen | | | | | Bilanz-wert |
|---|---|---|---|---|---|---|---|---|---|---|
| | Stand 1.1. X03 | Zu-gänge | Ab-gänge | Stand 31.12. X03 | Stand 1.1. X03 | Ab-schrei-bungen | Zu-schrei-bungen | Ab-gänge | Stand 31.12. X03 | 31.12. X03 |
| **Sach-AV** | **22.000** | **4.000** | **-** | **26.000** | **3.850** | **2.325** | **-** | **-** | **6.175** | **19.825** |
| Grundstücke | 2.000 | - | - | 2.000 | | | - | - | | 2.000 |
| Gebäude | 5.000 | - | - | 5.000 | 250 | 125 | - | - | 375 | 4.625 |
| Maschinen | 12.000 | 4.000 | - | 16.000 | 2.400 | 1.600 | - | - | 4.000 | 12.000 |
| B/G-Ausstatt. | 3.000 | - | - | 3.000 | 1.200 | 600 | - | - | 1.800 | 1.200 |
| **Finanz-AV** | **9.000** | **-** | **-** | **9.000** | **-** | **-** | **-** | **-** | **-** | **9.000** |
| Beteiligungen | 9.000 | - | - | 9.000 | - | - | - | - | - | 9.000 |
| **Gesamtes AV** | **31.000** | **4.000** | **-** | **35.000** | **3.850** | **2.325** | **-** | **-** | **6.175** | **28.825** |

Betrachten wir zB die **Maschinen**, so ergibt sich die folgende Situation: Am Beginn des GJ X03 betrugen die **historischen Anschaffungskosten** der Maschinen € 12.000, wobei während des GJ X03 noch weitere Maschinen mit Anschaffungskosten von € 4.000 hinzugekauft worden sind (**Zugänge**). Die **Abschreibungen** im GJ X03 betrugen für diese alten und neuen Maschinen € 1.600. Vom Beginn des Erwerbs der alten und der neuen Maschinen bis zum Ende des GJ X03 betrugen die Abschreibungen sowohl für die alten als auch für die neuen Maschinen € 4.000 (= Stand Abschreibungen per 31.12.X03). Der →Restbuchwert (Bilanzwert) der Maschinen am Ende des GJ X03 beträgt somit € 12.000 (Erl: Anschaffungskosten per 1.1.X03 von 12.000 zzgl Zukäufe von 4.000 und abzgl der kumulierten Abschreibungen von 4.000).

> **Hinweis**: Beachten Sie, dass bei den **Wertpapieren nur außerplanmäßige** →**Abschreibungen**, aber keine planmäßigen Abschreibungen anfallen können. Beachten Sie auch, dass die **Abgänge** von Vermögensgegenständen des Anlagevermögens im Anlagenspiegel nur **zu den historischen Anschaffungs-** bzw **Herstellungskosten** ausgewiesen werden, nicht aber zum Verkaufserlös (siehe dazu die →Abschreibungen einschließlich der →ausgeschiedenen Vermögenswerte).

*den **Schnittpunkt** zwischen dem **Anlagenspiegel** und der **Bilanz** stellen die (Rest-)Buchwerte dar*

Der Zusammenhang zwischen dem Anlagenspiegel und der Bilanz zeigt sich über die Spalte „Stand 31.12.X..", welche den in der Bilanz ausgewiesenen (Rest-)Buchwerten am Ende des abgelaufenen Geschäftsjahres entspricht. In unserem Fall ist also die Spalte „BW 31.12.X03" mit den entsprechenden Werten in der Bilanz für das GJ X03 ident (siehe dazu das →**Beispiel** zur Bilanz am Beginn dieses Abschnitts sowie die →**Fallstudie** in Abschnitt G.).

## 1.b. GUV (ERFOLGSRECHNUNG)

### 1.b.1. Aufgabe

*die **GuV** bildet die **Erfolgssituation** eines Unternehmens ab*

Ziel der GuV ist die Abbildung der Erfolgssituation eines Unternehmens. Man spricht daher bei der GuV auch von der Erfolgsrechnung.

> Die **GuV (Erfolgsrechnung)** zeigt den Geschäftserfolg (wirtschaftliches Ergebnis; **Gewinn/Verlust**) eines Unternehmens während eines Geschäftsjahres (einer Abrechnungsperiode) auf. Damit wird aus ihr ersichtlich, wie viel eine Gesellschaft im Laufe eines Geschäftsjahres/einer Periode erwirtschaftet oder verloren hat.

> Erl: Die **GuV startet** - im Gegensatz zur Bilanz - **in jedem Geschäftsjahr** damit **neu** und sammelt hierbei die Gewinne/Verluste der einzelnen Geschäftsfälle während dieses Jahres an. Für eine GuV sind damit auch **keine Eröffnungsbuchungen** (wie bei der Bilanz; →Eröffnungsbilanz) erforderlich. Der in vorangegangenen Geschäftsjahren erzielte Gewinn/Verlust interessiert bei dieser Ansammlung nicht mehr, da dieser entweder in den Gewinnrücklagen steht oder (im Falle eines Gewinns) auch an die Eigentümer ausgeschüttet worden sein kann.

*Gewinn:*
*Erträge > Aufwendungen*
*Verlust:*
*Aufwendungen > Erträge*

Zu diesem Zweck werden in der Erfolgsrechnung alle durch die Geschäftstätigkeit eines Unternehmens bewirkten Erträge und Aufwendungen einander gegenübergestellt, woraus sich entweder ein (Jahres-)Gewinn oder ein (Jahres-)Verlust ergibt:

- Unter einem **Jahresüberschuss (Gewinn)** wird eine positive Differenz zwischen Erträgen und Aufwendungen verstanden. Die Erträge sind damit größer als die Aufwendungen.
- Unter einem **Jahresfehlbetrag (Verlust)** wird dem gegenüber eine negative Differenz zwischen Erträgen und Aufwendungen verstanden. Die Aufwendungen sind damit größer als die Erträge.

Für eine zutreffende Abbildung dieses Erfolges müssen entsprechend dem Grundsatz der **periodengerechten Abgrenzung** die Aufwendungen den korrespondierenden Erträgen gegenübergestellt werden. Allerdings wird diese periodengerechte Abgrenzung in den HGB-Abschlüssen nur teilweise umgesetzt. Dies werden wir in einem anderen Teil des Buches noch ausführlich diskutieren (siehe die →GoB sowie die →Rechnungsabgrenzungen).

Die **GuV** baut auf **periodisierten Größen** (Erträge, Aufwendungen) auf. Im Gegensatz zur **Kapitalflussrechnung**, die auf **unperiodisierten Größen** (Einzahlungen, Auszahlungen) aufbaut.

**Erträge** iS der GuV sind all jene Geschäftsfälle, die in einer Rechnungsperiode zu einer Erhöhung des Nettovermögens führen. Ein Aspekt, den wir im Rahmen der →Abbildungssystematik anhand von **Beispielen** ausführlich diskutieren.

*Erträge führen zu einer Erhöhung des Nettovermögens (Reinvermögens)*

> Zu den **Erträgen** zählen vor allem die durch den Verkauf von Waren und Dienstleistungen erzielten Erträge (Umsatzerlöse). Darüber hinaus können auch noch Erträge aus getätigten Finanzinvestitionen (zB Dividendenerträge aus Aktien sowie Zinserträge aus Anleihen) sowie außerordentliche Erträge anfallen.

 **Erträge** sind **Mehrungen** des **Nettovermögens** in einer Rechnungsperiode (in einem Geschäftsjahr). Sie können Einzahlungen und/oder Einnahmen der gleichen Periode, aber auch einer früheren Periode oder späteren Periode zurechenbar sein. Zu den Erträgen zählen vor allem die Verkäufe von Produkten und Dienstleistungen während eines Geschäftsjahres (Umsatzerlöse).

Zu den **Aufwendungen** zählen die im Zusammenhang mit der Produktion und dem Vertrieb der verkauften Produkte und Dienstleistungen sowie der Finanzierungsmaßnahmen entstandenen Wertminderungen des Nettovermögens. Ein Aspekt, den wir im Rahmen der →Abbildungssystematik anhand von **Beispielen** ausführlich diskutieren.

*Aufwendungen führen zu einer Verminderung des Nettovermögens/Reinvermögens*

> Als **Aufwendungen** sind vor allem der Materialaufwand, die Löhne, Gehälter, Mieten, Abschreibungen, Zinszahlungen sowie Steuern zu nennen. Zwischen den Erträgen und Aufwendungen besteht damit also ein kausaler Zusammenhang.

 **Aufwendungen** sind jene **Minderungen** des **Nettovermögens** in einer Rechnungsperiode (in einem Geschäftsjahr), die für die Realisierung des entsprechenden Ertrags aufgewendet wurden. Sie können Auszahlungen und/oder Ausgaben der gleichen Periode, aber auch einer früheren oder einer späteren Periode zurechenbar sein.

Wir werden in einem nachfolgenden Punkt des Buches noch sehen, dass aufgrund der **heterogenen Zusammensetzung** der **Erträge** und **Aufwendungen** die GuV in ein Betriebsergebnis, Finanzergebnis und in ein außerordentliches Ergebnis strukturiert wird (→GuV, Gliederung). Dementsprechend muss für jede interessierende Ertrags- und Aufwandsart dieser Ergebnisse ein eigenes Unterkonto eingerichtet werden.

*für die **Erträge** und **Aufwendungen** werden jeweils eigene **Unterkonten** geführt*

*der **Schnittpunkt** zwischen **Bilanz** und **GuV** ist der Gewinn/Verlust*

Es gibt aber auch einen Schnittpunkt von der GuV zur Bilanz. Wie wir bereits bei der Bilanz diskutiert haben, kann sich das Eigenkapital in der Bilanz durch zwei Geschäftsfälle verändern (siehe auch die **Abbildung**):

**Fall 1**: Durch die **Geschäftstätigkeit**, beispielsweise infolge der Produktion und des Verkaufs von Waren. Hierbei gilt: Wird durch diese Geschäftstätigkeit ein **Gewinn** erzielt, so erhöht sich das Eigenkapital, resultiert aus dieser Geschäftstätigkeit hingegen ein **Verlust**, so vermindert sich das Eigenkapital.

**Fall 2**: Durch **Kapitalerhöhungen** und **Kapitalherabsetzungen**, die nur die Bilanz, nicht aber die GuV tangieren (→Abschnitt C., Finanzierungsmaßnahmen).

Diese beiden Geschäftsfälle wirken sich somit unterschiedlich auf die Bilanz und GuV aus: Während die Kapitalerhöhungen/Kapitalherabsetzungen nur in der Bilanz abgebildet werden, wirkt sich die eigentliche Geschäftstätigkeit sowohl auf die Bilanz als auch auf die GuV aus.

Abb: *Veränderung des Eigenkapitals*

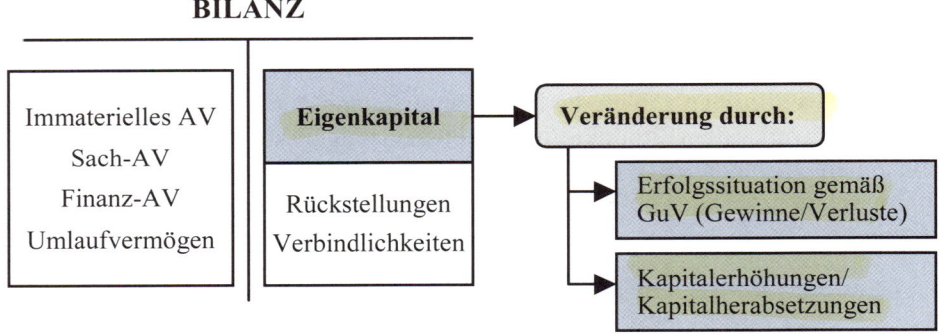

## 1.b.2. Gliederung

## 1.b.2.1. Grundsätzliche Überlegungen

*Form der GuV:*
*Konto- versus Staffelform;*
*GKV versus UKV*

Betreffend die Gliederung der GuV sind **zwei Fragen** zu klären:

- Kontoform versus Staffelform sowie
- Gesamtkostenverfahren versus Umsatzkostenverfahren.

Entscheidend für den **Aussagegehalt der GuV** ist die Frage „Gesamtkostenverfahren versus Umsatzkostenverfahren" da sich hieraus materielle Auswirkungen auf den Informationsgehalt einer GuV ergeben. Hingegen stellt die Entscheidung zwischen Kontoform und Staffelform eine reine Ausweisfrage dar, die keinerlei materielle Auswirkungen auf den Informationsgehalt einer GuV nach sich zieht. Dies wird deutlich, wenn wir uns die Kontoform und Staffelform näher ansehen:

Bei der Kontoform werden die Erträge (rechte Seite, Habenseite) den Aufwendungen (linke Seite, Sollseite) in Form eines Kontos gegenübergestellt. Für die Erfolgsermittlung gilt:

*die GUV auf Basis der Kontoform dient idR nur didaktischen Zwecken*

- Ist die Summe der Erträge größer als die Summe der Aufwendungen, so ergibt sich ein **Gewinn**, der auf der Sollseite ausgewiesen wird.
- Sind hingegen die Aufwendungen größer als die Erträge, so entsteht ein **Verlust**, der auf der Habenseite ausgewiesen wird.

Diesbezüglich sei auf die →**Abbildung** für den Fall eines Gewinnausweises verwiesen (siehe dazu auch die Ausführungen beim →Konto).

Abb: *GuV auf Basis der Kontoform (im Falle eines Gewinnausweises)*

| Aufwendungen | | Erträge |
|---|---|---|
| Betriebsaufwendungen Finanzaufwendungen ao Aufwendungen Steueraufwand | | Betriebserträge Finanzerträge ao Erträge |
| **Gewinn** | | |

Im Gegensatz zur Kontoform werden bei der Gliederung der GuV nach der **Staffelform** die Erträge und Aufwendungen untereinander angeführt (siehe die folgende →**Abbildung**). Da die Staffelform die Berechnung einzelner **Zwischenergebnisse** zulässt, verbessert sich der Aussagegehalt der Erfolgsrechnung. Als Zwischenergebnisse werden idR ein **Betriebsergebnis**, ein **Finanzergebnis** und ein **ao Ergebnis** ausgewiesen. Diese Zwischenergebnisse können insbesondere für die Analyse der Entwicklung eines Unternehmens im Zeitablauf (*interperiodischer Vergleich*) als auch für einen *zwischenbetrieblichen Vergleich* herangezogen werden.

*im HGB ist für die GuV von Kapitalgesellschaften die Staffelform vorgesehen; diese Staffelform ermöglicht den Ausweis von Zwischenergebnissen: Betriebsergebnis, Finanzergebnis, ao Ergebnis*

Die Summe aus Betriebsergebnis und Finanzergebnis wird auch als „**Ergebnis der gewöhnlichen Geschäftstätigkeit (EGT)**" bezeichnet. Betriebsergebnis, Finanzergebnis und ao Ergebnis zusammen ergeben das Jahresergebnis, das im Falle eines Gewinnes „**Jahresüberschuss**" bzw im Falle eines Verlustes „**Jahresfehlbetrag**" genannt wird (siehe dazu auch die Gliederung des HGB im →**Anhang**).

Aus einer GuV auf Basis der Kontoform wären solche Zwischenergebnisse nicht direkt, sondern nur über Umrechnungen ableitbar. Die GuV auf Basis der Kontoform dient damit vor allem didaktischen Zwecken.

**Vollkaufleute** haben die GuV unter Bedachtnahme auf die Grundsätze des HGB § 195 zu gliedern. Die GuV ist demnach klar und übersichtlich aufzustellen und hat dem Kaufmann ein möglichst getreues Bild der Ertragslage eines Unternehmens zu vermitteln. Der Jahresüberschuss/-fehlbetrag und der Bilanzgewinn/-verlust sind

*formale Ausgestaltung der GuV: Vollkaufleute und Kapitalgesellschaften* aber auf jeden Fall gesondert auszuweisen. Weitere Ausweisvorschriften finden sich für Vollkaufleute nicht.

Im Gegensatz dazu werden **Kapitalgesellschaften** deutlich strengere Formvorschriften vorgegeben. Für diese Unternehmen sieht das HGB zwar ein **Wahlrecht** zwischen dem **Gesamt-** und dem **Umsatzkostenverfahren** vor, jedoch sind für beide Verfahren detaillierte Mindestgliederungsschemata zu beachten (§ 231 HGB). Diese Mindestgliederungsschemata basieren auf der Staffelform und sind im Anhang des Buches dargestellt. In der Praxis wird von österreichischen Unternehmen vor allem das Gesamtkostenverfahren angewandt. Die Frage „Gesamtkostenverfahren versus Umsatzkostenverfahren" werden wir im nachfolgenden Punkt genauer behandeln.

Abb: *GuV auf Basis der Staffelform*

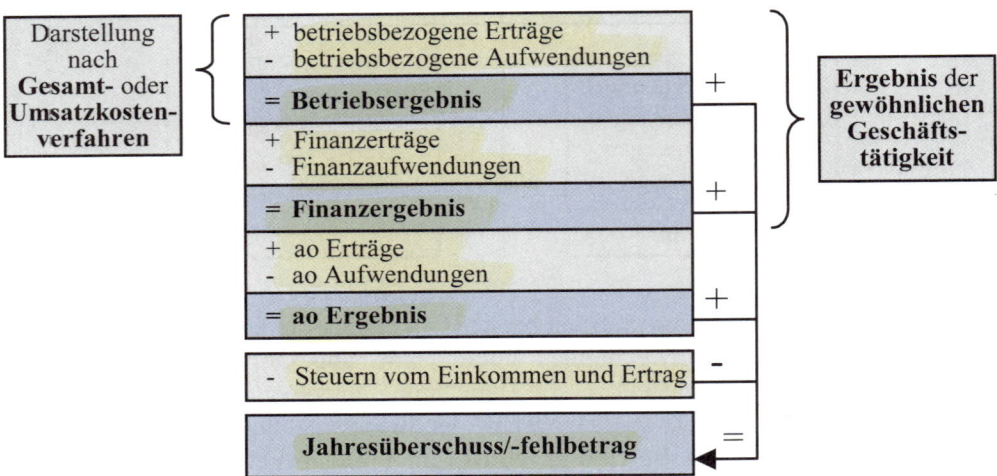

*Betriebsergebnis versus Finanzergebnis versus ao Ergebnis*

Schauen wir uns nun die **drei Teilergebnisse der GuV** etwas genauer an:

 Das **Betriebsergebnis** umfasst all jene betriebsspezifischen Posten, die dem eigentlichen Leistungserstellungsprozess eines Unternehmens zuzurechnen sind: Hierzu zählt vor allem die Produktion und der Verkauf von Waren sowie die Erbringung von Dienstleistungen. Dieses Betriebsergebnis kann entweder nach dem **Gesamt- oder** dem **Umsatzkostenverfahren** ermittelt werden.

 Das **Finanzergebnis** umfasst all jene Posten, die zwar auch zur regelmäßigen gewöhnlichen Geschäftstätigkeit eines Unternehmens zählen, die aber Nebengeschäfte (**Finanzierungs- und Kapitalanlagegeschäfte**) betreffen und insoweit als betriebsfremd einzustufen sind. Beispielsweise Zinserträge, Dividendenerträge sowie Zinsaufwendungen.

> **Hinweis**: Beachten Sie, dass die **Dividendenzahlungen** eines Unternehmens an seine Aktionäre **keinen Aufwand** darstellen und damit nicht in der GuV dargestellt werden (→Gewinnverwendung).

Zu diesem Finanzergebnis zählen vor allem die folgenden **Posten**:

*Posten des Finanzergebnisses*

- Erträge aus Beteiligungen: zB erhaltene Dividenden aus Aktienbesitz,
- Erträge aus anderen Wertpapieren und Ausleihungen des Finanzanlagevermögens: zB Zinsen aus Anleihen,
- sonstige Zinsen und ähnliche Erträge,
- Abschreibungen auf Finanzanlagen und Wertpapiere des Umlaufvermögens sowie
- Zinsen und ähnliche Aufwendungen.

 Das **außerordentliche Ergebnis (ao Ergebnis)** enthält nach HGB Erträge und/oder Aufwendungen, die außerhalb der gewöhnlichen Geschäftstätigkeit anfallen (§ 233 HGB).

Zum **ao Ergebnis** zählen nach HGB:

*Posten des ao Ergebnisses*

- **nicht auf** die **Tätigkeit** des Unternehmens **zurückführbare Ereignisse**: ua aufwandswirksame Naturkatastrophen, politische Boykotte, Enteignungen sowie dafür erhaltene Entschädigungen,
- **seltene Geschäftsfälle**: ua Gewinne/Verluste aus dem Verkauf eines Teilbetriebes oder von für das Unternehmen bedeutsamen Beteiligungen, ein allgemeiner Schuldennachlass im Rahmen einer Unternehmenssanierung sowie Aufwendungen aus Sanierungsleistungen außenstehender Dritter.

Diese Fälle sind aber vor dem **Hintergrund des jeweiligen Unternehmens** zu sehen. Beispielsweise stellt somit der Kauf und Verkauf von Unternehmen/Unternehmensteilen aus Sicht eines Merger & Acquisition-Unternehmens keinen außerordentlichen Sachverhalt dar.

Wie der Jahresüberschuss/Jahresfehlbetrag zum →Bilanzgewinn/Bilanzverlust übergeleitet wird, sehen wir im Rahmen der →**Ergebnisverwendung**.

▶ Siehe **Arbeitsbuch: Beispiel** zu **B.1.b.2.**

### 1.b.2.2.  Gesamtkostenverfahren versus Umsatzkostenverfahren (Grundidee, Gliederung)

Wir haben bereits einleitend darauf hingewiesen, dass das HGB für Kapitalgesellschaften das Wahlrecht vorsieht, die GuV entweder auf Basis des Gesamtkostenverfahrens (GKV) oder auf Basis des Umsatzkostenverfahrens (UKV) zu erstellen. Die Frage „Gesamtkostenverfahren versus Umsatzkostenverfahren" betrifft hierbei aber nur die **Struktur** des **Betriebsergebnisses**. Der Ausweis des Finanz- und ao Ergebnisses wird davon nicht berührt. Die Struktur und die Höhe des Finanz- und ao Ergebnisses ist demnach beim Gesamtkostenverfahren und beim Umsatzkostenverfahren gleich.

Vorauszuschicken ist auch, dass Gesamtkostenverfahren und Umsatzkostenverfahren zum selben Betriebsergebnis führen.

> Gesamtkostenverfahren und Umsatzkostenverfahren führen zum **selben Betriebsergebnis**. Sie unterscheiden sich aber in der Art/Struktur, wie sie dieses Ergebnis ermitteln.

Wie wirkt sich nun diese unterschiedliche Ermittlung des Betriebsergebnisses aus?

> Nach dem **Gesamtkostenverfahren** ist die GuV im Betriebsergebnis nach **Kostenarten** (vor allem Materialaufwand, Personalaufwand, Abschreibungen) gegliedert. Hierbei werden sämtliche in der betrachteten Periode angefallenen Erträge sämtlichen Aufwendungen gegenübergestellt, die bei Erbringung der Betriebsleistung angefallen sind.

Die GuV nach dem GKV zeigt damit die gesamte Leistung eines Unternehmens während eines Geschäftsjahres (**gesamte Periodenleistung**). Unter der gesamten Periodenleistung eines Unternehmens während eines Geschäftsjahres wird hierbei die **Summe aus** a) den *Umsatzerlösen*; b) der *Erhöhung/Verminderung des Bestandes an fertigen und unfertigen Erzeugnissen* sowie c) den *anderen aktivierten Eigenleistungen* verstanden.

**Spezifische Posten des GKV** sind iS dieser Periodenleistung bei produzierenden Unternehmen dementsprechend die „Bestandsveränderung an fertigen und unfertigen Erzeugnissen" sowie die „anderen aktivierten Eigenleistungen".
Als Unterschied zwischen diesen beiden Posten ist zu nennen:

- Die „**Bestandsveränderung** an fertigen und unfertigen Erzeugnissen" fungiert als Korrekturposten zu den in den „Kostenarten" (Materialaufwand, Personalaufwand, Abschreibungen) der GuV inkludierten Anteilen der in der Berichtsperiode produzierten, aber noch nicht verkauften Produkte des **Umlaufvermögens**.

- Die „**anderen aktivierten Eigenleistungen**" stellen einen Korrekturposten zu den in den „Kostenarten" (Materialaufwand, Personalaufwand, Abschreibungen) der GuV inkludierten Anteilen der in der Berichtsperiode von einem Unternehmen selbst erstellten Vermögensgegenstände des **Anlagevermögens** dar, die dieses Unternehmen für die eigene Leistungserstellung selbst nutzt. Beispielsweise betreffen die aktivierten Eigenleistungen die von einem Unternehmen selbst erstellten Maschinen, die es im Rahmen der Produktion einsetzt.

*Gegenposten zu den aktivierten Eigenleistungen ist das AV*

Abb: *Bestandsveränderung versus aktivierte Eigenleistungen*

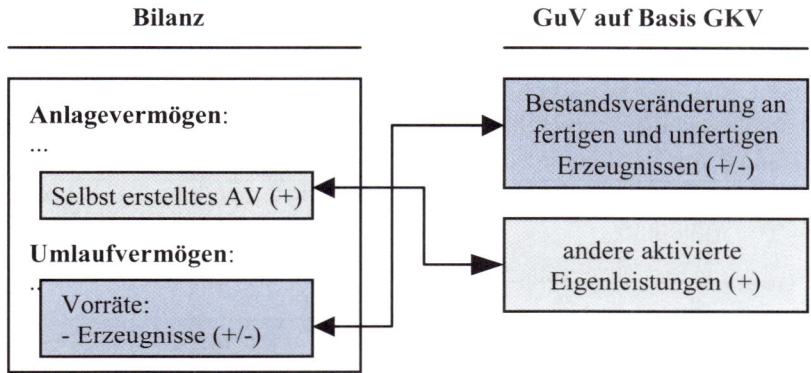

Wie sieht nun im Vergleich dazu der Ausweis des Betriebsergebnisses auf Basis des Umsatzkostenverfahrens aus?

*Umsatzkostenverfahren: Gliederung nach Kostenstellen (Herstellung, Verwaltung, Vertrieb)*

 Nach dem **Umsatzkostenverfahren** ist die GuV im Betriebsergebnis nach **Kostenstellen** (Herstellung, Verwaltung, Vertrieb) gegliedert und entspricht von daher der innerbetrieblichen Verrechnungsstruktur (der Kostenrechnung).

**Hinweis:** Wendet ein Unternehmen das **Umsatzkostenverfahren** an, so muss es im **Anhang** zusätzlich den **Materialaufwand** und den Aufwand für bezogene Leistungen sowie den **Personalaufwand** des Geschäftsjahres angeben (§ 237 Z 4 HGB).

Beim UKV werden dem effektiven Umsatz der betrachteten Periode nicht die gesamten Aufwendungen der Periode, sondern außer den zeitlich abzugrenzenden nur diejenigen Aufwendungen gegenübergestellt, welche für die verkauften Produkte/Leistungen angefallen sind (**Umsatzaufwendungen**). Dementsprechend sind die „**Herstellungskosten der für die Erzielung der Umsatzerlöse erbrachten Leistungen (cost of goods sold)**" das zentrale Element des Umsatzkostenverfahrens. Die Umsatzerlöse abzüglich der „Herstellungskosten der zur Erzielung der Umsatzerlöse erbrachten Leistungen" ergibt das **Bruttoergebnis vom Umsatz**.

*UKV:*
*die gesamte Periodenleistung ist nicht ersichtlich*

Im Gegensatz zum GKV ist beim UKV die **gesamte Periodenleistung** eines Unternehmen somit **nicht unmittelbar ersichtlich**:

- Die auf Lager produzierten Erzeugnisse sind nur aus der Bilanz, nicht aber aus der GuV ersichtlich (Erl: da keine Umsatzerlöse anfallen, werden auch die „Herstellungskosten der zur Erzielung der Umsatzerlöse erbrachten Leistungen" mit null ausgewiesen).
- Die „anderen aktivierten Eigenleistungen" sind nur aus der Bilanz, nicht aber aus der GuV ersichtlich (Erl: da keine Umsatzerlöse anfallen, werden auch die „aktivierten Eigenleistungen" mit null ausgewiesen).

Diesbezüglich werden wir nachfolgend ein konkretes →**Beispiel** diskutieren.

*Gegenüberstellung der Spezifika von **GKV** und **UKV***

Vorab werden die zentralen Unterschiede zwischen und die Gemeinsamkeiten von GKV und UKV in der →**Abbildung** aber noch einmal zusammengefasst. Nach dem Jahresüberschuss/Jahresfehlbetrag werden noch die Zuführung zu Rücklagen, die Auflösung von Rücklagen sowie der Gewinnvortrag und Verlustvortrag ausgewiesen. Diese Bereiche behandeln wir im Rahmen der →Rücklagen und →Gewinnverwendung.

Abb: *Gesamtkostenverfahren versus Umsatzkostenverfahren*

| Gesamtkostenverfahren | Umsatzkostenverfahren |
|---|---|
| Umsatzerlöse<br>+/- Bestandsveränderung an fertigen und unfertigen Erzeugnissen<br>+ andere aktivierte Eigenleistungen<br>+ sonst betrieblicher Ertrag<br>- Materialaufwand<br>- Personalaufwand<br>- Abschreibungen<br>- sonst betrieblicher Aufwand | Umsatzerlöse<br>- Herstellungskosten der zur Erzielung der Umsatzerlöse erbrachten Leistungen<br>= **Bruttoergebnis vom Umsatz**<br>+ sonst betrieblicher Ertrag<br>- Vertriebskosten<br>- allg Verwaltungskosten<br>- sonst betrieblicher Aufwand |

**Unterschiede**

**Gemeinsamkeiten**

= **Betriebsergebnis**
+/- **Finanzergebnis**
= **Ergebnis der gewöhnlichen Geschäftstätigkeit**
+/- **ao Ergebnis**
- Steuern vom Einkommen und vom Ertrag
= **Jahresüberschuss/Jahresfehlbetrag**

Da die **GuV** auf Basis des **Umsatzkostenverfahrens** nach Kostenstellen gegliedert ist, ist Voraussetzung für deren Ermittlung eine **Kostenstellenrechnung**. Im Rahmen dieser Kostenstellenrechnung werden die Kostenarten auf die Kostenstellen übergeleitet (siehe die →**Abbildung**). Damit stellt das Umsatzkostenverfahren auch den **Schnittpunkt** zur **internen Unternehmensrechnung** (Leistungs- und Kostenrechnung) her (→interne Rechnungen).

*Voraussetzung für das UKV ist eine Kostenstellenrechnung*

Abb: *Die GuV auf Basis des Umsatzkostenverfahrens iS der Kostenstellenrechnung*

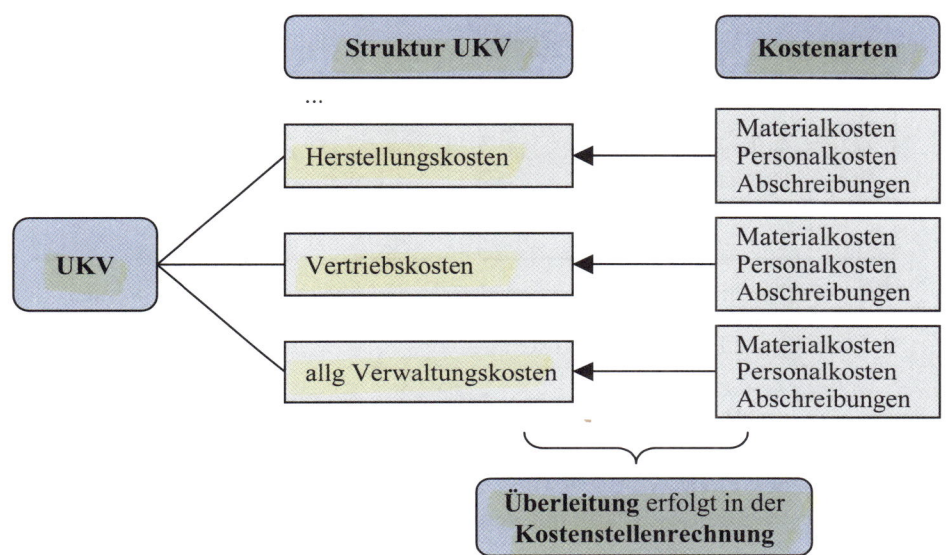

Bevor wir auf spezifische Ausweisfragen betr Gesamt- und Umsatzkostenverfahren näher eingehen, wollen wir uns die grundlegenden Unterschiede anhand von zwei einfachen Beispielen ansehen.

Um die Unterschiede zwischen dem Gesamt- und dem Umsatzkostenverfahren hinsichtlich der **Periodenleistung** deutlich zu machen, nehmen wir folgendes einfaches **Beispiel** an: Ein Unternehmen produziert in einer Periode 100 Stück, verkauft aber nur 70 Stück. 30 Stück werden somit auf Lager produziert. Die Bewertung der Vorräte erfolgt auf Basis der Vollkosten. Wie sieht nun die GuV auf Basis GKV und UKV aus?

*ein einfaches Beispiel zum GKV versus UKV betr die Periodenleistung*

Wie die →**Abbildung** zeigt, wird beim GKV die gesamte Periodenleistung iS von 100 Stück ausgewiesen, während das UKV nur die verkauften 70 Stück zeigt. So werden beim **GKV** 70 Stück, die verkauft werden (Umsatzerlöse) sowie 30 Stück ausgewiesen, die auf Lager produziert werden (Bestandsveränderung an fertigen und unfertigen Erzeugnissen). Die „gesamte Periodenleistung" beträgt somit 100 Stück. Damit müssen nun aber auch die produktionsbedingten Kosten betr Material, Personal und Abschreibungen auf 100 Stück basieren. Beim **UKV** werden im Gegensatz dazu nur die 70 Stück ausgewiesen, die verkauft werden. Damit dürfen aber auch die „Herstellungskosten der zur Erzielung der Umsatzerlöse erbrachten Leistungen" nur auf 70 Stück basieren. Davon nicht betroffen sind jedoch die Vertriebs- und Verwaltungskosten, da diese idR nicht zu den →Herstellungskosten zählen. Somit müssen die Vertriebs- und Verwaltungskosten auf Basis von 100 Stück ausgewiesen werden.

Abb: *Abbildung der Periodenleistung beim GKV und UKV*

| Gesamtkostenverfahren | basierend auf: | Umsatzkostenverfahren | basierend auf: |
|---|---|---|---|
| Umsatzerlöse | +70 Stück | Umsatzerlöse | +70 Stück |
| Bestands-Vdg | +30 Stück | Herstellungskosten | -70 Stück |
| Materialaufwand | -100 Stück | Vertriebskosten | -100 Stück |
| Personalaufwand | -100 Stück | Verwaltungskosten | -100 Stück |
| Abschreibungen | -100 Stück | .... | .... |
| .... | .... | .... | .... |

Erl: Annahmen: in der Periode werden 100 Stück produziert; hiervon werden 70 Stück verkauft, 30 Stück gehen auf Lager; die Bewertung der Vorräte erfolgt auf Basis der Vollkosten

*ein weiteres **Beispiel** zum **GKV versus UKV***

In einem weiteren Beispiel wollen wir nun konkrete Zahlen verwenden. Dazu gehen wir von folgenden **Annahmen** aus: Im **GJ X01** werden von unserem Unternehmen 100 Stück einer Ware mit Herstellungskosten von € 100/Stück hergestellt. Die Vorräte werden in der Bilanz mit dem Höchstansatz bewertet (Vollkosten). Ein Aspekt, den wir in einem anderen Teil des Buches ausführlich diskutieren (→Vorräte, fertige und unfertige Erzeugnisse). Diese produktionsbedingten Herstellungskosten setzen sich für die gesamte Produktion wie folgt zusammen: Materialaufwand € 5.000, Personalaufwand € 4.000, Abschreibungen € 1.000. Im **GJ X02** werden diese Produkte zu einem Preis von € 120/Stück verkauft.

*Lösung: GKV*

Übertragen wir diese Annahmen zuerst auf die GuV gem **Gesamtkostenverfahren**. Wir wissen, dass diese GuV nach Kostenarten gegliedert ist und die gesamte Periodenleistung zeigt. Damit weisen wir im **GJ X01** Kosten iS von Materialaufwand (-5.000), Personalaufwand (-4.000) sowie Abschreibungen iS des Werteverzehrs der für die Produktion verwendeten Vermögenswerte wie Maschinen (-1.000) aus. Beachten Sie, dass in der GuV der Materialaufwand, Personalaufwand und die Abschreibungen jeweils für 100 Stück ausgewiesen werden. Dass unser Unternehmen im GJ X01 noch nichts verkauft hat, berührt das GKV nicht, da es die „gesamte Periodenleistung" zeigt. Dementsprechend werden die auf Vorrat produzierten Produkte über den Posten „Bestandsveränderung an fertigen und unfertigen Erzeugnissen" mit den gesamten Produktionskosten iS der Herstellungskosten als „Ertrag" ausgewiesen (10.000). Diese Herstellungskosten setzen sich zusammen aus: Materialaufwand 5.000, Personalaufwand 4.000 sowie Abschreibungen 1.000. Zu beachten ist aber, dass diese Vorräte in der Bilanz nur zu den →**Herstellungs-**

**kosten** von € 100/Stück, nicht aber zu den Verkaufspreisen von € 120/Stück ausgewiesen werden dürfen.

> **Hinweis**: Der **Ausweis** der Vorräte in der Bilanz zu **Herstellungskosten** und nicht zu Marktwerten leitet sich aus dem →**Realisationsprinzip** bzw dem →**Imparitätsprinzip** ab (→**Bewertungsmaßstäbe**).

Das Betriebsergebnis im GJ X01 ist somit +/-0. Dies wird auch aus der folgenden **Abbildung** zur Ermittlung des Reinvermögens ersichtlich, wobei wir hier unterstellen, dass das Material (5.000) und das Personal (4.000) sofort bezahlt werden (insgesamt 9.000):

> **Hinweis**: Die nachfolgende →**Abbildungssystematik** wird an anderer Stelle des Buches ausführlich erklärt.

Abb: *Produktion von Erzeugnissen*

| | Vdg Produktion | Vdg Aktivierung | Vdg Gesamt | Abbildung in: |
|---|---|---|---|---|
| **= Liquide Mittel** | **-9.000** | **-** | **-9.000** | **Bilanz, KFR** |
| + sonst. Finanzvermögen | - | - | - | |
| + Forderungen | - | - | - | |
| - Fremdkapital | - | - | - | |
| **= Geldvermögen** | **-9.000** | **-** | **-9.000** | **Bilanz** |
| - Abschreibungen | -1.000 | - | -1.000 | |
| + Vorräte | - | +10.000 | +10.000 | |
| +/- sonstiges Vermögen | - | - | | |
| **= Nettovermögen** | **-10.000** | **+10.000** | **+/-0** | **Bilanz, GuV** |

Werden die Vorräte aus der Produktion X01 im **GJ X02** verkauft, so zeigen wir auch das wieder über den Posten „Bestandsveränderung an fertigen und unfertigen Erzeugnissen", nun aber mit negativem Vorzeichen (-10.000) und damit als Aufwand. Gleichzeitig weisen wir nun die Umsatzerlöse betr diesen Verkauf aus (+12.000), womit wir ein Betriebsergebnis von +2.000 erhalten.

Tab: *GuV für das Geschäftsjahr X01 und X02 (Basis **GKV**)*

| | X01 | X02 |
|---|---|---|
| Umsatzerlöse | - | +12.000 |
| Bestandsveränderung an fertigen und unfertigen Erzeugnissen | +10.000 | -10.000 |
| Materialaufwand | -5.000 | - |
| Personalaufwand | -4.000 | - |
| Abschreibungen | -1.000 | - |
| **Betriebsergebnis** | **+/-0** | **+2.000** |

Über den Posten „Bestandsveränderung an fertigen und unfertigen Erzeugnissen" werden somit im GJ X01 die auf Lager produzierten Erzeugnisse in der Bilanz aufgebaut (positives Vorzeichen) und im Falle von deren Verkauf im GJ X02 auch wieder abgebaut (negatives Vorzeichen).

*Bestandsveränderung an fertigen und unfertigen Erzeugnissen*

Der Posten „Bestandsveränderung an fertigen und unfertigen Erzeugnissen" gem GuV auf Basis des Gesamtkostenverfahrens entspricht damit in der Höhe und im Vorzeichen genau der Veränderung des Postens „fertige und unfertige Erzeugnisse" gem Bilanz. Wobei Folgendes gilt (siehe die →**Abbildung**):

- **Produktion auf Lager**: Wird von einem Unternehmen auf Lager produziert, so erfolgt der GuV-Ausweis und der Bilanzausweis mit positivem Vorzeichen.
- **Entnahme vom Lager**: Entnimmt ein Unternehmen Vorräte vom Lager, so erfolgt der GuV-Ausweis und der Bilanzausweis mit negativem Vorzeichen.

Abb: *Funktion des Postens „Bestandsveränderung an fertigen und unfertigen Erzeugnissen"*

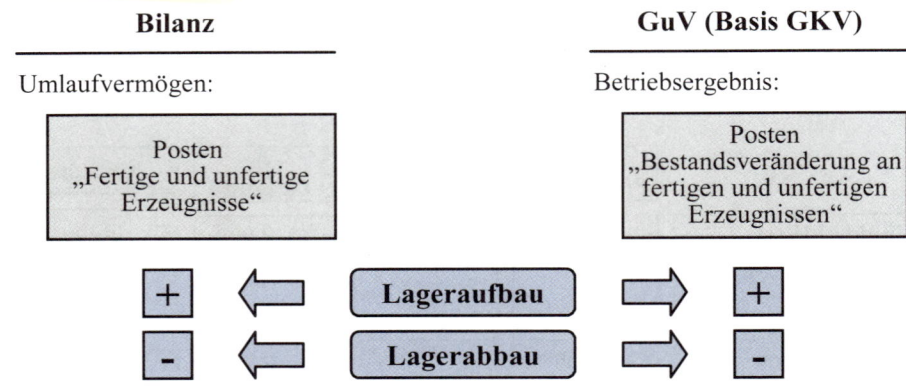

*Lösung:* **UKV**

Auch auf Basis des **Umsatzkostenverfahrens** kommen wir in den beiden Geschäftsjahren X01 und X02 zum selben Betriebsergebnis wie beim Gesamtkostenverfahren. Allerdings weicht die ausgewiesene Struktur der Erträge und Aufwendungen beim Umsatzkostenverfahren deutlich von jener beim Gesamtkostenverfahren ab.

Im **GJ X01** wird auf Basis des Umsatzkostenverfahrens weder ein Ertrag noch ein Aufwand ausgewiesen. Erinnern wir uns: Beim UKV werden im Betriebsergebnis betreffend die Produktion grds nur Umsatzkosten iS von „Herstellungskosten der zur Erzielung der Umsatzerlöse erbrachten Leistungen" ausgewiesen (siehe dazu aber auch die →Vorräte, fertige und unfertige Erzeugnisse). Da in diesem Geschäftsjahr X01 aber noch keine Verkäufe getätigt werden und die Umsatzerlöse damit null sind, werden auch keine Umsatzkosten ausgewiesen. Das Betriebsergebnis ist damit wie beim Gesamtkostenverfahren +/-0.

Diese Umsatzkosten sehen wir in unserem Beispiel im **GJ X02** beim Verkauf der Produkte. Wir weisen nun sowohl die Umsatzerlöse (+12.000) als auch über den Posten „Herstellungskosten der zur Erzielung der Umsatzerlöse erbrachten Leistungen" die betreffend diese 12.000 entstandenen Umsatzkosten (-10.000) aus. Damit kommt das UKV - wie auch das GKV - im GJ X02 zu einem Betriebsergebnis von +2.000. Allerdings mit einer gänzlich anderen Struktur bzw einem gänzlich anderen Ausweis.

Tab: *GuV für das Geschäftsjahr X01 und X02 (Basis **UKV**)*

| | X01 | X02 |
|---|---|---|
| Umsatzerlöse | - | +12.000 |
| Herstellungskosten der zur Erzielung der Umsatzerlöse er-brachten Leistungen | - | -10.000 |
| Vertriebskosten | - | - |
| Allgemeine Verwaltungskosten | - | - |
| **Betriebsergebnis** | **+/-0** | **+2.000** |

▶ Siehe **Arbeitsbuch**: **Beispiele** zu **B.1.b.2.2.**

## 1.b.2.3. Spezifische Ausweisfragen

Nachdem wir die Spezifika des Gesamt- und des Umsatzkostenverfahrens anhand von Beispielen diskutiert haben, müssen wir nun noch einige **spezifische Ausweisfragen** betr diese beiden Verfahren behandeln.

### ▶ Stichwort „Ausweis des Vorratsverbrauchs"

Beim GKV müssen wir zwischen drei unterschiedlichen Arten von Materialverbrauch unterscheiden. Diese werden je nach zugrunde liegendem Tatbestand unter den Bestandsveränderungen oder aber unter dem Materialaufwand bzw dem Wareneinsatz (WES) ausgewiesen. Als Ausweisregel gilt hierbei:

*GKV: **Ausweis des Vorratsverbrauchs***

- Betreffend den Posten „Bestandsveränderung an fertigen und unfertigen Erzeugnissen" ist zu beachten:

*Bestandsveränderung an fertigen und unfertigen Erzeugnissen*

> Der Posten **„Bestandsveränderung an fertigen und unfertigen Erzeugnissen"** kommt nur in jenen Fällen zum Tragen, in denen ein Unternehmen Erzeugnisse in einer Periode selbst produziert oder zugekaufte RHB-Stoffe/Waren weiterverarbeitet, diese Erzeugnisse aber erst in einer darauf folgenden Periode verkauft.

In der Periode der Produktion/Weiterverarbeitung wird die Bestandsveränderung mit positivem Vorzeichen (Zunahme), in der Periode des Verkaufs mit negativem Vorzeichen (Abnahme) ausgewiesen (siehe dazu auch das **Beispiel** in der →**Tabelle**). Allerdings scheint der Posten „Bestandsveränderung an fertigen und unfertigen Erzeugnissen" in bestimmten Fällen nicht auf. Halten sich die auf Lager produzierten und die vom Lager genommenen Güter wertmäßig die Waage, so entfällt naturgemäß auch der Ausweis dieses Postens.

> Daraus ergibt sich, dass der **Posten „Bestandsveränderungen an fertigen und unfertigen Erzeugnissen"** grundsätzlich **nur bei produzierenden Unternehmen**, nicht aber bei (reinen) *Handelsunternehmen* und *Dienstleistungsunternehmen* auftreten kann.

Die Höhe des Postens „Bestandsveränderung" hängt zudem davon ab, ob a) die →Herstellungskosten iS des Höchst- oder Mindestansatzes aktiviert worden sind und b) ob die Bewertung zB auf Basis von →FIFO oder →LIFO erfolgt.

*Materialaufwand*

- Unter dem **Materialaufwand** werden folgende Materialverbräuche/Vorratsverbräuche ausgewiesen (siehe dazu auch das **Beispiel** in der →**Tabelle**):
    - Gegenbuchung zum Aufbau der „Bestandsveränderung an fertigen und unfertigen Erzeugnissen", welche ein Unternehmen in der Berichtsperiode produziert oder weiterverarbeitet, aber noch nicht verkauft hat, sowie
    - Aufwand für in der Berichtsperiode produzierte und verkaufte Erzeugnisse.

*WES*

- Unter dem **Wareneinsatz (WES)** wird der Verbrauch jener Vorräte ausgewiesen, welche ein Unternehmen von einem anderen Unternehmen in der Berichtsperiode oder in einer früheren Periode zugekauft hat und in der Berichtsperiode **unbearbeitet** weiterverkauft. Hierunter fallen Handelswaren wie zB Lebensmittel. Fällt in einem Unternehmen sowohl ein Materialaufwand als auch ein Wareneinsatz an, so wird auch der Wareneinsatz unter dem „Materialaufwand" ausgewiesen (siehe dazu auch das **Beispiel** in der →**Tabelle**).

*GKV: die **Zusammensetzung** der **Erträge** und **Aufwendungen** unterscheidet sich bei produzierenden Unternehmen und Handelsunternehmen*

Damit zusammenhängend unterscheidet sich die Struktur der Erträge und Aufwendungen je nachdem, welches Unternehmen betrachtet wird:

- In einem **produzierenden Unternehmen** umfasst der Ertrag vor allem den Verkauf der im eigenen Betrieb erzeugten Fabrikate (Umsatzerlös), die Aufwendungen umfassen vor allem die verbrauchten Materialien, die Löhne/Gehälter sowie die produktionsbedingten Abschreibungen.
- In einem **Handelsunternehmen** umfasst der Ertrag hauptsächlich den Verkauf von Waren (Umsatzerlös), zu den Aufwendungen zählen vor allem die für die verkauften Waren angefallenen Kosten iS der extern bezogenen Waren (Wareneinsatz) sowie die Gehälter (Personalkosten). Hingegen erlangen die Abschreibungen im Gegensatz zu produzierenden Unternehmen idR einen deutlich geringeren Stellenwert, da Handelsunternehmen zB keine Maschinen für die Produktion von Erzeugnissen haben.

Diese unterschiedlichen Ausweise werden auch aus den **Beispielen** in der folgenden →**Tabelle** ersichtlich (auf den Einfluss von Steuern wird vereinfachenderweise abgesehen). Hierbei wird angenommen:

**Fall 1**:  Es werden 100 Stück einer Ware produziert, wobei insgesamt 60 Materialaufwand, 30 Personalaufwand und 10 Abschreibungen anfallen. Die Waren liegen am Jahresende noch auf Lager. Entsprechend obigen Ausführungen erfolgt der Ausweis der →Herstellungskosten von 100 als „**Bestandsveränderung** an fertigen und unfertigen Erzeugnissen" mit **positivem Vorzeichen (Lageraufbau)**. Gleichzeitig werden die korrespondierenden Aufwendungen (Material, Personal, Abschreibungen) ausgewiesen.

**Fall 2**:  Die Waren von Fall 1 werden im darauf folgenden Geschäftsjahr um 120 verkauft. Entsprechend obigen Ausführungen erfolgt der Ausweis des

Verbrauchs der Waren iS der →**Herstellungskosten** wiederum als „**Bestandsveränderung** an fertigen und unfertigen Erzeugnissen", nunmehr aber mit **negativem Vorzeichen** (**Lagerabbau**). Ein Ausweis der ursprünglichen korrespondierenden Aufwendungen (Material, Personal, Abschreibungen) scheidet aus, da diese bereits im vorangegangenen Geschäftsjahr ausgewiesen worden sind.

**Fall 3**: Ein Unternehmen kauft von einem Lieferanten Waren um 100 und verkauft diese im selben Geschäftsjahr um 120 an einen Kunden weiter. Entsprechend obigen Ausführungen erfolgt der Ausweis als **Wareneinsatz**.

| GuV | Fall 1 | Fall 2 | Fall 3 |
|---|---|---|---|
| Umsatzerlöse | - | +120 | +120 |
| Bestandsveränderung an fertigen und unfertigen Erzeugnissen | +100 | -100 | - |
| Materialaufwand[1] | -60 | - | - |
| WES[1] | - | - | -100 |
| Personalaufwand | -30 | - | - |
| Abschreibungen | -10 | - | - |
| Betriebsergebnis | +/-0 | +20 | +20 |

Erl: [1] im Falle ein und desselben Unternehmens erfolgt der Ausweis beider Posten idR als „Materialaufwand"

## ► Stichwort „Ausweis der Kostenstellen beim UKV"

Wir haben im vorangegangenen Punkt gesehen, dass das Gesamt- und das Umsatzkostenverfahren zum selben Betriebsergebnis führen, aber unterschiedlich strukturiert sind. Während beim Gesamtkostenverfahren die einzelnen Kostenarten direkt ausgewiesen werden, müssen diese beim Umsatzkostenverfahren auf die einzelnen Kostenstellen umgelegt und dort ausgewiesen werden. Für den daraus resultierenden Ausweis gilt:

- Der Posten „**Herstellungskosten der zur Erzielung der Umsatzerlöse erbrachten Leistungen**" umfasst die gesamten auf die Umsatzerlöse entfallenden Herstellungsaufwendungen. Diese Herstellungskosten können sowohl die des laufenden Geschäftsjahres als auch die in früheren Perioden im Rahmen der Vorratsbewertung aktivierten Aufwendungen sein. Ferner können diese Herstellungskosten sowohl fertige Erzeugnisse ohne Weiterverarbeitung betreffen als auch unfertige Erzeugnisse nach Weiterverarbeitung in der Berichtsperiode. Somit wird auch der beim GKV angesprochene Fall des Wareneinsatzes unter diesen Herstellungskosten ausgewiesen.

Im Falle eines Lagerabbaus hängt die Höhe dieser →Herstellungskosten davon ab, ob a) die Herstellungskosten iS des Höchst- oder Mindestansatzes aktiviert worden sind und b) ob die Bewertung zB auf Basis von →FIFO oder →LIFO erfolgt.

> **Hinweis**: Siehe betreffend den Ausweis der **Herstellungskosten** im Falle eines Lageraufbaus und Lagerabbaus das **Beispiel** zu den →fertigen und unfertigen Erzeugnissen.

*UKV:*
*wie sind die Geschäftsfälle den Kostenstellen „Herstellung, Verwaltung, Vertrieb" zuzuweisen?*

*Inhalt „Herstellungskosten der zur Erzielung der Umsatzerlöse erbrachten Leistungen"*

Die nicht dem Herstellungsbereich zurechenbaren Aufwendungen/Erträge werden - je nach Tatbestand - entweder unter dem Posten „Vertriebskosten", unter dem Posten „allgemeine Verwaltungskosten" oder unter dem Posten „sonstiger betrieblicher Ertrag/Aufwand" ausgewiesen:

*Inhalt der „Vertriebskosten"*

- Unter die **Vertriebskosten** fallen grundsätzlich alle dem Vertriebsbereich zuordenbaren Aufwendungen. Hierzu zählen Personalaufwendungen, Materialaufwendungen, Abschreibungen und sonstige Kosten des Vertriebsbereichs. Hinzuweisen ist darauf, dass die Vertriebskosten mit wenigen Ausnahmen definitionsgemäß nicht unter die →Herstellungskosten fallen und damit nicht aktiviert werden dürfen. Unter dieses Aktivierungsverbot fallen ua die Kosten der Fertig- und Vertriebslager, der gesamten Vertriebsabteilungen einschließlich der Kosten der Verkaufsbüros, Werbungs- sowie Marktforschungskosten (→Herstellungskosten).

*Inhalt der „allgemeinen Verwaltungskosten"*

- Die **allgemeinen Verwaltungskosten** umfassen all jene Verwaltungsaufwendungen, die zwar kostenrechnerisch den auf Lager produzierten Leistungen zugeordnet werden können, bilanziell aber idR nicht als →Herstellungskosten aktiviert werden dürfen. Darunter fallen alle dem Verwaltungsbereich zuordenbaren Personalaufwendungen, Materialaufwendungen, Abschreibungen und sonstige Aufwendungen. Beispielsweise die Vorstandsgehälter ohne jene des Produktions- und Vertriebsvorstandes, Gehälter des Rechnungswesensbereiches, Abschreibungen auf in der Verwaltung genutzte EDV-Anlagen und auf Verwaltungsgebäude.

*Inhalt der „sonstigen betrieblichen Erträge/ Aufwendungen"*

- In den **sonstigen betrieblichen Erträgen** sind nach dem UKV jene Erträge zu erfassen, die sich von der eigentlichen (unternehmensspezifischen) Geschäftstätigkeit unterscheiden. Ua zählen dazu Erträge aus dem Abgang von Anlagevermögen und aus der Auflösung von Rückstellungen. Zum **sonstigen betrieblichen Aufwand** zählen all jene Aufwendungen, die nicht anderweitig einem Funktionsbereich (Herstellung, Verwaltung, Vertrieb) zugeordnet werden können. Trotz identischer Bezeichnung ist der Posten „sonstiger betrieblicher Aufwand" beim UKV aber enger definiert als beim GKV, da der überwiegende Teil der sonstigen betrieblichen Aufwendungen beim UKV auf einen der drei Funktionsbereiche (Herstellung, Vertrieb, allgemeine Verwaltung) zuordenbar und damit in diesen Bereichen zu zeigen ist.

  Auszuweisen sind unter dem sonstigen betrieblichen Aufwand zB Forschungs- und Entwicklungskosten, soweit diese nicht unter die Herstellungskosten fallen. Zu den sonstigen betrieblichen Aufwendungen zählen aber auch all jene Aufwendungen, die im Falle der Verwendung eines Mindestkostenansatzes bei den Herstellungskosten nicht in der Bilanz aktiviert wurden und nicht in den „Herstellungskosten der für die Erzielung der Umsatzerlöse erbrachten Leistungen" ausgewiesen werden.

## 1.c. Kapitalflussrechnung (Cashflow-Statement)

Die in den vorangegangenen Punkten behandelte Bilanz und GuV (Erfolgsrechnung) werden in bestimmten Fällen im Jahresabschluss durch eine Kapitalflussrechnung (ein Cashflow-Statement) ergänzt.

Während die Bilanz die Vermögenslage und die GuV die Ertragslage darstellen soll, liegt der Beitrag einer Kapitalflussrechnung in der Darstellung der Finanzlage eines Unternehmens. Die Kapitalflussrechnung ist daher neben Bilanz und GuV als **dritte Jahresrechnung** konzipiert.

*die Kapitalflussrechnung ist neben Bilanz und GuV als **dritte Jahresrechnung** konzipiert*

**Bedeutung** kommt der **Kapitalflussrechnung** innerhalb des Jahresabschlusses vor allem aus folgenden Gründen zu:

*worin liegt der **Beitrag** der **Kapitalflussrechnung**?*

- Während die Bilanz und GuV auf **periodisierten Größen** iS von Erträgen/Aufwendungen aufbauen, verwendet die Kapitalflussrechnung **unperiodisierte Größen** iS von Einzahlungen/Auszahlungen. Die Kapitalflussrechnung bildet damit ein und dasselbe Unternehmen völlig anders ab als die Bilanz und die GuV. Durch diese **unterschiedliche Abbildung** ergänzt die Kapitalflussrechnung die Bilanz und GuV somit entscheidend.
- Während in die Bilanz und GuV **Bilanzierungs**- und **Bewertungsentscheidungen** der Unternehmen mit einfließen, sind die in der Kapitalflussrechnung ausgewiesenen Zahlen davon **unbeeinflusst**. Aus dieser Abbildung ergeben sich jedoch sowohl Vor- und Nachteile.

Diese Aspekte werden wir aufgrund der zentralen Bedeutung der **Kapitalflussrechnung** in einem eigenen Abschnitt (**Abschnitt E.**) ausführlich behandeln. Die unterschiedliche Abbildung von Bilanz, GuV und Kapitalflussrechnung wird zudem aus der **Fallstudie** in **Abschnitt G.** ersichtlich.

*Querverweis*

Trotz des hohen Informationsgehalts muss eine Kapitalflussrechnung in Österreich derzeit nur von **börsennotierten Unternehmen** im Rahmen der erstmaligen Notierung verpflichtend offen gelegt werden. International ist die Kapitalflussrechnung aber bereits ein verpflichtender und damit zentraler Bestandteil des Jahresabschlusses.

*die KFR ist derzeit nur für **börsennotierte Unternehmen** verpflichtend vorgeschrieben*

▶ Siehe **Arbeitsbuch**: **Kontrollfragen** zu B.1.

## 2. WIE HÄNGEN DIE INSTRUMENTE DES JAHRESABSCHLUSSES ZUSAMMEN?

### 2.a. Überblick über den Zusammenhang der Instrumente

*Bilanz, GuV und KFR hängen über* **Schnittpunkte** *zusammen*

Wir haben in den vorangegangenen Punkten aufgezeigt, dass die einzelnen Instrumente des Jahresabschlusses unterschiedlichen Aufgaben dienen und für diese Aufgaben unterschiedliche Größen heranziehen:

- Die Bilanz baut auf Vermögen, Eigen- und Fremdkapital auf.
- Die GuV verwendet Erträge und Aufwendungen.
- In der Kapitalflussrechnung werden Ein- und Auszahlungen abgebildet.

Trotz dieser unterschiedlichen Aufgaben und Größen bestehen aber zwischen der Abbildung eines Unternehmens in der Bilanz, GuV und der Kapitalflussrechnung Schnittpunkte (siehe dazu die →**Abbildung**).

Abb: *Integriertes Rechnungswesen iS von KFR, Bilanz und Erfolgsrechnung*

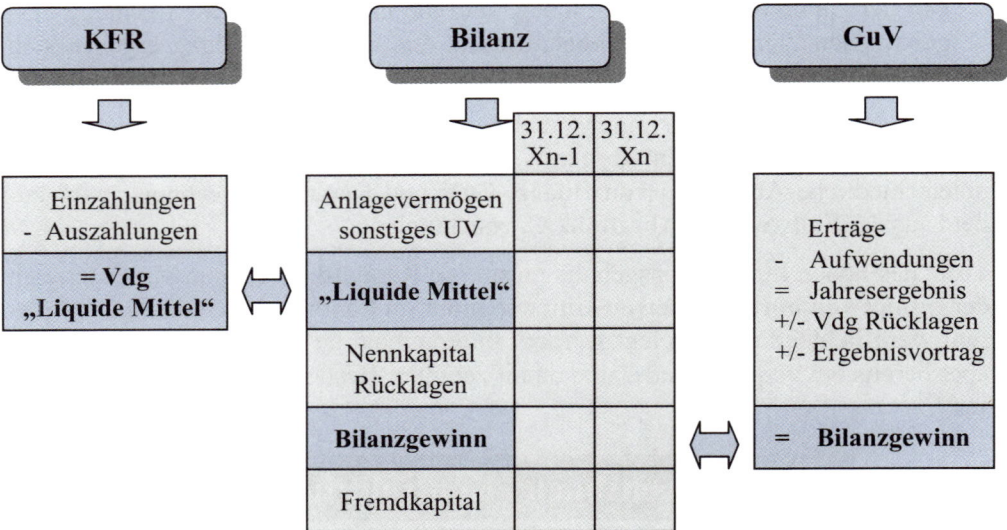

So entspricht die Veränderung der liquiden Mittel (cash and cash equivalents) in der Kapitalflussrechnung (der sog „*Fonds*") der Veränderung der liquiden Mittel in der Bilanz, dh der Veränderung zwischen den beiden →Bilanzstichtagen (idR der 31.12. des laufenden und der 31.12. des vorangegangenen Geschäftsjahres). Die Bilanz und die Erfolgsrechnung (Gewinn- und Verlustrechnung, GuV) wiederum sind über den Bilanzgewinn miteinander verbunden. Jedoch dienen diese Schnittpunkte **unterschiedlichen Zwecken**:

- Während die **Veränderung der liquiden Mittel** in der **Bilanz** zur Abbildung der Entwicklung der Liquiditäts- und Vermögenslage beiträgt, werden in der **Kapitalflussrechnung** die Ursachen für diese Veränderung aufgezeigt. Dazu werden die Einzahlungen und Auszahlungen hinsichtlich zentraler Unternehmensbereiche (operative Tätigkeit, Investitions- und Finanzierungstätigkeit) strukturiert (siehe dazu die →Kapitalflussrechnung in Abschnitt E.).

  *Bilanz und KFR hängen über die „liquiden Mittel" zusammen*

- Während der **Bilanzgewinn** in der **Bilanz** die Veränderung der Eigenkapitalsituation und damit die Veränderung der Finanzierungsstruktur eines Unternehmens mit erklären hilft, zeigt die **GuV** (Erfolgsrechnung) durch Gegenüberstellung der Erträge und Aufwendungen auf, wie dieser Bilanzgewinn zustande gekommen ist (siehe dazu die Ausführungen zum →Eigenkapital und zur →GuV).

  *Bilanz und GuV hängen über den „Bilanzgewinn" zusammen*

## 2.b.  Der Zusammenhang der Instrumente iS des Buchungskreislaufes

## 2.b.1. Übersicht über den Buchungskreislauf

Um zum Abschluss eines Geschäftsjahres iS von (Schluss-)Bilanz und GuV zu kommen, sind im Rahmen der doppelten Buchhaltung die folgenden Schritte vorzunehmen:

*wie kommen wir zur Schlussbilanz und zur GuV?*

## ► Schritt 1: Eröffnungsbilanz

Am Beginn eines neuen Geschäftsjahres oder am Beginn des ersten Geschäftsjahres müssen die vorhandenen Vermögensgegenstände, das Eigenkapital und das Fremdkapital „eröffnet" werden. Diese Eröffnung geschieht dadurch, dass iS der doppelten Buchhaltung die jeweiligen aktiven und passiven Bestandskonten der Bilanz gegen das sog „**Eröffnungsbilanzkonto (EBK)**" gebucht werden.

*die Bilanzkonten werden gegen das Eröffnungsbilanzkonto eröffnet*

> **Hinweis**: Die GuV zeigt den Erfolg eines Unternehmens während eines Geschäftsjahres und sammelt dafür die Gewinne/Verluste der einzelnen Geschäftsfälle während des Jahres an. Der in vorangegangenen Geschäftsjahren erzielte Gewinn/Verlust interessiert bei dieser Ansammlung nicht mehr, da dieser entweder in den Gewinnrücklagen steht oder (im Falle eines Gewinns) auch an die Eigentümer ausgeschüttet worden sein kann. Die GuV startet - im Gegensatz zur Bilanz - damit in jedem Geschäftsjahr neu, womit - im Gegensatz zur Bilanz - auch Eröffnungsbuchungen für die Ertrags- und Aufwandskonten ausscheiden.

*im Gegensatz zur Bilanz werden die Ertrags- und Aufwandskonten der GuV nicht eröffnet*

Dieses Eröffnungsbilanzkonto ist aufgrund des **Grundsatzes der Bilanzidentität** inhaltlich mit dem **Schlussbilanzkonto (SBK)** des vorangegangenen Geschäftsjahres identisch. Das Eröffnungsbilanzkonto weist damit die gleichen Bilanzposten sowie die gleichen Wertansätze wie das vorangegangene Schlussbilanzkonto auf. **Spezifikum** des Eröffnungsbilanzkontos ist jedoch, dass es seitenverkehrt zum

Schlussbilanzkonto ist. Im EBK stehen somit die Vermögensposten auf der Passivseite, die Kapitalposten auf der Aktivseite.

*Buchungssätze betr das Eröffnungsbilanzkonto*

Die **Buchungssätze** für das Eröffnungsbilanzkonto lauten damit:

- **Eröffnung** der **aktiven Bestandskonten** (zB Grundstücke, Gebäude, Maschinen, Vorräte usw):

| aktives Bestandskonto | / | EBK (98..) |
|---|---|---|

- **Eröffnung** der **passiven Bestandskonten** (zB Grundkapital, Kapitalrücklagen, Gewinnrücklagen, Rückstellungen, Lieferantenverbindlichkeiten):

| EBK (98..) | / | passives Bestandskonto |
|---|---|---|

Über diese Buchungen betr das Eröffnungsbilanzkonto werden somit die einzelnen Vermögensgegenstände und die Kapitalposten der Bilanz auf die einzelnen Konten „verteilt" (siehe die →**Abbildung**).

### ► Schritt 2: Verbuchung der laufenden Geschäftsfälle

*die laufenden Geschäftsfälle behandeln wir in **Abschnitt C.***

Nach dem Eröffnungsbilanzkonto werden die laufenden Geschäftsfälle iS unseres **Abschnittes C.** des Buches erfasst. Zu verbuchen sind somit die Geschäftsfälle im operativen Bereich (ua Verkäufe, Produktion von Waren), im Investitionsbereich (ua der Kauf von Maschinen) sowie im Finanzierungsbereich (ua die Aufnahme und Rückzahlung von Bankkrediten). Diesbezüglich sei auf die Ausführungen in Abschnitt C. verwiesen.

### ► Schritt 3: Abschlussbuchungen

*die **Abschlussbuchungen** umfassen **mehrere Bereiche** und werden in **Abschnitt D.** behandelt*

Bevor wir zum eigentlichen Jahresabschluss kommen, müssen wir zusätzlich zu den während eines Geschäftsjahres angefallenen laufenden Buchungen noch weitere Korrekturen vornehmen. Zu diesen „**Abschlussbuchungen**" zählen die

- Ermittlung des Wareneinsatzes und die Vorratsbewertung,
- Bewertung des Anlagevermögens und des Finanzvermögens,
- Bewertung der Forderungen und der Verbindlichkeiten,
- Bilanzierung von Rückstellungen,
- Rechnungsabgrenzungen,
- Berücksichtigung von Steuern sowie
- Rücklagen/Gewinnverwendung.

Basis für diese Abschlussbuchungen sind die **Bilanzierungs-** und **Bewertungsgrundsätze**, die zusammen mit den Abschlussbuchungen in **Abschnitt D.** behandelt werden.

## ► Schritt 4: Schlussbilanz/GuV

Am Ende eines jeden Geschäftsjahres sind die aktiven und passiven Bestandskonten der Bilanz abzuschließen, wobei in dieser Phase darin sowohl die Eröffnungsbuchungen als auch die laufenden Geschäftsfälle und die Abschlussbuchungen bereits enthalten sind.

*die **Vermögensgegenstände**, das **Eigen-** und **Fremdkapital** werden gegen das **SBK** abgeschlossen*

Entsprechend der doppelten Buchhaltung werden diese aktiven und passiven Bestandskonten gegen das **Schlussbilanzkonto (SBK)** abgeschlossen (siehe die →**Abbildung**).

Die **Buchungssätze** für das Schlussbilanzkonto lauten somit:

***Buchungssätze** betr das **SBK***

- **Abschluss** der **aktiven Bestandskonten** (zB Grundstücke, Gebäude, Maschinen, Vorräte usw):

| SBK (98..) | / | aktives Bestandskonto |
|---|---|---|

- **Abschluss** der **passiven Bestandskonten** (zB Grundkapital, Kapitalrücklagen, Gewinnrücklagen, Rückstellungen, Lieferantenverbindlichkeiten):

| passives Bestandskonto | / | SBK (98..) |
|---|---|---|

Mittels der Buchungen betr das Schlussbilanzkonto werden somit die einzelnen Vermögensgegenstände und Kapitalposten „gesammelt" (siehe die →**Abbildung**).

⇨ Damit wird auch verständlich, dass die **Buchhaltung** nichts anderes als eine **zerlegte Bilanz** ist, wobei darin die **Eröffnungsbuchungen**, die Buchungen betr die **laufenden Geschäftsfälle** sowie die **Abschlussbuchungen** enthalten sind.

Wie wir im Rahmen der Erläuterungen zur Bilanz und GuV in Abschnitt B. zeigen, hängen die Bilanz und die GuV über den „Gewinn/Verlust" zusammen. Dieser „Gewinn/Verlust" spiegelt sich in der Bilanz im Eigenkapital wider. Damit müssen wir nun aber iS der doppelten Buchhaltung nicht nur die Bilanzkonten, sondern auch die GuV-Konten abschließen. Der Abschluss der Ertrags- und Aufwandskonten wird hierbei gegen das GuV-Konto vorgenommen.

*die **Ertrags-** und **Aufwandskonten** werden über das **GuV-Konto** abgeschlossen*

Die **Buchungssätze** betr das **GuV-Konto** lauten:

***Buchungssätze** betr das **GuV-Konto***

- **Abschluss** der **Ertragskonten** (zB Umsatzerlöse, Mietertrag, Zinsertrag, Dividendenertrag, usw):

| Ertragskonto | / | GuV (98..) |
|---|---|---|

- **Abschluss** der **Aufwandskonten** (zB Materialaufwand, Personalaufwand, Zinsaufwand):

| GuV (98..) | / | Aufwandskonto |
|---|---|---|

Das **GuV-Konto** hat **zwei Funktionen**:

- Es „sammelt" die Erträge und Aufwendungen eines Geschäftsjahres.
- Es „ermittelt" den Erfolg eines Geschäftsjahres. Diesbezüglich sei auf die entsprechenden Ausführungen zur →GuV verwiesen. Da das **GuV-Konto** ein **Unterkonto** (Vorkonto, Subkonto) des **Eigenkapitalkontos** ist, muss der Saldo des GuV-Kontos iS eines Gewinnes oder Verlustes auf das Eigenkapitalkonto übertragen werden: Im Falle eines **Gewinnes** ergibt dies:

| GuV (98..) | / | EK-Konto (98..) |
|------------|---|-----------------|

bzw im Falle eines **Verlustes**

| EK-Konto (98..) | / | GuV (98..) |
|-----------------|---|------------|

Dieser Zusammenhang wird auch aus der →**Abbildung** noch einmal ersichtlich:

Abb: *EK und Erträge/Aufwendungen*

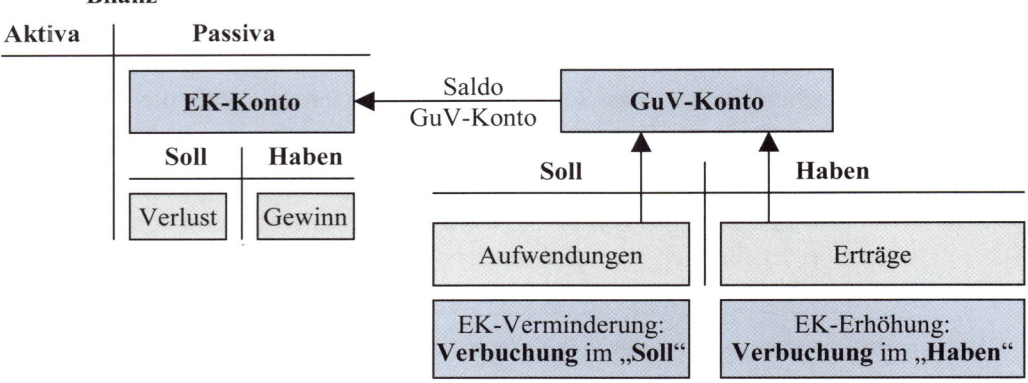

Nach Durchführung aller obigen Buchungen erhalten wir die **Schlussbilanz** für ein bestimmtes Geschäftsjahr.

Der **Zusammenhang** zwischen dem Schlussbilanzkonto eines Vorjahres (hier das GJ X01), dem Eröffnungsbilanzkonto des GJ X02 sowie dem Schlussbilanzkonto des GJ X02 ist somit zusammenfassend wie folgt zu sehen (siehe auch die →**Abbildung**).

**Schritt 1**: Das Schlussbilanzkonto (**SBK**) des **GJ X01** entspricht aufgrund des Grundsatzes der Bilanzidentität dem Eröffnungsbilanzkonto (**EBK**) des **GJ X02**. Über das Eröffnungsbilanzkonto (EBK) werden die **Anfangsbestände** (AB) der Vermögenskonten und der Kapitalkonten eröffnet.

**Schritt 2**: Die **laufenden Geschäftsfälle** im operativen, Investitions- und Finanzierungsbereich werden in der Bilanz und in der GuV erfasst.

Abb: *Eröffnungsbilanz und Schlussbilanz (im Falle einer Gewinnsituation)*

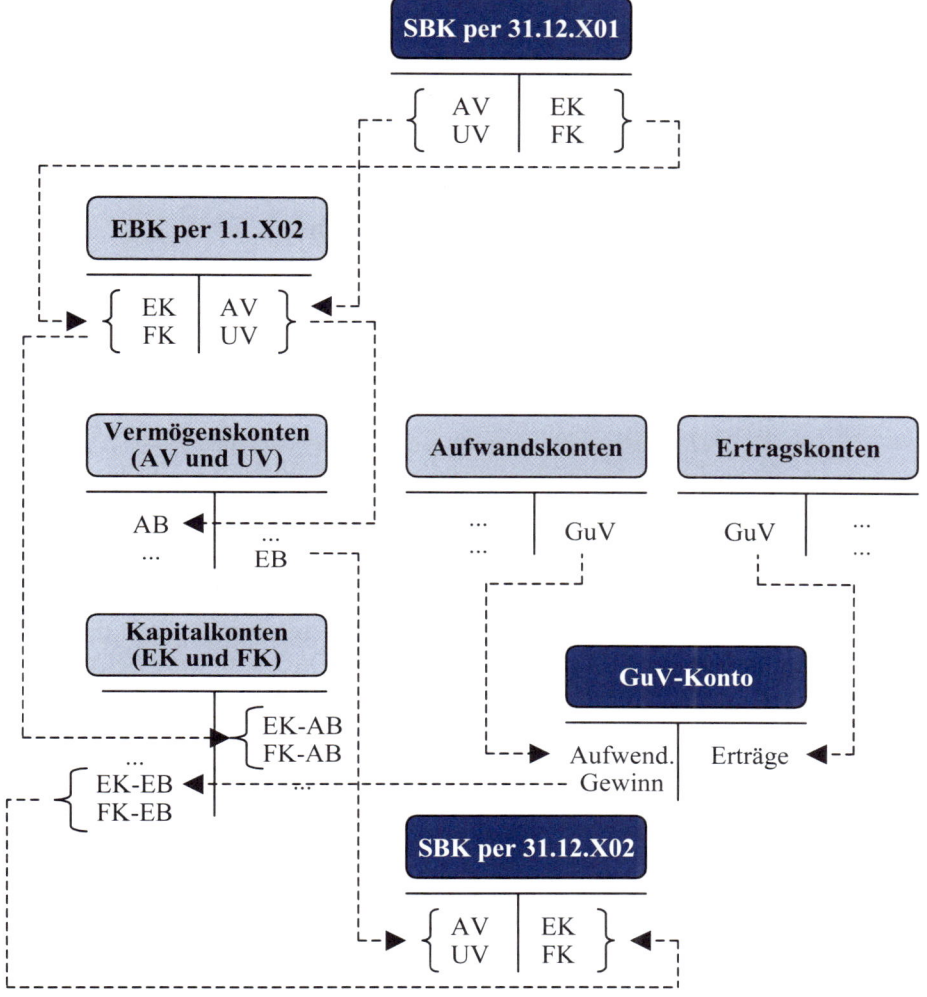

Erl: EBK (Eröffnungsbilanzkonto), SBK (Schlussbilanzkonto)
AB (Anfangsbestand), EB (Endbestand)
X01 (Geschäftsjahr 1), X02 (Geschäftsjahr 2)

**Schritt 3**: Durchführung der **Abschlussbuchungen** (ua Ermittlung des Wareneinsatzes und der Abschreibungen).

**Schritt 4**: Erstellen der **Schlussbilanz** und **GuV**: Hierbei sind **folgende Umbuchungen** vorzunehmen:

- Die Ertrags- und die Aufwandskonten werden gegen das **GuV-Konto** abgeschlossen.

- Dieses GuV-Konto wiederum wird gegen das **Eigenkapital-Konto** abgeschlossen, da das GuV-Konto ein Unterkonto des Eigenkapital-Kontos ist. Im Falle von Kapitalgesellschaften ist das GuV-Konto somit ein Unterkonto der →**Gewinnrücklagen**.
- Der **Endbestand** (EB) der Vermögenskonten (Anlage- und Umlaufvermögen) und der Kapitalkonten (Eigen- und Fremdkapital) wird im Rahmen des Abschlusses gegen das Schlussbilanzkonto (**SBK**) des **GJ X02** gebucht.

## 2.b.2. Ein Beispiel zum Buchungskreislauf

*Beispiel zum Buchungskreislauf*

Den im obigen Punkt aufgezeigten Zusammenhang zwischen Eröffnungsbilanz, Geschäftsfällen während eines Geschäftsjahres und der Schlussbilanz wollen wir nun anhand eines einfachen **Beispiels** näher betrachten. Hierbei gehen wir von folgenden **Annahmen** aus:

- 1.1.X02 Eröffnungsbilanz: Bank 3.000, Eigenkapital 3.000
- Zukauf von Vorräten während des Geschäftsjahres X02 in Höhe von 8.000, davon 2.000 gegen bar und 6.000 auf Lieferantenkredit
- für Verkäufe werden den Vorräten während des Geschäftsjahres X02 7.000 entnommen; der Verkaufspreis der Vorräte ist 9.000, wobei Waren im Wert von 7.000 gegen bar und 2.000 auf Ziel verkauft werden.

**Aufgabenstellung**: Zu erstellen sind die Eröffnungsbilanz per 1.1.X02, die Konten betr die getätigten Geschäftsfälle, die GuV für das GJ X02 sowie die Schlussbilanz per 31.12.X02. Der Einfluss von →Steuern (USt, Steuern vom Einkommen und Ertrag) wird vereinfachenderweise vernachlässigt. Die →Konten sind als einseitiges (paginiertes) Konto darzustellen, der Gewinn ist sowohl direkt als auch indirekt zu ermitteln (siehe dazu die →Erfolgsermittlung).

*Eröffnungs-bilanzkonto*

Für die Lösung stellen wir zuerst die Eröffnungsbilanz per 1.1.X02 auf und eröffnen in unserem Fall auch das Bankkonto und das Eigenkapitalkonto. Die **Buchungssätze** hierfür lauten:

| Bank (28..) *3.000* | / | EBK (98..) *3.000* |
|---|---|---|

| EBK (98..) *3.000* | / | Eigenkapital (9...) *3.000* |
|---|---|---|

Übertragen auf die einzelnen **Konten** ergibt dies:

| Eröffnungsbilanzkonto (EBK) per 1.1.X02 (Konto 98..) | | | |
|---|---|---|---|
| **Datum** | **Gegenkonto** | **Soll** | **Haben** |
| 1.1.X02 | Bank (28..) | | 3.000 |
| 1.1.X02 | Eigenkapital (9...) | 3.000 | |
| | | 3.000 | 3.000 |

**Bank (Konto 28..)**

| Datum | Gegenkonto | Soll | Haben |
|-------|-----------|------|-------|
| 1.1.X02 | EBK (98..) | 3.000 | |

**Eigenkapital (Konto 9...)**

| Datum | Gegenkonto | Soll | Haben |
|-------|-----------|------|-------|
| 1.1.X02 | EBK (98..) | | 3.000 |

Daran anschließend verbuchen wir die laufenden Geschäftsfälle im GJ X02. Die **Buchungssätze** hierfür lauten (bezüglich der Herleitung der Buchungssätze sei auf **Abschnitt C.** des Buches verwiesen):

*Verbuchung der **Geschäfts-fälle** auf den **laufenden Konten***

- Bezug von Vorräten (8.000), davon 2.000 gegen bar und 6.000 auf Ziel:

| | | |
|---|---|---|
| HW-Vorrat (16..) *8.000* | / | Bank (28..) *2.000* |
| | | Lieferantenvbdl (33..) *6.000* |

- Verkauf von Vorräten (9.000), davon 7.000 gegen bar und 2.000 auf Ziel:

| | | |
|---|---|---|
| Bank (28..) *7.000* | / | Umsatzerlöse (40..) *9.000* |
| Forderungen aus LL (20..) *2.000* | | |

- Verbuchung des Wareneinsatzes betr den Verkauf der Vorräte (7.000)

| | | |
|---|---|---|
| HW-Einsatz (50..) *7.000* | / | HW-Vorrat (16..) *7.000* |

> **Hinweis**: In der Praxis erfolgt die Verbuchung des **Wareneinsatzes** im Rahmen der **Abschlussbuchungen** am Ende des betreffenden Geschäftsjahres.

Übertragen auf die einzelnen **Konten** ergibt dies:

**HW-Vorrat (Konto 16..)**

| Datum | Gegenkonto | Soll | Haben |
|-------|-----------|------|-------|
| ... | Bank (28..), Lieferantenvbdl (33..) | 8.000 | |
| ... | HW-Einsatz (50..) | | 7.000 |

**Forderungen aus LL (Konto 20..)**

| Datum | Gegenkonto | Soll | Haben |
|-------|-----------|------|-------|
| ... | Umsatzerlöse (40..) | 2.000 | |

**Bank (Konto 28..)**

| Datum | Gegenkonto | Soll | Haben |
|-------|-----------|------|-------|
| 1.1.X02 | EBK (98..) | 3.000 | |
| ... | HW-Vorrat (16..) | | 2.000 |
| ... | Umsatzerlöse (40..) | 7.000 | |

| Lieferantenverbindlichkeiten (Konto 33..) | | | |
|---|---|---|---|
| **Datum** | **Gegenkonto** | **Soll** | **Haben** |
| ... | HW-Vorrat (16..) | | 6.000 |

| Umsatzerlöse (Konto 40..) | | | |
|---|---|---|---|
| **Datum** | **Gegenkonto** | **Soll** | **Haben** |
| ... | Bank (28..), Forderungen LL (20..) | | 9.000 |

| HW-Einsatz (Konto 50..) | | | |
|---|---|---|---|
| **Datum** | **Gegenkonto** | **Soll** | **Haben** |
| ... | HW-Vorrat (16..) | 7.000 | |

*Abschluss der einzelnen laufenden Konten*

Am Ende des GJ X02 (31.12.X02) sind die einzelnen Konten mit folgenden **Buchungssätzen** abzuschließen:

- **Abschluss** der **Bilanzkonten** gegen das Schlussbilanzkonto (98..):

| SBK (98..) *1.000* | / | HW-Vorrat (16..) *1.000* |
|---|---|---|

| SBK (98..) *2.000* | / | Forderungen aus LL (20..) *2.000* |
|---|---|---|

| SBK (98..) *8.000* | / | Bank (28..) *8.000* |
|---|---|---|

| Lieferantenvbdl (33..) *6.000* | / | SBK (98..) *6.000* |
|---|---|---|

- **Abschluss** der **Erträge** und **Aufwendungen** gegen das GuV-Konto (98..):

| Umsatzerlöse (40..) *9.000* | / | GuV (98..) *9.000* |
|---|---|---|

| GuV (98..) *7.000* | / | HW-Einsatz (50..) *7.000* |
|---|---|---|

Übertragen auf die einzelnen **Konten** ergibt dies:

| HW-Vorrat (Konto 16..) | | | |
|---|---|---|---|
| **Datum** | **Gegenkonto** | **Soll** | **Haben** |
| ... | Bank (28..), Lieferantenvbdl (33..) | 8.000 | |
| ... | HW-Einsatz (50..) | | 7.000 |
| 31.12.X02 | SBK (98..) | | 1.000 |
| | | 8.000 | 8.000 |

| Forderungen aus LL (Konto 20..) | | | |
|---|---|---|---|
| **Datum** | **Gegenkonto** | **Soll** | **Haben** |
| ... | Umsatzerlöse (40..) | 2.000 | |
| 31.12.X02 | SBK (98..) | | 2.000 |
| | | 2.000 | 2.000 |

**Bank (Konto 28..)**

| Datum | Gegenkonto | Soll | Haben |
|---|---|---|---|
| 1.1.X02 | EBK (98..) | 3.000 | |
| ... | HW-Vorrat (16..) | | 2.000 |
| ... | Umsatzerlöse (40..) | 7.000 | |
| 31.12.X02 | SBK (98..) | | 8.000 |
| | | 10.000 | 10.000 |

**Lieferantenverbindlichkeiten (Konto 33..)**

| Datum | Gegenkonto | Soll | Haben |
|---|---|---|---|
| ... | HW-Vorrat (16..) | | 6.000 |
| 31.12.X02 | SBK (98..) | 6.000 | |
| | | 6.000 | 6.000 |

**Umsatzerlöse (Konto 40..)**

| Datum | Gegenkonto | Soll | Haben |
|---|---|---|---|
| ... | Bank (28..), Forderungen LL (20..) | | 9.000 |
| 31.12.X02 | GuV-Konto (98..) | 9.000 | |
| | | 9.000 | 9.000 |

**HW-Einsatz (Konto 50..)**

| Datum | Gegenkonto | Soll | Haben |
|---|---|---|---|
| ... | HW-Vorrat (16..) | 7.000 | |
| 31.12.X02 | GuV-Konto (98..) | | 7.000 |
| | | 7.000 | 7.000 |

Das **GuV-Konto** wird gegen das **Eigenkapitalkonto** abgeschlossen, da das GuV-Konto ein Unterkonto des Eigenkapitalkontos ist. Da in unserem Beispiel ein Gewinn vorliegt, lautet die Buchung:

*Abschluss des GuV-Kontos gegen das EK-Konto*

| GuV-Konto (98..) *2.000* | / | EK-Konto (9...) *2.000* |
|---|---|---|

Übertragen auf das Konto ergibt dies:

**GuV betr GJ X02 (Konto 98..)**

| Datum | Gegenkonto | Soll | Haben |
|---|---|---|---|
| ... | Umsatzerlöse (40..) | | 9.000 |
| ... | HW-Einsatz (16..) | 7.000 | |
| 31.12.X02 | EK-Konto (9...) | 2.000 | |
| | | 9.000 | 9.000 |

Daran anschließend wird das **Eigenkapitalkonto** gegen das **Schlussbilanzkonto** (98..) abgeschlossen:

*Abschluss des EK-Kontos gegen das Schlussbilanzkonto*

| EK-Konto (9...) *5.000* | / | SBK (98..) *5.000* |
|---|---|---|

Abb: *Beispiel zum Zusammenhang Eröffnungsbilanz - Schlussbilanz (ohne Steuern)*

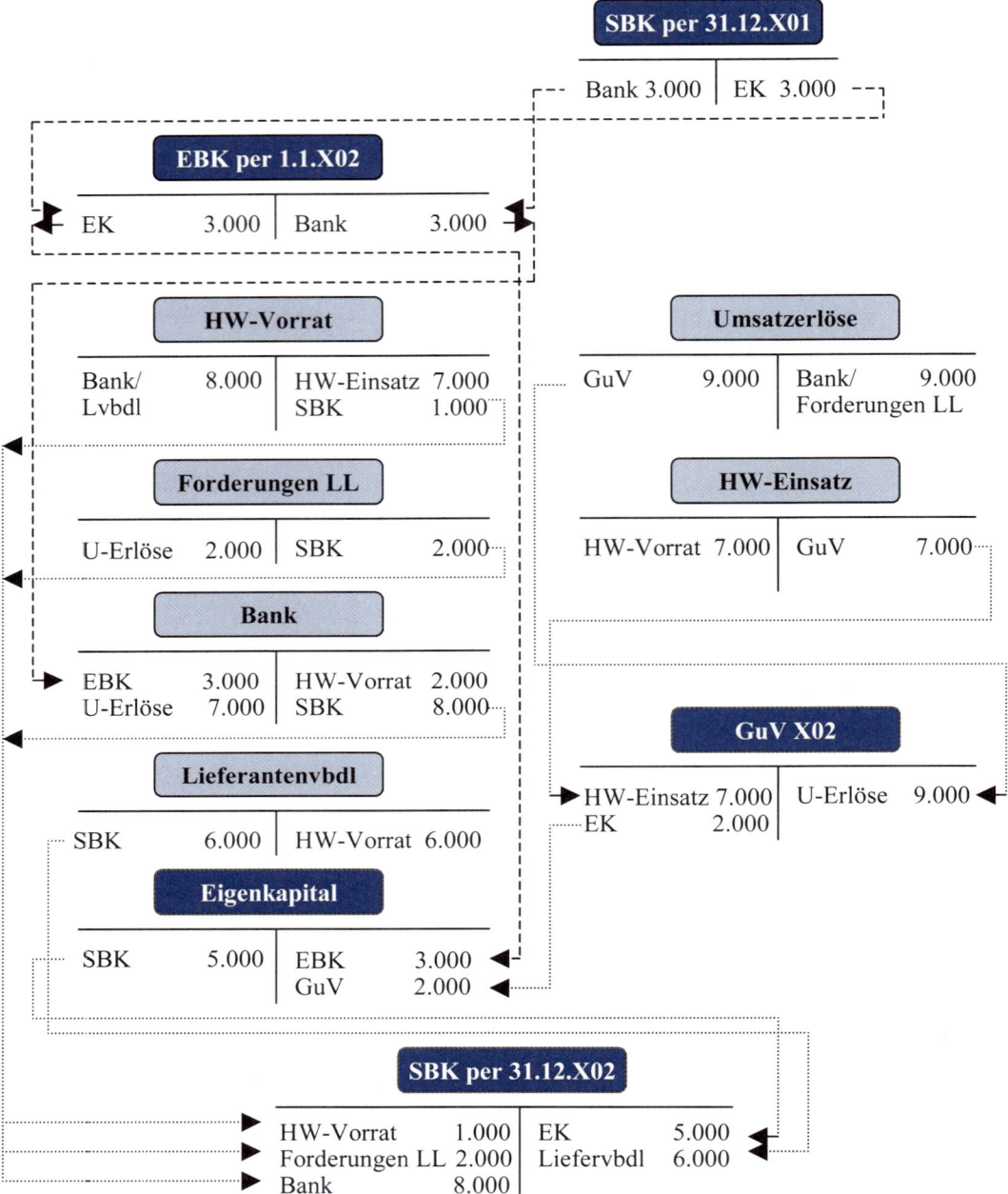

Erl: EBK (Eröffnungsbilanzkonto), SBK (Schlussbilanzkonto), EK (Eigenkapital)
      X01 (Geschäftsjahr 1), X02 (Geschäftsjahr 2)

Übertragen auf das Konto ergibt dies:

**Eigenkapital per 31.12.X02 (Konto 9...)**

| Datum | Gegenkonto | Soll | Haben |
|---|---|---|---|
| 1.1.X02 | EBK (98..) | | 3.000 |
| 31.12.X02 | GuV-Konto (98..) | | 2.000 |
| 31.12.X02 | SBK (98..) | 5.000 | |
| | | 5.000 | 5.000 |

> **Hinweis**: Siehe zum **Abschluss** des **Eigenkapitalkontos** im Kontext mit unterschiedlichen **Rechtsformen** (zB einer Aktiengesellschaft) die Ausführungen zu den →Rücklagen/der →Gewinnverwendung in Abschnitt D.

Damit ergibt sich nun unsere Schlussbilanz (SBK) per 31.12.X02 wie folgt:

*Erstellung des Schlussbilanzkontos*

**Schlussbilanz (SBK) per 31.12.X02 (Konto 98...)**

| Datum | Gegenkonto | Soll | Haben |
|---|---|---|---|
| 31.12.X02 | HW-Vorrat (16..) | 1.000 | |
| 31.12.X02 | Forderungen aus LL (20..) | 2.000 | |
| 31.12.X02 | Bank (28..) | 8.000 | |
| 31.12.X02 | Eigenkapital (9...) | | 5.000 |
| 31.12.X02 | Lieferantenverbindlichkeiten (33..) | | 6.000 |
| | | 11.000 | 11.000 |

Die →**Abbildung** stellt den Zusammenhang zwischen Eröffnungsbilanz und Schlussbilanz für dieses Beispiel noch einmal grafisch dar.

Entsprechend den Aufzeichnungen der Buchhaltung hat das hier betrachtete Unternehmen im Geschäftsjahr X02 somit einen **Gewinn** von **€ 2.000** gemacht. Dieser Gewinn ergibt sich sowohl nach dem Reinvermögensvergleich als auch über die GuV (→Erfolgsermittlung):

*Ermittlung des Gewinns im GJ X02*

| | | |
|---|---|---|
| **indirekte Methode:** **Reinvermögensvergleich** | Eigenkapital per 31.12.X02 | 5.000 |
| | +/- Kapitaleinzahlungen/-rückzahlungen | - |
| | - Eigenkapital per 1.1.X02 | 3.000 |
| | = **Gewinn der Periode X02** | **2.000** |

| | | |
|---|---|---|
| **direkte Methode:** **Ermittlung über die GuV** | Erträge der Periode X02 | 9.000 |
| | - Aufwendungen der Periode X02 | 7.000 |
| | = **Gewinn der Periode X02** | **2.000** |

Die **Schlussbilanz** und die **GuV** stellen sich somit für das GJ X02 wie folgt dar (hinsichtlich einer genaueren Erläuterung der Struktur bzw Gliederung von →Bilanz und →GuV sei auf die entsprechenden Stellen im Buch verwiesen):

*Schlussbilanz und GuV*

*Schlussbilanz für das GJ X02 (mit Angabe der Vorjahreszahlen)*

| Aktiva | 31.12.X01 | 31.12.X02 | Passiva | 31.12.X01 | 31.12.X02 |
|---|---|---|---|---|---|
| HW-Vorrat | - | 1.000 | Eigenkapital | 3.000 | 5.000 |
| Forderungen LL | - | 2.000 | Lieferantenvbdl | - | 6.000 |
| Bank | 3.000 | 8.000 | | | |
| Bilanzsumme | 3.000 | 11.000 | Bilanzsumme | 3.000 | 11.000 |

*GuV für das GJ X02*

| | X02 |
|---|---|
| Umsatzerlöse | +9.000 |
| HW-Einsatz | -7.000 |
| **Gewinn** | **+2.000** |

▶ Siehe **Arbeitsbuch**: **Beispiel** zu B.2.b.1 und 2.

▶ Siehe **Arbeitsbuch**: **Kontrollfragen** zu B.2.

## 3. WELCHE INSTRUMENTE DES JAHRESAB-SCHLUSSES WERDEN WANN VERWENDET?

### 3.a. Rechnungslegungsinstrumente im Kontext unterschiedlicher Unternehmensaktivitäten

Für das Verständnis der Abbildung der Geschäftsaktivitäten eines Unternehmens im Jahresabschluss sind **zwei Fragestellungen von Bedeutung**:

*warum müssen wir zwischen den Begriffen abgrenzen?*

a) Zum einen die Frage, in welchen Fällen ein Geschäftsfall in der Bilanz, GuV und/oder der Kapitalflussrechnung abzubilden ist.
b) Zum anderen die Frage, inwieweit sich unterschiedliche Geschäftsfälle auf die Struktur von Bilanz, GuV und/oder Kapitalflussrechnung auswirken.

Vom Konzept her beziehen sich die Ausführungen in diesem Buch dementsprechend immer auf die **drei zentralen Unternehmensaktivitäten**:

*drei zentrale Unternehmensaktivitäten: operative Tätigkeit, Investitions- und Finanzierungstätigkeit*

a) Tätigkeiten im Rahmen des laufenden Geschäfts (operativer Bereich),
b) Tätigkeiten im Rahmen der Investitionen (Investitionsbereich) sowie
c) Tätigkeiten im Rahmen der Finanzierung (Finanzierungsbereich).

Aufbauend auf dieser Dreiteilung werden wir in den nachfolgenden Punkten immer untersuchen, ob und wenn ja wo sich Geschäftsfälle in diesen drei Tätigkeiten in Bilanz, GuV und/oder Kapitalflussrechnung niederschlagen.

Wie die nachfolgende **Abbildung** zeigt, ist diese Unterscheidung sehr wichtig, da je nach Geschäftsfall die Bilanz, GuV und/oder die Kapitalflussrechnung unterschiedlich angesprochen werden. Will ein Unternehmen iS der **Planung** (siehe dazu die →**Analyse**) ableiten, wie sich seine Bilanz, GuV und/oder seine Kapitalflussrechnung künftig verändern werden, so ist es von daher wichtig zu verstehen, wie sich bestimmte Geschäftsfälle auf diese Instrumente auswirken:

- **Operative Tätigkeiten** können sich in der GuV sowohl auf das Betriebsergebnis als auch auf das ao Ergebnis auswirken. Im Wesentlichen handelt es sich dabei um die Umsatzerlöse, den Material- und Personalaufwand sowie um die Abschreibungen. In der Bilanz beeinflussen diese Tätigkeiten vor allem das Umlaufvermögen sowie das Eigenkapital (iS des Gewinnes/Verlustes) und Fremdkapital (iS von Lieferantenverbindlichkeiten und kurzfristigen Rückstellungen). So wird im Umlaufvermögen ua die Veränderung der Vorräte und der liquiden Mittel aus dem Kauf und Verkauf von Waren gezeigt. Diese operativen Tätigkeiten sind jedoch wiederum Folge der Investitions- und Finanzierungsmaßnahmen.

Abb: *Bilanz, GuV und KFR im Kontext unterschiedlicher Unternehmensaktivitäten*

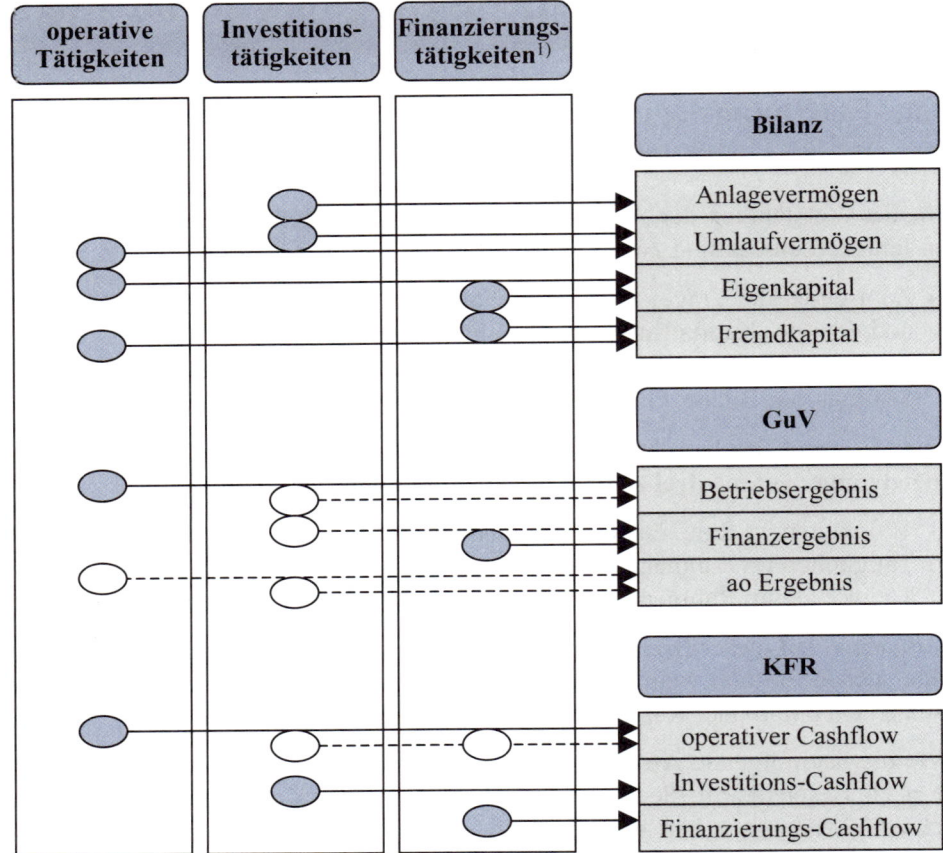

Erl:  ⬭ (direkter Einfluss),  ◯  (indirekter Einfluss; zB führt die Investition in
Wertpapiere zu Zinserträgen);
[1] es wird nur die externe Finanzierung betrachtet (Außenfinanzierung);
zu beachten sind aber ua allfällige Ausweiswahlrechte in der Kapitalflussrechnung betr die Zuordnung zu den einzelnen Bereichen der Ursachenrechnung

- **Investitionstätigkeiten** wirken sich im Zeitpunkt der Investition nur auf die
Bilanz aus. Hierbei erhöht sich aktivseitig das Anlagevermögen (zB im Falle
von im Unternehmen genutzten Maschinen) bzw Umlaufvermögen (zB im Falle
von Wertpapieren des Umlaufvermögens) sowie (je nach **Finanzierung**) das
Eigenkapital und/oder Fremdkapital. In den auf die Investition folgenden Perio-
den wirken sich diese Investitionen auf das **Betriebsergebnis** (zB wenn mit den
Investitionen Produkte erzeugt werden iS von Umsatzerlösen, Materialaufwand,
Personalaufwand, Abschreibungen) und/oder auf das **Finanzergebnis** (wenn in
Wertpapiere investiert wurde iS von Dividenden oder Zinserträgen) aus. Zusätz-
lich werden für das aufgenommene Eigenkapital in den Folgeperioden erhöhte

Dividendenzahlungen an die Aktionäre/Eigentümer bzw erhöhte Zinszahlungen für einen aufgenommenen Kredit anfallen.

> **Hinweis**: Das Verständnis dafür, wie bestimmte Geschäftsfälle die zukünftige Struktur von Bilanz, GuV und Kapitalflussrechnung verändern werden, ist zB eine zentrale Voraussetzung, um **Kennzahlen** iS von **Planungsrechnungen** ermitteln zu können. Ein Aspekt, den wir im Rahmen der →**Analyse** (Zielgruppen, Ebenen) diskutieren.

Mit dieser unterschiedlichen Abbildung von Geschäftsfällen in Bilanz, GuV und Kapitalflussrechnung ist auch die Abgrenzung von drei **zentralen Begriffen des Rechnungswesens** angesprochen. Hierbei geht es um die Abgrenzung von

*drei zentrale Begriffe des Rechnungswesens*

- Einzahlungen, Einnahmen und Erträgen sowie der
- Auszahlungen, Ausgaben und Aufwendungen.

Wie wir im nachfolgenden Punkt sehen werden, hängt die Abbildung der operativen Tätigkeiten sowie der Investitions- und Finanzierungstätigkeiten im Jahresabschluss (Bilanz, GuV, Kapitalflussrechnung) davon ab, ob es sich um Einzahlungen/Auszahlungen, um Einnahmen/Ausgaben und/oder um Erträge/Aufwendungen handelt. Insofern erlangt die Abgrenzung zwischen diesen Begriffen eine zentrale Bedeutung für das Rechnungswesen.

## 3.b. Abgrenzung der Einzahlungen/Einnahmen/Erträge und der Auszahlungen/Ausgaben/Aufwendungen

## 3.b.1. Systematik

Bei den *„Einzahlungen/Einnahmen/Erträgen"* und den *„Auszahlungen/Ausgaben/Aufwendungen"* handelt es sich um Stromgrößen, die sich innerhalb einer bestimmten Periode (idR ein Geschäftsjahr) ereignen. Diese Stromgrößen führen zu einer Veränderung von bestimmten Bilanzposten. Wobei man sich die Summe dieser Bilanzposten vereinfachend als „Töpfe" oder „Fonds" vorstellen kann. Hierbei gilt folgender **Zusammenhang**:

*unter einem **Fonds** versteht man die Zusammenfassung bestimmter Bilanzposten zu einer Einheit*

- Die **„positiven" Stromgrößen** (Einzahlung, Einnahme, Ertrag) bewirken eine Erhöhung der Bilanzposten, dh eine **Zunahme des Fonds**.
- Die **„negativen" Stromgrößen** (Auszahlung, Ausgabe, Aufwand) führen zu einer Abnahme der Bilanzposten, dh zu einer **Abnahme des Fonds**.

Im Hinblick auf die Abbildung der Unternehmenstätigkeit in der Bilanz und der GuV müssen wir nun betr diese Bestandsgrößen/Fonds zwischen den liquiden Mitteln, dem Geldvermögen und dem Netto- oder Reinvermögen unterscheiden:

*es sind **3 Fonds** zu unterscheiden:*
*__liquide Mittel__, **Geldvermögen** und **Nettovermögen**/Reinvermögen*

- Die **„liquiden Mittel (cash and cash equivalents, flüssige Mittel)"** setzen sich idR aus der Summe des Kassenbestands, der jederzeit verfügbaren Bankguthaben, der Schecks sowie der Wertpapiere (mit Ausnahme der Aktien) mit einer Restlaufzeit (RLZ) von weniger als 3 Monaten zusammen (→Kapitalflussrechnung, Fonds).

- Das „**Geldvermögen**" setzt sich aus der Summe der liquiden Mittel sowie zusätzlich dem Bestand an sonstigem Finanzvermögen (mit Ausnahme der Wertpapiere mit einer RLZ < 3 Monate) und den Forderungen, abzüglich des Bestandes an Fremdkapital zusammen (da die Forderungen und Verbindlichkeiten als Geldforderungen und -verbindlichkeiten interpretiert werden, sind Sachforderungen und -verbindlichkeiten hier damit noch nicht erfasst).

- Als **Netto- oder Reinvermögen** wird schließlich die Summe aus Geldvermögen und sonstigem Vermögen bezeichnet. Zum sonstigen Vermögen zählt jenes Vermögen, das im Geldvermögen noch nicht berücksichtigt ist, dh immaterielles Vermögen, Sachanlagevermögen und sonstiges Umlaufvermögen. Das Nettovermögen setzt sich somit aus den liquiden Mitteln, dem sonstigen Finanzvermögen, den Forderungen sowie dem sonstigen Vermögen, abzgl des Fremdkapitals zusammen.

*Systematik zur Abgrenzung zentraler Größen des Jahresabschlusses*

Als Systematik zur Abgrenzung der einzelnen Größen im Jahresabschluss ergibt sich somit:

> Jeder Vorgang, bei dem die liquiden Mittel zunehmen, ist eine **Einzahlung**, jeder Vorgang, der zu einer Abnahme der liquiden Mittel führt, ist eine **Auszahlung**. Die Ein- und Auszahlungen entsprechen damit grds den **Cashflows** der →**Kapitalflussrechnung**.

> Als **Einnahme** wird jeder Geschäftsfall bezeichnet, der zu einer Erhöhung des Geldvermögens führt, als **Ausgabe** jeder Geschäftsfall, der eine Verminderung des Geldvermögens hervorruft.

**Hinweis**: Dieses Geldvermögen kann auch negativ werden, wenn das Fremdkapital größer ist als die Summe aus liquiden Mitteln, sonstigem Finanzvermögen und Forderungen.

> Jeder Vorgang, der zu einer Erhöhung des Nettovermögens führt, wird als **Ertrag** bezeichnet, jeder Geschäftsvorfall, der zu einer Verminderung des Nettovermögens führt, als **Aufwand**.

Dieser Zusammenhang wird auch aus der →**Abbildung** ersichtlich.

*Bedeutung der Abgrenzung*

Wir haben bereits darauf hingewiesen, dass die **Abgrenzung** von Einzahlungen/Auszahlungen, Einnahmen/Ausgaben und Erträgen/Aufwendungen für das Verständnis der nachfolgenden Ausführungen und damit für das gesamte Rechnungswesen insofern **wichtig** ist, als diese unterschiedlichen *Begriffspaare* in *Bilanz*, *GuV* und *Kapitalflussrechnung* unterschiedlich behandelt werden. **Isoliert betrachtet** bedeutet dies:

- Ein Geschäftsfall, der nur zu einer Veränderung der liquiden Mittel führt, wird nur in der **Bilanz** und in der **Kapitalflussrechnung**, nicht aber in der GuV abgebildet (zB die Aufnahme eines Bankkredits).
- Ein Geschäftsfall, der nur zu einer Veränderung des Geldvermögens führt, wird nur in der **Bilanz**, nicht aber in der Kapitalflussrechnung und in der GuV abgebildet (zB der Bezug von Waren auf Lieferantenkredit).
- Ein Geschäftsfall, der nur zu einer Veränderung des sonstigen Vermögens führt, wird nur in der **Bilanz** und der **GuV**, nicht aber in der Kapitalflussrechnung abgebildet (zB die Wertminderung von Maschinen infolge Produktion).

*welcher Geschäftsfall wird in Bilanz, GuV und/oder KFR abgebildet?*

Abb: *Funktionsweise der Fonds*

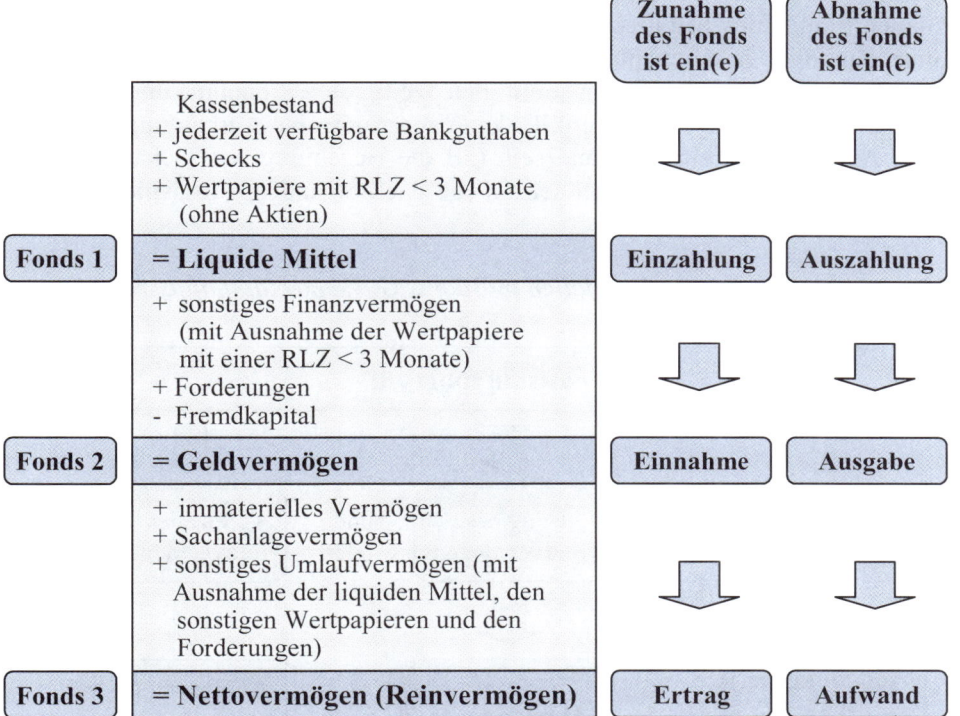

Um das Rechnungswesen zu verstehen, muss somit unterschieden werden können,
- ob ein Geschäftsfall eine Einzahlung, eine Einnahme und/oder einen Ertrag bzw
- ob ein Geschäftsfall eine Auszahlung, eine Ausgabe und/oder einen Aufwand

darstellt und damit in Bilanz und/oder GuV und/oder Kapitalflussrechnung abzubilden ist.

*innerfondsmäßiger*
*Ausgleich*

Weiters müssen jene Fälle berücksichtigt werden, in denen es nur zu einer Umschichtung innerhalb obiger Fondsgrößen kommt. Beispielsweise im Falle der Einlösung eines Schecks in Höhe von € 100. In diesem Fall nehmen die Bankguthaben zu, die Schecks nehmen ab. Da beide Bilanzposten aber den →liquiden Mitteln zugeordnet werden, ergibt sich:

|     |                                    |       |
|-----|------------------------------------|-------|
|     | Kassenbestand                      | +/-0  |
| +/- | jederzeit verfügbare Bankguthaben  | +100  |
| +/- | Schecks                            | -100  |
| +/- | Wertpapiere mit einer RLZ < 3 Monate | +/-0 |
| =   | Liquide Mittel                     | +/-0  |

Obwohl sich die liquiden Mittel zwar nicht verändern, ist aber auch die Einlösung der Schecks in der Bilanz iS einer daraus resultierenden Zunahme der Bankguthaben und einer Abnahme der Schecks abzubilden.

*Zusammenhang zwischen*
*den Begriffspaaren*

Schließlich müssen wir berücksichtigen, dass zwischen den Begriffspaaren „Einzahlungen/Einnahmen/Erträgen" bzw „Auszahlungen/Ausgaben/Aufwendungen" insofern ein enger Zusammenhang besteht, als diese **in einigen Fällen deckungsgleich** sind. Eine Einzahlung kann somit gleichzeitig eine Einnahme und ein Ertrag sein (zB ein Barverkauf von Waren). Es kann aber auch eine Auszahlung gleichzeitig eine Ausgabe und ein Aufwand sein (zB die Bezahlung von Gehältern durch Banküberweisung). Diesbezüglich sei auf die nachfolgenden →**Beispiele** verwiesen.

Abb: *Abbildung von Geschäftsfällen in Bilanz, GuV und Kapitalflussrechnung*

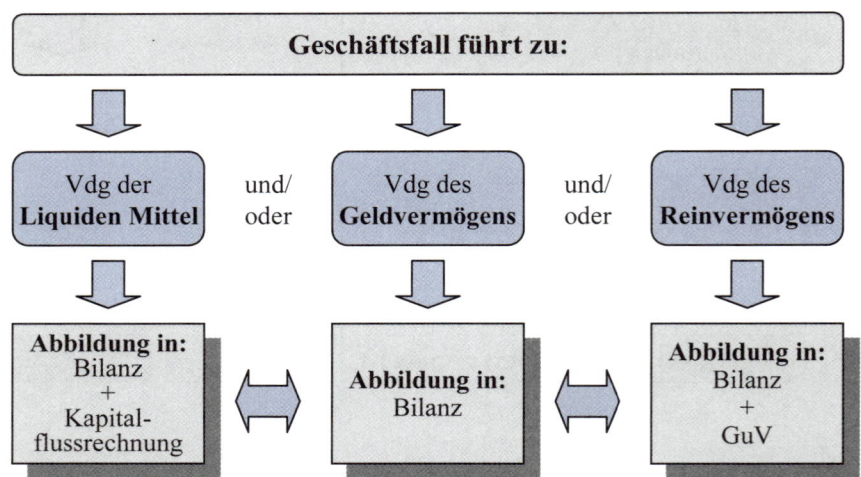

► Siehe **Arbeitsbuch**: **Beispiele** zu **B.3.b.1.**

## 3.b.2. Beispiele

Um die im obigen Punkt aufgezeigten allgemeinen Abgrenzungen zu untermauern, werden wir im Folgenden **einige Geschäftsfälle** „durchspielen".

*Beispiele betr die **Abgrenzung** der einzelnen Größen*

> Erl: Zu Gunsten einer Fokussierung auf die zu erklärende Abgrenzung werden in den folgenden Beispielen **steuerliche Effekte** vereinfachenderweise vernachlässigt.

> **Hinweis**: In den folgenden **Abbildungen** sind auch die **Zusammenhänge** zwischen **Kapitalflussrechnung** und **Bilanz** über die liquiden Mittel (Kassa/Bank) und zwischen **Bilanz** und **GuV** über den Gewinn/Verlust dargestellt. Siehe zu einer Erläuterung dazu →Jahresabschlussinstrumente, Zusammenhang.

- **Warenverkauf gegen bar** in Höhe von 100. Das Unternehmen hat diese Waren bereits in einer Vorperiode für 70 von einem Lieferanten erworben und bezahlt. Wichtig für uns iS der obigen Abbildungssystematik ist, dass der Einkauf und der Verkauf der Waren als zwei selbständige Geschäftsfälle zu betrachten und dementsprechend auch separat abzubilden sind.
Konzentrieren wir uns dementsprechend zuerst auf den reinen Verkauf, so handelt es sich bei diesem Warenverkauf um einen Geschäftsfall, der sowohl zu einer Erhöhung des Bestandes an liquiden Mitteln (Fonds 1) als auch zu einer Erhöhung des Geldvermögens (Fonds 2) sowie zu einer Erhöhung des Nettovermögens (Fonds 3) führt. Da sich alle drei Fonds erhöhen, handelt es sich damit um einen Geschäftsfall, der sowohl eine Einzahlung, eine Einnahme als auch einen Ertrag darstellt.

*Beispiel **Warenverkauf gegen bar**: Einzahlung, Einnahme und Ertrag*

Ein Warenverkauf gegen bar wird – exklusive des vorangegangenen Bezugs der Waren – damit in den folgenden Instrumenten des Jahresabschlusses abgebildet:
- *Bilanz*: Grund: Erhöhung der liquiden Mittel bzw des Geldvermögens um +100 sowie Erhöhung des Eigenkapitals um +100 (Gewinn).
- *GuV*: Grund: Erhöhung des Nettovermögens infolge der Umsatzerlöse (Ertrag) von +100. Daraus resultierend kommt es zu einem (Gewinn) von +100.
- *KFR*: Grund: Erhöhung der liquiden Mittel um +100 (Umsatzeinzahlungen; die Bezahlung der Waren ist annahmegemäß bereits in einer Vorperiode berücksichtigt).

Der gesamte „Gewinn/Verlust" aus dieser Transaktion wird aber erst nach Berücksichtigung des **Einsatzes der Waren** ersichtlich. Wie die →**Abbildung** zeigt, handelt es sich bei diesem Warenverbrauch um einen Geschäftsfall, der einen Aufwand darstellt (Grund: Abnahme des Nettovermögens), nicht aber um eine Auszahlung (Grund: keine Veränderung der liquiden Mittel) und auch um keine Ausgabe (Grund: keine Veränderung des Geldvermögens, da annahmegemäß die Waren bereits in der Vorperiode bezahlt worden sind). Der Verbrauch der Waren bedeutet somit:

- Ausweis in der *Bilanz*: Grund: Abnahme der Vorräte (-70) sowie Abnahme des Eigenkapitals (-70).
- Ausweis in der *GuV*: Grund: Abnahme des Nettovermögens (-70) und damit Ausweis dieses Verbrauchs der Waren als Aufwand.

> Ein Ausweis dieses Geschäftsfalles in der *KFR* scheidet aber aus, da sich die liquiden Mittel nicht verändert haben.

Fassen wir nun den **Verkauf der Waren** (Ertrag von +100) und den **Einsatz der Waren** für diesen Verkauf (Aufwand von -70) zusammen, so sehen wir, dass das Unternehmen **insgesamt** einen **Gewinn** von +30 erzielt hat (Ertrag +100, abzgl dem Aufwand von -70). Dieser Gewinn führt zu einer Erhöhung des Eigenkapitals von +30.

Abb: *Warenverkauf gegen bar (ohne Steuern)*

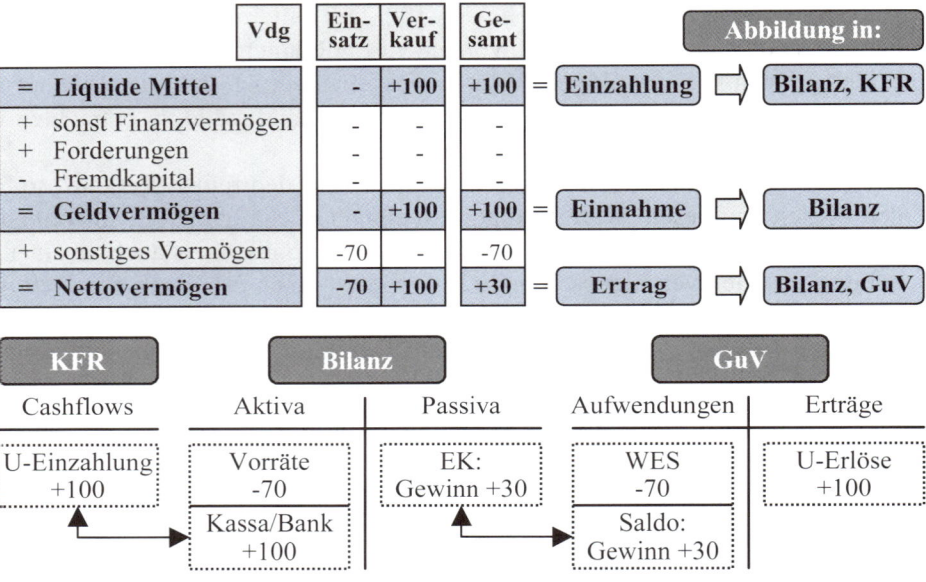

*Beispiel*
**Warenverkauf auf Ziel**:
*Einnahme und Ertrag, aber keine Einzahlung*

- **Warenverkauf auf Ziel** in Höhe von 100, wobei das Unternehmen die Waren bereits in einer Vorperiode von einem Lieferanten um 70 erworben und bezahlt hat.

Wie wir aus der nachfolgenden **Abbildung** ersehen, führt dieser Zielverkauf nun zu keiner Erhöhung der liquiden Mittel (Fonds 1), sondern nur zu einer Erhöhung des Geldvermögens (Fonds 2) sowie zu einer Erhöhung des Nettovermögens (Fonds 3). Damit handelt es sich um einen Geschäftsfall, der sowohl eine Einnahme als auch einen Ertrag darstellt, nicht aber eine Einzahlung.

Doch auch beim Warenverkauf auf Ziel müssen wir berücksichtigen, dass für diesen Verkauf Waren eingesetzt worden sind. Dieser Einsatz ist aber gleich wie im Falle des obigen Barverkaufs der Waren zu behandeln. Damit kommt es auch hier insgesamt zu einem Gewinn von +30 (Erl: Ertrag von +100 abzgl dem Aufwand für den Einsatz von Waren in Höhe von -70).

Ein Warenverkauf gegen Ziel wird damit in den folgenden Instrumenten abgebildet:

- *Bilanz*: Grund: Erhöhung des Geldvermögens (hier der Forderungen) um +100, Abnahme der Vorräte um -70 sowie Erhöhung des Eigenkapitals um +30 (Gewinn).
- *GuV*: Grund: Erhöhung des Nettovermögens infolge der Umsatzerlöse (Ertrag von 100) und der Abnahme der Vorräte (Aufwand von -70) in Höhe von +30. Daraus resultierend kommt es zu einem Gewinn aus dieser Transaktion von +30.

> Im Gegensatz zum Warenverkauf gegen bar scheidet aber ein Ausweis in der *KFR* aus, da sich die liquiden Mittel durch diesen Geschäftsfall nicht verändert haben (Erl: Der Verkauf der Waren erfolgt auf Ziel, die Bezahlung für den Bezug der Waren wurde annahmegemäß bereits in einer Vorperiode berücksichtigt.

Abb: *Warenverkauf auf Ziel (ohne Steuern)*

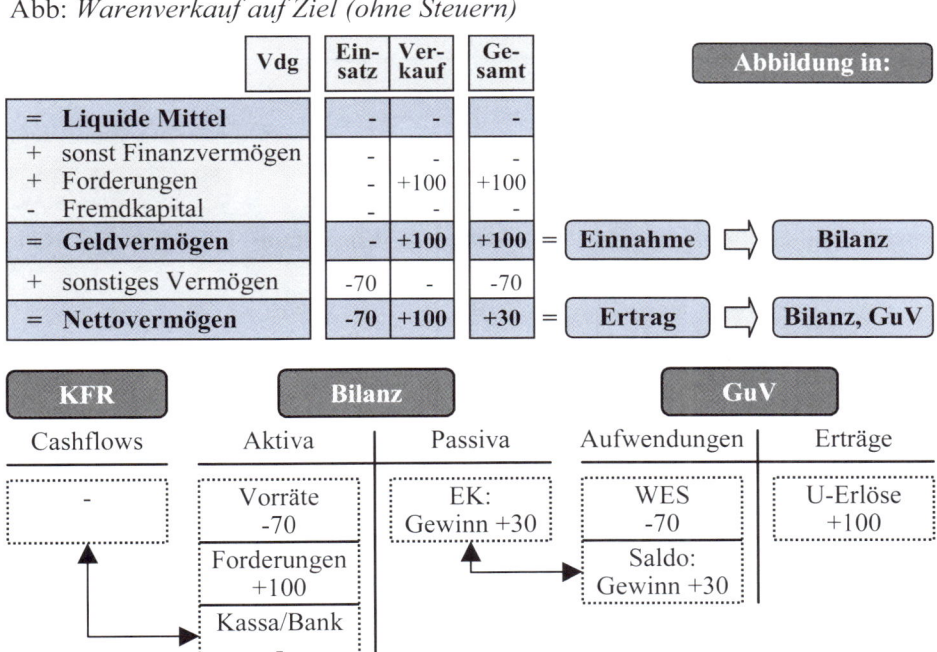

- Die **Forderungen** aus dem obigen Warenverkauf auf Ziel werden **bezahlt**.

Dadurch kommt es nur zu einer Erhöhung der liquiden Mittel (Fonds 1). Das Geldvermögen (Fonds 2) und das Nettovermögen (Fonds 3) verändern sich jedoch nicht. Dadurch haben wir nun eine Einzahlung, jedoch keine Einnahme und auch keinen Ertrag. Der Grund dafür ist, dass sich eine der anderen Komponenten des Geldvermögens (außer den liquiden Mitteln, dh in unserem Fall die Forderungen) in gleicher Höhe, aber in entgegengesetzter Richtung zu den liquiden Mitteln verändert. Die Erhöhung der liquiden Mittel wird dadurch genau ausgeglichen.

Für den Ausweis im Jahresabschluss bedeutet die Begleichung von Lieferforderungen damit:

- Ausweis in der *Bilanz*: Grund: Erhöhung der liquiden Mittel um +100, Abnahme der Forderungen um -100.
- Ausweis in der *KFR*: Grund: Erhöhung der liquiden Mittel um +100 infolge der Abnahme der Forderungen (Umsatzeinzahlungen; siehe dazu die →Kapitalflussrechnung).

> Ein Ausweis dieses Geschäftsfalles in der GuV scheidet aber aus, da sich das Nettovermögen nicht verändert.

Abb: *Eingang von Forderungen aus LL*

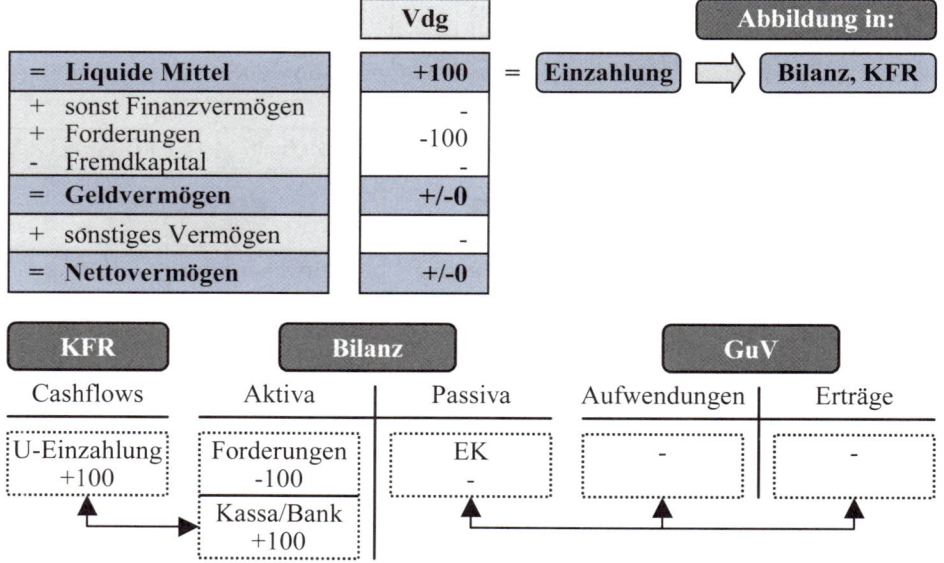

- **Tilgung** eines in einer früheren Periode aufgenommenen langfristigen **Bankkredits** in Höhe von 300:

Für den Ausweis im Jahresabschluss bedeutet diese Bartilgung:

- Ausweis in der *Bilanz*: Grund: Abnahme der liquiden Mittel und des langfristigen Bankkredits um jeweils -300.

> Erl: Eine **Zunahme des Fremdkapitals** ist betr die Abgrenzung „Einzahlung/Einnahme/Ertrag" mit negativem Vorzeichen auszuweisen, da sich dadurch – ceteris paribus – das Nettovermögen vermindert. Eine **Reduktion des Fremdkapitals** ist hingegen betr die Abgrenzung „Auszahlung/Ausgabe/Aufwand" mit positivem Vorzeichen auszuweisen, da sich dadurch – ceteris paribus – das Nettovermögen erhöht.

- Ausweis in der *KFR*: Grund: Abnahme der liquiden Mittel infolge der Rückzahlung des langfristigen Bankkredits um -300.

> Ein Ausweis der Tilgung eines Bankkredits in der *GuV* scheidet aber aus, da sich dadurch das Nettovermögen nicht verändert.

Abb: *Tilgung eines Bankkredits*

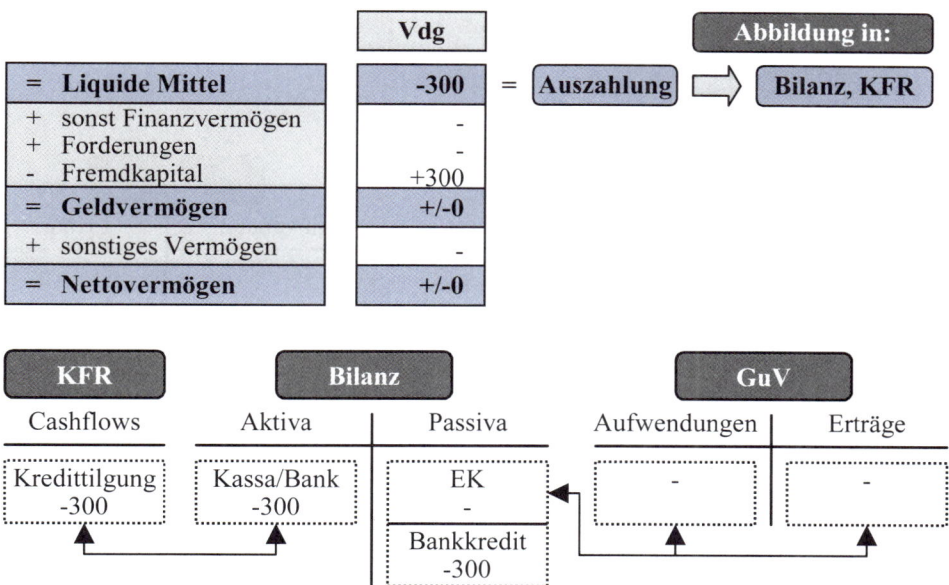

*Beispiel*
***Bareinkauf von Waren:***
*Auszahlung und Ausgabe,*
*aber kein Aufwand*

- **Bareinkauf** von **Waren** in Höhe von 90 (die Waren sind am Ende des Geschäftsjahres noch auf Lager):

Ein Bareinkauf von Waren wird im Jahresabschluss wie folgt abgebildet:

- Ausweis in der *Bilanz*: Grund: Abnahme der liquiden Mittel (-90) sowie Zunahme der Waren (+90).
- Ausweis in der *KFR*: Grund: Abnahme der liquiden Mittel (-90) infolge des Kaufs der Waren.

> Ein Ausweis des Bareinkaufs von Waren in der *GuV* scheidet aber aus, da sich das Nettovermögen dadurch nicht verändert. Die Abnahme der liquiden Mittel ist hier gleich hoch wie die wertmäßige Zunahme der Vorräte.

Abb: *Bareinkauf von Waren*

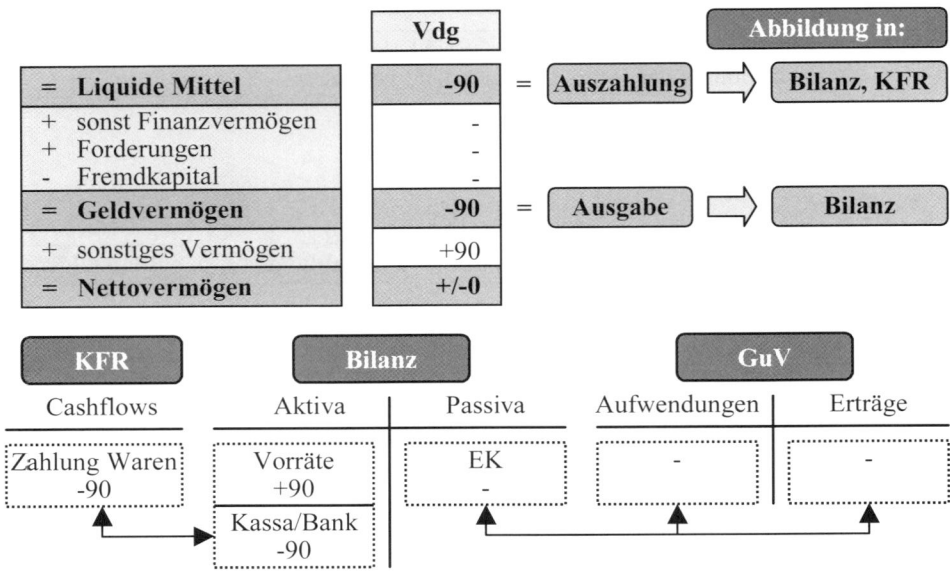

- **Wareneinkauf auf Ziel** in Höhe von 80 (die Waren sind am Ende des Geschäftsjahres noch auf Lager):

Ein Wareneinkauf auf Ziel wird in den folgenden Instrumenten abgebildet:

- *Bilanz*: Grund: Abnahme des Geldvermögens, dh hier infolge der Zunahme des Fremdkapitals (-80) sowie Zunahme des sonstigen Vermögens, dh hier der Waren (+80).

> Es scheidet aber sowohl ein Ausweis in der *GuV* (Grund: keine Veränderung des Nettovermögens) als auch ein Ausweis in der *KFR* (Grund: keine Veränderung der liquiden Mittel) aus.

*Beispiel **Wareneinkauf auf Ziel**:*
*Ausgabe, aber keine Auszahlung und kein Aufwand*

Abb: *Wareneinkauf auf Ziel*

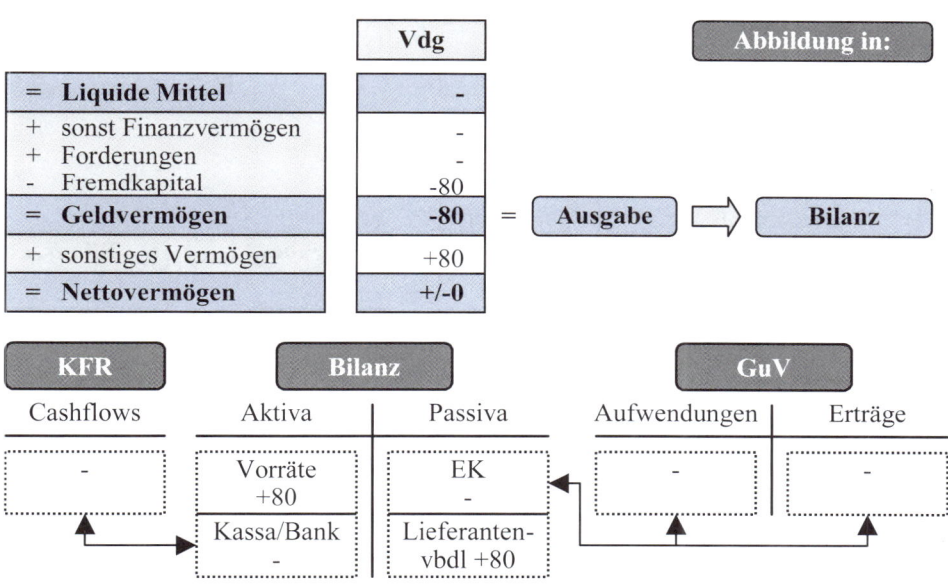

*Beispiel **Zinsvorschreibung** durch die Bank:*
*Ausgabe und Aufwand, aber keine Auszahlung*

- Die **Bank schreibt** die **Zinsen** für einen aufgenommenen Kredit in Höhe von 40 **vor**:

Die Entstehung einer Zinszahlungsverpflichtung wird im Jahresabschluss wie folgt abgebildet:

- Ausweis in der *Bilanz*: Grund: Zunahme des Fremdkapitals (+40) sowie Abnahme des Eigenkapitals (-40).
- Ausweis in der *GuV*: Grund: Abnahme des Nettovermögens (-40) infolge des Zinsaufwands.

> Ein Ausweis der Zinsvorschreibung durch die Bank in der *KFR* scheidet aber aus, da sich dadurch die liquiden Mittel noch nicht verändern (Erl: die liquiden Mittel verändern sich erst bei Bezahlung der Zinsen).

Abb: *Zinsvorschreibung durch die Bank (ohne Steuern)*

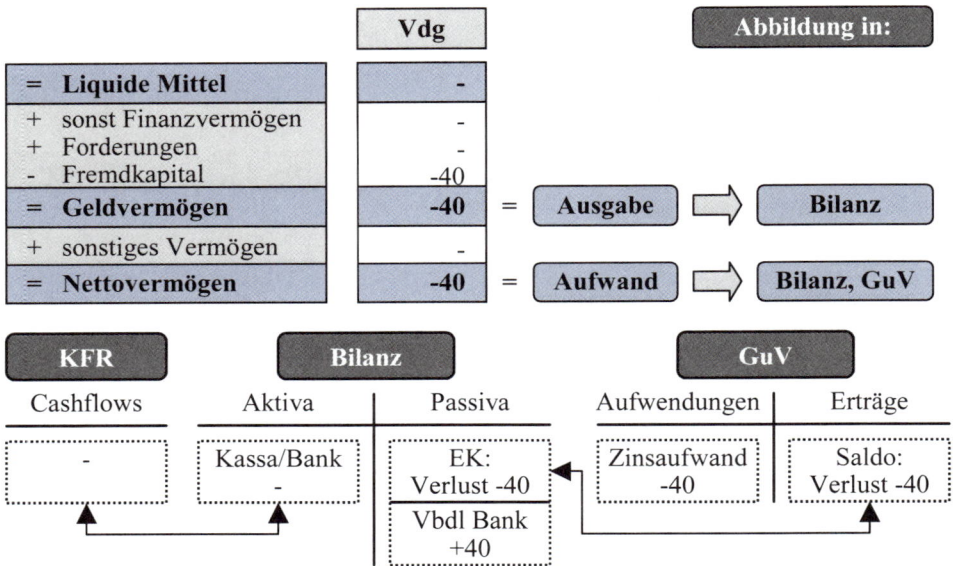

- **Planmäßige Abschreibung einer Maschine** in Höhe von 50:

Die Abschreibung von Maschinen wird im Jahresabschluss wie folgt behandelt:

*Beispiel **Abschreibung von Maschinen**: Aufwand, aber keine Auszahlung und keine Ausgabe*

- Ausweis in der *Bilanz*: Grund: Abnahme des sonstigen Vermögens, dh hier der Maschinen (-50) sowie Abnahme des Eigenkapitals (-50).
- Ausweis in der *GuV*: Grund: Abnahme des Nettovermögens infolge der Abschreibung der Maschinen (-50). Diese Abschreibungen stellen einen Aufwand dar.

> Ein Ausweis der planmäßigen Abschreibungen in der *KFR* scheidet aber aus, da sich dadurch die liquiden Mittel nicht verändern.

Abb: *Planmäßige Abschreibung einer Maschine (ohne Steuern)*

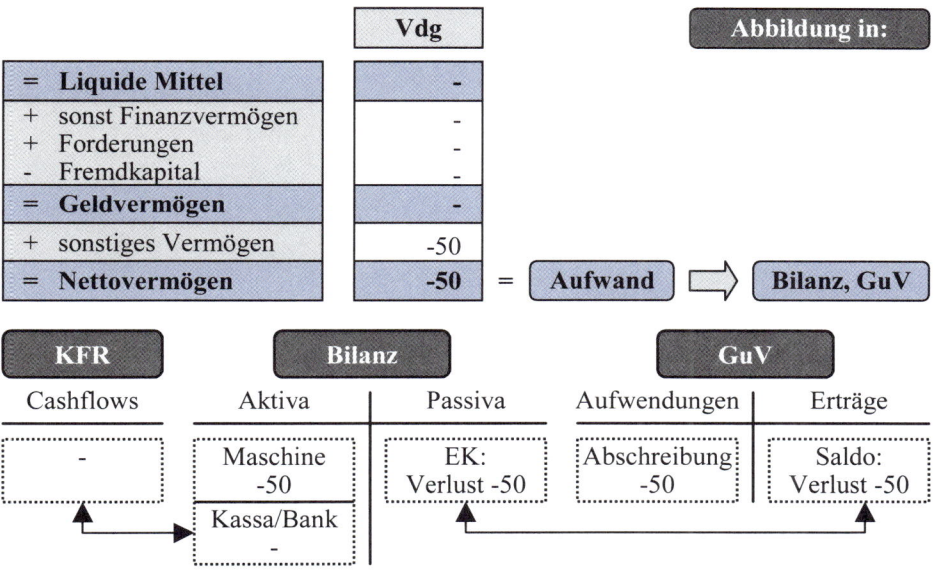

---

▶ Siehe **Arbeitsbuch**: **Beispiel** zu **B.3.b.2.**

▶ Siehe **Arbeitsbuch**: **Kontrollfragen** zu **B.3.**

## C. BEHANDLUNG EINZELNER GESCHÄFTSFÄLLE IN BILANZ UND GUV

| Lernziele: | In diesem Abschnitt werden die zentralen Geschäftsfälle eines Unternehmens im Rahmen seiner operativen Tätigkeit (laufende Geschäftstätigkeit), Investitionstätigkeit und Finanzierungstätigkeit behandelt. Aufgezeigt werden hierbei sowohl die jeweiligen Buchungssätze als auch die Auswirkungen der einzelnen Geschäftsfälle auf Bilanz, GuV und Kapitalflussrechnung. Die Abschlussbuchungen werden im nachfolgenden Abschnitt D. diskutiert. |
|---|---|

## 1. PROBLEMSTELLUNG

In Abschnitt B. haben wir uns bereits mit den einzelnen Instrumenten des Jahresabschlusses befasst. Wir haben dort auch auf den Zusammenhang zwischen Eröffnungsbilanz und Schlussbilanz sowie GuV hingewiesen. Demnach stellt die Differenz zwischen Eröffnungsbilanz einerseits und Schlussbilanz sowie GuV andererseits nichts anderes dar als die Summe der Geschäftsfälle einer Rechnungsperiode/eines Geschäftsjahres einschließlich der Abschlussbuchungen (siehe dazu die →**Abbildung**).

*Hintergrund*

Abb: *Die Geschäftsfälle zwischen Eröffnungsbilanz und Schlussbilanz*

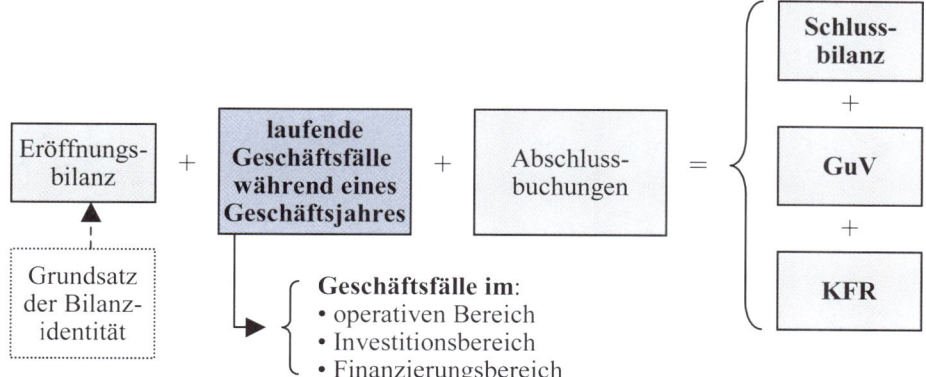

Darauf aufbauend müssen wir uns nun zuerst überlegen, wie die Behandlung dieser Geschäftsfälle genau vor sich geht. Dazu behandeln wir in Abschnitt C. die Geschäftsfälle eines Unternehmens betreffend den operativen Bereich sowie den Investitions- und Finanzierungsbereich. Im **Abschnitt D.** ergänzen wir diese Geschäftsfälle um die sog **Abschlussbuchungen** betreffend die Bilanzierung und Bewertung.

*die 3 Unternehmensbereiche werden während eines Geschäftsjahres unterschiedlich stark angesprochen*

Die in Abschnitt C. vorgenommene Teilung in die 3 Unternehmensbereiche wurde deshalb gewählt, da der operative Bereich (laufende Geschäftstätigkeit), der Investitionsbereich und der Finanzierungsbereich die zentralen Steuerungsebenen eines Unternehmens darstellen. Ein Unterschied zwischen den Bereichen ergibt sich jedoch in der **Frequenz**. Während der operative Bereich durch die Geschäftstätigkeit regelmäßig tangiert wird, wird der Investitions- und Finanzierungsbereich im Vergleich dazu eher unregelmäßig angesprochen. So werden beispielsweise (größere) Investitionen sowie (größere) Kreditaufnahmen idR nicht laufend vorgenommen.

Die Differenzierung in operativer Bereich, Investitions- und Finanzierungsbereich wird weiters insofern begünstigt, als diese Differenzierung auch der Gliederung der →Kapitalflussrechnung sowie zum Teil (sofern die Geschäftsfälle ertrags- oder aufwandswirksam sind) auch der Gliederung der →GuV zugrunde liegt.

# 2. GESCHÄFTSFÄLLE IM OPERATIVEN BEREICH (LAUFENDE GESCHÄFTSTÄTIGKEIT)

## 2.a. Beschaffungsbereich/Leistungserstellung

In diesem Punkt „Beschaffungsbereich/Leistungserstellung" werden die **Geschäftsfälle** aus **Sicht** des **Käufers** behandelt. Die korrespondierenden Buchungen aus Sicht des Verkäufers/Leistungserbringers finden sich im folgenden Punkt „Absatzbereich". Beachten Sie auch die korrespondierenden →**Abschlussbuchungen** (zB die Bewertung der Vorräte) in Abschnitt D.

*Buchungen aus Sicht des Käufers*

Abb: *Beschaffung/Leistungserstellung: Mögliche laufende Geschäftsfälle*

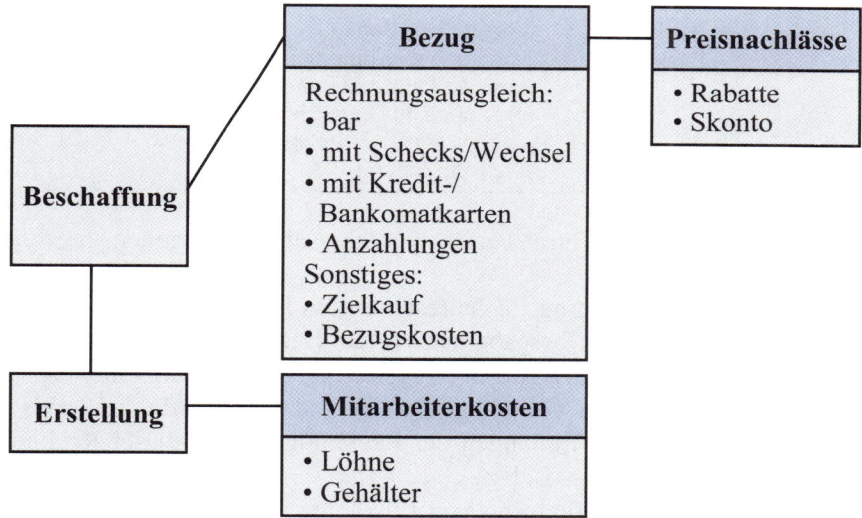

Hinweis: Siehe ergänzend die korrespondierenden →**Abschlussbuchungen**.

## 2.a.1. Bezug von Vorräten

Vorräte werden von einem Unternehmen vor allem im Bereich der Produktion/Leistungserstellung benötigt. Unter die Vorräte fallen gem der Gliederung des HGB die folgenden Posten (siehe dazu auch die **Gliederung** im →**Anhang**):

*was fällt alles unter die „Vorräte"?*

- Roh-, Hilfs- und Betriebsstoffe
- unfertige Erzeugnisse
- fertige Erzeugnisse und Waren
- noch nicht abrechenbare Leistungen
- geleistete Anzahlungen.

> Erl: Die Unterschiede zwischen den unterschiedlichen Arten von Vorräten sind wie folgt zu sehen: **Rohstoffe** sind Hauptbestandteil der erzeugten Produkte (zB Papier für ein Buch, Holz für Möbel). **Hilfsstoffe** gehen zwar in ein Produkt ein, sie sind jedoch kein Hauptbestandteil dieses Produkts (zB Kleber für die Buchproduktion, Leim für die Möbelproduktion). **Betriebsstoffe** werden zwar bei der Produktion verbraucht, sie gehen aber nicht in das Fabrikat ein (zB Elektrizität, Schmierstoffe, Heizstoffe).

*Ausweis von **Vorräten** im Jahresabschluss*

Je nachdem, wie der Bezug von Vorräten ausgestaltet ist, wird dieser in den einzelnen Instrumenten des Jahresabschlusses abgebildet (siehe zu einer Erläuterung dieser Systematisierung die →**Abbildungsregel** betreffend Bilanz, GuV und KFR).

⇨

> ***Einstufung/Behandlung des Bezugs von Vorräten***:
>
> **Art:**                          Auszahlung (bei Barkauf) bzw Ausgabe (bei Zielkauf), aber kein Aufwand
>
> **Ausweis in der:**
> - **Bilanz:**                     ja
>   - **Aktivseite:**           Vorräte (+), Bank (-) bei Barkauf
>   - **Passivseite:**          Lieferantenverbindlichkeiten (+) bei Zielkauf
> - **GuV:**                       nein, da kein Aufwand (sofern die Vorräte am Jahresende noch auf Lager liegen)
> - **KFR:**                       ja, aber nur im Falle eines Barkaufs, Ausweis im operativen Bereich (-)

Für die **Verbuchung** des Vorratsbezugs im Jahresabschluss gelten die folgenden Grundsätze:

*Verbuchung des Vorratsbezugs*

- **Zeitpunkt der Verbuchung** im Jahresabschluss ist der Zeitpunkt der körperlichen bzw symbolischen Übergabe der Vorräte (zB bei Übergabe der Dokumente). Der Abschluss eines Vertrages (Kaufvertrag, Bestätigung einer Bestellung) stellt hingegen noch keine Grundlage für eine Buchung dar. In der Praxis erfolgt die Verbuchung idR bei Einlangen der Rechnung, da mit dieser Rechnung ein Buchungsbeleg vorliegt (→Beleg).
- **Grundlage für die Verbuchung** von Einkäufen sind idR die vom Lieferanten ausgestellten Rechnungen.

*Behandlung der **USt***

- Die dem Unternehmen für den Bezug der Vorräte im Rahmen von **Beschaffungskosten** in Rechnung gestellte Umsatzsteuer kann als Vorsteuerforderung gegenüber dem Finanzamt geltend gemacht werden. Jede nachträgliche wertmäßige Korrektur des Vorratsbezugs (durch Transportkosten oder durch →Retourwaren) wirkt sich jedoch auf diese Vorsteuerforderung aus.

*Buchungssatz*

Der **Buchungssatz** für den Bezug von Vorräten im Falle der Nettomethode lautet:

| | |
|---|---|
| Rohstoffe (11..) bzw | / Zahlungsmittelkonto (27.., 28..) |
| Hilfs-, Betriebsstoffe (13..) bzw | bzw |
| Handelswarenvorrat (16..) | Lieferantenkonto (33..) |
| Vorsteuer (25..) | |

**Annahme**: Unser Unternehmen bezieht Handelswaren mit einem Wert von € 10.000 zzgl 20 % USt, dh insgesamt € 12.000. Die Ware wird durch Banküberweisung beglichen.

*Beispiel*

Als Verbuchung ergibt sich somit:

| | | |
|---|---|---|
| Handelswarenvorrat (16..) *10.000* | / | Bankkonto (28..) *12.000* |
| Vorsteuer (25..) *2.000* | | |

Grundsätzlich ist der Kauf von Vorräten wie in den obigen Fällen auf dem entsprechenden Bestandskonto in die Kontenklasse 1 zu verbuchen. In der Praxis werden aber vor allem der Bezug von Hilfsstoffen (wie Nägel, Leim), Betriebsstoffen (wie Heizöl) aber auch der Bezug von Handelswaren und Rohstoffen sofort auf ein Aufwandskonto der Klasse 5 (Materialaufwand) gebucht:

*in der **Praxis** wird der **Vorratsbezug** oft sofort als **Aufwand** verbucht*

| | | |
|---|---|---|
| Vorratsverbrauch (Klasse 5) | / | Zahlungsmittel (27.., 28..) bzw |
| Vorsteuer (25..) | | Lieferantenkonto (33..) |

Am Jahresende muss dann der **Endbestand** der **Vorräte** durch →**Inventur** ermittelt werden. Hieraus können sich 3 Fälle ergeben:

*Vorratsbestand und Inventur im Falle der sofortigen Verrechnung als Aufwand*

**Fall 1**: **Endbestand = Bestand am Periodenbeginn**: In diesem Fall wurde so viel verbraucht wie zugekauft worden ist. Da die Zukäufe bereits als Vorratsverbrauch über den Materialaufwand verbucht worden sind, sind keine weiteren Buchungen notwendig.

**Fall 2**: **Endbestand > Bestand am Periodenbeginn**: In diesem Fall wurde weniger verbraucht als zugekauft worden ist. Der bereits gebuchte Vorratsverbrauch (Materialaufwand) ist daher zu verringern sowie das Bilanzkonto „Vorräte" zu erhöhen:

| | | |
|---|---|---|
| Vorratsbestand (Klasse 1) | / | Vorratsverbrauch (Klasse 5) |

Eine Korrektur der Vorsteuer ist nicht notwendig, da der Vorsteuerabzug unabhängig davon ist, ob die Vorräte bereits verkauft worden sind oder noch auf Lager liegen.

**Fall 3**: **Endbestand < Bestand am Periodenbeginn**: In diesem Fall wurde in der betrachteten Periode mehr verbraucht als zugekauft worden ist. Da somit Vorräte vom Lager genommen worden sind, muss zusätzlich zum bereits gebuchten Vorratsverbrauch ein weiterer Vorratsverbrauch (Materialaufwand) verbucht werden.

| | | |
|---|---|---|
| Vorratsverbrauch (Klasse 5) | / | Vorratsbestand (Klasse 1) |

**Großunternehmen** verbuchen Eingangsrechnungen in der Praxis oft zuerst auf ein Konto „**Bezugsverrechnung** (10..)". Erst nach genauer Prüfung und Kontierung werden die Rechnungsbeträge dann auf das jeweilige Vorratskonto umgebucht. In diesem Fall lauten die **Buchungen** wie folgt:

*Praxis: Buchung **Vorratsbezug** auch über **Zwischenkonto***

- bei **Erhalt** der **Rechnung**:

| Bezugsverrechnung (10..) | / | Zahlungsmittelkonto (27.., 28..) |
|---|---|---|
| Vorsteuer (25..) | | bzw |
| | | Lieferantenkonto (33..) |

- **nach Prüfung** ist zB im Falle von Handelswaren zu buchen:

| Handelswarenvorrat (16..) | / | Bezugsverrechnung (10..) |
|---|---|---|

Da sich das Bezugsverrechnungskonto insgesamt auflöst, ergibt sich somit im Ergebnis derselbe Buchungssatz wie oben dargestellt.

*Querverbindungen betr die Vorräte*

Abschließend sei darauf hingewiesen, dass der Bezug von **Vorräten** im Kontext mit dem Verbrauch (dh dem Einsatz der Vorräte) sowie dem Verkauf zu sehen ist. Damit ergeben sich die in der →**Abbildung** dargestellten **Querverbindungen**. In Verbindung mit den Vorräten sind somit zu beachten: der →**Materialaufwand** bzw →**Wareneinsatz** (WES) im Rahmen des „Verbrauchs" der Vorräte, die →**Inventur** bei Bestimmung dieses „Verbrauchs" sowie die →**Umsatzerlöse** aus dem Verkauf der Vorräte.

Abb: *Querverbindungen betr das Vorratskonto*

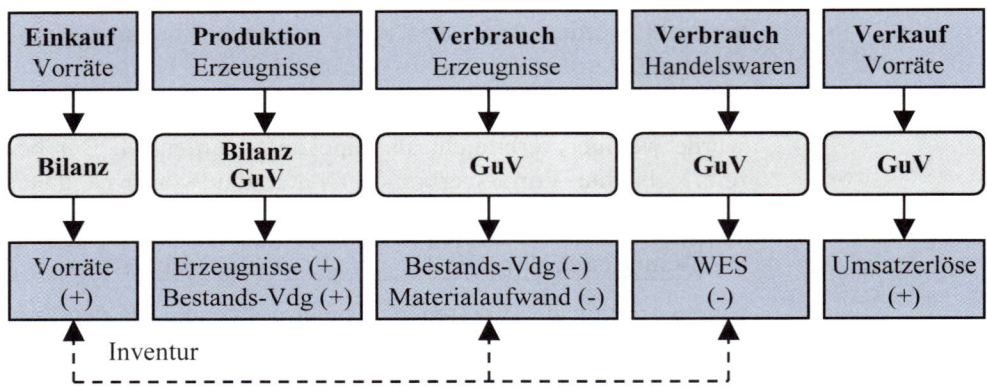

## 2.a.2. Bezugskosten

*Einstandswert = Einkaufspreis zzgl der Bezugskosten*

Die im obigen Punkt behandelten Vorräte werden zum **Einstandswert** verbucht. Dieser Einstandswert umfasst den Einkaufspreis zzgl der Bezugskosten. Zu diesen **Bezugskosten** zählen ua Frachten (Bahn, Schiff, Flugfrachten), Zoll und sonstige Grenzabgaben, Provisionen sowie die Transportversicherung. Die Frage, ob die Transportkosten vom Käufer oder Verkäufer zu tragen sind, ist idR im Kaufvertrag geregelt. Finden sich dort diesbezüglich keine Regelungen, so sind die Transportkosten vom Käufer zu tragen.

> **Hinweis**: Im Kaufvertrag können sich betr die Bezugskosten ua die folgenden Regelungen finden: a) **Klausel „frei"** (zB **frei Haus, frei Lager**): In diesem Fall trägt der Verkäufer die Transportkosten bis zum genannten Ort; b) **Klausel „ab"** (zB **ab Werk, ab Lager, ab Bahnhof**): Hier trägt der Käufer die Transportkosten ab dem genannten Ort.

Die Beförderung von Gütern ist grundsätzlich umsatzsteuerpflichtig (20 %), wobei die in den Bezugskosten enthaltene USt als →**Vorsteuer** geltend gemacht werden kann. Allerdings sind gewisse Beförderungen umsatzsteuerbefreit, beispielsweise die Beförderung von Gütern durch die Post (Pakete).

*nicht alle **Beförderungen** sind **USt**-pflichtig*

Als **Belege** für die Verbuchung der Transportkosten dienen die Abrechnungen von Spediteuren und Frachtführern sowie Postbelege.

*__Grundlage__ der* ***Verbuchung***

Da die Transportkosten im Fakturenpreis für die jeweiligen Vorräte enthalten sind und mit diesem verbucht werden, lautet der Buchungssatz für die Bezugskosten somit:

| | |
|---|---|
| Rohstoffvorrat (11..) bzw | / Zahlungsmittelkonto (27.., 28..) |
| Hilfs-, Betriebsstoffe (13..) bzw | bzw |
| Handelswarenvorrat (16..) | Lieferantenkonto (33..) |
| Vorsteuer (25..) | |

> **Hinweis** betreffend den Hintergrund für diese Verbuchung: Die →**Anschaffungskosten** der **Vorräte** beinhalten neben den eigentlichen Ausgaben für den Bezug der Vorräte auch die **Bezugskosten**. Da die Bezugskosten somit den Wertansatz der Vorräte in der Bilanz erhöhen, erfolgt auch die Verbuchung der Bezugskosten direkt über das jeweilige Vorratskonto.

**Annahme**: Unser Unternehmen kauft Handelswaren. Für diesen Bezug fallen Transportkosten in Höhe von € 200 zzgl 20 % USt an. Die Transportkosten werden durch Banküberweisung beglichen.

*__Beispiel__ zu den* ***Transportkosten***

Ohne Verbuchung über ein Zwischenkonto ergibt sich:

| | |
|---|---|
| Handelswarenvorrat (16..) *200* | / Bank (28..) *240* |
| Vorsteuer (25..) *40* | |

Bei Einschaltung eines **Zwischenkontos** würde sich hingegen zuerst ergeben:

| | |
|---|---|
| Bezugsverrechnung (10..) *200* | / Bank (28..) *240* |
| Vorsteuer (25..) *40* | |

Nach Prüfung würde das Zwischenkonto wie folgt umgebucht:

| | |
|---|---|
| Handelswarenvorrat (16..) *200* | / Bezugsverrechnung (10..) *200* |

## 2.a.3. Retourwaren (Rücksendungen an Lieferanten)

Das Problem der Verbuchung von Retourwaren stellt sich in jenen Fällen, in denen Vorräte an Lieferanten zurückgesandt werden, beispielsweise wegen Mängeln.

Die **Verbuchung** der Retourwaren hängt aus **Sicht** des **Käufers** davon ab, ob die Ware vom Käufer bereits bezahlt worden ist oder nicht:

**Fall 1:**  Der Käufer hat die **Rechnung noch nicht bezahlt**: In diesem Fall vermindert die Rücksendung die Verbindlichkeit gegenüber dem Lieferanten. Damit ist die Verbuchung für den Bezug der Waren einfach rückgängig zu machen. Der Buchungssatz lautet somit:

| | |
|---|---|
| Lieferantenkonto (33..) | / Vorräte (Klasse 1) |
| | Vorsteuer (25..) |

**Fall 2:**  Der Käufer hat die **Rechnung bereits bezahlt**: In diesem Fall wird der Betrag der Warenrücksendung a) entweder sofort vom Verkäufer bezahlt (Zahlungseingang beim Käufer) oder b) der Käufer erhält eine Gutschrift, die dieser beim nächsten Kauf in Abzug bringen kann.

## 2.a.4. Löhne und Gehälter

Betreffend die Mitarbeiter eines Unternehmens sind die Löhne und Gehälter sowie die lohn- und gehaltsabhängigen Abgaben zu verbuchen.

> **Hinweis**: Bei der Verbuchung ist zwischen Löhnen/Gehältern in den Unternehmensbereichen **Herstellung/Produktion** sowie **Vertrieb** und **Verwaltung** zu unterscheiden. Der Grund dafür ist ua, dass die →Herstellungskosten idR nur die Löhne/Gehälter betr die Herstellung/Produktion umfassen, nicht aber die Gehälter betr Vertrieb und Verwaltung. Ein Wahlrecht betreffend die Aktivierung von Vertriebs- und Verwaltungskosten gibt es im HGB nur im Rahmen der →langfristigen Auftragsfertigung (Vorräte).

Bei diesen Buchungen ist zu beachten: Der den Mitarbeitern **ausgezahlte Betrag** ist nur ein Teil des von den Unternehmen zu tragenden **Bruttobezugs**:

| | |
|---|---|
| | Bruttobezug (Bruttolohn, Bruttogehalt) |
| - | Arbeitnehmer-Beitrag zur Sozialversicherung |
| - | Lohnsteuer |
| = | **Auszahlungsbetrag** |

Dieser Betrag erhöht sich um die **Familienbeihilfe** und den **Kinderabsetzbetrag**, sofern diese vom Unternehmen ausbezahlt werden. Zusätzlich müssen die Unternehmen noch die folgenden **lohn- bzw gehaltsabhängigen Abgaben** tragen:

- Dienstgeberanteil zur Sozialversicherung (SV-DGA)
- Abgabe betreffend die betriebliche Mitarbeitervorsorge
- Dienstgeberbeitrag zum Familienbeihilfen-Ausgleichsfonds (DB)
- Zuschlag zum Dienstgeberbeitrag (DZ)
- Kommunalsteuer (KommSt).

Abb: *Personalabrechnung*

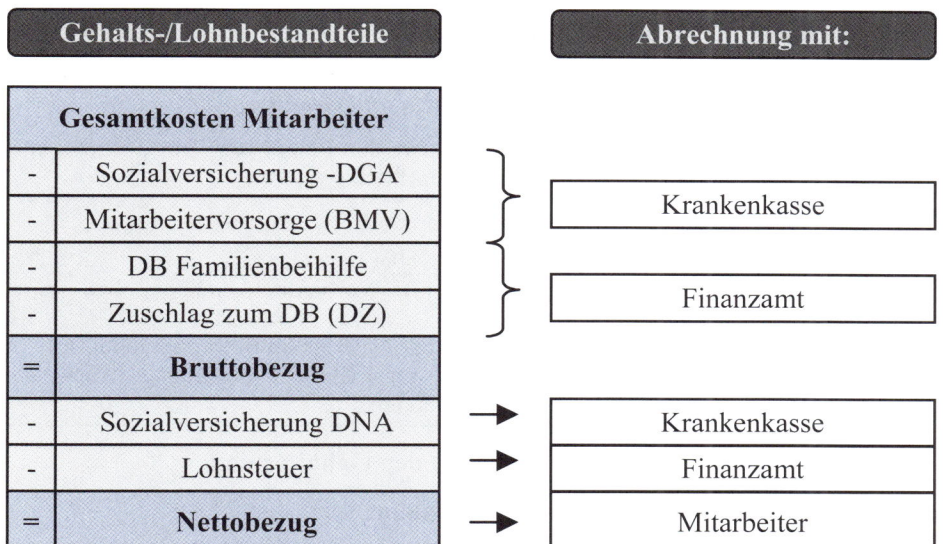

Inhaltlich sind diese Steuern/Abgaben wie folgt zu sehen:

- **Beitrag zur gesetzlichen Sozialversicherung**: Der gesamte Beitrag zur gesetzlichen Sozialversicherung ist zum Teil vom Dienstnehmer (**SV-DNA**), zum Teil vom Dienstgeber zu tragen (**SV-DGA**). Der Dienstnehmeranteil wird hierbei vom Bruttobezug abgezogen und vom Unternehmen einbehalten. Empfänger ist die **Krankenkasse**.

- **Lohnsteuer** (**LSt**): Die Lohnsteuer kann als die Einkommensteuer der unselbständig Erwerbstätigen interpretiert werden. Die Lohnsteuer wird vom Bruttobezug abgezogen. Empfänger ist das **Finanzamt**.

- **Dienstgeberbeitrag zum Familienbeihilfen-Ausgleichsfonds** (**DB**): Dieser Beitrag dient zur Deckung der von den Dienstgebern auszuzahlenden Familienbeihilfen. Bemessungsgrundlage ist die monatliche Bruttolohnsumme. Empfänger ist das **Finanzamt**.

- **Zuschlag zum Dienstgeberbeitrag** (**DZ**): Die Kammern der gewerblichen Wirtschaft heben von ihren Mitgliedern neben der von der Summe der Vorsteuern ermittelten Kammerumlage (KU 1) eine weitere Kammerumlage ein. Bemessungsgrundlage ist die Beitragsgrundlage des Dienstgeberbeitrags zum Familienbeihilfen-Ausgleichsfonds. Empfänger ist das **Finanzamt**.

- **Betriebliche Mitarbeitervorsorge** (**BMV**): Entsprechend der →Abfertigung „neu" sind von Unternehmen 1,53 % des monatlichen Entgelts an die Krankenkasse zwecks Weiterleitung an die jeweilige Mitarbeiterkasse zu leisten.

- **Kommunalsteuer** (**KommSt**): Die Kommunalsteuer fließt als Gemeindesteuer zur Gänze den Gemeinden zu. Bemessungsgrundlage sind die Bruttoarbeitslöhne eines Kalendermonats von im Inland gelegenen Betriebsstätten eines Unternehmens. Empfänger ist die **Gemeinde**.

*inhaltliche Erläuterung der Abgaben betr Löhne und Gehälter*

*Ausweis von Löhnen und Gehältern im Jahresabschluss*

Je nach Ausgestaltung der Löhne und Gehälter werden diese in den einzelnen Instrumenten des Jahresabschlusses abgebildet (siehe zu einer Erläuterung dieser Systematisierung die →**Abbildungsregel** betreffend Bilanz, GuV und KFR):

| *Einstufung/Behandlung von Löhnen und Gehältern*: | |
|---|---|
| **Art**: | Auszahlung (bei Bezahlung) bzw Ausgabe (bei späterer Auszahlung) und Aufwand |
| **Ausweis in der:** | |
| • **Bilanz**: | ja |
|   • **Aktivseite**: | Kassa/Bank (-) bei Bezahlung |
|   • **Passivseite**: | Eigenkapital (-), Verbindlichkeiten (+) bei späterer Bezahlung |
| • **GuV**: | ja, da Aufwand; Ausweis im Betriebsergebnis (-) |
| • **KFR**: | ja, aber nur im Falle der Bezahlung; Ausweis im operativen Bereich (-) |

*Buchungen im Zusammenhang mit Löhnen und Gehältern*

Als Buchungen fallen im Zusammenhang mit den **Gehältern** an:

• Verbuchung der **gehaltsabhängigen Abgaben**:

| Gehälter (62..) | / Vbdl Krankenkasse (36..) |
|---|---|
| | Vbdl Finanzamt (35..) |
| | Vbdl gegen Mitarbeiter aus der |
| | Bezugsverrechnung (36..) |

• Verbuchung der **Auszahlung** an die **Mitarbeiter**:

| Vbdl gegen Mitarbeiter aus der | / Zahlungsmittel (27.., 28..) |
|---|---|
| Bezugsverrechnung (36..) | |

• Verbuchung des **Dienstgeberanteils** zur **Sozialversicherung** (SV-DGA):

| Gesetzlicher Sozialaufwand Angestellte (65..) | / Vbdl Krankenkasse (36..) |
|---|---|

• Verbuchung des Beitrags zur **betrieblichen Mitarbeitervorsorge** (BMV):

| Betriebliche Mitarbeitervorsorge (64..) | / Vbdl Krankenkasse (36..) |
|---|---|

• Verbuchung des **Dienstgeberbeitrags** zum Familienbeihilfen-Ausgleichsfonds (DB):

| Dienstgeberbeitrag Angestellte Familienbeihilfe (66..) | / Vbdl Finanzamt (35..) |
|---|---|

• Verbuchung des **Zuschlags** zum **Dienstgeberbeitrag** (DZ):

| Zuschlag zum DB Angestellte (66..) | / Vbdl Finanzamt (35..) |
|---|---|

- Verbuchung der **Kommunalsteuer** (KommSt):

| Kommunalsteuer Angestellte (66..) | / | Vbdl Gemeinde (36..) |
|---|---|---|

Die **Verbuchung** der **Löhne** ist analog zu den Gehältern unter Verwendung der für Arbeiter eingerichteten Konten vorzunehmen.

*Verbuchung der Löhne*

Als **Beispiel** zu einer **Gehaltsabrechnung** sei angenommen:

*Beispiel zu einer Gehaltsabrechnung*

- Gesamtaufwand der Gehaltskosten: € 4.360,49; davon SV-DGA € 726,91, DB € 149,37, DZ € 14,60, BMV € 50,78, KommSt: € 99,59
- Bruttobezug des Angestellten: € 3.319,24; davon SV-DNA € 597,46; LSt € 721,78
- Netto-Auszahlungsbetrag an den Mitarbeiter: € 2.000.

Die **Buchungssätze** lauten:

- Verbuchung der **gehaltsabhängigen Abgaben**:

| Gehälter (62..) *3.319,24* | / | Vbdl Krankenkasse (36..) *597,46* |
|---|---|---|
| | | Vbdl Finanzamt (35..) *721,78* |
| | | Vbdl gegen Mitarbeiter aus der Bezugsverrechnung (36..) *2.000,00* |

- Verbuchung der **Auszahlung** an den **Mitarbeiter**:

| Vbdl gegen Mitarbeiter aus der Bezugsverrechnung (36..) *2.000,00* | / | Bank (28..) *2.000,00* |
|---|---|---|

- Verbuchung des **Dienstgeberanteils** zur **Sozialversicherung** (SV-DGA) und des Beitrags zur betrieblichen Mitarbeitervorsorge (BMV):

| Gesetzlicher Sozialaufwand Angestellte (65..) *726,91* | / | Vbdl Krankenkasse (36..) *777,69* |
|---|---|---|
| Betriebliche Mitarbeitervorsorge (64..) *50,78* | | |

- Verbuchung des **Dienstgeberbeitrags** zum **Familienbeihilfen-Ausgleichsfonds** (DB) und des **Zuschlags zum Dienstgeberbeitrag** (DZ):

| Dienstgeberbeitrag Angestellte Familienbeihilfe (66..) *149,37* | / | Vbdl Finanzamt (35..) *163,97* |
|---|---|---|
| Zuschlag zum DB (66..) *14,60* | | |

- Verbuchung der **Kommunalsteuer**:

| Kommunalsteuer Angestellte (66..) *99,59* | / | Vbdl Gemeinde (36..) *99,59* |
|---|---|---|

▶ Siehe **Arbeitsbuch**: **Beispiele** zu C.2.a.4.

### 2.a.5. Skonto (Lieferantenskonto)

*ein **Skonto** wird Kunden für die **Bezahlung innerhalb eines bestimmten Zeitraums** nach Rechnungslegung gewährt*

Ein Skonto wird einem Käufer vom Lieferanten dafür gewährt, dass dieser den Rechnungsbetrag innerhalb eines gewissen Zeitraums nach Rechnungslegung bezahlt. Beispielsweise lauten solche Konditionen auf Rechnungen: „3 % Skonto bei Zahlung innerhalb von 14 Tagen oder Zahlung innerhalb von 60 Tagen netto Kassa."

> **Hinweis**: Die **Nichtausübung** eines **Skontos** durch einen Käufer führt zu einem relativ **teuren „Kredit"**. Beispielsweise entspricht „3 % Skonto bei Bezahlung innerhalb von 14 Tagen oder Zahlung innerhalb von 60 Tagen netto Kassa" einem Jahreszinssatz von ca 23,5 % (Erl: 3 % für 46 Tage, dh 60 Tage Ziel bei 14 Tagen Zahlungsfrist, bezogen auf 360 Tage). Ein Skonto sollte daher grundsätzlich in Anspruch genommen werden.

*__Verbuchung__ eines **sofort gewährten Skontos***

Wird der **Skonto** einem Käufer **sofort** bei Kauf **gewährt**, so wird er bereits in der Rechnung berücksichtigt. In diesem Fall wird nur mehr der um den Skonto verminderte Betrag verbucht. Damit entspricht die Verbuchung eines sofort gewährten Skontos auch der entsprechenden Verbuchung beim Kauf. Im Falle der **Nettomethode** lautet der Buchungssatz:

| | |
|---|---|
| Rohstoffe (11..) bzw | / Zahlungsmittelkonto (27..) |
| Hilfs-, Betriebsstoffe (13..) bzw | |
| Handelswarenvorrat (16..) | |
| Vorsteuer (25..) | |

*__Beispiel__ zu einem **sofort gewährten Skonto***

**Annahme**: Wir bleiben bei unserem **Beispiel**: Unser Unternehmen bezieht Vorräte in Höhe von € 10.000 zzgl 20 % USt, dh insgesamt € 12.000. Im Rechnungsbetrag werden sofort 3 % Skonto abgezogen, die Rechnung wird sofort beglichen.
Als Rechnungsbetrag ergibt sich somit:

| | | |
|---|---|---|
| | Preis | 10.000 |
| - | 3 % Rabatt | -300 |
| = | Nettobetrag | 9.700 |
| + | 20 % USt | +1.940 |
| = | Gesamtbetrag | 11.640 |

Unser Unternehmen bucht aus **Sicht** des **Käufers**:

| | |
|---|---|
| Handelswarenvorrat (16..) *9.700* | / Bank (28..) *11.640* |
| Vorsteuer (25..) *1.940* | |

*__nach Rechnungslegung__ in Anspruch genommener **Lieferantenskonto***

Den **Regelfall** stellen aber jene Skonti dar, die von einem Kunden erst nach Rechnungslegung in Anspruch genommen werden. Woraus sich eine unterschiedliche Behandlung ergibt.

**Annahme**: Unser Unternehmen bezieht Handelswaren um € 10.000, zzgl 20 % USt, dh insgesamt € 12.000. Als Zahlungskondition wurde vereinbart: „Zahlbar innerhalb von 14 Tagen mit 3 % Skonto oder innerhalb von 60 Tagen netto Kassa". Die Rechnung wird von uns sofort verbucht. 10 Tage später begleichen wir die

Rechnung mit Skontoabzug durch Banküberweisung. Als Rechnungsbetrag ergibt sich 12.000 abzgl 3 % Skonto (360), dh 11.640:

|  | | ohne Skonto | mit Skonto |
|---|---|---|---|
|  | Preis netto | 10.000 | 10.000 |
| - | 3 % Skonto | - | -300 |
| = | Nettobetrag | 10.000 | 9.700 |
| + | 20 % USt | +2.000 | +1.940 |
| = | Gesamtbetrag | 12.000 | 11.640 |

Für diesen Geschäftsfall sind von uns aus **Sicht** des **Käufers** folgende **Buchungen** vorzunehmen:

*Verbuchung des Skontos aus Sicht des Käufers*

- Da wir die gesamte Verbindlichkeit begleichen, ist der Gesamtbetrag der Lieferantenverbindlichkeit auszubuchen. In unserem Fall € 12.000.
- Auf dem Zahlungsmittelkonto (idR das Bankkonto) wird nur der um den Skonto verminderte Betrag verbucht. In unserem Fall € 11.640.
- Da sich durch den Skontoabzug der Einstandspreis der Waren nachträglich vermindert, muss der Skonto in einen „reinen" Skonto und in den Vorsteueranteil zerlegt werden. Hierbei reduziert der Vorsteueranteil des Skontos die verbuchte Vorsteuer aus dem Einkauf. Für unser Beispiel bedeutet dies: Skonto insgesamt 360, darin enthalten sind 20 % USt. Der reine Skonto beträgt damit 300, der USt-Anteil 60 (20 % v 300).

Für die **Behandlung** des **Skontos** finden sich nun in der Literatur und Praxis die **folgenden** unterschiedlichen **Behandlungsvarianten**:

*es ist zwischen 3 Varianten betr die Behandlung des Skontos zu unterscheiden*

**Variante 1:** Der Skonto wird sofort von den Anschaffungskosten abgezogen und als Finanzierungsaufwand verbucht. Auf den Bestands- und Aufwandskonten wird damit sofort der Betrag ohne USt abzüglich des Nettoskontos verbucht. Wird der Skonto in Anspruch genommen, so wird der Finanzierungsaufwand einschl der Korrektur der Vorsteuer wieder ausgebucht:

Verbuchung des **Einkaufs**:

| Handelswarenvorrat (16..) *9.700* | / | Lieferantenkonto (33..) *12.000* |
|---|---|---|
| Vorsteuer (25..) *2.000* | | |
| Lieferantenskonto (83..) *300* | | |

Verbuchung der **Überweisung**:

| Lieferantenkonto (33..) *12.000* | / | Bank (28..) *11.640* |
|---|---|---|
| | | Vorsteuer (25..) *60* |
| | | Lieferantenskonto (83..) *300* |

Durch die Gegenbuchung wird nun auch die Vorsteuer in Höhe von 1.940 richtig ausgewiesen (dh 20 % v 9.700 = 1.940).

**Variante 2:** Zuerst wird der gesamte Rechnungsbetrag inkl Skonto als Lieferantenverbindlichkeit ausgewiesen. Wird der Skonto ausgenützt, so werden die Anschaffungskosten der Vorräte um den Skonto wieder verringert.

Verbuchung des **Einkaufs**:

| | | | |
|---|---|---|---|
| Handelswarenvorrat (16..) *10.000* | / | Lieferantenkonto (33..) *12.000* | |
| Vorsteuer (25..) *2.000* | | | |

Verbuchung der **Überweisung** inkl der **Korrektur** der Anschaffungskosten der Handelswaren und der Vorsteuer:

| | | |
|---|---|---|
| Lieferantenkonto (33..) *12.000* | / | Bank (28..) *11.640* |
| | | Vorsteuer (25..) *60* |
| | | Handelswarenvorrat (16..) *300* |

**Variante 3**: Die Vorgehensweise entspricht weitgehend derjenigen von Variante 2. Auch hier wird zuerst der gesamte Rechnungsbetrag inkl Skonto als Lieferantenverbindlichkeit ausgewiesen. Wird der Skonto ausgenützt, so werden aber nicht die Anschaffungskosten der Handelswaren um den reinen Skonto wieder verringert, vielmehr wird der Skonto hier als Skontoertrag ausgewiesen. Dieser Skontoertrag ist bei Vorratsrechnungen auf dem Konto 58.. und bei Aufwandsrechnungen auf dem Konto 78.. zu verbuchen. Am Jahresende ist dann der Bestand an Vorräten entsprechend der Bewertung zu Anschaffungskosten um den Skontoanteil zu verringern, da die →Anschaffungskosten abzgl von Preisnachlässen definiert sind.

Verbuchung des **Einkaufs**:

| | | | |
|---|---|---|---|
| Handelswarenvorrat (16..) *10.000* | / | Lieferantenkonto (33..) *12.000* | |
| Vorsteuer (25..) *2.000* | | | |

Verbuchung der **Überweisung**:

| | | |
|---|---|---|
| Lieferantenkonto (33..) *12.000* | / | Bank (28..) *11.640* |
| | | Vorsteuer (25..) *60* |
| | | Skontoertrag (58..) *300* |

Im Unterschied zu den Varianten 1 und 2 zählt der Skonto bei der Variante 3 somit zum Anschaffungswert, da die Vorräte in der Bilanz mit einem Anschaffungswert von 10.000 ausgewiesen werden.

## 2.a.6. Rabatt (Lieferantenrabatt)

*Rabatte werden für andere als zeitliche Gründe gewährt*

Rabatte sind Preisnachlässe, die einem Käufer aus anderen als zeitlichen Gründen im Rahmen der Bezahlung gewährt werden. Mögliche **Gründe** für solche Rabatte können beispielsweise sein: Mengenrabatt, Wiederverkäuferrabatt, Schlussrabatt, Treuerabatt und Mängelrabatt.

> **Hinweis**: Im Gegensatz zu den **Rabatten** ist der **Skonto** eine Vergütung für den Käufer für die (vorzeitige) Bezahlung einer Rechnung innerhalb eines gewissen Zeitraumes nach Rechnungslegung. Hinsichtlich der unterschiedlichen Verbuchung sei auf die obigen Ausführungen zum →Skonto (Lieferantenskonto) verwiesen.

Hinsichtlich der **Verbuchung von Rabatten** im Jahresabschluss ist zwischen sofort und nachträglich gewährten Rabatten zu differenzieren:

Wird der **Rabatt** einem Käufer **sofort** bei Kauf **gewährt**, so wird er bereits in der Rechnung berücksichtigt. In diesem Fall wird nur mehr der um den Rabatt verminderte Betrag verbucht. Damit entspricht die Verbuchung der sofort gewährten Rabatte auch der entsprechenden Verbuchung beim Kauf. Im Falle der Nettomethode lautet der Buchungssatz: *sofort gewährte Rabatte*

| Rohstoffe (11..) bzw | / | Zahlungsmittelkonto (27.., 28..) |
|---|---|---|
| Hilfs-, Betriebsstoffe (13..) bzw | | bzw |
| Handelswarenvorrat (16..) | | Lieferantenkonto (33..) |
| Vorsteuer (25..) | | |

**Annahme**: Wir bleiben bei unserem **Beispiel**: Unser Unternehmen bezieht Vorräte in Höhe von € 10.000 zzgl 20 % USt, dh insgesamt € 12.000. Wir bekommen sofort 3 % Mengenrabatt. *Beispiel*

Als Berechnung ergibt sich somit:

| Preis | 10.000 |
|---|---|
| - 3 % Rabatt | -300 |
| = Nettobetrag | 9.700 |
| + 20 % USt | +1.940 |
| Gesamtbetrag | 11.640 |

Unser Unternehmen bucht aus **Sicht** des **Käufers** bei Rechnungsstellung:

| Handelswarenvorrat (16..) *9.700* | / | Lieferantenkonto (33..) *11.640* |
|---|---|---|
| Vorsteuer (25..) *1.940* | | |

**Nachträglich gewährte Rabatte** werden einem Käufer erst nach Verbuchung der Rechnung gewährt. Wird der nachträglich gewährte Rabatt vom Gesamtbetrag (inkl USt) berechnet, so ist – analog zur Vorgehensweise beim Skonto – der Rabatt für die Verbuchung in den reinen Preisnachlass (Nettorabatt) und den USt-Anteil aufzuteilen. Der Nettorabatt vermindert hierbei den Einstandswert der Ware, der USt-Anteil die Vorsteuer sowie der gesamte Preisnachlass die Verbindlichkeit. Der Buchungssatz lautet: *nachträglich gewährte Rabatte*

| Lieferantenkonto (33..) | / | Vorräte (Klasse 1) |
|---|---|---|
| | | Vorsteuer (25..) |

**Annahme**: Wir bleiben bei unserem obigen **Beispiel**: Unser Unternehmen bezieht Vorräte in Höhe von € 10.000 zzgl 20 % USt, dh insgesamt € 12.000. Wir bekommen nachträglich 3 % Treuerabatt. *Beispiel*

Als Berechnung betr den Rabatt ergibt sich somit:

| | | |
|---|---|---|
| gesamter Rabatt | 360 | (Erl: 3 % von 12.000) |
| - USt-Anteil (20 %) | -60 | |
| = reiner Rabattanteil | 300 | |

Beim **Bezug der Vorräte** buchen wir:

| | |
|---|---|
| Handelswarenvorrat (16..) *10.000*    / | Lieferantenkonto (33..) *12.000* |
| Vorsteuer (25..) *2.000* | |

Wird der **Rabatt** gewährt, so muss zusätzlich gebucht werden:

| | |
|---|---|
| Lieferantenkonto (33..) *360*     / | Handelswarenvorrat (16..) *300* |
| | Vorsteuer (25..) *60* |

Wurde die Rechnung bereits zur Gänze bezahlt, so ist eine Forderung an den Lieferanten auszuweisen.

## 2.a.7. Eigene Anzahlungen

*Hintergrund*

Eigene Anzahlungen sind Vorauszahlungen, die ein Unternehmen im Hinblick auf die Lieferung oder Leistung eines anderen Unternehmens leistet.

**Ausweis** *von* **eigenen Anzahlungen** *im Jahresabschluss*

Die eigenen Anzahlungen werden in den einzelnen Instrumenten des Jahresabschlusses wie folgt abgebildet (siehe zu einer Erläuterung dieser Systematisierung die →**Abbildungsregel** betreffend Bilanz, GuV und KFR).

| *Einstufung/Behandlung von eigenen Anzahlungen*: | |
|---|---|
| **Art**: | Auszahlung, aber keine Ausgabe und kein Aufwand |
| **Ausweis in der:** | |
| • **Bilanz**: | ja |
|   • **Aktivseite**: | Bank (-), Forderungen (+) |
|   • **Passivseite**: | - |
| • **GuV**: | nein, da kein Aufwand |
| • **KFR**: | ja, da zahlungswirksam; Ausweis im operativen Cashflow (-) |

*USt*

Die eigenen Anzahlungen unterliegen der **Umsatzsteuer**. Voraussetzung für einen **Vorsteuerabzug** durch den Käufer ist eine Rechnung über die Anzahlung sowie deren Ausgleich (§ 19 Abs 2 sowie § 12 Abs 1 Z 1 UStG; siehe auch die →Umsatzsteuer).

*Verbuchung* **der geleisteten (eigenen) Anzahlungen**

Für die Verbuchung der geleisteten Anzahlungen gibt es verschiedene Varianten. Wir wollen im Folgenden jedoch nur eine Variante aufzeigen, bei der die folgenden Buchungen vorzunehmen sind:

- Buchung der **Anzahlung** (Erl: Vorsteuerabzug bei Vorliegen einer Rechnung betr die Anzahlung):

| Lieferantenkonto (33..) | / | Zahlungsmittel (27.., 28..) |
|---|---|---|

sowie Erfassung der geleisteten Anzahlungen auf einem Verrechnungskonto (Erl: dieses Verrechnungskonto ist ein Korrekturkonto zum Lieferantenkonto):

| geleistete Anzahlungen (Kl 0,1,2) 10 % bzw 20 % Vorsteuer Vorsteuer (25..) | / | Verrechnungskonto geleistete Anzahlungen (33..) |
|---|---|---|

- Buchung bei **Rechnungserhalt** (Erl: es wird der gesamte Rechnungsbetrag verbucht, unabhängig von der Höhe der Anzahlung):

| zB Handelswarenvorrat (16..) Vorsteuer (25..) | / | Lieferantenkonto (33..) |
|---|---|---|

sowie **Stornierung der Anzahlung**, da diese bereits in der obigen Buchung betr den Rechnungserhalt enthalten ist:

| Verrechnungskonto geleistete Anzahlungen (33..) | / | geleistete Anzahlungen (Kl 0,1,2) Vorsteuer (25..) |
|---|---|---|

- Buchung bei Bezahlung des noch ausstehenden **Restbetrages**:

| Lieferantenkonto (33..) | / | Zahlungsmittel (27.., 28..) |
|---|---|---|

| Solange die Lieferung oder Leistung noch nicht erbracht ist, sind Vorauszahlungen vom Auftraggeber (Kunden) als Forderungen gegenüber dem Lieferanten zu behandeln und auf dem Konto „**geleistete Anzahlungen**" innerhalb der **Vorräte** auszuweisen (siehe dazu die Gliederung der Bilanz im →**Anhang**). |
|---|

*Ausweis der geleisteten Anzahlungen in der Bilanz*

## 2.a.8. Bezahlung mittels Schecks

Eingangsrechnungen (zB betr den Bezug von Vorräten oder von Fachliteratur) können nicht nur gegen Barzahlung und Überweisung, sondern auch mittels Schecks beglichen werden. Im Rahmen der Buchungen ist hierbei zu beachten, dass zwischen Ausgabe und Einlösung eines Schecks idR mehrere Tage vergehen. Die ausgegebenen Schecks werden daher zuerst über das Konto „gegebene Schecks (31..)" gebucht.

*Hintergrund*

Als **Buchungen** betr die **Ausgabe** und **Einlösung** von **Schecks** sind aus **Sicht** des **Ausstellers** zu beachten:

- bei **Ausstellung** des Schecks im Falle eines Kaufs:

| Bestandskonto bzw Aufwandskonto Vorsteuer (25..) | / | Gegebene Schecks (31..) |
|---|---|---|

- wird eine **Verbindlichkeit** durch Übergabe eines Schecks beglichen, so ergibt sich:

| Lieferantenkonto (33..) | / | Gegebene Schecks (31..) |
|---|---|---|

- wird der **Scheck** daran anschließend **durch** die **Bank eingelöst**, so ist zu buchen:

| Gegebene Schecks (31..) | / | Bank (28..) |
|---|---|---|

**Annahme**: Wir kaufen in unserer Buchhandlung Fachliteratur mit einem Nettobetrag von € 200 zzgl 10 % USt. Wir bezahlen die Rechnung sofort durch Ausstellung eines Schecks.

Als **Buchungen** ergeben sich damit:

- bei **Ausstellung** des Schecks:

| Aufwand für Fachliteratur (77..) 200 Vorsteuer (25..) 20 | / | Gegebene Schecks (31..) 220 |
|---|---|---|

- wird der **Scheck** daran anschließend **durch** die **Bank eingelöst**, so ist zu buchen:

| Gegebene Schecks (31..) 220 | / | Bank (28..) 220 |
|---|---|---|

## 2.a.9. Bezahlung mittels Kredit- und Bankomatkarten

Rechnungen (zB betr den Kauf von Fachliteratur oder den Besuch von Seminaren) können von Unternehmen nicht nur gegen Barzahlung oder Überweisung, sondern auch mittels Kredit- und Bankomatkarten beglichen werden.

Im Rahmen der Buchungen ist hierbei zu beachten, dass zwischen Bezahlung im Geschäft und Abbuchung des Betrages auf dem Bankkonto des Käufers eine gewisse Frist verstreicht. Die Einkäufe mittels Kredit- und Bankomatkarten sind daher zuerst über ein Konto „Verbindlichkeiten/Verrechnungskonto Bankomat- bzw Kreditkarten (31..)" zu buchen.

**Belege** für die Verbuchung sind beim Kauf die **Rechnung** bzw der **Kreditkartenbeleg**, bei der Abbuchung der **Kontoauszug** der Bank.

Als **Buchungen** betr die Begleichung von Rechnungen mittels Kredit- und Bankomatkarten ergeben sich aus **Sicht** des **Käufers**:

*Buchungen betr die Begleichung von Rechnungen mittels Kredit- und Bankomatkarten aus Sicht des Käufers*

- beim **Kauf**:

| | |
|---|---|
| Bestands- bzw Aufwandskonto (....) / Vorsteuer (25..) | Verbindlichkeiten Bankomat- bzw Kreditkarten (31..) |

| |
|---|
| Erl: Handelt es sich zB um den Kauf eines Computers, so wäre der Kauf als Bestandskonto (06..) zu verbuchen, im Falle des Kaufs von Büromaterial (76..) sowie beim Besuch von Seminaren (77..) hingegen als Aufwand. |

- bei der **Abbuchung** des **Rechnungsbetrages** durch das Kredit-(Bankomatkarten-)Unternehmen:

| | |
|---|---|
| Verbindlichkeiten Bankomat- bzw Kreditkarten (31..) | / Bank (28..) |

**Annahme**: Wir kaufen in unserer Buchhandlung Fachliteratur und begleichen diesen Einkauf mittels Kreditkarte. Der Rechnungsbetrag lautet auf € 1.000 zzgl 10 % USt.

*Beispiel für einen Einkauf mittels Kreditkarte*

Als **Buchungen** ergeben sich damit:

- beim **Kauf** der Fachliteratur:

| | |
|---|---|
| Fachliteratur (77..) *1.000* <br> Vorsteuer (25..) *100* | / Verbindlichkeiten Kreditkarten (31..) *1.100* |

- bei der **Abbuchung** des **Rechnungsbetrages** durch das Kredit-(Bankomatkarten-)Unternehmen:

| | |
|---|---|
| Verbindlichkeiten Kreditkarten (31..) *1.100* | / Bank (28..) *1.100* |

## 2.a.10. Bezahlung mit Wechseln

Ein Wechsel ist ein Wertpapier, das ein besonders gesichertes Forderungsrecht verbrieft. An einem Wechselgeschäft sind **idR zwei Parteien** beteiligt: der **Bezogene**, der den Wechsel bezahlen soll sowie der **Aussteller** des Wechsels, der gleichzeitig der Begünstigte ist (dh die Person, an die die Wechselsumme bezahlt werden soll). In diesem Sinne akzeptiert im Falle eines Liefergeschäftes der Lieferant anstelle des Rechnungsbetrages einen Wechsel, in dem sich der Bezogene verpflichtet, die Wechselsumme bei Fälligkeit zu bezahlen. Einen Spezialfall stellt der sog **Solawechsel** dar, bei dem der Aussteller gleichzeitig der Bezogene ist.

*an einem Wechselgeschäft sind idR ein Bezogener und ein Aussteller beteiligt*

*der **Wechsel** weist mehrere **gesetzliche Bestandteile** auf*

Gemäß dem Wechselgesetz muss ein **Wechsel 8 gesetzliche Bestandteile** aufweisen (Artikel 1 Wechselgesetz): **1.** die Bezeichnung als Wechsel im Text der Urkunde, und zwar in der Sprache, in der sie ausgestellt ist; **2.** die unbedingte Anweisung, eine bestimmte Geldsumme zu zahlen; **3.** den Namen dessen, der zahlen soll (Bezogener); **4.** die Angabe der Verfallzeit; **5.** die Angabe des Zahlungsortes; **6.** den Namen dessen, an den oder an dessen Order gezahlt werden soll; **7.** die Angabe des Tages und des Ortes der Ausstellung; **8.** die Unterschrift des Ausstellers. Der Bezogene erklärt dabei durch seine Unterschrift (sein **Akzept**), dass er die Zahlungspflicht übernimmt. Der **Zahlstellenvermerk** gibt die Zahlstelle an, bei der der Wechsel eingelöst wird (idR eine Bank, bei der der Bezogene ein Konto hat). Die Zahlstelle schreibt bei Einlösung den Wechselbetrag dem Einreicher gut und belastet den Bezogenen.

***Wechselbuchungen** aus Sicht des **Bezogenen***

Als **Buchungen** betr die Begleichung von Rechnungen mittels Wechseln ergeben sich aus **Sicht** des **Käufers**:

- beim **Kauf** ist der akzeptierte Wechsel als Schuldwechsel auszuweisen:

| Bestandskonto (0... bzw 1...) | / | Schuldwechsel (33..) |
| Vorsteuer (25..) | | |

- bei **Einlösung** (**Fälligkeit**) des Schuldwechsels:

| Schuldwechsel (33..) | / | Zahlungsmittelkonto (27.., 28..) |

***Beispiel** zur **Begleichung** von **Eingangsrechnungen** mittels **Wechseln***

**Annahme**: Unser Unternehmen bezieht Vorräte in Höhe von € 10.000 zzgl 20 % USt, dh insgesamt € 12.000. Zum Ausgleich dieser Rechnung aktzeptieren wir einen Wechsel über den Gesamtbetrag. Am Ende der Laufzeit wird der Wechsel durch unsere Hausbank eingelöst.

Wir buchen daher beim **Kauf**:

| Handelswarenvorrat (16..) *10.000* | / | Schuldwechsel (33..) *12.000* |
| Vorsteuer (25..) *2.000* | | |

Bei **Einlösung** (**Fälligkeit**) durch unsere Hausbank ist zu buchen:

| Schuldwechsel (33..) | / | Zahlungsmittelkonto (27.., 28..) |

## 2.b. Absatzbereich

In diesem Punkt „Absatzbereich" werden die **Geschäftsfälle** aus **Sicht** des **Verkäufers/Leistungserstellers** behandelt. Die korrespondierenden Buchungen aus Sicht des Käufers finden sich im vorangegangenen Punkt. Beachten Sie auch die korrespondierenden **Abschlussbuchungen** (zB die Bewertung der Forderungen) in Abschnitt D.

*Buchungen aus Sicht des Verkäufers/Leistungserstellers*

Abb: *Verkauf von Waren: Mögliche laufende Geschäftsfälle*

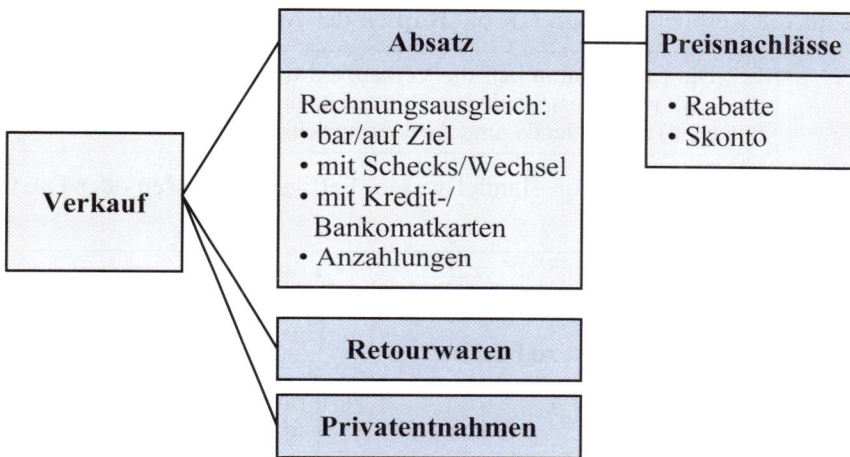

Hinweis: Siehe ergänzend die korrespondierenden →**Abschlussbuchungen**.

## 2.b.1. Verkauf von Vorräten

Beim Verkauf von Vorräten ist zwischen einem **Barverkauf** (dh der Rechnungsbetrag wird sofort bezahlt) und einem **Zielverkauf** (dh der Rechnungsbetrag wird erst in einem bestimmten Zeitraum nach Rechnungsstellung bezahlt) zu unterscheiden.

*Hintergrund*

Je nachdem, wie die Verkäufe nun ausgestaltet sind, werden diese in den einzelnen Instrumenten des Jahresabschlusses abgebildet (siehe zu einer Erläuterung dieser Systematisierung die →**Abbildungsregel** betreffend Bilanz, GuV und KFR).

*Ausweis von Verkäufen im Jahresabschluss*

> *Einstufung/Behandlung von Verkäufen:*
>
> **Art:** Einzahlung (bei Barverkauf) bzw Einnahme (bei Ziel-verkauf) und Ertrag
>
> **Ausweis in der:**
> - **Bilanz:** ja
>   - **Aktivseite:** Kassa/Bank (+) bei Barverkauf bzw Forderungen (+) bei Zielverkauf
>   - **Passivseite:** Eigenkapital (+)
> - **GuV:** ja, da Ertrag; Ausweis im Betriebsergebnis (+)
> - **KFR:** ja, aber nur im Falle eines Barverkaufs; Ausweis im operativen Bereich (+)

*Grundlage der Verbuchung*

Belege für die Verbuchung sind idR die **Kopien** der **Ausgangsrechnungen**.

> Erl: Die **Erlöskonten** betr die Verkaufserlöse werden idR **weiter untergliedert**: a) nach verschiedenen Erlösgruppen, b) nach verschiedenen USt-Sätzen, c) nach Inlands- und Auslandsumsätzen.

*Buchung bei einem Barverkauf*

Im Falle eines Barverkaufs von Handelswaren, Fertigerzeugnissen oder Dienstleistungen ist zu buchen:

| Zahlungsmittelkonto (27.., 28..) | / | Erlöse (40..) |
|---|---|---|
| | | Umsatzsteuer (35..) |

*Buchung bei einem Zielverkauf*

Im Falle eines Zielverkaufs ist zu buchen:

| Kundenkonto (20..) | / | Erlöse (40..) |
|---|---|---|
| | | Umsatzsteuer (35..) |

*Beispiel zu einem Zielverkauf*

**Annahme**: Unser Unternehmen verkauft Waren zu einem Wert von € 10.000 zzgl 20 % USt (dh 2.000) und damit insgesamt 12.000. Zahlungsziel sind 3 Monate. Der Kunde begleicht die Rechnung nach 3 Monaten durch Banküberweisung.
Nach Ausstellung der Rechnung buchen wir somit:

| Kundenkonto (20..) *12.000* | / | Erlöse (40..) *10.000* |
|---|---|---|
| | | Umsatzsteuer (35..) *2.000* |

Bei Erhalt des Rechnungsbetrages durch Überweisung des Kunden:

| Bank (28..) *12.000* | / | Kundenkonto (20..) *12.000* |
|---|---|---|

## 2.b.2. Nebenkosten des Verkaufs

*Hintergrund/Beispiele für Nebenkosten*

Trägt der Verkäufer die **Kosten** für den **Transport** der verkauften Waren (→Bezugskosten), so stellen diese Kosten aus Sicht des Verkäufers Nebenkosten dar. Solche Nebenkosten können ua Frachten für Schiff, Bahn oder Flugzeug, Zollabgaben, Provisionen sowie Versicherungsprämien sein.

Die Beförderung von Gütern ist grundsätzlich umsatzsteuerpflichtig (20 %). Allerdings sind gewisse Beförderungen umsatzsteuerbefreit. Zu diesen befreiten Beförderungen zählt ua die Beförderung von Gütern bzw Paketen durch die Post (→Umsatzsteuer).

*nicht alle **Beförderungen** sind **USt**-pflichtig*

Als Belege für die Verbuchung der Transportkosten dienen ua die Abrechnungen von Spediteuren und Frachtführern sowie Postbelege.

***Grundlage** für die **Verbuchung***

Der **Buchungssatz** für die Transportkosten lautet:

| Transporte durch Dritte (73..) | / | Zahlungsmittelkonto (27.., 28..) |
|---|---|---|
| Vorsteuer (25..) | | bzw |
| | | Vbdl aus LL (33..) |

**Annahme**: Unser Unternehmen verkauft Handelswaren. Für diesen Bezug fallen Transportkosten in Höhe von € 200 zzgl 20 % USt an. Die Transportkosten werden von unserem Unternehmen getragen und durch Banküberweisung beglichen.

***Beispiel** betr die **Nebenkosten** aus Sicht des Verkäufers*

Als **Buchungssatz** ergibt sich:

| Transporte durch Dritte (73..) *200* | / | Bank (28..) *240* |
|---|---|---|
| Vorsteuer (25..) *40* | | |

## 2.b.3. Retourwaren (Rücksendungen von Kunden)

Werden Waren von einem Kunden an das Unternehmen, das diese Waren verkauft hat, zurückgesandt, so müssen die beim Verkäufer vorgenommenen Buchungen gänzlich oder teilweise rückgängig gemacht werden.

*Hintergrund*

Erinnern wir uns dazu, wie wir den Verkauf gebucht haben:

| Zahlungsmittelkonto (27.., 28..) | / | Erlöse (40..) |
|---|---|---|
| bzw | | Umsatzsteuer (35..) |
| Kundenkonto (20..) | | |

Bei Retourwaren müssen wir nun diesen Verkauf je nach Fall vollständig bzw teilweise rückgängig machen, was bedeutet, dass wir den Buchungssatz „umdrehen". Wurden die **Waren** vom Kunden **noch nicht bezahlt**, so buchen wir daher:

***Buchung** von **Retourwaren** aus **Sicht** des **Verkäufers***

| Erlöse (40..) | / | Kundenkonto (20..) |
|---|---|---|
| Umsatzsteuer (35..) | | |

Wurden die **Waren** hingegen vom Kunden **schon bezahlt**, so wird der Betrag der Warenrücksendung
- entweder vom Verkäufer an den Käufer ausbezahlt, oder
- der Kunde erhält eine Gutschrift; wobei diese Gutschrift aus Sicht des Verkäufers eine Verbindlichkeit gegenüber dem Kunden darstellt.

### 2.b.4. Skonto (Kundenskonto)

Ein Skonto wird einem Käufer vom Lieferanten dafür gewährt, dass dieser den Rechnungsbetrag innerhalb eines gewissen Zeitraums nach Rechnungsstellung bezahlt. Beispielsweise lauten solche Konditionen auf Rechnungen: „3 % Skonto bei Zahlung innerhalb von 14 Tagen oder Zahlung innerhalb von 60 Tagen netto Kassa.“

Hinsichtlich der Behandlung des **Skontos** im Jahresabschluss ist aus **Sicht** des **Verkäufers** zwischen einem Skonto, der sofort in der Rechnung abgezogen wird, und einem Skonto, der erst nach Rechnungslegung vom Käufer abgezogen wird, zu differenzieren:

Wird der **Skonto sofort** bei Verkauf in der Rechnung **berücksichtigt**, so wird nur mehr der um den Skonto verminderte Betrag verbucht. Damit entspricht die Verbu-chung des Skontos der entsprechenden Verbuchung beim Verkauf. Der **Buchungs-satz** lautet:

| Zahlungsmittelkonto (27..) | / | Erlöse (40..) |
|---|---|---|
| | | Umsatzsteuer (35..) |

**Annahme**: Wir bleiben bei unserem **Beispiel**: Unser Unternehmen verkauft Vorrä-te in Höhe von € 10.000 zzgl 20 % USt, dh insgesamt € 12.000. Der Kunde be-kommt 3 % Skonto. Dieser Skonto wird sofort in der Rechnung berücksichtigt, die Rechnung wird vom Kunden sofort beglichen.
Als Berechnung ergibt sich somit:

|   | Nettopreis | 10.000 |
|---|---|---|
| - | 3 % Skonto | -300 |
| = | Nettobetrag | 9.700 |
| + | 20 % USt | +1.940 |
| = | Gesamtbetrag | 11.640 |

Die **Verbuchung** bei unserem Unternehmen als **Verkäufer** erfolgt mit:

| Kassa (27..) *11.640* | / | Umsatzerlöse (40..) *9.700* |
|---|---|---|
| | | Umsatzsteuer (35..) *1.940* |

Bei einem **Skontoabzug**, der vom Kunden **erst nach der Rechnungslegung** er-folgt, ist zu beachten, dass der Skonto beim Verkäufer als „Erlösberichtigungen“ verbucht wird.

Wird der nach Rechnungslegung vom Kunden abgezogene Skonto vom Gesamtbe-trag (inkl USt) berechnet, so ist der Skonto für die Verbuchung in den reinen Preis-nachlass (Nettoskonto) und den USt-Anteil aufzuteilen. Der Skonto wirkt sich da-bei für den Verkäufer als eine Erlösberichtigung, eine Verringerung der USt-Verbindlichkeit gegenüber dem Finanzamt sowie als eine Verringerung der Forde-rung an den Kunden aus. Der **Buchungssatz** bei Begleichung der Rechnung durch den Kunden abzgl des Skontos lautet:

| Bank (28..) | / | Kundenkonto (20..) |
|---|---|---|
| Erlösberichtigungen (44..) | | |
| Umsatzsteuer (35..) | | |

> **Hinweis**: Im Nachhinein gewährte Skonti werden beim Verkäufer nicht auf dem Erlöskonto, sondern auf dem **Konto „Erlösberichtigungen (44..)"** im Soll ausgewiesen.

**Annahme**: Wir bleiben bei unserem Beispiel: Unser Unternehmen verkauft Vorräte in Höhe von € 10.000 zzgl 20 % USt, dh insgesamt € 12.000. Der Kunde bezahlt die Rechnung abzgl 3 % Skonto durch Banküberweisung.

*Beispiel zu einem Skontoabzug nach Rechnungslegung*

Als Berechnung betr den Skonto ergibt sich somit:

| | gesamter Skonto | 360 |
|---|---|---|
| - | USt-Anteil (20 %) | -60 |
| = | reiner Skontoanteil | 300 |

Beim **Verkauf der Vorräte** ist zu buchen:

| Kundenkonto (20..) *12.000* | / | Erlöse (40..) *10.000* |
|---|---|---|
| | | Umsatzsteuer (35..) *2.000* |

Wird die **Rechnung** vom Kunden **abzgl** des **Skontos überwiesen**, so ist zu buchen:

| Bank (28..) *11.640* | / | Kundenkonto (20..) *12.000* |
|---|---|---|
| Erlösberichtigung (44..) *300* | | |
| Umsatzsteuer (35..) *60* | | |

> **Hinweis**: Bestehen mehrere Erlöskonten, so muss zu jedem Erlöskonto auch ein entsprechendes Konto „Kundenskonti" geführt werden. Beispielsweise also das Konto „Kundenskonti 10 %" sowie „Kundenskonti 20 %".

## 2.b.5. Rabatt (Kundenrabatt)

Rabatte sind Preisnachlässe, die einem Käufer aus anderen als zeitlichen Gründen im Rahmen der Bezahlung gewährt werden. Mögliche Gründe für solche Rabatte können beispielsweise sein: Mengenrabatt, Wiederverkäuferrabatt, Schlussrabatt, Treuerabatt und Mängelrabatt.

*Rabatte werden aus anderen als zeitlichen Gründen gewährt*

> **Hinweis**: Im Gegensatz zu den **Rabatten** ist der **Skonto** eine Vergütung für den Käufer für die (vorzeitige) Bezahlung einer Rechnung innerhalb eines gewissen Zeitraumes nach Rechnungsstellung. Hinsichtlich der unterschiedlichen Verbuchung sei auf die obigen Ausführungen zum →Skonto verwiesen.

Hinsichtlich der Behandlung von Rabatten im Jahresabschluss ist aus **Sicht** des **Verkäufers** zwischen sofort und nachträglich gewährten Rabatten zu differenzieren:

*Behandlung sofort gewährter Rabatte*

Wird der **Rabatt** einem Käufer **sofort** bei Verkauf **gewährt**, so wird er bereits in der Rechnung berücksichtigt. In diesem Fall wird nur mehr der um den Rabatt verminderte Betrag verbucht. Damit entspricht die Verbuchung der sofort gewährten Rabatte der entsprechenden Verbuchung beim Verkauf. Der **Buchungssatz** lautet:

| Zahlungsmittelkonto (27.., 28..) | / | Erlöse (40..) |
|---|---|---|
| bzw |  | Umsatzsteuer (35..) |
| Kundenkonto (20..) |  |  |

*Beispiel zu einem sofort gewährten Rabatt*

**Annahme**: Wir bleiben bei unserem Beispiel: Ein Kunde bezieht Vorräte in Höhe von € 10.000 zzgl 20 % USt, dh insgesamt € 12.000. Der Kunde bekommt sofort 3 % Mengenrabatt.

Als Berechnung ergibt sich somit:

|   | Preis | 10.000 |
|---|---|---|
| - | 3 % Rabatt | -300 |
| = | Nettobetrag | 9.700 |
| + | 20 % USt | +1.940 |
| = | Gesamtbetrag | 11.640 |

Die **Verbuchung** beim **Verkäufer** erfolgt mit:

| Kundenkonto (20..) *11.640* | / | Umsatzerlöse (40..) *9.700* |
|---|---|---|
|  |  | Umsatzsteuer (35..) *1.940* |

Bei Begleichung der Rechnung durch Banküberweisung durch den Kunden ist zu buchen:

| Bank (28..) *11.640* | / | Kundenkonto (20..) *11.640* |
|---|---|---|

*Behandlung nachträglich gewährter Rabatte*

Nachträglich gewährte Rabatte werden vom Verkäufer erst nach Verbuchung der Rechnung gewährt.

Wird der nachträglich gewährte Rabatt vom Gesamtbetrag (inkl USt) berechnet, so ist – analog zur Vorgehensweise beim Skonto – der Rabatt für die Verbuchung in den reinen Preisnachlass (Nettorabatt) und den USt-Anteil aufzuteilen. Der Rabatt wirkt sich dabei für den Verkäufer als eine Erlösberichtigung, eine Verringerung der USt-Verbindlichkeit sowie als eine Verringerung der Forderung an den Kunden aus. Der **Buchungssatz** lautet:

| Erlösberichtigungen (44..) | / | Kundenkonto (20..) |
|---|---|---|
| Umsatzsteuer (35..) |  |  |

| **Hinweis**: Im Nachhinein gewährte Rabatte werden beim Verkäufer nicht auf dem Erlöskonto, sondern auf dem **Konto „Erlösberichtigungen (44..)"** im Soll ausgewiesen. |
|---|

*Beispiel zu einem nachträglich gewährten Rabatt*

**Annahme**: Wir bleiben bei unserem Beispiel: Ein Kunde bezieht Vorräte in Höhe von € 10.000 zzgl 20 % USt, dh insgesamt € 12.000. Der Kunde bekommt nachträglich 3 % Mengenrabatt.

Als Berechnung ergibt sich somit:

| | gesamter Rabatt | 360 |
|---|---|---|
| - | USt-Anteil (20 %) | -60 |
| = | reiner Rabattanteil | 300 |

Beim **Verkauf der Vorräte** ist zu buchen:

| | | |
|---|---|---|
| Kundenkonto (20..) *12.000* | / | Erlöse (40..) *10.000* |
| | | Umsatzsteuer (35..) *2.000* |

Wir der **Rabatt** nachträglich an den Kunden gewährt, so ist zu buchen:

| | | |
|---|---|---|
| Erlösberichtigungen (44..) *300* | / | Kundenkonto (20..) *360* |
| Umsatzsteuer (35..) *60* | | |

Wurde die Rechnung vom Kunden bereits beglichen, so ist eine Verbindlichkeit gegenüber diesem Kunden auszuweisen.

## 2.b.6. Erhaltene Anzahlungen

Erhaltene Anzahlungen sind Vorauszahlungen, die Kunden eines Unternehmens im Hinblick auf die Lieferung oder Leistung dieses Unternehmens erbringen.

*Hintergrund*

Erhaltene Anzahlungen werden in den einzelnen Instrumenten des Jahresabschlusses wie folgt abgebildet (siehe zu einer Erläuterung dieser Systematisierung die →**Abbildungsregel** betreffend Bilanz, GuV und KFR).

*Ausweis von erhaltenen Anzahlungen im Jahresabschluss*

> ***Einstufung/Behandlung von erhaltenen Anzahlungen:***
>
> **Art**: Einzahlung, aber keine Einnahme und kein Ertrag
> **Ausweis in der:**
> • **Bilanz**: ja
>   • **Aktivseite**: Kassa/Bank (+), Vorräte (−) bei offener Absetzung
>   • **Passivseite**: Verbindlichkeiten (+)
> • **GuV**: nein, da kein Ertrag
> • **KFR**: ja, da zahlungswirksam; Ausweis im operativen Bereich (+)

Die erhaltenen Anzahlungen unterliegen der **Umsatzsteuer**.

*USt*

Für die Verbuchung der erhaltenen Anzahlungen gibt es verschiedene Varianten. Wir wollen im Folgenden jedoch nur eine Variante aufzeigen, bei der die folgenden Buchungen vorzunehmen sind:

*Verbuchung der erhaltenen Anzahlungen*

• Buchung der **Anzahlung**:

| | | |
|---|---|---|
| Zahlungsmittel (27.., 28..) | / | Kundenkonto (20..) |

sowie Erfassung der erhaltenen Anzahlung auf einem Verrechnungskonto (Erl: dieses Verrechnungskonto ist ein Korrekturkonto zum Kundenkonto):

| Verrechnungskonto erhaltene An- zahlungen (20..) | / | erhaltene Anzahlungen (32..) zB 20 % Umsatzsteuer Umsatzsteuer (35..) |
|---|---|---|

- Buchung bei **Rechnungslegung** (Erl: hierbei wird der gesamte Rechnungsbetrag verbucht, unabhängig von der Höhe der Anzahlung):

| Kundenkonto (20..) | / | Umsatzerlöse (40..) Umsatzsteuer (35..) |
|---|---|---|

sowie **Stornierung der Anzahlung** betreffend das Verrechnungskonto:

| Erhaltene Anzahlungen (32..) Umsatzsteuer (35..) | / | Verrechnungskonto erhaltene An- zahlungen (20..) |
|---|---|---|

- Buchung bei Eingang des noch ausstehenden **Restbetrages**:

| Zahlungsmittel (27.., 28..) | / | Kundenkonto (20..) |
|---|---|---|

*Ausweis der erhaltenen Anzahlungen in der Bilanz*

Solange die Lieferung oder Leistung noch nicht erbracht ist, müssen die Vorauszahlungen iS von **Verbindlichkeiten** als „**erhaltene Anzahlungen**" ausgewiesen werden. Der Ausweis der Anzahlungen erfolgt entweder dadurch, dass sie
- von den Posten der „Vorräte" offen abgesetzt werden oder
- unter den Verbindlichkeiten ausgewiesen werden (§ 225 Abs 6 HGB).
Diesbezüglich sei auf die **Gliederung** der **Bilanz** im →**Anhang** verwiesen.

## 2.b.7. Erhaltene Schecks

*Hintergrund*

Ausgangsrechnungen (zB betr den Verkauf von Vorräten oder Fachliteratur) können von den Kunden nicht nur gegen Barzahlung oder Überweisung, sondern auch mittels Schecks beglichen werden. Im Rahmen der Buchungen ist hierbei zu beachten, dass zwischen Ausgabe und Einlösung eines Schecks idR mehrere Tage vergehen. Die erhaltenen Schecks werden daher zuerst über das Konto „erhaltene Schecks (27..)" gebucht.

*Buchungen betr den Erhalt und die Einlösung von Schecks aus Sicht des Verkäufers*

Als **Buchungen** betr den **Erhalt** und die **Einlösung** von **Schecks** sind aus **Sicht** des **Verkäufers** zu beachten:

- bei **Erhalt** des Schecks im Falle eines Verkaufs:

| Erhaltene Schecks (27..) | / | Umsatzerlöse (40..) Umsatzsteuer (35..) |
|---|---|---|

- wird eine **Forderung** vom Kunden durch Übergabe eines Schecks beglichen, so ergibt sich:

| Erhaltene Schecks (27..) | / | Kundenkonto (20..) |
|---|---|---|

- wird der **Scheck** daran anschließend **durch** die **Bank eingelöst**, so ist zu buchen:

| Kassa (27..) bzw Bank (28..) | / | Erhaltene Schecks (27..) |
|---|---|---|

**Annahme**: Ein Kunde begleicht eine Forderung aus LL durch Übergabe eines Schecks. Die Forderung beträgt € 1.000 zzgl 20% USt.
Als **Buchungen** ergeben sich damit:

*Beispiel für die Begleichung einer Forderung durch Übergabe eines Schecks*

- bei **Erhalt** des Schecks:

| Erhaltene Schecks (27..) *1.200* | / | Forderungen aus LL (20..) *1.200* |
|---|---|---|

- wird der **Scheck** daran anschließend **durch** die **Bank eingelöst**, so ist zu buchen:

| Bank (28..) *1.200* | / | Erhaltene Schecks (27..) *1.200* |
|---|---|---|

## 2.b.8. Erhaltene Zahlungen mittels Kredit- und Bankomatkarten

Ausgangsrechnungen (zB betr den Verkauf von Vorräten oder Fachliteratur) können von den Kunden nicht nur gegen Barzahlung oder Überweisung, sondern auch mittels Kredit- und Bankomatkarten beglichen werden.

*Hintergrund*

Im Rahmen der Buchungen ist hierbei zu beachten, dass zwischen Bezahlung im Geschäft und Eingang des Betrages beim verkaufenden Unternehmen eine gewisse Frist verstreicht. Die Verkäufe über Kredit- und Bankomatkarten sind daher zuerst über ein Konto „Forderungen gegen Kreditkarten-/Bankomatkartenorganisationen (27..)" zu buchen. Bei Eingang des Betrages ist zu beachten, dass die Kreditkarten-(Bankomatkarten-)Unternehmen **Provisionen** verrechnen, für die aus Sicht des verkaufenden Unternehmens Vorsteuer anfällt. Die Höhe der Provisionen ist von der Umsatzhöhe abhängig und beträgt ca 4 %.

*Spezifika betr erhaltene Kredit-/Bankomatkartenzahlungen*

Als **Buchungen** betr den **Verkauf** über Kredit- und Bankomatkarten ergeben sich:

*Buchungen betr den Verkauf mittels Kredit- und Bankomatkarten*

- beim **Verkauf**:

| Forderungen gegen Kredit-/Bankomatkartenorganisationen (27..) | / | Umsatzerlöse (40..) |
|---|---|---|
| | | Umsatzsteuer (35..) |

| **Hinweis**: Das Konto „Forderungen gegen Kredit-/Bankomatkartenorganisationen" ist in der Praxis entsprechend weiter zu unterteilen: zB Forderungen gegenüber MasterCard, Visa, American Express. |
|---|

- bei **Überweisung** durch das **Kredit-(Bankomatkarten-)Unternehmen** vermindern die von diesen Unternehmen verrechneten Provisionen sowie die darauf entfallende Vorsteuer den auf dem Bankkonto eingehenden Betrag:

| Bank (28..) | / | Forderungen gegen Kredit-/Bankomatkartenorganisationen (27..) |
|---|---|---|
| Provisionen für Kredit-/Bankomatkarten (75..) | | |
| Vorsteuer (25..) | | |

*Beispiel für den Verkauf mittels Kreditkarten*

**Annahme**: Ein Kunde begleicht einen Einkauf von Fachliteratur in unserem Geschäft durch Bezahlung mittels Kreditkarte. Die Forderung beträgt € 1.000 zzgl 10% USt. Das Kreditkartenunternehmen verrechnet € 40 zzgl 20 % USt an Provisionen.

Als **Buchungen** ergeben sich damit:

- bei **Verkauf** der Fachliteratur:

| Forderungen gegen Kreditkarten-organisationen (27..) *1.100* | / | Umsatzerlöse (40..) *1.000*<br>Umsatzsteuer (35..) *100* |
|---|---|---|

- bei **Überweisung** durch das Kreditkartenunternehmen unter Abzug der Provision und der Vorsteuer:

| Bank (28..) *1.052*<br>Provisionen für Kreditkarten (75..)<br>*40*<br>Vorsteuer (25..)  *8* | / | Forderungen gegen Kreditkarten-organisationen (27..) *1.100* |
|---|---|---|

## 2.b.9. Erhaltene Wechsel

*Hintergrund*

Betreffend die **Definition** des Wechsels und seine **gesetzlichen Bestandteile** sei auf die Ausführungen bei der Behandlung von →Wechseln aus Sicht des Käufers verwiesen.

*mögliche **Fälle** betr die **Behandlung** von Wechseln*

Für den **Verkäufer** können sich mehrere Fälle betr die Behandlung von Wechseln ergeben (siehe die →**Abbildung**).

Abb: *Behandlung von Wechseln aus Sicht des Ausstellers*

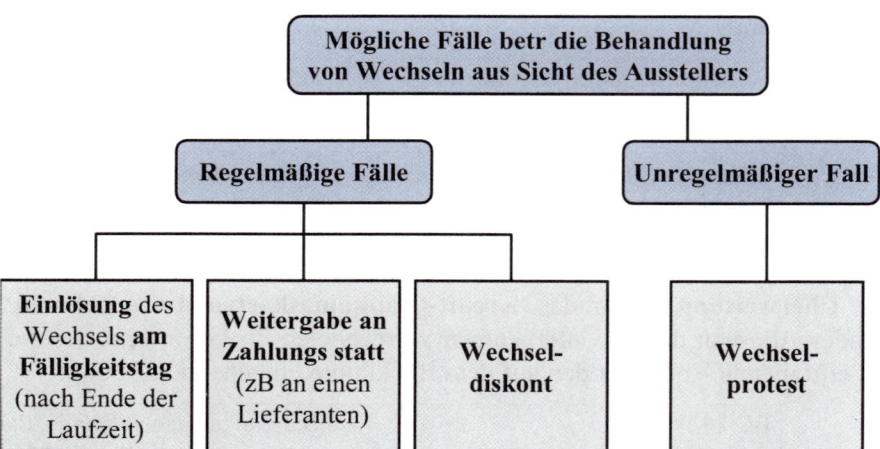

Behält ein Verkäufer einen Wechsel bis zur Fälligkeit und löst ihn dann ein, so lauten die **Buchungen** aus **Sicht** dieses **Verkäufers** (dh des Ausstellers):

*Wechselbuchungen aus Sicht des Ausstellers*

- beim **Verkauf**:

| | | |
|---|---|---|
| Besitzwechsel (20..) | / | Umsatzerlöse (40..) |
| | | Umsatzsteuer (35..) |

- bei **Einlösung** (**Fälligkeit**):

| | |
|---|---|
| Zahlungsmittelkonto (27.., 28..) | / Besitzwechsel (20..) |
| sowie allenfalls | |
| Spesen des Geldverkehrs (77..) | |

> **Hinweis**: Kapitalgesellschaften müssen im **Anhang** die Höhe der wechselmäßig verbrieften Kundenforderungen angeben (§ 225 Abs 4 HGB).

**Annahme**: Wir verkaufen an einen Kunden Vorräte in Höhe von € 10.000 zzgl 20 % USt, dh insgesamt € 12.000. Zum Ausgleich dieser Rechnung stellen wir einen Wechsel über den Gesamtbetrag aus, den der Kunde akzeptiert. Am Ende der Laufzeit wird der Wechsel durch die Hausbank des Kunden eingelöst. Als Spesen fällt bei der Einlösung eine Inkassoprovision in Höhe von 0,5 %, dh € 60, an.

*Beispiel zu den Wechselbuchungen aus Sicht des Ausstellers*

Wir buchen daher beim **Verkauf**:

| | | |
|---|---|---|
| Besitzwechsel (20..) *12.000* | / | Umsatzerlöse (40..) *10.000* |
| | | Umsatzsteuer (35..) *2.000* |

Bei **Einlösung** (**Fälligkeit**) durch die Bank ist zu buchen:

| | |
|---|---|
| Bank (28..) *11.940* | / Besitzwechsel (20..) *12.000* |
| Spesen des Geldverkehrs (77..) *60* | |

Ein Vorteil der Wechsel liegt ua darin, dass diese vor Fälligkeit an eine Bank verkauft werden können. Damit fließt einem Unternehmen das Geld aus diesem Verkauf bereits vor Ablauf der Laufzeit des Wechsels zu. Allerdings verrechnet die Bank für diese Leistung folgende Beträge, die den Auszahlungsbetrag vermindern:

*der Wechseldiskont ermöglicht den vorzeitigen Zufluss der Geldmittel*

- Diskontzinsen für den Zeitraum zwischen Diskontierung und Wechselfälligkeit,
- Provision (zB eine Inkassoprovision),
- Spesen.

> **Hinweis**: Bei einem **Diskont** überträgt der Wechselinhaber mit einem **Indossament** alle Rechte und Pflichten aus einem Wechsel. Das Indossament wird auf der Rückseite des Wechsels gegeben. Die Weitergabe kann entweder **namentlich** oder als **Blankoindossament** (dh es wird nicht namentlich angeführt, an wen der Wechsel weitergegeben wird) gegeben werden.

Als Buchung ergibt sich somit bei einem **Wechseldiskont** aus Sicht des Ausstellers:

| | | |
|---|---|---|
| Bank (28..) | / | Besitzwechsel (20..) |
| Diskontzinsen (Aufwand) (83..) | | |
| Spesen des Geldverkehrs (77..) | | |

*Beispiel zu einem Wechseldiskont*

**Annahme**: Wir verkaufen an einen Kunden Vorräte in Höhe von € 10.000 zzgl 20 % USt, dh insgesamt € 12.000. Zum Ausgleich dieser Rechnung stellen wir einen Wechsel über den Gesamtbetrag aus, den der Kunde akzeptiert. Der Wechsel ist am 10. Oktober fällig. Wir reichen diesen Wechsel am 10. August bei unserer Hausbank zum Wechseldiskont ein. Unsere Hausbank verrechnet uns dafür Diskontzinsen in Höhe von € 200 (Erl: 10 % für 60 Tage) sowie eine Inkassoprovision von € 60 (Erl: 0,5 % der Wechselsumme).

Wir buchen beim **Verkauf**:

| | | |
|---|---|---|
| Besitzwechsel (20..) *12.000* | / | Umsatzerlöse (40..) *10.000* |
| | | Umsatzsteuer (35..) *2.000* |

Beim **Wechseldiskont** buchen wir:

| | | |
|---|---|---|
| Bank (28..) *11.740* | / | Besitzwechsel (20..) *12.000* |
| Diskontzinsen (Aufwand) (83..) *200* | | |
| Spesen des Geldverkehrs (77..) *60* | | |

*Wechselprotest*

**Hinweis**: Wird ein Wechsel bei Fälligkeit (Verfall) nicht bezahlt, so stehen einem Wechselinhaber **Rechtsansprüche** gegen seine „Vormänner" (den Aussteller des Wechsels sowie eventuelle Indossanten und andere Wechselverpflichtete) zu. Dazu muss der Wechselinhaber **Protest erheben**, im Rahmen dessen durch eine öffentliche Urkunde die Verweigerung der Zahlung festgestellt wird. Der Protest hat idR an einem der beiden auf den Zahlungstag folgenden Werktage zu erfolgen (Artikel 43ff Wechselgesetz).

## 2.b.10. Private Warenentnahme - Eigenverbrauch

*private Warenentnahme/ Eigenverbrauch*

Zum **Eigenverbrauch** zählen die Entnahme von Waren (Handelswaren, RHB-Stoffe, fertige Erzeugnisse), die Entnahme von Leistungen (zB die Reparatur der privaten Wohnung durch einen Baumeister), die Entnahme von Gegenständen des Anlagevermögens (zB eines Computers) sowie die Nutzung von Gegenständen des Anlagevermögens (zB die private Nutzung eines Betriebs-LKW).

*Grundsätze der Verbuchung*

Für die **Verbuchung** von privaten Warenentnahmen sind folgende **Grundsätze** zu beachten:

- Der Eigenverbrauch stellt einen **Erlös** dar und ist **umsatzsteuerpflichtig** (da der Unternehmer in diesem Fall Letztverbraucher ist).
- Die Verbuchung des Erlöses erfolgt auf einem eigenen **Erlöskonto „Eigenverbrauch**, 48..".

- Der Eigenverbrauch von Waren wird nicht zum Verkaufspreis, sondern zum **Einstandspreis** verbucht.

> **Hinweis**: Der **Einstandspreis** ist der Einkaufspreis zzgl der mit dem Einkauf verbundenen Nebenkosten für den Gegenstand; bei selbsterstellten Gütern sind die **Selbstkosten** anzusetzen bzw die auf die Nutzung des Gegenstandes anfallenden Kosten (§ 4 Abs 8 UStG).

- Der Eigenverbrauch vermindert wie die private Entnahme von Barmitteln aus der Geschäftskasse das Eigenkapital, wobei die Verbuchung zunächst über ein **Konto "Privat**, 96.." erfolgt.

Der **Buchungssatz** für eine private Warenentnahme lautet somit:

| | |
|---|---|
| Privat (96..) | / Eigenverbrauch (48..) |
| | Umsatzsteuer (35..) |

> **Hinweis**: Hinsichtlich des **Abschlusses** des **Privatkontos** gegen das **Eigenkapitalkonto** sei auf die Ausführungen zur →Gewinnverwendung von Einzelunternehmen im Rahmen der **Abschlussbuchungen** verwiesen.

**Annahme**: Ein Unternehmer entnimmt für den privaten Gebrauch aus seinem Unternehmen einen Computer. Der Einstandspreis des Computers beträgt € 2.000 ohne USt.

*Beispiel zu einem Eigenverbrauch*

Zu buchen ist:

| | |
|---|---|
| Privat (96..) *2.400* | / Eigenverbrauch (48..) *2.000* |
| | Umsatzsteuer (35..) *400* |

# 3. GESCHÄFTSFÄLLE IM INVESTITIONSBEREICH

## 3.a. Investitionen/Desinvestitionen

### 3.a.1. Grundsätzliche Behandlung

#### 3.a.1.1. Übersicht über die verschiedenen Arten der Investitionen

*die **Investitionen** betreffen nur die **Aktivseite** der **Bilanz**: AV + Finanzvermögen des UV*

Die eigentlichen Investitionen eines Unternehmens betreffen nur das Anlagevermögen sowie (in einer erweiterten Fassung) auch das Finanzvermögen des Umlaufvermögens. Hingegen wird der „Aufbau" des sonstigen Umlaufvermögens (zB der Vorräte) nicht zu den eigentlichen Investitionen gezählt. In der Bilanz werden die Investitionen damit nur auf der Aktivseite, nicht aber auf der Passivseite abgebildet (siehe die folgende →**Abbildung**).

Das Anlagevermögen wird auf der Aktivseite noch weiter unterteilt in:

* immaterielle Vermögensgegenstände,
* Sachanlagen sowie
* Finanzanlagen.

Diesbezüglich sei auf die Ausführungen zur →Bilanz sowie auf die Gliederung der Bilanz im →**Anhang** verwiesen.

Abb: *Investitionen aus Sicht der Bilanz*

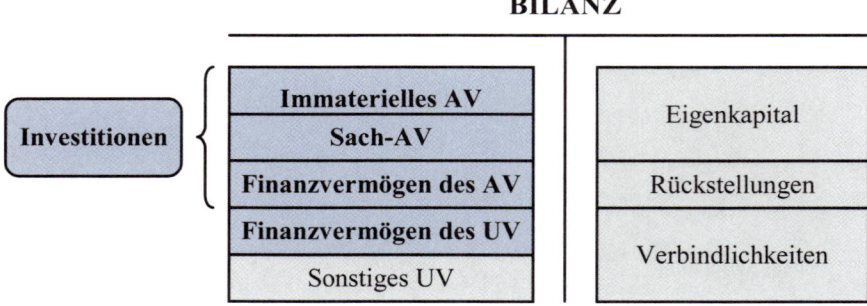

Betreffend den Ausweis von Investitionen in der Bilanz sind einige **Spezifika** zu beachten:

*nicht alle immateriellen Investitionen werden in der Bilanz aktiviert*

* Nach HGB werden nur erworbene immaterielle Vermögenswerte des Anlagevermögens in der Bilanz aktiviert. „Investitionen" in selbst erstellte immaterielle Vermögenswerte des Anlagevermögens werden hingegen als laufender Aufwand behandelt.

- Darüber hinaus ist zu beachten, dass ein Unternehmen den selbst geschaffenen Firmenwert (den sog **originären Firmenwert**) nicht aktivieren darf.

Diesbezüglich sei auf die Ausführungen zum Vermögen im Rahmen der →Bilanz verwiesen.

## 3.a.1.2. Verbuchung von Investitionen/Desinvestitionen

Je nach Ausgestaltung der Begleichung von Investitionen werden diese in den einzelnen Instrumenten des Jahresabschlusses abgebildet (siehe zur Erläuterung dieser Systematisierung die →**Abbildungsregel** betreffend Bilanz, GuV und KFR).

*Ausweis von **Investitionen** im Jahresabschluss*

> **Einstufung/Behandlung von Investitionen**:
>
> **Art:** Auszahlung (bei Bezahlung) bzw Ausgabe (bei Zielkauf), aber kein Aufwand
>
> **Ausweis in der:**
> - **Bilanz:** ja
>   - **Aktivseite:** Anlagevermögen (+), Kassa/Bank (-) bei Bezahlung
>   - **Passivseite:** Verbindlichkeiten (+) bei Zielkauf
> - **GuV:** nein, da kein Aufwand
> - **KFR:** ja, aber nur im Falle der Bezahlung; Ausweis im Investitionsbereich (-)

> **Hinweis**: Mit **Investitionen** können aber ua auch →**Abschreibungen** und damit ein →**Aufwand** verbunden sein. Beispielsweise wenn in eine Maschine investiert und diese planmäßig abgeschrieben wird.

Je nachdem, ob der Erwerb eines Vermögenswertes gegen bar oder auf Kredit erfolgt, lautet die Buchung:

***Verbuchung** der **Investitionen***

| Immaterielles AV (01..) bzw | / | Zahlungsmittelkonto (27.., 28..) |
| Sach-AV (02..-06..) | | bzw |
| Vorsteuer (25..) | | Verbindlichkeiten (3...) |

bzw im Falle von Finanzanlagen

| Finanzanlagen (08..-09..) bzw | / | Zahlungsmittelkonto (27.., 28..) |
| Wertpapiere und Anteile (26..) | | bzw |
| | | Verbindlichkeiten (3...) |

Vermögenswerte können aufgrund unterschiedlicher Ursachen aus dem Betriebsvermögen eines Unternehmens ausscheiden:

*mögliche **Gründe** für das **Ausscheiden** eines Vermögenswertes*

- durch **Verkauf**,
- durch **Tausch** eines Vermögenswertes gegen einen neuen Vermögenswert,
- durch **Schadensfall** mit Schadenersatz (zB im Falle einer Versicherung) sowie ohne Schadenersatz und
- durch **Ausscheiden nach** der Ablauf der **Nutzungsdauer**, wenn kein Veräußerungserlös erzielt werden kann.

*Querverweis:*
*von Investitionen tangierte*
*Bereiche*

> **Wesentliche tangierte Bereiche aus** diesen **Investitionen** sind die Bewertung auf Basis von →Anschaffungskosten bzw →Herstellungskosten, die planmäßigen →Abschreibungen, die außerplanmäßigen →Abschreibungen, →Zuschreibungen sowie bei Kapitalgesellschaften der Ausweis der Investitionen/Desinvestitionen im →Anlagenspiegel. Diesbezüglich sei auf die entsprechenden Bereiche des Buches verwiesen.

> **Hinweis**: Im Gegensatz zum Sach-AV und immateriellen AV gibt es im Finanzvermögen keine Bewertung zu Herstellungskosten und keine planmäßigen Abschreibungen!

*Ausweis von **Desinvestitio-***
***nen** im Jahresabschluss*

Je nach Ausgestaltung der Desinvestitionen werden diese in den einzelnen Instrumenten des Jahresabschlusses abgebildet (siehe zu einer Erläuterung dieser Systematisierung die →**Abbildungsregel** betreffend Bilanz, GuV und KFR).

> ***Einstufung/Behandlung von Desinvestitionen:***
>
> **Art:**  Einzahlung (bei Bezahlung) bzw Einnahme (bei Zielverkauf) und eventuell Ertrag oder Aufwand
>
> **Ausweis in der:**
> - **Bilanz:**  ja
>   - **Aktivseite:**  Anlagevermögen (-), Kassa/Bank (+) bei Bezahlung bzw Forderungen (+) bei Zielverkauf
>   - **Passivseite:**  Eigenkapital (+) im Falle eines Gewinns bzw (-) im Falle eines Verlustes
> - **GuV:**  ja, im Falle eines Gewinnes/Verlustes aus dem Verkauf; Ausweis im Betriebsergebnis bzw im Finanzergebnis (+) bei einem Gewinn bzw (–) bei einem Verlust
> - **KFR:**  ja, aber nur im Falle der Bezahlung, Ausweis im Investitionsbereich (+)

***Verbuchung** der*
***Desinvestition***

Da mit dem Verkauf von Vermögenswerten ua auch die Buchungen betr die planmäßigen Abschreibungen angesprochen sind, werden die mit dem Verkauf von Vermögenswerten zusammenhängenden Buchungen im Rahmen der Bewertung des Anlage- und des Finanzvermögens behandelt (→Abschreibungen, ausgeschiedene Vermögenswerte).

### 3.a.2. Geringwertige Wirtschaftsgüter

*geringwertige Wirtschafts-*
*güter des AV können sofort*
*zur Gänze abgeschrieben*
*werden*

Für **geringwertige Wirtschaftsgüter des Anlagevermögens** sehen das HGB bzw das EStG die Möglichkeit vor, diese zwar zu aktivieren, im Zugangsjahr aber bereits sofort voll abzuschreiben. Bezüglich der dafür notwendigen **Voraussetzungen** sei auf die Ausführungen zu den →Abschreibungen verwiesen.

Ist die Vollabschreibung betragsmäßig von wesentlichem Umfang, so ist nach HGB jedoch eine unversteuerte →Rücklage zu bilden (§ 205 Abs 1 HGB, § 13 EStG).

> **Hinweis**: Von **wesentlichem Umfang** wird eine solche **Vollabschreibung** in der Literatur dann angesehen, wenn diese 10 % der Gesamtabschreibung des abnutzbaren Anlagevermögens erreicht. In diese Abschätzung sind aber auch qualitative Kriterien sowie ein Vergleich mehrerer Perioden einzubeziehen.

Für den Ausweis der geringwertigen **Wirtschaftsgüter** im →**Anlagenspiegel** steht den Unternehmen im Falle, dass keine unversteuerte Rücklage ausgewiesen werden muss, das **Wahlrecht** offen, a) die geringwerten Wirtschaftsgüter sofort abzuschreiben und sie während ihres gesamten Verbleibens als Betriebsvermögen im Anlagenspiegel auszuweisen oder b) sie bereits im Jahr der Vollabschreibung als Abgang zu erfassen (§ 226 Abs 3 HGB).

## 3.b. Zusammenhängende Bereiche

## 3.b.1. Zinsen (Zinsertrag)

Ein Zinsertrag kann ua aus Bankguthaben sowie gekauften Anleihen resultieren.

Je nachdem, wie der Zinsertrag ausgestaltet ist, wird dieser in den einzelnen Instrumenten des Jahresabschlusses abgebildet (siehe zu einer Erläuterung dieser Systematisierung die →**Abbildungsregel** betreffend Bilanz, GuV und KFR).

*Ausweis von Zinserträgen im Jahresabschluss*

> *Einstufung/Behandlung von Zinserträgen*:
>
> **Art**: Einzahlung (bei Zufluss) bzw Einnahme (bei Gutschrift) und Ertrag
>
> **Ausweis in der:**
> - **Bilanz**: ja
>   - **Aktivseite**: Bank (+) bei Zufluss bzw Forderungen (+) bei Gutschrift
>   - **Passivseite**: Eigenkapital (+)
> - **GuV**: ja, da Ertrag; Ausweis im Finanzergebnis (+)
> - **KFR**: ja, aber nur im Falle des Zuflusses; Ausweis im operativen Bereich (+)

Nehmen wir als Beispiel an, dass unserem Unternehmen aus gekauften Anleihen von der Bank Zinserträge gutgeschrieben werden, so ist zu buchen:

*Verbuchung von Zinserträgen*

| Bank (28..) | / | Zinserträge aus Bankguthaben (80..) |
|---|---|---|

> **Hinweis**: Beachten Sie bei der Verbuchung von **Zinserträgen** die Ausführungen zur →**Kapitalertragsteuer (KESt)** im folgenden Punkt.

*Querverweis: KESt*

## 3.b.2.  Kapitalertragsteuer auf Wertpapiere, Beteiligungen

*wann fällt die KESt an?*

Die Kapitalertragsteuer (KESt) ist in Höhe von 25 % auf Erträge aus Finanzanlagen (Bank- und Sparguthaben, festverzinsliche Wertpapiere, Aktien) sowie grds auf Erträge aus Beteiligungen an Kapitalgesellschaften (Gewinnausschüttungen) zu entrichten.

*Anwendungsbereich*

Inwieweit die KESt zur Anwendung kommt, richtet sich danach, ob es sich um Einzelunternehmen/Personengesellschaften oder um Kapitalgesellschaften handelt.

*KESt bei Einzelunternehmen und Personengesellschaften*

- Fallen die Erträge bei **Einzelunternehmen** und **Personengesellschaften** an, so können die Unternehmen entscheiden, ob sie den **Ertrag „normal" versteuern** (dh der Ertrag ist damit Bestandteil des Unternehmensgewinnes, wobei die KESt angerechnet wird) oder „endbesteuern" (dh der Ertrag wird bei der Ermittlung des steuerpflichtigen Gewinns ausgeschieden). Werden die Wertpapierzinsen dem Bankkonto gutgeschrieben, so lautet die Buchung:

| Bank (28..) | / | Wertpapierzinsertrag (80..) |
|---|---|---|
| Kapitalertragsteuer (94..) | | |

*Verbuchung der KESt*

Beträgt beispielsweise der Zinsertrag 2.000, so ist in Höhe von 500 (25 % von 2.000) eine Kapitalertragsteuer zu entrichten. Der Buchungssatz lautet:

| Bank (28..) *1.500* | / | Wertpapierzinsertrag (80..) *2.000* |
|---|---|---|
| Kapitalertragsteuer (94..) *500* | | |

Wird der Ertrag hierbei **endbesteuert**, so wird der Ertrag von 2.000 bei der Ermittlung des steuerpflichtigen Gewinns ausgeschieden. Siehe dazu die Ausführungen zu den →Gewinnrücklagen/der Gewinnverwendung.

*KESt bei Kapitalgesellschaften*

- Fällt die KESt auf Erträge bei **Kapitalgesellschaften** an, so stellt die eingehobene KESt - im Gegensatz zu Einzelunternehmen/Personengesellschaften - **keine Endbesteuerung** dar. Die Erträge unterliegen somit weiterhin der KÖSt, allerdings stellt die bezahlte KESt eine Vorauszahlung auf die KÖSt dar. Jedoch können Kapitalgesellschaften für Zins- und Wertpapiererträge eine KESt-Befreiungserklärung abgeben. Für die Versteuerung dieser Erträge kann wiederum auf die Ausführungen zu den →Gewinnrücklagen/der Gewinnverwendung verwiesen werden.

Beträgt beispielsweise der Beteiligungsertrag (die Gewinnausschüttung) aus einer GmbH 6.000, so ist in Höhe von 1.500 (25 % von 6.000) eine Kapitalertragsteuer zu entrichten. Der Buchungssatz lautet:

| Bank (28..) *4.500* | / | Erträge aus Beteiligungen an Kapi- |
|---|---|---|
| Kapitalertragsteuer (85..) *1.500* | | talgesellschaften (80..) *6.000* |

Die KESt von 1.500 ist hierbei auf die KÖSt anrechenbar.

# 4. GESCHÄFTSFÄLLE IM FINANZIERUNGSBEREICH

Bei den Geschäftsfällen im Finanzierungsbereich ist zwischen →Eigen- und Fremdkapitalfinanzierung zu unterscheiden (→Bilanz). Wobei sich der Finanzierungseffekt beim Eigenkapital sowohl über die Aufnahme von Eigenkapital bei den Eigentümern/Investoren als auch durch Thesaurierung von Gewinnen (dh durch Nichtausschüttung von Gewinnen) ergeben kann. Die eigentlichen Geschäftsfälle des Finanzierungsbereichs betreffen damit ausschließlich die Passivseite der Bilanz (siehe die folgende →**Abbildung**). Hingegen tangieren die dem Finanzierungsbereich nachgelagerten Geschäftsfälle (wie die Zinsen und die Provisionen betreffend aufgenommene Kredite) auch die →GuV.

*der **Finanzierungsbereich** tangiert die **Passivseite** der Bilanz iS von Eigenkapital und Verbindlichkeiten*

Abb: *Finanzierungen aus Sicht der Bilanz*

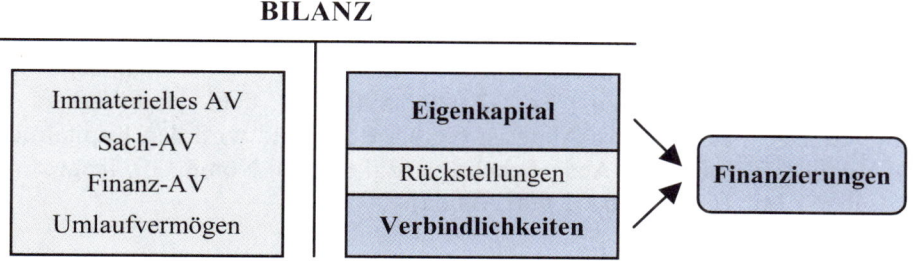

In diesem Zusammenhang ist zu erwähnen, dass sich der **Finanzierungseffekt** aus →**Rückstellungen** nur mittelbar ergibt.

## 4.a. Finanzierungsmaßnahmen

### 4.a.1. Eigenkapital

Die Buchungen betr die Eigenkapitalaufnahme hängen davon ab, welche Gesellschaftsform (Personengesellschaften, Kapitalgesellschaften) betrachtet wird (→Eigenkapital).

Je nach Ausgestaltung der Eigenkapitalaufnahme wird diese in den einzelnen Instrumenten des Jahresabschlusses abgebildet (siehe zu einer Erläuterung dieser Systematisierung die →**Abbildungsregel** betreffend Bilanz, GuV und KFR).

*Ausweis der **EK-Aufnahme** im Jahresabschluss*

> ***Einstufung/Behandlung der Aufnahme von Eigenkapital***:
>
> **Art:** Einzahlung (bei Mittelzufluss)
> **Ausweis in der:**
> - **Bilanz:** ja
>   - **Aktivseite:** Kassa/Bank (+) bei Mittelzufluss
>   - **Passivseite:** Eigenkapital (+)
> - **GuV:** nein, da kein Ertrag
> - **KFR:** ja, aber nur im Falle eines Mittelzuflusses; Ausweis im Finanzierungsbereich (+)

*EK-Erhöhung bei einer Aktiengesellschaft*

Im Falle einer **Aktiengesellschaft** lautet die Buchung bei einer Aktienausgabe mit **Agio** (→Eigenkapital, Kapitalgesellschaften):

| Zahlungsmittel (idR 28..) | / | Grundkapital (90..) |
|---|---|---|
| | | Kapitalrücklage (92..) |

*Beispiel zu der EK-Erhöhung einer Aktiengesellschaft*

**Annahme**: Unser Unternehmen gibt im Rahmen einer Kapitalerhöhung 2.000 Aktien aus. Der Ausgabebetrag der Aktien beträgt € 1.500/Stück, der Nominalbetrag der Aktien ist € 1.000/Stück.

Aus der Kapitalerhöhung fließen unserem Unternehmen somit finanzielle Mittel von insgesamt € 3 Mio zu (Erl: 2.000 Aktien x dem Ausgabekurs von € 1.500/Stück). Das Agio pro Aktie ist hierbei € 500 und wird den Kapitalrücklagen zugeführt (Erl: € 1.500 Ausgabebetrag abzgl € 1.000 Nominale). Insgesamt ist das Agio € 1 Mio (Erl: € 500 x 2.000 Aktien).

Als **Buchungssatz** ergibt sich:

| Bank (28..) *3.000.000* | / | Grundkapital (90..) *2.000.000* |
|---|---|---|
| | | Kapitalrücklage (92..) *1.000.000* |

### 4.a.2. Verbindlichkeiten

### 4.a.2.1. Kurz- und langfristige Kredite

*Hintergrund*

Die Behandlung von Krediten/Darlehen im Jahresabschluss ist thematisch in drei Bereiche zu zerlegen:
- die Aufnahme von Krediten/Darlehen,
- die Bedienung von Krediten/Darlehen iS der Bezahlung der Zinsen
- die Rückzahlung von Krediten/Darlehen.

> **Hinweis**: Die **Unterscheidung** zwischen **kurz- und langfristigen Krediten** wirkt sich für den Ausweis im Jahresabschluss ua im **Fristigkeitsspiegel** betr die Verbindlichkeiten aus (→**Verbindlichkeitenspiegel**).

Wobei die Rückzahlung und Bedienung – je nach Vereinbarung – entweder am Ende der Laufzeit in einem Betrag oder b) ratenweise (monatlich, vierteljährlich, halbjährlich oder jährlich) erfolgen kann.

> **Hinweis**: **Hypothekarkredite** unterscheiden sich von den **Darlehen/Krediten** grds nur dadurch, dass sie durch eine Hypothek auf ein Grundstück oder Gebäude besichert sind. Die **Buchungen** betr die Kreditaufnahme, die laufende Bedienung (Zinsen) und die Rückzahlung **entsprechen** daher jenen bei Darlehen/Krediten. Auf eine Differenzierung zwischen Hypothekarkrediten und Darlehen/Krediten wird daher im Folgenden verzichtet.

*Darlehen werden grundsätzlich gleich behandelt wie **Kredite***

Die Aufnahme von Bankkrediten wird in den einzelnen Instrumenten des Jahresabschlusses wie folgt abgebildet (siehe zu einer Erläuterung dieser Systematisierung die →**Abbildungsregel** betreffend Bilanz, GuV und KFR).

*Ausweis einer **Kreditaufnahme** im Jahresabschluss*

> *Einstufung/Behandlung einer Kreditaufnahme*:
>
> **Art**:            Einzahlung, aber keine Einnahme und kein Ertrag
> **Ausweis in der:**
> - **Bilanz**:       ja
>   - **Aktivseite**:   Bank (+)
>   - **Passivseite**:  Verbindlichkeiten (+)
> - **GuV**:          nein, da kein Ertrag
> - **KFR**:          ja, da zahlungswirksam; Ausweis im Finanzierungsbereich (+)

Der **Buchungssatz** für eine **Kreditaufnahme** bei einer Bank lautet:

*Verbuchung einer **Kreditaufnahme***

| Zahlungsmittelkonto (idR Bank 28..) | / | Bankkredite (31..) |
|---|---|---|

Eine Kreditrückzahlung wird in den einzelnen Instrumenten des Jahresabschlusses wie folgt abgebildet (siehe zu einer Erläuterung dieser Systematisierung die →**Abbildungsregel** betreffend Bilanz, GuV und KFR).

*Ausweis einer **Kreditrückzahlung** im Jahresabschluss*

> *Einstufung/Behandlung einer Kreditrückzahlung*:
>
> **Art**:            Auszahlung, aber keine Ausgabe und kein Aufwand
> **Ausweis in der:**
> - **Bilanz**:       ja
>   - **Aktivseite**:   Bank (-)
>   - **Passivseite**:  Verbindlichkeiten (-)
> - **GuV**:          nein, da kein Aufwand
> - **KFR**:          ja, da zahlungswirksam; Ausweis im operativen Bereich (-)

Der **Buchungssatz** für eine **Kreditrückzahlung** lautet somit:

*Verbuchung einer **Kreditrückzahlung***

| Bankkredite (31..) | / | Zahlungsmittelkonto (idR Bank 28..) |
|---|---|---|

*Querverweis*

Mit der Behandlung von Krediten/Darlehen im Jahresabschluss verbunden sind die **Zinsen**, **Provisionen**, **Spesen** sowie die **Geldbeschaffungskosten**. Diese Bereiche werden unmittelbar nachfolgend behandelt.

▶ Siehe **Arbeitsbuch**: **Beispiele zu C.4.a.2.1. und C.4.b.1.**

### 4.a.2.2. Kontokorrentkredite

*beim **Kontokorrentkredit** verändert sich die Kredithöhe idR laufend („**laufende Rechnung**")*

Bei einem Kontokorrentkredit wird ein **Kreditrahmen** vereinbart, über den der Kreditnehmer bei Bedarf verfügen kann. Innerhalb dieses Rahmens erhöhen Abhebungen den Kredit, Einzahlungen vermindern den Kredit. Verzinst wird hierbei aber immer nur der jeweils in Anspruch genommene Kreditbetrag und nicht der gesamte Kreditrahmen. Da Auszahlungen vom und Einzahlungen auf das Kontokorrentkreditkonto idR laufend anfallen, verändert sich die tatsächliche Kredithöhe des Kontokorrentkredits laufend. Man spricht daher beim Kontokorrent auch von „laufender Rechnung". Im Gegensatz zu Darlehen kann sich beim Kontokorrentkredit somit **sowohl** ein **aktiver** als auch ein **passiver Saldo** ergeben.

*Ausweis des **Kontokorrentkontos** in der Bilanz im Falle eines aktiven und passiven Saldos*

> **Erl**: Ein **in Anspruch genommener** (dh ausgenützter) **Kontokorrentkredit** wird in der Bilanz auf der Passivseite im Posten „Verbindlichkeiten gegenüber Banken" ausgewiesen. Hingegen wird ein **Guthaben auf dem Kontokorrentkonto** auf der Aktivseite im Umlaufvermögen unter dem Posten „Guthaben bei Banken" ausgewiesen.

> Im Gegensatz zu den Krediten wird bei **Kontokorrentkrediten** der **Kreditbetrag** nicht sofort zur Gänze ausbezahlt/gutgeschrieben. Als aushaftende Kreditsumme scheint somit nur jener Betrag auf, den ein Unternehmen in Anspruch genommen hat.

*Verbuchung des Kontokorrentkredits*

Die Einräumung des Kontokorrentkredits/des Kontokorrentrahmens wird nicht auf dem Konto „Bankguthaben (28..)", sondern auf dem Konto „Bankkredit (31..)" vermerkt. Wird der Kontokorrentkredit in Anspruch genommen, so werden diese **Ausgänge** im **Haben** verbucht und erhöhen damit den Kredit.

Wird zB eine Lieferantenrechnung mittels der Inanspruchnahme des Kontokorrentkredits bezahlt, so ist zu buchen:

| Lieferantenkonto (33..) | / | Bankkredit (31..) |
|---|---|---|

**Einzahlungen** auf das Kontokorrentkreditkonto werden im **Soll** gebucht und verringern den Kredit.

Bezahlt zB ein Kunde eines Unternehmens eine ausstehende Rechnung durch Überweisung auf das Kontokorrentkreditkonto, so ist zu buchen:

| Bankkredit (31..) | / | Kundenkonto (20..) |
|---|---|---|

Analog zum „normalen" Kredit stellen auch beim Kontokorrentkredit die zu zah-lenden **Zinsen** und **Spesen** Aufwand dar. Im Gegensatz zum „normalen" Kredit führen diese Zinsen und Spesen aber nicht zu Auszahlungen, sondern erhöhen buchtechnisch die aushaftende Summe des Kontokorrentkredits.

*Verbuchung der Zinsen/Spesen*

> Zinsaufwand für Bankkredite (82..)   /   Bankkredit (31..)
>
> bzw
>
> Spesen des Geldverkehrs (77..)

## 4.b. Zusammenhängende Bereiche

## 4.b.1. Zinsen (Zinsaufwand)

Zinsaufwand fällt idR für in Anspruch genommene Bankkredite/Darlehen an.

*Hintergrund*

Je nachdem, wie der Zinsaufwand ausgestaltet ist, wird dieser in den einzelnen Instrumenten des Jahresabschlusses abgebildet (siehe zu einer Erläuterung dieser Systematisierung die →**Abbildungsregel** betreffend Bilanz, GuV und KFR).

*Ausweis von **Zinsaufwand** im Jahresabschluss*

> *Einstufung/Behandlung des Zinsaufwands*:
>
> **Art:**                    Auszahlung (bei Bezahlung) bzw Ausgabe (bei Vor-schreibung) und Aufwand
>
> **Ausweis in der:**
> - **Bilanz:**               ja
>   - **Aktivseite:**       Bank (-) bei Bezahlung
>   - **Passivseite:**     Eigenkapital (-) sowie Verbindlichkeit (+) bei Vor-schreibung
> - **GuV:**                  ja, da Aufwand; Ausweis im Finanzergebnis (-)
> - **KFR:**                  ja, aber nur im Falle der Bezahlung; Ausweis im operativen Bereich (-)

Nehmen wir als Beispiel an, dass unser Unternehmen Zinsen für einen aufgenom-menen Kredit bezahlen muss. Die Verbuchung lautet:

*Verbuchung des Zinsaufwands*

> Zinsaufwand für Bankkredite (82..)   /   Bank (28..)

> Siehe dazu die unterschiedliche Behandlung des **Zinsaufwands** beim **Kon-tokorrentkredit**.

*Querverweis: Kontokorrentkredit*

> Siehe **Arbeitsbuch: Beispiele** zu C.4.a.2.1. und C.4.b.1.

## 4.b.2. Provisionen und Spesen

*Beispiele*

Beispiele für Provisionen und Spesen sind die laufenden Aufwendungen des Geldverkehrs wie die Bankspesen sowie im Falle des Kredits die Kontoführungsprovision und die Manipulationsgebühr.

*Querverweis*:
*Geldbeschaffungskosten*

> **Hinweis**: Siehe dazu aber die im nachfolgenden Punkt behandelte unterschiedliche Behandlung der **Geldbeschaffungskosten**. Zu diesen Geldbeschaffungskosten zählen jene einmaligen Kosten, die beim Abschluss oder der Verlängerung eines Kreditvertrages anfallen.

***Ausweis*** von ***Provisionen***
*und* ***Spesen*** *im Jahresabschluss*

Je nachdem, wie die Begleichung der Provisionen und Spesen ausgestaltet ist, werden diese in den einzelnen Instrumenten des Jahresabschlusses abgebildet (siehe zu einer Erläuterung dieser Systematisierung die →**Abbildungsregel** betreffend Bilanz, GuV und KFR).

⇨
> ***Einstufung/Behandlung von Provisionen und Spesen***:
>
> **Art:**  Auszahlung (bei Bezahlung) bzw Ausgabe (bei Vorschreibung) und Aufwand
>
> **Ausweis in der:**
> - **Bilanz:**  ja
>   - **Aktivseite:**  Bank (-) bei Bezahlung
>   - **Passivseite:**  Eigenkapital (-) und Verbindlichkeiten (+) bei Vorschreibung
> - **GuV:**  ja, da Aufwand; Ausweis im Betriebsergebnis (-)
> - **KFR:**  ja, aber nur im Falle der Bezahlung; Ausweis im operativen Bereich (-)

***Verbuchung*** *der Provisionen und Spesen*

Als **Buchungssatz** ergibt sich für Provisionen und Spesen:

> Spesen des Geldverkehrs (77..)          /          Bank (28..)

> **Hinweis**: Siehe dazu die unterschiedliche Behandlung der **Provisionen und Spesen** beim **Kontokorrentkredit**.

*Querverweis*:
*Kontokorrentkredit*

## 4.b.3. Geldbeschaffungskosten

*Geldbeschaffungskosten
fallen bei* ***Abschluss*** *oder*
***Verlängerung*** *der* ***Kreditverträge*** *an*

Zu den Geldbeschaffungskosten zählen jene einmaligen Kosten, die beim Abschluss oder der Verlängerung eines Kreditvertrages anfallen. Dazu zählen ua die **Kreditvermittlungsprovision**, die **Verwaltungs-** und die **Bearbeitungskosten** sowie die **Kreditgebühr**. Von diesen Geldbeschaffungskosten zu unterscheiden sind die laufenden Spesen für den Kredit (wie die Kontoführungsprovision und die Manipulationsgebühr). Diese Spesen werden – wie alle anderen Bankspesen – sofort als Aufwand verbucht. Diesbezüglich sei auf den obigen Punkt verwiesen.

Je nach Ausgestaltung der Geldbeschaffungskosten sind diese in den einzelnen Instrumenten des Jahresabschlusses abzubilden (siehe zu einer Erläuterung dieser Systematisierung die →**Abbildungsregel** betreffend Bilanz, GuV und KFR).

*Ausweis von **Geldbeschaffungskosten** im Jahresabschluss*

> **Einstufung/Behandlung von Geldbeschaffungskosten:**
>
> **Art:**               Auszahlung (bei Bezahlung) bzw Ausgabe (bei Vorschreibung) und Aufwand
>
> **Ausweis in der:**
> - **Bilanz:**          ja
>   - **Aktivseite:**     Bank (-) bei Bezahlung
>   - **Passivseite:**    Eigenkapital (-) und Verbindlichkeiten (+) bei Vorschreibung
> - **GuV:**            ja, da Aufwand; Ausweis im Finanzergebnis (-)
> - **KFR:**            ja, aber nur im Falle der Bezahlung; Ausweis im operativen Bereich (-)

Handelsrecht und Steuerrecht gehen bei der Behandlung der Geldbeschaffungskosten unterschiedlich vor.

*Verbuchung der Geldbeschaffungskosten*

**HGB**: Geldbeschaffungskosten sind nach HGB **sofort als Aufwand** zu verrechnen. Als Buchungssatz ergibt sich somit:

| | |
|---|---|
| Bank (28..) | /    Darlehen (31..) |
| Spesen des Geldverkehrs (77..) | |

**EStG**: Nach EStG ergibt sich je nach Höhe der Geldbeschaffungskosten eine unterschiedliche Behandlung (sofern bei der Aufnahme einer Verbindlichkeit kein aktivierungspflichtiges Abgeld entsteht und die mit dieser Verbindlichkeit unmittelbar zusammenhängenden Geldbeschaffungskosten € 900 nicht übersteigen; EStR 2000, Abschn 6, Rz 2464):

**Fall 1**: **Geldbeschaffungskosten > € 900**: Die Geldbeschaffungskosten sind zunächst zu aktivieren (Konto 29.. „Geldbeschaffungskosten"). Der **Buchungssatz** lautet:

| | |
|---|---|
| Bank (28..) | /    Darlehen (31..) |
| Geldbeschaffungskosten (29..) | |

Diese aktivierten Geldbeschaffungskosten sind über die **Laufzeit der Verbindlichkeit verteilt** abzuschreiben. Wobei die Abschreibung der Geldbeschaffungskosten im ersten und letzten Jahr des Darlehens nach Monaten zu erfolgen hat. Der **Buchungssatz** lautet:

| | |
|---|---|
| Abschreibung aktivierter Geldbeschaffungskosten (83..) | /    Geldbeschaffungskosten (29..) |

**Annahme**: Wir nehmen am 1. August ein Darlehen bei unserer Hausbank (Laufzeit 5 Jahre) auf: Darlehensbetrag € 100.000; 0,8 % Kreditgebühr (800), sonstige Provisionen 1.200, Auszahlungsbetrag: 98.000.

Die Geldbeschaffungskosten von 2.000 sind damit zu aktivieren:

| | |
|---|---|
| Bank (28..) *98.000* | / Darlehen (31..) *100.000* |
| Geldbeschaffungskosten | |
| (29..) *2.000* | |

Da die Geldbeschaffungskosten über die Laufzeit von 5 Jahren abzuschreiben sind, ergibt sich grds eine jährliche Abschreibung (ein Aufwand) von 400. Da das Darlehen erst am 1.8. aufgenommen wurde, werden im Jahr der Kreditaufnahme nur 167 (für 5 Monate) abgeschrieben und damit als Aufwand erfasst:

| | |
|---|---|
| Abschreibung aktivierter | / Geldbeschaffungskosten (29..) |
| Geldbeschaffungskosten | *167* |
| (83..) *167* | |

**Fall 2**: **Geldbeschaffungskosten < € 900**: In diesem Fall können die Geldbeschaffungskosten im Jahr der Kreditaufnahme sofort voll als Aufwand verbucht werden. Der **Buchungssatz** lautet:

| | |
|---|---|
| Bank (28..) | / Darlehen (31..) |
| Spesen des Geldverkehrs (77..) | |

**Annahme**: Wir nehmen am 1. August ein Darlehen bei unserer Hausbank auf: Laufzeit 3 Jahre, Darlehensbetrag € 100.000; 0,8 % Kreditgebühr 800, sonstige Provisionen € 50, der Auszahlungsbetrag ist € 99.150

Damit können wir die Geldbeschaffungskosten sofort als Aufwand erfassen. Der **Buchungssatz** lautet:

| | |
|---|---|
| Bank (28..) *99.150* | / Darlehen (31..) *100.000* |
| Spesen des Geldverkehrs | |
| (77..) *850* | |

**Hinweis**: Siehe zu den **Auswirkungen** der **Aktivierung** von Aufwendungen auf die Bilanz und GuV im Gegensatz zu einer **Nichtaktivierung** das Beispiel im Rahmen der Abschlussbuchungen (→Bilanzierung).

## 4.b.4. Disagio (Damnum)

Von den obigen Geldbeschaffungskosten zu trennen ist das **Disagio** (auch **Damnum** oder **Abgeld** genannt). Dieses Disagio stellt ein nicht näher abgrenzbares, zeitlaufunabhängiges pauschales Entgelt für die Kapitalgewährung sowie einen im Zeitpunkt der Auszahlung bereits fälligen Zinsaufwand dar. Wie bei den Geldbeschaffungskosten wird also auch beim Disagio dem Darlehensnehmer ein geringerer Betrag ausbezahlt als dieser zurückzahlen muss. Die Differenz zwischen dem Auszahlungsbetrag und dem Rückzahlungsbetrag stellt das Disagio bzw das Damnum dar.

*Behandlung des Disagios*

Für die Behandlung dieses Disagios sehen das Handels- und das Steuerrecht eine unterschiedliche Behandlung vor:

*das **Disagio** wird im **Handels**- und im **Steuerrecht** unterschiedlich behandelt*

- Das **Handelsrecht** sieht für das Disagio ein Aktivierungswahlrecht vor: Dem bilanzierenden Unternehmen steht es somit frei, das Disagio unter den Rechnungsabgrenzungsposten zu aktivieren und in den Folgeperioden abzuschreiben oder es sofort aufwandswirksam zu verrechnen (§ 198 Abs 7 HGB).
- **Steuerrechtlich** ist das Disagio verpflichtend zu aktivieren und in den Folgeperioden über die Laufzeit der dem Disagio zugrunde liegenden Verbindlichkeit abzuschreiben (§ 6 Z 3 EStG).

Wird dementsprechend zB im handelsrechtlichen Abschluss das Disagio sofort als Aufwand erfasst bzw im steuerrechtlichen Abschluss aktiviert und abgeschrieben, so sind die hierbei auftretenden Differenzen im Rahmen der →**Mehr-Weniger-Rechnung** zu korrigieren und einer →**latenten Steuerabgrenzung** zu unterziehen.

Nicht unter die Behandlungsvorschriften des Disagios fällt hingegen jener Fall, wenn sofort bei Darlehensaufnahme die **Darlehenszinsen** für einen Teil des Jahres der Darlehensaufnahme **abgezogen** werden. Für die Behandlung der Zinsen ist somit wie folgt zu differenzieren:

*Behandlung, wenn **Zinsen** von der ausbezahlten Darlehenssumme abgezogen werden*

- Betreffen die **Zinsen** nur das **laufende Geschäftsjahr** der Darlehensaufnahme, so sind diese Zinsen sofort als Aufwand zu verbuchen. Der Buchungssatz bei Ausbezahlung des Darlehens lautet:

| Bank (28..) | / | Verbindlichkeiten aus Darlehen |
| Zinsaufwand für Darlehen (82..) | | (31..) |

- Betreffen diese Zinsen hingegen sowohl das laufende Geschäftsjahr der Darlehensaufnahme als auch das Folgejahr, so sind diese Zinsen iS der **Rechnungsabgrenzung** entsprechend abzugrenzen. Wird beispielsweise das Darlehen am 1.12. ausbezahlt und beziehen sich die Zinsen auf einen Zeitraum von 6 Monaten, so entfallen die Zinsen für 1 Monat auf das alte und für 5 Monate auf das Folgejahr. Für die im Rahmen der →**Rechnungsabgrenzung** hierbei vorzunehmenden **Buchungen** sei auf die betreffenden Stellen des Buches verwiesen.

▶ Siehe **Arbeitsbuch**: **Beispiele** zu C.

▶ Siehe **Arbeitsbuch**: **Kontrollfragen** zu C.

# D. ABSCHLUSSARBEITEN

| | |
|---|---|
| **Lernziele:** | Aufbauend auf den in Abschnitt C. behandelten Geschäftsfällen im operativen Bereich, Investitionsbereich und Finanzierungsbereich werden in diesem Abschnitt die eigentlichen Abschlussbuchungen betreffend die Bilanzierung und Bewertung von Vermögen und Fremdkapital behandelt. Mit der Eröffnungsbilanz, den im Geschäftsjahr angefallenen Geschäftsfällen sowie den Abschlussbuchungen wird damit die Erstellung der Schlussbilanz und GuV möglich. |

# 1. RAHMENBEDINGUNGEN DER BILANZIERUNG UND BEWERTUNG

## 1.a. Grundsätzliche Überlegungen

In Abschnitt B. haben wir uns bereits mit den einzelnen Instrumenten des Jahresabschlusses befasst. Wir haben dort auch auf den Zusammenhang zwischen Eröffnungsbilanz und Schlussbilanz sowie GuV hingewiesen. Demnach stellt die Differenz zwischen Eröffnungsbilanz einerseits und Schlussbilanz sowie GuV andererseits nichts anderes dar als die Summe der Geschäftsfälle einer Rechnungsperiode/eines Geschäftsjahres einschließlich der Abschlussbuchungen iS von Bilanzierung und Bewertung (siehe dazu die →**Abbildung**). Wobei wir die laufenden Geschäftsfälle bereits in Abschnitt C. behandelt haben.

*Hintergrund*

Abb: *Die Geschäftsfälle zwischen Eröffnungsbilanz und Schlussbilanz*

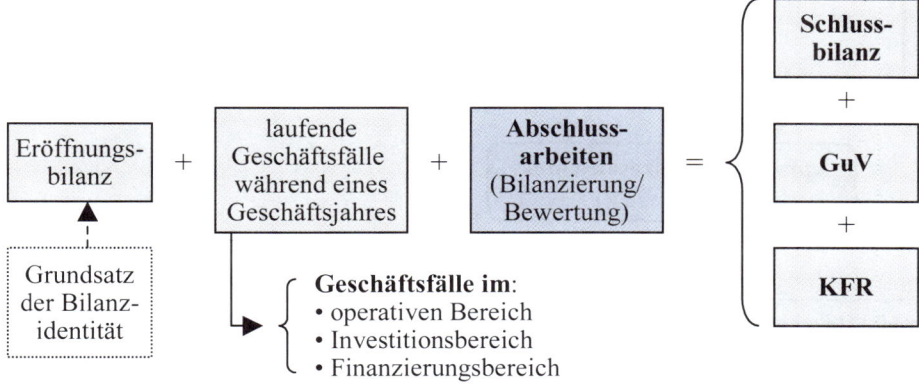

Somit müssen wir uns nun überlegen, wie die Behandlung der noch verbleibenden **Abschlussarbeiten** bzw **Abschlussbuchungen** genau vor sich geht. Dazu befassen wir uns vorab aber noch mit den **Grundsätzen ordnungsmäßiger Bilanzierung/Bewertung (GoB)** sowie der Frage der **Bilanzierungsgrundsätze** und der **Bewertungsmaßstäbe** im Rahmen der Zugangs- und Folgebewertung, welche die Grundlage für diese Abschlussbuchungen sind. Verbunden damit ist auch die Frage betr den **Ausweis** der Vermögensgegenstände und Schulden (→**Abbildung**).

Abb: *Übersicht über zentrale Fragen im Rahmen der Abschlussarbeiten*

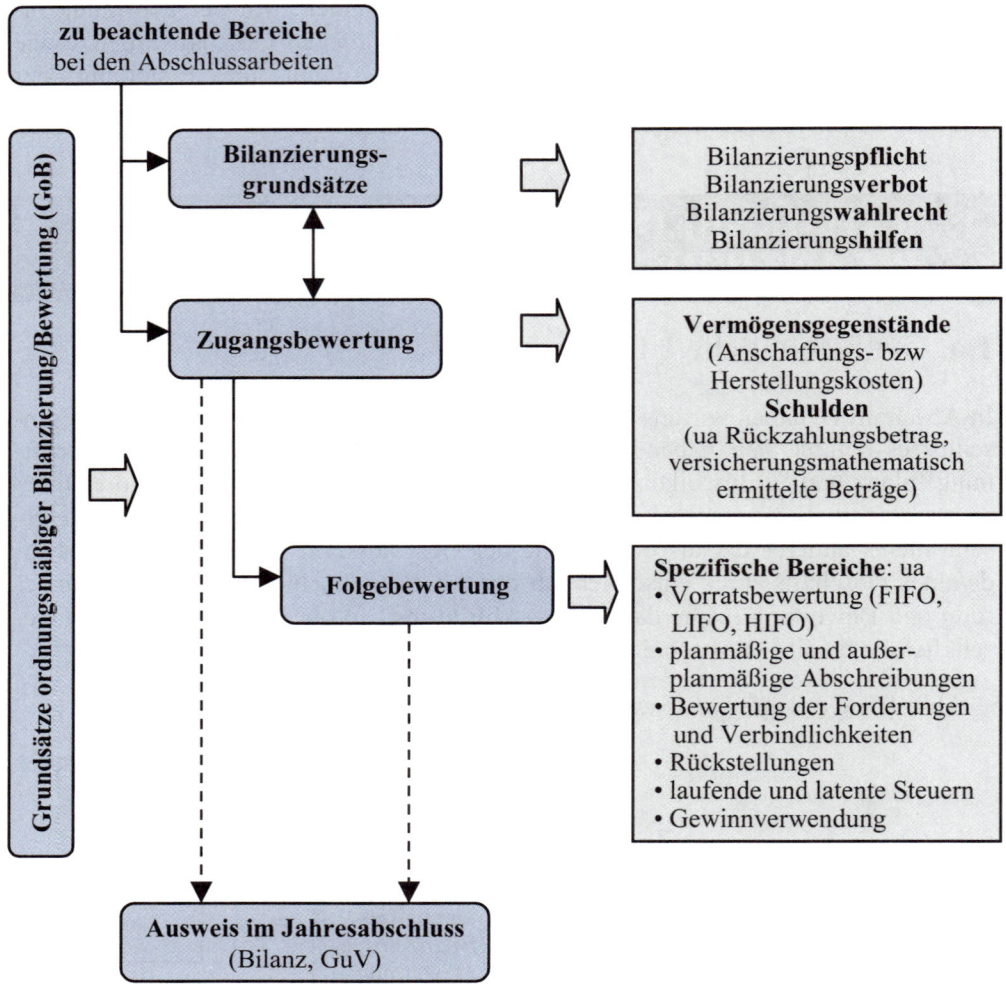

# 1.b. Bilanzierungsgrundsätze und Bewertungsmaßstäbe

## 1.b.1. Grundsätze ordnungsmäßiger Bilanzierung/ Bewertung (GoB)

Bei der im Rahmen der Abschlussarbeiten vorzunehmenden Bilanzierung und Bewertung sind die Grundsätze ordnungsmäßiger Bilanzierung und Bewertung (GoB) zu beachten, welche wir im Folgenden behandeln (siehe dazu auch die obige →**Abbildung** in der Einleitung).

### 1.b.1.1. Begriff/Systematik

> Die **Grundsätze ordnungsmäßiger Buchführung** und **Bilanzierung/Bewertung (GoB)** sind allgemein anerkannte Regeln betreffend die Führung der Handelsbücher (**Dokumentation**) sowie die Erstellung des Jahresabschlusses (**Rechenschaftslegung**) von Unternehmen.

> Die **Grundsätze ordnungsmäßiger Bilanzierung/Bewertung** stehen somit in engem Zusammenhang mit den bereits behandelten →**Grundsätzen ordnungsmäßiger Buchführung**. So ist eine ordnungsmäßige Bilanzierung/Bewertung nur bei Vorliegen einer ordnungsmäßigen Buchführung möglich.

Obwohl der Begriff der GoB sowohl im HGB als auch im EStG erwähnt wird, wird er in keinem der beiden Gesetze erläutert. Daraus ergeben sich sowohl Vorteile als auch Nachteile: Als **Vorteil** dieser „Nichtpräzisierung" ist zu werten, dass dadurch ausführliche und konkrete Einzelregelungen vermieden und damit eine höhere Praktikabilität des Gesetzes erreicht wird. So wird die Entwicklung der Rechnungslegungsvorschriften und ihre Anpassung an sich ändernde Rahmenbedingungen/Erkenntnisse und praktische Übung nicht durch starre gesetzliche Regelungen behindert. Als **Nachteil** ist jedoch zu sehen, dass die GoB im Rahmen der praktischen Anwendung zu interpretieren sind. Konkretisiert werden die GoB hierbei durch das Zusammenwirken von Rechtsprechung, Praxis und Vertretern der Betriebswirtschaftslehre.

*die GoB sind weder im HGB noch im EStG näher definiert*

Die GoB stellen zwingend anzuwendende Grundsätze dar, die das schriftlich fixierte Gesetz ergänzen und überall dort anzuwenden sind, wo Gesetzeslücken auftreten bzw spezifische Gesetzesvorschriften einer Auslegung bedürfen. Da die GoB aber kein einheitliches und homogenes System darstellen, wird nach hM eine Rangordnung innerhalb der GoB verneint. Die einzelnen GoB sind somit grundsätzlich gleichwertig.
Hinzuweisen ist auch darauf, dass die **Generalnorm** des Jahresabschlusses (dh die Vermittlung eines möglichst getreuen Bildes der Vermögens-, (Finanz-) und Ertragslage keinen Vorrang gegenüber den **GoB** zukommt, sondern nur eine subsidiä-

*wo/wann sind die GoB anzuwenden?*

re Funktion hat. Dementsprechend darf unter Berufung auf die Generalnorm nicht von zwingenden GoB abgewichen werden.

> Der Jahresabschluss hat den Grundsätzen ordnungsmäßiger Buchführung zu entsprechen. ... Er hat dem Kaufmann ein möglichst getreues Bild der Vermögens- und Ertragslage zu vermitteln (§ 195 HGB). ....Der Jahresabschluss hat ein möglichst getreues Bild der Vermögens-, Finanz- und Ertragslage des Unternehmens zu vermitteln. Wenn dies aus besonderen Umständen nicht gelingt, sind im Anhang die erforderlichen zusätzlichen Angaben zu machen (§ 222 Abs 2 HGB).

*Ansatz von Leffson betr die* **Systematisierung** *der* **GoB**

Obwohl es keine verbindliche Systematisierung der GoB gibt, stammt ein anerkannter Ansatz von Leffson, der die GoB in obere und untere Grundsätze ordnungsmäßiger Buchführung einteilt (siehe die →**Abbildung**):

- Die **oberen GoB** resultieren aus den Aufgaben von Buchführung und Abschluss und enthalten nur allgemeine Formulierungen: Zu diesen oberen Grundsätzen zählen die **Rahmengrundsätze** (Grundsätze der Richtigkeit und Willkürfreiheit, Klarheit, Vollständigkeit), die **Abgrenzungsgrundsätze** (Realisationsprinzip, Grundsätze der Abgrenzung der Sache und der Zeit nach, Imparitätsprinzip) sowie die **ergänzenden Grundsätze** (Stetigkeit, Vorsichtsprinzip).

- Aus den oberen GoB werden die **unteren Grundsätze** abgeleitet. Im Gegensatz zu den oberen Grundsätzen handelt es sich hierbei nun um konkrete Vorschriften betr die Behandlung einzelner Geschäftsfälle in der Buchhaltung bzw damit auch in Bilanz und GuV.

Abb: *Schema der GoB*

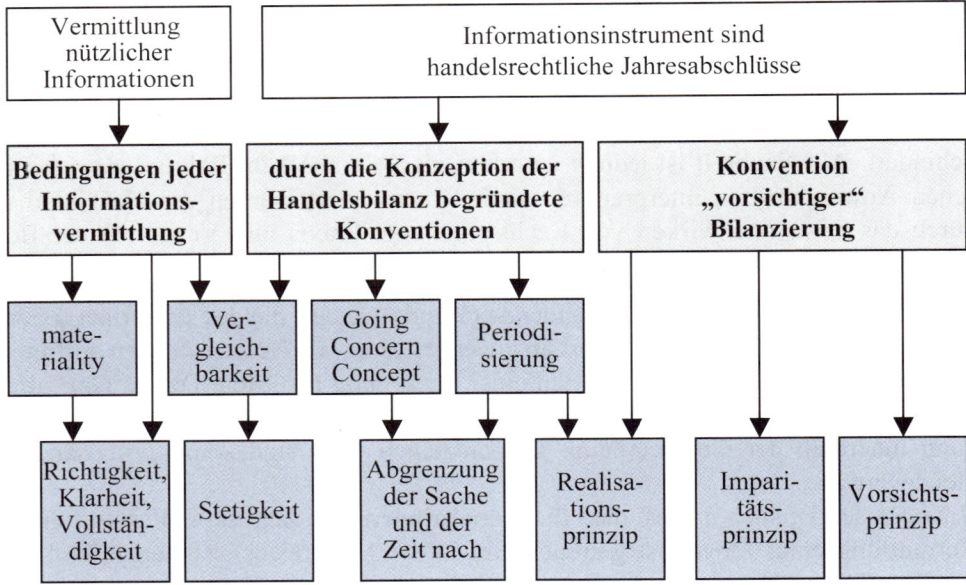

Im HGB sind einige der GoB kodifiziert und sind damit in deren Bedeutung besonders hervorgehoben. Zu diesen Grundsätzen zählen:

- Grundsatz der Klarheit und Übersichtlichkeit (§ 195 HGB),
- Saldierungsverbot (§ 196 Abs 2 HGB),
- Grundsatz der Einzelbewertung (§ 201 Abs 2 Z 3 HGB),
- Grundsatz der Vollständigkeit (§ 196 Abs 1 HGB),
- Grundsatz der Bilanzidentität (§ 201 Abs 2 Z 6 HGB),
- Grundsatz der Vorsicht (§ 201 Abs 2 Z 4 HGB),
- Realisationsprinzip (§ 201 Abs 2 Z 4a HGB),
- Imparitätsprinzip (§ 201 Abs 2 Z 4b HGB),
- Grundsatz der Periodenabgrenzung (§ 201 Abs 2 Z 5 HGB),
- Grundsatz der Fortführung der Unternehmenstätigkeit/Going concern-Prinzip (§ 201 Abs 2 Z 2 HGB)
- Grundsatz der Stetigkeit der Bewertungsmethoden (§ 201 Abs 2 Z 1 HGB).

Was nun genau der Inhalt dieser obigen Grundsätze ist, werden wir im folgenden Punkt diskutieren.

## 1.b.1.2. Übersicht über die einzelnen GoB

Zu den GoB zählen:

### ▶ Grundsatz der Richtigkeit und Willkürfreiheit

Der Jahresabschluss ist auf Basis von Aufzeichnungen zu erstellen, welche die betrieblichen Vorgänge in einem Unternehmen im Sinne der Buchführungsvorschriften zutreffend wiedergeben. Schätzwerte sind hierbei innerhalb objektiv bestimmbarer sachbezogener Grenzen zu wählen. Darüber hinaus verlangt der Grundsatz der Willkürfreiheit, dass Schätzungen diejenigen Annahmen zugrunde zu legen sind, die am wahrscheinlichsten sind und dass keine Bilanzmanipulationen erfolgen.

### ▶ Grundsatz der Klarheit/Verständlichkeit

Der Grundsatz der Klarheit/Verständlichkeit bezieht sich auf die Form der Aufzeichnungen in der Buchführung und im Jahresabschluss. Er betrifft insbesondere die Gliederung von Bilanz und GuV. Der Grundsatz verlangt, dass die einzelnen Geschäftsfälle, Bilanzpositionen sowie GuV-Positionen der Art nach eindeutig zu bezeichnen und so zu ordnen sind, dass die Bücher und Abschlüsse verständlich und übersichtlich sind. Verständlich bedeutet, dass jemand, der mit Buchführung und Abschluss vertraut ist, das Zahlenmaterial nachprüfen kann und durch die Darstellung nicht irregeführt wird.

*aus dem **Grundsatz** der*
***Klarheit** leitet sich das*
***Saldierungsverbot** ab*

Aus dem Grundsatz der Klarheit/Verständlichkeit leitet sich das **Saldierungsverbot** ab, nach dem Aktiv- und Passivposten sowie Erträge und Aufwendungen nicht gegeneinander verrechnet werden dürfen. Eine Ausnahme von diesem Verbot zeigt sich aber zB bei der Saldierungspflicht von aktiven und passiven →latenten Steuern.

▶ **Grundsatz der Einzelbewertung**

Entsprechend dem **Grundsatz der Einzelbewertung** sind die Vermögensgegenstände und Schulden bei Bilanzerstellung grundsätzlich einzeln zu erfassen und zu bewerten. Eine Durchbrechung dieses Grundsatzes zeigt sich aber zB bei der Bewertung der →Vorräte auf Basis der →Verbrauchsfolgeverfahren.

▶ **Grundsatz der Vollständigkeit**

Nach dem Grundsatz der Vollständigkeit sind sämtliche Vermögensgegenstände, Schulden, Rechnungsabgrenzungsposten, Erträge sowie Aufwendungen im Jahresabschluss zu erfassen.

*der Grundsatz der Voll-
ständigkeit wird durchbro-
chen*

Nicht verletzt wird der Grundsatz der Vollständigkeit und der Grundsatz der Richtigkeit in jenen Fällen, in denen gesetzliche Ausnahmen bestehen. Zu diesen Ausnahmen zählen:

- **Bilanzansatzwahlrechte**: zB im Falle von Rückstellungen von untergeordneter Bedeutung (§ 198 Abs 8 Z 3 HGB), Aufwendungen für das Ingangsetzen und Erweitern eines Betriebes (§ 198 Abs 3 HGB), Umgründungsmehrwert (§ 202 Abs 2 HGB), derivativer Firmenwert (§ 203 Abs 5 HGB), Disagio (§ 198 Abs 7 HGB).
- Verbot der Aktivierung **selbst erstellter immaterieller Vermögensgegenstände** des Anlagevermögens (§ 197 Abs 2 HGB).

*aus dem Grundsatz der
Vollständigkeit leiten sich
mehrere **Pflichten** und
**Grundsätze** ab*

Aus dem Grundsatz der Vollständigkeit leiten sich mehrere Pflichten und Grundsätze ab:
- Die Pflicht zur Durchführung einer →**Inventur** und zur Aufstellung des →**Inventars**.
- Der **Grundsatz der formellen Bilanzkontinuität** (Bilanzzusammenhang, **Bilanzidentität**). Nach diesem Grundsatz muss die Anfangsbilanz einer Periode mit der Schlussbilanz der vorausgegangenen Periode identisch sein. Über den Grundsatz der Bilanzidentität wird somit sichergestellt, dass die Periodenabschlüsse nicht nur alle während einer Periode, sondern auch alle während der Lebensdauer eines Unternehmens (Totalperiode) eingetretenen Vermögensänderungen erfassen.
- Das **Saldierungsverbot** von Aktiv- und Passivposten sowie von Erträgen und Aufwendungen, das wir bereits im Rahmen des Grundsatzes der Klarheit diskutiert haben.

► **Grundsatz der Vorsicht**

Nach dem Grundsatz der Vorsicht soll der Jahresabschluss keinen zu optimistischen Eindruck von der Lage eines Unternehmens vermitteln. Diesem Vorsichtsprinzip liegt die **Vorstellung** eines **vorsichtigen Kaufmanns** zugrunde, der sich im Zweifelsfall nicht reicher, sondern ärmer darstellt, als er tatsächlich ist. Zu dieser **vorsichtigen Bilanzierung** tragen vor allem das nachfolgend diskutierte **Realisations-** und das **Imparitätsprinzip** sowie daraus abgeleitet die Bewertung zu (fortgeführten) Anschaffungs-/Herstellungskosten bei. Zu nennen sind aber auch die Rückstellungen, über die unsichere, zukünftige Belastungen berücksichtigt werden. Diesbezüglich sei auf die entsprechenden Bereiche des Buches verwiesen.

*zum **Vorsichtsprinzip** tragen ua das Realisations- und das Imparitätsprinzip sowie die Bewertung zu Anschaffungskosten bei*

In **Misskredit** kann das Vorsichtsprinzip aber dadurch kommen, dass in der Praxis unter Hinweis auf das Vorsichtsprinzip über eine zu hohe Rückstellungsbildung stille Reserven gebildet werden, die bei schlechterem Geschäftsgang aufgelöst werden und damit die Ertragslage eines Unternehmens verschleiern (→Rückstellungen, sonstige). Allerdings gerät ein solches Vorgehen in Konflikt mit den Grundsätzen der Richtigkeit und Klarheit.

► **Realisationsprinzip**

Das Realisationsprinzip ist ein zentraler Grundsatz des HGB und umfasst zwei Aspekte:

- **Zum einen** regelt das Realisationsprinzip, wann der Ertrag aus Erzeugnissen/Leistungen eines Unternehmens als realisiert gilt und damit im Jahresabschluss zu erfassen/zu buchen ist. Hierbei gilt ein Erlös aus dem Verkauf von Sachgütern/Dienstleistungen erst zu jenem Zeitpunkt als realisiert und wird in der Bilanz und GuV ausgewiesen, wenn die Lieferung vollzogen bzw die Dienstleistung beendet ist. Als erbracht gilt eine Lieferung mit dem Zeitpunkt des Gefahrenübergangs.

- **Zum anderen** bestimmt das Realisationsprinzip den Wert, mit dem die Vermögensposten in der Bilanz auszuweisen sind. Zentrales Bewertungsprinzip im HGB ist damit der Ausweis der Vermögensposten auf Basis der Anschaffungskosten als Obergrenze (**Anschaffungswertprinzip**). Durch diese Wertobergrenze wird erreicht, dass noch nicht realisierte Erträge nicht in die Bilanz aufgenommen werden. Der Ausweis von über den →Anschaffungs-/Herstellungskosten liegenden Marktwerten in der Bilanz ist somit verboten (→Bewertungsmaßstäbe).

*aus dem **Realisationsprinzip** leitet sich die **Bewertung** zu Anschaffungskosten/Herstellungskosten ab*

► **Imparitätsprinzip**

Nach dem Imparitätsprinzip sind **noch nicht realisierte Verluste auszuweisen**, während **noch nicht realisierte Gewinne noch nicht ausgewiesen werden dürfen**. Das Imparitätsprinzip modifiziert somit das Realisationsprinzip, indem es iS des Vorsichtsprinzips künftige Gewinne und künftige Verluste unterschiedlich behandelt: Während **künftige Verluste** so früh als möglich (dh sobald sie erkannt sind) zu erfassen sind, werden **künftige Erträge** erst im Zeitpunkt ihrer Realisierung erfasst. Ausdruck des Imparitätsprinzips ist das **Nie-**

*das **Imparitätsprinzip** modifiziert das **Realisationsprinzip**, indem es künftige Gewinne und künftige Verluste unterschiedlich behandelt*

derstwertprinzip. Nach diesem Niederstwertprinzip ist der Buchwert eines Vermögenspostens grundsätzlich abzuschreiben, wenn der tatsächliche Wert eines Vermögensgegenstandes niedriger ist als sein Buchwert, wobei hier zwischen einem strengen und einem gemilderten Niederstwertprinzip zu unterscheiden ist. Diesbezüglich sei auf die Ausführungen zu den außerplanmäßigen →Abschreibungen verwiesen.

▶ **Grundsatz der sachlichen Abgrenzung**

Der Grundsatz der sachlichen Abgrenzung regelt die Frage, in welcher Periode (dh in welchem Geschäftsjahr) die durch die Leistungserstellung verursachten Wertminderungen als Aufwendungen zu erfassen sind. Ziel hierbei ist eine leistungsentsprechende Gegenüberstellung von Aufwendungen und Erträgen.

Aufgrund dieses Ziels sind grundsätzlich sämtliche sachlich den Unternehmensleistungen zurechenbaren (leistungsbezogenen) Wertminderungen in jener Abrechnungsperiode auszuweisen, in der auch die sachlich zuzuordnenden Erträge realisiert werden. Beispielsweise wenn die aufwandsverursachenden Produkte verkauft werden. Der Grundsatz der sachlichen Abgrenzung ist somit sehr eng mit dem Realisationsprinzip verbunden.

▶ **Grundsatz der zeitlichen Abgrenzung**

Erträge und Aufwendungen sind grundsätzlich in jener Periode zu erfassen, in der sie anfallen. Betreffen die Erträge/Aufwendungen mehrere Perioden, so sind diese Erträge/Aufwendungen jenen Perioden anteilig zuzurechnen, durch die sie wirtschaftlich bedingt sind. Beispielsweise Mieteinnahmen und Mietausgaben, Zinseinnahmen und Zinsausgaben sowie zeitlich bedingte Abschreibungen. Diese Abgrenzung erfolgt ua im Rahmen der →Rechnungsabgrenzung, die wir an anderer Stelle des Buches ausführlich diskutieren. **Eingeschränkt** wird der Grundsatz der zeitlichen Abgrenzung durch das Realisationsprinzip.

▶ **Grundsatz der Stetigkeit**

*der Grundsatz der Stetigkeit umfasst einen formellen und einen materiellen Aspekt*

Die Vermögens-, Finanz- und Ertragslage eines Unternehmens kann im Zeitablauf nur dann sinnvoll analysiert werden, wenn die im Jahresabschluss offen gelegten Informationen vergleichbar sind. Voraussetzung dafür sind sowohl formelle als auch materielle Aspekte:

- In **formeller Hinsicht** müssen im Zeitablauf die gleichen Gliederungsbegriffe und Gliederungsschemata in Bilanz und GuV verwendet werden.
- In **materieller Hinsicht** müssen die einzelnen Posten der Bilanz und GuV der Menge und dem Wert nach immer in der gleichen Weise ermittelt, abgegrenzt und zusammengestellt werden. Der Grundsatz der Stetigkeit umfasst nach HGB hierbei aber nur die **Bewertungsmethoden**, nicht jedoch die Bilanzierungsmethoden. Unter das Stetigkeitsgebot fallen somit nur die sog Bewertungswahlrechte, wobei hier zwischen echten und unechten Wahlrechten unterschieden werden kann:

○ Bei den **echten Wahlrechten** sieht das HGB explizit unterschiedliche Bewertungsmethoden vor: ua die unterschiedlichen Abschreibungsmethoden (linear, degressiv, ...), das Wahlrecht betr die Einbeziehung angemessener Teile der Gemeinkosten sowie der Fremdkapitalzinsen in die Herstellungskosten. Diese Wahlrechte wirken sich auf die Ermittlung der planmäßigen Abschreibungen bzw auf die zu aktivierenden Herstellungskosten aus.

○ Hingegen resultieren die **unechten Wahlrechte** aus einer Unbestimmtheit im Gesetz, die für das Unternehmen einen Ermessensspielraum eröffnet. Beispielsweise die „*angemessenen* Teile der Material- und Fertigungsgemeinkosten" im Rahmen der Ermittlung der Herstellungskosten.

Der Grundsatz der Bewertungsstetigkeit ist hierbei nicht nur auf einzelne Gegenstände des Vermögens oder der Schulden anzuwenden, sondern auch auf alle funktionsgleichen Vermögensgegenstände oder Schulden.

Ein **Abweichen** vom **Grundsatz** der **Stetigkeit** ist nur **in begründeten Fällen** möglich. In diesen Fällen müssen die Änderungen im Anhang erwähnt und in ihren Auswirkungen erläutert werden. Mögliche **Gründe** für ein Abweichen könnten ua sein: eine Änderung der Nutzungsdauer, wesentliche Änderungen des Beschäftigungsgrades, eine massive Veränderung der technologischen Umwelt eines Unternehmens, neue verpflichtend anzuwendende Vorschriften infolge veränderter Rechtsprechung sowie Änderungen resultierend aus den Ergebnissen einer steuerlichen Betriebsprüfung. Eine Änderung der Bewertungsmethoden allein aus bilanzpolitischen Überlegungen ist nicht zulässig.

▶ **Grundsatz des Going concern (Unternehmensfortführung)**

Nach dem Grundsatz des Going concern ist bei der Bewertung der Vermögensgegenstände und Schulden im Jahresabschluss davon auszugehen, dass ein Unternehmen solange weiterbestehen wird, solange dem nicht tatsächliche oder rechtliche Gründe entgegenstehen. Dementsprechend ist die Bewertung der Vermögensgegenstände vor dem Hintergrund von deren bestimmungsgemäßer Verwendung im Unternehmen im Rahmen der normalen Unternehmenstätigkeit vorzunehmen. Aus dem Grundsatz der Unternehmensfortführung leitet sich damit die Bewertung der Vermögensposten zu Anschaffungskosten bzw Herstellungskosten und nicht zu Liquidationswerten ab (→Bewertungsmaßstäbe).

## 1.b.2. Welche Vermögensgegenstände und Schulden werden bilanziert?

### 1.b.2.1. Übersicht

*Hintergrund*

Wie wir bereits bei den Aufgaben des →Rechnungswesens sowie der →Erfolgsermittlung gesehen haben, werden in der Bilanz Vermögensgegenstände und Schulden sowie allfällige Wertänderungen dieser Vermögensgegenstände und Schulden ausgewiesen.

*im Rahmen der **Bilanzierung** sind **drei Fragestellungen** zu lösen*

Konzentrieren wir uns vorerst auf die Vermögensgegenstände, so sind im Rahmen der Abschlusserstellung **drei Fragen** zu lösen (siehe auch die →**Abbildung**), die in **nachfolgenden Punkten** noch **ausführlich diskutiert** werden:

1. Die **Bilanzierung dem Grunde nach** (dh die Frage des **Ansatzes**): Welche Vermögensgegenstände scheinen in der Bilanz auf? Es geht hierbei um die Frage der Bilanzierungsfähigkeit. Verbunden damit sind die Fragen

   - der Bilanzierungspflicht,
   - des Bilanzierungsverbots,
   - des Bilanzierungswahlrechts sowie
   - der Bilanzierungshilfen.

2. Die **Bilanzierung der Höhe nach** (dh die Frage der **Bewertung**): Auf Basis welcher Bewertungsmaßstäbe und auf Basis welcher Bewertungsverfahren sind die Vermögensgegenstände in der Bilanz anzusetzen?

   > **Hinweis**: Die obige Unterscheidung zwischen dem **Ansatz** und der **Bewertung** ist insofern wichtig, als im HGB der Grundsatz der **Stetigkeit** nur für die **Bewertungsmethoden** gilt, nicht aber für **Bilanzierungs-** bzw **Bilanzansatzwahlrechte** (§ 201 Abs 2 Z 1 HGB). Unter die Stetigkeit fällt damit zB die Bewertung von fertigen und unfertigen Erzeugnissen iS eines Höchst- bzw Mindestansatzes (**Bewertungsfrage**). Nicht vom Stetigkeitsgebot erfasst ist hingegen zB das Bilanzansatzwahlrecht betr einen Firmenwert gem § 203 Abs 5 HGB (**Bilanzierungsfrage**).

   > **Hinweis**: Die Bilanzierungswahlrechte werden in der Literatur auch in die **Ansatz-** bzw **Bilanzierungswahlrechte ieS** (zB betr den Firmenwert) und in die **Bewertungswahlrechte** (zB betr die Vorräte iS eines Höchst- bzw Mindestansatzes) eingeteilt.

3. Der **Ausweis** der Vermögensgegenstände: Wo sind die Vermögensgegenstände in der Bilanz auszuweisen? (**Ausweis dem Orte nach**).

· Abb: *Prüfung der Bilanzierung (des Ansatzes) in der Bilanz*

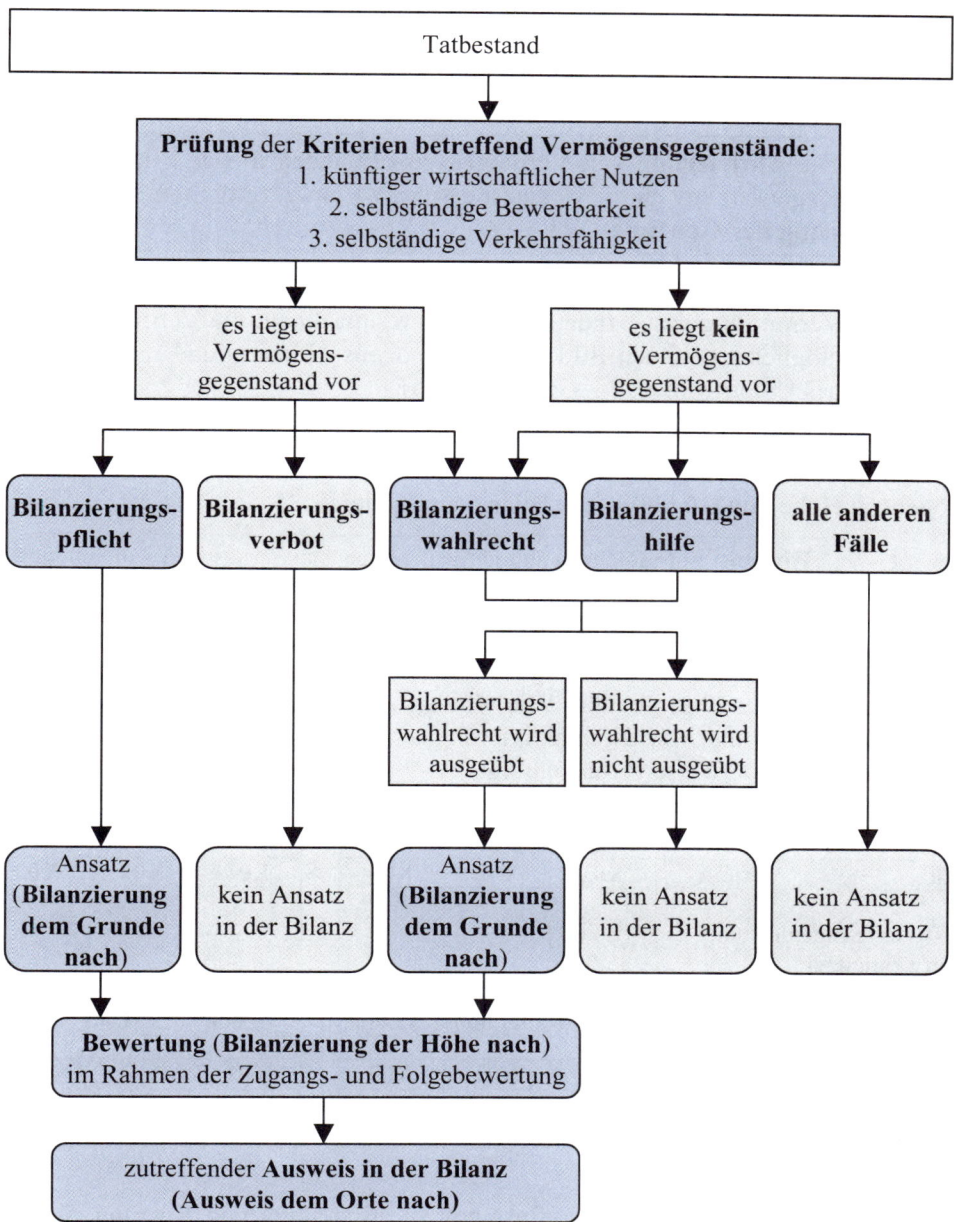

**Hinweis**: Uneinheitlich gesehen wird in der Literatur die Frage, ob ein Firmenwert einen Vermögensgegenstand darstellt oder nicht und damit im obigen Schema gem dem HGB-Wahlrecht als Bilanzierungswahlrecht oder als Bilanzierungshilfe zu behandeln ist.

### 1.b.2.2. Was bedeutet „Aktivierung in der Bilanz"?

*in der **Periode** der*
*Aktivierung wird das*
*Ergebnis verbessert*

Bevor wir uns mit spezifischen Regelungen betr die im obigen Punkt angesprochene Bilanzierung und Bewertung beschäftigen, wollen wir noch die Frage klären, was „Aktivierung in der Bilanz" überhaupt bedeutet.

> Die **Aktivierung** von Vermögensgegenständen **in der Bilanz** führt im Gegensatz zu einer Nichtaktivierung zu einer **zeitlichen Vorverlagerung der Gewinne**.

Die Frage der Aktivierung wirkt sich daher grundsätzlich auch auf die Vermittlung des →**true and fair view** aus, dh auf die Vermittlung eines möglichst getreuen Bildes der Vermögens-, Finanz- und Ertragslage eines Unternehmens (→**Generalnorm**).

*Beispiel zur „Aktivierung"*
*versus „Nichtaktivierung"*

Nehmen wir dazu an, dass es für unser Unternehmen gem HGB möglich ist, im GJ X01 gewisse Aufwendungen betr eine selbst erstellte Maschine des Anlagevermögens in Höhe von € 6.000 in der Bilanz zu aktivieren.

> **Hinweis**: Eine solche Wahlmöglichkeit zur Aktivierung von Aufwendungen sieht das HGB beim Umfang der →**Herstellungskosten** betreffend Vermögensgegenstände des Anlage- und des Umlaufvermögens vor.

Diese Maschine wird nach Erstellung im GJ X01 ab Beginn des GJ X02 zwei Jahre lang linear (gleichmäßig) genutzt. Wie würden unsere GuV und unsere Bilanz im Falle der Aktivierung bzw Nichtaktivierung aussehen (der Einfluss von Steuern wird vereinfachenderweise vernachlässigt)?

| | Aktivierung | | | Nichtaktivierung | | |
|---|---|---|---|---|---|---|
| **GuV** | **X01** | **X02** | **X03** | **X01** | **X02** | **X03** |
| ... | - | - | - | - | - | - |
| Aktivierte Eigenleistung | +6.000 | - | - | - | - | - |
| Aufwendungen | -6.000 | - | - | -6.000 | - | - |
| Abschreibungen | - | -3.000 | -3.000 | - | - | - |
| **Gewinn/Verlust** | **+/-0** | **-3.000** | **-3.000** | **-6.000** | **+/-0** | **+/-0** |

| **Bilanz** | **X01** | **X02** | **X03** | **X01** | **X02** | **X03** |
|---|---|---|---|---|---|---|
| Anlagevermögen:<br>- Maschinen | 6.000 | 3.000 | - | - | - | - |

*Ergebnisse betr*
*„Aktivierung" versus*
*„Nichtaktivierung"*

Betrachten wir nur isoliert den Einfluss betr die Erstellung und Nutzung der Maschine, so zeigen die **Ergebnisse** der Tabelle somit:

- Im **GJ X01** weist das Unternehmen in der GuV im Falle der **Aktivierung** ein besseres Ergebnis aus (+/-0) als im Falle der **Nichtaktivierung** (-6.000). Das Ergebnis ist damit genau um die Höhe der aktivierten Aufwendungen (6.000) besser. Da die Maschine einen selbst erstellten Vermögensgegenstand des Anlagevermögens betrifft, werden die Aufwendungen in diesem Beispiel über den

Posten „→aktivierte Eigenleistungen" korrigiert (→GuV, Gesamtkostenverfahren).

> **Hinweis**: Würden die Aufwendungen Herstellungskosten bezüglich Vorräte des **Umlaufvermögens** betreffen, so würde die Korrektur nicht über den Posten „aktivierte Eigenleistungen", sondern über den Posten „→**Bestandsveränderung an fertigen und unfertigen Erzeugnissen**" erfolgen (→GuV, Gesamtkostenverfahren).

- In den **Jahren der Nutzung** des Vermögensgegenstandes (**X02** und **X03**) dreht sich das Ergebnis um: Im Falle der Aktivierung ist das Ergebnis nun jeweils niedriger (-3.000) als im Falle der Nichtaktivierung (+/-0). Dies resultiert aus den Abschreibungen betr die Maschine (jeweils 3.000), die nur im Falle des aktivierten Teils der Herstellungskosten anfallen.
- Über den **gesamten Zeitraum**, in dem der Vermögensgegenstand erstellt und genutzt wird (**X01**, **X02** und **X03**) ist das gesamte Ergebnis im Falle der Nichtaktivierung und Aktivierung aber jeweils gleich hoch (-6.000).

▶ Siehe **Arbeitsbuch: Beispiel** zu **D.1.b.2.2.**

## 1.b.2.3. Bilanzierungspflicht, -wahlrecht, -verbot

Wir haben bereits in der Einleitung darauf hingewiesen, dass im Rahmen der Abschlusserstellung die Frage der **Bilanzierung dem Grunde nach** (dh die Frage des **Ansatzes**) zu lösen ist.

Die **Bilanzierungsfähigkeit** bezieht sich dabei auf die Frage, ob in der Bilanz ein Aktivposten (Aktivierungsfähigkeit) oder ein Passivposten (Passivierungsfähigkeit) ausgewiesen wird. So sieht das HGB vor, dass der Jahresabschluss sämtliche Vermögensgegenstände, Rückstellungen, Verbindlichkeiten, Rechnungsabgrenzungsposten, Aufwendungen und Erträge zu enthalten hat, soweit gesetzlich nichts anderes bestimmt ist (§ 196 Abs 1 HGB). Daraus resultierend ist die Bilanzierungsfähigkeit somit grundsätzlich dann gegeben, wenn

*wann ist die **Bilanzierungsfähigkeit** gegeben?*

1. Vermögensgegenstände und Schulden dem Bilanzierenden zuzurechnen sind und
2. kein Bilanzierungsverbot vorliegt.

Für diese bilanzierungsfähigen Vermögensgegenstände und Schulden besteht eine Bilanzierungspflicht, sofern kein Bilanzierungswahlrecht vorliegt.

Wobei für das Vorliegen eines **Vermögensgegenstandes drei Kriterien** zutreffen müssen:

*wann liegt ein **Vermögensgegenstand** vor?*

1. der Vermögensgegenstand weist für das Unternehmen einen (**künftigen**) **wirtschaftlichen Nutzen** auf,
2. der Vermögensgegenstand ist **selbständig bewertbar** (dh es muss ein

geeigneter Wertmaßstab vorliegen; verbunden damit ist ein Bewertungsmaßstab iS der nachfolgend behandelten Anschaffungs- bzw Herstellungskosten) und

3. der Vermögensgegenstand ist **selbständig verkehrsfähig**, dh er ist einzeln veräußerbar (dies trägt dem Gläubigerschutz Rechnung, da die
   Gläubiger, vor allem Banken, im Insolvenzfall dadurch die Möglichkeit
   haben, einzelne Objekte zur Schuldentilgung verwerten zu können; siehe
   dazu →Jahresabschluss, Funktionen).

> Zentral bei der Frage der Abbildung von Vermögenswerten in der Bi-
> lanz sind neben der Bilanzierungspflicht die **Bilanzierungsverbote** und
> die **Bilanzierungswahlrechte**. Diese Bilanzierungsverbote und Bilan-
> zierungswahlrechte stellen eine **Ausnahme** vom ansonsten im HGB
> geltenden **Grundsatz** der **vollständigen Erfassung** aller bilanzierungs-
> fähigen Vermögensgegenstände dar.

*unter die **Bilanzierungs-***
*verbote des HGB fallen ua*
*die selbst erstellten immate-*
*riellen Vermögenswerte des*
*Anlagevermögens*

Zu den Bilanzierungsverboten nach dem HGB zählen:

- **Selbst (intern) erstellte immaterielle Vermögenswerte des Anlagevermögens** wie selbst erstellte Patente, Lizenzen aber auch die Aus- und Weiterbil-
  dungskosten der Mitarbeiter. Diese Kosten sind nicht aktivierungsfähig und
  werden daher nicht in der Bilanz ausgewiesen. Die Kosten solcher „immaterieller" Investitionen werden grundsätzlich in der Periode als Aufwand in der GuV
  erfasst, in der sie anfallen.

> **Hinweis**: *Selbst erstellte immaterielle Vermögenswerte*, die nicht selbst ge-
> nutzt, sondern verkauft werden sollen, sind hingegen zu *aktivieren* und im
> *Umlaufvermögen* unter den Vorräten auszuweisen (zB eine zum Verkauf be-
> stimmte Software).

Nicht aktiviert werden darf auch der **originäre** *(selbst aufgebaute)* **Firmenwert**
(im Gegensatz zum *derivativen*, dh erworbenen *Firmenwert*).

- Die **Aufwendungen für** die **Gründung des Unternehmens** und die **Beschaffung von Eigenkapital**.

*im HGB besteht für einige*
*Vermögenswerte ein **Bilan-***
*zierungswahlrecht*

Im Falle der **Bilanzierungswahlrechte** steht es einem Bilanzierenden frei, die
„Vermögenswerte" (in der Literatur werden diese nicht als eigentliche Vermögensgegenstände angesehen) entweder in die Bilanz aufzunehmen und in den Folgeperioden (planmäßig) abzuschreiben oder sie sofort als Aufwand zu verbuchen.

> **Hinweis**: Welche **Auswirkungen** sich aus der Inanspruchnahme eines **Bilan-
> zierungswahlrechts** ergeben, wird im Rahmen des **Beispiels** zur „**Aktivie-
> rung** versus **Nichtaktivierung**" ersichtlich (→Bilanzierung).

Die wesentlichen Bilanzierungswahlrechte nach HGB sind in der folgenden Tabelle zusammengefasst.

Tab: *Übersicht über die Bilanzierungswahlrechte*

| Beispiel | HGB | EStG |
|---|---|---|
| • Aufwendungen für das Ingangsetzen und Erweitern eines Betriebes | Aktivierungswahlrecht (§ 198 Abs 3 HGB) | eine eigene steuerliche Regelung gibt es nicht; iS der Maßgeblichkeit wird damit der Vorgehensweise im handelsrechtlichen Abschluss gefolgt |
| • entgeltlich erworbener (derivativer) Geschäfts- oder Firmenwert | Aktivierungswahlrecht (§ 203 Abs 5 HGB) | Aktivierungspflicht (§ 8 Abs 3 EStG) |
| • Disagio (Damnum) bei Verbindlichkeiten | Aktivierungswahlrecht (§ 198 Abs 7 HGB) | Aktivierungspflicht (§ 6 Z 3 EStG) |
| • aktive latente Steuern aus einer Steuerabgrenzung | Aktivierungswahlrecht (§ 198 Abs 10 HGB) | (Erl: →latente Steuern können im steuerlichen Abschluss nicht auftreten) |
| • Aufwandsrückstellungen, soweit aufgrund der GoB keine Bildung notwendig ist | Passivierungswahlrecht (§ 198 Abs 8 Z 2 HGB) | Passivierungsverbot (§ 9 Abs 3 EStG) |
| • Rückstellungen von untergeordneter Bedeutung | Passivierungswahlrecht (§ 198 Abs 8 Z 3 HGB) | eine eigene steuerliche Regelung gibt es nicht; iS der Maßgeblichkeit wird der Vorgehensweise im handelsrechtlichen Abschluss gefolgt |

Zu nennen ist schließlich noch der Ausweis sog **Bilanzierungshilfen**.

*nach HGB können in einigen Fällen **Bilanzierungshilfen** in Anspruch genommen werden*

 Die **Bilanzierungshilfen** stellen aktive Posten im Jahresabschluss dar, die aber **weder** ein **Vermögensgegenstand** noch ein →**Rechnungsabgrenzungsposten** noch ein **Korrekturposten zu** den **Passiva** sind.

Unter diese Bilanzierungshilfen fallen die bereits im Rahmen der Aktivierungswahlrechte behandelten *Aufwendungen für die Ingangsetzung und Erweiterung eines Geschäftsbetriebes* sowie die *aktiven* →*latenten Steuern*. Teilweise wird ua auch das Aktivierungswahlrecht für einen entgeltlich erworbenen *Firmenwert* als Bilanzierungshilfe angesehen. **Zweck der Bilanzierungshilfen** ist es, einen **periodengerechten Ausweis** der Aufwendungen zu ermöglichen bzw im Falle des Ingangsetzungs- und Erweiterungsaufwands eine Überschuldung am Beginn einer Unternehmensgründung zu vermeiden.

Die obigen Ausführungen haben sich bisher ausschließlich mit der Aktivseite der Bilanz befasst. Offen ist somit noch die Frage der Behandlung der Schulden. Diese **Schulden** sind zu charakterisieren als:

*wann liegen **Schulden** vor?*

1. bestehende oder hinreichend sicher erwartete Belastungen des Vermögens des Bilanzierenden,
2. die Belastungen beruhen auf einer rechtlichen oder wirtschaftlichen Leis-

tungsverpflichtung des Bilanzierenden und

3. die Schulden sind selbständig bewertbar, dh abgrenzbar (ausgeschlossen ist damit das allgemeine Unternehmerrisiko).

Wobei zu diesen Schulden sowohl die Verbindlichkeiten als auch die Rückstellungen zählen. Die inhaltliche Abgrenzung zwischen den Verbindlichkeiten und Rückstellungen haben wir bereits im Rahmen der →Bilanz vorgenommen.

*Grundsätze für die Bildung von* **Rückstellungen**

Zu beachten ist, dass der **Umfang** betr die Bildung möglicher **Rückstellungen** im HGB eingegrenzt ist (§ 198 Abs 8 HGB):

- Rückstellungen sind für ungewisse Verbindlichkeiten und für drohende Verluste aus schwebenden Geschäften zu bilden, die am Abschlussstichtag wahrscheinlich oder sicher, aber hinsichtlich ihrer Höhe oder dem Zeitpunkt ihres Eintritts unbestimmt sind.
- Rückstellungen dürfen außerdem für ihrer Eigenart nach genau umschriebene, dem Geschäftsjahr oder einem früheren Geschäftsjahr zuzuordnende Aufwendungen gebildet werden, die am Abschlussstichtag wahrscheinlich oder sicher, aber hinsichtlich ihrer Höhe oder dem Zeitpunkt ihres Eintritts unbestimmt sind. Derartige Rückstellungen sind zu bilden, soweit dies den Grundsätzen ordnungsmäßiger Buchführung entspricht.

Im HGB werden insbesondere folgende **Arten von Rückstellungen** genannt:

- Anwartschaften auf Abfertigungen,
- laufende Pensionen und Anwartschaften auf Pensionen,
- Kulanzen, nicht konsumierter Urlaub, Jubiläumsgelder, Heimfalllasten und Produkthaftungsrisiken.

Eine Verpflichtung zur Bildung von Rückstellungen ist jedoch dann nicht gegeben, wenn es sich um Beträge von untergeordneter Bedeutung handelt. Für die **Bildung anderer** als der nach HGB genannten **Rückstellungen** besteht ein **Passivierungsverbot**.

▶ Siehe **Arbeitsbuch**: **Beispiele** zu **D.1.b.2.3.**

### 1.b.3. Welche Bewertungsmaßstäbe werden verwendet?

### 1.b.3.1. Übersicht über die Bewertungsmaßstäbe

### 1.b.3.1.a. Allgemeine Überlegungen

Nachdem geklärt ist, welche Vermögenswerte und Schulden in die Bilanz aufzunehmen sind, sind zwei weitere Fragen zu klären:

*die **Zugangs**- und die **Folgebewertung** beziehen sich auf unterschiedliche Zeitpunkte der Bilanzierung*

1. Mit welchem Wert sind die aktivierten Vermögenswerte und Schulden beim „Zugang" in der Bilanz erstmals auszuweisen (**Zugangsbewertung**)?

2. Sind die Vermögenswerte und Schulden am Ende eines Geschäftsjahres noch vorhanden, so müssen wir uns am Ende eines Geschäftsjahres zusätzlich überlegen, mit welchem Wert diese Posten in der Bilanz auszuweisen sind (**Folgebewertung**). Im Rahmen dieser Folgebewertung sind sowohl die planmäßige als auch die außerplanmäßige Wertentwicklung zu berücksichtigen. So kann beispielsweise der Wert von Maschinen durch die Nutzung iS der Leistungserstellung (zB Produktion von Waren) gesunken sein (**planmäßige Wertentwicklung**). Der Börsenkurs von Wertpapieren wiederum kann aufgrund von Börsenschwankungen über die Anschaffungskosten hinaus gestiegen oder aber auch unter diese Anschaffungskosten gesunken sein (**außerplanmäßige Wertentwicklung**). Der Wert von Forderungen und Verbindlichkeiten in ausländischer Währung kann sich wiederum aufgrund von Wechselkurskursschwankungen verändert haben (außerplanmäßige Wertentwicklung).

Abb: *Schritte der Bewertung*

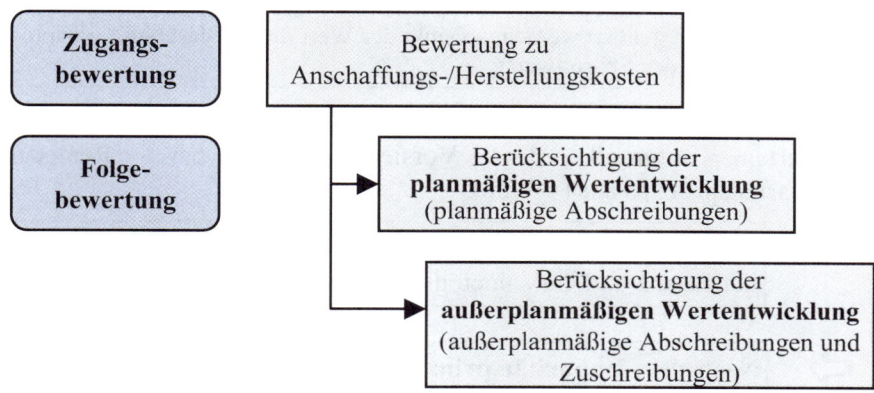

> **Hinweis**: Im Rahmen der **Folgebewertung** sind nicht nur die neu zugegangenen Vermögenswerte zu behandeln. Über die **Eröffnungsbilanz** werden auch bereits im abgelaufenen Geschäftsjahr vorhandene Vermögenswerte und Schulden in das laufende Geschäftsjahr und in weiterer Folge in die **Schlussbilanz** übernommen. Diesbezüglich sei auf die Ausführungen zum →Buchungskreislauf verwiesen.

*welche **Bewertungsprinzipien** gibt es?*

Grundsätzlich würden für die Erfassung von solchen Wertschwankungen im Anlagevermögen, Umlaufvermögen sowie Fremdkapital **drei Bewertungsprinzipien** offen stehen. Hierzu zählen

- der Ausweis zu (fortgeführten) **Anschaffungs-/Herstellungskosten**,
- der Ausweis zu **Marktwerten** sowie
- der Ausweis zu **Verkaufswerten (Liquidationswerten)**.

*der **Ausweis von Liquidationswerten scheidet** bei Vorliegen des Grundsatzes der Unternehmensfortführung **aus***

Von diesen Bewertungsmaßstäben scheidet idR der Ausweis zu Verkaufswerten aus, da bei der Bilanzerstellung vom **Grundsatz der Unternehmensfortführung** auszugehen ist.

> Nach dem **Grundsatz der Unternehmensfortführung (Going concern-Prinzip)** wird davon ausgegangen, dass ein Unternehmen solange weiterbestehen wird, solange dem nicht tatsächliche oder rechtliche Gründe entgegenstehen. Damit sind in der Bilanz Fortführungswerte und keine Zerschlagungswerte (Liquidationswerte) anzusetzen.

> Auswirken würde sich die **Aufgabe des Grundsatzes der Unternehmensfortführung** zB auf die Bewertung von speziell für ein Unternehmen hergestellten Produktionsmaschinen. Im Falle der Unternehmensfortführung weisen diese Maschinen einen Wert auf, da sie im Rahmen der Produktion Ertrag bringend eingesetzt werden können. Wird die Unternehmensfortführung hingegen aufgegeben und können diese Maschinen von keinem anderen Unternehmen genützt werden, so sinkt der Wert dieser Maschinen entsprechend (zB bis auf den Schrottwert).

*aufgrund des **Imparitätsprinzips** dürfen nach HGB **keine Marktwerte** ausgewiesen werden*

Nach HGB scheidet weiters der Ansatz von Vermögenswerten und Schulden zu Marktwerten aufgrund des Vorsichtsprinzips bzw Realisationsprinzips/Imparitätsprinzips aus (→Gob).

> Nach dem **Realisationsprinzip** dürfen noch nicht realisierte Erträge in der Bilanz und GuV noch nicht ausgewiesen werden.

> Nach dem **Imparitätsprinzip** dürfen noch nicht realisierte Erträge im Jahresabschluss nicht ausgewiesen werden, während noch nicht realisierte Verluste anzusetzen sind.

Aus dem Realisationsprinzip bzw Imparitätsprinzip resultierend ist das Vermögen zu (fortgeführten) Anschaffungs-/Herstellungskosten, nicht aber zu höheren Marktwerten bzw neubewerteten Werten zu bilanzieren. Liegen die „Marktwerte" iS der beizulegenden Werte unter den Anschaffungs-/Herstellungskosten, so ist iS des Vorsichtsprinzips zudem eine außerplanmäßige →Abschreibung vorzunehmen.

 Die Bewertung zu (fortgeführten) **Anschaffungskosten** bzw **Herstellungskosten** ist das **zentrale Bewertungsprinzip** des HGB. Der Ausweis von über den Anschaffungs-/Herstellungskosten liegenden Marktwerten ist nicht möglich.

Stellen Sie sich beispielsweise folgenden Fall vor: Unser Unternehmen hat vor 10 Jahren ein Grundstück um € 1 Mio erworben, das heute € 2,4 Mio wert ist. In solchen und anderen Fällen sieht das HGB vor, dass nur die fortgeführten Anschaffungskosten bzw Herstellungskosten (zB bei eigenen Erzeugnissen), nicht aber die Marktwerte der Vermögenswerte angesetzt werden dürfen. In unserem Fall also muss das Grundstück in der Bilanz nach wie vor mit den ursprünglichen Anschaffungskosten von € 1 Mio angesetzt werden. Dies obwohl das Grundstück mittlerweile € 2,4 Mio wert ist. Die Vermögenswerte in der Bilanz weisen damit sog **stille Reserven** auf.

**Hinweis**: Im Gegensatz zum HGB sehen die →**IAS/IFRS** in bestimmten Bereichen die Bewertung von Vermögensposten zu über den Anschaffungs- bzw Herstellungskosten liegenden **Marktwerten** vor.

Hintergrund für diese Vorgehensweise ist, dass im Falle des HGB die Ausschüttungs- und Steuerbemessungsfunktion an das Ergebnis des handelsrechtlichen Jahresabschlusses geknüpft sind. Damit besteht die Gefahr, dass der Ausweis noch nicht realisierter Erträge **erhöhte Ausschüttungen** nach sich ziehen würde, die das im Unternehmen aushaftende Kapital reduzieren und damit die Fremdkapitalgeber schlechter stellen. Gleichzeitig würde der Ausweis noch nicht realisierter Erträge zu **erhöhten Steuerzahlungen** führen.

Beispielsweise würde der erfolgswirksame Ausweis von **Wertpapieren** über deren Anschaffungskosten zu Erträgen in der GuV führen. Durch den daraus resultierenden höheren Gewinn würden **höhere Steuerzahlungen** der Unternehmen und **höhere Dividendenansprüche** der Aktionäre/Eigentümer resultieren. Sowohl die Steuerzahlungen als auch die Dividenden würden aber zu Auszahlungen führen, denen keine entsprechenden Einzahlungen gegenüberstehen. Die Erträge aus der Neubewertung der Wertpapiere sind ja noch nicht realisiert. Realisiert werden diese erst bei deren Verkauf. Damit kommt auch der Mittelzufluss aus dem höheren Marktwert erst beim Verkauf. Bis dahin könnte aber der Börsenwert der Wertpapiere schon wieder gesunken sein. Um solche negativen Auswirkungen auszuschließen, sind die Vermögenswerte im HGB je nachdem zu fortgeführten Anschaffungskosten bzw Herstellungskosten zu bilanzieren.

*der **Ausweis noch nicht realisierter Erträge** würde zu erhöhten Ausschüttungen und Steuerzahlungen führen*

*die Auswirkungen am Beispiel der Bewertung von **Wertpapieren***

Zu der dem HGB zugrunde liegenden **vorsichtigen Bilanzierung** tragen vor allem das **Realisations-** und das **Imparitätsprinzip** sowie daraus abgeleitet die Bewertung zu (fortgeführten) **Anschaffungs-/Herstellungskosten** bei. Zu nennen ist aber auch der Einfluss des Vorsichtsprinzips auf die Bildung der „**sonstigen**" **Rückstellungen**.

## 1.b.3.1.b. Zugangsbewertung

Wie der obige Punkt gezeigt hat, stellt aus Sicht des HGB die Bewertung von Vermögensposten zu (fortgeführten) Anschaffungs- bzw Herstellungskosten den zentralen Bewertungsmaßstab dar.

 Als **Anschaffungskosten** werden **handelsrechtlich** alle Aufwendungen verstanden, die geleistet werden, um einen Vermögensgegenstand zu erwerben und ihn in einen betriebsbereiten Zustand zu versetzen, soweit sie dem Vermögensgegenstand einzeln zugeordnet werden können.

*Bestandteile der Anschaffungskosten*

Die Anschaffungskosten umfassen hierbei (→**Tabelle**):

| Anschaffungskosten: Bestandteile | HGB | EStG |
|---|:---:|:---:|
| • Anschaffungspreis (Kaufpreis, zB Listenpreis) **abzüglich** von Anschaffungspreisminderungen (zB Rabatte, Skonti) | ja | ja |
| • Anschaffungsnebenkosten: zB Verpackung, Vertragserrichtungskosten, Vermittlungsprovisionen, Anwaltskosten, Notarkosten, Bezugskosten (Zölle, Frachten, Speditionskosten, Transportversicherung) | ja | ja |
| • Kosten der Herstellung der Betriebsbereitschaft (zB Montage- und Fundamentierungskosten) | ja | ja |
| • nachträgliche Anschaffungskosten (zB Vorschreibung einer nicht berücksichtigten Abgabe, nachträgliche Erschließungskosten) | ja | ja |
| • Finanzierungskosten | nein | nein |
| • Umsatzsteuer | nein[1] | nein[1] |
| Regelungen finden sich in: | § 203 Abs 2 HGB | § 6 Z 10 f EStG Abschn 6 EStR Rz 2174ff |

Erl: [1] außer es ist kein Vorsteuerabzug möglich

Neben den Anschaffungskosten bilden die Herstellungskosten den zweiten zentralen Bewertungsmaßstab:

Unter die **Herstellungskosten** fallen alle Aufwendungen, die durch den Verbrauch von Gütern und die Inanspruchnahme von Diensten für die Herstellung eines Vermögensgegenstandes, seine Erweiterung oder für eine über seinen ursprünglichen Zustand hinausgehende wesentliche Verbesserung entstehen.

Bei den **Herstellungskosten** ist handelsrechtlich zwischen einem Mindestansatz und einem Höchstansatz zu unterscheiden (→**Tabelle**). Entscheidend hierbei ist, dass beim **Mindestansatz** in der Bilanz nur die Einzelkosten angesetzt werden, während beim **Höchstansatz** sowohl die Einzel- als auch die Gemeinkosten angesetzt werden (**Ansatzpflicht**). Für bestimmte Kosten besteht zudem ein **Ansatzwahlrecht** bzw ein **Ansatzverbot**.

*Herstellungskosten:*
*Mindestansatz: Bewertung zu Einzelkosten;*
*Höchstansatz: Bewertung zu Einzel- und Gemeinkosten*

| Herstellungskosten: Bestandteile | HGB Mindestansatz | HGB Höchstansatz | EStG |
|---|---|---|---|
| Materialeinzelkosten | P | P | P |
| Personaleinzelkosten | P | P | P |
| Sondereinzelkosten der Fertigung | P | P | P |
| Materialgemeinkosten[1] | - | P | P |
| Personalgemeinkosten[1,2] | - | P | P |
| Abschreibungen[1] | - | P | P |
| Fremdkapitalzinsen | W[3] | W[3] | W[3] |
| allgemeine Verwaltungskosten | V[4] | V[4] | V[4] |
| Vertriebskosten | V[4] | V[4] | V[4] |
| Regelungen finden sich in: | § 203 Abs 3f, § 206 Abs 3 HGB | § 203 Abs 3f, § 206 Abs 3 HGB | § 6 Z 2a EStG, Abschn 6 Rz 2195ff EStR 2000 |

Erl: P (Ansatzpflicht), W (Ansatzwahlrecht), V (Ansatzverbot); [1] auf Basis der durchschnittlichen Beschäftigung (Normalbeschäftigung); [2] einschl der Aufwendungen für Sozialeinrichtungen des Betriebes, für freiwillige Sozialleistungen sowie für betriebliche Altersversorgung und Abfertigungen; steuerrechtlich besteht für den Ansatz dieser Aufwendungen ein Wahlrecht, sofern diese auch handelsrechtlich angesetzt werden; [3] Aktivierungswahlrecht, soweit die Zinsen auf den Zeitraum der Herstellung entfallen und das Fremdkapital zur Finanzierung der Herstellung des Vermögensgegenstandes verwendet wird; [4] es dürfen jedoch für jene Aufträge, deren Ausführung sich über mehr als zwölf Monate erstreckt, angemessene Teile der Verwaltungs- und Vertriebskosten angesetzt werden, falls eine verlässliche Kostenrechnung vorliegt und soweit aus der weiteren Auftragsabwicklung keine Verluste drohen – siehe dazu den Ausweis langfristiger Fertigungsaufträge.

Welche Auswirkungen sich aus dem Ansatz der Herstellungskosten zum Höchstansatz versus Mindestansatz ergeben, wird im Rahmen der Vorratsbewertung an einem Beispiel dargestellt (→fertige und unfertige Erzeugnisse).

*bei der Bewertung zu fort-geführten AK/HK sind keine laufenden Neubewertungen erforderlich*

Rein aus **Sicht der Wertermittlung** ist als **Vorteil** der Bewertung von Vermögensgegenständen zu (fortgeführten) Anschaffungs-/Herstellungskosten zu sehen, dass diese objektive Werte darstellen, da – im Gegensatz zu Marktwerten – **keine laufende Neubewertung des Vermögens notwendig** wird. Ein Vorteil, der aber nur dann gegeben ist, wenn es keinen *Marktpreis* iS eines Börsenpreises gibt. Liegt kein Börsenpreis vor, so stellt sich für die Unternehmen das *Problem der (regelmäßigen) Wertermittlung.*

*die Bewertung zu fortgeführten AK/HK führt idR zu stillen Reserven in der Bilanz*

Als **Nachteil** der Bewertung zu (fortgeführten) Anschaffungskosten/Herstellungskosten ist jedoch anzuführen, dass beide idR vom Marktwert eines Vermögensgegenstandes zum Zeitpunkt der Bilanzerstellung nach oben hin abweichen und daher die Vermögenssituation eines Unternehmens in der Bilanz nur unzutreffend dargestellt wird. Je konsequenter das Anschaffungs-/Herstellungskostenprinzip in der Bilanzierung angewandt wird, desto mehr **stille Reserven** werden idR somit auch gebildet. Ein Aspekt, der im Rahmen der Analyse zu berücksichtigen ist.

> **Hinweis:** Betreffend diese stillen Reserven ist aber zwischen **Zwangsreserven**, **Ermessensreserven** und **Willkürreserven** zu trennen. So können Unternehmen jene Zwangsreserven nicht vermeiden, die sich durch die verpflichtende Bewertung zu fortgeführten Anschaffungs- bzw Herstellungskosten ergeben. Anders stellt sich hingegen der Fall bei den Ermessens- und Willkürreserven dar (→Eigenkapital, Kapitalgesellschaften).

> **Hinweis:** Die Frage „**Anschaffungskosten versus Marktwerte**" wird derzeit durch die **IAS/IFRS** auch in Österreich zum Thema, da die IAS/IFRS in Teilbereichen solche Marktwerte vorsehen. Beispielsweise werden bestimmte Wertpapiere des Umlaufvermögens zu Marktwerten ausgewiesen. Negative Auswirkungen aus der Bilanzierung von Marktwerten ergeben sich bei den Abschlüssen nach IAS/IFRS aber nicht, da diese – im Gegensatz zum HGB – keine Steuerbemessungsfunktion und keine Ausschüttungsbemessungsfunktion haben. Alleinige Funktion der →IAS/IFRS-Abschlüsse ist die Informationsfunktion. Zudem muss beachtet werden, dass bei den IAS/IFRS nicht alle Erträge/Aufwendungen in der GuV gezeigt werden. So werden einige Erträge/Aufwendungen direkt in das Eigenkapital gebucht und sind damit nicht in der GuV sichtbar.

*steuerrechtlich ist für die Bewertung des AV und UV der Teilwert heranzuziehen*

**Steuerrechtlich** ist für die Bewertung des Anlage- und des Umlaufvermögens der **Teilwert** heranzuziehen. Da sich dieser Teilwert am →**Grundsatz der Unternehmensfortführung** orientiert, scheiden steuerrechtlich damit – wie im Handelsrecht – die Liquidationswerte für die Bewertung aus.

> Der **Teilwert** ist jener Betrag, den der Erwerber des ganzen Betriebes im Rahmen des Gesamtkaufpreises für das einzelne Wirtschaftsgut ansetzen würde. Hierbei ist davon auszugehen, dass der Erwerber den Betrieb fortführt (§ 6 Z 1 EStG, § 12 BewG).

Im **Zeitpunkt** der **Anschaffung/Herstellung** entspricht der Teilwert grundsätzlich den Anschaffungs-/Herstellungskosten. Zu beachten ist aber zB die oben dargestellte, unterschiedliche Definition der Herstellungskosten gem EStG und HGB.

*der steuerliche **Teilwert** entspricht weitgehend den **Ansätzen nach HGB***

Schauen wir uns nun die Passivseite der Bilanz an, so sind betr die **Schulden handelsrechtlich** folgende **Grundsätze** zu beachten (§ 211 HGB):

***handelsrechtliche Wertmaßstäbe** betr die **Schulden***

- **Verbindlichkeiten** sind mit ihrem **Rückzahlungsbetrag** anzusetzen. Dieser Rückzahlungsbetrag ist jener Betrag, der aufgebracht werden muss, um eine Verbindlichkeit schuldbefreiend zu tilgen. Nicht zum Rückzahlungsbetrag zählen jene Kosten, die im Zusammenhang mit der Begleichung der Verbindlichkeit entstehen (zB Überweisungsspesen).
- **Rentenverpflichtungen** sind mit dem **Barwert der zukünftigen Auszahlungen** anzusetzen.
- **Rückstellungen** sind grundsätzlich **mit dem nach vernünftiger kaufmännischer Beurteilung notwendigen Betrag** anzusetzen. Im Rahmen dieser Bewertung ist auf den Grundsatz der Vorsicht Bedacht zu nehmen.

> **Hinweis**: Bei der Ermittlung der Höhe des Rückstellungsbetrages sind alle Informationen iS sowohl günstiger als auch ungünstiger Entwicklungen mit einzubeziehen. Darauf aufbauend ist der Rückstellungsbetrag willkürfrei und nachvollziehbar abzuleiten.

Demnach sind **Rückstellungen für ungewisse Verbindlichkeiten** (zB Ertragssteuerrückstellungen, Garantierückstellungen) mit jenem Betrag anzusetzen, mit dem bei der Erfüllung der Verbindlichkeit zu rechnen ist. **Rückstellungen für drohende Verluste aus schwebenden Geschäften** sind grundsätzlich in Höhe des erwarteten Verpflichtungsüberhangs zu bilden, dh mit dem Betrag, um welchen der Wert der zu erbringenden Leistung wahrscheinlich jenen der Gegenleistung übersteigen wird.

Für die Bildung von **Rückstellungen** für laufende **Pensionen** und **Anwartschaften** auf Pensionen sowie ähnliche Verpflichtungen ist der sich nach **versicherungsmathematischen** Grundsätzen ergebende **Betrag** anzusetzen. Anwartschaften auf **Abfertigungen** sind entsprechend zu bewerten, wobei jedoch vereinfachend auch ein bestimmter Prozentsatz der fiktiven Ansprüche zum jeweiligen Bilanzstichtag angesetzt werden darf, sofern dagegen im Einzelfall keine erheblichen Bedenken bestehen.

**Steuerrechtlich** sind betr die Zugangsbewertung der Schulden folgende Grundsätze zu beachten (§ 9 EStG, § 14 EStG, Abschn 6 Rz 2418 ff sowie Abschn 8 Rz 3301 ff EStR 2000; siehe auch die Erläuterungen zu den →Rückstellungen):

***steuerrechtliche Wertmaßstäbe** betr die **Schulden***

- Die **Verbindlichkeiten** sind mit dem Rückzahlungsbetrag anzusetzen.
- Für die **Rentenverpflichtungen** findet sich kein spezieller Wertmaßstab, womit iS des Handelsrechts vom versicherungsmathematisch errechneten Barwert der zukünftigen Auszahlungen auszugehen ist.

- Für die Bewertung der **Rückstellungen** betr die Vorsorge für **Abfertigungen** und **Pensionen** finden sich spezifische Regelungen, wobei grundsätzlich vom versicherungsmathematischen Wert auszugehen ist.

- Die Bewertung der **Rückstellungen** für sonstige ungewisse Verbindlichkeiten und für drohende Verluste aus schwebenden Geschäften erfolgt grundsätzlich mit jenem Betrag, der nach den Verhältnissen am Bilanzstichtag wahrscheinlich zur Erfüllung notwendig ist. Die Bewertung folgt damit der handelsrechtlichen Vorgehensweise.

> **Hinweis**: Steuerlich dürfen die Rückstellungen für sonstige ungewisse Verbindlichkeiten und für drohende Verluste aus schwebenden Geschäften jedoch nur mit 80 % des Teilwertes angesetzt werden. Ausgenommen hiervon sind jene Rückstellungen, deren Laufzeit am Bilanzstichtag weniger als zwölf Monate beträgt.

- Nicht möglich sind jedoch die pauschale Bildung von Rückstellungen sowie die Bildung von Aufwandsrückstellungen.

▶ Siehe **Arbeitsbuch**: **Beispiele** zu **D.1.b.3.**

## 1.b.3.1.c. Folgebewertung

*über den AK/HK liegende Marktwerte werden in der Bilanz nicht ausgewiesen*

Die im obigen Punkt definierten Anschaffungs-/Herstellungskosten bilden – wie bereits dort erwähnt – handels- und steuerrechtlich die Wertobergrenze beim Ausweis der Vermögensgegenstände in der Bilanz.

> ⇨    Die (historischen) **Anschaffungskosten** bzw **Herstellungskosten** bilden handels- und steuerrechtlich die **Wertobergrenze** für die Bilanzierung der Vermögensgegenstände in der **Bilanz**.

> **Hinweis**: Über den Anschaffungs-/Herstellungskosten liegende Marktwerte der Vermögensgegenstände dürfen im HGB somit nicht ausgewiesen werden. **Marktwerte** werden zwar im Rahmen der **außerplanmäßigen →Abschreibungen** ausgewiesen, diese Marktwerte liegen dann aber unter den historischen →Anschaffungs-/Herstellungskosten der betreffenden Vermögensgegenstände.

*im Rahmen der Folgebewertung werden die AK/HK fortgeführt*

Im Rahmen der auf den Zugang der Vermögensgegenstände folgenden Geschäftsjahre sind die Anschaffungs-/Herstellungskosten der Vermögensgegenstände fortzuführen (**Folgebewertung**). Hierbei ergibt sich grundsätzlich die folgende **Vorgehensweise** (siehe auch die →**Abbildung**):

- Die Vermögensgegenstände des **abschreibbaren Anlagevermögens** werden zu (historischen) Anschaffungs-/Herstellungskosten unter Berücksichtigung der planmäßigen Abschreibungen, allfälliger außerplanmäßiger Abschreibungen sowie allfälliger Zuschreibungen bilanziert.

- Die Vermögensgegenstände des **nicht abschreibbaren Anlagevermögens** und des **Umlaufvermögens** werden zu (historischen) Anschaffungs-/Herstellungskosten unter Berücksichtigung allfälliger außerplanmäßiger Abschreibungen sowie allfälliger Zuschreibungen bilanziert. Planmäßige Abschreibungen können hier nicht anfallen.

Hinsichtlich einer Erklärung der planmäßigen →Abschreibungen, der außerplanmäßigen →Abschreibungen und der →Zuschreibungen sowie der hierbei handels- und steuerrechtlich zu beachtenden Vorschriften sei auf die entsprechenden Stellen des Buches verwiesen.

Abb: *Bewertung von Vermögensgegenständen*

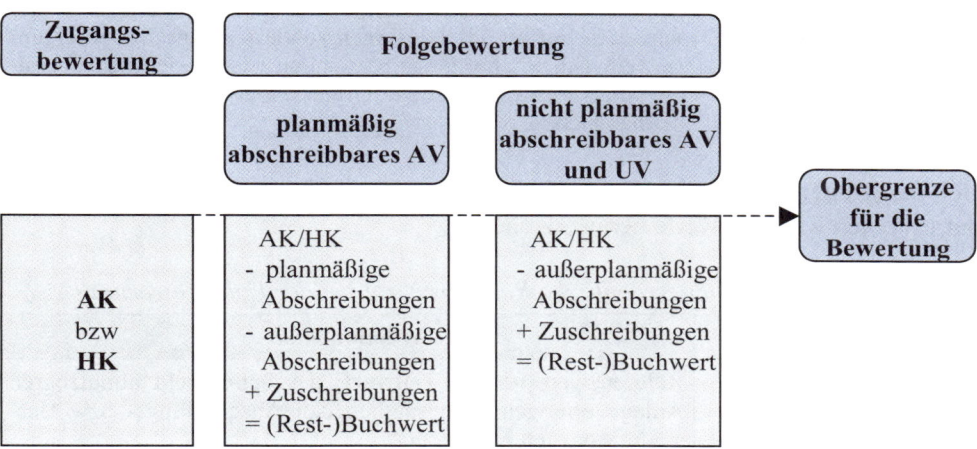

Im Rahmen dieser **außerplanmäßigen Abschreibungen** kommen handelsrechtlich die in der folgenden Tabelle aufgezeigten **Referenzwerte** zur Anwendung.

*Wertmaßstäbe betr die außerplanmäßige Abschreibung*

Tab: *Übersicht über handelsrechtliche Referenzwerte bei der Folgebewertung*

| Bereich | Wertmaßstab |
|---|---|
| • Anlagevermögen | Für das Anlagevermögen ist der **beizulegende Wert** heranzuziehen. Da dieser beizulegende Wert gesetzlich nur ansatzweise umschrieben ist, sind verschiedene Hilfswerte heranzuziehen. Zu diesen Hilfswerten zählen: <br> • der **Wiederbeschaffungswert** bzw **Reproduktionswert**, <br> • der um noch anfallende Aufwendungen verminderte **Veräußerungspreis** (womit eine verlustfreie Bewertung gewährleistet ist) sowie <br> • der **Ertragswert** (beispielsweise bei Beteiligungen, Patenten und Lizenzen). |
| • Umlaufvermögen | Referenzwerte für das **Umlaufvermögen**: <br> • **Börsenkurse**, dh jene Preise, mit denen Wertpapiere oder Waren an einer amtlich anerkannten Börse notiert sind. <br> • **Marktpreise**, dh die für Waren an einem bestimmten Han- |

| Bereich | Wertmaßstab |
|---|---|
|  | delsplatz jeweils gültigen Preise. <br> • Ist für Gegenstände des Umlaufvermögens ein Börsenkurs oder Marktpreis nicht feststellbar, so ist der oben beschriebene **beizulegende Wert** heranzuziehen (beispielsweise bei Forderungen). |
| • Verbindlichkeiten | Referenzwert ist der im Rahmen der Zugangsbewertung erläuterte **Rückzahlungsbetrag**. |
| • Rentenverpflichtungen | Referenzwert ist wie im Rahmen der Zugangsbewertung der **Barwert der zukünftigen Auszahlungen**. |
| • Rückstellungen | Referenzwert ist wie im Rahmen der Zugangsbewertung **der nach vernünftiger kaufmännischer Beurteilung notwendigen Betrag**, wobei auf den Grundsatz der Vorsicht Bedacht zu nehmen ist. Bei **Rückstellungen** für laufende **Pensionen** und **Anwartschaften** auf Pensionen sowie ähnliche Verpflichtungen einschließlich der Abfertigungen ist der sich nach **versicherungsmathematischen** Grundsätzen ergebende **Betrag** heranzuziehen. |

*steuerrechtliche Wertansätze im Rahmen der Folgebewertung*

Bei der **steuerrechtlichen Folgebewertung** sind die in der folgenden Tabelle dargestellten Referenzwerte heranzuziehen.

Tab: *Übersicht über steuerrechtliche Referenzwerte bei der Folgebewertung*

| Bereich | Wertmaßstab |
|---|---|
| • nicht abnutzbares Anlagevermögen | Referenzwert ist der **Teilwert**, der beim nicht abnutzbaren Anlagevermögen grundsätzlich den Anschaffungs- bzw Herstellungskosten entspricht. |
| • abnutzbares Anlagevermögen | Referenzwert ist der **Teilwert**, der beim abnutzbaren Anlagevermögen grundsätzlich den Anschaffungs-/Herstellungskosten, vermindert um die AfA (Absetzung für Abnutzung) entspricht. |
| • Umlaufvermögen | Referenzwert ist der **Teilwert**, der beim Umlaufvermögen grundsätzlich den Wiederbeschaffungskosten entspricht. |
| • Verbindlichkeiten | Referenzwert ist der **Rückzahlungsbetrag**. |
| • Rentenverpflichtungen | Referenzwert ist der versicherungsmathematisch errechnete **Rentenbarwert**. |
| • Rückstellungen für Pensionen und Abfertigungen | Es finden sich **spezifische Bewertungsparameter**, wobei grundsätzlich vom versicherungsmathematischen Wert auszugehen ist. |
| • Sonstige Rückstellungen | Referenzwert ist jener **Betrag**, der nach den Verhältnissen am Bilanzstichtag wahrscheinlich **zur Erfüllung notwendig** ist. |

Abb: *Im Rahmen der Folgebewertung vorgesehene Wertansätze*

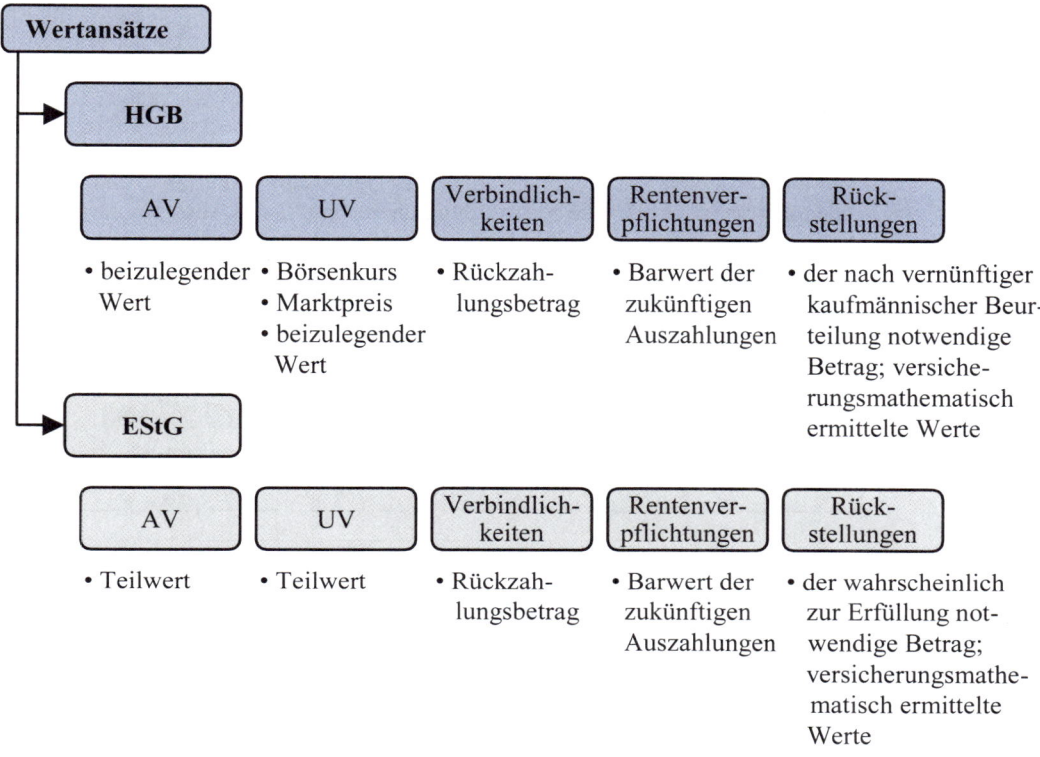

## 1.b.3.1.d. Weitere zu beachtende Grundsätze

Im Rahmen der Bilanzierung/Bewertung von Vermögensgegenständen und Schulden sind neben den oben erwähnten Bestimmungen zusätzlich folgende Grundsätze zu beachten (→GoB):

*weitere zu beachtende Grundsätze*

- **Grundsatz der Einzelbewertung**: Demnach ist jeder Vermögensgegenstand und jede Schuld einzeln zu bewerten. Eine Ausnahme von diesem Grundsatz zeigt sich aber zB bei den Bewertungsvereinfachungsverfahren betr die Vorräte (→Vorräte, Gruppenbewertung).

*Einzelbewertung*

- **Grundsatz der Bewertungsstetigkeit**, wonach die auf den vorhergehenden Jahresabschluss angewandten Bewertungsmethoden beizubehalten sind. Der Grundsatz der Stetigkeit umfasst aber nicht die Bilanzierungswahlrechte (Bilanzansatzwahlrechte) wie zB betr den →Ingangsetzungs und Erweiterungsaufwand sowie betr den Geschäfts(Firmen)wert (→Firmenwert, derivativer).

*Bewertungsstetigkeit*

**Hinweis: Bewertungsmethoden** sind die **Verfahren zur Wertermittlung**. Betr die Stetigkeit sind hierbei die im Gesetz ausdrücklich eingeräumten **Wahlrechte** zu beachten (zB der Umfang der Herstellungskosten bei fertigen und unfertigen Erzeugnissen iS eines Höchst- bzw Mindestansatzes). Zusätzlich sind iS der Stetigkeit auch die Bewertungsmethoden zu beachten, die sich aus **Spielräumen** resultierend aus unbestimmten Rechtsbegriffen, unvollkommenen Informationen und Ungewissheiten betr die Zukunft ergeben (zB die Schätzung der Nutzungsdauer eines Gegenstandes des abschreibbaren Anlagevermögens oder die Verwendung unterschiedlicher Abschreibungsmethoden).

 Ein **Abweichen** von diesen Grundsätzen ist **nur bei** Vorliegen **besonderer Umstände** möglich. In diesen Fällen müssen die Änderungen im Anhang erwähnt und in ihren Auswirkungen auf die Vermögens-, Finanz- und Ertragslage erläutert werden (§ 201 Abs 2 Z 6 und § 236 Z 1 HGB). Eine Änderung der Bewertungsmethode allein aus bilanzpolitischen Gründen ist nicht möglich (→Bilanzpolitik).

Mögliche **Gründe für ein Abweichen** vom **Grundsatz der Bewertungsstetigkeit** können ua sein: neue verpflichtend anzuwendende Vorschriften infolge der Änderung von Gesetzen und Rechtsprechung sowie Änderungen resultierend aus den Ergebnissen einer steuerlichen Betriebsprüfung, Einbeziehung oder Ausscheiden in einen Konzernverbund, Änderungen der unternehmerischen Konzeption (zB bei einem Wechsel des Managements oder bei der Einleitung von Sanierungsmaßnahmen), größere Produktions- und Sortimentsumstellungen sowie größere Veränderungen in der technologischen Umwelt eines Unternehmens.

*Bilanzidentität*

- **Grundsatz der Bilanzidentität**, wonach die Eröffnungsbilanz eines Geschäftsjahres mit der Schlussbilanz des vorhergehenden Geschäftsjahres übereinstimmen muss.

*Stichtagsbewertung*

- **Grundsatz der Stichtagsbewertung**: Für die Ermittlung der Wertansätze der Vermögensgegenstände und Schulden sind die Verhältnisse des Bilanzstichtages maßgeblich. Daraus abgeleitet ergibt sich (§ 201 Abs 2 Z 4b HGB):

  o **Wertaufhellende Tatbestände** sind bei der Bewertung **zu berücksichtigen**. Demnach sind bei der Bewertung alle Umstände zu berücksichtigen, die bis zum Tag der Aufstellung des Jahresabschlusses bekannt geworden sind und das abgelaufene Geschäftsjahr betreffen (dh also auch Informationen, die erst nach dem Abschlussstichtag bekannt geworden sind, aber noch das abgelaufene Geschäftsjahr betreffen). Entscheidend sind somit die Verhältnisse am Bilanzstichtag. Stellt sich zB im Rahmen der Jahresabschlusserstellung nach dem 31.12. heraus, dass eine im Abschluss erfasste Forderung gegenüber einem Kunden aufgrund eines Ausgleichs oder Konkurses des Kunden nur vermindert eingehen wird, so ist diese Tatsache im Rahmen der Jahresabschlusserstellung iA zu berücksichtigen und die Forderung vermindert anzusetzen, da die betreffende Forderung bereits zum Bilanzstichtag gefährdet gewesen ist.

> Erl: Der **Zeitpunkt** der **Aufstellung** des **Jahresabschlusses** ist grundsätzlich jener Tag, an dem ein Kaufmann mit seiner Unterschrift dokumentiert, dass er die Abschlussarbeiten in ihrer Gesamtheit beendet hat. Bei prüfungspflichtigen Kapitalgesellschaften entspricht dies grundsätzlich dem Tag der Feststellung des Jahresabschlusses.

 o  **Wertbeeinflussende Faktoren** dürfen **nicht berücksichtigt** werden, dh Änderungen des Wertes, die erst nach dem Abschlussstichtag eintreten. Beispielsweise darf damit die Wertminderung eines betrieblichen Fahrzeugs aufgrund eines unfallbedingten Totalschadens kurz nach dem Abschlussstichtag im abgelaufenen Geschäftsjahr nicht berücksichtigt werden.

Weiters ist zu beachten, dass entsprechend dem **Saldierungsverbot (Verrechnungsverbot)** Posten der Aktivseite der Bilanz nicht mit Posten der Passivseite verrechnet werden dürfen (§ 196 Abs 2 HGB). Vermögensposten dürfen damit nicht mit Schulden verrechnet werden. Eine Ausnahme von diesem Saldierungsverbot besteht im Falle der aktiven und passiven →latenten Steuern.

*Saldierungs-*
*verbot*

## 1.b.3.2. Bewertung aus Sicht einzelner Zielgruppen

International dreht sich die zentrale Frage betr die Bewertung von Vermögensgegenständen um „Anschaffungskosten" versus „Marktwerte".

> Die Frage „**Bilanzierung** zu **Anschaffungskosten/Herstellungskosten** versus Bilanzierung zu **Marktwerten**" wird **von** den einzelnen **Adressatengruppen** eines Jahresabschlusses (Fremdkapitalgebern, Eigentümer/Investoren sowie den Unternehmen selbst) **unterschiedlich gesehen**.

• Die **Fremdkapitalgeber** sind idR daran interessiert, dass die Vermögenswerte und die Schulden eines Unternehmens tendenziell vorsichtig bewertet werden. In einem solchen Fall stehen bei Eintritt eines Krisenszenarios idR (höhere) stille Reserven in einem Unternehmen zur Verfügung, die als Sicherheit für die Kredite der Banken dienen können, beispielsweise wenn ein Unternehmen seinen Kreditrückzahlungen und/oder Zinszahlungen nicht mehr nachkommen kann. Fremdkapitalgeber werden von daher tendenziell an der Verwendung von (fortgeführten) Anschaffungskosten/Herstellungskosten und weniger an der Verwendung von (über die AK/HK hinausgehenden) Marktwerten für die Bewertung der Vermögensposten interessiert sein. Aus Sicht der Fremdkapitalgeber sollte das Vermögen somit tendenziell unterbewertet und die Schulden tendenziell überbewertet sein.

*Fremdkapitalgeber wollen eher ein **unterbewertetes** **Vermögen** und ein **überbewertetes Fremdkapital***

*Investoren sind an einem betriebswirtschaftlich orientierten Ausweis des Vermögens und des Fremdkapitals interessiert*

- Im Gegensatz zu den Fremdkapitalgebern sind die **Eigentümer/Aktionäre/Investoren** eines Unternehmens an einem möglichst betriebswirtschaftlich orientierten Ausweis des Vermögens und der Schulden und damit weniger an stillen Reserven interessiert, um die Rentabilität ihres eingesetzten Kapitals besser beurteilen zu können. Als Schlagworte sind hier die **wertorientierte Unternehmensführung** iS des **Shareholder Value** sowie des **EVA (Economic Value Added)** zu nennen, die im Rahmen der Analyse diskutiert werden (→Analyse, EVA). Im Mittelpunkt dieser Konzepte steht die Frage, ob die Verzinsung des in einem Unternehmen eingesetzten Kapitals über oder unter der von den Aktionären/Eigentümern geforderten Mindestverzinsung (Mindestrendite) liegt. Ist die tatsächlich erwirtschaftete Rendite eines Unternehmens höher als die geforderte Mindestrendite der Aktionäre, so wird für die Aktionäre ein **Mehrwert** geschaffen. Liegt die tatsächlich erwirtschaftete Rendite eines Unternehmens hingegen unter der von den Aktionären geforderten Mindestrendite, so wird aus Sicht der Investoren **Wert vernichtet**.
  Im Falle der oben angesprochenen vorsichtigen Bilanzierung, an der die Fremdkapitalgeber interessiert sind, wird das eingesetzte Kapital aber in der Bilanz zu niedrig und damit die Rentabilität des eingesetzten Kapitals zu hoch ausgewiesen. Der Jahresabschluss wird in diesem Fall den Informationsinteressen der Aktionäre/Eigentümer nur bedingt gerecht.

*die Sicht der Unternehmen hängt von der Funktion des Jahresabschlusses ab*

- Die **Unternehmen** selbst werden die Vor- und Nachteile zwischen der Bewertung zu Anschaffungskosten/Herstellungskosten und zu Marktwerten je nachdem gewichten, welche Funktionen an den Einzelabschluss geknüpft sind (→Jahresabschluss, Aufgaben):

  - Kommt dem Abschluss nur eine **Informationsfunktion** zu, so sind betriebswirtschaftliche Bilanzierungs- und Bewertungsgrundsätze und damit der Ausweis zu Marktwerten grundsätzlich zu präferieren, da in diesem Fall die Unterschiede zwischen der internen (Leistungs- und Kostenrechnung) und der externen Rechnung (Jahresabschluss) reduziert werden (→Jahresabschluss, Instrumente). Der externe Jahresabschluss kann damit als Basis für die Unternehmenssteuerung herangezogen werden.

  - Kommt dem Einzelabschluss jedoch - wie im Falle des HGB - auch eine **Ausschüttungs- und Steuerbemessungsfunktion** zu, so würden zB über die Bewertung der Vermögensposten zu Marktwerten/neubewerteten Werten und - sofern diese Änderungen erfolgswirksam und nicht erfolgsneutral erfasst werden - noch nicht realisierte Erträge im Jahresergebnis ausgewiesen. Diese noch nicht realisierten Erträge würden zu erhöhten Ausschüttungs- und Steueransprüchen an die Unternehmen führen und dadurch die Unternehmenssubstanz gefährden. In diesem Fall treten die Vorteile der Anschaffungskosten/Herstellungskosten wieder in den Vordergrund. Zu beachten bleibt jedoch, dass diese Argumente für den Konzernabschluss nicht gelten, da diesem nur eine Informationsfunktion zukommt. Im Einzelabschluss könnten negative Auswirkungen betr die Ausschüttung durch Ausschüttungssperren erreicht werden, wie sie derzeit bereits im HGB vorgesehen sind (§ 235 HGB).

- Aus Sicht **kleinerer Unternehmen** wiederum treten die Vorteile eines Einheitsabschlusses iS der Maßgeblichkeit aus **Kostengesichtspunkten** in den Vordergrund, da in diesem Fall nur ein Abschluss zu erstellen ist. Allerdings müssen in diesem Fall Verzerrungen im Informationsgehalt eines Jahresabschusses durch steuerliche Überlegungen in Kauf genommen werden (→Zweikreissystem).

## 1.b.4. Übersicht über die Bilanzierung/Bewertung des Vermögens und der Schulden

In den vorangegangenen Punkten haben wir Bilanzierungsgrundsätze sowie Bewertungsmaßstäbe angesprochen, die im Rahmen der in diesem Abschnitt behandelten Abschlussfragen zu beachten sind. Diese Bilanzierungs- und Bewertungsvorschriften werden in den weiteren Punkten noch ausführlich erläutert. Um aber eine **Orientierung** zu erleichtern, werden in den folgenden **Tabellen** die zentralen Bestimmungen des Handelsrechts (HGB) und des Steuerrechts (EStG) angeführt. Die Stellen des Buches, in denen diese Bestimmungen betr die Bilanzierung/Bewertung von Anlagevermögen, Umlaufvermögen und Fremdkapital näher erläutert werden, sind hierbei jeweils vermerkt.

> **Hinweis:** Im Falle abweichender Bilanzierungs- und Bewertungsgrundsätze im handels- und steuerrechtlichen Abschluss ist der Ansatz →**latenter Steuern** zu prüfen.

*Bewertung des Anlagevermögens*

Bei der Bewertung des **Anlagevermögens** sind folgende Grundsätze zu beachten:

| Anlagevermögen | HGB | EStG | Hinweis |
|---|---|---|---|
| • **Zugangswert** | Anschaffungs- bzw Herstellungskosten | Anschaffungs- bzw Herstellungskosten | D-1.b.3.1.b |
| • **Wertobergrenze** | Anschaffungs- bzw Herstellungskosten, beim abschreibbaren Anlagevermögen vermindert um die bis zum Bilanzstichtag angefallenen planmäßigen Abschreibungen | Anschaffungs- bzw Herstellungskosten, beim abschreibbaren Anlagevermögen vermindert um die bis zum Bilanzstichtag angefallene AfA (Absetzung für Abnutzung) | D-1.b.3.1.c |
| • **planmäßige Abschreibungen/ Teilwertabschreibungen** | beim abschreibbaren Anlagevermögen müssen planmäßige Abschreibungen angesetzt werden | beim abschreibbaren Anlagevermögen muss die planmäßige AfA angesetzt werden | D-3.c.1. |
| • **außerplanmäßige Abschreibungen** | beim **immateriellem AV und Sach-AV** gilt das **gemilderte Niederstwertprinzip**, dh eine außerplanmäßige Abschreibung ist nur bei voraussichtlich dauernder Wertminderung vorzunehmen; bei **Finanzanlagen** dürfen solche Abschreibungen auch dann vorgenommen werden, wenn die Wertminderung voraussichtlich nicht von Dauer ist (**Wahlrecht**) | es besteht ein **Abschreibungswahlrecht**; bei der **Gewinnermittlung gem § 5 Abs 1 EStG** ist eine Teilwertabschreibung jedoch nur bei voraussichtlich dauernder Wertminderung vorzunehmen; bei **Finanzanlagen** dürfen solche Abschreibungen auch dann vorgenommen werden, wenn die Wertminderung voraussichtlich nicht von Dauer ist (**Wahlrecht**) | D-3.c.2. |
| • **Vergleichswert** betr die außerplanmäßige Abschreibung | beizulegender Wert | Teilwert | D-1.b.3.1.c. |
| • **Zuschreibungen** | es besteht grundsätzlich eine **Zuschreibungspflicht**; von der Zuschreibung **darf** jedoch **abgesehen werden, wenn** ein niedrigerer Wertansatz bei der steuerrechtlichen Gewinnermittlung unter der Voraussetzung beibehalten werden kann, dass er auch im Jahresabschluss beibehalten wird; nach | beim **abnutzbaren Anlagevermögen** besteht ein **Zuschreibungsverbot** (uneingeschränkter Wertzusammenhang); dieser Grundsatz wird nur im Falle der Zuschreibung nach § 6 Z 13 EStG durchbrochen; beim **nicht abnutzbaren Anlagevermögen** besteht ein **Zuschreibungswahlrecht** (ein- | D-3.c.2. |

| Anlagevermögen | HGB | EStG | Hinweis |
|---|---|---|---|
| | der Zuschreibung dürfen höchstens die (fortgeführten) Anschaffungs- bzw Herstellungskosten angesetzt werden | geschränkter Wertzusammenhang); bei der **Gewinnermittlung nach § 5 Abs 1 EStG** ist das handelsrechtliche Wertaufholungsgebot zu beachten; danach kann der niedrigere Wert beibehalten werden, wenn er bei der steuerlichen Gewinnermittlung unter der Voraussetzung beibehalten werden kann, dass er auch im Jahresabschluss beibehalten wird; nach der Zuschreibung dürfen höchstens die (fortgeführten) Anschaffungs- bzw Herstellungskosten angesetzt werden | |
| • **zugekauftes immaterielles Vermögen** | es besteht **Aktivierungspflicht** | es besteht ein **Aktivierungswahlrecht** | D-3.b.1. |
| • **selbst erstelltes immaterielles Anlagevermögen** | es besteht ein **Aktivierungsverbot** | es besteht ein **Aktivierungsverbot** | D-3.b.1. |
| • **originärer Firmenwert** | es besteht ein **Aktivierungsverbot** | es besteht ein **Aktivierungsverbot** | D-3.b.1. |
| • **derivativer Firmenwert** | es besteht ein **Aktivierungswahlrecht**; der Firmenwert ist im Falle einer Aktivierung planmäßig längstens auf die Geschäftsjahre zu verteilen, in denen er voraussichtlich genutzt wird | es besteht eine **Aktivierungspflicht**; die Abschreibungsdauer beträgt fünfzehn Jahre bei linearer Abschreibung | D-3.b.1. |
| Regelungen | §§ 203, 204, 208 HGB | § 4 Abs 1, §§ 6 ff EStG | |

*allgemeine Bewertung des*    Bei der allgemeinen Bewertung des **Umlaufvermögens** sind die folgenden Grund-
*Umlaufvermögens*             sätze zu beachten (siehe dazu auch die nachfolgenden ergänzenden Regelungen):

| Umlaufvermögen | HGB | EStG | Hinweis |
|---|---|---|---|
| • **Zugangswert** | Anschaffungs- bzw Herstellungskosten | Anschaffungs- bzw Herstellungskosten | D-1.b.3.1.b. |
| • **Wertobergrenze** | Anschaffungs- bzw Herstellungskosten | Anschaffungs- bzw Herstellungskosten | D-1.b.3.1.c. |
| • **Vergleichswert** betr die außerplanmäßige Abschreibung | Börsenkurs, Marktpreis, beizulegender Wert | Teilwert | D-1.b.3.1.c. |
| • **planmäßige Abschreibungen** | - | - | |
| • **außerplanmäßige Abschreibung/ Teilwertabschreibung** | es gilt das **strenge Niederstwertprinzip**, dh eine außerplanmäßige Abschreibung ist auch im Falle nicht dauernder Wertminderungen vorzunehmen | es besteht ein **Abschreibungswahlrecht**; bei der **Gewinnermittlung gem § 5 Abs 1** EStG gilt jedoch das strenge Niederstwertprinzip | D-3.c.2. |
| • **Zuschreibung** | es besteht grundsätzlich eine **Zuschreibungspflicht**; der niedrigere Wertansatz darf aber aus **steuerlichen Gründen** beibehalten werden (dh er darf beibehalten werden, wenn er bei der steuerlichen Gewinnermittlung unter der Voraussetzung beibehalten werden kann, dass er auch im handelsrechtlichen Abschluss beibehalten wird); nach der Zuschreibung dürfen höchstens die Anschaffungs- bzw Herstellungskosten angesetzt werden | es besteht ein **Zuschreibungswahlrecht**; bei der **Gewinnermittlung nach § 5 Abs 1** EStG ist das handelsrechtliche Wertaufholungsgebot zu beachten; danach kann der niedrigere Wert beibehalten werden, wenn er bei der steuerlichen Gewinnermittlung unter der Voraussetzung beibehalten werden kann, dass er auch im Jahresabschluss beibehalten wird; nach der Zuschreibung dürfen höchstens die Anschaffungs- bzw Herstellungskosten angesetzt werden | D-3.c.2. |
| Regelungen | § 206 ff HGB | § 6 Z 2a und Z 13 EStG | |

Bei der Bewertung der **Vorräte** gelten grundsätzlich die oben dargestellten, **allgemeinen Grundsätze** betreffend das Umlaufvermögen. Als **ergänzende Vorschriften** sind bei den Vorräten zu beachten:

*ergänzende Bewertungsvorschriften betr die Vorräte*

| Vorräte | HGB | EStG | Hinweis |
|---|---|---|---|
| • zugekaufte Waren | Anschaffungskosten | Anschaffungskosten | D-1.b.3.1.b. |
| • fertige und unfertige Erzeugnisse | **Wahlrecht** zwischen Höchstansatz (Einzel- und Gemeinkosten) und Mindestansatz (nur Einzelkosten) der Herstellungskosten; betr eine genaue Darstellung sei auf die Definition der Herstellungskosten verwiesen | verpflichtender Ansatz der Herstellungskosten iS der **Vollkosten** (**Höchstansatz**); betr eine genaue Darstellung sei auf die Definition der Herstellungskosten verwiesen | D-1.b.3.1.b. |
| • Identitätspreisverfahren | ja | ja | D-2.c.3.1. |
| • gleitendes/gewogenes Durchschnittspreisverfahren | ja | ja | D-2.c.3.2.a. |
| • FIFO-Verfahren | ja | ja[1] | D-2.c.3.2.b. |
| • LIFO-Verfahren | ja | ja[1] | D-2.c.3.2.c. |
| • HIFO-Verfahren | ja | nein | D-2.c.3.2.d. |
| • langfristige Auftragsfertigung | iS des imparitätischen Prinzips ist eine **Teilgewinnrealisierung nicht möglich**; eine Ausnahme ergibt sich über die **Aktivierung** von **Verwaltungs-** und **Vertriebskosten**; eine Teilgewinnrealisierung ist auch über die **Abrechnung von Teilleistungen** möglich | eine eigene steuerrechtliche Regelung gibt es nicht; iS der **Maßgeblichkeit** ist damit der handelsrechtlichen Vorgehensweise zu folgen | D-2.c.2. |
| Regelungen | §§ 206, 209 HGB | § 6 Z 2a EStG; Abschn 6 Rz 2343 ff EStR 2000 | |

Erl: [1] ist dann anwendbar, wenn das unterstellte Verbrauchsfolgeverfahren eine Näherungsmethode zur tatsächlichen Einsatzermittlung darstellt

*ergänzende Vorschriften*
*betr die **Bewertung** der*
***Forderungen***

Bei der Bewertung der **Forderungen** gelten grundsätzlich die oben dargestellten, **allgemeinen Grundsätze** betreffend das Umlaufvermögen. Als **ergänzende Vorschriften** sind bei den Forderungen zu beachten:

| Forderungen | HGB | EStG | Hinweis |
|---|---|---|---|
| • **Zugangsbewertung** | auf Basis der Anschaffungskosten iS des Nennwerts der Forderung (zB der Fakturenbetrag) | auf Basis der Anschaffungskosten iS des Nennwerts der Forderung (zB der Fakturenbetrag) | D-1.b.3.1.b., D-4.b. |
| • **Abzinsung** von **Forderungen** | im Falle unverzinslicher oder besonders niedrig verzinslicher Forderungen; in der Literatur wird eine Abzinsungspflicht im Falle einer Laufzeit von mehr als 3 Monaten bzw ab einem Jahr vertreten | im Falle längerfristiger unverzinslicher oder besonders niedrig verzinslicher Forderungen; Forderungen aus Warenlieferungen mit einem Zahlungsziel von kleiner 3 Monaten werden nicht abgezinst | |
| • **Referenzwert** bei der Folgebewertung | **beizulegender Wert** | **Teilwert** | D-1.b.3.1.c. |
| • **Einzelwertberichtigung** von Forderungen | die **Einzelwertberichtigung** von Forderungen ist **vorgesehen** | die **Einzelwertberichtigung** von Forderungen ist **vorgesehen** | D-4.b.2.1.a. |
| • **Pauschalwertberichtigung** von Forderungen | die **pauschale Wertberichtigung** von **Forderungen** ist **vorgesehen** | die **pauschale Wertberichtigung** von Forderungen dem Grunde nach ist **nicht möglich** (es ist nur die Einzelwertberichtigung möglich); möglich ist aber die pauschale Wertberichtigung der Höhe nach von zweifelhaften Forderungen, zB die pauschale Wertberichtigung aufgrund konkreter Gefährdungshinweise (wie bei Länderrisiken) | D-4.b.2.1.b. |
| • Folgebewertung von **Forderungen** in **ausländischer Währung** | es ist das **imparitätische Prinzip** einzuhalten; dh Umrechnungsverluste müssen ausgewiesen werden, Umrechnungsgewinne dürfen nicht ausgewiesen werden | Umrechnungsgewinne dürfen nicht ausgewiesen werden; Umrechnungsverluste können angesetzt werden, § 5 Abs 1 EStG 1988-Gewinnermittler müssen diese ansetzen | D-4.d. |
| Regelungen | §§ 206ff HGB | § 6 Z 2a EStG; Abschn 6 Rz 2325 ff EStR 2000 | |

Bewertung der **Verbindlichkeiten**:

| Verbindlichkeiten | HGB | EStG | Hinweis |
|---|---|---|---|
| • **Zugangsbewertung** | **Verbindlichkeiten** sind iS des **Rückzahlungsbetrages** zu bewerten; **Rentenverpflichtungen** mit dem **Barwert** der zukünftigen Auszahlungen | **Verbindlichkeiten** sind iS des **Rückzahlungsbetrages** zu bewerten; **Rentenverpflichtungen** mit dem **Barwert** der zukünftigen Auszahlungen | D-1.b.3.1.b., D-4.c. |
| • **Folgebewertung** | **Verbindlichkeiten** sind iS des **Rückzahlungsbetrages** zu bewerten; **Rentenverpflichtungen** mit dem **Barwert** der zukünftigen Auszahlungen | **Verbindlichkeiten** sind iS des **Rückzahlungsbetrages** zu bewerten; **Rentenverpflichtungen** mit dem **Barwert** der zukünftigen Auszahlungen | D-1.b.3.1.c. |
| • **Wertuntergrenze** | der **Zugangswert** bildet im Rahmen der Folgebewertung die **Wertuntergrenze** | der **Zugangswert** bildet im Rahmen der Folgebewertung die **Wertuntergrenze** | D-4.c. |
| • Folgebewertung von **Verbindlichkeiten** in **ausländischer Währung** | es ist das **imparitätische Prinzip** einzuhalten; dh Umrechnungsverluste müssen ausgewiesen werden, Umrechnungsgewinne dürfen nicht ausgewiesen werden | Umrechnungsgewinne dürfen nicht ausgewiesen werden; Umrechnungsverluste können angesetzt werden, § 5 Abs 1 EStG 1988-Gewinnermittler müssen den höheren Teilwert ansetzen | D-4.d. |
| • **Abwertung** von **Verbindlichkeiten** in **ausländischer Währung** nach einer vorangegangenen Aufwertung | es besteht ein **Abwertungswahlrecht**, wobei der Anschaffungswert durch die Abwertung nicht unterschritten werden darf | es besteht ein Abwertungswahlrecht, § 5 Abs 1 EStG 1988-Gewinnermittler müssen aber den niedrigeren Wert ansetzen; der Anschaffungswert darf durch die Abwertung aber nicht unterschritten werden | D-4.d. |
| Regelungen | § 211 Abs 1 HGB | § 6 Z 3 EStG; Abschn 6 Rz 2436 ff EStR 2000 | |

*Bewertung der*
*Rückstellungen*

Bewertung der **Rückstellungen**:

| Rückstellungen | HGB | EStG | Hinweis |
|---|---|---|---|
| ● **Pensions-rückstellungen** | der Ansatz erfolgt mit dem nach **versicherungsmathematischen** Grundsätzen ermittelten **Betrag** | der Ansatz erfolgt mit dem nach **versicherungsmathematischen** Grundsätzen ermittelten **Betrag** | D-1.b.3.1.b und c; D-5.b.1. |
| ● **Abfertigungs-rückstellungen** | der Ansatz erfolgt grundsätzlich mit dem versicherungsmathematisch ermittelten Wert; ein vereinfachtes Verfahren iS des Ansatzes eines bestimmten Prozentbetrages der fiktiven Ansprüche zu einem Bilanzstichtag ist möglich | es bestehen spezifische Regelungen betr die Bildung von Abfertigungsrückstellungen | D-1.b.3.1.b und c; D-5.b.2. |
| ● **sonstige Rückstellungen** | es ist der nach vernünftiger kaufmännischer Beurteilung notwendige Betrag anzusetzen, wobei auf den Grundsatz der Vorsicht Bedacht zu nehmen ist | die Bildung der sonstigen Rückstellungen erfolgt grundsätzlich mit jenem Betrag, der nach den Verhältnissen am Bilanzstichtag wahrscheinlich zur Erfüllung notwendig ist | D-1.b.3.1.b und c; D-5.b.3. |
| ● **Aufwands-rückstellungen** | die Bildung von Aufwandsrückstellungen wird in der Literatur iS der GoB **verpflichtend** bzw ansonsten als möglich angesehen (**Wahlrecht**) | die Bildung von Aufwandsrückstellungen ist **nicht möglich** | D-1.b.3.1.b und c; D-5.b.3. |
| Regelungen | § 211 HGB | §§ 9, 14 EStG | |

## 1.c. Inventur und Inventurverfahren

*Hintergrund*

Die (unberichtigten) Salden der Bestandskonten einer Buchhaltung können zu einem Bilanzstichtag nur aufzeigen, welche Bestände in einem Unternehmen vorhanden sein sollten. Da dies (aufgrund eines **Schwundes**) nicht immer dem tatsächlichen Stand entsprechen muss, benötigt man eine Inventur.

 Unter einer **Inventur** versteht man die (körperliche) Bestandsaufnahme zum Bilanzstichtag durch Zählen, Messen, Wiegen. Das Ergebnis dieser Inventur wird auch als **Inventar** bezeichnet.

Die Inventur zeigt somit, welche Bestände am Bilanzstichtag vorhanden sind. Eine solche Inventur muss für jedes Geschäftsjahr erstellt werden (§§ 191 und 192 HGB, § 125 BAO).

Für die Erstellung der Inventur können **mehrere Zeitpunkte** in Frage kommen:

- Stichtag für die Aufstellung der Inventur ist grundsätzlich der **Bilanzstichtag**, dh jener Tag, an dem die Bilanz erstellt wird. Man spricht daher auch von der **Stichtagsinventur**.

*wann ist die Inventur durchzuführen?*
*Stichtagsinventur und zeitnahe Inventur*

- Allerdings kann die Inventur auch „**zeitnah**" durchgeführt werden. Voraussetzung hierfür ist, dass die Inventur zu einem Stichtag vorgenommen wird, der nicht mehr als 3 Monate vor bzw 2 Monate nach dem Bilanzstichtag liegen darf. Weiters müssen die Bestände durch ein den GoB entsprechendes Verfahren auf den Bilanzstichtag vor- oder zurückgerechnet werden (§ 192 Abs 3 HGB).

Auch die Bestandsaufnahme im Rahmen der Inventur kann durch **unterschiedliche Methoden** erfolgen:

*wie ist die Inventur durchzuführen?*
*körperliche Bestandsaufnahme und Stichproben*

- Grundsätzlich erfolgt die Inventur durch eine **körperliche Bestandsaufnahme**.
- Die Bestandsaufnahme kann allerdings auch mit Hilfe anerkannter **mathematisch-statistischer Methoden** aufgrund von **Stichproben** erfolgen. Das hierbei zur Anwendung kommende Verfahren muss allerdings den GoB entsprechen. Zudem muss der Aussagewert des auf diese Weise aufgestellten Inventars dem Aussagewert eines auf Grund einer körperlichen Bestandsaufnahme aufgestellten Inventars gleichkommen (§ 192 Abs 4 HGB).

> **Steuerrechtlich** darf eine Stichprobeninventur aber nicht vorgenommen werden für a) Bestände, bei denen durch Schwund, Verderb, etc unkontrollierbare Abgänge eintreten, die schätzungsweise nicht zutreffend berücksichtigt werden können, sowie b) bei besonders wertvollen Wirtschaftsgütern. Auch für alle anderen Waren ist eine Stichprobeninventur nur bei Vorliegen bestimmter Kriterien möglich (Abschnitt 6 EStR 2000, Rz 2111ff).

Vergleicht man diese Ist-Endbestände gem Inventur mit den Soll-Endbeständen gem der Buchhaltung, so müssen allfällig sich ergebende Differenzen im Jahresabschluss korrigiert werden (sog Umbuchungen und Nachbuchungen), bevor die berichtigten Kontensalden in den Jahresabschluss aufgenommen werden können.
Aber auch für jene Vermögensgegenstände und Schulden, die nicht mengenmäßig aufgenommen werden können, müssen die Werte abgestimmt werden. Beispielsweise über Kontoauszüge, Saldobestätigungen oder Nebenbücher.

Die im Rahmen der Inventur ermittelten Mengen sind zu bewerten, beispielsweise die Bewertung der Vorräte. Diesbezüglich und betr die hierbei vorzunehmenden Buchungen sei auf die nachfolgenden **Abschlussbuchungen** verwiesen (→Vorräte, Bewertung).

*die im Rahmen der **Inventur** ermittelten **Mengen** sind **zu bewerten***

▶ Siehe **Arbeitsbuch: Kontrollfragen** zu D.1.

## 2. VORRATSBEWERTUNG UND WARENEINSATZ

### 2.a. Problemstellung

Erinnern wir uns: Entsprechend der für Kapitalgesellschaften geltenden **Bilanzgliederung** des HGB fallen unter die Vorräte folgende Positionen (siehe dazu auch die Gliederung im →**Anhang**):

| | |
|---|---|
| **Vorräte**: | • Roh-, Hilfs- und Betriebsstoffe |
| | • unfertige Erzeugnisse |
| | • fertige Erzeugnisse und Waren |
| | • noch nicht abrechenbare Leistungen |
| | • geleistete Anzahlungen |

*angesprochene Bereiche des Jahresabschlusses*

Betreffend diese Vorräte sind nun im Rahmen der Abschlussbuchungen der **Lagerabbau** durch Verkauf/**Wareneinsatz**, ein allfälliger im Rahmen der **Inventur** festgestellter Schwund sowie die **Bewertung der Vorräte** iS des strengen →Niederstwertprinzips zu behandeln, wobei wir bei den Erläuterungen zur Bilanz und GuV bereits gesehen haben, wo sich diese Bereiche niederschlagen (siehe auch die →**Abbildung**):

Abb: *Auswirkungen eines Wareneinsatzes/-verbrauchs auf Bilanz und GuV*

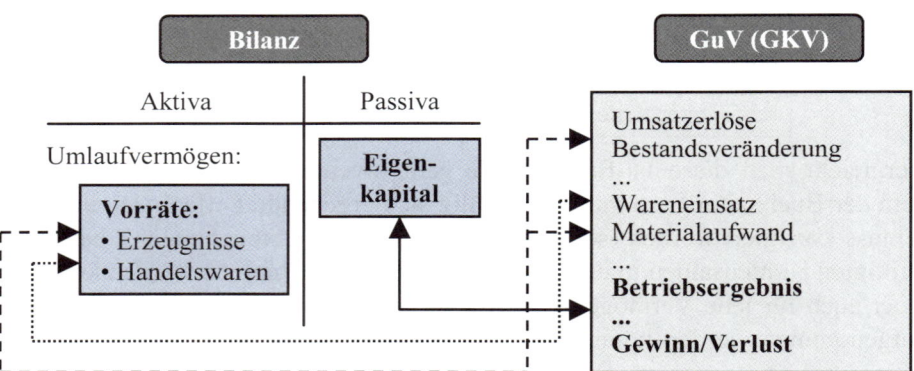

- In der **Bilanz** wirken sich der Lagerabbau/Wareneinsatz, ein Schwund und die Vorratsbewertung im Umlaufvermögen bei den Vorräten sowie passivseitig im Eigenkapital aus.
- In der **GuV** wirken sich der Lagerabbau/Wareneinsatz, die Inventur und die Vorratsbewertung im Betriebsergebnis aus: Beim Gesamtkostenverfahren vor allem in den Posten „Bestandveränderung an fertigen und unfertigen Erzeugnissen" sowie „Wareneinsatz", beim Umsatzkostenverfahren im Posten „Herstellungskosten der zur Erzielung der Umsatzerlöse erbrachten Leistungen".

Zu klären ist daher im Folgenden, wie die Vorräte in der Bilanz nun genau zu bewerten und der Wareneinsatz zu ermitteln ist.

> **Hinweis**: Hinsichtlich einer **zusammenfassenden, tabellarischen Darstellung** der Vorschriften betreffend die **Bilanzierung/Bewertung** von **Vorräten** sei auf die Ausführungen zu den →Bilanzierungs- und Bewertungsgrundsätzen verwiesen.

## 2.b. Übersicht über die Vorratsbewertung und die Behandlung des Wareneinsatzes

*Hintergrund*

Während eines Geschäftsjahres werden in Bezug auf die Vorräte idR nur die Zugänge erfasst. Hingegen wird der mengen- und wertmäßige Verbrauch (dh der Einsatz) der Vorräte im Rahmen der Produktion bzw des Verkaufs grundsätzlich erst am Ende eines Geschäftsjahres verbucht. In der **Praxis** wird jedoch der Bezug bestimmter Vorräte aber bereits direkt über das Konto „Wareneinsatz" verbucht. In diesem Fall müssen am Jahresende die noch nicht verkauften, aber als Wareneinsatz verbuchten Vorräte auf das Vorratskonto umgebucht werden.

Für die dafür notwendige **mengenmäßige Einsatzermittlung** stehen die direkte und die indirekte Methode zur Verfügung:

Bei der **direkten Einsatzermittlung** wird der →Wareneinsatz/Materialaufwand auf Basis der Abfassungen aus dem Lager entsprechend den Entnahmescheinen ermittelt. Durch Gegenüberstellung des Ist- und des Soll-Endbestandes kann der Schwund (zB infolge von Diebstahl, verdorbene Waren) ermittelt werden. **Voraussetzung** für die direkte Einsatzermittlung ist somit eine entsprechende Lagerbuchführung.

*die **direkte Einsatzermittlung** setzt eine entsprechende **Lagerbuchführung** voraus*

Als **Berechnungsschema** für diese **direkte Einsatzermittlung** ergibt sich:

|   |   | Quelle: |
|---|---|---|
|   | Anfangsbestand |   |
| + | Zukäufe | Vorratskonto |
| - | Retourwaren | Vorratskonto |
| **-** | **Wareneinsatz/Materialaufwand** | Abfassungen lt Entnahmescheinen |
| = | Soll-Endbestand |   |
| - | Ist-Endbestand | Inventur |
| **=** | **Schwund** |   |

Im Gegensatz zur direkten Einsatzermittlung kann die **indirekte Ermittlung** auch dann angewandt werden, wenn keine entsprechende Lagerbuchführung vorhanden ist. Der Wareneinsatz/Materialverbrauch ermittelt sich hier durch Gegenüberstellung des Ist-Endbestandes gem Inventur mit dem Stand des Vorratskontos. Als **Berechnungsschema** ergibt sich somit:

*bei **indirekter Einsatzermittlung** ohne Lagerbuchführung ist **kein Schwund ermittelbar***

| | | Quelle: |
|---|---|---|
| | Anfangsbestand | |
| + | Zukäufe | Vorratskonto |
| - | Retourwaren | Vorratskonto |
| - | Ist-Endbestand | Inventur |
| = | **Wareneinsatz/Materialverbrauch** | |

Im Falle von **selbst erstellten Erzeugnissen** ergibt sich als Schema für die mengenmäßige Bestandsveränderung:

| | | Quelle: |
|---|---|---|
| | Anfangsbestand | |
| - | Ist-Endbestand | Inventur |
| = | **Bestandsveränderung** | |

Als **Nachteil** der **indirekten Methode** ist aber zu sehen, dass die Ermittlung des Schwundes nicht möglich ist. Dies ergibt sich daraus, dass dem Ist-Endbestand gem Inventur kein Soll-Endbestand wie bei der direkten Methode gegenübergestellt werden kann, da hierfür eine entsprechende Lagerbuchhaltung Voraussetzung ist.

> **Hinweis**: Bezüglich der →**Inventur** und den **Inventurverfahren** sei auf die entsprechende Stelle des Buches verwiesen.

*Bewertung der Vorräte*

Anschließend an diese mengenmäßige Einsatzermittlung sind der Verbrauch, der festgestellte Schwund sowie die noch vorhandenen Vorräte zu bewerten.

⇨ Die **Vorräte** sind in der Bilanz mit den **Anschaffungs**- oder **Herstellungskosten** zu bewerten, vermindert um allfällige außerplanmäßige Abschreibungen iS des **strengen Niederstwertprinzips** (§ 206 Abs 1 HGB).

> **Hinweis**: Bei den →**Herstellungskosten** besteht nach HGB ein **Wahlrecht** hinsichtlich eines Mindest- und Höchstansatzes. Bei →**langfristigen Fertigungsaufträgen** können die Herstellungskosten unter bestimmten Bedingungen auch **Vertriebs**- und **Verwaltungskosten** umfassen.

Aus dieser Bewertung ergeben sich **zwei Abschlussschritte**:

*wann stellt sich das Problem des **Wareneinsatzes** und der **Vorratsbewertung**?*

**Schritt 1**:  Der Verbrauch der Vorräte während eines Geschäftsjahres sowie der Bestand der Vorräte am Ende des Geschäftsjahres muss auf Basis eines dafür vorgesehenen Verfahrens bewertet werden. Die Unterschiede zwischen diesen Verfahren wirken sich insbesondere dann aus, wenn in einem Geschäftsjahr die Anschaffungs-/Herstellungskosten des Anfangsbestandes von den Anschaffungs-/Herstellungskosten der Zukäufe/Zugänge abweichen.

Zu diesen Bewertungsverfahren zählen das Identitätspreisverfahren als Verfahren der **Einzelbewertung** sowie die **Bewertungsvereinfachungsverfahren** mit den Verfahren der **Gruppenbewertung** (gleitendes und gewogenes Durchschnittspreisverfahren), die **Verbrauchsfolgeverfahren** (FIFO, LIFO, HIFO) sowie die **Festwertmethode**. Diesbezüglich sei auf die →**Abbildung** verwiesen.

*Prüfung hinsichtlich einer außerplanmäßigen Abschreibung (strenges NWP)*

**Schritt 2**: Zusätzlich zur Bewertung der Vorräte iS des Wareneinsatzes ist zu prüfen, ob am Bilanzstichtag der beizulegende Wert der Vorräte niedriger ist als der ermittelte und somit eine außerplanmäßige Abschreibung vorzunehmen ist (**strenges →Niederstwertprinzip**).

*verlustfreie Bewertung*

Dieser **beizulegende Wert** orientiert sich zB bei Handelswaren und fertigen Erzeugnissen an den auf dem Absatzmarkt geltenden **Marktpreisen**, die um üblicherweise gewährte **Preisnachlässe** zu reduzieren sind. Fallen beim Verkauf der Vorräte noch weitere vom Unternehmen zu tragende Kosten an, so soll iS des →Vorsichtsprinzips eine sog **verlustfreie Bewertung** sichergestellt werden: Hierzu sind die Vorräte so weit abzuwerten, dass aus dem Verkauf der Vorräte für das Unternehmen keine Verluste mehr entstehen. Insofern muss der erzielbare Veräußerungserlös auch noch anfallende Aufwendungen decken. Für den absatzmarktbezogenen Vergleichswert (beizulegenden Wert) als Basis für das strenge →Niederstwertprinzip ergibt sich damit folgende Berechnung:

|   | Marktpreis der Vorräte am Absatzmarkt per 31.12. |
|---|---|
| - | Erlösschmälerungen |
| - | noch anfallende Verkaufskosten |
| = | **absatzmarktbezogener Vergleichswert** |

*Ausweis von **Schwund** und **Abwertung** in der **GuV***

Der **Ausweis** eines Schwundes und einer außerplanmäßigen Abschreibung iS des strengen Niederstwertprinzips erfolgt für *zugekaufte Vorräte* (Handelswaren, RHB-Stoffe) in der →**GuV** auf Basis des **Gesamtkostenverfahrens** idR im Posten „Materialaufwand". Im Falle von *fertigen und unfertigen Erzeugnissen* erfolgt dieser Ausweis im Posten „Bestandsveränderung an fertigen und unfertigen Erzeugnissen" (siehe dazu die Gliederung der GuV im →**Anhang**).

*Buchungen betr die Vorratsbewertung*

Als **Buchungen** ergeben sich im Zusammenhang mit der **Vorratsbewertung**:

• Verbuchung des **Wareneinsatzes**:

| HW-Einsatz (50..) | / | HW-Vorrat (16..) |
|---|---|---|

• Verbuchung eines **Schwundes**:

| Abschreibung von Vorräten (78..) | / | HW-Vorrat (16..) |
|---|---|---|

• Verbuchung der **Abwertung auf** den **Marktpreis (beizulegender Wert)** am **Bilanzstichtag**:

| Abschreibung von Vorräten (78..) | / | HW-Vorrat (16..) |
|---|---|---|

Abb: *Verfahren für die Bewertung der Vorräte*

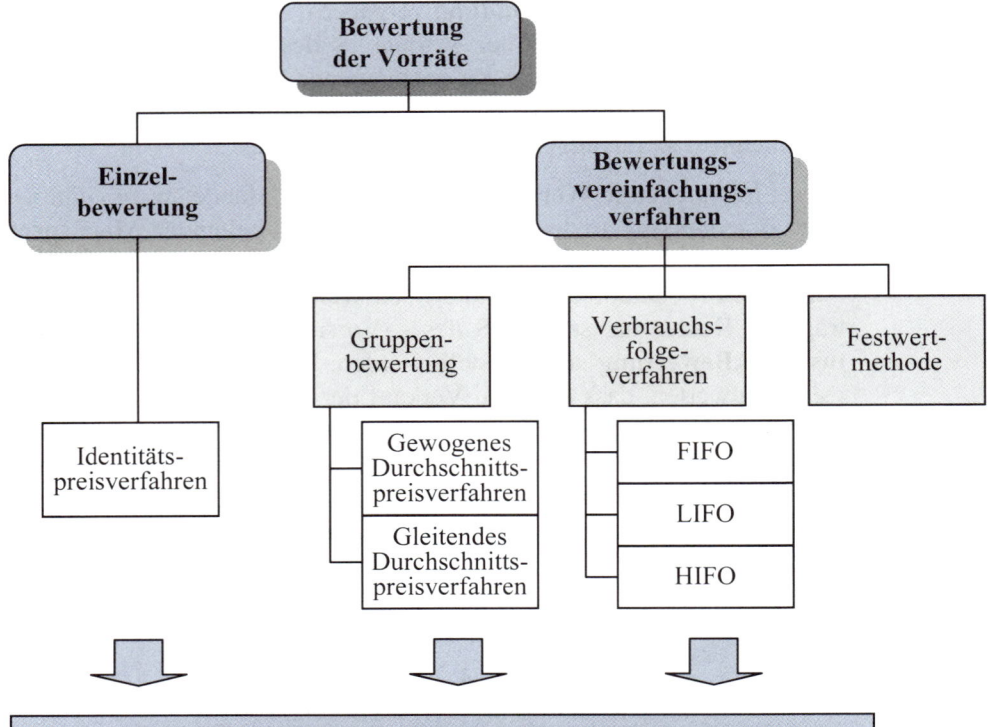

## 2.c. Spezifische Bereiche

## 2.c.1. Bewertung von fertigen und unfertigen Erzeugnissen

Die Bewertung der fertigen und unfertigen Erzeugnisse sehen wir im Jahresabschluss sowohl in der Bilanz als auch in der GuV: In der **Bilanz** innerhalb der Vorräte sowie in der **GuV** auf Basis des **Gesamtkostenverfahrens** im Posten „Bestandsveränderung an fertigen und unfertigen Erzeugnissen" sowie beim **Umsatzkostenverfahren** im Posten „→Herstellungskosten der zur Erzielung der Umsatzerlöse erbrachten Leistungen". Diesbezüglich sei auf die entsprechenden Teile des Buches verwiesen.

*wo sehen wir die fertigen und unfertigen Erzeugnisse im Jahresabschluss?*

Handels- und Steuerrecht sehen für die Bewertung der fertigen und unfertigen Erzeugnisse iS der →**Herstellungskosten** aber unterschiedliche Bewertungen vor: **Handelsrechtlich** besteht für die Bewertung der fertigen und unfertigen Erzeugnisse iS der Herstellungskosten das Wahlrecht zwischen der Bewertung der Herstellungskosten auf Basis des Mindestansatzes (Teilkosten) und auf Basis des Höchstansatzes (Vollkosten). **Steuerrechtlich** ist hingegen nur die Bewertung zu Vollkosten möglich. Wird handelsrechtlich zum Mindestansatz bilanziert, so muss damit die Differenz zum steuerrechtlich vorgeschriebenen Höchstansatz im Rahmen der →**Mehr-Weniger-Rechnung** korrigiert und der →**latenten Steuerabgrenzung** unterzogen werden.

*HGB: Wahlrecht zwischen der Bewertung zu Vollkosten und Teilkosten; EStG: Bewertung zu Vollkosten*

Die sich aus der Bewertung zu Vollkosten und Teilkosten ergebenden Unterschiede im **Umfang** der →**Herstellungskosten** wurden bereits im Rahmen der Bewertungsmaßstäbe erläutert. Entscheidend hierbei ist, dass beim **Mindestansatz** nur die Einzelkosten, beim **Höchstansatz** hingegen sowohl die Einzel- als auch die Gemeinkosten angesetzt werden. Wir haben bei der Definition der →Herstellungskosten auch gesehen, dass für bestimmte Kosten ein Aktivierungswahlrecht bzw ein Aktivierungsverbot besteht.

*Mindestansatz: Bewertung zu Einzelkosten; Höchstansatz: Bewertung zu Einzel- und Gemeinkosten*

Welche Auswirkungen ergeben sich nun aus der Bewertung der fertigen und unfertigen Erzeugnisse auf Basis des Mindestansatzes (Teilkosten) versus des Höchstansatzes (Vollkosten)?

Im Vergleich bewirkt die Bewertung zu Vollkosten eine zeitliche Vorverlagerung der Gewinne, die sich aber nach Verkauf der Erzeugnisse wieder ausgleicht:

- In der **Periode der Produktion** der Erzeugnisse ist das Ergebnis auf Basis der Vollkosten höher als auf Basis der Teilkosten.
- Hingegen ist in der **Periode des Verkaufs** der Erzeugnisse das Ergebnis auf Basis der Teilkosten höher als auf Basis der Vollkosten.
- Im **Zeitraum „Produktion bis Verkauf der Erzeugnisse"** gleichen sich die Unterschiede zwischen der Bewertung zu Vollkosten und Teilkosten aber wieder aus.

*die Bewertung zu **Vollkosten** bewirkt im Gegensatz zu der zu Teilkosten eine zeitliche **Vorverlagerung der Gewinne***

*ein **Beispiel** zum **Vergleich Vollkosten** versus **Teilkosten***

Dies sei an einem einfachen Bespiel gezeigt, wobei steuerliche Einflüsse vereinfachenderweise vernachlässigt werden. Als **Annahmen** seien unterstellt:

| | |
|---|---|
| Mindestansatz der Herstellungskosten | 6.000 |
| Höchstansatz der Herstellungskosten | 10.000 |
| (davon Materialaufwand 5.000, Personalaufwand 4.000, | |
| Abschreibungen 1.000) | |
| Verkaufserlös der produzierten Güter | 13.000 |

*Bewertung zum **Mindestansatz** (zu **Teilkosten**)*

Werden diese Vorräte auf Basis des **Mindestansatzes** (zu **Teilkosten**) bewertet, so ergibt sich der Ausweis in der Bilanz und GuV (Basis GKV) wie folgt:

| Bilanz (Vdg) | | (Mindestansatz X01) | | GuV (Basis GKV) | (X01) |
|---|---|---|---|---|---|
| **Aktiva** | | **Passiva** | | | |
| Sach-AV | -1.000 | Eigenkapital: | | Umsatzerlöse | - |
| **Erzeugnisse** | **+6.000** | - Verlust | -4.000 | **Bestandsveränderung** | **+6.000** |
| Kassa/Bank | -9.000 | | | **Materialaufwand** | **-5.000** |
| Bilanzsumme | -4.000 | Bilanzsumme | -4.000 | Personalaufwand | -4.000 |
| | | | | Abschreibungen | -1.000 |
| | | | | Verlust | -4.000 |

In der **GuV** werden im **GJ X01** die gesamten angefallenen produktionsbezogenen Aufwendungen iS von Material, Personal und Abschreibungen von insgesamt 10.000 ausgewiesen, iS des Mindestansatzes aber nur 6.000 über den Posten „Bestandsveränderung an fertigen und unfertigen Erzeugnissen" neutralisiert. Damit werden die fertigen Erzeugnisse auch in der **Bilanz** nur mit den Herstellungskosten von 6.000 aktiviert. Ein Teil der produktionsbezogenen Aufwendungen wird somit voll ergebniswirksam, was zu einem Verlust in dieser Periode von -4.000 führt.
Verkauft unser Unternehmen diese Vorräte nun im darauf folgenden **GJ X02**, so ergibt sich der in der folgenden Tabelle dargestellte Ausweis in Bilanz und GuV. Die Abnahme der in der Vorperiode selbst produzierten Erzeugnisse wird in der **GuV** (wie die Zunahme) über den Posten „Bestandsveränderung an fertigen und unfertigen Erzeugnissen" verrechnet (hier nun aber mit einem negativen Vorzeichen). Korrespondierend dazu nehmen in der **Bilanz** die fertigen Erzeugnisse ab:

| Bilanz (Vdg) | | (Mindestansatz X02) | | GuV (Basis GKV) | (X02) |
|---|---|---|---|---|---|
| **Aktiva** | | **Passiva** | | | |
| Sach-AV | - | Eigenkapital: | | Umsatzerlöse | +13.000 |
| **Erzeugnisse** | **-6.000** | - Gewinn | +7.000 | **Bestandsveränderung** | **-6.000** |
| Kassa/Bank | +13.000 | | | Materialaufwand | - |
| Bilanzsumme | +7.000 | Bilanzsumme | +7.000 | Personalaufwand | - |
| | | | | Abschreibungen | - |
| | | | | Gewinn | +7.000 |

*Bewertung zum **Höchstansatz** (zu **Vollkosten**)*

Liegt der Vorratsbewertung in der Periode X01 hingegen nicht der Mindestansatz, sondern der **Höchstansatz** zugrunde, so erhalten wir den Ausweis in der Bilanz und GuV (Basis: GKV) unseres Unternehmens mit:

| Bilanz (Vdg) | | (Höchstansatz | X01) | GuV (Basis GKV) | (X01) |
|---|---|---|---|---|---|
| **Aktiva** | | **Passiva** | | | |
| Sach-AV | -1.000 | Eigenkapital: | | Umsatzerlöse | - |
| **Erzeugnisse** | **+10.000** | - Gewinn | 0 | **Bestandsveränderung** | **+10.000** |
| Kassa/Bank | -9.000 | | | **Materialaufwand** | **-5.000** |
| Bilanzsumme | +/-0 | Bilanzsumme | +/-0 | Personalaufwand | -4.000 |
| | | | | Abschreibungen | -1.000 |
| | | | | Gewinn | 0 |

Auch hier werden – wie beim Mindestansatz – im **GJ X01** in der **GuV** die insgesamt aus der Produktion entstandenen Aufwendungen iS von Material, Personal und Abschreibungen von insgesamt 10.000 ausgewiesen. Im Gegensatz zum Mindestansatz werden diese nun aber vollständig über den Posten „Bestandsveränderung an fertigen und unfertigen Erzeugnissen" neutralisiert. Damit wird – bezogen auf die Produktion – ein Ergebnis von +/-0 ausgewiesen. Da der korrespondierende Posten zu der „Bestandsveränderung an fertigen und unfertigen Erzeugnissen" in der **Bilanz** die fertigen Erzeugnisse sind, scheinen diese nun mit einem Wert von 10.000 auf. Bei Verkauf dieser Vorräte im darauf folgenden **GJ X02** ergibt sich daher:

| Bilanz (Vdg) | | (Höchstansatz | X02) | GuV (Basis GKV) | (X02) |
|---|---|---|---|---|---|
| **Aktiva** | | **Passiva** | | | |
| Sach-AV | - | Eigenkapital: | | Umsatzerlöse | +13.000 |
| **Erzeugnisse** | **-10.000** | - Gewinn | +3.000 | **Bestandsveränderung** | **-10.000** |
| Kassa/Bank | +13.000 | | | Materialaufwand | - |
| Bilanzsumme | +3.000 | Bilanzsumme | +3.000 | Personalaufwand | - |
| | | | | Abschreibungen | - |
| | | | | Gewinn | +3.000 |

Die Abnahme der in der Vorperiode selbst produzierten Vorräte wird in der **GuV** (wie die Zunahme) wiederum über den Posten „Bestandsveränderung an fertigen und unfertigen Erzeugnissen" verrechnet (hier nun aber mit einem negativen Vorzeichen). Korrespondierend dazu nehmen in der **Bilanz** die fertigen Erzeugnisse ab.

**Vergleichen** wir nun die Auswirkungen von **Mindest-** und **Höchstansatz** in den GJ X01 und X02, so zeigt sich folgendes Ergebnis (siehe die folgende **Tabelle**): Es ergeben sich zwar Unterschiede in den einzelnen Geschäftsjahren, nicht aber beim Totalgewinn über (hier) diese beiden Geschäftsjahre. So wird sowohl beim Mindest- als auch beim Höchstansatz ein Totalgewinn über die beiden GJ X01+X02 von € 3.000 ausgewiesen. Wir sehen aber, dass der Höchstansatz zu einer zeitlichen Vorverlagerung der Gewinne führt, da auf Basis des Höchstansatzes im GJ X01 ein ausgeglichenes Ergebnis ausgewiesen wird (+/-0), während auf Basis des Mindestansatzes ein Verlust resultiert (-4.000). Dies dreht sich aber im GJ X02 um, wobei nun das Ergebnis auf Basis des Höchstansatzes (3.000) niedriger ist als auf Basis des Mindestansatzes (7.000).

*die **Unterschiede** zwischen Mindest- und Höchstansatz **heben sich über die Totalperiode auf***

*Vergleich des Ausweises der Vorräte nach dem Mindest- und Höchstansatz*

|  | **Mindestansatz** | **Höchstansatz** | **Differenz** |
|---|---|---|---|
| Gewinn/Verlust im GJ X01 | -4.000 | +/-0 | +4.000 |
| Gewinn im GJ X02 | +7.000 | +3.000 | -4.000 |
| **Totalgewinn GJ X01-X02** | **+3.000** | **+3.000** | **0** |

*das **Wahlrecht** zwischen **Höchst**- und **Mindestansatz** betr die Erzeugnisse spielt steuerlich keine Rolle*

Wie bereits erwähnt, spielt das handelsrechtlich bestehende Wahlrecht zwischen der Bewertung auf Basis Höchst- und Mindestansatz aus steuerlicher Sicht keine Rolle, da nach EStG die Vorräte auf Basis der Vollkosten zu bewerten sind. In diesem Fall kann dem handelsrechtlichen Bewertungswahlrecht somit steuerlich nicht gefolgt werden. Wird handelsrechtlich zu Teilkosten, steuerlich hingegen zu Vollkosten bilanziert, so sind die sich daraus ergebenden Unterschiede aber im Rahmen der →**Mehr-Weniger-Rechnung** zu korrigieren und der →**latenten Steuerabgrenzung** zu unterziehen.

▶ Siehe **Arbeitsbuch: Beispiel zu D.2.c.1.**

## 2.c.2. Langfristige Auftragsfertigung

*langfristige Auftragsfertigung: **Wahlrecht** betr den Umfang der **HK***

Bei der Bewertung der langfristigen Auftragsfertigung sind neben den allgemeinen Bestimmungen betr das Umlaufvermögen bzw die Vorräte weitere Spezifika zu beachten.

> **Hinweis:** Zu der **langfristigen Auftragsfertigung** zählt zB der Bau einer Fertigungshalle sowie der Bau einer komplexen Anlage von einem Anlagenbauunternehmen für einen Dritten. Nicht zur langfristigen Auftragsfertigung zählt der Verkauf von Produkten für den anonymen Markt sowie der Verkauf von Produkten, die standardisiert hergestellt und im normalen Geschäftsverlauf über die üblichen Verkaufskanäle abgewickelt werden.

Neben der grundsätzlichen Definition der Herstellungskosten sieht das HGB für die langfristigen Fertigungsaufträge das **Wahlrecht** vor, unter bestimmten Bedingungen in die →**Herstellungskosten** auch angemessene Teile der Verwaltungs- und Vertriebskosten einzubeziehen.

*Kriterien für die **Aktivierung** von **Verwaltungs**- und **Vertriebskosten***

Ein solcher **Einbezug** angemessener Teile der Verwaltungs- und Vertriebskosten in die Herstellungskosten ist möglich (**Wahlrecht**), **wenn** (§ 206 Abs 3 HGB)

1. es sich um Aufträge handelt, deren Ausführung sich über mehr als zwölf Monate erstreckt,
2. eine verlässliche Kostenrechnung vorliegt und
3. soweit aus der weiteren Auftragsabwicklung keine Verluste drohen.

Aus dem **Einbezug** der Verwaltungs- und Vertriebskosten in die Herstellungskosten resultieren **zwei Effekte**:

1. In den Perioden der Fertigung wird eine **Belastung** des **Jahresergebnisses** durch die Verwaltungs- und Vertriebskosten **vermieden**.

2. Der Gewinn im Jahr der Abrechnung des langfristigen Auftrages wird kleiner, da er bereits in Vorperioden zum Teil über die Verwaltungs- und Vertriebskosten vorweggenommen wird. Der **Sprung** in den **Ergebnissen** wird damit **kleiner** (siehe dazu das nachfolgende →**Beispiel**).

Allerdings bleibt nach wie vor zu beachten, dass bei langfristigen Fertigungsaufträgen der daraus erzielte Gewinn aufgrund des **Realisationsprinzips** erst am Ende des Auftrages (mit Ausnahme der aktivierten Verwaltungs- und Vertriebskosten) zur Gänze realisiert wird.

Dies wollen wir an einem ganz einfachen Beispiel zeigen. Wir nehmen dazu an, dass unser Unternehmen einen Auftrag für den Bau einer Anlage auf dem Grund des Auftraggebers über 3 Geschäftsjahre hinweg fertigt. Nach dem GJ X01 sind 20 % des Auftrages ausgeführt, nach dem GJ X02 60 % und nach dem GJ X03 100 %. Die aus dem Auftrag realisierbaren Umsatzerlöse betragen € 12.000 und werden nach Abschluss des Auftrages im GJ X03 zur Gänze in Rechnung gestellt.

*Beispiel zur langfristigen Auftragsfertigung*

| Angaben: | X01 | X02 | X03 |
|---|---|---|---|
| Fertigungsfortschritt des Auftrages | 20 % | 60 % | 100 % |
| Kosten der Periode (in €) | 2.000 | 4.000 | 4.000 |
| Kosten (kumuliert, in €) | 2.000 | 6.000 | 10.000 |

Im Jahresabschluss wird dieser langfristige Fertigungsauftrag wie folgt abgebildet:

• In den **GJ X01** und **X02** werden in der **GuV** jeweils die laufenden Kosten ausgewiesen, wobei diese Kosten jeweils über den Posten „Bestandsveränderung an fertigen und unfertigen Erzeugnissen" neutralisiert werden. Das Ergebnis in diesen Geschäftsjahren ist damit +/-0. In der **Bilanz** wird der langfristige Fertigungsauftrag im Umlaufvermögen unter den Vorräten betr dieses Beispiel als „**Noch nicht abrechenbare Leistungen**" ausgewiesen (→Bilanz, Gliederung).

• Im **GJ X03** erfolgt in der **GuV** der Ausweis der laufenden Kosten (-4.000), die „Auflösung" der in den Vorjahren aktivierten Kosten über die Bestandsveränderungen (hier -6.000) sowie der Ausweis der Umsatzerlöse (+12.000). In der **Bilanz** scheinen die „Noch nicht abrechenbaren Leistungen" somit mit null auf, dafür werden Forderungen aus LL in Höhe von 12.000 ausgewiesen.

| GuV (Basis GKV) | X01 | X02 | X03 |
|---|---|---|---|
| Umsatzerlöse | - | - | +12.000 |
| Bestandsveränderung | +2.000 | +4.000 | -6.000 |
| Kosten (Material, Personal, Abschreibungen) | -2.000 | -4.000 | -4.000 |
| Steuern vom EuE (34 %) | | | -680 |
| **Jahresüberschuss** | - | - | **+1.320** |

| Bilanz | X01 | X02 | X03 |
|---|---|---|---|
| Vorräte: | | | |
| - Noch nicht abrechenbare Leistungen | 2.000 | 6.000 | - |
| Forderungen aus LL | - | - | 12.000 |

Wie wir sehen, wird das in der **GuV** ausgewiesene **Ergebnis** sehr **volatil**, da in den GJ X01 und X02 kein Gewinn ausgewiesen werden darf und dieser Gewinn (1.320) erst zur Gänze im GJ X03 gezeigt wird. Im Falle der zusätzlichen Aktivierung von Verwaltungs- und Vertriebskosten würde dieser Effekt abgeschwächt.

> **Hinweis**: In den Auswirkungen entspricht dies damit dem **Effekt**, den wir bereits beim **Beispiel „Aktivierung"** versus „Nichtaktivierung" von Aufwendungen gesehen haben (→Bilanzierung).

*Vorgehensweise im Steuerrecht iS der Maßgeblichkeit*

Im **Steuerrecht** finden sich betr die langfristigen Fertigungsaufträge keine eigenen Regelungen. IS der →**Maßgeblichkeit** wird steuerrechtlich damit der handelsrechtlichen Vorgehensweise gefolgt.

*Teilgewinnrealisierung über Teilabrechnungen*

> **Hinweis**: Neben der Aktivierung von angemessenen Teilen der Verwaltungs- und Vertriebskosten lässt sich im HGB eine **Teilgewinnrealisierung** bei **langfristigen Fertigungsaufträgen** in jenen Fällen erreichen, in denen die Gesamtlieferung bzw -leistung in Teillieferungen bzw -leistungen zerlegt werden kann und für diese Teillieferungen bzw -leistungen **Teilabrechnungen** gestellt werden. Diese Teilabrechnungen dürfen aber nicht nur die Funktion von reinen Anzahlungen haben. Mit diesen Teilabrechnungen muss auch die Übergabe der betreffenden Vermögensgegenstände an den Abnehmer bzw die Erbringung der Leistung verbunden sein.

Würden für obiges →**Beispiel Teilabrechnungen** entsprechend dem Fertigungsfortschritt möglich sein und auch gemacht werden (dh es würden im GJ X01 20 %, im GJ X02 40 % und im GJ X03 40 % des Projektes abgerechnet), so würde sich der Ausweis in Bilanz und GuV wie folgt ergeben (siehe die →**Tabelle**):

| GuV (Basis GKV) | X01 | X02 | X03 |
|---|---|---|---|
| Umsatzerlöse | 2.400 | 4.800 | 4.800 |
| Bestandsveränderung | - | - | - |
| Kosten (Material, Personal, Abschreibungen) | -2.000 | -4.000 | -4.000 |
| Steuern vom EuE (34 %) | -136 | -272 | -272 |
| **Jahresüberschuss** | **264** | **528** | **528** |

| Bilanz | X01 | X02 | X03 |
|---|---|---|---|
| Vorräte: | | | |
| - Noch nicht abrechenbare Leistungen | 2.000 | 6.000 | - |
| Bank/Forderungen aus LL | 2.000 | 6.000 | 12.000 |

Wie im obigen Beispiel muss sich auch hier ein Gewinn aus dem Projekt von insgesamt 1.320 ergeben, allerdings wird dieser Gewinn nun nicht mehr am Ende des Projektes, sondern über die einzelnen Projektperioden hinweg vereinnahmt, womit die Gewinnentwicklung des Unternehmens weniger volatil ist (siehe die →**Tabelle**).

| GuV | X01 | X02 | X03 | Total |
|---|---|---|---|---|
| Gewinnentwicklung Projekt: | | | | |
| • Ohne Teilabrechnungen | - | - | 1.320 | 1.320 |
| • Mit Teilabrechnungen | 264 | 528 | 528 | 1.320 |

## 2.c.3. Methoden der Einsatzermittlung

Um die Auswirkungen der verschiedenen Methoden der Einsatzermittlung besser vergleichen zu können, gehen wir von folgendem Beispiel aus: Unser Unternehmen hat am Beginn des Geschäftsjahres 1.000 Stück einer Handelsware auf Lager und kauft am 12.1. 3.000 Stück sowie am 15.8. 4.000 Stück hinzu. Während des Zeitraums 12.1.-14.8. werden 3.000 Stück und während des Zeitraums 16.8.-31.12. 3.000 Stück verkauft. Gemäß →**Inventur** liegen am Jahresende 1.900 Stück auf Lager. Der Marktpreis (beizulegende Wert) der Handelsware am Abschlussstichtag ist € 14/Stück.

*Annahmen Beispiel*

| AB/Zukäufe | | | Verkäufe | | Endbestand Soll | Endbestand lt Inventur |
|---|---|---|---|---|---|---|
| Datum | Menge (Stück) | Preis (€) | Datum | Menge (Stück) | Menge (Stück) | Menge (Stück) |
| 1.1. | 1.000 | 10 | 12.1.-14.8. | 1.000 | 0 | 0 |
| 12.1. | 3.000 | 12 | 12.1.-14.8. | 2.000 | 1.000 | 1.000 |
| 15.8. | 4.000 | 16 | 16.8.-31.12. | 3.000 | 1.000 | 900 |

Der Marktpreis (beizulegende Wert) der Handelsware am Abschlussstichtag ist € 14/Stück.

## 2.c.3.1. Identitätspreisverfahren

Entsprechend dem **Grundsatz der Einzelbewertung** sind die Vorräte einzeln zu bewerten. Damit muss für die Bewertung des Verbrauchs von Vorräten während eines Geschäftsjahres sowie für die Bewertung des Lagerbestandes an Vorräten am Ende eines Geschäftsjahres grundsätzlich das Identitätspreisverfahren angewandt werden.

*Hintergrund*

Gem diesem Identitätspreisverfahren muss der Verbrauch sowie der Endbestand von Vorräten zum tatsächlichen Einstandspreis erfolgen. **Voraussetzung** für eine solche Bewertung ist jedoch, dass die einzelnen Vorräte (Partien) am Bilanzstichtag getrennt gelagert oder genaue Aufzeichnungen geführt werden. Das Identitätspreisverfahren stellt damit die präziseste Art der Vorrats-/Einsatzermittlung dar.

*Identitätspreisverfahren: Bewertung des Verbrauchs und des Lagers zum tatsächlichen Einstandspreis*

Für unser →**Beispiel** greifen wir auf die Annahmen in Punkt 2.c.3. zurück. Wie die folgende →**Tabelle** zeigt, gehen wir für die **Berechnung** wie folgt vor:

*Beispiel auf Basis des Identitätspreisverfahrens*

• Den Ausgangspunkt der Berechnungen bildet der Bestand, der sich aus **Anfangsbestand** sowie **erstem** und **zweitem Zukauf** zusammensetzt.

- Darauf aufbauend wird der **Wareneinsatz** für den jeweiligen **Verkauf** auf Basis jener Preise berechnet, zu dem auch der Einkauf der hierfür verwendeten Güter erfolgt ist. In unserem Fall werden im Rahmen des Wareneinsatzes somit 1.000 Stück zu einem Preis von 10, 2.000 Stück zu einem Preis von 12 sowie 3.000 Stück zu einem Preis von 16 bewertet. Zieht man vom Bestand (Anfangsbestand und Zukäufe) den Wareneinsatz ab, so erhalten wir den **Soll-Endbestand**.
- Wenn wir diesem Soll-Endbestand den **Ist-Endbestand** gem Inventur gegenüberstellen, so erhalten wir den **Schwund**: In unserem Fall beträgt der Schwund 100 Stück, die zum Einkaufspreis von € 16/Stück bewertet werden.
- Die noch auf Lager liegenden Vorräte werden gem dem strengen **Niederstwertprinzip** am Bilanzstichtag mit dem niedrigeren Wert von Anfangsbestand und Marktpreis bewertet. Da der Einkaufspreis für den 2. Zukauf von € 16/Stück über dem Marktpreis der Handelsware am Bilanzstichtag von € 14 liegt, müssen wir die noch auf Lager liegenden 900 Stück aus dem 2. Zukauf um € 2/Stück abwerten. Die **Abwertung** beträgt für 900 Stück somit € 1.800.
- Unser **Lagerbestand** am **Ende des Geschäftsjahres** setzt sich somit aus 1.000 Stück à € 12 sowie 900 Stück à € 14 zusammen. Der Bilanzwert der Vorräte beträgt somit € 24.600.

Tab: *Bewertung der Vorräte auf Basis des Identitätspreisverfahrens*

|  | AB | | | 1. Zukauf | | | 2. Zukauf | | | Gesamt |
|---|---|---|---|---|---|---|---|---|---|---|
|  | Menge | Preis | Bestand | Menge | Preis | Bestand | Menge | Preis | Bestand | **Bestand** |
| **Bestand** | 1.000 | 10 | 10.000 | 3.000 | 12 | 36.000 | 4.000 | 16 | 64.000 | 110.000 |
| **WES** | 1.000 | 10 | 10.000 | 2.000 | 12 | 24.000 | 3.000 | 16 | 48.000 | 82.000 |
| **Soll-EB** | - | | - | 1.000 | 12 | 12.000 | 1.000 | 16 | 16.000 | 28.000 |
| **Ist-EB** | - | | - | 1.000 | 12 | 12.000 | 900 | 16 | 14.400 | 26.400 |
| **Schwund** | - | | - | - | | - | 100 | 16 | 1.600 | 1.600 |
| **Abwertung** | | | | | | | 900 | 2 | 1.800 | 1.800 |
| **Ist-EB** | - | | - | 1.000 | 12 | 12.000 | 900 | 14 | 12.600 | 24.600 |

Erl: WES (Wareneinsatz), EB (Endbestand)

*Buchungen*

Die mit dieser Bewertung zusammenhängenden **Buchungen** lauten (Erl: für die Verbuchung der Zukäufe und Verkäufe wird auf die entsprechenden Stellen des Buches verwiesen):

- Verbuchung des **Wareneinsatzes**:

| HW-Einsatz (50..) *82.000* | / HW-Vorrat (16..) *82.000* |
|---|---|

- Verbuchung des **Schwundes**:

| Abschreibung von Vorräten (78..) *1.600* | / HW-Vorrat (16..) *1.600* |
|---|---|

- Verbuchung der **Abwertung auf** den **Marktpreis** am **Bilanzstichtag**:

> Abschreibung von Vorräten (78..)  /  HW-Vorrat (16..) *1.800*
> *1.800*

> Beachten Sie, dass in der **Praxis** der Bezug der Vorräte oft auch bereits als Aufwand verbucht wird. Siehe dazu die Verbuchung des Vorratsbezugs.

## 2.c.3.2. Bewertungsvereinfachungsverfahren

Grundsätzlich ist nach HGB der Grundsatz der Einzelbewertung vorgesehen. Die Vorräte sind damit grundsätzlich nach dem oben behandelten Identitätspreisverfahren zu bewerten (→GoB). Für gewisse Vermögenswerte sieht das HGB aber die Möglichkeit vor, nicht die einzelnen Vermögenswerte zu bewerten, sondern vereinfachte Bewertungsverfahren iS einer Gruppenbewertung bzw von Verbrauchsfolgeverfahren anzuwenden (→**Abbildung**).

*bei den **Vorräten** wird der **Grundsatz der Einzelbewertung aufgehoben***

Voraussetzung für eine **Gruppenbewertung** ist, dass es sich um gleichartige Gegenstände des Vorratsvermögens handelt.

*Voraussetzung für die Anwendung eines Verfahrens der **Gruppenbewertung***

> Das HGB sieht eine solche **Gruppenbewertung** iS des **gewogenen Durchschnittswertes** neben dem Vorratsvermögen auch für gleichartige Gegenstände des Finanzanlagevermögens und für Wertpapiere (Wertrecht) sowie für andere gleichartige oder annähernd gleichwertige bewegliche Vermögensgegenstände vor (§ 209 Abs 2 HGB).

Damit eine solche Gleichwertigkeit vorliegt, müssen neben annähernd gleichen Anschaffungskosten auch gemeinsame Merkmale für eine Gruppenbewertung sprechen, beispielsweise ein gleicher Verwendungszweck.

Zu den **Verbrauchsfolgeverfahren** zählen FIFO, LIFO sowie HIFO.

*Verbrauchsfolgeverfahren*

## 2.c.3.2.a. Gleitendes/gewogenes Durchschnittspreisverfahren

Beim gleitenden Durchschnittspreisverfahren wird nach jedem Zugang sofort ein neuer **Durchschnittspreis** aus bisherigem Bestand und Zugang errechnet. Mit diesem neuen Durchschnittspreis wird jeder Abgang bis zum nächsten Zugang bewertet. Mit diesem neuen Zugang wird wiederum ein neuer Durchschnittspreis berechnet usw. Die Bewertung des Bestandes am Ende des Geschäftsjahres erfolgt auf Basis des letzten Durchschnittspreises. Eine allfällige Abwertung auf den niedrigeren Tagespreis ist aber zu prüfen.
**Voraussetzung** für die Anwendung der gleitenden Durchschnittsmethode ist somit die genaue Erfassung der einzelnen Zugänge und Abgänge.

*Behandlung/Prämisse*

*Beispiel auf Basis des gleitenden Durchschnitts-preisverfahrens*

Für unser Beispiel verwenden wir wiederum die Angaben in Punkt 2.c.3. Hierbei gehen wir nun iS des gleitenden Durchschnittspreisverfahrens wie folgt vor:

- Aus dem Anfangsbestand und dem 1. Zukauf ermitteln wir den **1. Durchschnittspreis**: Dazu dividieren wir den wertmäßigen Bestand von 46.000 durch die 4.000 Stück Bestand. Unser 1. Durchschnittspreis ist somit € 11,50/Stück.
- Mit diesem 1. Durchschnittspreis bewerten wir die **1. Entnahme** von 3.000 Stück.
- Nach dem 2. Zukauf ermitteln wir den **2. Durchschnittspreis**: Dazu dividieren wir den wertmäßigen Bestand von 75.500 durch die 5.000 Stück Bestand. Unser 2. Durchschnittspreis ist somit € 15,10/Stück.
- Mit diesem zweiten Durchschnittspreis bewerten wir die **2. Entnahme** von 3.000 Stück.
- Unser Soll-Endbestand beträgt 2.000 Stück. Wenn wir diesem Soll-Endbestand den Ist-Endbestand gem Inventur (1.900 Stück) gegenüberstellen, so erhalten wir den **Schwund**: In unserem Fall beträgt der Schwund 100 Stück, die zum letzten Durchschnittspreis von € 15,10/Stück bewertet werden. Der Schwund beträgt insgesamt € 1.510.
- Die noch auf Lager liegenden Vorräte werden gem dem **strengen Niederstwertprinzip** am Bilanzstichtag mit dem niedrigeren Wert von Anschaffungswert und Marktpreis bewertet. Da der letzte Durchschnittspreis von 15,10 über dem Marktpreis am Bilanzstichtag von 14 liegt, müssen wir die noch auf Lager liegenden 1.900 Stück um € 1,10/Stück abwerten. Die Abwertung beträgt insgesamt € 2.090.
- Unser **Lagerbestand** am Ende des Geschäftsjahres (1.900 Stück) wird somit mit einem Stückpreis von € 14,00/Stück bewertet. Der Bilanzwert der Vorräte beträgt somit € 26.600.

Tab: *Vorratsbewertung auf Basis des gleitenden Durchschnittspreisverfahrens*

| Datum | Vorgang | Menge | Preis | Bestand | WES | Schwund | Abwertung |
|---|---|---|---|---|---|---|---|
| 1.1. | Anfangsbestand | 1.000 | 10,00 | 10.000 | | | |
| 12.1. | 1. Zukauf | 3.000 | 12,00 | 36.000 | | | |
| | **Summe** | **4.000** | **11,50** | **46.000** | | | |
| 12.1.-14.8. | Entnahme | 3.000 | 11,50 | 34.500 | 34.500 | | |
| | Restbestand | 1.000 | 11,50 | 11.500 | | | |
| 15.8. | 2. Zukauf | 4.000 | 16,00 | 64.000 | | | |
| | **Summe** | **5.000** | **15,10** | **75.500** | | | |
| 16.8.-31.12. | Entnahme | 3.000 | 15,10 | 45.300 | 45.300 | | |
| | Soll-Endbestand | 2.000 | 15,10 | 30.200 | | | |
| | Ist-Endbestand | 1.900 | | | | | |
| | Schwund | 100 | 15,10 | 1.510 | | 1.510 | |
| | Abwertung | 1.900 | 1,10 | 2.090 | | | 2.090 |
| **31.12.** | **Ist-Endbestand** | **1.900** | **14,00** | **26.600** | **79.800** | **1.510** | **2.090** |

Erl: WES (Wareneinsatz)

Die mit dieser Bewertung zusammenhängenden **Buchungen** lauten (Erl: betr die Verbuchung des Einkaufs und des Verkaufs der Waren sei auf die entsprechenden Stellen des Buches verwiesen): *Buchungen*

- Verbuchung des **Wareneinsatzes**:

| | | |
|---|---|---|
| HW-Einsatz (50..) *79.800* | / | HW-Vorrat (16..) *79.800* |

- Verbuchung des **Schwundes**:

| | | |
|---|---|---|
| Abschreibung von Vorräten (78..) *1.510* | / | HW-Vorrat (16..) *1.510* |

- Verbuchung der **Abwertung auf** den **Marktpreis** am **Bilanzstichtag**:

| | | |
|---|---|---|
| Abschreibung von Vorräten (78..) *2.090* | / | HW-Vorrat (16..) *2.090* |

> Beachten Sie, dass in der **Praxis** der Bezug der Vorräte oft auch bereits als Aufwand verbucht wird. Siehe dazu die Verbuchung des Vorratsbezugs.

Im Gegensatz zum gleitenden Durchschnittspreisverfahren wird beim **gewogenen Durchschnittspreisverfahren nur ein (gewogener) Durchschnittspreis** am Jahresende **ermittelt**. Dieser gewogene Durchschnittspreis errechnet sich aus dem Anfangsbestand und den Zukäufen während des Geschäftsjahres. Mit diesem (einzigen) gewogenen Durchschnittspreis wird dann sowohl der Verbrauch der Vorräte als auch der Endbestand am Ende des Geschäftsjahres bewertet. Wobei eine außerplanmäßige Abschreibung auf einen niedrigeren Marktwert (beizulegenden Wert) iS des strengen Niederstwertprinzips zu prüfen ist. *gewogenes Durchschnitts-preisverfahren*

Das gewogene Durchschnittspreisverfahren ist im Vergleich zum gleitenden Durchschnittspreisverfahren somit **weniger aufwendig**. Beim gewogenen Durchschnittspreisverfahren müssen die **Reihenfolge** und die **Menge der Abfassungen nicht bekannt sein**. Werden die Abgangsmengen nicht erfasst, so kann beim gewogenen Durchschnittspreisverfahren jedoch kein Schwund festgestellt werden.

Für unser **Beispiel** würde sich daher auf Basis des gewogenen Durchschnittspreisverfahrens ergeben:

- Aus dem Anfangsbestand, dem 1. und 2. Zukauf wird ein **Durchschnittspreis** ermittelt: Dazu wird der wertmäßige Bestand von 110.000 durch die 8.000 Stück Bestand dividiert. Der gewogene Durchschnittspreis ist somit € 13,75/Stück.
- Werden die einzelnen Abgangsmengen nicht erfasst, so ergeben sich auf Basis des Inventurbestandes von 1.900 Stück **Entnahmen** von 6.100 Stück, die mit dem gewogenen Durchschnittspreis bewertet werden.
- Der Lagerbestand der Vorräte wird gem dem **strengen Niederstwertprinzip** am Bilanzstichtag mit dem niedrigeren Wert von Anschaffungswert und Marktpreis bewertet. Da der gewogene Durchschnittspreis von 13,75 unter dem Marktpreis am Bilanzstichtag von 14 liegt, entfällt eine Abwertung.

- Unser **Lagerbestand** am Ende des Geschäftsjahres (1.900 Stück) wird somit mit einem Stückpreis von € 13,75/Stück bewertet. Der Bilanzwert der Vorräte beträgt somit € 26.125.

Tab: *Vorratsbewertung auf Basis des gewogenen Durchschnittspreisverfahrens*

| Datum | Vorgang | Menge | Preis | Bestand | WES | Schwund | Abwertung |
|-------|---------|-------|-------|---------|-----|---------|-----------|
| 1.1. | Anfangsbestand | 1.000 | 10,00 | 10.000 | | | |
| 12.1. | 1. Zukauf | 3.000 | 12,00 | 36.000 | | | |
| 15.8. | 2. Zukauf | 4.000 | 16,00 | 64.000 | | | |
| | **Summe** | **8.000** | **13,75** | **110.000** | | | |
| | Entnahmen | 6.100 | 13,75 | 83.875 | 83.875 | | |
| | Ist-Endbestand | 1.900 | 13,75 | 26.125 | | | |
| | Abwertung | - | - | - | | | |
| **31.12.** | **Ist-Endbestand** | **1.900** | **13,75** | **26.125** | **83.875** | | |

Erl: WES (Wareneinsatz)

*Buchungen*

Die mit dieser Bewertung zusammenhängenden **Buchungen** lauten (Erl: betr die Verbuchung des Einkaufs und des Verkaufs der Waren sei auf die entsprechenden Stellen des Buches verwiesen):

- Verbuchung des **Wareneinsatzes**:

| HW-Einsatz (50..) *83.875* | / | HW-Vorrat (16..) *83.875* |
|---|---|---|

## 2.c.3.2.b. FIFO-Verfahren

*Behandlung/Prämisse*

Beim FIFO-Verfahren wird unterstellt, dass die jeweils ältesten Bestände der Vorräte zuerst verbraucht oder veräußert werden. Der Bestand am Ende eines Geschäftsjahres setzt sich beim FIFO-Verfahren somit aus dem Bestand der zuletzt eingetroffenen Lieferungen zusammen. Eine allfällige Abwertung der Vorräte auf einen niedrigeren Tageswert am Bilanzstichtag ist aber iS des strengen Niederstwertprinzips zu prüfen.

*das **FIFO-Verfahren** ist **steuerlich** nur in Ausnahmefällen anwendbar*

Handelsrechtlich ist das FIFO-Verfahren anerkannt. Steuerlich ist seine Anwendung nur dann möglich, wenn das FIFO-Verfahren eine Näherungsmethode zur tatsächlichen Einsatzermittlung darstellt.

***Beispiel** auf Basis des **FIFO-Verfahrens***

Für unser **Beispiel** greifen wir wiederum auf die Annahmen in Punkt 2.c.3. zurück. Wie die folgende **Tabelle** zeigt, gehen wir für die **Berechnung** wie folgt vor:

- Den Ausgangspunkt der Berechnungen bildet der Bestand, der sich aus **Anfangsbestand** sowie **erstem und zweitem Zukauf** zusammensetzt.
- Darauf aufbauend wird der **Wareneinsatz** betr den jeweiligen **Verkauf** auf Basis jener Preise berechnet, zu dem die Einkäufe beginnend mit Jahresanfang erfolgt sind. Verkauft wurden insgesamt 6.000 Stück. In unserem Fall werden entsprechend der Annahme von FIFO im Rahmen des Wareneinsatzes somit 1.000 Stück zu einem Preis von € 10/Stück, 3.000 Stück zu einem Preis von € 12/Stück sowie 2.000 Stück zu einem Preis von € 16/Stück verkauft. Zieht

man vom Bestand den Wareneinsatz ab, so erhalten wir den Soll-Endbestand (2.000 Stück).

- Wenn wir diesem Soll-Endbestand (2.000 Stück) den Ist-Endbestand gem Inventur (1.900 Stück) gegenüberstellen, so erhalten wir den **Schwund**: In unserem Fall beträgt der Schwund 100 Stück, die zum Einkaufspreis von € 16/Stück bewertet werden. Der Schwund beträgt somit € 1.600.

- Die noch auf Lager liegenden Vorräte werden gem dem **strengen Niederstwertprinzip** am Bilanzstichtag mit dem niedrigeren Wert von Anfangsbestand und Marktpreis bewertet. Da der Einkaufspreis von € 16/Stück über dem Marktpreis am Bilanzstichtag von € 14/Stück liegt, müssen wir die noch auf Lager liegenden 1.900 Stück um € 2/Stück abwerten. Die Abwertung beträgt somit insgesamt € 3.800.

- Unser **Lagerbestand** am **Ende** des **Geschäftsjahres** setzt sich somit aus 1.900 Stück à € 14 zusammen. Der Bilanzwert der Vorräte beträgt somit € 26.600.

Tab: *Bewertung der Vorräte auf Basis des FIFO-Verfahrens*

| | AB | | | 1. Zukauf | | | 2. Zukauf | | | Gesamt |
|---|---|---|---|---|---|---|---|---|---|---|
| | Menge | Preis | Bestand | Menge | Preis | Bestand | Menge | Preis | Bestand | **Bestand** |
| **Bestand** | 1.000 | 10 | 10.000 | 3.000 | 12 | 36.000 | 4.000 | 16 | 64.000 | 110.000 |
| **WES** | 1.000 | 10 | 10.000 | 3.000 | 12 | 36.000 | 2.000 | 16 | 32.000 | 78.000 |
| **Soll-EB** | - | | | - | | | 2.000 | 16 | 32.000 | 32.000 |
| **Ist-EB** | - | | | - | | | 1.900 | 16 | 30.400 | 30.400 |
| **Schwund** | - | | | - | | | 100 | 16 | 1.600 | 1.600 |
| **Abwertung** | - | | | - | | | 1.900 | 2 | 3.800 | 3.800 |
| **Ist-EB** | - | | | - | | | 1.900 | 14 | 26.600 | 26.600 |

Erl: WES (Wareneinsatz), EB (Endbestand)

Die mit dieser Bewertung zusammenhängenden **Buchungen** lauten (Erl: betr die Verbuchung des Einkaufs und des Verkaufs der Waren sei auf die entsprechenden Stellen des Buches verwiesen):

*Buchungen*

- Verbuchung des **Wareneinsatzes**:

  | HW-Einsatz (50..) *78.000* | / | HW-Vorrat (16..) *78.000* |

- Verbuchung des **Schwundes**:

  | Abschreibung von Vorräten (78..) *1.600* | / | HW-Vorrat (16..) *1.600* |

- Verbuchung der **Abwertung auf** den **Marktpreis** am **Bilanzstichtag**:

  | Abschreibung von Vorräten (78..) *3.800* | / | HW-Vorrat (16..) *3.800* |

  Beachten Sie, dass in der **Praxis** der Bezug der Vorräte oft auch bereits als Aufwand verbucht wird. Siehe dazu die Verbuchung des Vorratsbezugs.

### 2.c.3.2.c. LIFO-Verfahren

Das LIFO-Verfahren unterstellt, dass die zuletzt beschafften Vorräte als erste wieder die Unternehmung verlassen. Der Lagerbestand am Ende eines Geschäftsjahres setzt sich beim LIFO-Verfahren somit aus dem Bestand der zuerst eingetroffenen Lieferungen zusammen. Eine allfällige Abwertung der Vorräte auf einen niedrigeren Tageswert am Bilanzstichtag ist iS des strengen Niederstwertprinzips aber zu prüfen.

*permanentes LIFO, Perioden-LIFO*

Beim LIFO-Verfahren muss zwischen zwei Formen unterschieden werden: Beim sog **permanenten LIFO-Verfahren** wird der Materialverbrauch während eines Geschäftsjahres fortlaufend mengen- und wertmäßig erfasst und entsprechend dem Konzept „last in – first out" bewertet. Im Gegensatz dazu wird beim **Perioden-LIFO-Verfahren** nur der Bestand am Ende des jeweiligen Geschäftsjahres gem dem Konzept „last in – first out" bewertet. Beim Perioden-LIFO-Verfahren muss damit nur die verbrauchte Menge pauschal bekannt sein.

*das **LIFO-Verfahren** ist **steuerlich** nur in Ausnahmefällen anwendbar*

Handelsrechtlich ist das LIFO-Verfahren anerkannt. Steuerlich ist seine Anwendung nur dann möglich, wenn das LIFO-Verfahren eine Näherungsmethode zur tatsächlichen Einsatzermittlung darstellt.

***Beispiel** auf Basis des **LIFO-Verfahrens** (permanentes LIFO)*

Für unser **Beispiel** greifen wir wiederum auf die Annahmen in Punkt 2.c.3. zurück. Wie die folgende **Tabelle** zeigt, gehen wir für die **Berechnung** wie folgt vor:

- Den Ausgangspunkt der Berechnungen bildet der Bestand, der sich aus **Anfangsbestand** sowie **erstem und zweitem Zukauf** zusammensetzt.
- Darauf aufbauend wird der **Wareneinsatz** betr den jeweiligen **Verkauf** auf Basis jener Preise berechnet, zu dem die Einkäufe beginnend mit Jahresende erfolgt sind. Verkauft wurden insgesamt 6.000 Stück. In unserem Fall werden entsprechend der Annahme von LIFO im Rahmen des Wareneinsatzes somit 4.000 Stück zu einem Preis von € 16/Stück sowie 2.000 Stück zu einem Preis von € 12/Stück verkauft. Zieht man vom Bestand den Wareneinsatz ab, so erhalten wir den Soll-Endbestand (2.000 Stück).
- Wenn wir diesem Soll-Endbestand (2.000 Stück) den Ist-Endbestand gem Inventur (1.900 Stück) gegenüberstellen, so erhalten wir den **Schwund**: In unserem Fall beträgt der Schwund 100 Stück, die zum Einkaufspreis von € 12/Stück bewertet werden. Der Schwund beträgt somit insgesamt € 1.200.
- Die noch auf Lager liegenden Vorräte werden gem dem **strengen Niederstwertprinzip** am Bilanzstichtag mit dem niedrigeren Wert von Anfangsbestand und Marktpreis bewertet. Da der Einkaufspreis der noch auf Lager liegenden Vorräte von € 10 bzw 12/Stück aber unter dem Marktpreis am Bilanzstichtag von € 14/Stück liegt, entfällt eine außerplanmäßige Abschreibung.
- Unser **Lagerbestand** am **Ende** des **Geschäftsjahres** setzt sich somit aus 1.000 Stück à € 10 sowie 900 Stück à € 12 zusammen. Der Bilanzwert der Vorräte beträgt somit € 20.800.

Tab: *Bewertung der Vorräte auf Basis des LIFO-Verfahrens*

| | AB | | | 1. Zukauf | | | 2. Zukauf | | | Gesamt |
|---|---|---|---|---|---|---|---|---|---|---|
| | Menge | Preis | Bestand | Menge | Preis | Bestand | Menge | Preis | Bestand | **Bestand** |
| **Bestand** | 1.000 | 10 | 10.000 | 3.000 | 12 | 36.000 | 4.000 | 16 | 64.000 | 110.000 |
| **WES** | - | | | 2.000 | 12 | 24.000 | 4.000 | 16 | 64.000 | 88.000 |
| **Soll-EB** | 1.000 | 10 | 10.000 | 1.000 | 12 | 12.000 | - | | | 22.000 |
| **Ist-EB** | 1.000 | 10 | 10.000 | 900 | 12 | 10.800 | - | | | 20.800 |
| **Schwund** | - | | | 100 | 12 | 1.200 | - | | | 1.200 |
| **Abwertung** | - | | | - | | | - | | | - |
| **Ist-EB** | 1.000 | 10 | 10.000 | 900 | 12 | 10.800 | - | | | 20.800 |

Erl: WES (Wareneinsatz), EB (Endbestand)

Die mit dieser Bewertung zusammenhängenden **Buchungen** lauten (Erl: betr die Verbuchung des Einkaufs und des Verkaufs der Waren sei auf die entsprechenden Stellen des Buches verwiesen): *Buchungen*

- Verbuchung des **Wareneinsatzes**:

  > HW-Einsatz (50..) *88.000* / HW-Vorrat (16..) *88.000*

- Verbuchung des **Schwundes**:

  > Abschreibungen von Vorräten (78..) *1.200* / HW-Vorrat (16..) *1.200*

Eine **Abwertung** auf den **Marktpreis** muss in diesem Beispiel nicht vorgenommen werden, da der Einkaufspreis der noch auf Lager liegenden Vorräte von € 10 bzw € 12/Stück unter dem Marktpreis am Bilanzstichtag (€ 14) liegt.

> Beachten Sie, dass in der **Praxis** der Bezug der Vorräte oft auch bereits als Aufwand verbucht wird. Siehe dazu die Verbuchung des Vorratsbezugs.

## 2.c.3.2.d. HIFO-Verfahren

Das HIFO-Verfahren unterstellt, dass die zu den höchsten Preisen erworbenen Vorratsgüter zuerst verbraucht werden. Der Bestand der am Jahresende noch auf Lager liegenden Vorräte wird damit mit den niedrigsten Anschaffungskosten bewertet; womit das Vorratsvermögen auf Basis des HIFO-Verfahrens sehr vorsichtig bewertet wird. *Behandlung*

Zur Anwendung kann dieses Verfahren vor allem bei schwankenden Preisen kommen, da mit diesem Verfahren die Substanzerhaltung und Gewinnminimierung begünstigt wird. Allerdings fehlt für dieses Verfahren ein Realitätsbezug. Im Falle kontinuierlich steigender Preise führt das HIFO-Verfahren jedoch zu den gleichen Ergebnissen wie das LIFO-Verfahren.

*das HIFO-Verfahren ist*
*steuerrechtlich nicht aner-*
*kannt*

**Handelsrechtlich** ist das HIFO-Verfahren anerkannt. **Steuerrechtlich** ist das HI-FO-Verfahren hingegen nicht anerkannt, da sich dieses nicht an der tatsächlichen Verbrauchsfolge, sondern an der Höhe der Anschaffungskosten orientiert.

*Querverweis*:
*latente Steuern*

Werden die Vorräte handelsrechtlich nach dem HIFO-Verfahren, steuerrechtlich hingegen nach einem anderen Verfahren bewertet, so sind die sich daraus ergebenden Differenzen der →latenten Steuerabgrenzung zu unterziehen.

> ▶ Siehe **Arbeitsbuch**: **Beispiel zu D.2.c.3.**

### 2.c.3.3. Gegenüberstellung der Verfahren

*Zusammenfassung*
*wichtiger Ergebnisse*

Fassen wir die Ergebnisse aus den obigen Ausführungen zusammen, so lassen sich über die Verfahren der Einsatz- und Vorratsbewertung folgende wesentliche Aussagen zusammenfassen:

- Das **Identitätspreisverfahren** stellt die präziseste Art der Vorrats- und Einsatzermittlung dar.
- Das **Identitätspreisverfahren** unterscheidet sich von den anderen Verfahren insbesondere dadurch, dass bei der Bewertung des Wareneinsatzes/Verbrauchs und des Endbestandes der genaue Preis der einzelnen Vorräte bekannt sein muss. Bei den **Verbrauchsfolgeverfahren** (FIFO, LIFO, HIFO) wird hierfür auf Näherungswerte zurückgegriffen.
- Das **HIFO-Verfahren** begünstigt die Substanzerhaltung und die Gewinnermittlung, da hierbei das Vorratsvermögen sehr vorsichtig bewertet wird. Allerdings fehlt für dieses Verfahren der Realitätsbezug, weshalb es steuerrechtlich nicht anerkannt wird. Im Falle kontinuierlich steigender Preise führt das HIFO-Verfahren zu den gleichen Ergebnissen wie das **LIFO-Verfahren**.
- Nicht alle Verfahren sind **steuerrechtlich** anerkannt (siehe dazu die folgende Abbildung). Im Falle von handels- und steuerrechtlich unterschiedlich angewandten Verfahren sind die daraus resultierenden Differenzen im Rahmen der →**Mehr-Weniger-Rechnung** zu korrigieren und diese Differenzen der →**latenten Steuerabgrenzung** zu unterziehen.

> ▶ Siehe **Arbeitsbuch**: **Kontrollfragen zu D.2.**

# 3. BEWERTUNG DES ANLAGEVERMÖGENS UND DES FINANZVERMÖGENS

## 3.a. Problemstellung

Wie wir an einer anderen Stelle des Buches bereits gesehen haben, wird das Vermögen eines Unternehmens in der Bilanz zu (**fortgeführten**) →**Anschaffungs-** bzw →**Herstellungskosten** bilanziert. Im Folgenden ist daher zu klären, welche Spezifika bei der Bewertung des Anlagevermögens und des Finanzvermögens hierbei zu beachten sind.

*Hintergrund*

> **Hinweis**: Hinsichtlich einer **zusammenfassenden, tabellarischen Darstellung** der Vorschriften betr die **Bilanzierung/Bewertung** des **Anlagevermögens** und des **Finanzvermögens** sei auf die Ausführungen zu den →Bilanzierungs- und Bewertungsgrundsätzen verwiesen.

## 3.b. Spezifische Bilanzierungs- und Bewertungsfragen

## 3.b.1. Sachanlagevermögen und immaterielles Vermögen

Das Sachanlagevermögen und das immaterielle Vermögen sind zu fortgeführten Anschaffungs- bzw Herstellungskosten zu bewerten. In der Bilanz wird in den einzelnen Geschäftsjahren somit der jeweilige (Rest-)Buchwert ausgewiesen. Im Rahmen dieser Bewertung sind grundsätzlich mehrere Bereiche zu beachten: die *Definition* der *Anschaffungs-* bzw *Herstellungskosten*, die *planmäßigen Abschreibungen*, die *außerplanmäßigen Abschreibungen* sowie die *Zuschreibungen* (siehe die →**Abbildung**).

*Bilanzierung/Bewertung von **Sach-AV** und immateriellem AV*

Im Rahmen der Behandlung des **immateriellen Vermögens** ist zudem zu beachten, dass gewisse immaterielle Vermögensgegenstände nicht in der Bilanz aktiviert werden dürfen. Zu diesen **Bilanzierungsverboten** zählen:

*Spezifika bei der Bilanzierung von immateriellem Vermögen*

- **intern** (dh von einem Unternehmen) **selbst erstellte immaterielle Vermögenswerte** des Anlagevermögens,

> **Hinweis**: *Selbst erstellte immaterielle Vermögenswerte*, die nicht selbst genutzt, sondern verkauft werden sollen, sind hingegen zu *aktivieren* und im *Umlaufvermögen* unter den Vorräten auszuweisen (zB eine zum Verkauf bestimmte Software).

- der **originäre (selbst aufgebaute) Firmenwert** (im Gegensatz zum *derivativen*, dh erworbenen *Firmenwert*).

Hingegen sind **extern erworbene immaterielle Vermögenswerte** in jedem Fall in die Bilanz aufzunehmen und zwar unabhängig davon, ob sie das Anlage- oder das

Umlaufvermögen betreffen. Beispielsweise extern gekaufte Patente, Lizenzen und Software.

Abb: *Ermittlung des (Rest-)Buchwerts in einem Geschäftsjahr Xn*

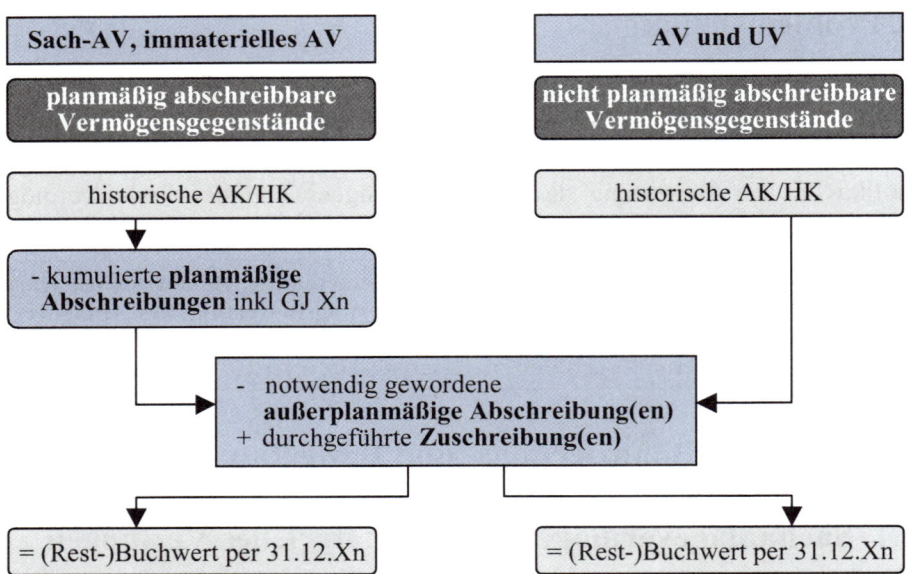

***Querverweis*** *auf andere*
***Stellen*** *des* ***Buches***

Da die obigen Bereiche betreffend die Bilanzierung und Bewertung des Sachanlage- und des immateriellen Vermögens jeweils in anderen Stellen des Buches ausführlich diskutiert werden, sei auf die dort gemachten Ausführungen verwiesen (siehe die →**Tabelle**).

| Zu beachtende Bereiche betr die Bilanzierung/Bewertung des Sachanlage- und des immateriellen Vermögens | Hinweis |
|---|---|
| • Bewertung im Zeitpunkt des Zuganges | D-1.b.2.1.b. |
| • Bewertung in den Folgeperioden | D-1.b.2.1.c. |
| • Zusätzlich zu beachtende Grundsätze | D-1.b.2.1.d. |
| **Erklärungen** | **Hinweis** |
| • Umfang der Anschaffungs- bzw Herstellungskosten | D-1.b.1.3. |
| • Planmäßige Abschreibungen | D-3.c.1. |
| • Außerplanmäßige Abschreibungen und Zuschreibungen | D-3.c.2. |
| **Zusammenfassung** | **Hinweis** |
| • Zusammenfassung der Bilanzierungs- und Bewertungsvorschriften | D-1.b.3. |

# 3.b.2. Leasing

## 3.b.2.1. Übersicht über die Leasingverträge

Grundsätzlich ist zwischen **zwei Arten von Leasing** zu unterscheiden, die im Jahresabschluss unterschiedlich zu behandeln sind (siehe auch die →**Abbildung**):

*operatives Leasing versus Finanzierungs-Leasing*

- **Operatives Leasing**: Bei diesem Leasing erwirbt der Leasingnehmer ein kurzfristiges, idR jederzeit kündbares Nutzungsrecht an einem Leasinggut. Das operative Leasing entspricht damit einem **Mietvertrag**. Die Leasinggüter werden bei einem operativen Leasing **beim Leasinggeber bilanziert**.
- **Finanzierungs-Leasing**: Bei diesem Leasing erwirbt der Leasingnehmer in einem längerfristigen, innerhalb der Grundmietzeit prinzipiell unkündbaren Vertrag das Nutzungspotential an einem Leasinggut. Wobei das Investitionsrisiko (zB die Gefahr der Überalterung durch technischen Fortschritt) und die Gefahr des zufälligen Untergangs des Leasinggutes auf den Leasingnehmer übertragen wird. Das Finanzierungs-Leasing entspricht damit einem **Finanzierungsvertrag**. Bei einem Finanzierungs-Leasing wird das Leasinggut **beim Leasingnehmer** bilanziert.

Die Kriterien betr die Einstufung eines Leasingvertrages als operatives bzw Finanzierungs-Leasing finden sich im Steuerrecht. Eigene handelsrechtliche Kriterien gibt es nicht, doch sind die steuerrechtlichen Kriterien grundsätzlich auch handelsrechtlich anzuwenden. Steuerrechtlich wird hierbei zwischen Voll- und Teilamortisationsverträgen differenziert (Abschn 2 Rz 135ff EStR 2000):

*Kriterien betr die Abgrenzung operatives und Finanzierungs-Leasing*

- Bei einem **Vollamortisationsvertrag** werden während der Grundmietzeit (dh der unkündbaren Laufzeit des Leasingvertrages) mit den Leasingraten sowohl die Investitionskosten (dh die Anschaffungs- bzw Herstellungskosten) als auch der Gewinn des Leasinggebers abgedeckt.
- Bei einem **Teilamortisationsvertrag (Restwertleasing)** werden während der Grundmietzeit (dh der unkündbaren Laufzeit des Leasingvertrages) mit den Leasingraten nicht die gesamten Kosten des Leasinggebers amortisiert. Der kalkulierte Restwert entspricht hierbei dem während der Grundmietzeit nicht amortisierten Teil der Gesamtkosten des Leasinggebers.

Im Falle von →**Vollamortisationsverträgen** ist das Leasinggut dem Leasingnehmer zuzuordnen, wenn insbesondere eines der folgenden Kriterien erfüllt ist:

*Vollamortisationsverträge: Kriterien betr die Zuordnung zum Leasingnehmer*

- Die Grundmietzeit und die betriebsgewöhnliche Nutzungsdauer des Leasinggutes stimmen annähernd überein. Dies trifft zu, wenn die Grundmietzeit zumindest 90 % der betriebsgewöhnlichen Nutzungsdauer beträgt.
- Die Grundmietzeit ist kleiner als 40 % der betriebsgewöhnlichen Nutzungsdauer.
- Die Grundmietzeit liegt zwischen 40 % und 90 % der betriebsgewöhnlichen Nutzungsdauer und der Leasingnehmer hat nach Ablauf der Grundmietzeit eine Option, das Leasinggut gegen Leistung eines wirtschaftlich

nicht ausschlaggebenden Betrages zu erwerben oder den Leasingvertrag zu verlängern.

- Es liegt Spezialleasing vor, dh das Wirtschaftsgut ist speziell auf die Verhältnisse des Leasingnehmers zugeschnitten und kann nach Ablauf der Vertragsdauer nur noch beim Leasingnehmer wirtschaftlich sinnvoll verwendet werden.

*Teilamortisationsverträge:*
*Kriterien betr die*
*Zuordnung zum*
*Leasingnehmer*

Im Falle von →**Teilamortisationsverträgen (Restwertleasing)** ist das Leasinggut dem Leasingnehmer zuzuordnen, wenn insbesondere eines der folgenden Kriterien erfüllt ist:

- Die Grundmietzeit entspricht annähernd der betriebsgewöhnlichen Nutzungsdauer des Leasinggutes.
- Der Leasingnehmer trägt die Chancen und Risiken aus dem Leasingvertrag. Dies trifft zu, wenn der Leasingnehmer für einen Verlust des Leasinggebers aus der Veräußerung des Wirtschaftsgutes nach Vertragsablauf aufkommen muss (dh im Fall, dass der Restwert höher ist als der Veräußerungserlös) und der Leasingnehmer andererseits mehr als 75 % eines den Restwert übersteigenden Veräußerungserlöses erhält.
- Es liegt Spezialleasing vor, dh das Wirtschaftsgut ist speziell auf die Verhältnisse des Leasingnehmers zugeschnitten und kann nach Ablauf der Vertragsdauer nur noch beim Leasingnehmer wirtschaftlich sinnvoll verwendet werden.

> **Hinweis**: Werden Gegenstände des Anlagevermögens aus Leasingverträgen nicht in der Bilanz ausgewiesen, so müssen Kapitalgesellschaften den Betrag der Verpflichtung des folgenden Geschäftsjahres und den Gesamtbetrag der folgenden fünf Jahre im **Anhang** offen legen (§ 237 Z 8b HGB).

## 3.b.2.2. Verbuchung von Leasingverträgen

## 3.b.2.2.a. Verbuchung beim Leasinggeber

*Leasinggeber:*
*Buchungen im Falle der*
*Einstufung als Miete*

Wird der **Leasingvertrag als Miete** eingestuft, so ist wie folgt vorzugehen:

- Der Leasinggegenstand ist in der Bilanz zu den Anschaffungs- bzw Herstellungskosten als (abnutzbares) Anlagevermögen zu aktivieren.
- Der Leasinggegenstand ist (planmäßig) abzuschreiben.
- Allfällige Investitionsbegünstigungen können in Anspruch genommen werden.
- Die Leasingraten sind in der GuV als Erlös (allenfalls entsprechend periodisiert) zu verbuchen.

Der **Buchungssatz** betr den **Erhalt** der **Leasingraten** lautet:

| Zahlungsmittelkonto (idR 28..) | / | Umsatzerlöse Leasing (4...) |
|---|---|---|
| | | Umsatzsteuer (35..) |

*Leasinggeber:*
*Buchungen im Falle der*
*Einstufung als Kauf*

Wird der **Leasingvertrag als Kauf eingestuft**, so ist wie folgt vorzugehen:

- Der Leasinggegenstand darf nicht in der Bilanz aktiviert werden. Damit scheiden auch (planmäßige) Abschreibungen sowie die Inanspruchnahme von Investitionsbegünstigungen aus.

- In der Bilanz ist aktivseitig eine Forderung aus dem Leasingvertrag anzusetzen. Diese Forderung ist je nach Laufzeit des Leasingvertrages im Anlagevermögen als Ausleihung oder im Umlaufvermögen unter den Forderungen auszuweisen. In gleicher Höhe wird in der GuV ein Erlös ausgewiesen.
- Gehen die Leasingraten ein, so sind diese in eine Zinsertragskomponente und in eine Rückzahlungskomponente aufzuspalten. Die Zinserträge sind in der GuV auszuweisen, die Rückzahlungen (Tilgungen) reduzieren in der Bilanz die aktivseitig ausgewiesene Leasingforderung.

Der **Buchungssatz** beim **Verkauf** des Leasinggutes lautet idR:

| Leasingforderung (2...) | / | Umsatzerlöse Leasing (4...) |
|---|---|---|
| | | Umsatzsteuer (35..) |

Bei **Eingang** der **Leasingraten** ist zu buchen:

| Zahlungsmittelkonto (idR 28..) | / | Zinserträge (8...) |
|---|---|---|
| | | Leasingforderung (2...) |

## 3.b.2.2.b. Verbuchung beim Leasingnehmer

Wird der **Leasingvertrag als Miete eingestuft**, so ist wie folgt vorzugehen (siehe die →**Abbildung**):

*Leasingnehmer: Buchungen im Falle der Einstufung als Miete*

- Die Leasingraten werden in der **GuV** (allenfalls entsprechend periodisiert) als Aufwand ausgewiesen.
- In der **Bilanz** scheint das Leasinggut weder aktivseitig als Vermögensgegenstand noch passivseitig als Verpflichtung auf.

Der **Buchungssatz** betr die **Bezahlung** der **Leasingraten** lautet:

| Aufwand Leasingraten (74..) | / | Zahlungsmittelkonto (idR 28..) |
|---|---|---|
| Vorsteuer (25..) | | |

Wird **der Leasingvertrag als Kauf eingestuft**, so ist wie folgt vorzugehen (siehe die →**Abbildung**):

*Leasingnehmer: Buchungen im Falle der Einstufung als Kauf*

- Der Leasinggegenstand ist in der **Bilanz** zu den Anschaffungskosten als (abnutzbares) Anlagevermögen zu aktivieren, wobei nur der Barwert dieser Anschaffungskosten angesetzt wird. Der Leasinggegenstand ist in den Folgeperioden planmäßig abzuschreiben. Diese Abschreibungen sind in der **GuV** im Betriebsergebnis auszuweisen.
- Passivseitig ist in der Bilanz in gleicher Höhe der angesetzten Anschaffungskosten eine Verbindlichkeit auszuweisen. Bei Eingang der Leasingraten ist diese Verbindlichkeit um die in den Leasingraten enthaltene Tilgungskomponente zu berichtigen.
- Die in den Leasingraten enthaltenen Zinsen sind in der GuV als Zinsaufwand auszuweisen.

Der **Buchungssatz** bei **Zugang** des **Leasinggutes** lautet idR:

| Vermögensgegenstand (0...) | / | Leasingverbindlichkeit (3...) |
|---|---|---|
| Vorsteuer (25..) | | |

Der Buchungssatz bei **Ratenzahlung** lautet:

Leasingverbindlichkeit (3...)         /    Zahlungsmittelkonto (idR 28..)
Zinsaufwand (8...)

Abb: *Behandlung von Leasingverträgen aus Sicht des Leasingnehmers*

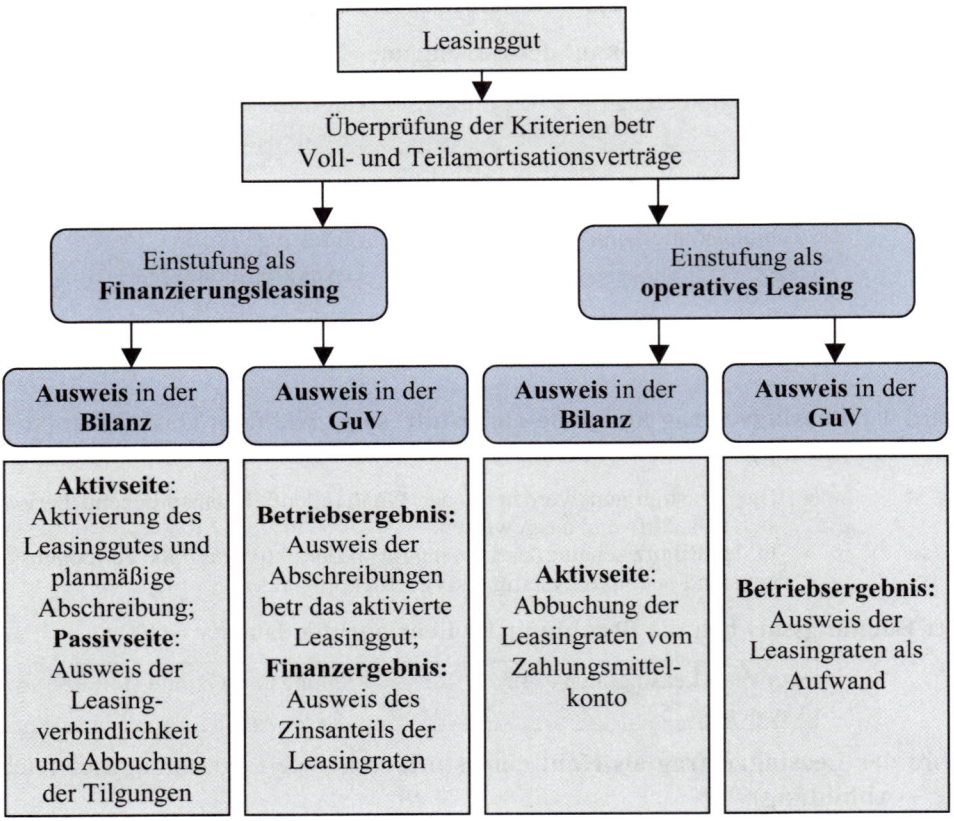

*Beispiel zu einem*
*Finanzierungsleasing*
*aus Sicht des*
*Leasingnehmers*

Wir wollen uns im Folgenden ein Beispiel zu einem Finanzierungsleasing aus Sicht des Leasingnehmers anschauen. Dazu nehmen wir an, dass unser Unternehmen einen Leasingvertrag über eine Maschine abgeschlossen hat. Der Vertragsbeginn des Leasings liegt im GJ X02, die Laufzeit des Leasingvertrages ist 5 Jahre, vereinbart werden 5 Jahresraten à € 10.000, die wirtschaftliche Nutzungsdauer der Maschine beträgt ebenfalls 5 Jahre, der Leasingzinssatz ist 8 %. Die Voraussetzungen für die Behandlung als Finanzierungsleasing liegen vor. Steuern (USt) werden vereinfachenderweise vernachlässigt.

In einem **ersten Schritt** werden die Leasingzahlungen in einen Zinsanteil und in einen Tilgungsanteil aufgespalten (Rundungen können in der Tabelle Differenzen ergeben):

| GJ | Leasing-raten | Barwert | Zahlungen | Zinsanteil | Tilgung | Leasing-vbdl |
|----|----|----|----|----|----|----|
| X02 | | | | | | 39.927 |
| X02 | 10.000 | 9.259 | 10.000 | 3.194 | 6.806 | 33.121 |
| X03 | 10.000 | 8.573 | 10.000 | 2.650 | 7.350 | 25.771 |
| X04 | 10.000 | 7.938 | 10.000 | 2.062 | 7.938 | 17.833 |
| X05 | 10.000 | 7.350 | 10.000 | 1.427 | 8.573 | 9.259 |
| X06 | 10.000 | 6.806 | 10.000 | 741 | 9.259 | 0 |
| **Gesamt** | **50.000** | **39.927** | **50.000** | **10.073** | **39.927** | |

Für den **Ausweis in** der **Bilanz** und **GuV** ist darauf aufbauend wie folgt vorzugehen:

- Auf der **Aktivseite** der **Bilanz** wird die Maschine im GJ X02 mit Anschaffungskosten von € 39.927 bilanziert. In gleicher Höhe wird auf der **Passivseite** eine Verbindlichkeit aus Leasingzahlungen in Höhe von € 39.927 ausgewiesen. Diese Anschaffungskosten der Maschine und die Leasingverbindlichkeit werden in den folgenden Geschäftsjahren entsprechend der nachstehenden Tabelle fortgeführt, sodass am Ende des GJ X06 die Maschine und die Leasingverbindlichkeit nicht mehr aufscheinen.

- In der **GuV** werden im **Betriebsergebnis** in den Jahren X02-X06 jeweils Abschreibungen in Höhe von € 7.985 ausgewiesen. Im **Finanzergebnis** wird jeweils der Zinsanteil ausgewiesen (zB im GJ X02 € 3.194).

| GJ | Bilanz | | | GuV | | |
|----|----|----|----|----|----|----|
| | BW 1.1. | Abschrei-bungen | BW 31.12. | Gesamt | Abschrei-bungen | Zins-anteil |
| X02 | 39.927 | 7.985 | 31.942 | 11.180 | 7.985 | 3.194 |
| X03 | 31.942 | 7.985 | 23.956 | 10.635 | 7.985 | 2.650 |
| X04 | 23.956 | 7.985 | 15.971 | 10.047 | 7.985 | 2.062 |
| X05 | 15.971 | 7.985 | 7.985 | 9.412 | 7.985 | 1.427 |
| X06 | 7.985 | 7.985 | 0 | 8.726 | 7.985 | 741 |
| **Gesamt** | | **39.927** | | **50.000** | **39.927** | **10.073** |

▶ Siehe **Arbeitsbuch**: **Beispiel** zu **D.3.b.2.2.b.**

### 3.b.3. Finanzvermögen

Entsprechend der für Kapitalgesellschaften geltenden Bilanzgliederung des HGB fallen unter das Finanzvermögen folgende Positionen:

| **Anlagevermögen:** | • Anteile an verbundenen Unternehmen |
| | • Ausleihungen an verbundene Unternehmen |
| | • Beteiligungen |
| | • Ausleihungen an Unternehmen, mit denen ein Beteiligungsverhältnis besteht |
| | • Wertpapiere (Wertrechte) des Anlagevermögens |
| | • sonstige Ausleihungen |
| **Umlaufvermögen:** | • Anteile an verbundenen Unternehmen |
| | • sonstige Wertpapiere und Anteile |

Grundsätzlich betroffen können iS des Finanzvermögens auch die folgenden Posten sein (wobei in diesen Forderungen auch Forderungen aus Lieferungen und Leistungen enthalten sein können):

| **Umlaufvermögen:** | • Forderungen gegenüber verbundenen Unternehmen |
| | • Forderungen gegenüber Unternehmen, mit denen ein Beteiligungsverhältnis besteht |
| | • sonstige Forderungen |

> **Hinweis**: Der Ausweis der Posten „Forderungen gegenüber verbundenen Unternehmen" und „Forderungen gegenüber Unternehmen, mit denen ein Beteiligungsverhältnis besteht" richtet sich nicht nach dem wirtschaftlichen Inhalt der Forderung, sondern nach der Person des Schuldners. Damit können in diesem Posten sowohl Forderungen aus LL als auch Finanzforderungen (kurzfristige Kreditvergaben) ausgewiesen sein.

Bei der **Bilanzierung** und **Bewertung** des **Finanzvermögens** sind im Gegensatz zum Sachanlagevermögen und immateriellem Vermögen zwei **Spezifika** zu beachten:

- Beim Finanzvermögen scheidet eine Bewertung zu Herstellungskosten aus. Das Finanzvermögen ist damit zu (fortgeführten) **Anschaffungskosten** zu bewerten.
- Beim Finanzvermögen fallen nur **außerplanmäßige Abschreibungen** und Zuschreibungen an; planmäßige Abschreibungen sind nicht möglich.

Im Rahmen der Bewertung des Finanzvermögens sind somit grundsätzlich die folgenden Bereiche zu beachten: die *Definition* der *Anschaffungskosten*, die *außerplanmäßigen Abschreibungen* bzw *Wertberichtigungen* sowie die *Zuschreibungen* (siehe die →**Abbildung**).

Abb: *Bewertung des Finanzvermögens*

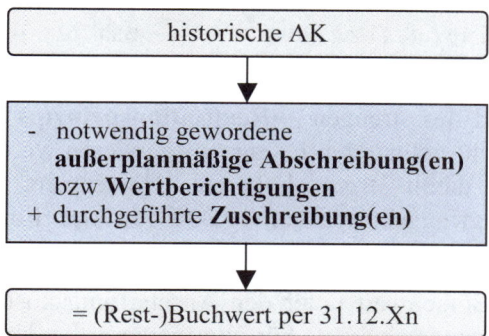

Da die obigen Bereiche betr die Bilanzierung und Bewertung des Finanzvermögens in anderen Stellen des Buches ausführlich diskutiert werden, sei auf die dort gemachten Ausführungen verwiesen (siehe die →**Tabelle**).

*Querverweis auf andere Stellen des Buches*

| Zu beachtende Bereiche betr die Bilanzierung/Bewertung des Finanzvermögens | Hinweis |
|---|---|
| • Bewertung im Zeitpunkt des Zuganges | D-1.b.2.1.b. |
| • Bewertung in den Folgeperioden | D-1.b.2.1.c. |
| • Zusätzlich zu beachtende Grundsätze | D-1.b.2.1.d. |
| **Erklärungen** | **Hinweis** |
| • Umfang der Anschaffungskosten | D-1.b.1.3. |
| • Außerplanmäßige Abschreibungen und Zuschreibungen | D-3.c.2. |
| • Wertberichtigungen von Forderungen | D-4.b.2. |
| • Forderungen in fremder Währung | D-4.c. |
| **Zusammenfassung** | **Hinweis** |
| • Zusammenfassung der Bilanzierungs- und Bewertungsvorschriften | D-1.b.3. |

Für das Verständnis sei aber folgendes **Beispiel** zur Bewertung zu **Wertpapieren** angeführt, wobei die **Querverweise** zu den anderen Stellen des Buches gekennzeichnet sind: Unser Unternehmen kauft im Geschäftsjahres X01 Wertpapiere mit Anschaffungskosten von 10.000. Am 31.12.X01 beträgt der Börsenwert dieser Wertpapiere 12.000, am 31.12.X02 8.000 sowie am 31.12.X03 11.000.

*Beispiel zur Bewertung von Wertpapieren*

|  | Zugang X01 | 31.12.X01 | 31.12.X02 | 31.12.X03 |
|---|---|---|---|---|
| Anschaffungskosten | 10.000 | | | |
| Börsenwert | | 12.000 | 8.000 | 11.000 |
| **Bilanzwert** | **10.000** | **10.000** | **8.000** bzw **10.000** | **8.000** bzw **10.000** |

Dementsprechend werden die **Wertpapiere** in den einzelnen Geschäftsjahren wie folgt **bilanziert**:

**Kauf**: Die Wertpapiere werden iS der →Zugangsbewertung mit den →**Anschaffungskosten** von **10.000** in der Bilanz angesetzt.

| Wertpapiere (08..) bzw (26..) *10.000* | / | Bank (28..) *10.000* |
|---|---|---|

**31.12.X01**: Aufgrund des strengen →**Realisationsprinzips** dürfen in der Bilanz keine nicht realisierten Erträge ausgewiesen werden. Die Wertpapiere werden damit trotz höherem Börsenwert mit maximal den →Anschaffungskosten von **10.000** bewertet. Eine Buchung ist damit nicht erforderlich.

**31.12.X02**: Da der Börsenwert unter den Anschaffungskosten liegt, ist hier wie folgt zu unterscheiden: Für Wertpapiere des **Umlaufvermögens** gilt das →**strenge Niederstwertprinzip**, womit auf den unter den →Anschaffungskosten liegenden niedrigeren Börsenwert von **8.000** abzuschreiben ist.

| Abschreibungen Finanzvermögen (82..) *2.000* | / | Wertpapiere UV (26..) *2.000* |
|---|---|---|

Bei Wertpapieren des **Anlagevermögens** gilt grundsätzlich ein →**gemildertes Niederstwertprinzip**, womit die Wertpapiere nach wie vor mit den Anschaffungskosten von **10.000** bilanziert werden, sofern die Wertminderung voraussichtlich nicht von Dauer ist. Allerdings dürfen Finanzanlagen (im Gegensatz zum sonstigen Anlagevermögen) iS eines Wahlrechts auch dann auf 8.000 abgeschrieben werden, selbst wenn die Wertminderung voraussichtlich nicht von Dauer ist. In diesem Fall wäre zu buchen:

| Abschreibungen Finanzvermögen (82..) *2.000* | / | Wertpapiere AV (08..) *2.000* |
|---|---|---|

**31.12.X03**: Da der Börsenwert mittlerweile wieder gestiegen ist, ist grundsätzlich eine →**Zuschreibung** bis maximal zu den →Anschaffungskosten von **10.000** vorzunehmen (trotzdem der Börsenwert mit 11.000 höher ist). Allerdings darf der niedrigere Wert von **8.000** in der Bilanz beibehalten werden, sofern dieser bei der steuerrechtlichen Gewinnermittlung unter der Voraussetzung beibehalten werden kann, dass er auch im Jahresabschluss beibehalten wird. Somit besteht ein Zuschreibungswahlrecht. Erfolgt eine Zuschreibung, so ist zu buchen:

| Wertpapiere (08..) bzw (26..) *2.000* | / | Erträge aus der Zuschreibung zum Finanzvermögen (81..) *2.000* |
|---|---|---|

▶ Siehe **Arbeitsbuch: Beispiel zu D.3.b.3.**

## 3.c. Themenkreis „Abschreibungen"

## 3.c.1. Planmäßige Abschreibungen

## 3.c.1.1. Problemstellung

Sie erinnern sich: Im Zeitpunkt der Anschaffung werden die Vermögenswerte mit den Anschaffungskosten, im Falle der Herstellung mit den Herstellungskosten bewertet. Wie wir bei den einzelnen Geschäftsfällen in Abschnitt C. gesehen haben, werden die Vermögenswerte des Anlagevermögens nach der Anschaffung ua für die Leistungserstellung eines Unternehmens genutzt. Aus dieser Nutzung resultierend verringert sich idR der Wert dieser Vermögenswerte. Beispielsweise nimmt der Wert von Maschinen infolge der Nutzung ab (eine Ausnahme stellen aber idR Grundstücke dar, wenn man von einer Schottergrube absieht). **Aufgabe** der **planmäßigen Abschreibungen** ist es nun, diesen Wertverzehr bei der Erfolgsermittlung (Gewinn/Verlust) zu berücksichtigen.

*die **planmäßigen Abschreibungen** drücken den **Wertverzehr des Vermögens infolge Leistungserstellung** aus*

Dementsprechend sollen unter dem Aspekt der **Ausgabenverteilung** die Anschaffungskosten/Herstellungskosten von abschreibbaren Vermögensgegenständen des Anlagevermögens über die planmäßigen Abschreibungen systematisch über deren wirtschaftliche Nutzungsdauer verteilt werden. Die Abschreibungen zeigen damit auf, wie sich der Wert eines Vermögensgegenstandes in einem bestimmten Zeitraum durch Nutzung oder Zeitablauf verringert hat. Die Abschreibungen dienen somit nicht nur der Bewertung, sondern auch der Ermittlung des Erfolgs eines Geschäftsjahres iS der **periodengerechten Abgrenzung**.

*die planmäßigen Abschreibungen dienen der **Ausgabenverteilung***

> **Hinweis**: Die **Abbildung** einer **Investition** in der **Bilanz** und der **GuV** (Basis: Abschreibungen) ist gänzlich anders als die Abbildung dieser Investition in der →**Kapitalflussrechnung** (Basis: Cashflows). Grund dafür ist, dass in der Bilanz und GuV periodisierte Größen, in der Kapitalflussrechnung hingegen unperiodisierte Größen abgebildet werden.

Wie die nachfolgenden Punkte noch zeigen, hängt die **Höhe** der **planmäßigen Abschreibungen** ua von der Nutzungsdauer und der Abschreibungsmethode ab. Darüber hinaus ist zu beachten, dass neben den planmäßigen Abschreibungen auch außerplanmäßige Abschreibungen anfallen können.

***Parameter** für die Berechnung der planmäßigen Abschreibungen*

Neben dieser Ausgabenverteilung dienen die planmäßigen Abschreibungen aber auch dem Ziel der **Geldbereitstellung** für die in der Zukunft zu tätigende Ersatzinvestition (Austausch der alten Anlage). Ein Aspekt, den wir in einem nachfolgenden Punkt ausführlich diskutieren werden (→Abschreibungen, Finanzierungseffekt).

*die planmäßigen Abschreibungen dienen auch der **Geldbereitstellung** und werden iS der **Wirtschaftspolitik** eingesetzt*

Zusätzlich zu diesen beiden (innerbetrieblichen) Zielen werden die planmäßigen Abschreibungen schließlich auch als **Instrument der Wirtschaftspolitik** genutzt, indem durch die Einräumung günstiger Abschreibungsmöglichkeiten Anreize für eine verstärkte wirtschaftliche Betätigung geschaffen werden sollen. Beispielsweise in bestimmte Investitionen oder in strukturschwache Gebiete. Solche Investitionsanreize hat es in Österreich ua über die Möglichkeit einer vorzeitigen Abschreibung sowie der Inanspruchnahme eines Investitionsfreibetrages gegeben. Derzeit vorgesehen ist die Inanspruchnahme der sog →Übertragungsrücklage.

*welche Abschreibungen müssen unterschieden werden?*

Bei den planmäßigen Abschreibungen ist zwischen **handelsrechtlichen Abschreibungen**, den Abschreibungen im steuerrechtlichen Abschluss (**steuerrechtliche Abschreibungen**) sowie den Abschreibungen in der Kostenrechnung (**kalkulatorische Abschreibungen**) zu unterscheiden (siehe die →**Abbildung**). Die steuerrechtlichen Abschreibungen behandeln wir im Folgenden zusammen mit den handelsrechtlichen Abschreibungen, die kalkulatorischen Abschreibungen werden im Rahmen der →internen Rechnungen diskutiert.

Abb: *Mögliche Arten von Abschreibungen*

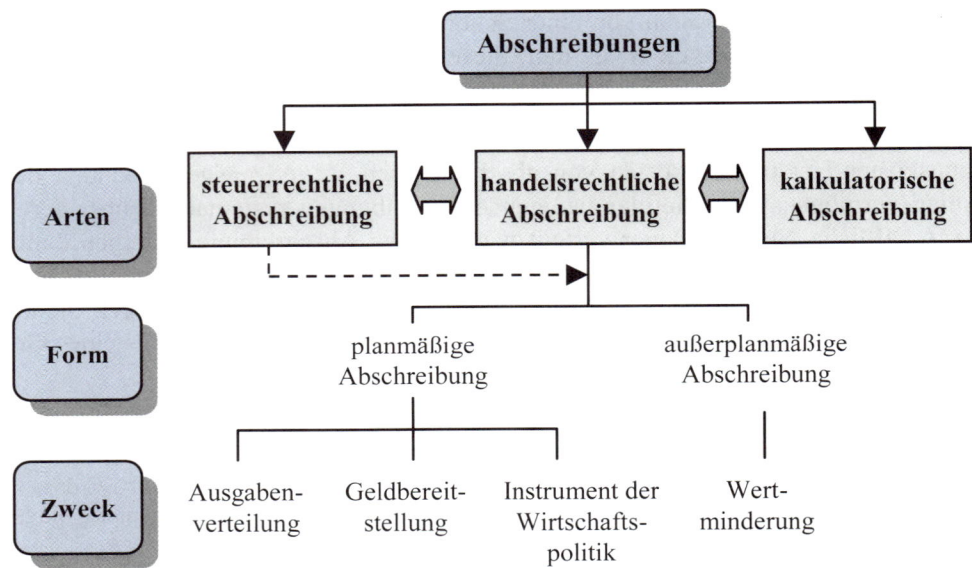

### 3.c.1.2. Behandlung der Abschreibungen iS der Ausgabenverteilung

### 3.c.1.2.a. Grundsätzliche Überlegungen

*Problemstellung*

Aus den **bisherigen Ausführungen** können wir Folgendes festhalten:
- Im Zeitpunkt der Anschaffung werden die Vermögenswerte mit den Anschaffungskosten, im Falle der Herstellung mit den Herstellungskosten bewertet.
- Die planmäßigen Abschreibungen verteilen diese Anschaffungskosten/Herstellungskosten von abschreibbaren Vermögensgegenständen des Anlagevermögens iS der Ausgabenverteilung systematisch über deren wirtschaftliche Nutzungsdauer. Die Abschreibungen geben damit an, wie sich der

Wert eines Vermögensgegenstandes in einem bestimmten Zeitraum durch Nutzung oder Zeitablauf verringert hat.

Die planmäßigen Abschreibungen sind ab dem **Zeitpunkt** der **Inbetriebnahme** eines abnutzbaren Vermögenswertes vorzunehmen. Da auch stillliegende Anlagen einer wirtschaftlichen Abnutzung unterliegen können, ist auch für diese Anlagen eine (gegebenenfalls verminderte) Abschreibung vorzunehmen.

*Beginn der planmäßigen Abschreibung: Zeitpunkt der Inbetriebnahme*

Wird ein abschreibbarer Vermögenswert **während** eines **Geschäftsjahres** in Betrieb genommen, so ist wie folgt vorzugehen:

*planmäßige Abschreibungen bei **unterjähriger Inbetriebnahme**: zeitanteilige Abschreibung, Ganz- und Halbjahresabschreibung*

- Der Abschreibungsbetrag ist bei unterjähriger Inbetriebnahme grundsätzlich **zeitanteilig** (pro rata temporis) zu ermitteln.

- In der **Praxis** wird im Zugangsjahr aus **Vereinfachungsgründen** aber idR eine **Ganzjahresabschreibung** verrechnet, wenn die Inbetriebnahme in der ersten Hälfte des Geschäftsjahres erfolgt ist. Ist die Inbetriebnahme erst in der zweiten Hälfte des Geschäftsjahres erfolgt, so wird eine **Halbjahresabschreibung** verrechnet.

Analog wird bei **Ausscheiden eines Wirtschaftsgutes** vorgegangen:

*Ende der planmäßigen Abschreibung: Zeitpunkt des Ausscheidens*

- Grundsätzlich ist der Abschreibungsbetrag bei unterjährigem Ausscheiden **zeitanteilig** (pro rata temporis) zu ermitteln.
- In der **Praxis** wird im Jahr des Ausscheidens aus **Vereinfachungsgründen** aber idR wie folgt vorgegangen: Scheidet das Wirtschaftsgut in der ersten Hälfte des Geschäftsjahres aus, so wird eine Halbjahresabschreibung verrechnet, bei Ausscheiden in der zweiten Hälfte des Geschäftsjahres eine Ganzjahresabschreibung. Dies entspricht auch der **steuerlichen Regelung**, da steuerlich die zeitanteilige Abschreibung nicht vorgesehen ist (§ 7 Abs 2 EStG).

Die Höhe der Abschreibungen hängt von mehreren **Faktoren/Parametern** ab:

*von welchen **Faktoren/Parametern** hängt die **Höhe der Abschreibungen** ab?*

- Basis sind die **(historischen)** →**Anschaffungskosten** bzw →**Herstellungskosten**, von denen ein allfälliger Restwert (Liquidationserlös) des Anlagengutes nach Ende der Nutzungsdauer abgezogen wird.
- Von der erwarteten (wirtschaftlichen) **Nutzungsdauer** eines Vermögensgegenstandes.
- Von der **Abschreibungsmethode**, aufgrund derer die Zuteilung der Abschreibungsbeträge auf die einzelnen Perioden geregelt wird.

Je nach Verlauf des Wertverzehrs eines Vermögensgegenstandes können für die Berechnung der planmäßigen Abschreibungen grundsätzlich **vier verschiedene Abschreibungsmethoden** zur Anwendung kommen (siehe auch die →**Abbildung**):

*es gibt vier verschiedene Abschreibungsmethoden*

- **Lineare Abschreibung**: Bei der linearen Abschreibung geht man davon aus, dass der Wert eines Vermögensgegenstandes proportional zur Nutzungsdauer abnimmt. Damit bleibt die Höhe der Abschreibungsbeträge in den einzelnen Perioden der Nutzungsdauer konstant.

- **Leistungsproportionale Abschreibung**: Basis dieser Abschreibungen sind die gesamten künftigen Leistungen eines Vermögensgegenstandes, zB die **Anzahl** der maximal möglichen **Maschinenstunden**. Die Anschaffungskosten/Herstellungskosten dieser Maschine werden dann je nach Menge der in der betreffenden Rechnungslegungsperiode produzierten Leistungen abgeschrieben. Die planmäßige Abschreibung pro Leistungseinheit ergibt sich dabei durch „AK/HK dividiert durch die Gesamtleistungskapazität". Im Falle von **Rohstoffvorkommen** kann die Abschreibung auf Basis der **Substanzverringerung** zur Anwendung kommen, indem der Abschreibungsbetrag entsprechend der abgebauten Menge ermittelt wird.

- **Progressive Abschreibung**: Merkmal der progressiven Abschreibung ist, dass sich der Abschreibungsbetrag über die Nutzungsdauer eines Vermögensgegenstandes hin erhöht. In den ersten Perioden der Nutzungsdauer werden somit niedrigere Abschreibungsbeträge verrechnet als in den Perioden am Ende der Nutzungsdauer.

- **Degressive Abschreibung**: Im Gegensatz zur progressiven Abschreibung werden bei der degressiven Abschreibung in den ersten Perioden der Nutzungsdauer höhere Abschreibungsbeträge verrechnet als in späteren Perioden. Das bekannteste Verfahren ist die *geometrisch-degressive Methode*, bei der pro Periode ein bestimmter Prozentsatz vom Buchwert abgeschrieben wird (zB 10, 20 oder 25 %). Dieser Prozentsatz ermittelt sich durch:

$$p = (1 - \sqrt[n]{\frac{R_n}{A}}) \times 100$$

mit:  $p$ = Abschreibungsprozentsatz
$n$ = Nutzungsdauer (Jahre)
$R_n$ = Restwert am Ende der Nutzungsdauer
$A$ = Anschaffungskosten/Herstellungskosten

Erl: Da der Prozentsatz für die Berechnung der Abschreibungen in den einzelnen Perioden der Nutzungsdauer immer konstant bleibt, der Buchwert aber kontinuierlich kleiner wird, vermindern sich auch die Abschreibungsbeträge.

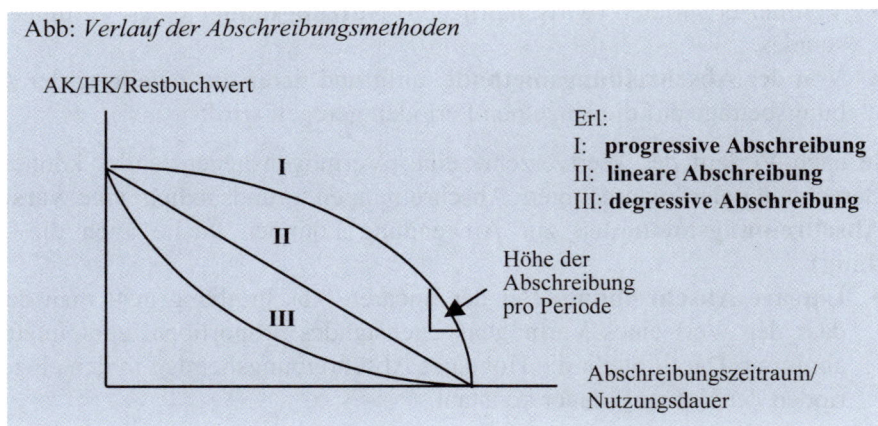

Abb: *Verlauf der Abschreibungsmethoden*

AK/HK/Restbuchwert

I

II

III

Erl:
I: **progressive Abschreibung**
II: **lineare Abschreibung**
III: **degressive Abschreibung**

Höhe der Abschreibung pro Periode

Abschreibungszeitraum/ Nutzungsdauer

**Annahme**: Um die unterschiedlichen Auswirkungen der einzelnen Abschreibungsmethoden besser vergleichen zu können, gehen wir von folgendem Beispiel aus: Anschaffungskosten einer Maschine € 10.000, Nutzungsdauer 5 Jahre beginnend ab Geschäftsjahr X01, der Restwert/Liquidationserlös ist null. Auf Basis der einzelnen Abschreibungsmethoden ergeben sich die jährlichen Abschreibungsbeträge (gerundet) wie folgt (Hinweis: Die Zahlen stimmen nicht mit dem Abschreibungsverlauf in der Grafik überein):

*Beispiel zu den unterschiedlichen Abschreibungsmethoden*

Tab: *Verlauf unterschiedlicher Abschreibungsmethoden: Beispiel Maschine*

| | X01 | X02 | X03 | X04 | X05 | Gesamt X01-X05 |
|---|---|---|---|---|---|---|
| **Abschreibungsbeträge:** | | | | | | |
| • lineare Abschreibung | 2.000 | 2.000 | 2.000 | 2.000 | 2.000 | 10.000 |
| • geometrisch progressive Abschreibung | 7 | 34 | 215 | 1.344 | 8.400 | 10.000 |
| • geometrisch degressive Abschreibung (84 %) | 8.400 | 1.344 | 215 | 34 | 7 | 10.000 |

Wie wir sehen, resultieren aus den unterschiedlichen Abschreibungsmethoden in den **einzelnen Perioden** unterschiedliche Abschreibungsbeträge, die zu **unterschiedlichen Aufwendungen** in der GuV und damit zu **unterschiedlichen Gewinnausweisen** führen. Über die Totalperiode X01-X05 heben sich diese Unterschiede aber wieder auf, da nach allen Abschreibungsmethoden insgesamt nur € 10.000 an Abschreibungsbeträgen verrechnet werden.

*welche Auswirkungen ergeben sich aus den unterschiedlichen Abschreibungsmethoden?*

Während handelsrechtlich grundsätzlich mehrere Abschreibungsmethoden vorgesehen sind, ist steuerrechtlich in Österreich die **lineare Methode** verpflichtend vorgeschrieben. Zudem sind steuerrechtlich **bestimmte Nutzungsdauern** verpflichtend vorgesehen (§ 8 EStG).

*die handels- und steuerrechtlichen Abschreibungen können aufgrund mehrerer Faktoren voneinander abweichen*

> **Hinweis**: Im **Steuerrecht** spricht man bei den planmäßigen Abschreibungen im abnutzbaren Anlagevermögen von der sog **Absetzung für Abnutzung (AfA)**.

Wird handelsrechtlich nicht die lineare Methode und/oder eine andere Nutzungsdauer als nach Steuerrecht angewandt, so müssen diese Differenzen in den Abschreibungsbeträgen im Rahmen der →**Mehr-Weniger-Rechnung** korrigiert werden. Über die **Totalperiode** eines abschreibbaren Vermögenswertes (zB einer Anlage) ergibt die Summe der Mehr-Weniger-Rechnungen somit null. Aus dieser Mehr-Weniger-Rechnung resultiert im Falle der Abschreibungen zudem der **Ansatz** von →**latenten Steuern**. Dies wird im →**Arbeitsbuch** anhand eines Beispiels zu unterschiedlichen Abschreibungen im handels- und steuerrechtlichen Abschluss aufgezeigt.

*bei Abweichungen erfolgt die Korrektur im Rahmen der Mehr-Weniger-Rechnung sowie der latenten Steuerabgrenzung*

▶ Siehe **Arbeitsbuch: Beispiel 1** zu **D.7.c.3.3.**

unterschiedliche *Abschreibungen im handelsrechtlichen Abschluss und in der Kostenrechnung*

> **Hinweis**: In handelsrechtlichen und steuerrechtlichen Abschlüssen können maximal die historischen Anschaffungs- bzw Herstellungskosten abgeschrieben werden (abgesehen wird hier vom Fall der Aktivierung von Zusatzinvestitionen). Im Gegensatz dazu ist in der Kostenrechnung auch eine Abschreibung von über 100 % der historischen Anschaffungskosten/Herstellungskosten möglich (→interne Rechnungen).

## 3.c.1.2.b. Verbuchung der Abschreibungen

*Ausweis von planmäßigen Abschreibungen im Jahresabschluss*

Die planmäßigen Abschreibungen werden in den einzelnen Instrumenten des Jahresabschlusses wie folgt abgebildet (zu einer Erläuterung dieser Systematisierung siehe die →**Abbildungsregel** betreffend Bilanz, GuV und KFR).

> *Einstufung/Behandlung von planmäßigen Abschreibungen*:
>
> **Art**: Aufwand, aber keine Auszahlung und keine Ausgabe
> **Ausweis in der:**
> - **Bilanz**: ja
>   - **Aktivseite**: Sach-AV/immaterielles AV (-)
>   - **Passivseite**: Eigenkapital (-)
> - **GuV**: ja, da Aufwand; Ausweis im Betriebsergebnis (-)
> - **KFR**: nein, da nicht zahlungswirksam

*Verbuchung der planmäßigen Abschreibungen:* **direkte und indirekte Methode**

Wie wir bereits gesehen haben, wird über die **planmäßigen Abschreibungsbeträge** der Wert des (abschreibbaren) Vermögens jährlich reduziert (dh abgeschrieben), bis dieser am Ende der unterstellten Nutzungsdauer auf null/Erinnerungswert bzw auf den Restwert gesunken ist. Bei dieser **Verbuchung** ist zwischen der direkten und der indirekten Methode zu unterscheiden:

- Bei der **direkten Abschreibung** werden die Abschreibungsbeträge direkt vom jeweiligen Anlagenkonto abgebucht. Als Buchungssatz ergibt sich somit im Falle von **Sachanlagen**:

> Abschreibung von Anlagen (70..) / Anlagenkonto (0....)

- Bei der **indirekten Abschreibung** werden die Abschreibungsbeträge nicht auf dem Anlagenkonto, sondern im Haben in einem Konto „kumulierte Abschreibungen" erfasst. Als Buchungssatz ergibt sich somit im Falle von Sachanlagen:

> Abschreibung von Anlagen (70..) / Kumulierte Abschreibungen zu ... (0...)

Entsprechend dem für **Kapitalgesellschaften** geltenden Gliederungsschema für die Bilanz (siehe Anhang) muss der **Ausweis in der Bilanz** aber **netto** erfolgen. Wird die Abschreibung indirekt vorgenommen, so sind damit die Konten „Kumulierte Abschreibungen zu ...." im Rahmen der Bilanzerstellung mit den jeweiligen Anlagenkonten zu saldieren. Womit in der Bilanz nur mehr der (Rest-)Buchwert ausgewiesen wird.

In dem für Kapitalgesellschaften vorgeschriebenen **Anlagenspiegel** werden die **kumulierten Abschreibungen** aber ausgewiesen, da dem →Anlagenspiegel die historischen Anschaffungs-/Herstellungskosten zugrunde liegen.

*Querverweis*:
*Anlagenspiegel*

Während dieser Nutzungsdauer werden in den einzelnen Bilanzen „(Rest-)Buchwerte" ausgewiesen, welche sich wie folgt berechnen:

*(Rest-)Buchwert* =
*AK/HK abzgl der kumulierten Abschreibungen*

|  | Historische →Anschaffungs-/Herstellungskosten |
|---|---|
| - | in den bisherigen Geschäftsjahren (exkl des Berichtsjahres) vorgenommene Abschreibungen |
| = | Buchwert zu Beginn eines Geschäftsjahres (idR per 1.1.) |
| - | planmäßige und außerplanmäßige Abschreibungen während des Geschäftsjahres |
| + | Zuschreibungen während des Geschäftsjahres |
| = | **Buchwert per Ende eines Geschäftsjahres (idR per 31.12.)** |

Wobei wir die grundsätzliche Berechnung hinsichtlich des abschreibbaren und des nicht abschreibbaren Vermögens präzisieren können:

- Der (Rest-)**Buchwert** eines Vermögenspostens des abschreibbaren **Anlagevermögens** wird berechnet, indem von den historischen Anschaffungs-/Herstellungskosten die bisherigen planmäßigen und außerplanmäßigen Abschreibungen (die sog **kumulierten Abschreibungen**) abgezogen werden.
- Der (Rest-)**Buchwert** eines Vermögenspostens des **Finanzanlagevermögens** und des **Umlaufvermögens** wird berechnet, indem von den historischen Anschaffungs-/Herstellungskosten die bisherigen außerplanmäßigen Abschreibungen abgezogen werden.

Dieser Zusammenhang wird auch aus der folgenden →**Abbildung** ersichtlich.

Verbleibt ein Vermögensposten (zB eine Maschine) **nach Ende der Abschreibungsdauer** noch im **Betriebsvermögen**, so wird der Vermögensposten nicht ausgeschieden, sondern wie folgt ausgewiesen:

*Ausweis bei* **bereits abgeschriebenen Vermögenswerten**

- Wurde bei der Abschreibung ein Restwert berücksichtigt, so wird in der Bilanz dieser **Restwert** ausgewiesen.
- Wurde bei der Abschreibung kein Restwert berücksichtigt, so verbleibt der Vermögensposten trotz voller Abschreibung im Anlagenverzeichnis.

Für **geringwertige Wirtschaftsgüter des Anlagevermögens** sehen das HGB bzw das EStG die Möglichkeit vor, diese zwar zu aktivieren, im Zugangsjahr aber bereits sofort voll abzuschreiben. **Voraussetzung** für eine solche **Vollabschreibung** ist ua, dass die Anschaffungskosten/Herstellungskosten für das einzelne Anlagegut € 400 nicht übersteigen.

**geringwertige Wirtschaftsgüter** *des Anlagevermögens können sofort zur Gänze abgeschrieben werden*

> **Steuerrechtlich** (§ 13 EStG) müssen die folgenden **Voraussetzungen** für eine Sofortabschreibung vorliegen: a) es muss sich um **abnutzbares Anlagevermögen** handeln, b) die Anschaffungs-/Herstellungskosten dürfen für das einzelne Anlagegut **€ 400** nicht übersteigen; c) die Anlagegüter dürfen **nicht zur entgeltlichen Überlassung** (zB Vermietung) **bestimmt** sein; d) die **Vollabschreibung** muss **im Jahr der Anschaffung/Herstellung** erfolgen.

Ist die Vollabschreibung hingegen betragsmäßig von wesentlichem Umfang, so ist nach HGB eine unversteuerte Rücklage zu bilden (§ 205 Abs 1 HGB, § 13 EStG; →Rücklagen, unversteuerte).

> Als von **wesentlichem Umfang** wird eine solche Vollabschreibung in der Literatur dann angesehen, wenn diese 10 % der Gesamtabschreibung des abnutzbaren Anlagevermögens erreicht. In diese Abschätzung sind aber auch qualitative Kriterien sowie ein Vergleich mehrerer Perioden einzubeziehen.

Abb: *Ermittlung des (Rest-)Buchwerts in einem Geschäftsjahr Xn*

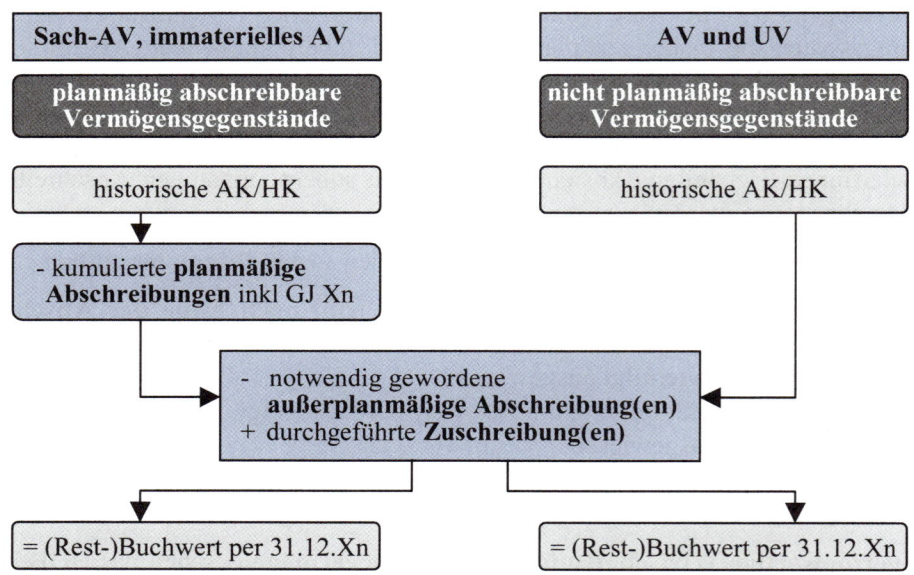

*Beispiel zu der **planmäßigen Abschreibung** einer Maschine*

**Annahme**: Unser Unternehmen kauft am 20. Oktober 2001 eine Maschine mit einem Anschaffungswert von € 20.000 zzgl 20 % USt. Die Maschine wird sofort durch Banküberweisung bezahlt. Die Nutzungsdauer der Maschine beträgt 5 Jahre, als Abschreibungsmethode wird die lineare Methode angewandt. Da die Maschine in der zweiten Jahreshälfte erworben wird, wird im Jahr 2001 vereinfachend die Halbjahresabschreibung verrechnet. Die Maschine scheidet am Ende der Nutzungsdauer aus dem Betriebsvermögen aus. Der Liquidationserlös ist null.

Der **Verlauf** der Abschreibungen und des **(Rest-)Buchwerts** stellt sich damit wie folgt dar:

| Jahr | Anschaffungs-wert | Abschreibungs-satz (%) | Abschreibungs-betrag | (Rest-)Buchwert per 31.12. GJ |
|------|------|------|------|------|
| 2001 | 20.000 | 10 | 2.000 | 18.000 |
| 2002 | | 20 | 4.000 | 14.000 |
| 2003 | | 20 | 4.000 | 10.000 |
| 2004 | | 20 | 4.000 | 6.000 |
| 2005 | | 20 | 4.000 | 2.000 |
| 2006 | | 10 | 2.000 | - |

Werden die **Abschreibungsbeträge direkt verrechnet**, so lauten die Buchungen wie folgt:

Beim **Kauf der Maschine**:

*Verbuchung der Maschine auf Basis der **direkten Abschreibung***

| | | |
|---|---|---|
| Maschine (04..) *20.000* | / | Bank (28..) *24.000* |
| Vorsteuer (25..) *4.000* | | |

Als Abschreibungsbeträge werden verrechnet:

- im **Jahr 2001**:

| | | |
|---|---|---|
| Abschreibung von Maschinen (70..) *2.000* | / | Maschinen (04..) *2.000* |

- in den **Jahren 2002-2005 jeweils**:

| | | |
|---|---|---|
| Abschreibung von Maschinen (70..) *4.000* | / | Maschinen (04..) *4.000* |

- im **Jahr 2006**:

| | | |
|---|---|---|
| Abschreibung von Maschinen (70..) *2.000* | / | Maschinen (04..) *2.000* |

Werden die **Abschreibungsbeträge indirekt verrechnet**, so lauten die Buchungen wie folgt:

Beim **Kauf der Anlage**:

*Verbuchung der Maschine auf Basis der **indirekten Abschreibung***

| | | |
|---|---|---|
| Maschine (04..) *20.000* | / | Bank (28..) *24.000* |
| Vorsteuer (25..) *4.000* | | |

Als Abschreibungsbeträge werden verrechnet:

- im **Jahr 2001**:

| | | |
|---|---|---|
| Abschreibung von Maschinen (70..) *2.000* | / | kumulierte Abschreibungen zu Maschinen (04..) *2.000* |

- in den **Jahren 2002-2005** jeweils:

| | | |
|---|---|---|
| Abschreibung von Maschinen (70..) *4.000* | / | kumulierte Abschreibungen zu Maschinen (04..) *4.000* |

- im **Jahr 2006**:

| Abschreibung von Maschinen (70..) *2.000* | / | kumulierte Abschreibungen zu Maschinen (04..) *2.000* |
|---|---|---|

**Umbuchung** der **kumulierten Abschreibungen**:

| kumulierte Abschreibungen zu Maschinen (04..) *20.000* | / | Maschinen (04..) *20.000* |
|---|---|---|

Siehe **Arbeitsbuch: Beispiele** zu D.3.c.1.2.b.

### 3.c.1.3. Finanzierungseffekt der Abschreibungen

Erinnern wir uns zurück, welche Funktionen dem Einzelabschluss zukommen: Neben der Informationsfunktion auch eine Steuerbemessungs- sowie eine Ausschüttungsbemessungsfunktion (→Jahresabschluss, Aufgaben). In einem solchen Fall bewirkt der Ausweis von Aufwendungen in der GuV, dass der für die Berechnung der Steuerzahlungen zugrunde liegende sowie der für die Bemessung der Höhe der Ausschüttungen zur Verfügung stehende Betrag vermindert wird. Dementsprechend bewirken die in der GuV verrechneten Abschreibungen (Aufwand), dass Mittel für die Finanzierung der Wiederbeschaffungskosten „angespart" werden. Man spricht daher vom Finanzierungseffekt der Abschreibungen (**Geldbereitstellungsfunktion**).

 Über den **Finanzierungseffekt** der Abschreibungen werden **Mittel für die Ersatzinvestitionen bereitgestellt**.

*der Finanzierungseffekt der Abschreibungen setzt sich aus einem **Steuerspareffekt** und einem **Ausschüttungsspareffekt** zusammen*

Wie funktioniert nun dieser **Finanzierungseffekt der Abschreibungen**? Über die Umsatzerlöse aus den verkauften Produkten fließen sämtliche über die Abschreibungen in der GuV verrechneten Anschaffungs-/Herstellungskosten in das Unternehmen zurück (siehe aber den unterschiedlichen Ausweis beim Gesamt- und Umsatzkostenverfahren im Rahmen der →GuV).

 Ausschlaggebend für diesen **Finanzierungseffekt** sind ein **Steuerspareffekt** und ein **Ausschüttungsspareffekt**.

Diese beiden Effekte zeigen wir nachfolgend anhand eines Beispiels auf. Da diese Kosten aber bereits bei der Anschaffung/Herstellung der entsprechenden Vermögenswerte bezahlt worden sind, werden diese Abschreibungen quasi „zugunsten" des eigenen Unternehmens verrechnet und einbehalten. Und da diese Mittel erst zum Zeitpunkt der Ersatzinvestition benötigt werden, stehen sie einem Unternehmen bis dahin für andere Zwecke zur Verfügung. Beispielsweise für die Beschaffung von Material oder für die Ausweitung der Kapazität. Man spricht daher auch vom Finanzierungseffekt der Abschreibungen. Die Abschreibungen stellen somit wie die Rückstellungen (→Rückstellungen, Finanzierungseffekt) eine wichtige Finanzierungsquelle für Unternehmen dar. Diese Ausführungen wollen wir nun auf ein Beispiel übertragen.

**Annahme**: Der Anschaffungswert einer Maschine beträgt € 10.000, die Nutzungsdauer sei 5 Jahre, die Abschreibungen beginnen ab dem Geschäftsjahr X01 (Ganzjahresabschreibung). Weiters unterstellen wir eine lineare Abschreibung, einen Restwert (Liquidationserlös) von null sowie einen Gewinn vor Abschreibungen in Höhe von € 20.000.

*Beispiel zum Finanzierungseffekt der Abschreibungen*

Der über fünf Jahre jährlich anfallende Abschreibungsbetrag beträgt somit € 2.000 und fließt über die Umsatzerlöse dem Unternehmen zu. Wie wir aus der **Tabelle** ersehen, werden über die einzelnen Jahre durch die Abschreibungen insgesamt liquide Mittel in Höhe von € 10.000 zurückbehalten, die am Ende des fünften Jahres für die Beschaffung der Ersatzinvestition (dh der neuen Maschine) zur Verfügung stehen. Die finanziellen Mittel für die Bezahlung der Anschaffungskosten der neuen Maschine werden hierbei über den Steuerspareffekt sowie über den Ausschüttungsspareffekt im Unternehmen zurückbehalten:

- Die **Steuerzahlungen des Unternehmens** sind in den einzelnen Geschäftsjahren ohne Abschreibung der Maschine € 5.000, mit Abschreibung der Maschine aber nur € 4.500. Das Unternehmen muss damit pro Jahr um € 500 weniger Steuern zahlen. Über die gesamten fünf Jahre somit um € 2.500 weniger.
- Grundlage für die maximale **Ausschüttung der Dividenden an die Aktionäre/Eigentümer** ist der Bilanzgewinn. Ohne Abschreibungen der Maschine ist dieser Gewinn in unserem Beispiel in jedem Jahr € 15.000, mit Abschreibung der Maschinen aber jährlich nur € 13.500. Damit stehen bei Verrechnung der Abschreibungen in jedem Jahr um € 1.500 weniger an Mittel zur Verfügung, die überhaupt zur Ausschüttung an die Aktionäre/Eigentümer gelangen können. Über die gesamten fünf Jahre somit insgesamt um € 7.500 weniger.

Tab: *Finanzierungseffekt der Abschreibungen am Beispiel von Maschinen*

| | | **X01** | **X02** | **X03** | **X04** | **X05** |
|---|---|---|---|---|---|---|
| **ohne Abschreibungen** | Gewinn vor Abschreibung | 20.000 | 20.000 | 20.000 | 20.000 | 20.000 |
| | Steuer (25 % v 20.000) | -5.000 | -5.000 | -5.000 | -5.000 | -5.000 |
| | Gewinn | 15.000 | 15.000 | 15.000 | 15.000 | 15.000 |
| **mit Abschreibungen** | Gewinn vor Abschreibung | 20.000 | 20.000 | 20.000 | 20.000 | 20.000 |
| | Jährliche Abschreibung | -2.000 | -2.000 | -2.000 | -2.000 | -2.000 |
| | Steuer (25 % v 18.000) | -4.500 | -4.500 | -4.500 | -4.500 | -4.500 |
| | Gewinn | 13.500 | 13.500 | 13.500 | 13.500 | 13.500 |
| **Vergleich mit/ohne Abschreibungen** | **Steuerspareffekt** | **+500** | **+500** | **+500** | **+500** | **+500** |
| | **Ausschüttungsspareffekt** | **+1.500** | **+1.500** | **+1.500** | **+1.500** | **+1.500** |
| | **Thesaurierungseffekt total** | **+2.000** | **+2.000** | **+2.000** | **+2.000** | **+2.000** |
| | Thesaurierte Mittel kumuliert | 2.000 | 4.000 | 6.000 | 8.000 | 10.000 |
| | - Ersatzinvestition | - | - | - | - | -10.000 |

Über die gesamten 5 Jahre ergibt die Summe aus Steuerspareffekt (500 über 5 Jahre, dh € 2.500) und Ausschüttungsspareffekt (1.500 über 5 Jahre, dh € 7.500) somit € 10.000. Womit nach Ablauf des fünften Jahres wieder genau eine Maschine gekauft und damit die Kapazität des Unternehmens aufrechterhalten werden kann.

*der Finanzierungseffekt der Abschreibungen ist nur im Falle **gleich bleibender Wiederbeschaffungskosten** vollständig gesichert*

Allerdings sind über diesen Finanzierungseffekt die Ersatzinvestitionen nur in jenen Fällen vollständig gesichert, in denen sich die Wiederbeschaffungskosten nicht erhöhen. Nur zum Teil kann dieser Finanzierungseffekt somit sichergestellt werden, wenn sich die Wiederbeschaffungskosten **inflationsbedingt** oder infolge **technischen Fortschritts** erhöhen. In diesen Fällen sind die Abschreibungen im Vergleich zu den ständig steigenden Wiederbeschaffungspreisen zu niedrig bzw die vom Unternehmen ausgewiesenen Gewinne zu hoch. Das Resultat sind **Scheingewinne**. In einem solchen Fall würde die Substanz von Unternehmen ausgeschüttet und nicht reinvestiert. Um solche Fehlentscheidungen zu vermeiden, werden in der **Kostenrechnung** die Abschreibungen nicht auf Basis der historischen Anschaffungskosten, sondern auf Basis der Wiederbeschaffungskosten gerechnet.

> ► Siehe **Arbeitsbuch**: **Beispiel** zu D.3.c.1.3.

### 3.c.1.4. Festbewertung

*die **Festbewertung** ist **nur bei gewissen Vermögenswerten** möglich*

Grundsätzlich werden die Gütermengen für die Zwecke der Bilanz durch genaues Zählen, Messen oder Wiegen ermittelt. Für gewisse Vermögenswerte erlauben aber sowohl das HGB als auch das EStG ein erleichtertes Verfahren, indem diese in der Bilanz mit einem Festwert angesetzt werden (§ 209 Abs 1 HGB).

*für **welche Vermögenswerte** ist eine Festbewertung möglich?*

Zu diesen Vermögenswerten zählen:

- **Vermögensgegenstände des Sachanlagevermögens** ebenso wie **RHB-Stoffe**,
- die **regelmäßig ersetzt** werden und
- deren **Gesamtwert** für das Unternehmen **von untergeordneter Bedeutung** ist und
- deren **Bestand** in seiner Größe, seinem Wert und seiner Zusammensetzung **nur geringen Veränderungen unterliegt**, weil sich erfahrungsgemäß Verbrauch und Neuzugänge bei weitgehend unveränderten Preisen in etwa entsprechen.

***Behandlung** der Festbewertung*

Beim Ansatz von Vermögenswerten in der Bilanz mit einem Festwert ist wie folgt vorzugehen:
- Der **Wertansatz** in der Bilanz bleibt in den einzelnen Geschäftsjahren unverändert.
- Die **Zugänge/Zukäufe** der Vermögenswerte (Ersatzkäufe) werden in der GuV sofort als Materialaufwand verbucht.
- Der **Festwert** muss zumindest **alle fünf Jahre** durch eine körperliche Bestandsaufnahme **überprüft** werden. Ergibt sich bei dieser Überprüfung eine wesentliche Änderung des mengenmäßigen Bestandes, so muss der Wert ent-

sprechend angepasst werden (im Falle einer Zunahme durch entsprechende Erhöhung bzw im Falle einer Abnahme durch Abschreibung).

- Im Sinne des **Grundsatzes der Stetigkeit** ist die gewählte Methode beizubehalten.

Die **Buchungen** betreffend die Festbewertung lauten daher im Falle von **Werkzeugen** wie folgt:

*Verbuchung der Festbewertung*

- **Kauf** der Werkzeuge:

| Werkzeuge (05..) | / | Zahlungsmittel (27.., 28..) |
|---|---|---|

- **Zukauf** zu den Werkzeugen:

| Verbrauch von .... (Kl 5; Werkzeuge) | / | Zahlungsmittel (27.., 28..) |
|---|---|---|

- **Bewertung** am **Bilanzstichtag**: Hat sich der **Bestand** der Werkzeuge **erhöht**:

| Werkzeuge (05..) | / | Verbrauch von Werkzeugen (5...) |
|---|---|---|

- **Bewertung** am **Bilanzstichtag**: Hat sich der **Bestand** der Werkzeuge **vermindert**:

| Abschreibung von ... (70..) | / | Werkzeuge (05..) |
|---|---|---|

## 3.c.2. Außerplanmäßige Abschreibungen und Zuschreibungen

Der obige Punkt hat gezeigt, dass der periodische Wertverzehr infolge Nutzung von Vermögenswerten über die planmäßigen Abschreibungen berücksichtigt wird. Zusätzlich zu dieser planmäßigen Abschreibung ist in den auf die Anschaffung/Herstellung folgenden Perioden der fortgeführte Wert (dh die Anschaffungs-/Herstellungskosten abzgl der in den bisherigen Perioden angefallenen planmäßigen Abschreibungen) aber zusätzlich einem Vergleichswert gegenüberzustellen. Liegt dieser Vergleichswert unter den Anschaffungskosten/Herstellungskosten abzgl den bisher insgesamt angefallenen (dh kumulierten) Abschreibungen, so sind die Vermögensposten auf diesen niedrigeren Wert abzuschreiben. Man spricht hierbei vom sog **Niederstwertprinzip** (NWP). Diese Abschreibungen werden als **außerplanmäßige Abschreibungen** bzw im Steuerrecht **Teilwertabschreibungen** genannt.

*beim **NWP** ist der (Rest-)Buchwert von Vermögensposten regelmäßig einem **Vergleichswert** gegenüberzustellen*

Vergleichswert bei diesem Niederstwerttest ist der **beizulegende Wert**. Dieser beizulegende Wert orientiert sich am Wiederbeschaffungs- bzw Reproduktionswert sowie am Ertragswert. Er entspricht idR dem Markt- oder Börsenpreis. Der Veräußerungswert kommt beim Anlagevermögen hingegen nur in Ausnahmefällen zur Anwendung, da dieses Vermögen idR nicht veräußert wird (Anwendung zB bei Anlagen die nicht weiter genutzt werden sollen oder für Reserveanlagen, die veräußert werden sollen).

*Vergleichswerte betr den Niederstwerttest*

Je nach Art des Vermögenspostens ist dieses Niederstwertprinzip im HGB in zwei unterschiedlichen Ausprägungen vorgesehen (§ 204 Abs 2 HGB):

*strenges NWP: bei Vorliegen der Kriterien ist **verpflichtend** auf den Vergleichswert **abzuschreiben***

- **Strenges Niederstwertprinzip**: Ist der im Rahmen des Niederstwerttests heranzuziehende Vergleichswert eines Vermögensgegenstandes niedriger als die fortgeführten Anschaffungs-/Herstellungskosten (dh die ursprünglichen AK/HK abzgl den bisher angefallenen, kumulierten Abschreibungen), so muss auf diesen niedrigeren Wert abgeschrieben werden. Das strenge Niederstwertprinzip ist auf das gesamte **Umlaufvermögen** anzuwenden.

*gemildertes NWP: es ist nur bei einer **voraussichtlich dauernden Wertminderung** auf den Vergleichswert **abzuschreiben***

- **Gemildertes Niederstwertprinzip**: Ist der im Rahmen des Niederstwerttests heranzuziehende Vergleichswert eines Vermögensgegenstandes niedriger als die fortgeführten Anschaffungs-/Herstellungskosten (dh die ursprünglichen AK/HK abzgl den bisher angefallenen, kumulierten Abschreibungen), so wird beim **immateriellen Anlagevermögen** und dem **Sachanlagevermögen** nur im Falle von voraussichtlich dauernden Wertminderungen auf diesen niedrigeren Wert abgeschrieben. Beim **Finanz-Anlagevermögen** können Abschreibungen hingegen auch in jenen Fällen vorgenommen werden, in denen die Wertminderung voraussichtlich nicht von Dauer ist.

Abb: *Niederstwerttest und strenges/gemildertes Niederstwertprinzip*

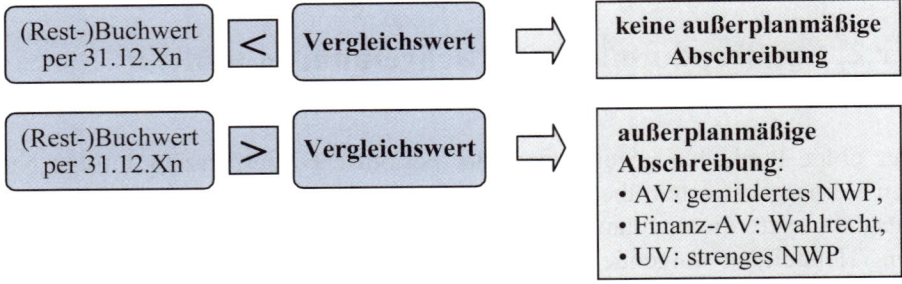

*Ausweis von außerplanmäßigen Abschreibungen im Jahresabschluss*

Die außerplanmäßigen Abschreibungen werden in den einzelnen Instrumenten des Jahresabschlusses wie folgt abgebildet (siehe zu einer Erläuterung dieser Systematisierung die →**Abbildungsregel** betreffend Bilanz, GuV und KFR).

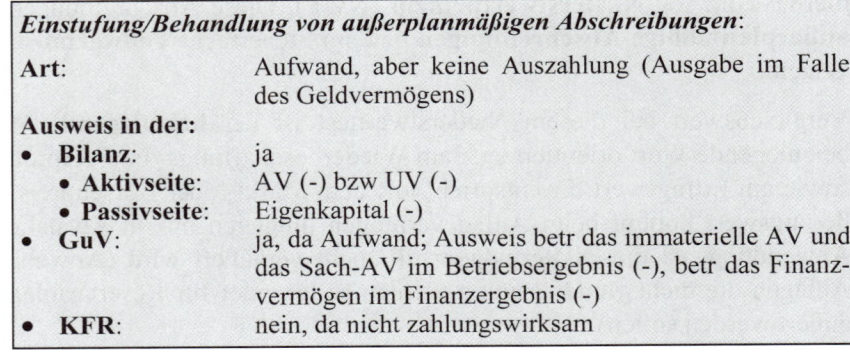

Die Verbuchung der außerplanmäßigen Abschreibungen kann analog zu den planmäßigen Abschreibungen direkt oder indirekt erfolgen.

*Verbuchung der außerplanmäßigen Abschreibungen*

Im Falle der **direkten Abschreibung** ergibt sich:

| Außerplanmäßige Abschreibungen | / | Vermögenswert (Kl 0, 1, 2) |
|---|---|---|
| (70..) bzw (82..) bei Finanzanlagen | | |

Im Falle der **indirekten Abschreibung** ergibt sich:

| Außerplanmäßige Abschreibungen | / | Kumulierte Abschreibungen zu .... |
|---|---|---|
| (70..) bzw (82..) bei Finanzanlagen | | (Kl 0, 1, 2) |

Was passiert, wenn die **Gründe** für eine vorangegangene **außerplanmäßige Abschreibung wegfallen**? Das HGB sieht in einem solchen Fall für Kapitalgesellschaften sowohl für die Vermögensposten des Anlagevermögens als auch für die Vermögensposten des Umlaufvermögens grundsätzlich eine **Zuschreibungspflicht** (dh ein Zuschreibungsgebot) vor.

*Behandlung der Zuschreibungen*

 Mittels der **Zuschreibungen** werden vorangegangene **außerplanmäßige Abschreibungen rückgängig gemacht**.

Von diesem Wertaufholungsgebot beim Anlage- und Umlaufvermögen darf jedoch in jenen Fällen abgewichen werden, in denen der niedrigere Wertansatz in der Steuerbilanz nur unter der Voraussetzung beibehalten werden darf, dass dieser Wert auch in der Handelsbilanz angesetzt wird (§ 208 HGB). Man spricht hierbei von der sog **umgekehrten Maßgeblichkeit**. Für den **Firmenwert** besteht nach hM aber grundsätzlich ein Zuschreibungsverbot.

Zuschreibungen werden in den einzelnen Instrumenten des Jahresabschlusses wie folgt abgebildet (siehe zu einer Erläuterung dieser Systematisierung die →**Abbildungsregel** betreffend Bilanz, GuV und KFR).

*Ausweis von Zuschreibungen im Jahresabschluss*

| *Einstufung/Behandlung von Zuschreibungen*: | |
|---|---|
| Art: | Ertrag, aber keine Einzahlung (Einnahme im Falle des Geldvermögens) |
| **Ausweis in der:** | |
| • **Bilanz**: | ja |
| • **Aktivseite**: | AV (+) bzw UV (+) |
| • **Passivseite**: | Eigenkapital (+) |
| • **GuV**: | ja, da Ertrag; Ausweis betr das immaterielle AV und das Sach-AV im Betriebsergebnis (+), betr das Finanzvermögen im Finanzergebnis (+) |
| • **KFR**: | nein, da nicht zahlungswirksam |

Die Verbuchung der Zuschreibungen kann entsprechend der Verbuchung der vorangegangenen außerplanmäßigen Abschreibungen direkt oder indirekt erfolgen.

*Verbuchung der Zuschreibungen*

Wurde die außerplanmäßige Abschreibung **direkt verbucht**, so ergibt sich:

| Vermögenswert (Kl 0, 1, 2) | / | Erträge aus der Zuschreibung zu AV/UV (46..) bzw (81..) bei Finanzvermögen |
|---|---|---|

Im Falle der **indirekten Verbuchung** der außerplanmäßigen Abschreibung ergibt sich:

| Kumulierte Abschreibungen zu AV/UV (Kl 0, 1, 2) | / | Erträge aus der Zuschreibung zu AV/UV (46..) bzw (81..) bei Finanzvermögen |
|---|---|---|

| Die Zuschreibungen werden neben der Bilanz und GuV auch im →Anlagenspiegel ausgewiesen. |
|---|

*Querverweis:*
*Anlagenspiegel*

> Siehe **Arbeitsbuch: Beispiele** zu D.3.c.2.

### 3.c.3. Vergleich planmäßige und außerplanmäßige Abschreibungen

*zwei unterschiedliche Abschreibungsarten*

Die in den obigen Punkten aufgezeigte Trennung in planmäßige und außerplanmäßige Abschreibungen ist für das generelle Verständnis der Abschreibungen sehr wichtig, da hier zwei unterschiedliche Abschreibungsarten angesprochen werden. Die planmäßigen und außerplanmäßigen Abschreibungen können hierbei auf Basis unterschiedlicher Kriterien voneinander abgegrenzt werden:

*nicht alle Vermögenspos-ten müssen planmäßig abgeschrieben werden*

- **Planmäßige Abschreibungen** sind als Ausfluss der Wertminderung eines Vermögensgegenstandes infolge Nutzung über dessen (wirtschaftliche) Nutzungsdauer anzusehen. Sie fallen kontinuierlich und auf systematischer Basis während des Wertverzehrs durch Nutzung dieses Vermögensgegenstandes an.
  Dementsprechend müssen wir berücksichtigen, dass **nicht alle Vermögensposten planmäßig abgeschrieben** werden müssen. Beispielsweise entfällt bei Grundstücken idR eine planmäßige (periodische) Abschreibung (eine Ausnahme hiervon stellen jedoch Schottergruben dar). Eine planmäßige Abschreibung scheidet darüber hinaus bei Finanzanlagen sowie im gesamten Umlaufvermögen aus.
  Mögliche Gründe für **planmäßige Abschreibungen** können sein: Gebrauchsverschleiß als Folge der Produktion, Ruheverschleiß oder zeitlicher Verschleiß wie beim Ablauf von Schutzrechten und Konzessionen.

- **Außerplanmäßige Abschreibungen** sind nur infolge des strengen oder gemilderten Niederstwertprinzips vorzunehmen. Sie fallen unregelmäßig an.
  Mögliche Gründe für **außerplanmäßige Abschreibungen** sind zB im Anlagevermögen ein langfristiger Preisverlust bei Grundstücken oder beim Umlauf-

vermögen im Falle unverkäuflicher Lagerprodukte oder unsicheren Forderungen (→Forderungen, Wertberichtigung).

 **Planmäßige Abschreibungen** können nur beim abschreibbaren immateriellem Vermögen und beim Sachanlagevermögen zur Anwendung kommen, **außerplanmäßige Abschreibungen** hingegen sowohl im gesamten Anlagevermögen als auch im gesamten Umlaufvermögen.

Sowohl die planmäßigen als auch die außerplanmäßigen Abschreibungen sind aber als Aufwand zu behandeln und scheinen daher sowohl in der GuV über den Aufwand als auch in der Bilanz als Verminderung der jeweiligen Aktivposten auf.

Abb: *Wirkung der planmäßigen/außerplanmäßigen Abschreibung auf Bilanz/GuV*

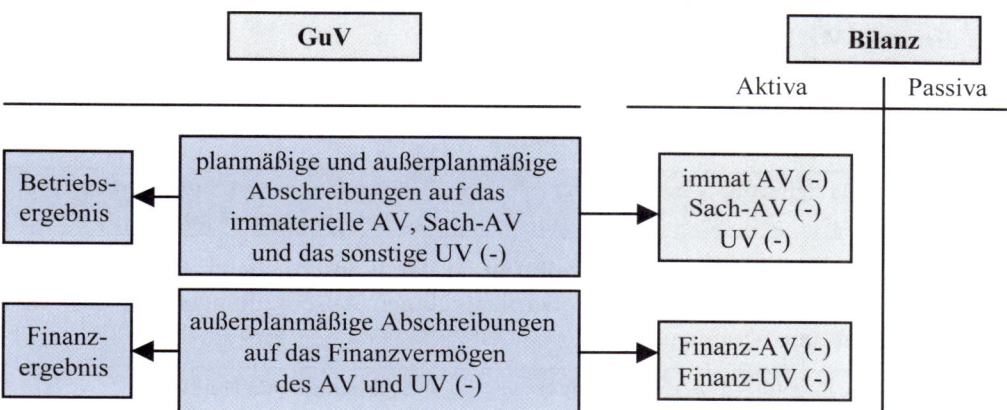

**Hinweis**: Die **Wertberichtigungen** von **Forderungen** aus Lieferungen und Leistungen belasten das →**Betriebsergebnis**. Hingegen belasten die Wertberichtigungen von Forderungen iS von Ausleihungen und Darlehen des Anlage- und des Umlaufvermögens das →**Finanzergebnis**.

Jedoch unterscheiden sich die planmäßigen und die außerplanmäßigen Abschreibungen betr den **Ausweis** in **Bilanz** und **GuV** (siehe die →**Abbildung**):

*Ausweis der Abschreibungen in Bilanz und GuV*

- Planmäßige und außerplanmäßige Abschreibungen auf das immaterielle Vermögen und das Sachanlagevermögen sowie außerplanmäßige Abschreibungen auf das Umlaufvermögen (mit Ausnahme des kurzfristigen Finanzvermögens) werden im **Betriebsergebnis** ausgewiesen.
- Außerplanmäßige Abschreibungen auf das lang- und kurzfristige Finanzvermögen scheinen hingegen im **Finanzergebnis** auf.

## 3.c.4. Ausgeschiedene Vermögensgegenstände

Vermögensgegenstände können grundsätzlich aufgrund folgender Ursachen ausscheiden: a) im Falle eines abschreibbaren Vermögensgegenstandes nach Ablauf der Nutzungsdauer, sofern der Vermögenswert nicht weiter genutzt wird, b) durch Verkauf, c) durch Tausch sowie d) durch Schadensfall.

Der **Verkauf** von **Anlagen** unterliegt **idR** der **USt** von 20 %. Nicht der Umsatzsteuer unterliegen hingegen idR die Verkäufe von Personenkraftwagen, Kombinationskraftwagen und Krafträdern.

Im Falle des Ausscheidens eines Wirtschaftsgutes sind grundsätzlich die folgenden **Buchungen** vorzunehmen:

- Die **planmäßige Abschreibung** bis zum Zeitpunkt des Verkaufs. Im Falle der **direkten Methode** ist zu buchen:

| Planmäßige Abschreibung (70..) | / | Anlagenkonto (Kl 0) |
|---|---|---|

bzw im Falle der **indirekten Methode**:

| Planmäßige Abschreibung (70..) | / | Kumulierte Abschreibungen zu Anlagenkonto (Kl 0) |
|---|---|---|

Im Falle der **indirekten Abschreibung** ist daran anschließend die Summe der kumulierten planmäßigen und außerplanmäßigen Abschreibungen auf das Anlagenkonto umzubuchen:

| Kumulierte Abschreibungen zu Anlagenkonto (Kl 0) | / | Anlagenkonto (Kl 0) |
|---|---|---|

- **Ausbuchung** des **(Rest-)Buchwertes**:

| Buchwert abgegangener Anlagen (78..) | / | Anlagenkonto (Kl 0) |
|---|---|---|

Im Falle eines **Verkaufs** ist zusätzlich noch zu prüfen, ob sich aus dem Verkauf ein Gewinn (Ertrag) oder Verlust (Aufwand) ergibt: Ist der Erlös aus dem Anlagenverkauf höher als der (Rest-)Buchwert des Vermögenswertes zum Zeitpunkt des Verkaufs, so wird ein Gewinn erzielt. Ist der Erlös aus dem Anlagenverkauf hingegen kleiner als der (Rest-)Buchwert, so resultiert aus dem Verkauf ein Verlust.

Betreffend den **Ausweis** in der **GuV** ist hierbei zu beachten, dass bei Kapitalgesellschaften nur mehr die Differenz zwischen dem Verkaufserlös und dem Restbuchwert zum Zeitpunkt des Verkaufs im GuV-Posten

„Erträge aus dem Abgang vom und der Zuschreibung zum Anlagevermögen (mit Ausnahme der Finanzanlagen)" bzw
„Erträge aus dem Abgang von und der Zuschreibung zu Finanzanlagen und Wertpapiere des Umlaufvermögens"

ausgewiesen wird (siehe dazu die Gliederung der GuV im →**Anhang**). Der Abgang des Restbuchwertes wird somit nicht mehr aus der GuV ersichtlich, wohl aber aus dem →**Anlagenspiegel**. Um diesen GuV-Ausweis zu erreichen, sind zusätzlich zu obigen Buchungen somit noch folgende **Buchungen** notwendig:

- im Falle eines **Gewinns** (**Ertrags**) oder wenn der (**Rest-**)**Buchwert** dem **Verkaufserlös** entspricht:

a) Umbuchung des Erlöses:

| | | |
|---|---|---|
| Erlös aus dem Abgang von Anlagen .. % USt (46..) | / | Erträge aus dem Abgang von Anlagen (46..) |

b) Umbuchung des Buchwertes:

| | | |
|---|---|---|
| Erträge aus dem Abgang von Anlagen (46..) | / | Buchwert abgegangener Anlagen (78..) |

- im Falle eines **Verlustes** (**Aufwands**):

a) Umbuchung des Erlöses:

| | | |
|---|---|---|
| Erlös aus dem Abgang von Anlagen .. % USt (46..) | / | Verluste aus dem Abgang von Anlagen (78..) |

b) Umbuchung des Buchwertes:

| | | |
|---|---|---|
| Verluste aus dem Abgang von Anlagen (78..) | / | Buchwert abgegangener Anlagen (78..) |

| |
|---|
| Im Falle eines Verkaufs kann sich die Frage der →Übertragungsrücklage (Rücklage gem § 12 EStG) stellen. |

*Querverweis:*
*Übertragungsrücklage*

Fließen einem Unternehmen im Rahmen eines Schadensfalls Versicherungsentschädigungen zu, so unterliegen diese Entschädigungen nicht der Umsatzsteuer (§ 6 Abs 1 Z 9 UStG). Zu buchen wäre in diesem Fall neben der Ausbuchung des Anlagegegenstandes betr die Versicherungsleistung:

*Schadensfälle*

| | | |
|---|---|---|
| Zahlungsmittel (27.., 28..) | / | Versicherungsentschädigungen für Anlagenabgänge (46..) |

**Annahme**: Unser Unternehmen kauft am 20. Oktober 2001 eine Maschine mit einem Anschaffungswert von € 20.000 zzgl 20 % USt, dh insgesamt € 24.000. Die Maschine wird sofort durch Banküberweisung bezahlt. Die Nutzungsdauer der Maschine beträgt 5 Jahre, als Abschreibungsmethode wird die lineare Methode angewandt. Am 10. März 2004 wird die Maschine um € 11.000 zzgl 20 % USt, dh insgesamt € 13.200 verkauft. Vereinfachend wird in den Jahren 2001 und 2004 jeweils die Halbjahresabschreibung verrechnet.

*Beispiel zum Verkauf einer Maschine*

Der Verlauf des Buchwerts stellt sich damit wie folgt dar:

| Jahr | Anschaffungs-wert | Abschreibungs-satz (%) | Abschreibungs-betrag | (Rest-)Buchwert per 31.12. GJ |
|------|-------------------|------------------------|----------------------|-------------------------------|
| 2001 | 20.000 | 10 | 2.000 | 18.000 |
| 2002 | | 20 | 4.000 | 14.000 |
| 2003 | | 20 | 4.000 | 10.000 |
| 2004 | | 10 | 2.000 | 8.000 |

*Verbuchung auf Basis der direkten Methode*

Werden die **Abschreibungsbeträge direkt verrechnet**, so lauten die Buchungen wie folgt:

Beim **Kauf der Anlage**:

| | |
|---|---|
| Maschine (04..) *20.000* | / Bank (28..) *24.000* |
| Vorsteuer (25..) *4.000* | |

Als Abschreibungsbeträge werden verrechnet:

- im **Jahr 2001**:

| | |
|---|---|
| Abschreibung von Maschinen (70..) *2.000* | / Maschinen (04..) *2.000* |

- in den **Jahren 2002-2003 jeweils**:

| | |
|---|---|
| Abschreibung von Maschinen (70..) *4.000* | / Maschinen (04..) *4.000* |

- im **Jahr 2004**: Abschreibung bis zum Zeitpunkt des Verkaufs:

| | |
|---|---|
| Abschreibung von Maschinen (70..) *2.000* | / Maschinen (04..) *2.000* |

**Ausbuchung** des **Buchwertes**:

| | |
|---|---|
| Buchwert abgegangener Maschinen (78..) *8.000* | / Maschinen (04..) *8.000* |

- Verbuchung des **Verkaufs**:

| | |
|---|---|
| Bank (28..) *13.200* | / Erlös aus dem Abgang von Maschinen (46..) *11.000* |
| | USt (35..) *2.200* |

Aus dem Verkauf resultiert ein Gewinn (Ertrag) in Höhe von 3.000, da der Verkaufserlös (11.000) über dem Restbuchwert (8.000) liegt.

| | | |
|---|---|---|
| | Verkaufserlös netto | +11.000 |
| - | Restbuchwert | -8.000 |
| = | Ertrag netto | +3.000 |

Die Buchungssätze lauten daher:

- **Umbuchung** des **Buchwertes**:

| Erträge aus dem Abgang von Maschinen (46..) *8.000* | / | Buchwert abgegangener Maschinen (78..) *8.000* |
|---|---|---|

- **Umbuchung** des **Erlöses**:

| Erlöse aus dem Abgang von Maschinen 20 % (46..) *11.000* | / | Erträge aus dem Abgang von Maschinen (46..) *11.000* |
|---|---|---|

In der **GuV** wird im **Betriebsergebnis** damit ein **Ertrag** aus dem Abgang von Anlagevermögen in Höhe von 3.000 ausgewiesen (→**Abbildung**). Diese Saldierung der Erlöse und der Buchwerte aus Anlagenverkäufen ist bei jenen Gesellschaften vorgeschrieben, die den Gliederungs- bzw Ausweisbestimmungen des HGB unterliegen (siehe dazu die Gliederung der GuV im →**Anhang**).

Abb: *Ausweis von Erträgen aus dem Abgang von Sach-AV in der GuV*

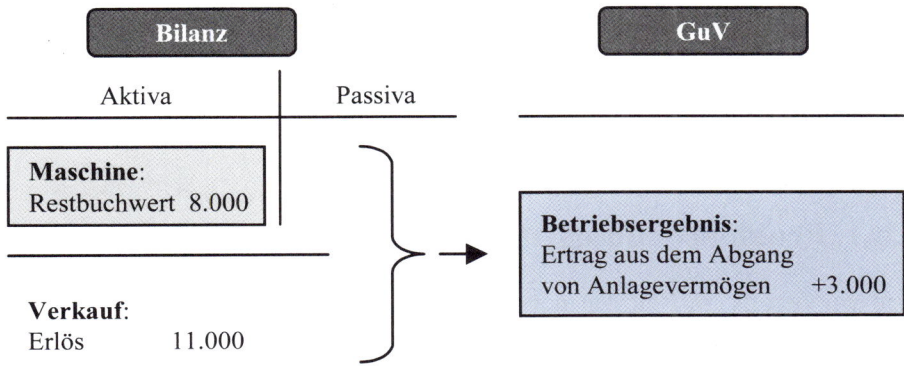

Der Ausweis im →**Anlagenspiegel** ist im GJ 2004 wie folgt:

Tab: *(Verkürzter) Anlagenspiegel für das GJ 2004*

| Anlagen-spiegel | AK/HK | | | | Abschreibungen | | | | | Bilanz-wert 31.12. 2004 |
|---|---|---|---|---|---|---|---|---|---|---|
| | Stand 1.1. 2004 | Zu-gänge | Ab-gänge | Stand 31.12. 2004 | Stand 1.1. 2004 | Ab-schrei-bungen | Zu-schrei-bungen | Ab-gänge | Stand 31.12. 2004 | |
| **Sach-AV** | **20.000** | - | **20.000** | - | **10.000** | **2.000** | - | **12.000** | - | - |
| ... | - | - | - | - | - | - | - | - | - | - |
| Maschinen | 20.000 | - | 20.000 | - | 10.000 | 2.000 | - | 12.000 | - | - |
| Finanz-AV | - | - | - | - | - | - | - | - | - | - |
| **Gesamt AV** | **20.000** | - | **20.000** | - | **10.000** | **2.000** | - | **12.000** | - | - |

▶ Siehe **Arbeitsbuch**: **Beispiel** zu **D.3.c.4.**

▶ Siehe **Arbeitsbuch**: **Kontrollfragen** zu **D.3.**

## 4. FORDERUNGEN UND VERBINDLICHKEITEN

### 4.a. Problemstellung

*Hintergrund*

Im Rahmen der **laufenden Geschäftsfälle** in Abschnitt C. haben wir gesehen, dass **Forderungen** im Rahmen der betrieblichen Tätigkeit entstehen, wenn Lieferungen/Leistungen auf Ziel erfolgen, dh die Kunden unserem Unternehmen die ausgestellten Rechnungen erst später bezahlen. Weitere Forderungen können ua aus Kreditvergaben (Ausleihungen) resultieren. **Verbindlichkeiten** wiederum entstehen ua durch den Bezug von Vorräten auf Ziel sowie infolge einer Kreditaufnahme bei Banken. Im Rahmen der **Abschlusserstellung** ist nun zu prüfen, mit welchem Wert diese Forderungen und Verbindlichkeiten in der Bilanz auszuweisen sind.

> **Hinweis**: Hinsichtlich einer **zusammenfassenden, tabellarischen Darstellung** der Vorschriften betr die **Bilanzierung/Bewertung** von **Forderungen** und **Verbindlichkeiten** sei auf die Ausführungen zu den →Bilanzierungs- und Bewertungsgrundsätzen verwiesen.

### 4.b. Forderungen

### 4.b.1. Problemstellung

*Hintergrund*

Wie wir bereits im Rahmen der laufenden Geschäftsfälle (Abschnitt C.) gesehen haben, entstehen **Forderungen** für ein Unternehmen aus den folgenden **Gründen** (siehe dazu auch die Gliederung der Bilanz im →**Anhang**):

- **Anlagevermögen**:
  - **Finanzanlagen**:
    - Ausleihungen an verbundene Unternehmen,
    - Ausleihungen an Unternehmen, mit denen ein Beteiligungsverhältnis besteht,
    - Sonstige Ausleihungen.
- **Umlaufvermögen**:
  - **Forderungen und sonstige Vermögensgegenstände**:
    - Forderungen aus Lieferungen und Leistungen,
    - Forderungen gegenüber verbundenen Unternehmen,
    - Forderungen gegenüber Unternehmen, mit denen ein Beteiligungsverhältnis besteht, sowie
    - Sonstige Forderungen und Vermögensgegenstände.

Grundsätzlich sind solche Forderungen mit dem Wert in der Bilanz anzusetzen, mit dem sie wahrscheinlich eingehen werden. Können nun solche Forderungen aufgrund von Zahlungsschwierigkeiten des Schuldners nicht oder nur mehr zum Teil bezahlt werden, so entsteht ein Forderungsausfall. Dieser Forderungsausfall vermindert den Wert der verbuchten Forderung und stellt einen Verlust dar, der in der GuV und Bilanz berücksichtigt wird.

Ein Forderungsausfall wird in den einzelnen Instrumenten des Jahresabschlusses wie folgt abgebildet (siehe zu einer Erläuterung dieser Systematisierung die →**Abbildungsregel** betreffend Bilanz, GuV und KFR).

*Ausweis eines Forderungsausfalls im Jahresabschluss*

> *Einstufung/Behandlung eines Forderungsausfalls*:
>
> **Art**: Aufwand und Ausgabe, aber keine Auszahlung
> **Ausweis in der**:
> - **Bilanz**: ja
>   - **Aktivseite**: Forderungen (-)
>   - **Passivseite**: Eigenkapital (-)
> - **GuV**: ja, da Aufwand; Ausweis im Betriebsergebnis (-) bzw im Finanzergebnis (-) bei Ausleihungen
> - **KFR**: nein, da nicht zahlungswirksam

Hinsichtlich der Behandlung von Forderungen in der Bilanz und GuV ist zwischen drei Szenarios zu differenzieren (siehe auch die →**Abbildung**):

*Bewertung: ist die Forderung **sicher uneinbringlich** oder nur **voraussichtlich uneinbringlich**?*

- Forderungen, die mit dem ursprünglichen Betrag eingehen werden (**voll einbringliche Forderungen**): Es sind keine Buchungen erforderlich. Diese Forderungen sind mit dem ursprünglichen Betrag in der Bilanz auszuweisen.

Abb: *Übersicht über die Wertberichtigung von Forderungen*

```
                        ┌─────────────────┐
                        │   Forderungen   │
                        └─────────────────┘
        ┌──────────────────┬──────────────┬──────────────────┐

┌─────────┐   ┌ ─ ─ ─ ─ ─ ┐  ┌──────────┐   ┌──────────────┐
│  Arten  │     voll        │ dubiose  │   │ vollständig/ │
└─────────┘   │einbringliche│ │Forderungen│  │  teilweise   │
                Forderungen   └──────────┘   │uneinbringliche│
              └ ─ ─ ─ ─ ─ ┘                  │  Forderungen │
                                             └──────────────┘

┌───────────┐                ┌──────────┐   ┌──────────────┐
│Behandlung │                │ Einzel- und│ │ vollständige/│
└───────────┘                │ Pauschal- │  │  teilweise   │
                             │wertberichti-│ │ Abschreibung │
                             │   gung    │   └──────────────┘
                             └──────────┘

┌─────────┐                 ┌──────────────┐ ┌──────────────┐
│ Ausweis │                 │intern idR brutto│ Ausweis nach │
└─────────┘                 │ausgewiesen;   │ │  erfolgter   │
                            │in der Bilanz ist ein│Abschreibung│
                            │Nettoausweis   │ └──────────────┘
                            │vorgeschrieben[1]│
                            └──────────────┘
```

Erl: [1] beim Nettoausweis werden die Forderungen mit den Wertberichtigungen saldiert

- **Forderungen**, die **zweifelhaft (dubios)** sind: Bei diesen Forderungen ist ungewiss, ob und inwieweit sie eingehen werden. Der Ausfall dieser Forderungen kann damit derzeit nur geschätzt werden. Für diese Forderungen ist eine Wertberichtigung zu bilden. Womit in der Bilanz nur mehr jener Wert auszuweisen ist, mit dem diese Forderungen wahrscheinlich eingehen werden.

- **Forderungen**, die (infolge eines Konkurses oder Ausgleichs; Definition siehe →Glossar) **sicher vollständig oder teilweise uneinbringlich** sind. Diese Forderungen sind entsprechend abzuschreiben.

*der Forderungsausfall wird idR am Bilanzstichtag verbucht*

**Verbucht** wird ein solcher **Forderungsausfall** entweder

- während des Jahres, wenn eine Forderung tatsächlich ausfällt, oder
- im Rahmen der Bilanzierung, da am Bilanzstichtag alle Forderungen auf ihre Einbringlichkeit geprüft und mit dem Wert anzusetzen sind, mit dem sie voraussichtlich eingehen werden (→Forderungen, Wertberichtigung).

In der **Praxis** wird die Forderungsbewertung von dubiosen Forderungen idR erst zum Jahresende im Rahmen der Abschlussbuchungen vorgenommen.

*Indikatoren für dubiose Forderungen*

Zu den **Indikatoren**, aufgrund derer **Forderungen** als **zweifelhaft** (**dubios**) angesehen werden, zählen:

- wenn bereits mehrere Mahnungen erfolglos geblieben sind,
- wenn die Zahlungseinstellung des Schuldners bekannt wird oder
- wenn gegen den Schuldner ein Ausgleichs- oder Konkursverfahren eingeleitet wird.

*Indikatoren für sicher vollständig bzw teilweise uneinbringliche Forderungen*

Für die Beantwortung der Frage, ob Forderungen teilweise oder gänzlich als **uneinbringlich** anzusehen sind, können ua folgende **Indikatoren** dienen:

- **Festlegung** der **Quote** in einem gerichtlichen oder außergerichtlichen **Ausgleichsverfahren**: In diesem Fall ist die Differenz zwischen dem bisher ausgewiesenen Forderungsbetrag und der festgelegten Ausgleichsquote abzuschreiben.
- Schriftliche **Vereinbarung eines Vergleichs** mit einem Kunden, im Rahmen dessen dem Kunden ein Teil seiner Schuld nachgelassen wird.
- **Ablehnung des Konkursverfahrens** mangels Masse.
- **Festlegung der Konkursquote**: In diesem Fall ist die Differenz zwischen der festgelegten Konkursquote und dem bisher ausgewiesenen Forderungsbetrag abzuschreiben.

## 4.b.2. Verbuchung eines (möglichen) Forderungsausfalls

### 4.b.2.1. Dubiose Forderungen

Wird eine Forderung zweifelhaft, so ist für den voraussichtlich uneinbringlichen Teil eine Wertberichtigung zu bilden. Bei der Ermittlung dieser Wertberichtigung darf die **USt** aber nicht eingerechnet werden.

*Behandlung **dubioser Forderungen**: die USt darf nicht eingerechnet werden*

Für dubiose Forderungen ergeben sich grundsätzlich **zwei Behandlungsvarianten**: die Einzelwertberichtigung und die Pauschalwertberichtigung.

### 4.b.2.1.a. Einzelwertberichtigung

Bei der **Einzelwertberichtigung** werden die Forderungen jedes einzelnen Kunden bei der Bilanzierung auf seine Bonität hin untersucht und ggf wertberichtigt.

**Steuerrechtlich** ist **nur** die **Einzelwertberichtigung** von Forderungen möglich, nicht hingegen die nachfolgend behandelte pauschale Wertberichtigung.

*EStG*

Zu **verbuchen** ist diese **Wertberichtigung** wie folgt:

*Verbuchung der Einzelwertberichtigung*

| Zuweisungen Wertberichtigung zu Forderungen (78..) | / | Einzelwertberichtigung zu Lieferforderungen (20..) |
|---|---|---|

Zu beachten ist, dass bei dieser Wertberichtigung die **USt** nicht korrigiert werden darf.

Stellt sich eine als dubios verbuchte Forderung in weiterer Folge als teilweise oder gänzlich uneinbringlich heraus, so sind folgende Buchungen vorzunehmen:

- **Ausbuchung** des **uneinbringlichen Teils der Forderung** unter Korrektur der auf diesen Betrag entfallenden Umsatzsteuerschuld:

| Abschreibung von Forderungen zB 20 % USt (78..) Umsatzsteuer (35..) | / | Kundenkonto (20..) |
|---|---|---|

- **Verbuchung** eines allfälligen **Zahlungseingangs**:

| Zahlungsmittelkonto (27.., 28..) | / | Kundenkonto (20..) |
|---|---|---|

- **Auflösung** des **Wertberichtigungskontos**:

| Einzelwertberichtigung zu Lieferforderungen (20..) | / | Erträge aus der Auflösung von Wertberichtigung zu Forderungen (49..) |
|---|---|---|

▶ Siehe **Arbeitsbuch: Beispiele** zu **D.4.b.2.1.a.**

## 4.b.2.1.b. Pauschale Wertberichtigung

Bei der **pauschalen Wertberichtigung** wird der gesamte Forderungsbestand eines Unternehmens mit einem Erfahrungssatz wertberichtigt, beispielsweise mit 3 %.

*steuerrechtlich ist die Bildung einer **Pauschalwertberichtigung** nicht möglich*

Im Gegensatz zum Handelsrecht ist die Bildung einer pauschalen Wertberichtigung steuerlich nicht zulässig. Wird handelsrechtlich iS des Vorsichtsprinzips eine pauschale Wertberichtigung gebildet, so ist diese Bildung im Rahmen der →Mehr-Weniger-Rechnung zu korrigieren sowie einer →latenten Steuerabgrenzung zu unterziehen. Steuerlich anerkannt sind hingegen die Einzelwertberichtigungen. Für die Unternehmen empfiehlt es sich daher, eine möglichst genaue und umfassende Einzelwertberichtigung der Forderungen vorzunehmen.

*interne Berechnung und Verbuchung dubioser Forderungen*

Für die **interne Berechnung** der pauschalen Wertberichtigung zu Forderungen ist wie folgt vorzugehen (siehe auch die →**Abbildung**):

- Den Ausgangspunkt für die Berechnung bildet der aktuelle Forderungsbestand, von dem die **tatsächlich uneinbringlichen Forderungen** abzuziehen sind. Bezüglich dieser uneinbringlichen Forderungen sei auf die Behandlung im nachfolgenden Punkt verwiesen.
- Von diesem Saldo sind jene **Forderungen** abzuziehen, die **einzelwertberichtigt** werden. Basis für diese Beurteilung sind die Saldenlisten der Kundenkonten.
- Der nun verbleibende Saldo stellt die **Basis** für die **pauschale Wertberichtigung** dar. Wobei die Höhe der pauschalen Wertberichtigung auf Basis von Erfahrungswerten vorgenommen wird.

Als **Buchungssatz** ergibt sich bei **erstmaliger pauschaler Wertberichtigung**:

| Zuweisungen an Wertberichtigung zu Forderungen (78..) | / | Pauschalwertberichtigung zu Lieferforderungen (20..) |
|---|---|---|

In den Folgejahren ist am Ende des jeweiligen Geschäftsjahres die hierbei ermittelte Höhe der Wertberichtigung (**Sollstand**) jeweils mit dem Vorjahresstand (**Iststand**) zu vergleichen. Daraus resultierend können sich drei Fälle ergeben:

**Fall 1: Sollstand = Iststand**: In diesem Fall sind keine weiteren Buchungen erforderlich.

**Fall 2: Sollstand > Iststand**: Da in diesem Fall ein zu geringer Wertberichtigungsstand ausgewiesen wird, ist die Differenz aufwandswirksam iS einer Dotation zu verbuchen:

| Zuweisung an Wertberichtigung zu Forderungen (78..) | / | Pauschalwertberichtigung zu Lieferforderungen (20..) |
|---|---|---|

**Fall 3: Sollstand < Iststand**: Da in diesem Fall ein zu hoher Wertberichtigungsstand aufwandswirksam gebildet worden ist, ist die zu hoch gebildete Wertberichtigung erfolgswirksam iS eines Ertrags aufzulösen:

| Pauschalwertberichtigung zu Lieferforderungen (20..) | / | Erträge aus der Auflösung von Wertberichtigung zu Forderungen (49..) |
|---|---|---|

In allen drei Fällen werden intern die Wertberichtigungen nur auf dem Wertberichtigungskonto ausgewiesen. Die Kundenkonten bleiben davon unberührt. Im Rahmen der Bilanz erfolgt bei Kapitalgesellschaften aber ein Nettoausweis (→Forderungen, Wertberichtigung Ausweis).

**Zusammenfassend** ergibt sich damit die in der →**Abbildung** dargestellte Vorgehensweise.

*zusammenfassende Darstellung*

Abb: *Berechnung der pauschalen Wertberichtigung von dubiosen Forderungen*

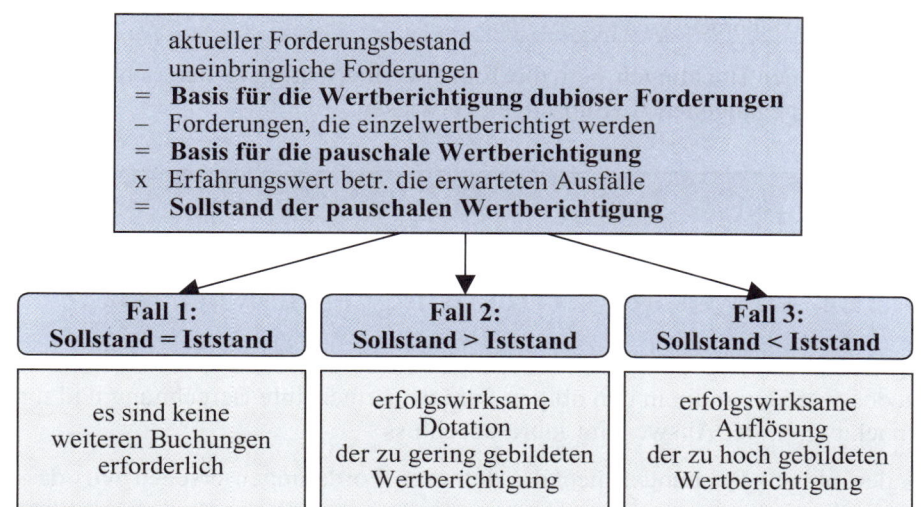

Annahme: Im **GJ X01** soll am 31.12. erstmals eine pauschale Wertberichtigung der Lieferforderungen vorgenommen werden. Der Forderungsbestand am 31.12.X01 beträgt € 1,2 Mio, inkl 20 % USt, am 31.12.X02 2,4 Mio inkl 20 % USt. Von diesem Forderungsbestand werden im GJ X01 € 200.000 netto einzelwertberichtigt, im GJ X02 € 300.000 netto. Die pauschale Wertberichtigung auf den Forderungsbestand beträgt in den GJ X01 und X02 jeweils 3 %.

*Beispiel zur pauschalen Wertberichtigung dubioser Forderungen*

Für die Lösung führen wir zuerst eine Nebenrechnung durch:

|   |   | 31.12.X01 | 31.12.X02 |
|---|---|---|---|
|   | Forderungsbestand | 1.200.000 | 2.400.000 |
| - | USt (20 %) | -200.000 | -400.000 |
| = | Forderungsbestand netto | 1.000.000 | 2.000.000 |
| - | Einzelwertberichtigungen netto | -200.000 | -300.000 |
| = | Basis für die pauschale WB | 800.000 | 1.700.000 |
| x | **3 % pauschale WB** | **24.000** | **51.000** |
|   | **zu dotierender WB-Betrag** | **24.000** | **27.000** |

Im **GJ X01** muss somit eine pauschale Wertberichtigung in Höhe von € 24.000 sowie im **GJ X02 zusätzlich** in Höhe von € 27.000 (Erl: 51.000 abzgl dem Iststand von 24.000) gebildet werden.

Als **Buchungen** ergeben sich:

- Am **31.12.X01** im Rahmen der erstmaligen pauschalen Wertberichtigung:

| Zuweisungen an Wertberichtigung zu Forderungen (78..) *24.000* | Pauschalwertberichtigung zu Lieferungen |
|---|---|

- Da sich am **31.12.X02** der Bestand an pauschalen Wertberichtigungen erhöht hat, buchen wir den fehlenden Betrag von 27.000 (Erl: Sollstand 51.000 abzgl Iststand 24.000) nach:

| Zuweisungen an Wertberichtigung zu Forderungen (78..) *27.000* | / | Pauschalwertberichtigung zu Lieferungen |
|---|---|---|

Hinsichtlich der Buchungen betr die Einzelwertberichtigung der Forderungen sei auf die vorangegangenen Ausführungen verwiesen.

> ▶ Siehe **Arbeitsbuch: Beispiel** zu D.4.b.2.1.b.

### 4.b.2.1.c. Ausweis der Wertberichtigungen in der Bilanz

*Hintergrund*

Bei der Behandlung dubioser Forderungen muss zwischen **zwei Ebenen** unterschieden werden: a) die in den obigen Punkten aufgezeigte Berechnung und interne Verbuchung, b) der Ausweis im Jahresabschluss.

*in der **Bilanz** werden die Forderungen netto, dh abzüglich der Wertberichtigung ausgewiesen*

Aus den obigen Buchungen betr die dubiosen Forderungen ersehen wir, dass **intern** die Forderungen noch mit ihrem ursprünglichen Betrag und damit ohne die Wertberichtigungen ausgewiesen werden. Aktivseitig stehen in der Bilanz damit die gesamten Forderungen, passivseitig die Einzel- und die pauschalen Wertberichtigungen. In den **publizierten Bilanzen** werden jedoch die Forderungen mit den Einzel- und Pauschalwertberichtigungen saldiert und nur mehr der **Nettobetrag** ausgewiesen. Die Wertberichtigungen sind damit auch nicht mehr direkt ersichtlich. Allerdings müssen die Pauschalwertberichtigungen zu Forderungen für die betreffenden Posten der Bilanz im Anhang angegeben werden (§ 226 Abs 5 HGB).

### 4.b.2.2. Uneinbringliche Forderungen

*die **uneinbringlichen Forderungen** werden sofort abgeschrieben*

Wird eine Forderung sicher uneinbringlich, so ist sie unter Korrektur der Umsatzsteuerschuld aus dem Betriebsvermögen auszuscheiden. Hierbei sind die Forderungen entsprechend dem Umsatzsteuersatz aufzugliedern (zB Abschreibung von Forderungen 20 %, Abschreibung von Forderungen 10 %, Abschreibung von Forderungen 0 %). Der **Buchungssatz** lautet:

| Abschreibung von Forderungen (zB 20 % USt) (78..) | / | Kundenkonto (20..) |
|---|---|---|

**Annahme**: Das Konkursverfahren gegen den Kunden Meier wird am 5.11. mangels Masse eingestellt. Die Forderung gegen den Kunden Meier in Höhe von € 24.000 (inkl 20 % Ust) ist damit uneinbringlich.
Wir buchen daher:

*Beispiel zu den **uneinbringlichen Forderungen***

| Abschreibung Forderungen 20 % / Kundenkonto Meier (20..) *24.000* |
|---|
| USt (78..) *20.000* |
| Umsatzsteuer (35..) *4.000* |

Hinweis: Siehe dazu auch die Korrektur der Einzelwertberichtigung.

▶ Siehe **Arbeitsbuch: Beispiele zu D.4.b.2.2.**

## 4.c. Verbindlichkeiten

Wie wir bei der Bilanz gesehen haben, sind Verbindlichkeiten Verpflichtungen eines Unternehmens, die dem Grund und der Höhe nach am Bilanzstichtag bekannt sind (→Verbindlicheiten, Begriff).

*Hintergrund*

Diese Verbindlichkeiten sind sowohl im Zeitpunkt ihrer **erstmaligen Erfassung** als auch in den **Folgejahren** mit ihrem **Rückzahlungsbetrag** anzusetzen (§ 211 Abs 1 HGB). Dieser Rückzahlungsbetrag ist jener Betrag, der aufgebracht werden muss, um eine Verbindlichkeit zu tilgen.

*die **Verbindlichkeiten** sind mit dem **Rückzahlungsbetrag** zu bewerten*

Auch **steuerrechtlich** sind die Verbindlichkeiten mit dem **Rückzahlungsbetrag** zu bewerten (§ 6 Z 3 EStG).

***steuerrechtliche** Bewertung auf Basis des **Rückzahlungsbetrages***

▶ Siehe **Arbeitsbuch: Beispiel zu D.4.c.**

## 4.d. Forderungen und Verbindlichkeiten in fremder Währung

Bestehen am Abschlussstichtag Forderungen und/oder Verbindlichkeiten in fremder Währung, so müssen diese Forderungen/Verbindlichkeiten in die Währung des berichtenden Unternehmens umgerechnet werden. Bestehen also zB Forderungen/Verbindlichkeiten in US-Dollar, so müssen diese Forderungen/Verbindlichkeiten aus Sicht eines österreichischen Unternehmens am Bilanzstichtag in einen Euro-Betrag umgerechnet werden.

*Hintergrund*

Bei dieser Umrechnung muss aber das **imparitätische Prinzip** beachtet werden, das wir bereits an anderer Stelle des Buches diskutiert haben.

Bei der **Umrechnung** von Forderungen und Verbindlichkeiten in fremder Währung ist das **imparitätische Prinzip** zu beachten. Demnach dürfen **noch nicht realisierte Gewinne** aus dieser Umrechnung noch **nicht ausgewiesen** werden, während **noch nicht realisierte Verluste auszuweisen** sind.

Für die Bewertung der Forderungen und Verbindlichkeiten in fremder Währung bedeutet dies:

*Bewertung der Forderungen: nur Ausweis der noch nicht realisierten Verluste, nicht aber der Gewinne*

- **Forderungen** sind grundsätzlich mit dem Anschaffungswert zu bewerten, wenn man vom Fall der oben behandelten Bewertung dubioser Forderungen sowie der nicht einbringlichen Forderungen absieht. Zusätzlich sind die Ergebnisse aus der Umrechnung von Forderungen in Fremdwährung in die Inlandswährung (Euro) wie folgt zu behandeln:
  - Ergibt sich aus der Umrechnung von der fremden Währung in die Währung des Unternehmens ein **Umrechnungsgewinn**, so darf dieser nicht ausgewiesen werden. Die Forderung wird damit nach wie vor mit dem niedrigeren (fortgeführten) Anschaffungswert bilanziert.
  - Ergibt sich aus der Umrechnung von der fremden Währung in die Währung des Unternehmens jedoch ein **Umrechnungsverlust**, so muss die Forderung mit dem unter dem (fortgeführten) Anschaffungswert liegenden Betrag bilanziert werden.

Die **Umrechnung** der Forderungen in fremder Währung in die Inlandswährung (Euro) erfolgt jeweils mit dem **Geldkurs** am **Bilanzstichtag** (Definition siehe Glossar).

*Bewertung der Verbindlichkeiten: nur Ausweis der noch nicht realisierten Verluste, nicht aber der Gewinne*

- **Verbindlichkeiten** sind grundsätzlich mit dem Anschaffungswert zu bewerten. Die Ergebnisse aus der Umrechnung von Verbindlichkeiten in Fremdwährung in die Inlandswährung (Euro) sind zusätzlich wie folgt zu behandeln:
  - Ergibt sich aus der Umrechnung von der fremden Währung in die Währung des Unternehmens ein **Umrechnungsgewinn**, so darf dieser nicht ausgewiesen werden. Die Verbindlichkeit wird damit nach wie vor mit dem höheren Anschaffungswert bilanziert.
  - Ergibt sich aus der Umrechnung von der fremden Währung in die Währung des Unternehmens jedoch ein **Umrechnungsverlust**, so muss die Verbindlichkeit mit dem über dem Anschaffungswert liegenden Betrag bilanziert werden.

Die **Umrechnung** der Verbindlichkeiten in fremder Währung in die Inlandswährung (Euro) erfolgt jeweils mit dem **Briefkurs** am **Bilanzstichtag** (Definition siehe Glossar).

# 5. RÜCKSTELLUNGEN

## 5.a. Problemstellung/Abgrenzung

Im Rahmen der Verbindlichkeiten haben wir gesehen, dass bei diesen idR nicht nur der Rückzahlungszeitpunkt, sondern auch die Höhe des Mittelabflusses bei der Begleichung (Tilgung) dieser Verbindlichkeit feststeht (beispielsweise im Falle eines Bankkredits in inländischer Währung). Im Gegensatz dazu gibt es aber auch Verpflichtungen von Unternehmen, die in deren Spezifika von diesen Verbindlichkeiten abweichen, die sog Rückstellungen: Diese Rückstellungen zählen aber wie die Verbindlichkeiten zum Fremdkapital eines Unternehmens.

*im Gegensatz zu den Verbindlichkeiten ist bei den Rückstellungen sowohl der* **Zeitpunkt** *als auch die* **Höhe des abfließenden Betrages** *noch unsicher*

> **Kennzeichen der (kurz- und langfristigen) Rückstellungen** ist, dass von einem Unternehmen mit einer bestimmten Wahrscheinlichkeit eine Zahlung zu leisten ist, deren genaue Höhe aber noch nicht bekannt ist. **Abgrenzungskriterium** zwischen den Verbindlichkeiten und den Rückstellungen ist demnach, dass bei Letzteren der **Zeitpunkt** und die **Höhe des abfließenden Betrages noch unsicher** ist.

Solche Rückstellungen werden ua für Garantieleistungen, Prozesskosten, für in der Höhe noch nicht genau feststehende Steuern (Betriebssteuern), für Restrukturierungsmaßnahmen sowie für von einem Unternehmen zu zahlende Pensionen und Abfertigungen gebildet.

*Beispiele*

Die Rückstellungen für Pensionen und die Rückstellungen für Abfertigungen werden hierbei auch als „**Sozialkapital**" bezeichnet.

> **Hinweis**: Hinsichtlich einer **zusammenfassenden, tabellarischen Darstellung** der Vorschriften betr die **Bilanzierung/Bewertung** von **Rückstellungen** sei auf die Ausführungen zu den →Bilanzierungs- und Bewertungsgrundsätzen verwiesen.

## 5.b. Übersicht über die verschiedenen Rückstellungsarten

Abb.: *Übersicht über die Rückstellungsarten*

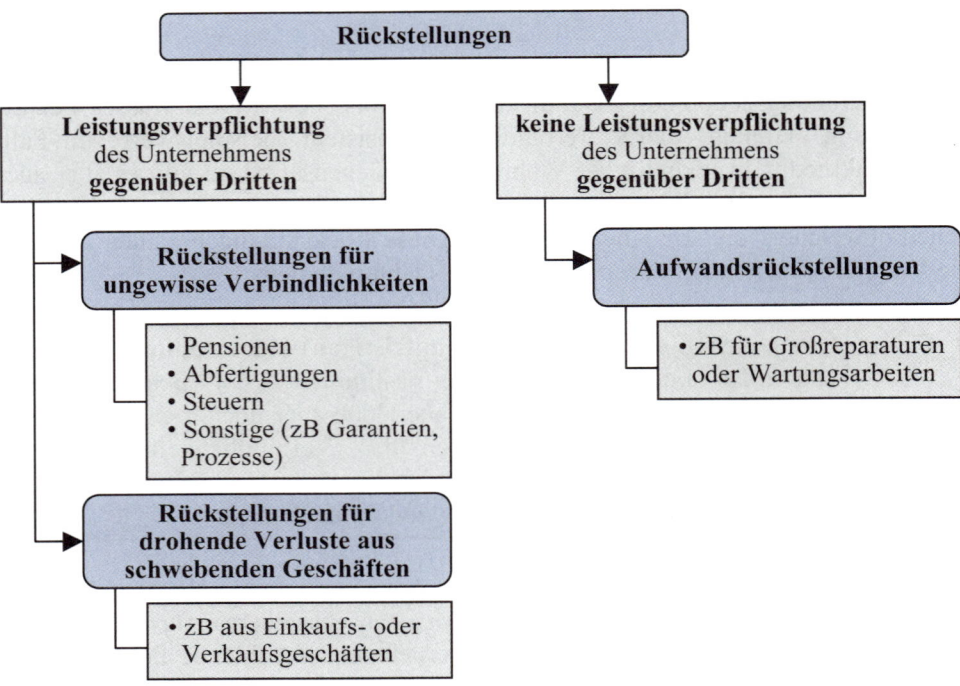

## 5.b.1. Pensionsrückstellungen

*Definition*

Unter den Pensionsrückstellungen wird die Vorsorge eines Unternehmens für zukünftige Versorgungsleistungen gegenüber einzelnen Arbeitnehmern verstanden, insbesondere eine Altersversorgung. Die Bildung einer Pensionsrückstellung ist für Vollkaufleute verpflichtend vorgesehen (§ 198 Abs 8 Z 4b HGB).

*Behandlung von Pensions-*
*ansprüchen:*
*a) Ausgliederung an einen*
*Fonds; b) Bildung einer*
*Rückstellung*

Die Behandlung und der Ausweis der Pensionsverpflichtungen kann im Jahresabschluss durch zwei sehr unterschiedliche Varianten erfolgen (siehe auch die folgende Abbildung):

**Variante I:** **Zuweisung von Beiträgen zu einer Pensionskasse**, welche die Versorgungsleistung für die Mitarbeiter übernimmt. In diesem Fall werden die von einem Unternehmen an die Pensionskasse bezahlten Beiträge als Aufwendungen der entsprechenden Periode ausgewiesen. Der Buchungssatz in den einzelnen Perioden lautet:

| Aufwendungen für Altersversorgung Mitarbeiter (64..) | / | Bank (28..) |
|---|---|---|

**Variante II**: **Unmittelbare Versorgungszusage durch ein Unternehmen selbst**:
In diesem Fall ist ein Unternehmen bei Eintritt des Versorgungsfalles selbst der Verpflichtete, dh das zahlende Unternehmen, und muss daher in den Jahren vor Leistungseintritt Rückstellungen für die künftigen Ansprüche der Mitarbeiter bilden. Der in der Bilanz gebildete Rückstellungsbetrag erhöht sich idR über die einzelnen Geschäftsjahre hinweg. Zum Zeitpunkt des Pensionseintritts eines Mitarbeiters, für den die Rückstellung gebildet worden ist, entspricht die Rückstellung dem Barwert der zukünftigen Pensionszahlungen. Dieser Betrag nimmt während der Pensionsjahre des (nun ehemaligen) Mitarbeiters durch die Leistungszahlungen wieder ab.

Der **Buchungssatz** für die **Dotierung** der **Pensionsrückstellung** in den einzelnen Perioden lautet somit:

| | |
|---|---|
| Aufwendungen für Altersversorgung Mitarbeiter (64..) | / Pensionsrückstellungen (30..) |

Bei **Anfall der Pensionsleistungen** werden diese während des Jahres idR als Aufwand verbucht:

| | |
|---|---|
| Aufwendungen für Altersversorgung Mitarbeiter (64..) | / Zahlungsmittelkonto (idR 28..) |

Am **Bilanzstichtag** wird dann die **Pensionsrückstellung** an den neu errechneten versicherungsmathematischen Wert **angepasst**. Ist dieser Wert aufgrund des Verbrauchs der Rückstellung infolge Zahlungen gesunken, so ist zu buchen:

| | |
|---|---|
| Pensionsrückstellungen (30..) | / Aufwendungen für Altersversorgung Mitarbeiter (64..) |

Bei **Wegfall einer Pensionsverpflichtung** (zB infolge des Ablebens eines Berechtigten) ist die Rückstellung erfolgswirksam aufzulösen:

| | |
|---|---|
| Pensionsrückstellungen (30..) | / Erträge aus der Auflösung von Rückstellungen (47..) |

Im **Ergebnis** führen die beiden Behandlungsvarianten somit zu **unterschiedlichen Bilanzstrukturen**, die im Rahmen eines Unternehmensvergleichs (Analyse) entsprechend zu berücksichtigen sind (siehe die →**Abbildung**):

*die beiden Behandlungsvarianten führen zu unterschiedlichen Bilanzstrukturen*

- Wird die Pensionsverpflichtung gegenüber den Mitarbeitern in einen **Fonds** ausgelagert, so vermindern sich im Jahr der Beitragszahlung die liquiden Mittel und das Eigenkapital.
- Wird hingegen eine **Pensionsrückstellung** gebildet, so reduziert sich das Eigenkapital infolge der erfolgswirksamen Bildung der Rückstellung, gleichzeitig erhöhen sich auf der Passivseite der Bilanz aber auch die Pensionsrückstellungen. Diese Pensionsrückstellungen werden bei Leistungseintritt mit den jeweiligen Zahlungen entsprechend aufgelöst.

Abb: *Auswirkung der Pensionsleistungen eines Unternehmens auf die Bilanz*

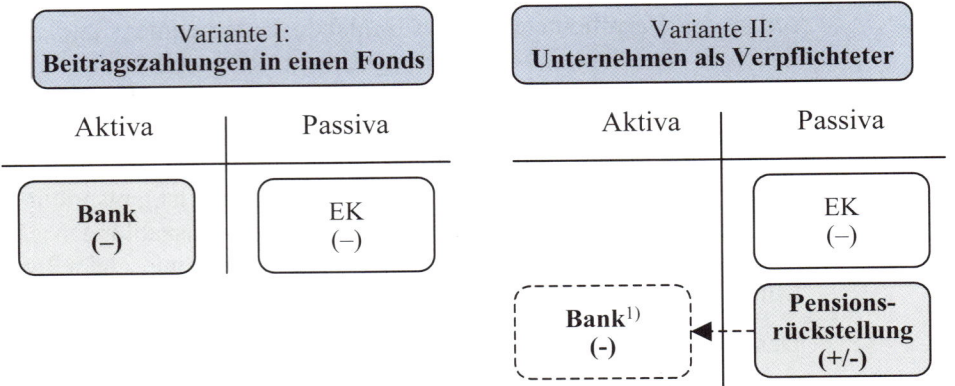

Erl: [1] die Pensionszahlungen werden während des Jahres idR als Aufwand verbucht, bei entsprechender Anpassung der Pensionsrückstellung am Bilanzstichtag

*Bewertung der Pensions-*
*rückstellungen*

Rückstellungen für laufende Pensionen und Anwartschaften auf Pensionen sind mit dem sich nach versicherungsmathematischen Grundsätzen ergebenden Betrag anzusetzen (§ 211 Abs 2 HGB). Nach HGB kann bei der Bewertung der Pensionsrückstellungen entweder das Teilwertverfahren oder das Gegenwartswertverfahren zur Anwendung kommen. Der Unterschied zwischen diesen beiden Verfahren liegt in der Art der Ansammlung der Rückstellungsbeträge.

- So geht das **Teilwertverfahren** bei der Höhe der Rückstellungsbeträge von der Fiktion der Rückwirkung auf den Beginn des Ansammlungszeitraumes (dh den Zeitpunkt des Dienstantrittes des Begünstigten) aus.
- Demgegenüber werden beim **Gegenwartswertverfahren** die Rückstellungsbeträge erst beginnend mit dem Zeitpunkt der Versorgungszusage angesammelt.

> **Erl**: Ein Mitarbeiter tritt am 1.1.Xn in ein Unternehmen ein. Am 1.1.Xn+20 wird ihm eine erhöhte Pension zugesagt, der Pensionsantritt ist am 31.12.Xn+40. Die erhöhte Pension wird nun beim **Teilwertwertverfahren** auf den Zeitraum vom 1.1.Xn bis 31.12.Xn+40 aufgeteilt, beim **Gegenwartswertverfahren** hingegen auf den Zeitraum 1.1.Xn+20 bis 31.12.Xn+40.

Im **Vergleich** bewirken die daraus resultierenden Unterschiede, dass beim *Teilwertverfahren* in den ersten Perioden höhere Rückstellungsbeträge gebildet werden, während beim *Gegenwartswertverfahren* die späteren Jahre (die Jahre unmittelbar vor Pensionsantritt) stärker belastet werden.

*in die Bewertung der Pen-*
*sionsrückstellung einflie-*
*ßende Parameter*

In die Berechnung der Pensionsrückstellungen fließen die folgenden **Parameter** ein: das derzeitige Gehaltsniveau, inflationsbedingte Gehaltserhöhungen, eine Fluktuationsrate, Sterbewahrscheinlichkeiten sowie ein Diskontierungszinssatz (ca 4 %, steuerlich ist ein Zinssatz von 6 % vorgesehen). Steuerrechtlich darf die zugesagte Pension 80 % des letzten Aktivbezugs nicht übersteigen (§ 14 Abs 7 EStG).
Da sich handelsrechtlich und steuerrechtlich unterschiedliche Ansätze bei den Pensionsrückstellungen und damit ein unterschiedlicher Gewinn/Verlust ergeben kön-

nen, sind diese Unterschiede im Rahmen der →**Mehr-Weniger-Rechnung** zu korrigieren und der →**latenten Steuerabgrenzung** zu unterziehen.

Gem EStG muss die Pensionsrückstellung teilweise durch Wertpapiere gedeckt sein (**Wertpapierdeckung**). Hierbei müssen spätestens am Schluss jedes Wirtschaftsjahres bestimmte, im EStG definierte Wertpapiere im Nennbetrag von mindestens **50 %** des am Schluss des vorangegangenen Wirtschaftsjahres in der Bilanz ausgewiesenen **Rückstellungsbetrages** im Betriebsvermögen vorhanden sein (Basis ist der steuerrechtliche Rückstellungsbetrag). Zu diesen Wertpapieren zählen insb auf Inhaber lautende Schuldverschreibungen inländischer Schuldner (§ 14 Abs 7 Z 7 iVm Abs 5 EStG).

*die **Pensionsrückstellung** muss **teilweise durch Wertpapiere gedeckt** sein*

Die Pensionsrückstellungen sind von Kapitalgesellschaften in der **Bilanz** gesondert auszuweisen (siehe dazu die Gliederung im →**Anhang**).

*Ausweis in der **Bilanz***

## 5.b.2. Abfertigungen

Betreffend die Behandlung von Abfertigungen ist zwischen zwei in der Praxis parallel laufenden Modellen zu unterscheiden: der sog Abfertigung „alt" und der Abfertigung „neu":

*Abfertigungen*

- **Abfertigung „alt":** Grundlage ist ein **leistungsorientiertes Abfertigungssystem**, bei dem die Unternehmen die Verpflichteten sind und für die Abfertigungsansprüche der Mitarbeiter Rückstellungen bilden.
- **Abfertigung „neu":** Grundlage ist ein **beitragsorientiertes System**, im Rahmen dessen die Abfertigungsverpflichtung auf rechtlich selbständige **Mitarbeitervorsorgekassen** ausgelagert wird. Der Anspruch der Arbeitnehmer auf Abfertigung richtet sich demnach nicht mehr gegen die Unternehmen, sondern gegen die Mitarbeitervorsorgekassen (siehe die →**Abbildung**). Die Bestimmungen der „Abfertigung" neu gelten für alle Dienstverhältnisse für Arbeitnehmer, die **ab** dem **1.1.2003** begonnen haben.

## ▶ Abfertigung „neu"

Grundlage der Abfertigung „neu" ist ein beitragsorientiertes System:

*Abfertigung „neu"*

- Im Rahmen dieses beitragsorientierten Systems müssen die Arbeitgeber (Unternehmen) **1,53 % des monatlichen Entgelts** (Lohnsumme) der Mitarbeiter als Beiträge in eine Mitarbeitervorsorgekasse einzahlen. Diese Beiträge stellen **Betriebsausgaben** dar und entbinden das Unternehmen von der Abfertigungsleistung. Als Verbuchung ergibt sich (siehe Verbuchung →Löhne/Gehälter):

| Aufwand betriebliche Mitarbeitervorsorge (64..) | / | Vbdl Krankenkasse (36..) |
|---|---|---|

- Die Mitarbeiter haben nach jeder Beendigung des Arbeitsverhältnisses dem Grunde nach einen **Anspruch auf Abfertigung** (auch bei Selbstkündigung). Die Höhe des Abfertigungsanspruchs ergibt sich aus der Summe des angesammelten Kapitals abzüglich der Verwaltungskosten unter Berücksichtigung der Kapitalgarantie und der Veranlagungserträge.

- **Endet** das **Dienstverhältnis**, so hat der Arbeitnehmer betreffend die Abfertigung die Wahl zwischen **Auszahlung**, **Weiterveranlagung** längstens bis zur Pensionierung in der bisherigen Mitarbeitervorsorgekasse, **Übertragung des Abfertigungsbetrages** in die Mitarbeitervorsorgekasse des neuen Arbeitgebers sowie „Verrentung" des Betrages (zB Überweisung der Abfertigung an ein Versicherungsunternehmen für eine Pensionszusatzversicherung). Bei Selbstkündigung erfolgt eine Auszahlung aber erst ab drei Einzahlungsjahren, der Anspruch des Mitarbeiters wird jedoch iS eines „Rucksack-Prinzips" mitgenommen. Bei **Pensionierung** hat der Arbeitnehmer die Wahl zwischen Auszahlung der Abfertigung als Kapitalbetrag zur Gänze (**Einmalzahlung**) oder als monatliche **Rentenleistung**.

Abb: *Behandlung der Abfertigungen in der Bilanz*

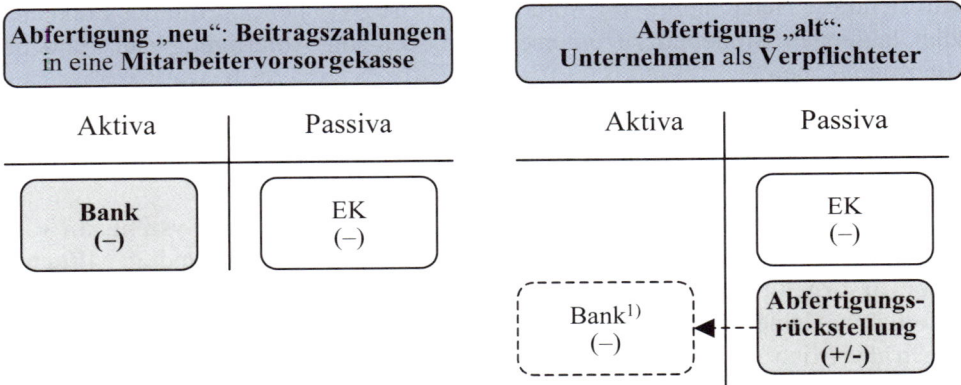

Erl: [1] die Abfertigungszahlungen werden als Aufwand verbucht, bei gleichzeitiger erfolgswirksamer Auflösung der entsprechenden Abfertigungsrückstellungen als Ertrag

## ▶ Abfertigung „alt"

*Abfertigung „alt"*

Unter das „alte" Abfertigungsmodell fallen grds alle bis zum 31.12.2002 abgeschlossenen Dienstverhältnisse, welche nicht auf das „neue" Abfertigungsmodell übergeleitet worden sind. Nach diesem Modell wird den Arbeitnehmern bei Auflösung des Dienstverhältnisses eine einmalige Entschädigung (Abfertigung) ausbezahlt, sofern dieses Dienstverhältnis mindestens ununterbrochen 3 Jahre gedauert hat und kein anspruchsverhindernder Grund (zB die Kündigung durch den Dienstnehmer) gegeben ist.

> Für Angestellte beträgt die Abfertigung gem dem *Angestelltengesetz* je nach der Anzahl der Dienstjahre das Zwei- bis Zwölffache des monatlichen Entgelts. Betr die Arbeiter siehe das *Arbeiterabfertigungsgesetz*.

Da beim „alten" Abfertigungsmodell das Unternehmen zur Zahlung der Abfertigung verpflichtet ist, wird in der Bilanz eine Abfertigungsrückstellung ausgewiesen. Für die Bildung und Berechnung dieser Abfertigungsrückstellung sieht das HGB iVm dem EStG detaillierte Bestimmungen vor (§ 198 Abs 8 Z 4a HGB, § 211 Abs 2 HGB und § 14 EStG):

*Bestimmungen betr die Bildung der Abfertigungsrückstellung „alt"*

- Eine Abfertigungsrückstellung kann steuerrechtlich im **Ausmaß bis zu 45 %** der am Bilanzstichtag bestehenden fiktiven Abfertigungsansprüche der Arbeitnehmer gebildet werden (bis zu **60 %** für Arbeitnehmer, die am Bilanzstichtag das 50. Lebensjahr vollendet haben).

> Erl: Die **fiktiven Ansprüche** entsprechen jenem Abfertigungsbetrag der entstehen würde, wenn alle Dienstverhältnisse am Bilanzstichtag aufgelöst worden wären. Diese fiktiven Abfertigungsansprüche müssen für jeden Bilanzstichtag neu berechnet werden.

- Der Steuerpflichtige hat **bei** der **erstmaligen Bildung** der Abfertigungsrückstellung das **prozentuelle Ausmaß festzulegen**. Hat der Steuerpflichtige zB 40 % gewählt, so ist eine spätere **Änderung** des gewählten Ausmaßes **unzulässig**. Das hierbei gewählte Ausmaß ist gleichmäßig auf fünf aufeinander folgende Jahre verteilt zu erreichen. Nach Ablauf des Aufstockungszeitraumes ist die Rückstellung jeweils auf das festgelegte Ausmaß anzupassen.
- Gemäß HGB ist die Abfertigungsrückstellung mit dem sich nach **versicherungsmathematischen Grundsätzen** ergebenden Betrag anzusetzen. **Vereinfachend** kann jedoch auch ein **bestimmter Prozentsatz der fiktiven Ansprüche** zum jeweiligen Bilanzstichtag angesetzt werden, sofern dagegen im Einzelfall keine erheblichen Bedenken bestehen.
- Das EStG sieht vor, dass die Abfertigungsrückstellung teilweise durch Wertpapiere gedeckt sein muss (**Wertpapierdeckung**). Hierbei müssen spätestens am Schluss jedes Wirtschaftsjahres bestimmte, im EStG definierte Wertpapiere im Nennbetrag von mindestens **50 %** des am Schluss des vorangegangenen Wirtschaftsjahres in der Bilanz ausgewiesenen **Rückstellungsbetrages** im Betriebsvermögen vorhanden sein (Basis ist der steuerrechtliche Rückstellungsbetrag). Zu diesen Wertpapieren zählen insbesondere auf Inhaber lautende Schuldverschreibungen inländischer Schuldner.
- Die Abfertigungsrückstellung ist von Kapitalgesellschaften in der **Bilanz gesondert auszuweisen** (siehe dazu die Gliederung im →**Anhang**).

Als **Buchungen** können sich ergeben:

- Im Jahr der **erstmaligen Bildung einer Abfertigungsrückstellung**:

*Verbuchung der Abfertigungsrückstellung*

| Zuweisung an die Abfertigungs-rückstellung (64..) | / | Rückstellungen für Abfertigungen (30..) |

- In den **Folgejahren**: Muss der Betrag der **Abfertigungsrückstellung erhöht** werden:

| Zuweisung an die Abfertigungs-rückstellung (64..) | / | Rückstellungen für Abfertigungen (30..) |

Muss der Betrag der **Abfertigungsrückstellung vermindert** werden:

| Rückstellungen für Abfertigungen (30..) | / | Erträge aus der Auflösung von Abfertigungsrückstellungen (47..) |

- Die **Zahlung** einer Abfertigung wird zur Gänze als Aufwand verbucht und tangiert somit die Abfertigungsrückstellung nicht. Diese wird jedoch entsprechend der obigen Buchung angepasst. Die Auszahlung erfolgt abzüglich der Lohnsteuer. Als Buchung betreffend die Zahlung ergibt sich:

| Abfertigungsaufwand Angestellte bzw Arbeiter (64..) | / | Zahlungsmittel (27.., 28..) Verbindlichkeiten Finanzamt (35..) |

## 5.b.3. Sonstige Rückstellungen

*Rückstellungen für unge-wisse Verbindlichkeiten und für drohende Verluste aus schwebenden Geschäf-ten*

Neben den in den vorangegangenen Punkten behandelten Pensions- und Abfertigungsrückstellungen müssen von einem Unternehmen ggf auch noch weitere (sonstige) **Rückstellungen für ungewisse Verbindlichkeiten** und **für drohende Verluste aus schwebenden Geschäften** gebildet werden, deren Entstehung am Abschlussstichtag wahrscheinlich oder sicher ist, die aber hinsichtlich ihrer Höhe oder dem Zeitpunkt ihres Eintritts unbestimmt sind (§ 198 Abs 8 Z 1 HGB):

- Zu den **Rückstellungen für ungewisse Verbindlichkeiten** zählen neben den oben behandelten Rückstellungen für Pensionen und Abfertigungen ua:

  - Rückstellungen für Garantien und Gewährleistungen
  - Rückstellungen für Produkthaftung
  - Rückstellungen für Prozesskosten
  - Rückstellungen für Wechselobligo und Bürgschaftsverluste
  - Rückstellungen für Patentverletzungen
  - Rückstellungen für Verpflichtungen gegenüber Arbeitnehmern
  - Rückstellungen für Jahresabschlusskosten und sonstige Rechts- und Beratungskosten
  - Jubiläumsrückstellungen.

> **Hinweis**: Die sonstigen Rückstellungen basieren auf dem →**Grundsatz der periodengerechten Abgrenzung**. Werden zB Waren verkauft, für welche zu zahlende Garantieleistungen durch das Unternehmen erwartet werden, so ist in der Bilanz eine Garantierückstellung anzusetzen. Über diese Garantierückstellung wird nun der Aufwand in der GuV in der Periode erfasst, in welcher der Verkauf der Waren erfolgt und nicht in der späteren Periode, in welcher die Zahlung an die Käufer zu leisten ist. Siehe dazu nachfolgend die Behandlung dieser Rückstellungen.

*Bewertung der sonstigen Rückstellungen*

Diese Rückstellungen sind in einer Höhe anzusetzen, die nach **vernünftiger kaufmännischer Beurteilung** notwendig ist, wobei im Rahmen dieser Bewertung auf den →**Grundsatz** der **Vorsicht** Bedacht zu nehmen ist (§ 211 Abs 1 HGB).

Grundsätzlich ist hierbei vom **wahrscheinlichsten Wert** auszugehen. Basis für diese Ermittlung ist der sog Erwartungswert (siehe dazu die folgende Erläuterung). Die Praxis geht jedoch iS des oben erwähnten Vorsichtsprinzips eher von einer pessimistischen, vorsichtigen Auslegung aus (worst case).

> Wie wird der **Erwartungswert** betreffend die **sonstigen Rückstellungen** ermittelt? Dazu werden die erwarteten Mittelabflüsse mit deren jeweiligen Eintrittswahrscheinlichkeiten gewichtet. Geht zB ein Unternehmen im Falle der Garantierückstellung aufgrund von (Branchen-)Erfahrungen aus der Vergangenheit davon aus, dass in 80 % der Fälle bei den Produkten überhaupt keine Mängel auftreten, in 15 % der Fälle nur geringe Mängel und in 5 % der Fälle große Mängel und betragen die Kosten für die Behebung der geringen Mängel 4.000 sowie die Kosten für die Behebung der großen Mängel 8.000, so ergibt sich als Erwartungswert und damit als Rückstellungsbetrag:
> (80 % von null) + (15 % von 4.000) + (5 % von 8.000) = 1.000.

*Erwartungswert*

> Hinweis: **Sonstige Rückstellungen** (Rückstellungen für sonstige ungewisse Verbindlichkeiten und für drohende Verluste aus schwebenden Geschäften) sind gemäß **Steuerrecht** nur mit **80 % ihres** →**Teilwertes** anzusetzen. Rückstellungen, deren Laufzeit am Bilanzstichtag weniger als zwölf Monate beträgt, sind **ohne Kürzung** des maßgeblichen Teilwertes anzusetzen (§ 9 Abs 5 EStG).

- **Rückstellungen für drohende Verluste aus schwebenden Geschäften**: Zu diesen schwebenden Geschäften zählen vertragliche Verpflichtungen des Unternehmens, eine zukünftige Leistung zu einer festgelegten Kondition erfüllen zu müssen. Zu bilden sind solche Rückstellungen ua für:

  - drohende Verluste aus fixierten Einkaufs- oder Verkaufsgeschäften
  - drohende Verluste aus fixierten Miet- oder Leasingvereinbarungen
  - drohende Verluste aus Termin- oder Optionsgeschäften.

**Verlust** iS einer solchen Rückstellung wäre im Falle eines Verkaufsgeschäftes eines Unternehmens die Differenz zwischen dem höheren Einkaufspreis und dem vereinbarten niedrigeren Verkaufspreis. Insofern beruhen die Rückstellungen für drohende Verluste auf dem →**Imparitätsprinzip**, wonach noch nicht realisierte Verluste im Jahresabschluss zu erfassen sind.

Die oben aufgezählten Rückstellungen sind **Verpflichtungen** eines Unternehmens **gegenüber Dritten**. Zu nennen sind als sonstige Rückstellungen aber auch die sog **Aufwandsrückstellungen,** bei denen keine Verpflichtung des Unternehmens gegenüber Dritten besteht:

*Bildung von* **Aufwands-rückstellungen**:
**HGB**: *Pflicht bzw Wahlrecht;* **EStG**: *Verbot*

- Unter die Aufwandsrückstellungen fallen ua Rückstellungen für unterlassene Instandhaltungen, Wartungen und Inspektionen sowie für in größeren Zeitabständen vorgenommene Großreparaturen, Renovierungen, Generalüberholungen und Sicherheitsinspektionen.
- **Ziel** der Aufwandsrückstellungen ist der **periodengerechte Ausweis** der Aufwendungen zu den korrespondierenden Erträgen. Über diese Rückstellungen wird somit eine bilanzielle Vorsorge für ansonsten gebündelt auftretende Aufwandsbelastungen getroffen. Im Resultat bewirken die Aufwandsrückstellungen somit eine Glättung des Ergebnisses über mehrere Geschäftsjahre.

- Nach **HGB** besteht für die Bildung von Aufwandsrückstellungen ein Wahlrecht, sofern eine Bildung nicht entsprechend den GoB vorzunehmen ist. **Steuerlich** werden diese Aufwandsrückstellungen aber nicht anerkannt. Im Falle eines Ansatzes im handelsrechtlichen Abschluss müssen sie somit im Rahmen der →**Mehr-Weniger-Rechnung** korrigiert und der →latenten Steuerabgrenzung unterzogen werden.

*Ausweis der **Rückstellungsbildung** im Jahresabschluss*

Die Bildung der sonstigen Rückstellungen wird in den einzelnen Instrumenten des Jahresabschlusses wie folgt abgebildet (siehe zu einer Erläuterung dieser Systematisierung die →**Abbildungsregel** betreffend Bilanz, GuV und KFR).

| *Einstufung/Behandlung der Bildung von sonstigen Rückstellungen*: | |
| --- | --- |
| Art: | Ausgabe und Aufwand, aber keine Auszahlung |
| **Ausweis in der:** | |
| • **Bilanz:** | ja |
| • Aktivseite: | nein |
| • Passivseite: | Eigenkapital (-), Rückstellungen (+) |
| • **GuV:** | ja, da Aufwand; Ausweis im Betriebsergebnis (-) |
| • **KFR:** | nein, da nicht zahlungswirksam |

*Ausweis der **Rückstellungsauflösung** im Jahresabschluss bei sinngemäßer Verwendung*

Bei der **Auflösung** von **Rückstellungen** ist zwischen **zwei Fällen** zu unterscheiden: Erfolgt die Auflösung einer Rückstellung iS des gebildeten Zwecks, so wird diese Inanspruchnahme in den einzelnen Instrumenten des Jahresabschlusses wie folgt abgebildet (siehe zu einer Erläuterung dieser Systematisierung die →**Abbildungsregel** betreffend Bilanz, GuV und KFR).

| *Einstufung/Behandlung der Auflösung von sonstigen Rückstellungen im Falle der sinngemäßen Inanspruchnahme*: | |
| --- | --- |
| Art: | Auszahlung (bei Zahlung), aber keine Ausgabe und kein Aufwand |
| **Ausweis in der:** | |
| • **Bilanz:** | ja |
| • Aktivseite: | idR Bank (-) bei Zahlung |
| • Passivseite: | Rückstellungen (-) |
| • **GuV:** | nein |
| • **KFR:** | ja, wenn Zahlung erfolgt; Ausweis im operativen Bereich (-) |

*Ausweis der **Rückstellungsauflösung**, wenn die Rückstellung nicht benötigt wird*

Wird die **Rückstellung nicht benötigt** und daher **aufgelöst**, so wird diese Auflösung in den einzelnen Instrumenten des Jahresabschlusses hingegen wie folgt abgebildet (siehe zu einer Erläuterung dieser Systematisierung die →**Abbildungsregel** betreffend Bilanz, GuV und KFR).

**Einstufung/Behandlung der Auflösung von sonstigen Rückstellungen im Falle einer Nichtinanspruchnahme**:

Art:            Einnahme und Ertrag, aber keine Einzahlung
**Ausweis in der:**
- **Bilanz**:          ja
  - **Aktivseite**:     nein
  - **Passivseite**:    Eigenkapital (+), Rückstellungen (-)
- **GuV**:             ja, da Ertrag; Ausweis im Betriebsergebnis (+)
- **KFR**:            nein, da nicht zahlungswirksam

Die Verbuchung der **Rückstellungsbildung** ergibt sich mit:

| Aufwandskonto (78..) | / | Rückstellungen für ... (30..) |
|---|---|---|

*Verbuchung der Rückstellungsbildung*

Mit dieser Bildung der Rückstellungen wird der zukünftig erwartete Aufwand aus dem Eintritt des Verlustes in der Bilanz passiviert.

Tritt der **Zahlungsmittelabfluss** aus den Verlusten in einer späteren Periode ein, so müssen wir zwischen **drei Fällen** unterscheiden. Dazu nehmen wir an, dass wir eine Rückstellung von € 10.000 gebildet haben.

*Auflösung der sonstigen Rückstellungen*

**Fall I**:    Im Idealfall entspricht der tatsächliche Zahlungsmittelabfluss genau dem antizipierten Mittelabfluss, dh den gebildeten Rückstellungen. In diesem Fall ist die Rückstellung wie folgt aufzulösen:

| Rückstellungen für ... (30..) *10.000* | / | Zahlungsmittel (idR 28..) *10.000* |
|---|---|---|
| | | bzw Verbindlichkeiten (3...) |

*Fall I: die Rückstellung wurde genau in der **richtigen Höhe** gebildet*

Unterliegt der zu zahlende Betrag der Umsatzsteuer, so ist zu buchen:

| Rückstellungen für ... (30..) | / | Zahlungsmittel (idR 28..) |
|---|---|---|
| Vorsteuer (25..) | | bzw Verbindlichkeiten (3...) |

Wie wir sehen, handelt es sich hierbei nur um Bewegungen in der Bilanz, die zu einer **Bilanzverkürzung** führen. Die GuV wird nicht mehr berührt, obwohl die Belastung eingetreten ist. Ein Ausweis derselben in dieser Periode entfällt, da der entsprechende Aufwand bereits in einer Vorperiode als Aufwand im Rahmen der Rückstellungsbildung berücksichtigt worden ist.

Somit wird über die **Rückstellungsbildung** die **Belastung** des **Erfolgs** in **zukünftigen Perioden vermieden** und die Belastung (der Aufwand) iS der **Periodenabgrenzung** jener (bereits vergangenen) Periode zugeordnet, in der auch der korrespondierende Ertrag realisiert wird.

*Fall II*: die **Rückstellung** wurde *zu hoch* gebildet

**Fall II**:  Unser Unternehmen hat eine zu hohe Rückstellung gebildet (10.000), da effektiv nur 7.000 für die Zahlung der Verpflichtung benötigt werden. In diesem Fall muss unser Unternehmen die 7.000 bezahlen bzw als Verbindlichkeit ausweisen, dh

| Rückstellungen für ... (30..) *7.000* | / | Zahlungsmittel (idR 28..) *7.000* bzw Verbindlichkeiten (3...) |
|---|---|---|

Unterliegt der zu zahlende Betrag der Umsatzsteuer, so wäre zu buchen:

| Rückstellungen für ... (30..) Vorsteuer (25..) | / | Zahlungsmittel (idR 28..) bzw Verbindlichkeiten (3...) |
|---|---|---|

Zusätzlich muss die nicht mehr benötigte Rückstellung (3.000) erfolgswirksam aufgelöst werden, dh

| Rückstellungen für ... (30..) *3.000* | / | Erträge aus der Auflösung von Rückstellungen (47..) *3.000* |
|---|---|---|

Im Gegensatz zum Fall I wirkt sich die Auflösung der Rückstellung nun auf den Gewinn unseres Unternehmens aus. Da unser Unternehmen in einer Vorperiode um 3.000 zu viel an Aufwand für die Bildung der Rückstellung verbucht und in dieser Periode damit um 3.000 zu wenig an Ertrag ausgewiesen hat, muss es nun in der Berichtsperiode durch die erfolgswirksame Auflösung der nicht mehr benötigten Rückstellung einen um 3.000 höheren Ertrag ausweisen.

*Fall III*: die **Rückstellung** wurde *zu niedrig* gebildet

**Fall III**:  Unser Unternehmen hat eine zu niedrige Rückstellung gebildet (10.000), da effektiv 14.000 für die Zahlung der Verpflichtung benötigt werden. In diesem Fall erfolgt die Zahlung mit

| Rückstellungen für ... (30..) *10.000* | / | Zahlungsmittel (idR 28..) *10.000* bzw Verbindlichkeiten (3...) |
|---|---|---|

**Zusätzlich** muss der nicht durch die Rückstellung gedeckte Betrag als Aufwand gebucht werden. Dieser Aufwand wird entweder als „Aufwand für Vorperioden" oder auf dem entsprechenden Aufwandskonto (zB Rechtsaufwand) ausgewiesen:

| Aufwand für ... (7...) *4.000* | / | Zahlungsmittel (idR 28..) *4.000* bzw Verbindlichkeiten (3...) |
|---|---|---|

Zieht man diese beiden Buchungssätze zusammen, so ergibt sich:

| Rückstellungen für ... (30..) *10.000* Aufwand für ... (7...) *4.000* | / | Zahlungsmittel (idR 28..) *14.000* bzw Verbindlichkeiten (3...) |
|---|---|---|

Unterliegt der zu zahlende Betrag der Umsatzsteuer, so wäre zu buchen:

| Rückstellungen für ... (30..) Aufwand für Vorperioden (78..) Vorsteuer (25..) | / | Zahlungsmittel (idR 28..) bzw Verbindlichkeiten (3...) |
|---|---|---|

Damit wird auch im Fall III - im Gegensatz zu Fall I - die GuV berührt. Allerdings im Vergleich zu Fall II in umgekehrter Hinsicht, indem der nicht durch die vorangegangene Rückstellungsbildung erfasste Aufwand in der GuV erfolgswirksam und damit als Verminderung des Gewinns nachgeholt wird.

Wird eine Rückstellung nicht mehr benötigt, weil der erwartete Mittelabfluss nicht eingetreten ist, so muss die nicht mehr benötigte Rückstellung erfolgswirksam aufgelöst werden. Damit ist zu buchen:

*Buchung, wenn die **Rückstellung nicht benötigt** wird*

| Rückstellungen für ... (30..) | / | Erträge aus der Auflösung von Rückstellungen (47..) |
|---|---|---|

Zusammenfassend ergeben sich damit die in der **Abbildung** dargestellten Behandlungsvarianten der sonstigen Rückstellungen.

Abb: *Übersicht über die Behandlung der sonstigen Rückstellungen*

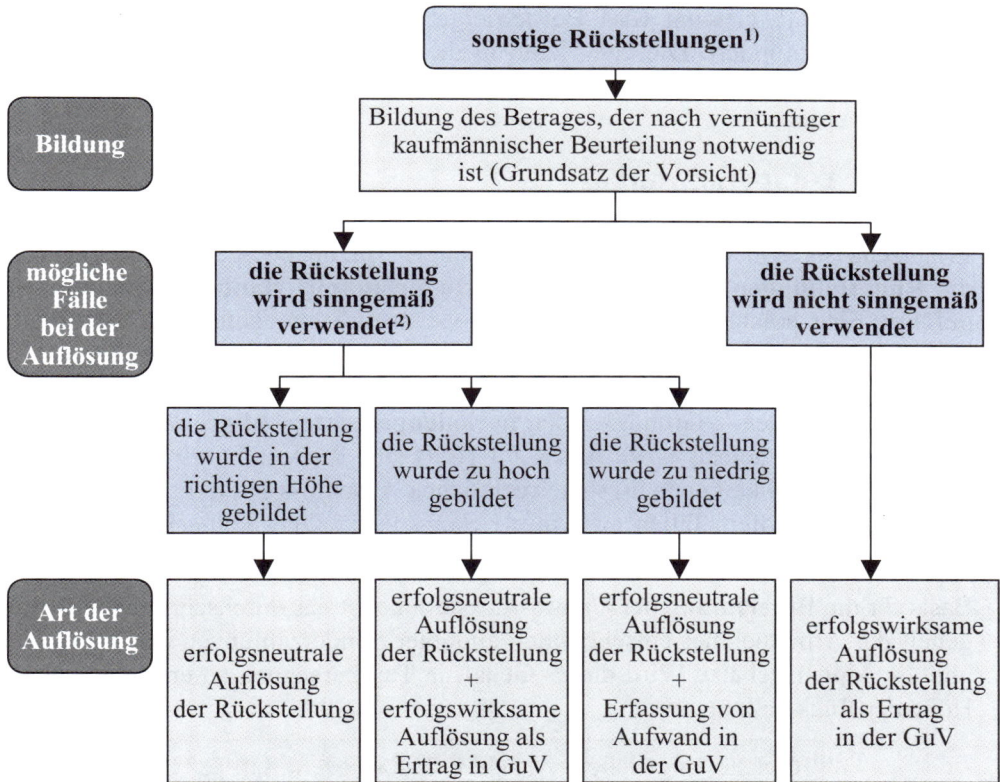

Erl: [1] Rückstellungen für ungewisse Verbindlichkeiten und für drohende Verluste aus schwebenden Geschäften
[2] dh die Rückstellung wird iS des dafür gebildeten Grundes aufgelöst

*durch eine **überhöhte Rückstellungsbildung** entstehen **stille Reserven***

Wie das obige Beispiel zeigt, ist das Konzept der Rückstellungsbildung als Vorsorge für einen zukünftigen Mittelabfluss als grundsätzlich sinnvoll einzustufen. Allerdings sind die Rückstellungen in der Praxis durch bewusst **überhöhte Rückstellungsbildung** in Misskredit gekommen. Aus einer solchen überhöhten Rückstellungsbildung werden mehr Mittel in einem Unternehmen zurückbehalten, als dieses für die Begleichung der zukünftigen Belastungen benötigt. Daraus resultierend wird der **Informationsgehalt des Jahresabschlusses** in mehrfacher Hinsicht **verzerrt**:

- Durch die gezielte, höhere Rückstellungsbildung wird die **Ertragslage** eines Unternehmens im Jahr der überhöhten Rückstellungsbildung **verzerrt dargestellt**, da der Gewinn des Unternehmens zu niedrig ausgewiesen wird.
- Darüber hinaus besteht die Gefahr, dass dieser höhere (für zukünftige Mittelabflüsse eigentlich nicht benötigte) Rückstellungsbetrag in Geschäftsjahren, in denen sich die Ertragslage verschlechtert, erfolgswirksam aufgelöst wird. In einem solchen Fall wird aber die sich **verschlechternde Ertragslage** des Unternehmens **verschleiert**, da sich durch den Ertrag aus der Rückstellungsauflösung der ausgewiesene Gewinn (das Betriebsergebnis) erhöht bzw der ausgewiesene Verlust vermindert. Die GuV kann in diesem Fall ihrer Indikatorfunktion für den (zukünftigen) Erfolg eines Unternehmens nur mehr (sehr) beschränkt gerecht werden.

## Weitere Rückstellungen:

*Urlaubs- rückstellungen*

Ergänzend seien betreffend die Rückstellungen für ungewisse Verbindlichkeiten die **Rückstellungen für nicht konsumierte Urlaube** (**Urlaubsrückstellung**) angeführt. Eine solche Urlaubsrückstellung ist anzusetzen, sofern die Mitarbeiter eines Unternehmens ihren zustehenden Urlaubsanspruch während eines Geschäftsjahres nicht zur Gänze in Anspruch genommen haben. Basis für diese Rückstellung ist somit auch der →Grundsatz der **periodengerechten Abgrenzung**. Handelsrechtlich besteht gemäß § 198 Abs 8 Z 1 HGB eine Rückstellungspflicht, die über die →Maßgeblichkeit auch im steuerrechtlichen Abschluss gilt (Abschn 8, Rz 3523 EStR 2000). Insofern fallen aus einer Urlaubsrückstellung keine Korrekturen im Rahmen der →Mehr-Weniger-Rechnung an.

Basis für die **Berechnung** der Urlaubsrückstellung ist das durchschnittliche Bruttogehalt der Arbeitnehmer einschließlich aliquoter Sonderzahlungen (zB für das 13. und 14. Monatsgehalt). Wird dieses Gehalt je Tag berechnet, so ermittelt sich die Höhe der Rückstellung mit:

| Rückstellungshöhe = Anzahl Urlaubstage  x  Satz je Urlaubstag |
|---|

Als **Buchung** ergibt sich bei Bildung der Urlaubsrückstellung im Falle von Angestellten:

| Urlaubsentschädigungen Angestell-te/Nichtleistungsgehälter (62..) | / | Rückstellung für nicht konsumierte Urlaube (30..) |
|---|---|---|

Da die Rückstellung einheitlich für den gesamten Personalstand berechnet wird, werden Urlaubsvorgriffe von Arbeitnehmern gegen rückständige Urlaubsansprüche aufgerechnet. Ergibt sich hierbei ein **Überschuss** der Urlaubsvorgriffe, so ist dieser Überschuss als **aktive Rechnungsabgrenzung** auszuweisen.

▶ Siehe **Arbeitsbuch**: **Beispiele zu D.5.b.3.**

## 5.c. Finanzierungseffekt der Rückstellungen

Erinnern wir uns zurück: Dem Jahresabschluss kommt nach HGB sowohl eine Steuerbemessungs- als auch eine Ausschüttungsbemessungsfunktion zu. Im Falle der Rückstellungen bedeutet dies, dass der in der GuV für die Rückstellungsbildung ausgewiesene Aufwand den steuerpflichtigen Gewinn und die Ausschüttungsbasis vermindert.

> Der **Finanzierungseffekt** der Rückstellungen setzt sich aus einem **Steuerspar-** und einem **Ausschüttungspareffekt** zusammen.

Im Ergebnis bewirkt diese Aufwandsverrechnung bei Bildung einer Rückstellung somit, dass der Rückstellungsbetrag im Unternehmen zurückbehalten wird. Bis zum Zeitpunkt des erwarteten Mittelabflusses können diese Mittel aber für laufende Zahlungsverpflichtungen (ua für Materialbeschaffungen) verwendet werden. Die Rückstellungen stellen damit wie die Abschreibungen eine wichtige **Finanzierungsquelle** für Unternehmen dar (→Abschreibungen, Finanzierungseffekt). Wie dieser Finanzierungseffekt nun genau funktioniert, sehen wir im Folgenden an einem konkreten Beispiel.

**Annahme**: Unser Unternehmen weist einen vorläufigen Gewinn von € 100.000 aus, rechnet aber noch mit zukünftigen Belastungen aus Garantieleistungen für die produzierten Konsumgüter in Höhe von € 10.000. Der Steuersatz sei 25 %.

*Beispiel zum Finanzierungseffekt der Rückstellungen*

Tab: *Beispiel zum Finanzierungseffekt der Rückstellungen*

|  | Fall I: ohne RSt-bildung | Fall II: mit RSt-bildung | Differenz | Effekt Mittelabfluss |
|---|---|---|---|---|
| vorläufiger Gewinn | 100.000 | 100.000 | 0 | - |
| Rückstellungsbildung | - | -10.000 | -10.000 | - |
| **Gewinn vor Steuern** | **100.000** | **90.000** | -10.000 | - |
| Steuern (25 %) | -25.000 | -22.500 | -2.500 | +2.500 |
| **Gewinn nach Steuern** | **75.000** | **67.500** | -7.500 | +7.500 |
|  |  |  | **-10.000** | **+10.000** |

*Ermittlung des
Finanzierungseffekts*

Wie wir der obigen Tabelle entnehmen können, werden durch die Rückstellungs-bildung (**Fall II**) genau 10.000 an Geldmitteln im Unternehmen zurückbehalten. Ausschlaggebend dafür ist der Steuerspareffekt und der Ausschüttungsspareffekt:

- **Steuerspareffekt**: Basis für die Ermittlung der Steuerbelastung ist grundsätz-lich der Gewinn vor Steuern. Ohne Rückstellungsbildung zahlt das Unterneh-men im betreffenden Geschäftsjahr somit € 25.000 an Steuern (dh 25 % von 100.000), mit Rückstellungsbildung aber nur € 22.500 an Steuern (dh 25 % von 90.000). Damit „spart" sich das Unternehmen € **2.500** an Steuern.
- **Ausschüttungsspareffekt**: Basis für den an die Aktionäre/Eigentümer über-haupt ausschüttungsfähigen Betrag ist der Bilanzgewinn. Ohne Rückstellungs-bildung können in unserem Fall vom Unternehmen im betreffenden Geschäfts-jahr somit grundsätzlich maximal € 75.000 ausgeschüttet werden, mit Rückstel-lungsbildung aber nur maximal € 67.500. Damit stehen im Falle der Rückstel-lungsbildung 7.500 weniger an Mitteln für die Ausschüttung zur Verfügung. Das Unternehmen „spart" sich somit € **7.500** an Ausschüttungen.

Über den Steuerspareffekt (+2.500) und den Ausschüttungsspareffekt (+7.500) verbleiben daher genau € 10.000 im Unternehmen und stehen für die zukünftig erwarteten Mittelabflüsse zur Verfügung. Bis zum Eintritt dieses Mittelabflusses können sie aber anderweitig verwendet werden.

> ▶ Siehe **Arbeitsbuch: Beispiel** zu D.5.c.

> ▶ Siehe **Arbeitsbuch: Kontrollfragen** zu D.5.

# 6. RECHNUNGSABGRENZUNGEN

## 6.a. Problemstellung/Abgrenzung

Vorauszuschicken ist, dass sich die Frage der Rechnungsabgrenzungen in jenen Fällen nicht stellt, in denen die Erträge gleichzeitig Einzahlungen bzw die Aufwendungen gleichzeitig Auszahlungen sind. Dies ist der Fall, wenn

*Hintergrund*

- Produkte in derselben Periode erstellt und auch wieder verkauft werden,
- Vorräte in derselben Periode gekauft und verkauft werden,
- erbrachte Leistungen in derselben Periode bezahlt werden.

In diesen Fällen führen auch die →Einnahmen-Ausgaben-Rechnung und die Ermittlung des Periodenerfolgs gemäß →GuV zum selben Ergebnis.

Heben wir jedoch die Übereinstimmung von Erträgen und Einzahlungen bzw von Aufwendungen und Auszahlungen auf, so ist die Einnahmen-Ausgaben-Rechnung nicht mehr geeignet, den Periodenerfolg eines Unternehmens richtig zu ermitteln.

*in welchen Fällen braucht man eine **Rechnungsabgrenzung**?*

> Eine **Rechnungsabgrenzung** wird notwendig, **wenn** Erträge und Einzahlungen bzw Aufwendungen und Auszahlungen **zeitlich auseinanderfallen.**

Für das Verständnis der Rechnungsabgrenzungen müssen wir uns in Erinnerung rufen, dass der Ermittlung des Periodenerfolgs der Grundsatz der periodengerechten Abgrenzung zugrunde liegt. Nach diesem Grundsatz sind den Erträgen einer Periode grundsätzlich jene Aufwendungen gegenüberzustellen, die durch sie bedingt sind.

> **Hinweis**: Die **periodengerechte Abgrenzung** wird aber durch das **Imparitätsprinzip** eingeschränkt. Nach diesem Prinzip sind zwar noch nicht realisierte Verluste einer Periode auszuweisen, nicht aber die noch nicht realisierten Erträge.

Der Grundsatz der periodengerechten Abgrenzung würde nun aber verletzt, wenn ein Unternehmen Zahlungen betr Aufwendungen leistet, die wirtschaftlich einen Teil des laufenden Geschäftsjahres sowie ein oder mehrere nachfolgende Geschäftsjahre betreffen, beispielsweise wenn ein Unternehmen Mietvorauszahlungen leistet. Der Grundsatz der periodengerechten Abgrenzung würde auch verletzt, wenn ein Unternehmen Zahlungen erhält, die wirtschaftlich einen Teil des laufenden Geschäftsjahres sowie ein oder mehrere nachfolgende Geschäftsjahre betreffen, beispielsweise wenn ein Unternehmen Zinsen erhält.

Für die richtige Ermittlung des Periodenerfolgs bedarf es in solchen Fällen einer Rechnungsabgrenzung. Über die dabei verwendeten Rechnungsabgrenzungskonten werden jene Beträge zwischenzeitlich in der Bilanz „geparkt", die sich aus der zeitlichen Diskrepanz von →Einnahmen und Erträgen bzw von →Ausgaben und

Aufwendungen ergeben. Möglich ist eine solche **zeitliche Diskrepanz** in **vier Fällen**, die in der folgenden →**Abbildung** dargestellt sind.

Abb: *Übersicht über die möglichen Fälle der Rechnungsabgrenzung*

| **Fälle** | **transitorische Posten** | **antizipative Posten** |
|---|---|---|
| • Einnahme jetzt, Ertrag später | passive RAP | Forderung |
| • Ertrag jetzt, Einnahme später | | |
| • Ausgabe jetzt, Aufwand später | aktive RAP | Verbindlichkeit |
| • Aufwand jetzt, Ausgabe später | | |

*Gegenkonten zu den transitorischen Posten sind die RAP;*
*Gegenkonten der antizipativen Posten sind die Forderungen/Verbindlichkeiten*

Die in der Abbildung angesprochenen Unterschiede zwischen den transitorischen und den antizipativen Posten sind wie folgt zu verstehen:

- **Transitorische Posten**: In der Berichtsperiode getätigte Ein- bzw Auszahlungen stellen zum Teil Erträge bzw Aufwendungen des laufenden Geschäftsjahres sowie von einem oder mehreren zukünftigen Geschäftsjahren dar. Die Abgrenzung erfolgt über das Rechnungsabgrenzungskonto.

- **Antizipative Posten**: Ein in der Berichtsperiode erfasster Ertrag bzw Aufwand hat noch zu keinen Ein- und Auszahlungen geführt, da die Ein- bzw Auszahlungen betr diesen Ertrag/Aufwand erst in einer späteren Periode erfolgen. Die Abgrenzung erfolgt idR über die „sonstigen Forderungen" bzw die „sonstigen Verbindlichkeiten".

Aufbauend auf dieser Unterscheidung lassen sich die einzelnen Posten in Bilanz und GuV wie folgt interpretieren:

| Art | betroffene Bilanzposten: |
|---|---|
| • Ertrag früher, Einnahmen später | zB Kundenforderungen, noch zu erhaltende Miete betr das abgelaufene Geschäftsjahr |
| • Einnahmen früher, Ertrag später | zB erhaltene Kundenanzahlungen, im Voraus erhaltene Miete |
| • Einnahmen früher, Ausgaben später | zB erhaltene Darlehen |
| • Aufwand früher, Ausgaben später | zB Mietschulden, Rückstellungen bei sinngemäßer Verwendung |
| • Ausgaben früher, Aufwand später | zB Maschinen, Gebäude, Vorräte, vorausbezahlte Miete |
| • Ausgaben früher, Einnahmen später | zB gegebene Darlehen |

| Art | betroffene GuV-Posten: |
|---|---|
| • Ertrag jetzt, Einnahme jetzt | zB Barverkäufe |
| • Ertrag jetzt, Einnahme früher | zB Lieferung gegen in Vorperiode erhaltener Vorauszahlung |
| • Ertrag jetzt, Einnahme später | zB Lieferung auf Ziel |
| • Aufwand jetzt, Ausgabe jetzt | zB laufende Gehalts- und Lohnzahlungen |
| • Aufwand jetzt, Ausgabe früher | zB Abschreibung von Anlagen, Verbrauch von Vorräten |
| • Aufwand jetzt, Ausgabe später | zB Dotierungen von Rückstellungen bei späterer sinngemäßer Verwendung |

Für den **Ausweis** in der **Bilanz** gilt:

*Ausweis in der Bilanz*

- Als **Rechnungsabgrenzungsposten** werden nur die aktiven und passiven Transitorien (Vorauszahlungen) ausgewiesen.
- Die aktiven und passiven Antizipationen (Rückstände) werden nicht als Rechnungsabgrenzungsposten, sondern idR als „**sonstige Forderungen**" bzw „**sonstige Verbindlichkeiten**" ausgewiesen.

Da wir die Forderungen und Verbindlichkeiten aber in einem eigenen Punkt diskutieren, behandeln wir im Folgenden nur die Rechnungsabgrenzungen iS der aktiven und passiven transitorischen Posten.

**Steuerrechtlich** bestehen keine eigenen Vorschriften zu den Rechnungsabgrenzungen. Da die Verteilungspflicht von Vorauszahlungen grundsätzlich auch im Rahmen der steuerlichen Gewinnermittlung zu befolgen ist (§ 4 Abs 6 EStG), wird somit **den handelsrechtlichen Vorschriften gefolgt**.

*steuerrechtlich wird den handelsrechtlichen Vorschriften gefolgt*

## 6.b. Aktive Rechnungsabgrenzungen

Bei den aktiven Rechnungsabgrenzungen handelt es sich um Vorauszahlungen eines Unternehmens, die zwei oder mehrere Geschäftsjahre betreffen.

*Definition*

> **Aktive Rechnungsabgrenzungsposten (transitorische Aktiven)** sind Abgrenzungsposten für streng zeitraumbezogene Zahlungen, die vor dem Bilanzstichtag für einen genau bestimmten Zeitraum nach dem Bilanzstichtag (idR der 31.12.) geleistet werden.

Unter die aktive Rechnungsabgrenzung fallen damit ua eigene Vorauszahlungen von Zinsen, Mieten sowie Versicherungen.

Als **Buchungen** ergeben sich:

*Verbuchung der aktiven RAP*

- im Falle der **Bildung der aktiven Rechnungsabgrenzung**:

| aktive RAP (29..) | / | Aufwandskonto (....) |
|---|---|---|

- bei **Auflösung der aktiven Rechnungsabgrenzung**:

| Aufwandskonto (....) | / | aktive RAP (29..) |
|---|---|---|

*Beispiel zu einer*
*Versicherungs-*
*vorauszahlung*

**Annahme**: Unser Unternehmen bezahlt am 3. November des laufenden Geschäftsjahres X01 die Versicherung für ein halbes Jahr (€ 1.200) im Voraus. Für unser Unternehmen bedeutet dies eine Abnahme der liquiden Mittel von € 1.200 sowie einen (Versicherungs-)Aufwand von € 1.200.

Im Sinne der periodengerechten Abgrenzung müssen wir den Versicherungsaufwand nun teilen: in die auf das laufende GJ X01 (2 Monate) und die auf das folgende GJ X02 (4 Monate) entfallenden Aufwendungen. Als Versicherungsaufwand ist im laufenden Geschäftsjahr iS der periodengerechten Abgrenzung somit nur mehr ein Versicherungsaufwand von 400 (Erl: 2 Monate bezogen auf den 6-monatigen Versicherungsaufwand von 1.200) zu zeigen.

Wie sieht es aber für das folgende Geschäftsjahr X02 aus? Der Aufwand eines Geschäftsjahres kann nicht unmittelbar in ein darauf folgendes Geschäftsjahr übertragen werden. Dazu bedarf es einer kleinen „Hilfe" in Form einer Aktivierung. Über diese Aktivierung wird der Aufwand in der Aktivseite der Bilanz des GJ X01 zwischenzeitlich „geparkt" (ähnlich ist dies im Falle von →fertigen und unfertigen Erzeugnissen). In unserem Fall hat unser Unternehmen „zu viel" an Versicherung vorausbezahlt und muss daher einen aktiven Rechnungsabgrenzungsposten (transitorische Aktiven) ausweisen.

*ein **Vorsteuerabzug** ist*
*unter bestimmten Bedin-*
*gungen möglich*

**Vorauszahlungen** unterliegen insoweit der **Umsatzsteuer**, als auch die nachfolgende Leistung der Umsatzsteuer unterliegt (§ 19 Abs 2 Z 1 UStG). Die **Vorsteuer** kann von einem Unternehmen hierbei dann geltend gemacht werden, wenn für die Anzahlung eine ordnungsgemäße Rechnung gemäß UStG vorliegt (→Umsatzsteuer).

*Buchungen*

**Buchtechnisch** sieht die aktive Rechnungsabgrenzung so aus, dass unser Unternehmen in der Periode X01 zuerst die Versicherungszahlung bucht, dh

| Versicherungsaufwand (77..) *1.200* | / | Bank (28..) *1.200* |
|---|---|---|

und daran anschließend den auf die Periode X02 entfallenden Versicherungsaufwand über die aktiven Rechnungsabgrenzungsposten (aRAP) in die Bilanz „verschiebt", dh

| aktive RAP (29..) *800* | / | Versicherungsaufwand (77..) *800* |
|---|---|---|

Durch diese Buchung wird der Versicherungsaufwand im laufenden GJ X01 um den in der Bilanz aktivierten Betrag, eben den aktiven RAP, geringer. Im folgenden GJ X02 wird der aktive RAP wiederum aufgelöst und dafür ein Versicherungsaufwand in der GuV ausgewiesen:

| Versicherungsaufwand (77..) *800* | / | aktive RAP (29..) *800* |
|---|---|---|

Damit wird nun in jeder Periode genau der Versicherungsaufwand ausgewiesen, der ihr wirtschaftlich zuzurechnen ist. Somit ist auch die Forderung nach einem periodengerechten Ausweis der (hier) Aufwendungen erfüllt (siehe die →**Abbildung**).

Abb: *Funktionsweise der aktiven Rechnungsabgrenzung (ohne USt)*

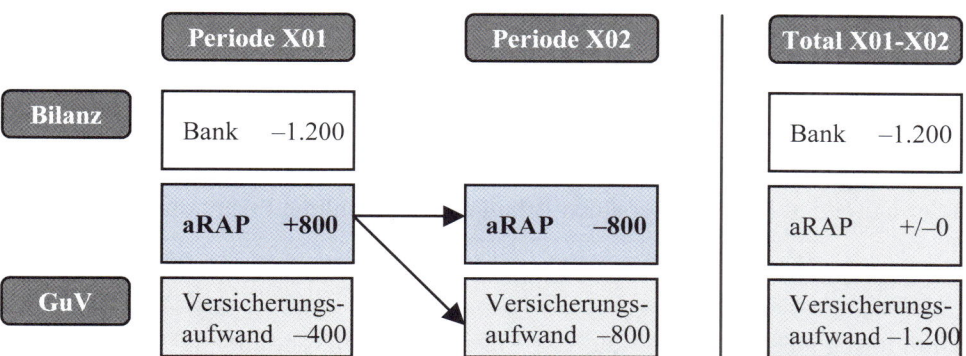

Die aktiven RAP werden entsprechend der für Kapitalgesellschaften geltenden Gliederung auf der Aktivseite der Bilanz nach Anlage- und Umlaufvermögen als eigenständiger Posten ausgewiesen (→Bilanz, Gliederung).

*Bilanzausweis aRAP: nach AV und UV als eigenständiger Posten*

> ► Siehe **Arbeitsbuch: Beispiel** zu **D.6.b.**

## 6.c. Passive Rechnungsabgrenzungen

Zahlt unser Unternehmen nicht Aufwand im Voraus, sondern erhält Ertrag im Voraus, so spricht man nicht mehr von aktiven, sondern von passiven Abgrenzungsposten.

*Definition*

 **Passive Rechnungsabgrenzungsposten (transitorische Passiven)** sind Abgrenzungsposten für streng zeitraumbezogene Zahlungen, die ein Unternehmen vor dem Bilanzstichtag für einen genau bestimmten Zeitraum nach dem Bilanzstichtag (idR der 31.12.) erhalten hat.

Beispiele für passive Rechnungsabgrenzungen sind ua im Voraus erhaltene Zinserträge und Mieterträge.

Als **Buchungen** ergeben sich:

*Verbuchung der passiven RAP*

- im Falle der **Bildung** der **passiven Rechnungsabgrenzung**:

  | Ertragskonto (....) | / | passive RAP (39..) |
  |---|---|---|

- bei **Auflösung** der **passiven Rechnungsabgrenzung**:

  | passive RAP (39..) | / | Ertragskonto (....) |
  |---|---|---|

*USt*

**Vorauszahlungen** unterliegen insoweit der **Umsatzsteuer**, als auch die nachfolgende Leistung der Umsatzsteuer unterliegt. Die Steuerschuld entsteht hierbei mit Ablauf des Voranmeldezeitraumes, in dem das Entgelt vereinnahmt worden ist (§ 19 Abs 2 Z 1 UStG).

*Beispiel zu einer Mietvorauszahlung*

**Annahme**: Unser Unternehmen bekommt am 1. Dezember des GJ X01 € 600 zzgl 20 % USt an Miete im Voraus. Es handelt sich somit um eine passive Rechnungsabgrenzung. Buchtechnisch sieht die Behandlung so aus, dass unser Unternehmen in der laufenden Periode zuerst den Erhalt der Mietzahlung bucht, dh

| | |
|---|---|
| Bank (28..) *720* | Mietertrag (48..) *600* |
| | Umsatzsteuer (35..) *120* |

Daran anschließend wird der auf das folgende GJ X02 entfallende Mietertrag betr die 5 Monate über die passiven Rechnungsabgrenzungsposten (pRAP) in die Bilanz „verschoben", dh

| | |
|---|---|
| Mietertrag (48..) *500* | passive RAP (39..) *500* |

Durch diese Buchung wird der Mietertrag in der laufenden Periode X01 um den in der Bilanz passivierten Betrag, eben den passiven RAP, geringer. Im folgenden GJ X02 werden die passiven RAP wiederum aufgelöst und dafür ein Mietertrag in der GuV ausgewiesen:

| | |
|---|---|
| passive RAP (39..) *500* | Mietertrag (48..) *500* |

Damit wird nun in jedem Geschäftsjahr genau der Mietertrag ausgewiesen, der ihr wirtschaftlich anzurechnen ist. Somit ist auch wiederum die Forderung nach einem periodengerechten Ausweis der (hier) Erträge erfüllt.

*Bilanzausweis pRAP: nach EK und FK als eigenständiger Posten*

Die passiven RAP werden entsprechend der für Kapitalgesellschaften geltenden Gliederung auf der Passivseite der Bilanz nach Eigen- und Fremdkapital als eigenständiger Posten ausgewiesen (→Bilanz, Gliederung).

► Siehe **Arbeitsbuch: Beispiel** zu D.6.c.

► Siehe **Arbeitsbuch: Kontrollfragen** zu D.6.

# 7. THEMENKREIS „STEUERN UND ABGABEN"

## 7.a. Problemstellung

Bei der Behandlung von Unternehmenssteuern ist grundsätzlich zwischen verschiedenen Arten von Steuern zu unterscheiden: **Einerseits** Steuern, deren Höhe vom Finanzamt vorgeschrieben wird, sowie Steuern, die von den Unternehmen selbst zu berechnen sind. **Andererseits** können sich in jenen Fällen, in denen im handelsrechtlichen und im steuerrechtlichen Abschluss unterschiedliche Bilanzierungs- bzw Bewertungsvorschriften angewandt werden, sog „latente Steuern" ergeben.

*zwei Arten von Steuern: Unternehmenssteuern sowie latente Steuern*

## 7.b. Die Verbuchung von Unternehmenssteuern

### 7.b.1. Steuern, deren Höhe vom Finanzamt vorgeschrieben wird

Bei den Steuern, deren Höhe vom Finanzamt vorgeschrieben wird, wird dem Unternehmen vom Finanzamt ein **Steuerbescheid** bzw eine **Buchungsmitteilung** übermittelt. Zu dem darin angeführten Fälligkeitstermin ist eine allfällige Steuerschuld zu begleichen.

*Hintergrund*

Unter die vom Finanzamt vorgeschriebenen Steuern fallen die Grunderwerbsteuer und die Körperschaftsteuer.

*Beispiele*

Grundsätzlich stehen für die Verbuchung dieser Steuern zwei Varianten offen, die aber zum selben Ergebnis führen:

*2 Behandlungsvarianten betr die Verbuchung der Steuern*

**Variante 1**: Bei Eintreffen des Steuerbescheides/der Buchungsmitteilung erfolgt die Buchung zuerst auf ein „**Verrechnungskonto Finanzamt**":

| Steuerkonto (85..) | / | Verrechnungskonto FA (35..) |
|---|---|---|

Dieses Verrechnungskonto ist bei **Zahlung** wie folgt aufzulösen:

| Verrechnungskonto FA (35..) | / | Zahlungsmittelkonto (27.., 28..) |
|---|---|---|

**Variante 2**: Die Steuern werden erst bei deren Bezahlung verbucht. Diese Vorgehensweise wird vor allem in der Praxis angewandt:

| Steuerkonto (85..) | / | Zahlungsmittelkonto (27.., 28..) |
|---|---|---|

Im Falle der **Körperschaftsteuer (KöSt)** muss das steuerpflichtige Unternehmen **vierteljährliche Vorauszahlungen** leisten. Basis dieser Vorauszahlungen ist das Vorjahreseinkommen, da das zu versteuernde Einkommen eines Unternehmens erst am Ende desjenigen Geschäftsjahres, für das die Vorauszahlungen zu leisten sind, feststeht. Die Vorauszahlungen werden den Unternehmen vom Finanzamt vierteljährlich durch eine Buchungsmitteilung vorgeschrieben (→Erfolgsermittlung).

*Behandlung der KöSt-Vorauszahlung*

**Annahme**: Unser Unternehmen hat für das Geschäftsjahr X01 KÖSt-Vorauszahlungen in Höhe von insgesamt € 100.000 geleistet (dh in jedem Quartal € 25.000). Die tatsächliche Steuerbelastung für dieses Geschäftsjahr beträgt € 120.000.

*2 mögliche Varianten betr*
*die Behandlung von KÖSt-*
*Vorauszahlungen*

Für die **Verbuchung** der **Vorauszahlungen** finden sich nun **zwei Varianten**:

**Variante 1**: Die Vorauszahlungen werden sofort auf das entsprechende Steueraufwandskonto (85..) gebucht. Diese Vorgehensweise wählen vor allem Klein- und Mittelbetriebe. In jedem Quartal wird somit gebucht:

| Körperschaftssteuer (85..) *25.000* | / | Zahlungsmittelkonto (idR 28..) *25.000* |
|---|---|---|

**Variante 2**: Die Vorauszahlungen werden **zuerst** als **Forderung** gegenüber dem Finanzamt ausgewiesen und beeinflussen damit den Erfolg eines Unternehmens noch nicht (sog **erfolgsneutrale** Verbuchung).

**Erfolgswirksam** werden die Vorauszahlungen am Jahresende (Ende der Berichtsperiode) durch Umbuchung auf das Aufwandskonto „Körperschaftsteuer". Die vom Unternehmen berechnete KÖSt-Schuld ergibt sich hierbei aufgrund des tatsächlichen Gewinns des Unternehmens.

Als **Vorteil** dieser Ausweisform wird gesehen, dass zu hohe oder zu niedrige Vorauszahlungen keine Auswirkungen auf den unterjährig ausgewiesenen Unternehmenserfolg haben, was im Falle von Zwischenabschlüssen (zB Quartalsabschlüssen) gegeben ist. Diese Ausweisform wird daher vor allem von Kapitalgesellschaften angewandt.

In unserem Beispiel ist im Rahmen der Verbuchung somit wie folgt vorzugehen: Zuerst wird in jedem Quartal die KÖSt-Vorauszahlung über ein „Verrechnungskonto Finanzamt" verbucht:

| Verrechnungskonto Finanzamt (35..) *25.000* | / | Zahlungsmittelkonto (idR 28..) *25.000* |
|---|---|---|

Insgesamt werden somit im Geschäftsjahr X01 € 100.000 an Vorauszahlungen geleistet. Am Jahresende erfolgt die Umbuchung vom Verrechnungskonto auf das Aufwandskonto „Körperschaftsteuer":

| Körperschaftsteuer (85..) *100.000* | / | Verrechnungskonto Finanzamt (35..) *100.000* |
|---|---|---|

Im Falle von **zu geringen Vorauszahlungen** während des Geschäftsjahres ist in Höhe der Differenz zwischen der höher errechneten Körperschaftsteuerschuld und den niedrigeren Vorauszahlungen eine **Rückstellung** für die Körperschaftsteuer zu passivieren:

| Körperschaftsteuer (85..) | / | Rückstellung für Körperschaftsteuer (30..) |
|---|---|---|

Im Falle von **zu hohen Vorauszahlungen** während des Geschäftsjahres ist in Höhe der Differenz zwischen der niedriger errechneten Körperschaftsteuerschuld und den höheren Vorauszahlungen eine **Forderung** gegenüber dem Finanzamt auszuweisen:

| | |
|---|---|
| Verrechnungskonto Finanzamt (35..) | / Körperschaftsteuer (85..) |

Zu beachten sind jedoch die Bestimmungen betreffend die Mindestkörperschaftssteuer (→Körperschaftsteuer).

## 7.b.2. Steuern, die selbst zu berechnen sind

Zu den Steuern, die von den Unternehmen selbst berechnet und abgeführt werden müssen, zählt ua die Kommunalsteuer.

*Beispiele*

Behandelt werden diese Steuern so, dass sie sofort auf den entsprechenden Aufwandskonten verbucht werden. Als Buchungssatz ergibt sich somit:

*Verbuchung der selbst zu berechnenden Steuern*

| | |
|---|---|
| Steueraufwand (....) | / Zahlungsmittelkonto (27.., 28..) |

## 7.b.3. Kammerumlage

Die Landeskammern und die Bundeskammer (Wirtschaftskammer Österreich) heben neben der Kammerumlage auf Basis der Arbeitslöhne eine weitere Umlage (KU 1) für die Deckung ihrer Aufwendungen ein. Geregelt sind die beiden Kammerumlagen im Wirtschaftskammergesetz.

*Hintergrund*

Für die Berechnung der Kammerumlage gelten die folgenden **Grundsätze**:

*Berechnung der Kammerumlage*

- Die Kammerumlage ist vierteljährlich von den Unternehmen **selbst zu berechnen und** spätestens am fünfzehnten Tag des übernächsten Monats an das Finanzamt **zu entrichten**. Beispielsweise ist die Kammerumlage für die Monate Jänner-März (1. Vierteljahr) somit spätestens am 15. Mai abzuführen. Das Finanzamt überweist die Kammerumlage weiter an die Wirtschaftskammer.
- **Bemessungsgrundlage** sind die Umsatzsteuerbeträge der von anderen Unternehmern erbrachten Leistungen, die für Tätigkeiten beansprucht werden, welche die Kammermitgliedschaft begründen.
- **Festgelegt** wird die Kammerumlage in einem **Tausendsatz** der Bemessungsgrundlage. Maximal beträgt die Kammerumlage 4,3 v.T. (dh 4,3 ‰ der Bemessungsgrundlage). Die derzeitige Höhe beträgt 3,0 ‰. Für Kreditinstitute und Versicherungen bestehen gesonderte Regelungen. Mitglieder, deren jährliche Umsätze € 150.000 nicht übersteigen, brauchen keine Kammerumlage zu zahlen.

Bei **Entstehung** der **Abgabenschuld** wird gebucht:

*Verbuchung der Kammerumlage*

| | |
|---|---|
| Kammerumlage (7...) | / Verrechnungskonto Finanzamt (35..) |

Bei **Zahlung** ergibt sich:

| | |
|---|---|
| Verrechnungskonto Finanzamt (35..) | / Zahlungsmittelkonto (27.., 28..) |

## 7.c. Latente Steuern

### 7.c.1. Problemstellung

*Hintergrund*

In den obigen Punkten haben wir bisher nur den tatsächlichen, gegenüber der Finanzbehörde entstandenen Steueraufwand iS der Unternehmenssteuern behandelt. Wir sind bisher auch immer davon ausgegangen, dass es aufgrund des →**Maßgeblichkeitsgrundsatzes** bei unserem Unternehmen keinen Unterschied in der Behandlung zwischen handels- und steuerrechtlicher Rechnungslegung gegeben hat.

Diese **Annahme heben wir** im Folgenden **auf** und überlegen uns, welche Auswirkungen sich daraus für den Ausweis in der Bilanz und GuV ergeben.

### 7.c.2. Mehr-Weniger-Rechnung

*die Maßgeblichkeit drückt das Verhältnis von handels- und steuerrechtlicher Rechnungslegung aus*

Die **Mehr-Weniger-Rechnung** betrifft das Verhältnis zwischen der handels- und der steuerrechtlichen Rechnungslegung. Dieses Verhältnis wollen wir im Folgenden näher betrachten. Den Ausgangspunkt unserer Überlegungen bildet die sog Maßgeblichkeit der Handelsbilanz für die Steuerbilanz.

> Die **Maßgeblichkeit** der Handelsbilanz für die Steuerbilanz findet sich im EStG in *§ 5 Abs 1: „Für die Gewinnermittlung jener Steuerpflichtigen, deren Firma im Firmenbuch eingetragen ist und die Einkünfte aus Gewerbebetrieb beziehen, sind die handelsrechtlichen Grundsätze ordnungsmäßiger Buchführung maßgebend, außer zwingende Vorschriften dieses Bundesgesetzes treffen abweichende Regelungen.“*

> Der **Maßgeblichkeitsgrundsatz (Maßgeblichkeit der Handelsbilanz für die Steuerbilanz)** gilt in Österreich gem § 5 EStG für im Firmenbuch eingetragene (protokollierte) Gewerbetreibende. Nach dieser Maßgeblichkeit ist ein Sachverhalt im steuerrechtlichen Jahresabschluss grundsätzlich ebenso zu behandeln wie im handelsrechtlichen Jahresabschluss, solange nicht zwingende steuerrechtliche Vorschriften ein Abweichen davon verlangen.

*es gibt vier mögliche Fälle der Maßgeblichkeit*

In Bezug auf die Maßgeblichkeit sind somit folgende Fälle zu unterscheiden:

- Im Falle von **handels- und steuerrechtlichen Mussbestimmungen** ist in der Handelsbilanz den handelsrechtlichen, in der Steuerbilanz den steuerrechtlichen Vorschriften zu folgen.

- Im Falle von **handelsrechtlichen Mussbestimmungen** und **steuerrechtlichen Kannbestimmungen** ist in der Handelsbilanz und aufgrund des Maßgeblichkeitsprinzips auch in der Steuerbilanz den handelsrechtlichen Vorschriften zu folgen.
- Im Falle von **handels- und steuerrechtlichen Kannbestimmungen** folgt die Steuerbilanz aufgrund des Maßgeblichkeitsprinzips den in der Handelsbilanz gewählten Vorschriften.
- Im Falle einer **handelsrechtlichen Kannbestimmung** und einer **steuerrechtlichen Mussbestimmung** ist in der Steuerbilanz unabhängig von der im Handelsabschluss gewählten Vorschrift der steuerrechtlichen Mussbestimmung zu folgen.

Zu nennen ist darüber hinaus die sog umgekehrte Maßgeblichkeit:

> Nach dem **Grundsatz der umgekehrten Maßgeblichkeit (Maßgeblichkeit der Steuerbilanz für die Handelsbilanz)** setzt die Behandlung eines Wertes in der Steuerbilanz eine entsprechend gleiche Behandlung in der Handelsbilanz voraus.

*bei der **umgekehrten Maßgeblichkeit** wirkt sich die steuerrechtliche Rechnungslegung auf die handelsrechtliche Rechnungslegung aus*

**Beispielsweise** zeigt sich diese **umgekehrte Maßgeblichkeit** im HGB bei der Bestimmung, dass vom handelsrechtlich vorgesehenen Wertaufholungsgebot (→Zuschreibung) beim Anlage- und Umlaufvermögen aufgrund des Wegfallens der Gründe für eine vorangegangene außerplanmäßige Abschreibung in jenen Fällen abgewichen werden kann, in denen der niedrigere Wertansatz in der Steuerbilanz nur unter der Voraussetzung beibehalten werden darf, dass dieser Wert auch in der Handelsbilanz angesetzt wird (§ 208 Abs 2 HGB).

Als **Vorteil** der Maßgeblichkeit und damit der Übereinstimmung von handelsrechtlicher und steuerrechtlicher Rechnungslegung ist speziell für kleinere und mittlere Unternehmen zu sehen, dass diese mit einem einzigen Abschluss sowohl die handels- als auch die steuerrechtlichen Vorschriften (weitgehend) erfüllen und damit die Erstellungskosten für den Jahresabschluss reduzieren können.

*Vorteile/Nachteile der Maßgeblichkeit*

Als **Nachteil** der Maßgeblichkeit/umgekehrten Maßgeblichkeit ist aber zu sehen, dass Unternehmen im Rahmen ihrer Bilanzierungs- und Bewertungspolitik tendenziell bestrebt sein werden, die steuerlichen Konsequenzen zu optimieren. Neben der möglichen Beeinträchtigung des true and fair view wird damit aber auch die Führung einer eigenen internen Rechnung (**Erlös- und Kostenrechnung**) notwendig (→IAS/IFRS, →interne Rechnungen).

Aufbauend auf diesen Überlegungen müssen wir betr die Frage der Bemessungsgrundlage für die von einem Unternehmen zu leistenden Steuerzahlungen somit zwischen **zwei Fällen** unterscheiden:

*wann brauchen wir eine Mehr-Weniger-Rechnung?*

**Fall 1**: Stimmen das handelsrechtliche und das steuerrechtliche Ergebnis überein (**Maßgeblichkeit**), so bildet bereits das handelsrechtliche Ergebnis die Bemessungsgrundlage für die Steuerbelastung.

> **Erl**: Würde **beispielsweise** im handelsrechtlichen Jahresabschluss ein Gewinn von € 100.000 ausgewiesen, so würde sich bei einem Steuersatz von 25 % iS der Maßgeblichkeit daraus unmittelbar (dh **ohne weitere Korrekturen**) die **Steuerbelastung** für das Unternehmen in Höhe von € 25.000 ergeben.

**Fall 2**:   Stimmen das handelsrechtliche und das steuerrechtliche Ergebnis hingegen aufgrund unterschiedlich angewandter Bilanzierungs- und/oder Bewertungsmethoden nicht überein, so ist für die Ermittlung der Steuerbemessungsgrundlage das handelsrechtliche Ergebnis im Rahmen der **Mehr-Weniger-Rechnung** iS der steuerlichen Vorschriften zu korrigieren.

   Im Rahmen der **Mehr-Weniger-Rechnung** wird das handelsrechtliche Ergebnis hinsichtlich der steuerlich nicht anerkannten Aufwendungen und Erträge mittels Addition bzw Subtraktion außerhalb des handelsrechtlichen Abschlusses auf das steuerliche Ergebnis übergeleitet.

*Schema der
Mehr-Weniger-Rechnung*

Damit erhalten wir folgende Beziehung:

|   | Handelsrechtliches Ergebnis |
|---|---|
| − | steuerlich nicht anerkannte Erträge |
| + | steuerlich nicht anerkannte Aufwendungen |
| = | **Steuerrechtliches Ergebnis** |

Abb: *Von der Handelsbilanz zur Steuerbilanz*

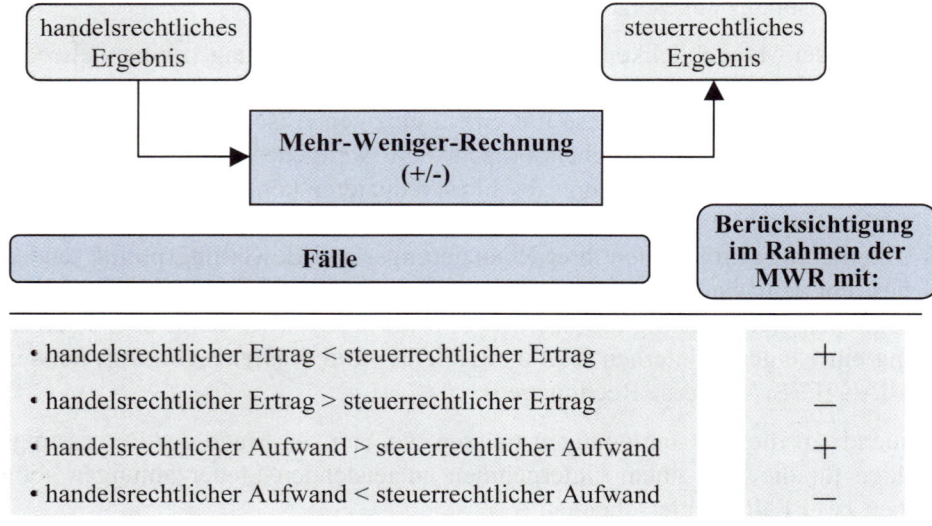

In der **Mehr-Weniger-Rechnung** sind **Korrekturen** beispielsweise in den in der folgenden **Tabelle** angeführten Fälle vorzunehmen.

*Beispiele betr die Korrekturen im Rahmen der Mehr-Weniger-Rechnung*

Tab: *Beispiele betr die Mehr-Weniger-Rechnung*

| Beispiel | im HGB-Abschluss erfolgte Bewertung | im Steuer-Abschluss erfolgte Bewertung |
|---|---|---|
| • Bewertung der Vorräte | Mindestansatz (Wahlrecht) | Höchstansatz (verpflichtend) |
| • Abschreibungsmethode | es wird eine andere als die lineare Methode angewandt | es ist nur die lineare Methode vorgesehen |
| • Abschreibungsdauern | die Abschreibungsdauer weicht von der im EStG vorgesehenen Dauer ab | im EStG sind bestimmte Nutzungsdauern vorgesehen |
| • Disagio | iS des Wahlrechts sofort als Aufwand erfasst | zu aktivieren und über die Laufzeit des Kredits zu verteilen |
| • Aufwandsrückstellungen | gebildet | dürfen nicht gebildet werden |

**Beispiel**: Der Gewinn im handelsrechtlichen Jahresabschluss beträgt € 100.000. In diesem Gewinn ist eine Aufwandsrückstellung von € 10.000 enthalten, die steuerrechtlich nicht anerkannt ist. Im Rahmen der Mehr-Weniger-Rechnung ist damit folgende Korrektur vorzunehmen:

|   | Handelsrechtliches Ergebnis | 100.000 |
|---|---|---|
| – | steuerlich nicht anerkannte Erträge | - |
| + | steuerlich nicht anerkannte Aufwendungen | +10.000 |
| = | **Steuerrechtliches Ergebnis** | **=110.000** |

Aufbauend auf diesem steuerrechtlichen Ergebnis ergibt sich bei einem Steuersatz von 25 % somit eine **Steuerbelastung** von **27.500** (Erl: 25 % von 110.000).

Bei den im Rahmen der Mehr-Weniger-Rechnung vorgenommenen Korrekturen ist aber zu berücksichtigen, dass in bestimmten Fällen von Kapitalgesellschaften sog →**latente Steuern** anzusetzen sind. Diesbezüglich sei auf den folgenden Punkt verwiesen.

*in bestimmten Fällen sind latente Steuern anzusetzen*

▶ Siehe **Arbeitsbuch**: **Beispiel zu D.7.c.2.**

### 7.c.3. Latente Steuern

### 7.c.3.1. Grundsätzliche Überlegungen/Ziel

*Hintergrund*

Im vorangegangenen Punkt haben wir uns mit der →**Mehr-Weniger-Rechnung** beschäftigt. Werden iS dieser Mehr-Weniger-Rechnung in der handels- und steuerrechtlichen Rechnungslegung unterschiedliche Bilanzierungs- und/oder Bewertungsgrundsätze angewandt, so sind von Kapitalgesellschaften auf diese **Differenzen** unter bestimmten Bedingungen sog latente Steuern anzusetzen.

Abb: *Übersicht über die latenten Steuern*

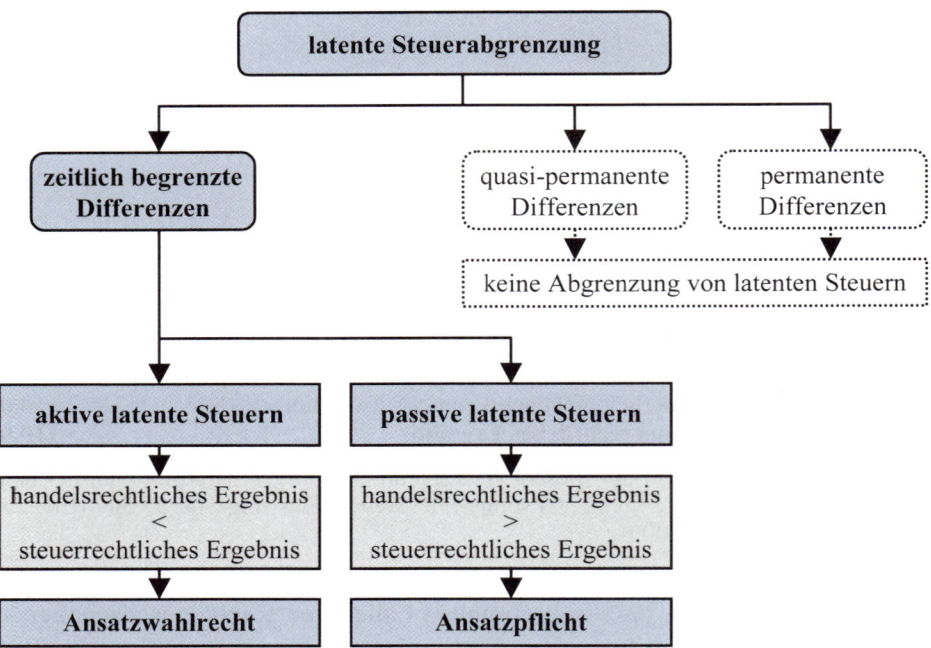

*Arten von Differenzen:*
*zeitliche begrenzte, permanente und quasi-permanente Differenzen*

Das HGB trennt diesbezüglich zwischen **3 Arten von Differenzen** (siehe auch die →**Abbildung**):

- **Zeitlich begrenzte Differenzen** sind jene Differenzen zwischen handels- und steuerrechtlicher Rechnungslegung, die sich über einen bestimmten Zeitraum hinweg aufheben. Beispielsweise wenn in der handels- und der steuerrechtlichen Rechnungslegung unterschiedliche Nutzungsdauern betr die Abschreibungen im Sachanlagevermögen angewandt werden. Die Differenzen zwischen der handelsrechtlichen und der steuerrechtlichen Rechnungslegung heben sich somit nach Ablauf der Nutzungsdauer auf.
- **Permanente Differenzen** sind jene Differenzen zwischen handels- und steuerrechtlicher Rechnungslegung, die sich nie aufheben. Beispielsweise wenn im

handelsrechtlichen Abschluss Repräsentationsaufwendungen erfasst werden, die steuerlich nicht abzugsfähig sind.

- Zu den **quasi-permanenten Differenzen** zählen jene Differenzen zwischen handels- und steuerrechtlicher Rechnungslegung, die sich zwar ausgleichen, dies aber erst sehr spät, allenfalls erst bei Liquidation eines Unternehmens. Hierzu zählen beispielsweise steuerlich nicht anerkannte, aber im handelsrechtlichen Abschluss vorgenommene Abschreibungen auf Grundstücke oder Beteiligungen, bei denen ein zukünftiger Wertanstieg nicht erwartet wird und deren Verkauf nicht geplant ist.

Nach **HGB** sind aber nur die **zeitlich begrenzten Differenzen** (sog **timing differences**) der Steuerabgrenzung zu unterwerfen. Nicht unter die Steuerabgrenzung fallen nach HGB hingegen die permanenten Differenzen sowie die quasi-permanenten Differenzen. **Ziel** der latenten Steuern ist hierbei ein sinnvoller Zusammenhang zwischen dem Ergebnis vor Steuern und den Steuern vom Einkommen und Ertrag.

*latente Steuern werden **nur auf zeitlich begrenzte Differenzen** angesetzt*

> Mittels der Bildung und Auflösung von **latenten Steuern** soll ein sinnvoller Zusammenhang zwischen dem Ergebnis vor Steuern und den Steuern vom Einkommen und Ertrag hergestellt werden. Da man bei der Bestimmung der latenten Steuern vom Jahresergebnis ausgeht, spricht man auch von der sog **income statement liability method**.

Wobei für die Steuerabgrenzung jene **Steuersätze** heranzuziehen sind, die bei der Umkehrung der Differenzen Gültigkeit haben werden (dies entspricht der sog **liability-method**).

*anzuwendende* **Steuersätze**

> **Hinweis**: Siehe zu einer Erläuterung dieses „**sinnvollen Zusammenhangs**" zwischen dem Ergebnis vor Steuern und den Steuern vom Einkommen und Ertrag die Beispiele zu den aktiven und passiven latenten Steuern in den nachfolgenden Punkten.

Das HGB geht im Einzelabschluss für den Ansatz der latenten Steuern aber unterschiedlich vor:

- Für **aktive latente Steuern** besteht ein Aktivierungswahlrecht, verbunden mit einer Ausschüttungssperre. Wird das Aktivierungswahlrecht in Anspruch genommen, so dürfen Gewinne demnach nur dann ausgeschüttet werden, wenn die nach der Ausschüttung verbleibenden jederzeit auflösbaren Gewinnrücklagen zzgl eines Gewinnvortrags und abzgl eines Verlustvortrags dem angesetzten Betrag der aktiven latenten Steuern mindestens entsprechen (§ 198 Abs 10 iVm § 226 Abs 2 HGB). Die Aktivierung latenter Steuern wird als →**Bilanzierungshilfe** interpretiert. Auf **Verlustvorträge** dürfen nach hM aber keine latenten Steuern gebildet werden.
- Für **passive latente Steuern** besteht eine Passivierungspflicht.

*für aktive latente Steuern besteht ein **Aktivierungswahlrecht**, für passive latente Steuern eine* **Passivierungspflicht** *aktive* und *passive latente Steuern* sind für den Bilanzausweis zu *saldieren*

In der **Bilanz** sind aktive und passive latente Steuern nach HGB zu saldieren (**Saldierungspflicht**). Ausgewiesen wird damit nur mehr der Saldo aus aktiven und passiven latenten Steuern. Wobei ein aktiver Saldo unter den **aktiven Rechnungsabgrenzungsposten**, ein passiver Saldo unter den **Rückstellungen** auszuweisen ist.

In der **GuV** wird sowohl die Bildung als auch die Auflösung der latenten Steuern über den Posten „**Steuern vom Einkommen und vom Ertrag**" ausgewiesen.

*Querverweis:*
*KFR*

> Da die Bildung und Auflösung der latenten Steuern nicht zahlungswirksam ist, werden sie in der **Kapitalflussrechnung** nicht ausgewiesen. Im Falle der indirekten Ermittlung des operativen Cashflows ist die Bildung und Auflösung der latenten Steuern damit entsprechend zu korrigieren.

## 7.c.3.2. Aktive latente Steuern

*wann* treten *aktive latente Steuern* auf?

Wir haben oben gesehen, dass für **aktive latente Steuern** im HGB ein **Aktivierungswahlrecht**, verbunden mit einer **Ausschüttungssperre** vorgesehen ist. Wann treten nun solche aktiven latenten Steuern auf?

> **Aktive latente Steuern** treten auf, wenn das handelsrechtliche Ergebnis kleiner ist als das steuerrechtliche Ergebnis und es sich um zeitlich begrenzte Differenzen handelt.

Dies trifft zu wenn:
- handelsrechtlicher Ertrag < steuerrechtlicher Ertrag oder
- handelsrechtlicher Aufwand > steuerrechtlicher Aufwand.

*Beispiele* für *aktive latente Steuern*

**Beispiele** für aktive latente Steuern sind:

| Geschäftsfall | Handelsrechtlicher Abschluss | Steuerrechtlicher Abschluss |
|---|---|---|
| • Methode bei den planmäßigen Abschreibungen | Anwendung der degressiven Abschreibung | es ist nur die lineare Methode vorgesehen |
| • Nutzungsdauer bei den planmäßigen Abschreibungen | kürzer als die steuerrechtlich anerkannte (zB bei den PKWs und beim Firmenwert) | entsprechend den steuerrechtlichen Vorschriften |
| • pauschale Wertberichtigung zu Forderungen | gebildet | eine Bildung ist nicht möglich |
| • Firmenwert | iS des Wahlrechts nicht aktiviert und damit sofort abgeschrieben | es besteht eine Ansatzpflicht |
| • Disagio | iS des Wahlrechts sofort als Aufwand verrechnet | es besteht eine Ansatzpflicht |
| • Aufwandsrückstellungen | iS des Wahlrechts gebildet | ein Ansatz ist nicht möglich |
| • Pensionsrückstellungen | Unterschiede zu den steuerrechtlich angewandten Zinssätzen und Verfahren | entsprechend § 14 EStG |

Zu buchen sind die aktiven latenten Steuern wie folgt:

- die **Bildung** der **aktiven latenten Steuern**:

| aktive latente Steuern (29..) | / | Steuern vom Einkommen und Ertrag (85..) |
|---|---|---|

- die **Auflösung** der **aktiven latenten Steuern**:

| Steuern vom Einkommen und Ertrag (85..) | / | aktive latente Steuern (29..) |
|---|---|---|

Um die Wirkungsweise der aktiven latenten Steuern zeigen zu können, gehen wir von folgender **Annahme** aus: Unser Unternehmen nimmt einen Kredit in Höhe von € 10.000 auf, für den die Bank ein Disagio von € 500 einbehält, dh die Kreditsumme wird nur in Höhe von € 9.500 ausbezahlt. Weiters nehmen wir an, dass dieses Disagio im handelsrechtlichen Abschluss entsprechend dem Wahlrecht sofort als Aufwand verrechnet wird. Hingegen muss das Disagio im steuerrechtlichen Abschluss über die Laufzeit des Kredits (5 Jahre) verteilt werden. Der Gewinn unseres Unternehmens vor Verrechnung des Disagios sei € 1.000, der Steuersatz (s) 25 %.

In der GuV des steuerrechtlichen Abschlusses führt dies damit zu folgendem Ausweis:

| Steuer-GuV | X01 | X02 | X03 | X04 | X05 |
|---|---|---|---|---|---|
| vorläufiger Gewinn | +1.000 | +1.000 | +1.000 | +1.000 | +1.000 |
| - Aufwand Disagio | -100 | -100 | -100 | -100 | -100 |
| Gewinn vor Steuern | +900 | +900 | +900 | +900 | +900 |
| - Steuern vom Einkommen und Ertrag (s = 25 %) | -225 | -225 | -225 | -225 | -225 |
| Gewinn nach Steuern | +675 | +675 | +675 | +675 | +675 |

Der in der **Steuer-GuV** in jedem Geschäftsjahr ausgewiesene Steueraufwand in Höhe von 225 wird nun als Steueraufwand direkt in die GuV des handelsrechtlichen Abschlusses übernommen (Posten „Steuern vom Einkommen und Ertrag").

Im **handelsrechtlichen Abschluss** wird das Disagio aber - im Gegensatz zum steuerrechtlichen Abschluss - im GJ X01 sofort als Aufwand verbucht. Grundsätzlich sollte der Steueraufwand auch im handelsrechtlichen Abschluss in einem sinnvollen Verhältnis (25 %) zum Ergebnis vor Steuern stehen (sofern keine permanenten Differenzen zwischen Handels- und Steuerrecht vorliegen). Dh der Steueraufwand sollte 25 % des Ergebnisses vor Steuern betragen. Wir sehen aber in der folgenden Tabelle, dass die Steuern gemäß Steuer-GuV im GJ X01 (225) nicht 25 % des handelsrechtlichen Ergebnisses vor Steuern (500) betragen, sondern 45 %, und damit den steuerlichen Einfluss nicht richtig widerspiegeln. Um genau Steuern in Höhe von 25 % (dh 25 % von 500 = 125) auszuweisen, bilden wir im GJ X01 nun aktive latente Steuern von +100. Diese aktiven latenten Steuern ergeben zusammen mit den Steuern gemäß steuerrechtlichem Abschluss (-225) Steuern im handelsrechtlichen Abschluss von 125 (Erl: -225 + 100). Diese aktiven latenten Steuern in Höhe von +100 werden in der Handelsbilanz im GJ X01 aktivseitig

Höhe von +100 werden in der Handelsbilanz im GJ X01 aktivseitig ausgewiesen. Als Buchungssatz ergibt sich:

| aktive latente Steuern (29..) *100* | / | Steuern vom Einkommen und Ertrag (85..) *100* |
|---|---|---|

| **handelsrechtliche GuV** | **X01** | **X02** | **X03** | **X04** | **X05** |
|---|---|---|---|---|---|
| Vorläufiger Gewinn | +1.000 | +1.000 | +1.000 | +1.000 | +1.000 |
| - Aufwand Disagio | -500 | - | - | - | - |
| Gewinn vor Steuern | +500 | +1.000 | +1.000 | +1.000 | +1.000 |

| | X01 | X02 | X03 | X04 | X05 |
|---|---|---|---|---|---|
| Steuern lt. Steuer-GuV | -225 | -225 | -225 | -225 | -225 |
| aktive latente Steuern | +100 | -25 | -25 | -25 | -25 |

| | X01 | X02 | X03 | X04 | X05 |
|---|---|---|---|---|---|
| - Steuern vom Einkommen und Ertrag (s = 25 %) | -125 | -250 | -250 | -250 | -250 |
| | +375 | +750 | +750 | +750 | +750 |

| **Handelsbilanz** | **X01** | **X02** | **X03** | **X04** | **X05** |
|---|---|---|---|---|---|
| Aktive latente Steuern | +100 | +75 | +50 | +25 | - |

> **Hinweis**: Die Bildung und Auflösung der aktiven latenten Steuern wird in der **GuV** über den Posten „Steuern vom Einkommen und Ertrag" vorgenommen. In der **Bilanz** erfolgt der Ausweis der aktiven latenten Steuern in den aktiven Rechnungsabgrenzungsposten (Achtung: Entsprechend dem Saldierungsgebot wird aber nur der Saldo aus den aktiven und passiven latenten Steuern in der Bilanz ausgewiesen). **Rundungen** können Differenzen ergeben.

In den GJ X02-X05 kehrt sich dieses Verhältnis aber um. Aus der steuerrechtlichen GuV übernehmen wir in jeder Periode Steuern von -225, bräuchten aber für die Handels-GuV Steuern von -250 (25 % vom handelsrechtlichen Ergebnis vor Steuern, dh +1.000). Wir lösen daher in den GJ X02-X05 jeweils aktive latente Steuern in Höhe von 25 „steuererhöhend" auf, dh

| Steuern vom Einkommen und Ertrag (85..) *25* | / | aktive latente Steuern (29..) *25* |
|---|---|---|

Damit betragen die Steuern vom Einkommen und Ertrag in den GJ X02-X05 jeweils -250 (Erl: Steuern gem Steuer-GuV von –225 zzgl den Steuern aus der Auflösung der aktiven latenten Steuern von –25).

Durch die Bildung und Auflösung der latenten Steuern erhalten wir in der **GuV** in den GJ X01-X05 einen sinnvollen Zusammenhang zwischen den Steuern vom Einkommen und Ertrag und dem Ergebnis vor Steuern. In der **Bilanz** werden die im GJ X01 gebildeten aktiven latenten Steuern in den GJ X02-X05 entsprechend aufgelöst, sodass am Ende des GJ X05 keine latenten Steuern mehr vorhanden sind. Damit ergeben sich über die **Totalperiode X01-X05** aus der unterschiedlichen

Behandlung des Disagios in der Handels- und Steuerbilanz keine Unterschiede im Ausweis.

## 7.c.3.3. Passive latente Steuern

Wir haben oben gesehen, dass für **passive latente Steuern** im HGB eine **Aktivierungspflicht** vorgesehen ist. Wann treten nun solche passiven latenten Steuern auf?

*wann treten passive latente Steuern auf?*

**Passive latente Steuern** treten auf, wenn das handelsrechtliche Ergebnis größer ist als das steuerrechtliche Ergebnis und es sich um zeitlich begrenzte Differenzen handelt.

Dies trifft zu wenn:
* handelsrechtlicher Ertrag > steuerrechtlicher Ertrag oder
* handelsrechtlicher Aufwand < steuerrechtlicher Aufwand.

**Beispiele** für passive latente Steuern sind:

*Beispiele für passive latente Steuern*

| Geschäftsfall | Handelsrechtlicher Abschluss | Steuerrechtlicher Abschluss |
|---|---|---|
| • Methode für die planmäßige Abschreibung<br>• Vorgehensweise bei der unterjährigen Abschreibung<br>• Ingangsetzungs- und Erweiterungsaufwand<br>• Verluste bei einer Beteiligung | Anwendung der progressiven Abschreibung<br>es wird die zeitanteilige Abschreibung angewandt<br>iS des Wahlrechts aktiviert und abgeschrieben<br>keine Abschreibung (gemildertes NWP) | es ist nur die lineare Methode vorgesehen<br>Anwendung der Halb- bzw Ganzjahresregel<br>sofortige Erfassung als Aufwand<br>Anwendung der Spiegelbildmethode (Definition siehe →Glossar) |

Zu buchen sind die passiven latenten Steuern wie folgt:

*Buchungen betr die passiven latenten Steuern*

* die **Bildung** der **passiven latenten Steuern**:

| Steuern vom Einkommen und Ertrag (85..) | / | passive latente Steuern (30..) |
|---|---|---|

* die **Auflösung** der **passiven latenten Steuern**:

| passive latente Steuern (30..) | / | Steuern vom Einkommen und Ertrag (85..) |
|---|---|---|

Die Wirkungsweise der passiven latenten Steuern entspricht grundsätzlich jener der bereits im vorangegangenen Punkt diskutierten aktiven latenten Steuern.

Um dies zeigen zu können, gehen wir von folgender **Annahme** aus: Unser Unternehmen erfasst Ingangsetzungs- und Erweiterungsaufwendungen in Höhe von € 500 im steuerrechtlichen Abschluss sofort als Aufwand, während es diese im handelsrechtlichen Abschluss aktiviert und über fünf Jahre linear abschreibt. Der

*Beispiel zum Ingangsetzungs- und Erweiterungsaufwand*

Gewinn unseres Unternehmens vor Verrechnung des Ingangsetzungs- und Erweiterungsaufwands sei wiederum € 1.000, der Steuersatz (s) 25 %.

*Behandlung*

In der GuV des steuerrechtlichen Abschlusses führt dies damit zu folgendem Ausweis:

| Steuer-GuV | X01 | X02 | X03 | X04 | X05 |
|---|---|---|---|---|---|
| Vorläufiger Gewinn | +1.000 | +1.000 | +1.000 | +1.000 | +1.000 |
| - Ingangsetzungs- und Erweiterungsaufwand | -400 | - | - | - | - |
| Gewinn vor Steuern | +600 | +1.000 | +1.000 | +1.000 | +1.000 |
| - Steuern vom Einkommen und Ertrag (s = 25 %) | -150 | -250 | -250 | -250 | -250 |
| Gewinn nach Steuern | +450 | +750 | +750 | +750 | +750 |

Die in der Steuer-GuV ausgewiesenen Steuern in Höhe von 150 für das GJ X01 bzw 250 für die GJ X02-X05 werden nun als Steuern direkt in die GuV des handelsrechtlichen Abschlusses übernommen.

Im handelsrechtlichen Abschluss werden die Ingangsetzungs- und Erweiterungsaufwendungen aber – im Gegensatz zum steuerrechtlichen Abschluss – aktiviert und über fünf Jahre linear abgeschrieben. Auch hier sollten jedoch die Steuern grundsätzlich in einem sinnvollen Verhältnis zum Ergebnis vor Steuern stehen. Dh die Steuern vom Einkommen und Ertrag sollten 25 % des Ergebnisses vor Steuern betragen. Wir sehen aber aus der folgenden **Tabelle**, dass die aus dem Steuerabschluss übernommenen Steuern im GJ X01 (150) nicht 25 % des handelsrechtlichen Ergebnisses vor Steuern (920) betragen, sondern nur 16,3 % und damit die steuerliche Situation nur unzutreffend widerspiegeln. Um genau Steuern in Höhe von 25 % auf das Ergebnis von 920 (230) auszuweisen, bilden wir im GJ X01 passive latente Steuern von -80, die zusammen mit den Steuern gem steuerrechtlichem Abschluss (-150) zu Steuern vom Einkommen und Ertrag im handelsrechtlichen Abschluss von -230 führen. Diese passiven latenten Steuern in Höhe von +80 werden in der Handelsbilanz im GJ X01 passivseitig ausgewiesen. Wir buchen daher:

| Steuern vom Einkommen und Ertrag (85..) *80* | / | passive latente Steuern (30..) *80* |
|---|---|---|

| handelsrechtliche GuV | X01 | X02 | X03 | X04 | X05 |
|---|---|---|---|---|---|
| vorläufiger Gewinn | +1.000 | +1.000 | +1.000 | +1.000 | +1.000 |
| - Ingangsetzungs- und Erweiterungsaufwand | -80 | -80 | -80 | -80 | -80 |
| Gewinn vor Steuern | +920 | +920 | +920 | +920 | +920 |
| Steuern lt Steuer-GuV | -150 | -250 | -250 | -250 | -250 |
| passive latente Steuern | -80 | +20 | +20 | +20 | +20 |
| - Steuern vom Einkommen und Ertrag (s = 25 %) | -230 | -230 | -230 | -230 | -230 |
| Gewinn nach Steuern | +690 | +690 | +690 | +690 | +690 |

*Korrektur über latente Steuern*

| Handelsbilanz | X01 | X02 | X03 | X04 | X05 |
|---|---|---|---|---|---|
| Passive latente Steuern | +80 | +60 | +40 | +20 | - |

> **Hinweis**: Die Bildung und Auflösung der passiven latenten Steuern wird in der **GuV** über den Posten „Steuern vom Einkommen und Ertrag" vorgenommen. In der **Bilanz** erfolgt der Ausweis der passiven latenten Steuern in den Rückstellungen (Achtung: Entsprechend dem Saldierungsgebot wird aber nur der Saldo aus den aktiven und passiven latenten Steuern in der Bilanz ausgewiesen). **Rundungen** können Differenzen ergeben.

In den GJ X02-X05 kehrt sich dieses Verhältnis aber um. Aus der steuerrechtlichen GuV übernehmen wir in den einzelnen Geschäftsjahren jeweils Steuern von -250, bräuchten aber für die Handels-GuV nur Steuern von -230 (25 % vom handelsrechtlichen Ergebnis vor Steuern, dh +920). Wir lösen daher in den GJ X02-X05 jeweils passive latente Steuern in Höhe von 20 „steuermindernd" auf, dh

> passive latente Steuern (30..) *20*   /   Steuern vom Einkommen und Ertrag (85..) *20*

Damit betragen die Steuern vom Einkommen und Ertrag in den einzelnen Perioden jeweils -230 (Erl: Steuern lt Steuer-GuV von –250 und „Steuerertrag" aus der Auflösung der passiven latenten Steuern von +20).

Im Ergebnis erhalten wir in der GuV in den GJ X01-X05 somit einen sinnvollen Zusammenhang zwischen den Steuern vom Einkommen und Ertrag und dem Ergebnis vor Steuern. Aus der **Bilanz** ersehen wir, dass durch die einzelnen Auflösungen die passiven latenten Steuern von Periode zu Periode abnehmen, wobei nach Abschluss des GJ X05 keine latenten Steuern mehr vorhanden sind. Damit ergeben sich über die Totalperiode X01-X05 aus der unterschiedlichen Behandlung des Ingangsetzungs- und Erweiterungsaufwands im steuerrechtlichen und handelsrechtlichen Abschluss keine Unterschiede im Ausweis.

*Ergebnis der latenten Steuerabgrenzung*

▶ Siehe **Arbeitsbuch: Beispiel** zu D.7.c.3.3.

▶ Siehe **Arbeitsbuch: Kontrollfragen** zu D.7.

# 8. RÜCKLAGEN/GEWINNVERWENDUNG

## 8.a. Problemstellung

*Hintergrund*

Wie wir bereits im Rahmen des →Buchungskreislaufes gesehen haben, ist das GuV-Konto am Ende eines Geschäftsjahres gegen das Eigenkapitalkonto abzuschließen, da das GuV-Konto ein Unterkonto des Eigenkapitalkontos ist. Im Folgenden ist nun die Frage zu klären, welche rechtsformspezifischen Unterschiede es beim Abschluss dieses Eigenkapitalkontos gibt.

## 8.b. Gewinnrücklagen/Gewinnverwendung

## 8.b.1. Einzelunternehmen

*Eigenkapital bei Einzelunternehmen*

Wir haben bereits im Rahmen der →Bilanz darauf hingewiesen, dass das →**Eigenkapitalkonto** bei Einzelunternehmen **variabel geführt** wird. Die Veränderung des Eigenkapitalkontos während eines Geschäftsjahres wird hierbei durch folgende Faktoren beeinflusst (siehe auch die →**Abbildung**): *Gewinne* bzw *Verluste* sowie *Privateinlagen* und *Privatentnahmen*.

Abb: *Eigenkapitalkonto bei Einzelunternehmen*

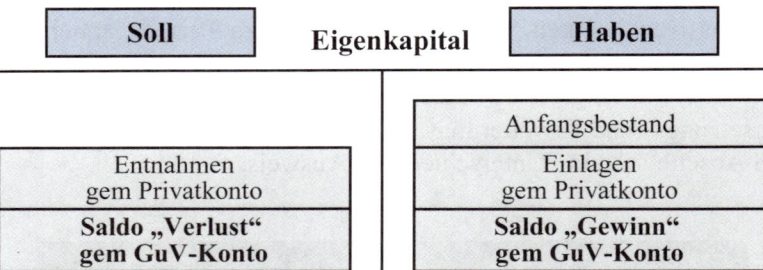

*Buchungen betr das Eigenkapitalkonto*

Betreffend die in einem Geschäftsjahr vorzunehmenden **Buchungen** ist wie folgt vorzugehen:

- Auf dem Eigenkapitalkonto selbst werden Buchungen idR erst am Ende eines Geschäftsjahres vorgenommen.

- Während eines Geschäftsjahres werden die **Einlagen** und **Entnahmen** über ein Unterkonto zu diesem Eigenkapitalkonto, dem sog „**Privatkonto**", gebucht.

  Im Falle von **Geldeinlagen** lautet die Buchung:

  | Zahlungsmittelkonto (27.. /28..) | / | Privatkonto (96..) |
  |---|---|---|

Bei **Geldentnahmen** bzw **Bezahlung** von privaten Rechnungen ist zu buchen:

| Privatkonto (96..) | / | Zahlungsmittelkonto (27.. /28..) |
|---|---|---|

Bei **Entnahme** von **Vermögensgegenständen** und **Nutzung** von betrieblichem Vermögen:

| Privatkonto (96..) | / | Eigenverbrauch (48..) |
|---|---|---|
| | | Umsatzsteuer (35..) |

> **Hinweis**: Siehe dazu die Ausführungen zum →**Eigenverbrauch** in Abschnitt C. (Geschäftsfälle im operativen Bereich/laufende Geschäftstätigkeit).

- Da das Privatkonto ein Unterkonto des **Eigenkapitalkontos** ist, wird dieses Privatkonto am Ende eines Geschäftsjahres gegen das Eigenkapitalkonto abgeschlossen.

  Der Abschluss gegen das Eigenkapitalkonto am Ende des Geschäftsjahres lautet im Falle, dass die **Entnahmen größer** sind **als die Einlagen**:

| Eigenkapital (9...) | / | Privatkonto (96..) |
|---|---|---|

Sind hingegen die **Einlagen höher als die Entnahmen**:

| Privatkonto (96..) | / | Eigenkapitalkonto (9...) |
|---|---|---|

- Die **Erträge** und **Aufwendungen** werden gegen das **GuV-Konto** abgeschlossen. Da auch dieses GuV-Konto ein Unterkonto des **Eigenkapitalkontos** ist, wird auch das GuV-Konto am Ende eines Geschäftsjahres gegen das Eigenkapitalkonto abgeschlossen (→Buchungskreislauf).

  Im Falle eines **Gewinnes** ergibt dies:

| GuV-Konto (98..) | / | EK-Konto (9...) |
|---|---|---|

bzw im Falle eines **Verlustes**

| EK-Konto (9...) | / | GuV-Konto (98..) |
|---|---|---|

> **Hinweis**: Das **Eigenkapitalkonto** von Einzelunternehmen kann durch Verluste und/oder Entnahmen **negativ** werden und damit einen Sollsaldo aufweisen. In einem solchen Fall kann dieser **Negativposten** in der **Bilanz passivseitig** ausgewiesen werden (in Anlehnung an die Vorgehensweise bei Kapitalgesellschaften gemäß § 225 Abs 1 HGB).

Zusammenfassend ergeben sich damit betreffend dem Eigenkapitalkonto die in der **Abbildung** dargestellten Zusammenhänge.

Abb: *Eigenkapital-, Privat- und GuV-Konto bei Einzelunternehmen (im Falle von Gewinnen und Nettoentnahmen)*

Erl: EBK (Eröffnungsbilanzkonto), SBK (Schlussbilanzkonto)

Hinweis: In der **Bilanz** des **Einzelunternehmens** werden idR **keine** →**Rücklagenkonten** ausgewiesen. Eine Ausnahme ist nur im Falle von Rücklagen aufgrund steuerrechtlicher Vorschriften vorgesehen, zB im Falle der →Übertragungsrücklage.

► Siehe **Arbeitsbuch**: **Beispiele** zu **D.8.b.1.**

## 8.b.2. Personengesellschaften

*Eigenkapitalkonten bei der OHG und KG*

Betreffend den Abschluss der Eigenkapitalkonten von Personengesellschaften ist wie folgt vorzugehen (siehe dazu auch →Eigenkapital):

- Die Eigenkapitalkonten der **unbeschränkt haftenden Gesellschafter** sind grundsätzlich **wie** die Eigenkapitalkonten bei **Einzelunternehmen** zu führen (siehe für die OHGB § 120 Abs 2 HGB). Diesbezüglich sei auf die im vorangegangenen Punkt gemachten Ausführungen verwiesen. Zu diesen unbeschränkt haftenden Gesellschaftern zählen die Gesellschafter der offenen Handelsgesellschaft sowie die Komplementäre der Kommanditgesellschaft.

- Betreffend die **beschränkt haftenden Gesellschafter** der **KG** (**Kommanditisten**) ist wie folgt vorzugehen:

  o Der **Kapitalanteil** der Kommanditisten ist in der Bilanz besonders zu kennzeichnen, idR als „**Einlage**".

  o In der Bilanz sind sowohl die bedungene Einlage (Pflichteinlage) als auch die noch nicht geleistete **Einlage gesondert auszuweisen**.

  o Dem Kapitalanteil des Kommanditisten wird der ihm zukommende Gewinnanteil nur so lange zugeschrieben, als dieser den Betrag der bedungenen Einlage nicht erreicht. Dh Gewinne sind dem Einlagenkonto des Kommanditisten nur so lange zuzubuchen, solange die Einlage nicht zur Gänze eingebracht ist.

Bei Deckung einer noch ausstehenden Einlage durch den Gewinnanteil eines Kommanditisten ist zu buchen:

| | | |
|---|---|---|
| GuV-Konto (98..) | / | Ausstehende Einlage Kommanditist (2...) |

o *Bei voll einbezahlter Einlage* sind die Gewinnanteile des Kommanditisten einem gesonderten „**Gewinnverrechnungskonto**" zuzubuchen. Dieses Gewinnverrechnungskonto stellt aus Sicht einer Kommanditgesellschaft nicht Eigenkapital, sondern eine **Verbindlichkeit** der Gesellschaft gegenüber dem Kommanditisten dar.
Bei **Zubuchung** von **Gewinnanteilen** ist somit zu buchen:

| | | |
|---|---|---|
| GuV-Konto (98..) | / | Gewinnverrechnungskonto Kommanditist (3...) |

## 8.b.3. Kapitalgesellschaften

Erinnern wir uns zurück: Wie wir im Rahmen der Bilanz gesehen haben, weist das →**Eigenkapital** von **Kapitalgesellschaften** die folgende **Struktur** auf (siehe dazu auch die Gliederung im →**Anhang**):

*Eigenkapitalkonten bei Kapitalgesellschaften*

- Nennkapital (Grundkapital, Stammkapital)
- Kapitalrücklagen:
  - gebundene Kapitalrücklagen
  - nicht gebundene Kapitalrücklagen
- Gewinnrücklagen
  - gesetzliche Rücklage
  - satzungsmäßige Rücklagen
  - andere Rücklagen (freie Rücklagen)
- Bilanzgewinn/Bilanzverlust
  davon Gewinnvortrag/Verlustvortrag

Wobei betreffend die Gewinnverwendung die Gewinnrücklagen und der Bilanzgewinn/Bilanzverlust heranzuziehen sind.

In den Grundlagen zu →Bilanz und →GuV haben wir darauf hingewiesen, dass bei **Kapitalgesellschaften** das Ergebnis eines Geschäftsjahres über die **Ergebnisverwendung** auch in der Bilanz aufscheint. Im Rahmen dieser Ergebnisverwendung wird bei Kapitalgesellschaften berücksichtigt, welcher Anteil des Gewinns eines Geschäftsjahres an die Aktionäre **ausgeschüttet** und welcher Anteil des **Gewinns** im Unternehmen **zurückbehalten (thesauriert)** werden soll. Wobei im Falle einer Thesaurierung diese Mittel den **Gewinnrücklagen** (→Rücklagen) zugewiesen werden. Dieser Zusammenhang stellt sich hierbei wie folgt dar:

|   | **Jahresüberschuss/-fehlbetrag** |
|---|---|
| + | Auflösung unversteuerter Rücklagen |
| + | Auflösung von Kapitalrücklagen |
| + | Auflösung von Gewinnrücklagen |
| - | Zuweisung zu unversteuerten Rücklagen |
| - | Zuweisung zu Gewinnrücklagen |
| + | Gewinnvortrag aus dem Vorjahr |
| – | Verlustvortrag aus dem Vorjahr |
| = | **Bilanzgewinn/-verlust** |

Weiters ergibt sich:

|   | Bilanzgewinn/-verlust |
|---|---|
| – | Dividendenausschüttung |
| = | Gewinnvortrag/Verlustvortrag |

> **Hinweis**: Die **Bilanz** ist nach HGB **nach teilweiser →Ergebnisverwendung** aufzustellen. Damit wird als Bilanzgewinn der für die Ausschüttung geplante Betrag ausgewiesen.

Abb: *Ergebnisverwendung als Schnittpunkt zwischen Bilanz und GuV*
      *im Falle einer Aktiengesellschaft*

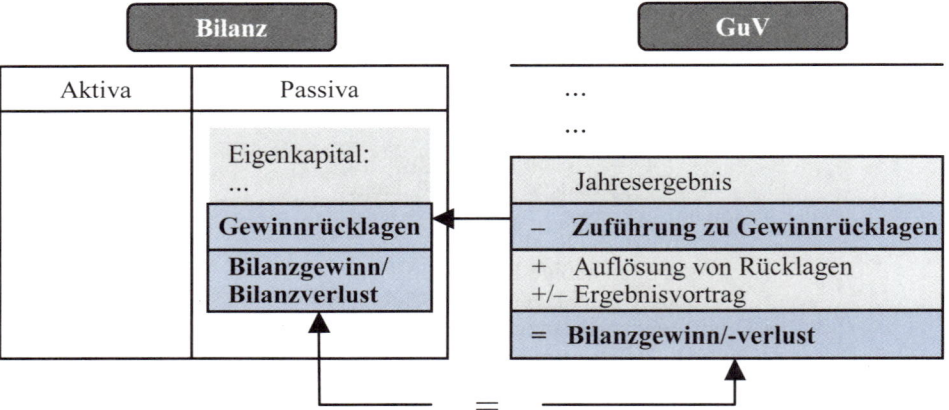

Die obige Rechnung wird als **Ergebnisverwendung** bezeichnet und macht deutlich, dass die Bilanz (Eröffnungsbilanz sowie Schlussbilanz) und die Erfolgsrechnung als integrierte Gesamtrechnung zu betrachten sind.

 Im Rahmen der **Ergebnisverwendung** werden die in einem Geschäftsjahr erzielten Gewinne nach Abzug der Gewinnausschüttungen (Dividenden) entweder den Gewinnrücklagen zugewiesen oder in der Bilanz als Gewinnvortrag ausgewiesen.

Ein **Gewinnvortrag** wird dementsprechend nur dann ausgewiesen, wenn der Jahresüberschuss eines Geschäftsjahres – vermindert bzw erhöht um einen vorhandenen Ergebnisvortrag – nicht in voller Höhe in die Gewinnrücklagen eingestellt und/oder an die Anteilseigner ausgeschüttet wird.

*wann wird ein Gewinnvortrag ausgewiesen?*

Die Buchung betreffend die **Zuweisung** (**Dotierung**) der Gewinnrücklagen lautet nun wie folgt:

*Buchungen betr die Zuweisung und Auflösung von Gewinnrücklagen*

> Zuweisung zu Gewinnrücklagen   /   Gewinnrücklagen (93..)
> (89..)

Da die Gewinnrücklagen aus nicht entnommenen (thesaurierten) Gewinnen resultieren, sind sie als Eigenkapital einzustufen. Das Rücklagenkonto ist daher ebenso wie die anderen Eigenkapitalkonten (zB Grundkapital, Kapitalrücklagen) gegen das Schlussbilanzkonto abzuschließen und im Folgejahr über das EBK zu eröffnen.

Bei der **Auflösung** von Gewinnrücklagen ist der Zweck zu berücksichtigen, für den die betreffende Gewinnrücklage gebildet worden ist (→Eigenkapital, Kapitalgesellschaften). Bei der Auflösung wäre somit zu buchen:

> gesetzliche Gewinnrücklage (93..)   /   Ertrag aus der Auflösung von Ge-
> bzw                                      winnrücklagen (87..)
> satzungsmäßige Gewinnrücklage
> (93..) bzw
> freie Gewinnrücklage (93..)

Während die Zuweisung zu den Gewinnrücklagen den Bilanzgewinn des Unternehmens vermindert, erhöht die Auflösung von Gewinnrücklagen diesen Bilanzgewinn.

Aus **steuerlicher Sicht** ist es irrelevant, ob ein Unternehmen Gewinne thesauriert oder nicht, da die Zuweisung zu den Gewinnrücklagen keinen steuerlichen Aufwand darstellt. Die **Gewinnrücklagen** stellen somit **versteuerte Rücklagen** dar.

*die Gewinnrücklagen sind versteuerte Rücklagen*

► Siehe **Arbeitsbuch**: **Beispiel zu D.8.b.3.**

## 8.c. Versteuerte versus unversteuerte Rücklagen

## 8.c.1. Grundsätzliche Überlegungen

*versteuerte versus unversteuerte Rücklagen*

Wir haben im Rahmen der Diskussion der Bilanz in Abschnitt B. bereits gesehen, dass bei den →**Rücklagen** zwischen versteuerten und unversteuerten Rücklagen zu trennen ist. Diese Unterscheidung wirkt sich sowohl bei der Bildung als auch bei der Auflösung dieser Rücklagen aus.

Rein **buchungstechnisch** lautet der Buchungssatz sowohl für die Bildung von versteuerten als auch von unversteuerten Rücklagen:

| | |
|---|---|
| Zuweisung zur Rücklage gem .... (8...) | / Rücklage gem .... (9...) |

*bei der **Bildung** der Rücklagen ist zwischen versteuerten und unversteuerten Rücklagen zu unterscheiden*

Allerdings ist im Rahmen dieser **Bildung** Folgendes zu berücksichtigen:
- Bei **versteuerten Rücklagen** wird der steuerpflichtige Gewinn durch die Rücklagendotation nicht verringert.
- Bei **unversteuerten Rücklagen** wird die Bildung der Rücklage vor der Ermittlung des steuerpflichtigen Gewinns berücksichtigt. Damit unterliegt nur mehr der um die Rücklagendotation verminderte Gewinn der Besteuerung.

*bei der **Auflösung** der Rücklagen ist zwischen versteuerten und unversteuerten Rücklagen zu unterscheiden*

Analog dazu wirkt sich der Unterschied zwischen versteuerten und unversteuerten Rücklagen im Rahmen von deren **Auflösung** wie folgt aus:
- Da **versteuerte Rücklagen** aus dem versteuerten Gewinn gebildet wurden, erhöht ihre Auflösung den steuerpflichtigen Gewinn nicht.
- Hingegen wirkt sich die Auflösung der **unversteuerten Rücklagen** grundsätzlich steuermäßig aus. Bei dieser Auflösung ist jedoch dahin gehend zu unterscheiden, aufgrund welchen Tatbestands die unversteuerten Rücklagen aufgelöst werden:
  - a) Auflösung für Zwecke, für die die unversteuerten Rücklagen gebildet worden sind;
  - b) Auflösung, weil der Tatbestand, für den die unversteuerten Rücklagen gebildet wurden, nicht eingetreten ist.

Hinsichtlich der genauen Behandlung der Bildung und Auflösung von unversteuerten Rücklagen sei auf die nachfolgenden Ausführungen verwiesen.

## 8.c.2. Unversteuerte Rücklagen

## 8.c.2.1. Problemstellung/Übersicht

*Ziel der unversteuerten Rücklagen ist die **Förderung von betrieblichen Investitionen***

Unversteuerte Rücklagen werden von Unternehmen aufgrund von **steuerlichen Begünstigungen** gebildet. Da sie vor der Ermittlung des steuerpflichtigen Gewinns berücksichtigt werden, vermindert ihre Bildung den zu versteuernden Gewinn dieses Geschäftsjahres. Allerdings muss dieser „unversteuerte Gewinn" in späteren Geschäftsjahren idR nachversteuert werden, weshalb die unversteuerten Rücklagen sowohl **Eigen- als auch Fremdkapitalcharakter** aufweisen. Insofern werden sie auf der Passivseite der Bilanz zwischen dem Eigenkapital und dem Fremdkapital als separater Posten ausgewiesen (siehe dazu die Gliederung der Passivseite der Bilanz im →**Anhang**).

Derzeit sieht das EStG die Möglichkeit zur Bildung einer unversteuerten Rücklage über die sog →Übertragungsrücklage (Rücklage gem § 12 EStG) vor, deren **Ziel** die **Förderung von betrieblichen Investitionen** ist. Allerdings ist deren Anwendung nunmehr auf natürliche Personen eingeschränkt worden. Des Weiteren kann eine unversteuerte Rücklage iVm der sofortigen Abschreibung →geringwertiger Wirtschaftsgüter gem § 13 EStG entstehen.

## 8.c.2.2. Übertragungsrücklage (Rücklage gem § 12 EStG)

Aufgrund des Anschaffungskostenprinzips und/oder einer vorsichtigen Bewertung werden Vermögenswerte in der Bilanz idR mit einem unter ihrem Marktwert liegenden Betrag ausgewiesen (→Bewertungsmaßstäbe). Die Vermögenswerte weisen damit stille Reserven auf, die noch nicht versteuert sind. Scheidet nun ein solcher Vermögenswert mit einem über seinem (Rest-)Buchwert liegenden Wert aus dem Betriebsvermögen aus, so wird diese stille Reserve aufgelöst. Ein Aspekt, den wir bereits im Zusammenhang mit den ausgeschiedenen Vermögensgegenständen bei den →Abschreibungen diskutiert haben. Da sich damit einhergehend der Gewinn des Unternehmens um die aufgelösten stillen Reserven erhöht, wären die nun aufgelösten stillen Reserven zu versteuern.

*Hintergrund*

Über die **Übertragungsrücklage** wird die Versteuerung dieses **Veräußerungsgewinns** nun aber **in die Zukunft verschoben**, womit sich für ein Unternehmen ein **zinsloser Steuerkredit** ergibt. Der einem Unternehmen für Neuinvestitionen zur Verfügung stehende Betrag wird zu diesem Zeitpunkt damit auch nicht durch die Besteuerung des Veräußerungsgewinns vermindert.

*die **Übertragungsrücklage** bewirkt einen **zinslosen Steuerkredit***

> Erl: Betriebswirtschaftlich führt die Bildung einer **unversteuerten Rücklage** nur zu einer **Steuerverschiebung**, nicht aber zu geringeren Steuerzahlungen. Im Jahr der Bildung reduziert sich zwar die Steuerzahlung, da die unversteuerte Rücklage/Bewertungsreserve im Verlauf der Nutzungsdauer der Ersatzinvestition aber wieder aufzulösen ist, kommt es in diesen Jahren zu einer Nachversteuerung. Zu einer Nachversteuerung kommt es auch in jenen Fällen, in denen die unversteuerte Rücklage/Bewertungsreserve nicht genutzt wird, da in diesen Fällen eine ertragswirksame Auflösung der unversteuerten Rücklage/Bewertungsreserve vorzunehmen ist.

Bei der **Bildung** und **Auflösung** der **Übertragungsrücklage** sind folgende Rahmenbedingungen zu beachten (§ 12 EStG):

***Bildung/Berechnung** der Übertragungsrücklage*

• **Zeitpunkt der Bildung**: Die Bildung der Übertragungsrücklage erfolgt im Jahr der Veräußerung von Anlagegütern, wenn stille Reserven aufgedeckt werden.

Bei **unversteuerten Rücklagen** wird die Bildung der Rücklage vor der Ermittlung des steuerpflichtigen Gewinns berücksichtigt. Damit unterliegt nur mehr der um die Rücklagendotation verminderte Gewinn der Besteuerung.

- **Berechnung**: Die Übertragungsrücklage berechnet sich als Differenz zwischen Nettoverkaufserlös und Buchwert, dh:

>     Nettoverkaufserlös (Verkaufserlös abzgl USt bzw Versicherungsentgelt)
> –   Buchwert (nach kumulierter Abschreibung)
> =   aufgelöste stille Reserve = Übertragungs-Rücklage

Für die **Übertragung der Rücklage** bestehen im EStG detaillierte **Bestimmungen**, die im Folgenden auszugsweise angeführt sind.

- Eine **Übertragung der Rücklage** ist **nur zulässig, wenn** a) das veräußerte Wirtschaftsgut im Zeitpunkt der Veräußerung mindestens **sieben Jahre** zum Anlagevermögen dieses Betriebes gehört hat und b) das Wirtschaftsgut, auf das stille Reserven übertragen werden sollen, in einer inländischen Betriebsstätte verwendet wird. Diese Fristen gelten nicht, wenn die Anlagegüter durch höhere Gewalt, durch behördliche Eingriffe (zB im Falle einer Enteignung) oder zur Vermeidung eines solchen nachweisbar unmittelbar drohenden Eingriffes aus dem Betriebsvermögen ausscheiden). Eine Behaltefrist von **15 Jahren** ist vorgesehen bei a) Grundstücken oder Gebäuden, auf die stille Reserven übertragen wurden sowie b) Gebäuden, die nach § 8 Abs 2 EStG abgeschrieben wurden (denkmalgeschützte Betriebsgebäude).

- **Auf welche Wirtschaftsgüter** kann die **Rücklage übertragen** werden? Rücklagen aus dem Verkauf körperlicher Wirtschaftsgüter können nur auf körperliche Wirtschaftsgüter übertragen werden. Rücklagen aus dem Verkauf nicht körperlicher (immaterieller) Wirtschaftsgüter können nur auf nicht körperliche (immaterielle) Wirtschaftsgüter übertragen werden. Die Übertragung stiller Reserven auf die Anschaffungskosten von Grund und Boden ist nur zulässig, wenn der Gewinn nach § 5 EStG ermittelt wird und auch die stillen Reserven aus der Veräußerung von Grund und Boden stammen. Diese Bestimmungen wirken sich somit insofern aus, als zB eine Rücklage aus der Veräußerung eines Betriebsgebäudes nicht auf den Kauf von Lizenzen übertragen werden kann.

- **Zeitraum** für die **Übertragung** der **Rücklage**: Die Rücklage muss innerhalb von **12 Monaten** ab dem Ausscheiden des Wirtschaftsgutes auf die Anschaffungs- bzw Herstellungskosten eines neuen Anlagegutes übertragen werden. Die Frist verlängert sich auf **24 Monate**, wenn a) das Wirtschaftsgut durch höhere Gewalt, durch behördliche Eingriffe oder zur Vermeidung eines solchen nachweisbar unmittelbar drohenden Eingriffes aus dem Betriebsvermögen ausgeschieden ist; b) die Rücklage auf die Herstellungskosten (Teilbeträge) von Gebäuden übertragen werden soll und mit der tatsächlichen Bauausführung innerhalb der Frist von zwölf Monaten begonnen worden ist. Bei **nicht widmungsgemäßer Verwendung** ist die Rücklage nach Ablauf der Übertragungsfrist im betreffenden Wirtschaftsjahr gewinnerhöhend aufzulösen.

Abb: *Übertragungsrücklage (Rücklage gem § 12 EStG)*

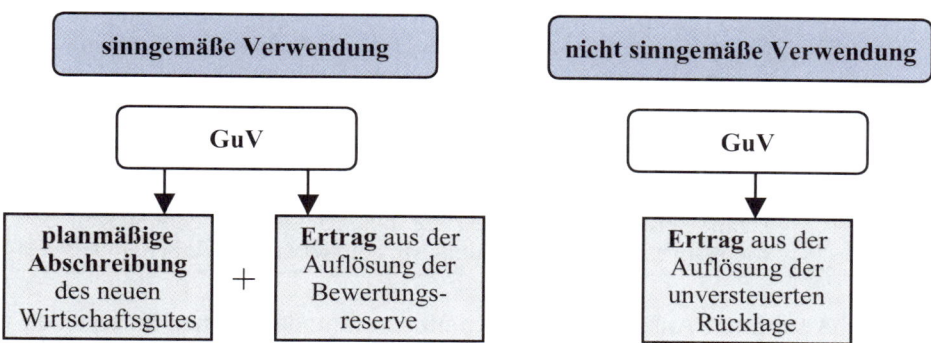

Die möglichen Behandlungsvarianten betr die Übertragungsrücklage sind in der →**Abbildung** dargestellt und werden im Folgenden anhand von Beispielen dargestellt.

**Annahme**: Am 4.2.2003 wird ein Bürogebäude mit einem Restbuchwert von € 1 Mio um € 2 Mio verkauft. Der Buchgewinn von € 1 Mio wird der Rücklage gem § 12 EStG zugeführt.

*Beispiel zur Übertragungsrücklage*

Die Dotation der Rücklage gem § 12 EStG per 31.12.2003 erfolgt dementsprechend mit (siehe zu den Buchungen betr das Ausscheiden des alten Bürogebäudes die →Abschreibungen, ausgeschiedene Vermögensgegenstände):

*Dotation der Übertragungsrücklage*

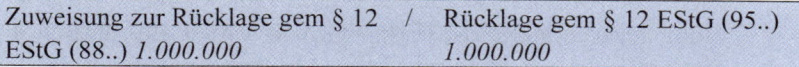

Zuweisung zur Rücklage gem § 12     /     Rücklage gem § 12 EStG (95..)
EStG (88..) *1.000.000*                          *1.000.000*

Die **Bildung** einer **Rücklage gem § 12 EStG** vermindert den steuerpflichtigen Gewinn. Die Rücklage ist daher „**unversteuert**".

Der weitere Ausweis/die weitere Behandlung der Übertragungsrücklage hängt nun davon ab, ob die Rücklage noch im selben Jahr auf ein neues Anlagegut übertragen wird oder erst in den Folgejahren.

**Fall 1:** **Die Übertragung der Rücklage erfolgt im selben Jahr wie die Veräußerung der Altanlage**

Wird im selben Geschäftsjahr ein Wirtschaftsgut angeschafft, auf das die Rücklage übertragen werden soll/kann, so ist wie folgt vorzugehen:

*Behandlung*

- Die gesamten Anschaffungskosten des neuen Wirtschaftsgutes werden planmäßig abgeschrieben.
- Die Dotation der Rücklage wird sofort gegen die Bewertungsreserve vorgenommen und diese parallel zur Abschreibung als Ertrag über die Nutzungsdauer des neuen Wirtschaftsgutes aufgelöst. In der GuV werden somit die Erträge aus der Auflösung der Rücklage gem § 12

EStG und die Abschreibungen betr die Neuinvestition gegeneinander aufgerechnet.

> Erl: Diese obige Aufrechnung hat folgende Auswirkungen:
> - **Steuerrechtlich** wird das neue Wirtschaftsgut nur mehr von dem um die Rücklage verminderten Wert abgeschrieben. Damit wirkt sich der steuerliche Effekt nur bei Bildung der Rücklage, nicht aber bei Vornahme der Abschreibungen aus.
> - **Handelsrechtlich** scheinen die planmäßigen Abschreibungen betr die neue Investition iS des Grundsatzes der Klarheit in voller Höhe auf.

*Forts Beispiel zur Übertragungsrücklage:*
*Variante 1*

**Annahme**: Ausgehend von den obigen Grundannahmen unterstellen wir, dass im GJ 2000 ein neues Bürogebäude um € 5 Mio errichtet wird. Die Inbetriebnahme erfolgt am 10.6.2003. Bei einer Nutzungsdauer von 25 Jahren beträgt die jährliche Abschreibung € 200.000. Die Verbuchung der Abschreibung erfolgt direkt. Die Übertragungsrücklage soll auf dieses Gebäude übertragen werden.

Als **Buchungssatz** betr die Zuweisung zur Bewertungsreserve ergibt sich:

| Zuweisung zur Bewertungsreserve (88..) *1.000.000* | / | Bewertungsreserve zu Gebäude (94..) *1.000.000* |
|---|---|---|

Da in den Jahren 2003-2027 jährlich 4 % des neuen Gebäudes abgeschrieben werden, werden in diesen Jahren auch jährlich 4 % der Bewertungsreserve aufgelöst (Erl: 4 % von 1 Mio, dh jährlich 40.000). Damit ist am Ende der Nutzungsdauer/Abschreibungsdauer des Gebäudes auch die Bewertungsreserve vollständig aufgelöst. Als **Buchungssätze** ergeben sich:

- betr die **Abschreibung** des **Gebäudes** in den Jahren 2003-2027 im Falle der direkten Abschreibung:

| Planmäßige Abschreibung (70..) *200.000* | / | Gebäude (02..) *200.000* |
|---|---|---|

- betr die **Auflösung** der **Bewertungsreserve** in den Jahren 2003-2027:

| Bewertungsreserve zu Gebäude (94..) *40.000* | / | Erträge aus der Auflösung der Bewertungsreserve (86..) *40.000* |
|---|---|---|

**Fall 2:** **Die Übertragung der stillen Reserve auf ein neues Investitionsgut erfolgt nicht im selben Geschäftsjahr, sondern erst in einem der folgenden Jahre**

*Behandlung*

Wird innerhalb von 12 (24) Monaten ein Wirtschaftsgut angeschafft, auf das die Rücklage übertragen werden soll/kann, so ist wie folgt vorzugehen:

- Die gesamten Anschaffungskosten des neuen Wirtschaftsgutes werden planmäßig abgeschrieben.
- Gleichzeitig wird die Übertragungsrücklage auf eine „Bewertungsreserve" übertragen und diese parallel zur Abschreibung als Ertrag über die Nutzungsdauer des neuen Wirtschaftsgutes aufgelöst.

**Annahme**: Ausgehend von den obigen Grundannahmen unterstellen wir, dass erst im GJ 2004 ein neues Bürogebäude um € 5 Mio errichtet wird. Die Inbetriebnahme erfolgt am 10.6.2004. Bei einer Nutzungsdauer von 25 Jahren beträgt die jährliche Abschreibung € 200.000. Die Verbuchung der Abschreibung erfolgt direkt. Die Übertragungsrücklage soll auf dieses Gebäude übertragen werden.

*Forts Beispiel zur Übertragungsrücklage:* **Variante 2**

Als **Buchungssatz** betr die Zuweisung zur Rücklage gem § 12 EStG per 31.12.2003 ergibt sich:

| Zuweisung zur Rücklage gem § 12 / EStG (88..) *1.000.000* | Rücklage gem § 12 EStG (95..) *1.000.000* |
|---|---|

Der **Buchungssatz** für die Übertragung der Rücklage per 31.12.2004 lautet:

| Rücklage gem § 12 EStG (95..) *1.000.000* | Bewertungsreserve zu Gebäude (94..) *1.000.000* |
|---|---|

Da in den Jahren 2004-2028 jährlich 4 % des neuen Gebäudes abgeschrieben werden, werden in diesen Jahren auch jährlich 4 % der Bewertungsreserve aufgelöst (Erl: 4 % v 1 Mio, dh jährlich 40.000). Damit ist am Ende der Nutzungsdauer/Abschreibungsdauer des Gebäudes auch die Bewertungsreserve vollständig aufgelöst. Als **Buchungssätze** ergeben sich:

- betr die **Abschreibung** des **Gebäudes** in den Jahren 2004-2028 im Falle der direkten Abschreibung:

| Planmäßige Abschreibung (70..) / *200.000* | Gebäude (02..) *200.000* |
|---|---|

- betr die **Auflösung** der **Bewertungsreserve** in den Jahren 2004-2028:

| Bewertungsreserve zu Gebäude (94..) *40.000* | Erträge aus der Auflösung der Bewertungsreserve (86..) *40.000* |
|---|---|

**Fall 3:**　**Innerhalb der folgenden 12 (24) Monate wird kein Wirtschaftsgut angeschafft, auf das die Rücklage übertragen werden kann.**

*Behandlung*

In diesem Fall ist die Rücklage gem § 12 EStG gewinnerhöhend aufzulösen. Der Buchungssatz lautet:

| Rücklage gem § 12 EStG (95..) | / | Ertrag aus der Auflösung unver- |
|---|---|---|
| *1.000.000* | | steuerter Rücklagen (86..) |
| | | *1.000.000* |

Durch diesen steuerwirksamen Ertrag wird die steuermindernde Wirkung bei der Bildung der Übertragungsrücklage wieder ausgeglichen.

▶ Siehe **Arbeitsbuch**: **Kontrollfragen** zu D.8.

▶ Siehe **Arbeitsbuch**: **Beispiel** zu D.

# E. KAPITALFLUSSRECHNUNG (CASHFLOW-STATEMENT)

| Lernziele: | Bedeutung der Kapitalflussrechnung als Ergänzung zu Bilanz und GuV; Wirkungsweise der Kapitalflussrechnung; Struktur der Kapitalflussrechnung; Bedeutung der Fondsabgrenzung, originäre versus derivative Ermittlung; direkte versus indirekte Ermittlung des operativen Cashflows. |
|---|---|

# 1. GRUNDLAGEN

## 1.a. Bedeutung der Kapitalflussrechnung

Erinnern wir uns zurück: Der Jahresabschluss von Kapitalgesellschaften soll iS der →**Generalnorm** den Jahresabschlussadressaten ein möglichst getreues Bild der Vermögens-, Finanz- und Ertragslage eines Unternehmens vermitteln (→**true and fair view**). In diesem Kontext liegt die Aufgabe der Kapitalflussrechnung nun in der Vermittlung des Einblicks in die Finanzlage. Die **Kapitalflussrechnung ergänzt** damit die →**Bilanz** (Darstellung der Vermögenslage) und die →**GuV** (Darstellung der Ertragslage).

*Aufgabe/Ziel der KFR: Vermittlung der Finanzlage*

> Erl: Der international übliche Ausdruck für die **Kapitalflussrechnung** ist „**Cashflow-Statement**". In der Literatur finden sich aber auch andere *Bezeichnungen*, ua **Geldflussrechnung** oder **Mittelflussrechnung**. Inwieweit solche Rechnungen deckungsgleich sind, hängt vor allem von der *Abgrenzung des Fonds* ab (→Kapitalflussrechnung, Fonds).

Was ist nun aber unter der **Finanzlage** zu verstehen? Grundsätzlich geht es bei dieser Finanzlage um **zwei zeitliche Ebenen**: So soll ein Unternehmen

*Finanzlage: kurzfristige sowie mittel- bis langfristige Ebene*

- jederzeit seinen fälligen (kurzfristigen) Zahlungsverpflichtungen nachkommen können und
- mittel- bis langfristig ein ausgewogenes Verhältnis zwischen Finanzmittel beanspruchenden und Finanzmittel freisetzenden Aktivitäten aufweisen.

Hieraus ersehen wir aber bereits eine **Einschränkung** in der Vermittlung der Finanzlage. Die Kapitalflussrechnung ist iS des veröffentlichten Jahresabschlusses - wie auch die Bilanz und GuV - eine vergangenheitsorientierte Rechnung. Für die Abschätzung der zukünftigen finanziellen Entwicklungen eines Unternehmens lassen sich damit aus der Kapitalflussrechnung nur Hinweise ableiten. Dieser Einwand relativiert sich aber, wenn die Kapitalflussrechnung als **Planungsrechnung** und damit in die Zukunft gerichtet eingesetzt wird.

*in der KFR wird abgebildet,*
*warum sich die Liquidität*
*verändert*

Die Kapitalflussrechnung erlangt aber auch als vergangenheitsbezogene Rechnung in jedem Fall dadurch Bedeutung, dass sie die Bilanz entscheidend ergänzt:

> Während die **Bilanz** nur aufzeigt, in welcher **Höhe** sich die Liquidität eines Unternehmens während eines Geschäftsjahres verändert hat, zeigt die **Kapitalflussrechnung** zusätzlich auf, **aufgrund welcher Geschäftsfälle** sich die Liquidität in dieser Höhe verändert hat.

Insbesondere zeigt sie auf, ob sich die Liquidität eines Unternehmens aufgrund der laufenden Geschäftstätigkeit (operative Tätigkeit), aufgrund von Investitions- und/oder aufgrund von Finanzierungsmaßnahmen verbessert/verschlechtert hat.

*die KFR baut auf **unperiodisierten Größen** auf; damit werden reine Zahlungsströme abgebildet*

Zentral für die Kapitalflussrechnung ist die Abbildung von reinen Zahlungsströmen iS von Einzahlungen und Auszahlungen. Für das Verständnis der „Rolle" der Kapitalflussrechnung neben Bilanz und GuV ist es von daher wichtig, zwischen „Einzahlungen/Einnahmen/Erträgen" und „Auszahlungen/Ausgaben/Aufwendungen" unterscheiden zu können. Ein Aspekt, den wir im Rahmen der →**Abbildungsregel** von **Bilanz**, **GuV** und **Kapitalflussrechnung** ausführlich diskutiert haben. Zudem haben wir bei der Behandlung der zentralen Geschäftsfälle bereits immer auf diese →Abbildungsregel hingewiesen (ua im →Abschnitt C.).

*Beispiele betr*
*zahlungswirksame und*
*zahlungsunwirksame*
*Geschäftsfälle*

Zum besseren Verständnis sind in der folgenden →**Tabelle** noch einmal wesentliche Geschäftsfälle eines Unternehmens angeführt und hinsichtlich ihrer **Abbildung** in Kapitalflussrechnung, Bilanz und/oder GuV überprüft.

> **Hinweis**: Siehe dazu auch die **Beispiele** zu der →**Abbildungsregel** in Abschnitt B.

| Instrument: | KFR | | Bilanz | | GuV | |
| Art des Geschäftsfalles: | zahlungswirksam | | bilanzwirksam | | erfolgswirksam | |
| | ja | nein | ja | nein | ja | nein |
|---|---|---|---|---|---|---|
| • Barverkauf von Waren | X | | X | | X | |
| • Zielverkauf von Waren | | X | X | | X | |
| • Eingang von Forderungen aus LL | X | | X | | | X |
| • erhaltene Anzahlungen | X | | X | | | X |
| • Kauf von Vorräten gegen bar, die am Ende des Geschäftsjahres noch auf Lager sind | X | | X | | | X |
| • Kauf von Vorräten auf Lieferantenkredit | | X | X | | | X |
| • Verbrauch von auf Lager liegenden Vorräten | | X | X | | X | |
| • Bezahlung von Gehältern | X | | X | | X | |
| • Barkauf einer Maschine | X | | X | | | X |
| • Abschreibung einer Maschine | | X | X | | X | |

| Instrument: | KFR | | Bilanz | | GuV | |
|---|---|---|---|---|---|---|
| Art des Geschäftsfalles: | zahlungswirksam | | bilanzwirksam | | erfolgswirksam | |
| | ja | nein | ja | nein | ja | nein |
| • Vornahme einer außerplanmäßigen Abschreibung | | X | X | | X | |
| • es wird eine Zuschreibung zum Anlagevermögen vorgenommen | | X | X | | X | |
| • Einzel- und Pauschalwertberichtigung von Forderungen | | X | X | | X | |
| • eigene Vorauszahlung von Miete, die zT das nächste Geschäftsjahr betrifft | X | | X | | X | |
| • Bildung einer Garantierückstellung | | X | X | | X | |
| • für einen Garantiefall wird aus der hierfür in gleicher Höhe gebildeten Garantierückstellung eine Zahlung geleistet | X | | X | | | X |
| • Auflösung einer Garantierückstellung, da diese nicht benötigt wird | | X | X | | X | |
| • Aufnahme eines Bankkredits | X | | X | | | X |
| • Rückzahlung (Tilgung) eines Bankkredits | X | | X | | | X |
| • Bezahlung von Kreditzinsen | X | | X | | X | |
| • die Bank schreibt Kreditzinsen vor | | X | X | | X | |
| • Bildung einer Steuerrückstellung | | X | X | | X | |
| • die Steuer wird aus der hierfür in gleicher Höhe gebildeten Steuerrückstellung bezahlt | X | | X | | | X |
| • Ausschüttung von Dividenden an die Aktionäre | X | | X | | | X |

Entscheidend hierbei ist wie bereits gesagt, dass in der Kapitalflussrechnung nur die obigen Geschäftsfälle ausgewiesen werden würden, die zahlungswirksam iS der Einzahlungen bzw Auszahlungen sind.

 Die Kapitalflussrechnung bildet ausschließlich **Zahlungsströme** ab, dh Ein- und Auszahlungen. Sie ist damit eine **Stromgrößenrechnung**. Während die Bilanz und GuV auf periodisierten Größen aufbauen, werden in der Kapitalflussrechnung **unperiodisierte Größen** ausgewiesen.

Was mit „periodisiert versus unperiodisiert" gemeint ist, lässt sich mit einem einfachen Beispiel zu den **Abschreibungen** zeigen. Wir haben in einem anderen Teil des Buches gezeigt, dass über die planmäßigen →Abschreibungen der Wertverzehr von Vermögensposten infolge Leistungserstellung im Jahresabschluss berücksichtigt wird. Nehmen wir nun an, dass ein Unternehmen eine Maschine mit einem Wert von € 10.000 kauft und fünf Jahre lang im Rahmen der Leistungserstellung nutzt. Die Abschreibung erfolgt auf Basis der linearen Methode und beginnt im GJ X01. Die Abbildung der Maschine erfolgt in der Kapitalflussrechnung und in der Bilanz/GuV, wie in der folgenden →**Tabelle** dargestellt.

Tab: *Unperiodisierte versus periodisierte Größen am Beispiel des Kaufs und der planmäßigen Abschreibung einer Maschine*

|  |  | X01 | X02 | X03 | X04 | X05 | Total X01-05 |
|---|---|---|---|---|---|---|---|
| **Kapitalfluss-rechnung** | Zahlung der Investition (unperiodisierte Größe) | -10.000 | - | - | - | - | **-10.000** |
| **Bilanz/ GuV** | Abschreibungen (periodisierte Größen) | -2.000 | -2.000 | -2.000 | -2.000 | -2.000 | **-10.000** |
|  | **Differenz** | **+8.000** | **-2.000** | **-2.000** | **-2.000** | **-2.000** | **0** |

Aus dieser Gegenüberstellung in der Tabelle ersehen wir bereits **zwei wichtige Ergebnisse**:

*die **Unterschiede** zwischen unperiodisierten Größen und periodisierten Größen **heben sich** über die Total-periode **auf***

- Als **erstes Ergebnis** können wir festhalten: Über die gesamten Perioden X01-X05 (Spalte „Total") *heben sich die Unterschiede* zwischen den unperiodisierten Größen (Zahlungen) und den periodisierten Größen (Abschreibungen) *auf*. Damit heben sich auch die Unterschiede zwischen der Bilanz/GuV (periodisierte Größen) und der Kapitalflussrechnung (unperiodisierte Größen) auf. Innerhalb dieses Zeitraums zeigen sich aber sehr deutliche Unterschiede in den **Abbildungen**. So sehen wir bei der Kapitalflussrechnung iS der Zahlungen nur in der Periode X01 einen Abgang der liquiden Mittel für die Bezahlung der Maschine (-10.000), in den restlichen Perioden X02-X05 aber keine Bewegungen. Hingegen wird über die Abschreibungen iS von periodisierten Größen der „Kaufpreis" (genauer die →Anschaffungskosten von 10.000) entsprechend dem hier angenommenen gleichmäßigen Wertverzehr auf die Perioden X01-X05 mit je 2.000 aufgeteilt.

***unperiodisierte Größen** (Cashflows) **schwanken stärker** als periodisierte Größen (Gewinne)*

- Damit einhergehend sehen wir als **zweites Ergebnis**, dass die unperiodisierten Größen in den einzelnen Perioden deutlich *stärker* schwanken als die periodisierten Größen. Die Cashflows schwanken in einem Bereich von 0 und -10.000, die Verluste aus den Abschreibungen betragen in allen Perioden aber jeweils „nur" –2.000. Die Abschreibungen schwanken damit in einem engeren Raum als die Cashflows. Im Rahmen der **Analyse** von Unternehmen muss daher auf eine mittel- bis langfristige Analyse abgestellt werden.

Doch obwohl es sich somit um zwei völlig unterschiedliche Abbildungen handelt, wird jede Abbildung ganz **spezifischen Informationsbedürfnissen/-zwecken** gerecht: Durch die Periodisierung über die Abschreibungen zeigen die Bilanz und die GuV die Vermögens- und Erfolgsentwicklung, die Kapitalflussrechnung über die unperiodisierten Größen die Entwicklung der Liquidität. Diese unterschiedliche Abbildung haben wir bereits in Abschnitt C. aufgezeigt, in dem wir uns angesehen haben, welche Geschäftsfälle jeweils in Bilanz, GuV und/oder Kapitalflussrechnung abgebildet werden.

Damit zusammenhängend ergibt sich ein weiterer wesentlicher Unterschied der Kapitalflussrechnung zur Bilanz und GuV. Bei der Bilanz und GuV fließen →**Bilanzierungs**- und →**Bewertungsfragen** und somit **Ermessensspielräume** seitens der Ersteller ein, beispielsweise über die Abschreibung von Maschinen, die Wertberichtigung von Forderungen oder die Bildung von Rückstellungen. Im Gegensatz dazu ist die Kapitalflussrechnung dadurch gekennzeichnet, dass die darin abgebildeten Zahlungsströme von Bewertungsmaßnahmen und Ermessensspielräumen völlig unbeeinflusst sind (eine Ausnahme würden Fremdwährungsbeträge darstellen, die in Euro umzurechnen sind). Dementsprechend wirken sich in der Abbildung der Kapitalflussrechnung zB die Abschreibungen, die Wertberichtigung zu Forderungen sowie die Bildung von Rückstellungen nicht aus. Dies werden wir im Rahmen der folgenden Fallstudie zur Kapitalflussrechnung noch sehen.

*Bilanzierungen und Bewertungen wirken sich beim Cashflow nicht aus*

> Was ist unter „**kein Bewertungseinfluss**" zu verstehen? Beispielsweise muss bei der Erstellung der Bilanz und GuV entschieden werden, wie lange eine Maschine genutzt wird (dh wie lange die Abschreibungsdauer ist) und welche Abschreibungsmethode zu wählen ist (wobei in Österreich steuerrechtlich die lineare Methode verpflichtend anzuwenden ist; siehe dazu die planmäßigen →Abschreibungen). In der Kapitalflussrechnung spielt aber weder die Nutzungsdauer noch die Abschreibungsmethode eine Rolle, da nur die Auszahlung bei Anschaffung des Vermögenswertes abgebildet wird. Da Abschreibungen nur einen Aufwand, nicht aber eine Auszahlung darstellen, scheinen sie in der Kapitalflussrechnung somit nicht auf.

Da keine Bilanzierungs-/Bewertungsfragen auftreten, liegt ein weiterer Vorteil der Kapitalflussrechnung darin, dass Unternehmen auf Basis der Cashflows und damit auf Basis der Kapitalflussrechnung unmittelbar vergleichbar sind. So sind die Cashflows auf Basis der US-amerikanischen Rechnungslegungsnormen (US-GAAP), der internationalen Rechnungslegungsnormen (IAS/IFRS) und des HGB grundsätzlich gleich hoch. Damit ist über die Cashflows – bei gleicher →Fondsabgrenzung und gleichem Ausweis in der →Ursachenrechnung – auch eine unmittelbare Vergleichbarkeit von beispielsweise US-amerikanischen mit österreichischen und deutschen Unternehmen gegeben. Und zwar unabhängig davon, dass sich zwischen den nationalen Rechnungslegungsstandards dieser Unternehmen deutliche Unterschiede in den Bilanzierungs- und Bewertungsvorschriften ergeben.

*Cashflows sind international unmittelbar vergleichbar*

Sehr enge Beziehungen bestehen zwischen der Kapitalflussrechnung und der Einnahmen-Ausgaben-Rechnung. So basieren beide Rechnungen auf Ein- und Auszahlungen. Ein **Unterschied** zwischen diesen beiden Instrumenten ergibt sich aber in der Behandlung der Investitionen und der Privatentnahmen. Diesbezüglich sei

*KFR und Einnahmen-Ausgaben-Rechnung hängen weitgehend zusammen*

auf die im Rahmen der →Einnahmen-Ausgaben-Rechnung gemachten Ausführungen verwiesen.

> ▶ Siehe **Arbeitsbuch**: **Beispiel** zu E.1.a.

### 1.b. Wirkungsweise und Struktur der Kapitalflussrechnung

*KFR und **Bilanz** hängen über die **Fondsveränderungsrechnung** zusammen*

Die Kapitalflussrechnung und die Bilanz weisen insofern eine sehr enge Beziehung auf, als beide Instrumente die Liquidität iS der „cash and cash equivalents" darstellen (siehe die →**Abbildung**).

Abb: *Zusammenhang zwischen Bilanz und Kapitalflussrechnung (Fonds „Liquide Mittel" definiert als rein aktivseitiger Fonds)*

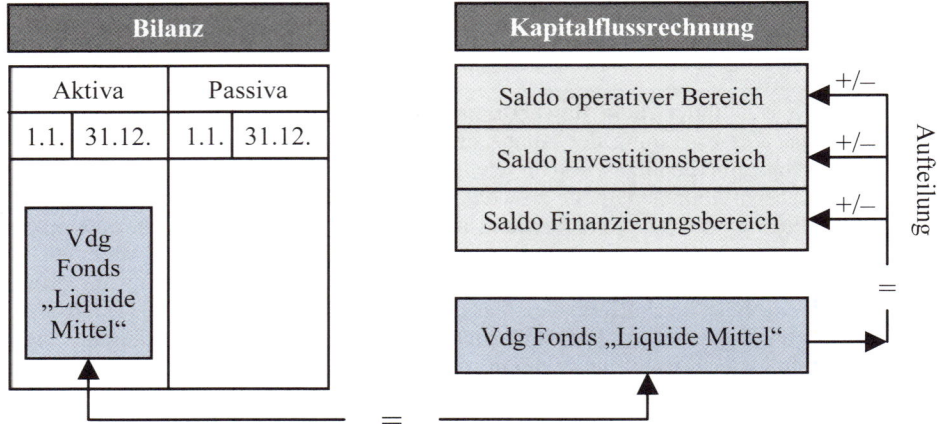

*der **Schnittpunkt** zwischen der **Bilanz** und der **Kapitalflussrechnung** sind die liquiden Mittel*

Diese liquiden Mittel bilden damit auch die Schnittstelle zwischen Bilanz und Kapitalflussrechnung. So entspricht die Veränderung jener Bilanzposten, welche als „liquide Mittel" definiert sind, genau der Veränderung der liquiden Mittel in der Kapitalflussrechnung. Was nun genau unter den „liquiden Mitteln" verstanden wird, werden wir nachfolgend gleich erläutern. Wichtig ist aber eines: Während uns die Bilanz nicht aufzeigt, worauf diese Liquiditätsveränderung zurückzuführen ist, kann uns die Kapitalflussrechnung diese Informationen liefern. Zu diesem Zweck ist die Kapitalflussrechnung in eine Fondsveränderungsrechnung und in eine Ursachenrechnung gegliedert.

 Die Kapitalflussrechnung ist in eine **Fondsveränderungsrechnung** und in eine **Ursachenrechnung** gegliedert. Während die Fondsveränderungsrechnung aufzeigt, in welcher Höhe sich die Liquidität verändert hat, werden in der Ursachenrechnung die Gründe für die Veränderung der Liquidität ersichtlich.

Entscheidend für den **Aussagegehalt** einer Kapitalflussrechnung ist vor allem die **Abgrenzung** des Fonds. Dieser Fonds setzt sich aus bestimmten Bilanzposten zusammen, die als Referenz für die Liquidität eines Unternehmens angesehen werden.

*der **Fonds** ist eine Referenz für die Liquidität und setzt sich aus bestimmten Bilanzposten zusammen*

Als **Fonds** werden bei der Kapitalflussrechnung idR die **Liquiden Mittel** definiert. Nach dem österreichischen Fachgutachten der Wirtschaftsprüfer zählen dazu nur die Bilanzposten „Kassa, Schecks, Bankguthaben" (Erl: Im HGB selbst finden sich keine eigenen Regelungen betr die Kapitalflussrechnung). Für Wertpapiere mit einer Restlaufzeit von weniger als 3 Monaten besteht ein Einbezugswahlrecht in den Fonds. Aktien dürfen nicht einbezogen werden. Der Fonds entspricht damit weitgehend der international üblichen Abgrenzung iS der „**cash and cash equivalents**".

 **Entscheidend für die Aussagefähigkeit** der Kapitalflussrechnung ist die Frage, „was" unter der Liquidität verstanden wird. Diese Abgrenzung bezeichnet man als **Fonds**. Unterschiedliche Abgrenzungen der Liquidität bzw des Fonds führen aber zu unterschiedlichen Abbildungen in der Kapitalflussrechnung.

Vereinfacht kann man sich die **Funktionsweise** eines **Fonds** so vorstellen:

*wie funktioniert der Fonds?*

- All jene Geschäftsfälle, welche zu einer Veränderung dieses Fonds führen, werden in der Kapitalflussrechnung abgebildet.
- All jene Geschäftsfälle hingegen, die zu keiner Erhöhung oder Verminderung dieses Fonds führen, werden in der Kapitalflussrechnung auch nicht abgebildet.

 Nur jene **Geschäftsfälle**, durch die sich der **Fonds erhöht** oder **vermindert**, werden in der Kapitalflussrechnung **abgebildet**.

 **Veränderungen des Fonds** werden wie folgt interpretiert: **Erhöht sich der Fonds**, so wird dies als Verbesserung der Liquidität eines Unternehmens angesehen, **vermindert sich der Fonds**, so bedeutet dies eine Verschlechterung der Liquidität.

Wir haben diesen Fonds bereits anhand mehrerer Beispiele an anderer Stelle des Buches angesprochen. Diesbezüglich sei auf die Ausführungen zur Abgrenzung der →Einzahlungen/Einnahmen/Erträge und der →Auszahlungen/Ausgaben/Aufwendungen verwiesen. Wobei zu beachten ist, dass in der Kapitalflussrechnung nur Ein- und Auszahlungen, in der Bilanz hingegen neben den Ein- und Auszahlungen auch Einnahmen/Ausgaben sowie Erträge/Aufwendungen abgebildet werden. Für die Abbildung in der Kapitalflussrechnung bedeutet dies zB:

| Geschäftsfall | Behandlung in der Kapitalfluss-rechnung (KFR) |
|---|---|
| • Aufnahme eines Bankkredits | in der KFR abgebildet; Grund: Er-höhung der liquiden Mittel, da Mit-telzufluss |
| • Bezahlung von Gehältern/Löh-nen mittels Banküberweisung | in der KFR abgebildet; Grund: Ab-fluss von liquiden Mitteln |
| • Abschreibung einer Maschine | in der KFR nicht abgebildet, da die Abschreibungen nicht zahlungs-wirksam sind |

*Ursachenrechnung: auf-grund welcher Geschäfts-fälle verändert sich die Liquidität eines Unterneh-mens?*

Welche Geschäftsfälle nun in einer Rechnungsperiode (einem Geschäftsjahr) zu einer Veränderung der Liquidität bzw des Fonds geführt haben, wird in der Ursa-chenrechnung aufgezeigt. Im Sinne der **unterschiedlichen Aktivitäten eines Un-ternehmens** interessiert hier vor allem die Frage, ob die Veränderung der Liquidi-tät auf den Einfluss des operativen Geschäfts (die laufende Geschäftätigkeit), den Einfluss der Investitionstätigkeit und/oder auf den Einfluss der Finanzierungstätig-keit zurückzuführen ist. Dementsprechend ist die Kapitalflussrechnung in einen operativen Bereich, einen Investitionsbereich und in einen Finanzierungsbereich gegliedert, die zusammen die Ursachenrechnung bilden. Die Bezeichnung „Ursa-chenrechnung" kommt daher, dass die Salden dieser drei Bereiche zusammen die Veränderung der Liquidität (dh der Finanzlage) eines Unternehmens erklären.

 Fassen wir die bisherigen Ausführungen zusammen, so ergibt sich die **Struktur** der **Kapitalflussrechnung** somit aus einer **Ursachenrech-nung** und einer **Fondsveränderungsrechnung**.

Abb: *Struktur der Kapitalflussrechnung*

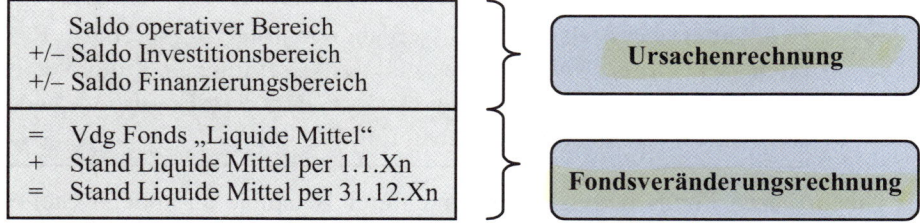

Saldo operativer Bereich
+/– Saldo Investitionsbereich
+/– Saldo Finanzierungsbereich — **Ursachenrechnung**

= Vdg Fonds „Liquide Mittel"
+ Stand Liquide Mittel per 1.1.Xn
= Stand Liquide Mittel per 31.12.Xn — **Fondsveränderungsrechnung**

*wie sind die **Geschäftsfälle** in der **Ursachenrechnung** auszuweisen?*

Als **Regel** betr die **Zuweisung** der einzelnen Geschäftsfälle eines Unternehmens zu den drei Bereichen der Ursachenrechnung gilt:

• Im **operativen Bereich (Bereich der laufenden Geschäftätigkeit)** werden die Betriebseinzahlungen (zB Umsatzeinzahlungen) und die Betriebsauszahlun-gen (zB Materialauszahlungen, Personalauszahlungen) ausgewiesen. Im Zwei-felsfall werden all jene Geschäftsfälle, die weder unter den Investitions- noch unter den Finanzierungsbereich fallen, im operativen Bereich ausgewiesen.

> Zu beachten sind aber die Unterschiede im Ausweis betr die direkte und indirekte Methode (siehe dazu die folgenden Ausführungen).

- Im **Investitionsbereich** werden sowohl die Investitionen/Desinvestitionen im Bereich des Sachanlagevermögens (zB Maschinen) als auch die Investitionen/Desinvestitionen im Bereich des immateriellen Vermögens und des kurz- sowie langfristigen Finanzvermögens (Beteiligungen, Wertpapiere) ausgewiesen. Wertpapiere werden allerdings nur insoweit im Investitionsbereich ausgewiesen, als diese nicht dem Fonds „Liquide Mittel (cash and cash equivalents)" zuzuweisen sind. Im Investitionsbereich ist also beispielsweise der Kauf und Verkauf von Maschinen sowie der Kauf und Verkauf von Aktien auszuweisen.

- Im **Finanzierungsbereich** werden ausschließlich Vorgänge der Außenfinanzierung ausgewiesen, dh die Aufnahme und Rückzahlung von Eigen- und Fremdkapital. Nach dem ÖFG werden allerdings auch die **Dividendenzahlungen** eines Unternehmens an seine Aktionäre im Finanzierungsbereich ausgewiesen. Im Gegensatz dazu scheinen die – inhaltlich äquivalenten – **Zinszahlungen** für die „Bedienung" der Kredite eines Unternehmens nicht im Finanzierungsbereich, sondern im operativen Bereich auf.

Als **vereinfachendes Schema** ergibt sich für eine Kapitalflussrechnung somit:

| | | |
|---|---|---|
| | | Umsatzeinzahlungen |
| | + | Bareingang von Lieferforderungen |
| | + | Einzahlungen aus Zins- und Dividendenerträgen |
| | - | Zahlung von Material (RHB-Stoffe) |
| | - | Zahlung von Lieferantenverbindlichkeiten |
| | - | Zahlung von Löhnen und Gehältern |
| | - | Zahlung von Zinsen für Kredite |
| | - | Zahlung von Steuern |
| **1** | **=** | **Operativer Cashflow** |
| | - | Auszahlungen für den Kauf von Grundstücken, Gebäuden, Maschinen, Betriebs- und Geschäftsausstattung |
| | - | Auszahlungen für den Kauf von Wertpapieren des Anlage- und des Umlaufvermögens (mit Ausnahme von Wertpapieren des Fonds) |
| | + | Einzahlungen aus dem Verkauf von Grundstücken, Gebäuden, Maschinen, Betriebs- und Geschäftsausstattung |
| | + | Einzahlungen aus dem Verkauf von Wertpapieren des Anlage- und des Umlaufvermögens (mit Ausnahme von Wertpapieren des Fonds) |
| **2** | **=** | **Investitions-Cashflow** |
| | + | Einzahlungen aus der Aufnahme von Eigenkapital bei den Eigentümern |
| | + | Einzahlungen aus der Aufnahme von Bankkrediten |
| | - | Auszahlungen aus der Rückzahlung von Eigenkapital an die Eigentümer |
| | - | Auszahlungen aus der Rückzahlung von Bankkrediten |
| | - | Zahlung von Dividenden an die Eigentümer |
| **3** | **=** | **Finanzierungs-Cashflow** |
| **1+2+3** | **=** | **Veränderung der Liquiden Mittel** |
| | + | Liquide Mittel per 1.1. des Geschäftsjahres |
| | = | Liquide Mittel per 31.12. des Geschäftsjahres |

*Abschnitt E.*

Ein Wahlrecht betr den Ausweis in der Kapitalflussrechnung gibt es nach dem ÖFG für jene **Investitionen**, die durch einen **Lieferantenkredit** finanziert werden. Wird das Wahlrecht für den Ausweis in der Kapitalflussrechnung in Anspruch genommen, so wird damit – entgegen der Konzeption der Kapitalflussrechnung – ein nicht zahlungswirksamer Vorgang abgebildet. Nehmen wir zB einen Zielkauf von Maschinen in Höhe von € 10 Mio an, so wäre dieser Zielkauf in der Kapitalflussrechnung sowohl als Investitionsvorgang (-10 Mio) als auch als Finanzierungsvorgang (+10 Mio) auszuweisen. International üblich ist aber die Abbildung solcher Investitionen in einer **Nebenrechnung**. In der Kapitalflussrechnung selbst werden diese Vorgänge damit nicht ersichtlich.

*wie hängen der operative Bereich, der Investitions- und Finanzierungsbereich zusammen?*

Der **Zusammenhang** zwischen dem operativen Bereich, dem Investitions- und dem Finanzierungsbereich ist wie folgt zu sehen und im Rahmen der **Analyse** entsprechend zu berücksichtigen (siehe auch die →**Abbildung**):

- Der **operative Bereich** ist der den eigentlichen Betriebsprozess darstellende Bereich. Er muss zumindest mittel- bis langfristig einen positiven Saldo aufweisen. Der operative Bereich muss damit finanzielle Mittel bereitstellen. **Kurzfristig** müssen aus diesem operativen Bereich ua neben den Material-, Personal- und Zinszahlungen zumindest die Ersatzinvestitionen (zB der Austausch alter Maschinen durch neue Maschinen) finanziert werden können, während die Erweiterungsinvestitionen (zB die Erweiterung der Kapazität durch Kauf zusätzlicher Maschinen oder der Erwerb einer Beteiligung) kurzfristig bis mittelfristig auch über den Finanzierungsbereich gedeckt sein können. Kurzfristig müssen zumindest auch alle anfallenden Tilgungen von Krediten sowie die Dividendenzahlungen gedeckt werden können (wobei sich aber bei den Dividendenzahlungen für die Unternehmen ein Spielraum ergibt).

- Der **Investitionsbereich** weist idR einen negativen Saldo auf. Der Investitionsbereich nimmt damit idR finanzielle Mittel eines Unternehmens in Anspruch. Mittelbereitstellungen entstehen in diesem Bereich nur über Desinvestitionen, beispielsweise durch den Verkauf von Beteiligungen, Wertpapieren (die nicht zum Fonds gehören) oder Maschinen. Sollte das Investitionsvolumen nicht aus dem operativen Cashflow gedeckt werden können, so dient der Finanzierungsbereich als „finanzieller Puffer", über den diese Finanzierungslücke kurz- bis mittelfristig gedeckt wird.

- Der **Finanzierungsbereich** weist – je nach Konstellation – entweder einen positiven Saldo (Nettomittelaufnahme) oder einen negativen Saldo (Nettomittelrückzahlung) auf. Wobei die Möglichkeit zur (vorzeitigen) Rückzahlung von Krediten von der Entwicklung des operativen Cashflows bestimmt wird.

Abb: *Mittelfreisetzung und Mittelbeanspruchung der einzelnen Bereiche der Kapitalflussrechnung*

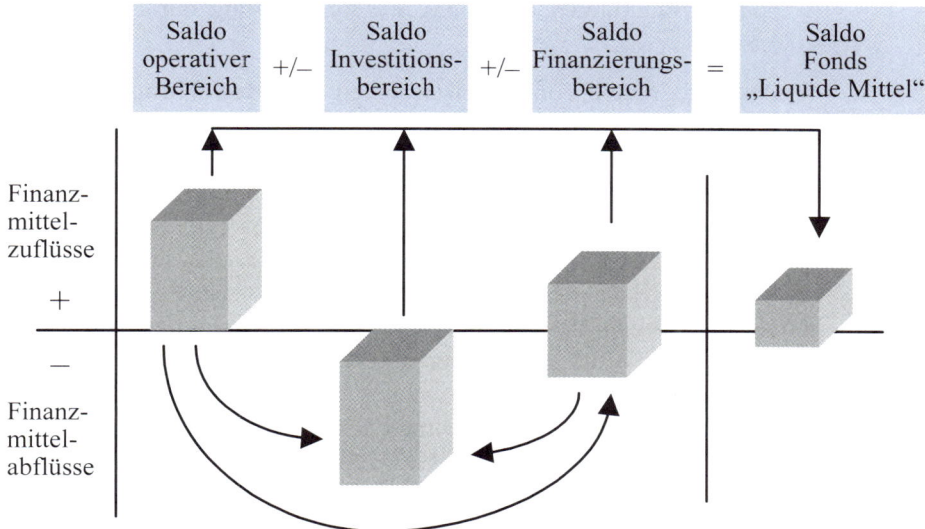

Als **Vorteil** des Fonds „Liquide Mittel" ist – wie bereits einleitend erwähnt – zu sehen, dass die Fondsbestandteile weitgehend frei von **Bilanzierungs- und Bewertungseinflüssen** sind. Damit treten hier zB die mit Vorräten (Höchst- versus Mindestansatz) oder Forderungen (Wertberichtigung zu Forderungen) verbundenen Bewertungsprobleme nicht auf.

*Vorteil des Fonds „Liquide Mittel": **keine Bilanzierungs- und Bewertungseinflüsse***

Was würde aber passieren, wenn wir für die Liquidität einen breiter definierten Fonds wählen, der auch die Forderungen mit einschließt, also zB den Fonds „Umlaufvermögen"?

*Fonds „liquide Mittel" versus Fonds „**Umlaufvermögen***"

|   | Kassa, Bank, Schecks |
|---|---|
| + | Wertpapiere (RLZ < 3 Monate) |
| + | Forderungen |
| + | Vorräte |
| + | sonstiges Umlaufvermögen |
| **=** | **Fonds „Umlaufvermögen"** |

Würde unser Unternehmen im Geschäftsjahr eine iS des Vorsichtsprinzips zu hohe Wertberichtigung zu Forderungen (100) vornehmen, so würde sich dies in der Kapitalflussrechnung wie folgt auswirken:

• Der **Fonds „Umlaufvermögen"** würde sich um 100 verringern (Grund: Abnahme der →Forderungen durch die Wertberichtigung). Die Kapitalflussrechnung würde diese Wertberichtigung und damit die Abnahme der Forderungen als Verschlechterung der Liquidität des Fonds um –100 interpretieren, die aber voraussichtlich nicht eintreten muss.

- Beim **Fonds „Liquide Mittel"** wird dieser Geschäftsfall in der Kapitalflussrechnung hingegen nicht berücksichtigt, da er zu keinen Ein- oder Auszahlungen führt und die Veränderung der Liquidität damit +/–0 ist.

*Problem von weiter gefassten Fonds: innerfondsmäßiger Ausgleich*

Weiter abgegrenzte Fonds weisen neben dem **Bewertungsproblem** aber noch ein weiteres Problem auf: die Gefahr des **innerfondsmäßigen Ausgleichs**. Daraus abgeleitet ergibt sich: Je weiter ein Fonds definiert ist, *desto weniger Geschäftsfälle* werden in der Kapitalflussrechnung *abgebildet*. Je enger ein Fonds hingegen definiert ist, *desto mehr Geschäftsfälle* werden in der Kapitalflussrechnung *abgebildet*. In einer Kapitalflussrechnung auf Basis des Fonds „Liquide Mittel" werden somit mehr Geschäftsfälle abgebildet als in einer Kapitalflussrechnung auf Basis des Fonds „Umlaufvermögen". Über die Totalperiode heben sich diese Unterschiede aber wieder auf.

Um dies zeigen zu können, nehmen wir folgenden Geschäftsfall an: Im Geschäftsjahr X01 verkauft unser Unternehmen Waren in Höhe von € 200 auf Ziel, die im GJ X02 vom Käufer beglichen werden. Die Waren wurden von unserem Unternehmen in X01 um 140 gegen Barzahlung bezogen.

Abb: *Vergleich Fonds „Liquide Mittel" und „Netto-Umlaufvermögen"*

| | Fonds „Umlaufvermögen" | | Fonds „Liquide Mittel" | |
|---|---|---|---|---|
| | **X01** | **X02** | **X01** | **X02** |
| operativer Cashflow | +60 | - | –140 | +200 |
| Investitions-Cashflow | - | - | - | - |
| Finanzierungs-Cashflow | - | - | - | - |
| **Vdg Fonds** | **+60** | **-** | **–140** | **+200** |
| **Vdg der Fondsbestandteile:** Kassa, Bankguthaben, Schecks | –140 | +200 | –140 | +200 |
| Wertpapiere RLZ < 3 Monate | - | - | - | - |
| Forderungen | +200 | –200 | | |
| Vorräte | - | - | | |
| sonstiges Umlaufvermögen | - | - | | |

Wie die →**Abbildung** zeigt, erhalten wir auf Basis des Fonds „Umlaufvermögen" und des Fonds „Liquide Mittel" zwei völlig unterschiedliche Kapitalflussrechnungen:

- Beim **Fonds „Umlaufvermögen"** wird im **GJ X01** sowohl der Wareneinkauf (-140) als auch der Zielverkauf (+200) im operativen Cashflow ausgewiesen. Ausschlaggebend dafür ist, dass sowohl die Bankguthaben als auch die Forderungen zur „Liquidität" iS des Fonds zählen. Der operative Cashflow verändert sich somit im GJ X01 netto um +60. Im **GJ X02** wird hingegen keine Bewegung mehr ausgewiesen, da es nur zu einem Tausch von Forderungen (-200) und Bankguthaben (+200) kommt, die aber beide nur in der Fondsveränderungsrechnung ausgewiesen werden. Es kommt damit zu einem **innerfondsmäßigen Ausgleich** (-200/+200).

- Im Vergleich dazu zählen beim **Fonds „Liquide Mittel"** betr unseren Geschäftsfall nur die Bankguthaben zu den Fondsposten, nicht aber die Forderungen. Damit wird im **GJ X01** im operativen Bereich nur der Einkauf der Waren (-140) ausgewiesen, nicht aber der Zielverkauf, da dieser noch zu keinen Einzahlungen führt. Dieser Zielverkauf wird erst im **GJ X02** im operativen Bereich ausgewiesen, wenn die Forderungen eingehen (+200).

Über die **Totalperiode „X01 + X02"** heben sich diese Unterschiede zwischen dem Fonds „Umlaufvermögen" und dem Fonds „Liquide Mittel" aber wieder auf, da sich beide Fonds total nur um +60 erhöhen.

## 2. ERMITTLUNGSMETHODEN

### 2.a. Überblick

Bei den Ermittlungsmethoden muss zwischen der „originären versus derivativen Ermittlung" sowie zwischen der „direkten versus indirekten Ermittlung" unterschieden werden (siehe die →**Abbildung**), die wir im Folgenden näher diskutieren.

*Ermittlung der Kapitalflussrechnung nach verschiedenen Methoden*

Ein Unterschied ergibt sich hierbei daraus, dass die **originäre Ermittlung** nur von den Unternehmen **intern**, die derivative Ermittlung aber nicht nur von den Unternehmen, sondern auch **extern** angewandt werden kann. Beispielsweise von Banken im Rahmen der **Kreditwürdigkeitsprüfung** sowie von Analysten/Investoren im Rahmen der **Aktienanalyse** (siehe dazu auch die →**Analyse**, Finanzlage). Dieselben Überlegungen gelten für die Frage „direkte versus indirekte Ermittlung" beim **operativen Cashflow**. Auch hier ist die direkte Methode idR nur intern anwendbar, die indirekte Methode hingegen sowohl intern als auch extern.

*extern kann der operative Cashflow idR nur indirekt ermittelt werden*

> Es ist aber zu beachten, dass sich die Frage **„originäre versus derivative Ermittlung"** auf alle Bereiche der Ursachenrechnung bezieht, die Frage **„direkte versus indirekte Ermittlung"** hingegen nur auf die Ermittlung des operativen Cashflows.

Abb: *Aufstellungstechniken für Kapitalflussrechnungen im Einzelabschluss*

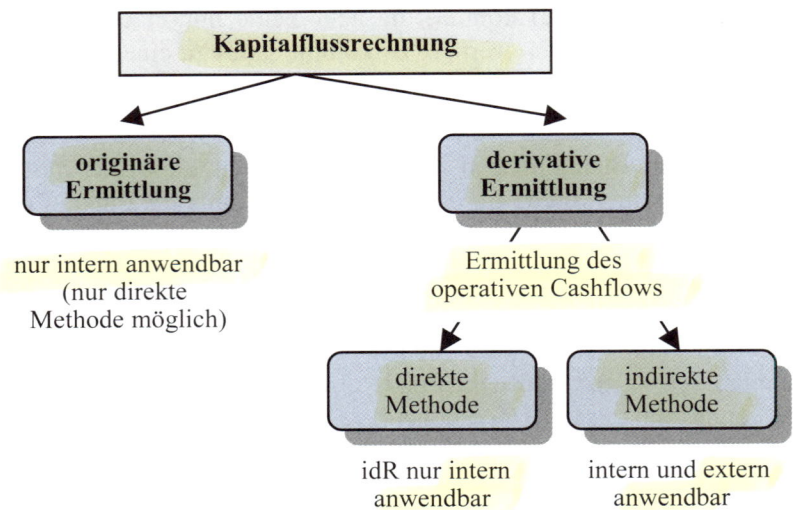

## 2.b. Originäre versus derivative Ermittlung

Der Vergleich zwischen der originären und der derivativen Ermittlung reduziert sich auf die Frage, auf welche Daten bei der Ermittlung der Cashflows/der Kapitalflussrechnung zurückgegriffen wird:

*originäre Ermittlung:*
*Ermittlung der KFR durch*
*Zugriff auf reine Zahlungs-*
*ströme*

• Bei der **originären Ermittlung** wird die Kapitalflussrechnung durch direkte Ableitung aus den Kontenumsätzen der Liquiditätsbestände eines Unternehmens ermittelt. Hierbei wird bei Buchung jedes Geschäftsfalles mittels eines Schlüssels bereits angemerkt, ob dieser Geschäftsfall zahlungswirksam iS der Fondsabgrenzung ist oder nicht.

> Beispielsweise wäre bei einer Bezahlung von Vorräten mittels Banküberweisung der Buchungsschlüssel „1" hinzuzufügen (zahlungswirksam), bei den nicht zahlungswirksamen Abschreibungen hingegen „0" (nicht zahlungswirksam).

Daran anschließend werden am Ende einer Rechnungsperiode (idR ein Geschäftsjahr) EDV-mäßig nur mehr alle Geschäftsfälle mit dem Buchungsschlüssel „zahlungswirksam" zusammengefasst und iS der Kapitalflussrechnung strukturiert. Dh die einzelnen zahlungswirksamen Geschäftsfälle werden dem operativen Bereich, dem Investitions- oder dem Finanzierungsbereich zugewiesen. Ein Beispiel zu dieser originären und derivativen Ermittlung erläutern wir in Punkt 3.

- Bei der **derivativen Ermittlung** erfolgt die Ableitung der Kapitalflussrechnung und damit des operativen Cashflows, des Investitions- und des Finanzierungs-Cashflows nicht über die einzelnen Liquiditätsbewegungen wie bei der originären Ermittlung, sondern über den „Umweg" von Bilanz und GuV. Für diese Ermittlung stehen betr den operativen Cashflow die direkte und die indirekte Methode offen, die im folgenden Punkt c. erläutert werden.

*derivative Ermittlung: Ermittlung der KFR durch Umweg über Bilanz und GuV*

## 2.c. Direkte versus indirekte Ermittlung

Vorauszuschicken ist, dass sich die Frage „direkte versus indirekte Ermittlung" nur auf die Ermittlung des **operativen Cashflows** bezieht. Hingegen werden der Investitions- und der Finanzierungs-Cashflow in jedem Fall direkt ermittelt.

*die Frage* **direkte** *versus* **indirekte Ermittlung** *betrifft nur den* **operativen Cashflow**

> Zu beachten ist weiters, dass die **direkte** und die **indirekte Methode** zum **selben Ergebnis** führen müssen, sofern bei der indirekten Methode alle zahlungsunwirksamen Geschäftsfälle korrigiert werden. Der **operative Cashflow** ist damit auf Basis der direkten und der indirekten Ermittlung **gleich hoch**.

Während aber die im vorangegangenen Punkt behandelte Frage „originäre versus derivative Ermittlung" grundsätzlich nicht nur zum selben qualitativen, sondern auch zum selben quantitativen Ergebnis führt, bewirkt die Frage „direkte versus indirekte Ermittlung" qualitative Unterschiede im Aussagegehalt der Kapitalflussrechnung:

- Bei der **direkten Ermittlung des operativen Cashflows** wird der operative Cashflow durch Gegenüberstellung der Betriebseinzahlungen (+) und der Betriebsauszahlungen (–) ermittelt. Im Ergebnis sieht man damit ua die Umsatzeinzahlungen, die Materialauszahlungen, Personalauszahlungen, die Zinsauszahlungen sowie die Steuerzahlungen.

*direkte Ermittlung: die Struktur der Betriebsein- und Betriebsauszahlungen wird sichtbar*

- Bei der **indirekten Ermittlung des operativen Cashflows** wird hingegen das Jahresergebnis (Jahresüberschuss/-fehlbetrag) um die nicht zahlungswirksamen Erträge und Aufwendungen, um die Veränderung des (sonstigen) Netto-Umlaufvermögens sowie um die sonstigen Korrekturen korrigiert.

*indirekte Ermittlung: Berechnung des operativen Cashflows durch Korrektur des Jahresergebnisses*

Die **Idee** hinter der indirekten Methode ist die Folgende: Im Jahresergebnis als Nettogröße von Erträgen und Aufwendungen sind sowohl zahlungswirksame als auch zahlungsunwirksame Posten enthalten, dh:

| | |
|---|---|
| | zahlungswirksame Erträge |
| + | zahlungsunwirksame Erträge |
| – | zahlungswirksame Aufwendungen |
| – | zahlungsunwirksame Aufwendungen |
| = | Jahresüberschuss/-fehlbetrag |

Wird nun das Jahresergebnis um die nicht zahlungswirksamen Erträge und Aufwendungen korrigiert, so bleiben – nach Umformung der obigen Gleichung – nur mehr die zahlungswirksamen Erträge und Aufwendungen übrig. Durch diese Umformung werden somit auch die Unterschiede zwischen der direkten und indirekten Methode ersichtlich:

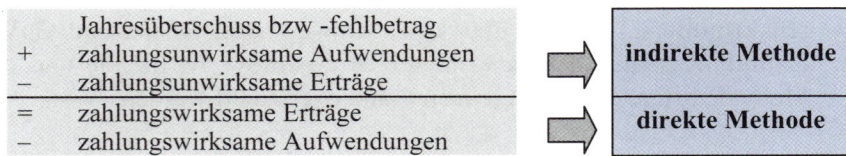

|   | Jahresüberschuss bzw -fehlbetrag | |
| + | zahlungsunwirksame Aufwendungen | **indirekte Methode** |
| – | zahlungsunwirksame Erträge | |
| = | zahlungswirksame Erträge | **direkte Methode** |
| – | zahlungswirksame Aufwendungen | |

*Berechnungsschema für die **indirekte Ermittlung***

Berücksichtigen wir, dass die Abschreibungen und der Aufwand für die Bildung der Rückstellungen idR die wichtigsten zahlungsunwirksamen Aufwendungen sind, so ergibt sich als **grundlegendes Berechnungsschema** für die indirekte Ermittlung des operativen Cashflows:

|   | Jahresüberschuss bzw -fehlbetrag |
| + | Abschreibungen |
| + | Aufwand für die Bildung von langfristigen Rückstellungen (Hinweis: die kurzfristigen Rückstellungen werden nachfolgend über die Veränderung des sonstigen Netto-Umlaufvermögens korrigiert) |
| + | sonstige zahlungsunwirksame Aufwendungen |
| – | zahlungsunwirksame Erträge |
| = | **Cashflow** |
| +/– | Vdg des sonstigen Netto-Umlaufvermögens |
| +/– | sonstige Korrekturen |
| = | **Cashflow aus dem operativen Bereich** |

*Erläuterungen zum Ermittlungsschema*

Zu diesem Ermittlungsschema müssen wir folgende Konkretisierungen machen:

- Zu den wichtigsten **nicht zahlungswirksamen Aufwendungen** zählen im Allgemeinen die Abschreibungen sowie der Aufwand für die Bildung von Rückstellungen. Weitere zahlungsunwirksame Aufwendungen sind ua die Aufwendungen für die Bildung von latenten Steuern. **Nicht zahlungswirksame Erträge** sind ua Zielverkäufe, die Erträge aus der Zuschreibung zum Anlagevermögen infolge der Rückgängigmachung einer vorangegangenen außerplanmäßigen Abschreibung, Erträge aus der Auflösung nicht benötigter Rückstellungen sowie Erträge aus der Auflösung von latenten Steuern.

- Als **Netto-Umlaufvermögen** ist iS der Analyse grundsätzlich das Umlaufvermögen abzgl des kurzfristigen Fremdkapitals definiert. Bei der **Kapitalflussrechnung** ist aber insofern ein **Spezifikum** zu beachten, als die betreffenden Posten des Umlaufvermögens, die den Fonds „**liquide Mittel (cash and cash equivalents)**" bilden, nicht beim Netto-Umlaufvermögen, sondern direkt im Fonds berücksichtigt werden. Zudem ist zu beachten, dass **kurzfristige Bankkredite**, die grundsätzlich auch zum Netto-Umlaufvermögen zählen, in der Kapitalflussrechnung nicht im operativen Bereich, sondern im Finanzierungsbereich ausgewiesen werden. Wir sprechen bei der Kapitalflussrechnung daher vom „*sonstigen*" Netto-Umlaufvermögen.

Zu berücksichtigen ist dieses sonstige Netto-Umlaufvermögen in der Berechnung wie folgt:

*Behandlung der Vdg des Netto-UV* in der KFR: *Zunahme: –* *Abnahme: +*

- Eine **Zunahme** der einzelnen Posten des sonstigen Netto-UV ist in der Kapitalflussrechnung als Mittelverwendung zu interpretieren (Ausweis mit negativem Vorzeichen).
- Eine **Abnahme** der einzelnen Posten des sonstigen Netto-UV ist in der Kapitalflussrechnung als Mittelzunahme zu interpretieren (Ausweis mit positivem Vorzeichen).

Erl: Da eine **Zunahme** einzelner Posten **des sonstigen Netto-Umlaufvermögens** im Unternehmen Geldmittel bindet, wird diese Bindung in der Kapitalflussrechnung als Mittelverwendung interpretiert (**Ausweis mit negativem Vorzeichen**). Beispielsweise durch einen Zielverkauf, in dessen Folge die Forderungen aus LL steigen. Im Vergleich zu einem Barverkauf stehen einem Unternehmen somit weniger Geldmittel sofort zur Verfügung. Im Gegensatz dazu werden bei einer **Abnahme** einzelner Posten **des Netto-Umlaufvermögens** im Unternehmen Geldmittel freisetzt. Diese Mittelfreisetzung ist in der Kapitalflussrechnung somit als Mittelzunahme zu interpretieren (**Ausweis mit positivem Vorzeichen**), beispielsweise wenn die Forderungen aus LL eingehen, dh der Kunde bezahlt. In diesem Fall erhöhen sich die dem Unternehmen zur Verfügung stehenden liquiden Mittel.

Diese Ausweisfragen werden wir in Punkt 3. anhand einer Fallstudie noch einmal diskutieren.

In den obigen Fällen haben wir den operativen Cashflow ausgehend vom Jahresüberschuss/-fehlbetrag ermittelt. Wir könnten für die indirekte Ermittlung des operativen Cashflows natürlich auch vom **Bilanzgewinn/Bilanzverlust** ausgehen, müssten aber in diesem Fall zusätzlich zu den obigen Korrekturen auch noch die Rücklagenbewegungen sowie allfällige Ergebnisvorträge miteinbeziehen. Dies deshalb, da sich **Jahresüberschuss/-fehlbetrag** und Bilanzgewinn/-verlust – wie wir im Rahmen der →Ergebnisverwendung sehen – nur durch die Rücklagenbewegungen sowie Gewinnvortrag bzw Verlustvortrag unterscheiden (→Gewinnverwendung). Da die beiden Ermittlungsschemata aber zum selben Ergebnis führen, wird in der Praxis idR vom kürzeren Schema und damit bei der Ermittlung vom Jahresüberschuss/-fehlbetrag ausgegangen.

*idR wird der operative Cashflow ausgehend vom Jahresüberschuss/-fehlbetrag ermittelt*

▶ Siehe **Arbeitsbuch**: **Beispiele zu E.2.c.**

## 2.d. Vergleich der Methoden

Wir haben in den obigen Punkten die originäre und derivative sowie die direkte und indirekte Ermittlung diskutiert. Von diesen Methoden ist die **derivative Ermittlung** über die Bilanz und GuV die in der Praxis dominierende Methode. Ausschlaggebend dafür sind mehrere Gründe:

- Im Vergleich zur originären Ermittlung spricht für die derivative Ermittlung vor allem die **derzeitige Ausgestaltung des Rechnungswesens** iS einer Dominanz von Bilanz und GuV. Dies begünstigt die derivative Ermittlung, da diese den operativen Cashflow über den Umweg von Bilanz und GuV ermittelt.
- Für die derivative Ermittlung spricht weiters der Umstand, dass im Rahmen der **externen Analyse idR nur die derivative Ermittlung möglich ist**. So stehen externen Adressaten wie Banken oder Investoren idR nur die Bilanz und die GuV für die Berechnung des Cashflows zur Verfügung.

Der Vorteil einer **originären Ermittlung** der Kapitalflussrechnung würde aber darin liegen, dass die Zahlungsströme eines Unternehmens im Rahmen der internen Steuerung unterschiedlich verdichtet genutzt werden könnten. Zu nennen ist hier vor allem der Einsatz der Kapitalflussrechnung im Rahmen der wertorientierten Steuerung sowie der Finanzplanung. Als Nachteil ist jedoch zu sehen, dass die originäre Ermittlung idR eine Neuorganisation des Rechnungswesens voraussetzt, da bei jedem Geschäftsfall bekannt sein muss, ob dieser zahlungswirksam ist oder nicht. So müssen zusätzliche Buchungsschlüssel betr die Unterscheidung aufgenommen werden, ob eine Buchung zu einer Veränderung der Liquidität iS der Fondsabgrenzung der Kapitalflussrechnung führt oder nicht.

Die indirekte Ermittlung des operativen Cashflows ist zwar einfacher durchzuführen als die direkte Ermittlung, doch müssen **zwei wesentliche Mängel der indirekten Methode** angeführt werden:

- Die indirekte Methode erzielt nur in jenen Fällen dasselbe Ergebnis wie die direkte Methode, in denen alle zahlungsunwirksamen Geschäftsfälle korrigiert werden.
- Die für die Abschätzung der zukünftigen Finanzlage und die interne Steuerung zentrale Struktur der Betriebsein- und Betriebsauszahlungen wird aus der indirekten Methode nicht ersichtlich. Die indirekte Ermittlung des operativen Cashflows ist damit für die interne Steuerung iS der finanziellen Steuerung und Finanzplanung weitgehend ungeeignet.

## 3. FALLSTUDIE ZUR KAPITALFLUSSRECHNUNG

### 3.a. Aufgabenstellung/Annahmen

Wir wollen im Folgenden an einer einfachen Fallstudie die verschiedenen Methoden betreffend die Erstellung einer Kapitalflussrechnung durchspielen: Also die Erstellung einer Kapitalflussrechnung auf Basis der originären Ermittlung sowie der derivativen direkten und indirekten Ermittlung. Basis dieser Ermittlung ist jeweils der **Fonds „Liquide Mittel (cash and cash equivalents)"**. *Zielsetzung der Fallstudie*

Um die Vorgehensweisen bei den unterschiedlichen Ermittlungsmethoden zeigen zu können, gehen wir davon aus, dass in unserem Unternehmen im Geschäftsjahr X02 die folgenden Geschäftsfälle angefallen sind: *angenommene Geschäftsfälle*

> Aus **Vereinfachungsgründen** vernachlässigen wir im Folgenden den Einfluss von Umsatzsteuer und Vorsteuer auf die behandelten Geschäftsfälle.

- Dividendenzahlung an die Aktionäre: 100.
- Mietvorauszahlung 100, dafür wird im Oktober für 6 Monate eine aktive Rechnungsabgrenzung in Höhe von 50 gebildet.
- Bezug von RHB-Stoffen in Höhe von 18.000, davon 14.000 gegen bar und 4.000 auf Lieferantenkredit.
- Tilgung von Lieferantenverbindlichkeiten aus der Vorperiode: 3.000.
- Produktionsbezogene Löhne in Höhe von 3.900 werden bezahlt.

> Aus Vereinfachungsgründen berücksichtigen wir die →Löhne nur in einem Posten (siehe dazu die Aufsplittung bei den →Löhnen).

- RHB-Stoffe in Höhe von 19.620 werden für die Produktion eingesetzt.
- Abschreibung der Gebäude: 125.
- Abschreibung der Maschinen und technischen Anlagen: 1.200.
- Abschreibung der Betriebs- und Geschäftsausstattung: 600.
- Aktivierung von Vorräten über den Posten „Bestandsveränderung an fertigen und unfertigen Erzeugnissen": 2.500.
- Umsatzerlöse aus dem Verkauf von Produkten: 31.500, davon 22.500 gegen bar und 9.000 auf Ziel.
- Eingang von Forderungen aus Lieferungen und Leistungen: 8.000.
- Wertberichtigung von Forderungen aus Lieferungen und Leistungen: 450.
- Bildung einer Garantierückstellung betr die verkauften Produkte: 315.
- Zahlung von Zinsen für einen aufgenommenen Bankkredit: 1.700.
- Zahlung von Gehältern für die Mitarbeiter im Vertrieb und in der allgemeinen Verwaltung: 1.200.

> Aus Vereinfachungsgründen berücksichtigen wir die →Gehälter nur in einem Posten (siehe dazu die Aufsplittung bei den →Gehältern).

- Zahlung von Beiträgen an die Pensionskasse betr die Mitarbeiter im Vertrieb und in der Verwaltung: 100.
- Zahlung von Werbungs- und Vertriebskosten: 2.600.

- Teilweise Tilgung eines Bankkredits: 2.000.
- Erwerb einer Beteiligung: 9.000; dieser Erwerb wird teilweise durch eine Eigenkapitalerhöhung in Höhe von 6.000 finanziert (Erl: durch diese Eigenkapitalerhöhung erhöht sich das Grundkapital um 4.000, die Kapitalrücklagen erhöhen sich um 2.000).
- Zahlung der Einkommensteuer betr das vorangegangene Geschäftsjahr X01 durch Auflösung der dafür gebildeten Rückstellung: 1.164.
- Bildung einer Rückstellung für Einkommensteuer betr das abgelaufene Geschäftsjahr X02 in Höhe von 535.
- Zuführung zu Gewinnrücklagen im Rahmen der Gewinnverwendung: 1.405.

Weiters unterstellen wir, dass mit Ausnahme der Zielverkäufe und der Rechnungsabgrenzungen die Erträge und Aufwendungen in derselben Periode zu Einzahlungen bzw Auszahlungen führen.

*angenommene **Bilanz** und **GuV***

Die Bilanz und GuV für das Geschäftsjahr X02 ergeben sich wie folgt:

Tab: *Schlussbilanz im GJ X02 (mit Angabe der Vorjahreszahlen)*

| Aktiva | 31.12.X01 | 31.12.X02 | Passiva | 31.12.X01 | 31.12.X02 |
|---|---|---|---|---|---|
| **Anlagevermögen** | **20.075** | **27.150** | **Eigenkapital** | **18.491** | **25.996** |
| **Sach-AV** | **20.075** | **18.150** | Grundkapital | 10.000 | 14.000 |
| Grundstücke | 2.000 | 2.000 | Kapitalrücklage | 5.000 | 7.000 |
| Gebäude | 4.875 | 4.750 | Gewinnrücklage | 3.391 | 4.796 |
| Maschinen | 10.800 | 9.600 | Bilanzgewinn | 100 | 200 |
| B/G-Ausstattung | 2.400 | 1.800 | **Rückstellungen** | **1.164** | **850** |
| **Finanz-AV** | **0** | **9.000** | Garantierückstellung | 0 | 315 |
| Beteiligungen | 0 | 9.000 | Steuerrückstellung | 1.164 | 535 |
| **Umlaufvermögen** | **19.580** | **18.646** | **Verbindlichkeiten** | **20.000** | **19.000** |
| RHB-Stoffe | 3.380 | 1.760 | Bankkredite | 17.000 | 15.000 |
| Erzeugnisse | 5.000 | 7.500 | Lieferantenvbdl | 3.000 | 4.000 |
| Forderungen LL | 8.000 | 8.550 | | | |
| Bank, Kassa | 3.200 | 836 | | | |
| **aRAP** | **0** | **50** | | | |
| Bilanzsumme | 39.655 | 45.846 | Bilanzsumme | 39.655 | 45.846 |

Tab: *GuV für das GJ X02 (Basis GKV)*

| | X02 |
|---|---|
| Umsatzerlöse | +31.500 |
| Bestandsveränderung an fertigen und unfertigen Erzeugnissen | +2.500 |
| Materialaufwand | -19.620 |
| Personalaufwand | -5.200 |
| Abschreibungen | -1.925 |
| Sonstiger betrieblicher Aufwand | -3.415 |
| **Betriebsergebnis** | **+3.840** |
| Dividendenertrag | - |
| Zinsaufwand | -1.700 |
| **Finanzergebnis** | **-1.700** |
| **Ergebnis der gewöhnlichen Geschäftstätigkeit** | **+2.140** |
| **Ao Ergebnis** | **-** |
| Steuern vom Einkommen und vom Ertrag | -535 |
| **Jahresüberschuss** | **+1.605** |
| Zuweisung zu Gewinnrücklagen | -1.405 |
| Ergebnisvortrag | 0 |
| **Bilanzgewinn** | **+200** |

## 3.b. Lösung

Aufbauend auf den im obigen Punkt dargestellten Annahmen beginnen wir nun mit der Lösung unserer Fallstudie:

Zuerst werden wir die **Kapitalflussrechnung originär ermitteln**.
Wie wir bei den erklärenden Ausführungen im vorangegangenen Punkt gesehen haben, werden bei der originären Ermittlung der Kapitalflussrechnung die Geschäftsfälle eines Unternehmens dahin gehend untersucht, ob diese iS der Fondsabgrenzung zahlungswirksam sind oder nicht, wobei nur jene Geschäftsfälle in der Kapitalflussrechnung ausgewiesen werden, die zahlungswirksam sind.

Diese Aufteilung nehmen wir für das Geschäftsjahr X02 nun in der folgenden **Tabelle** vor. Basis dafür ist der →Fonds „Liquide Mittel (cash and cash equivalents)".

*originäre Ermittlung:*
*Zugriff auf die einzelnen Geschäftsfälle iS der Zahlungswirksamkeit*

> **Hinweis**: Diese liquiden Mittel (cash and cash equivalents) umfassen aufgrund von deren →Definition in dieser Fallstudie nur den Posten „Kassa/Bank".

In der letzten Spalte dieser Tabelle erfolgt die Angabe, wo – im Falle der Zahlungswirksamkeit – der Ausweis in der Kapitalflussrechnung erfolgt.

Tab: *Zahlungswirksamkeit der Geschäftsfälle im GJ X02*

| Geschäftsfall | | zahlungs-wirksam | Mittelzufluss (+) Mittelabfluss (-) | Ausweis in der KFR |
|---|---|---|---|---|
| • Dividendenzahlung an die Aktionäre | -100 | ja | -100 | Finanzbereich |
| • Mietvorauszahlung | -100 | ja | -100 | Operativer Bereich |
| • Bildung einer aRAP | +50 | nein | - | - |
| • Bezug von RHB-Stoffen | -18.000 | teilweise | -14.000 | Operativer Bereich |
| • Tilgung von Lieferantenverbindlichkeiten | -3.000 | ja | -3.000 | Operativer Bereich |
| • Bezahlung produktionsbezogener Löhne | -3.900 | ja | -3.900 | Operativer Bereich |
| • Einsatz von RHB-Stoffen für die Produktion | -19.620 | nein | - | - |
| • Abschreibung Gebäude | -125 | nein | - | - |
| • Abschreibung Maschinen | -1.200 | nein | - | - |
| • Abschreibung B/G-Ausstattung | -600 | nein | - | - |
| • Aktivierung von Vorräten | +2.500 | nein | - | - |
| • Verkauf von Produkten | +31.500 | teilweise | +22.500 | Operativer Bereich |
| • Eingang von Forderungen aus LL | +8.000 | ja | +8.000 | Operativer Bereich |
| • Wertberichtigung von Forderungen aus LL | -450 | nein | - | - |
| • Bildung einer Garantierückstellung | -315 | nein | - | - |
| • Zahlung von FK-Zinsen | -1.700 | ja | -1.700 | Operativer Bereich |
| • Zahlung vertriebs- und verwaltungsbezogener Gehälter | -1.200 | ja | -1.200 | Operativer Bereich |
| • Zahlung an Pensionskasse betr Mitarbeiter in Vertrieb/Verwaltung | -100 | ja | -100 | Operativer Bereich |

| Geschäftsfall | | zahlungs-wirksam | Mittelzufluss (+) Mittelabfluss (-) | Ausweis in der KFR |
|---|---|---|---|---|
| • Zahlung von Werbungs- und Vertriebskosten | -2.600 | ja | -2.600 | Operativer Bereich |
| • Teilweise Tilgung eines Bankkredits | -2.000 | - | -2.000 | Finanzbereich |
| • Erwerb Beteiligung | -9.000 | ja | -9.000 | Investitionsbereich |
| • Kapitalerhöhung | +6.000 | ja | +6.000 | Finanzbereich |
| • Zahlung der Einkommensteuer betr GJ X01 | -1.164 | ja | -1.164 | Operativer Bereich |
| • Bildung einer Rückstellung für Steuern vom Einkommen und Ertrag betr das GJ X02 | -535 | nein | - | - |
| • Zuführung zu Gewinn-RL im Rahmen der Gewinnverwendung | +1.405 | nein | - | - |
| | | **Saldo** | **-2.364** | |

**KFR:**
*originäre Ermittlung*

Werden die obigen **zahlungswirksamen Geschäftsfälle** (siehe Spalte „Mittelzufluss/Mittelabfluss") nun in die Kapitalflussrechnung übertragen (siehe Spalte „Ausweis in der KFR"), so erhalten wir die in der folgenden →**Tabelle** dargestellte **Lösung**.

*direkte Ermittlung des operativen Cashflows*

Auf Basis der **originären Ermittlung** werden in der Kapitalflussrechnung die einzelnen Betriebsein- und Betriebsauszahlungen ausgewiesen. So sehen wir zB die Umsatzeinzahlungen, die Zahlungen für Material, Personal usw. Damit entspricht dieser Ausweis des operativen Cashflows auch der **direkten Methode**.

Tab: ***KFR** für das GJ X02 im Falle der **originären Ermittlung** (operativer Cashflow auf Basis der direkten Methode)*

| | | |
|---|---|---|
| | Umsatzeinzahlungen | +22.500 |
| | Umsatzeinzahlungen iS des Eingangs von Forderungen LL | +8.000 |
| | Materialauszahlungen | -14.000 |
| | Materialauszahlungen iS der Tilgung von Lieferantenverbindlichkeiten | -3.000 |
| | Personalzahlungen | -5.200 |
| | Mietzahlung | -100 |
| | Werbungs- und Vertriebskosten | -2.600 |
| | Steuern vom Einkommen und Ertrag | -1.164 |
| | Fremdkapitalzinsen | -1.700 |
| **1** | **Saldo operativer Bereich** | **+2.736** |
| | Erwerb einer Beteiligung | -9.000 |
| **2** | **Saldo Investitionsbereich** | **-9.000** |
| | Aufnahme Eigenkapital | +6.000 |
| | Tilgung Bankkredit | -2.000 |
| | Zahlung Dividende | -100 |
| **3** | **Saldo Finanzierungsbereich** | **+3.900** |
| **1+2+3** | **Vdg Fonds „Liquide Mittel"** | **-2.364** |
| + | Stand Liquide Mittel per 31.12.X01 | 3.200 |
| = | Stand Liquide Mittel per 31.12.X02 | 836 |

**Hinweis**: Der Schnittpunkt von **Kapitalflussrechnung** zur **Bilanz** ergibt sich über den Stand der **liquiden Mittel** per 31.12.X01 und 31.12.X02, welche auch in der Bilanz abgebildet sind.

> **Hinweis**: Vergleichen wir die einzelnen **Zahlen** des obigen **operativen Cashflows** mit den Zahlen der eingangs dargestellten GuV, so wird die unterschiedliche Abbildung von Kapitalflussrechnung und GuV iS von →Ein- und Auszahlungen versus →Erträge und Aufwendungen ersichtlich. Beispielsweise beim Vergleich der Posten „Umsatzerlöse, Material und Abschreibungen".

Berechnen wir den **operativen Cashflow** hingegen **indirekt**, so müssen wir entsprechend den → erläuternden Ausführungen das Jahresergebnis um die nicht zahlungswirksamen Aufwendungen und Erträge korrigieren. Für unser Beispiel ergibt sich somit:

*indirekte Ermittlung des operativen Cashflows*

|   |   |   |   |
|---|---|---|---:|
|   |   | Jahresüberschuss | +1.605 |
|   | + | Abschreibungen | +1.925 |
|   | + | Bildung Garantierückstellung (langfristig) | +315 |
|   |   | *Vdg des sonstigen Netto-Umlaufvermögens:* |   |
|   | + | Abnahme der RHB-Stoffe | +1.620 |
|   | - | Erhöhung der fertigen Erzeugnisse | -2.500 |
|   | - | Erhöhung der Forderungen aus LL | -550 |
|   | - | Erhöhung der aRAP | -50 |
|   | + | Zunahme der Lieferantenverbindlichkeiten | +1.000 |
|   | − | Abnahme der Steuerrückstellung | -629 |
| 1 | = | **Saldo operativer Bereich** | **+2.736** |

Beachten Sie, dass eine **Zunahme** einzelner Posten des **sonstigen Netto-Umlaufvermögens** in der Kapitalflussrechnung entsprechend unseren erläuternden Ausführungen als Mittelverwendung interpretiert wird (Ausweis mit negativem Vorzeichen), eine **Abnahme** einzelner Posten als Mittelzunahme (Ausweis mit positivem Vorzeichen). Siehe dazu die direkte versus indirekte Ermittlung des →operativen Cashflows.

> Beachten Sie auch nochmals, dass die Frage „**direkte versus indirekte Ermittlung" nur** den **operativen Cashflow betrifft**. Nicht tangiert werden durch diese Frage hingegen der Investitions- und Finanzierungsbereich, da die Cashflows dieser Bereiche grundsätzlich direkt ermittelt werden.

Entsprechend unseren Ausführungen muss der Saldo des operativen Bereichs nach der direkten und der indirekten Methode wiederum gleich hoch sein. In unserem Beispiel also +2.736.

Insgesamt hat sich im Geschäftsjahr X02 die Liquidität des Unternehmens somit um -2.364 verschlechtert (**Fondsveränderungsrechnung**). Wesentlichen Einfluss auf die Liquiditätsentwicklung dieses Geschäftsjahres hatte vor allem der Erwerb der Beteiligung in Höhe von 9.000. Da nach Teiltilgung des Bankkredits der Erwerb der Beteiligung nur zu einem kleinen Teil aus dem operativen Cashflow gedeckt werden konnte, musste neben dem Abbau der Bankguthaben eine Mittelaufnahme bei den Eigentümern/Aktionären (+6.000) durchgeführt werden.

*Interpretation der Ergebnisse für das GJ X02*

> Siehe dazu auch den **Zusammenhang** zwischen den einzelnen Bereichen der →**Ursachenrechnung** der Kapitalflussrechnung. **Langfristig** muss der operative Cashflow betreffend die Investitionen nicht nur zumindest alle Ersatzinvestitionen, sondern auch alle mit Erweiterungsinvestitionen zusammenhängenden Zahlungen decken können.

Inwieweit sich aus dem Beteiligungserwerb Mittelzuflüsse ergeben, werden erst die Kapitalflussrechnungen der nächsten Geschäftsjahre zeigen. Die Aktionäre/Eigentümer werden für das im Rahmen dieses Beteiligungserwerbs neu zugeführte Eigenkapital aber erhöhte Dividendenerwartungen haben. Die daraus resultierenden höheren Dividendenzahlungen werden den Finanzierungs-Cashflow (wo diese Dividendenauszahlungen ausgewiesen werden) somit in den nächsten Geschäftsjahren belasten.

Beachten Sie bei der Analyse von **Kapitalflussrechnungen** auch deren **Spezifika**: Da die Cashflows unperiodisierte Größen darstellen, schwanken sie im Zeitablauf stärker als Gewinne. Von daher ist im Rahmen der Analyse in der Praxis nicht nur ein Geschäftsjahr zu betrachten, die Analyse sollte vielmehr mehrere Geschäftsjahre mit einbeziehen. Dadurch werden „Ausreißer" in einzelnen Geschäftsjahren vermieden. Beispielsweise wirkt sich der Beteiligungserwerb (im Falle einer erfolgreichen Beteiligung) nur im GJ X02 negativ auf den Investitions-Cashflow aus. In den Folgeperioden wird der Investitions-Cashflow durch diesen Beteiligungserwerb aber idR nicht mehr tangiert. Dafür sollte der operative Cashflow positiv beeinflusst werden.

► Siehe **Arbeitsbuch: Beispiele** zu E.3.

► Siehe **Arbeitsbuch: Kontrollfragen** zu E.

# F. EINNAHMEN-AUSGABEN-RECHNUNG

| | |
|---|---|
| **Lernziele:** | Grundlagen und Stellung der Einnahmen-Ausgaben-Rechnung, Anwendung, Ermittlung des Erfolges, Methoden (Bruttomethode, Nettomethode), Abgrenzung zur Kapitalflussrechnung |

## 1. Grundlagen

Grundsätzlich ist die →**doppelte Buchhaltung** das zentrale Buchhaltungssystem für Unternehmen. **Bestimmte Unternehmer/Unternehmen** haben aber die Möglichkeit, anstelle der doppelten Buchhaltung die →**Erfolgsermittlung** auf Basis der sog Einnahmen-Ausgaben-Rechnung durchzuführen (→Buchführungspflicht, →Erfolgsermittlung).

*die Einnahmen-Ausgaben-Rechnung ist **nur für bestimmte Unternehmen** vorgesehen*

Zu diesen Unternehmen zählen neben kleineren Gewerbetreibenden auch die meisten freiberuflich Tätigen (ua Ärzte, Rechtsanwälte und Steuerberater).

Während die **doppelte Buchhaltung** für die Gewinnermittlung auf →**Erträge** und →**Aufwendungen** zurückgreift, ist die **Einnahmen-Ausgaben-Rechnung** ein vereinfachtes Buchhaltungssystem, da es sich **weitgehend** auf die Aufzeichnung der →**Zahlungsvorgänge** beschränkt (Erl: Die Einnahmen-Ausgaben-Rechnung entspricht von daher eher einer „→Einzahlungs-Auszahlungs-Rechnung").

*Erfolg eines GJ = Betriebseinnahmen abzgl Betriebsausgaben*

| |
|---|
| Der **Erfolg (Gewinn oder Verlust)** eines Geschäftsjahres ermittelt sich dementsprechend durch Gegenüberstellung der betriebsbedingten Einnahmen und der betriebsbedingten Ausgaben. |

Der Erfolg eines Geschäftsjahres ergibt sich somit mit:

| | |
|---|---|
| **Erfolg der Periode =** | Betriebseinnahmen |
| – | Betriebsausgaben |

Die Einnahmen-Ausgaben-Rechnung geht damit von **zwei Prämissen** aus:
* Es werden von einem Unternehmen vor allem Bareinkäufe und Barverkäufe bzw Leistungen gegen Barzahlung getätigt.
* Der Stand der Forderungen und Verbindlichkeiten verändert sich gegenüber den Vorperioden (Vorjahren) nur unwesentlich.

*zwei Prämissen der Einnahmen-Ausgaben-Rechnung*

Würden diese Voraussetzungen nicht vorliegen, so wäre der Periodenerfolg grundsätzlich nicht durch eine Einnahmen-Ausgaben-Rechnung, sondern – abgesehen von der Gewinnermittlung durch Reinvermögensvergleich – durch einen Vergleich der periodisierten Einnahmen (= Erträge) und der periodisierten Ausgaben (= Aufwendungen) zu ermitteln.

**Schnittpunkt** *zwischen* ***Einnahmen-Ausgaben-Rechnung*** *und* **KFR**

Aus den obigen Charakteristika wird auch ersichtlich, dass sehr enge Beziehungen zwischen der Einnahmen-Ausgaben-Rechnung und der →Kapitalflussrechnung bestehen. So bauen sowohl die Kapitalflussrechnung als auch die Einnahmen-Ausgaben-Rechnung auf Einzahlungen und Auszahlungen auf. Wir werden aber noch sehen, dass sich diese in der Behandlung der Privatentnahmen und der Investitionen unterscheiden.

## 2. Ermittlung

### 2.a. Grundsätzliche Ermittlungsschritte

***Erfolg eines GJ =*** *Betriebseinnahmen abzgl Betriebsausgaben*

Grundsätzlich ermittelt sich der Erfolg gem der Einnahmen-Ausgaben-Rechnung durch Gegenüberstellung der Betriebseinnahmen und der Betriebsausgaben während eines Geschäftsjahres, dh:

$$\text{Erfolg der Periode} = \begin{array}{l} \text{Betriebseinnahmen} \\ - \quad \text{Betriebsausgaben} \end{array}$$

*was zählt alles zu den* **Betriebseinnahmen***?*

Zu den **laufenden Betriebseinnahmen** zählen hierbei grundsätzlich all jene Geschäftsfälle, die in der doppelten Buchhaltung „laufende Erträge" darstellen. Im Gegensatz zur doppelten Buchhaltung werden sie in der Einnahmen-Ausgaben-Rechnung aber erst in jener Periode erfasst, in der sie zu einer Einzahlung führen (mittels Überweisung oder Barzahlung). Angesprochen ist damit die Unterscheidung zwischen →Einzahlungen, Einnahmen und Erträgen. Zu den Einnahmen gem Einnahmen-Ausgaben-Rechnung zählen beispielsweise:

Tab: *Beispiele betr Betriebseinnahmen iSd Einnahmen-Ausgaben-Rechnung*

| Geschäftsfall | Betriebs-einnahme | Erfassung |
|---|---|---|
| **operative Tätigkeit:** <br> • Einnahmen aus Lieferungen und Leistungen gegen Kassa/Bank: dazu zählen Barzahlungen, Vorauszahlungen sowie Zahlungen für bereits in Vorperioden auf Ziel gelieferte Waren | ja | in der Periode der Einzahlung |
| • Einnahmen aus Lieferungen und Leistungen gegen Wechsel | nein | Erfassung erst bei Einlösung des Wechsels |
| • erhaltene Anzahlungen | ja | in der Periode der Einzahlung |
| • Privatentnahmen von Waren oder Leistungen | ja | in der Periode der Entnahme |

Forts Tab: *Bsp betr Betriebseinnahmen iSd Einnahmen-Ausgaben-Rechnung*

| **Investitionstätigkeit:** | | |
|---|---|---|
| • Erlös aus dem Verkauf von Anlage-vermögen | ja | in der Periode der Einzahlung |
| **Finanzierungstätigkeit:** | | |
| • Aufnahme von Krediten | nein | keine Erfassung, da nicht erfolgs-wirksam |

Zu den **laufenden Ausgaben** zählen grundsätzlich all jene Geschäftsfälle, die in der doppelten Buchhaltung „laufenden Aufwand" darstellen. Im Gegensatz zur doppelten Buchhaltung werden sie in der Einnahmen-Ausgaben-Rechnung aber erst in jener Periode verrechnet, in der sie zu einer Auszahlung führen (mittels Überweisung oder Barzahlung). Angesprochen ist damit die Abgrenzung von →Auszahlungen, Ausgaben und Aufwendungen. Zu den Ausgaben gem Einnahmen-Ausgaben-Rechnung zählen beispielsweise:

*was zählt alles zu den* **Betriebsausgaben**?

Tab: *Beispiele betr Betriebsausgaben iSd Einnahmen-Ausgaben-Rechnung*

| **Geschäftsfall** | **Betriebs-ausgabe** | **Erfassung** |
|---|---|---|
| **operative Tätigkeit:** | | |
| • Zahlungen für Material- und Waren-einkäufe: dazu zählen Barzahlungen, Vorauszahlungen sowie Zahlungen betr bereits in Vorperioden einge-gangene Zielrechnungen | ja | in der Periode der Auszahlung |
| • Bezahlung von Reparaturen, Tele-fon, Miete, ... gegen Kassa/Bank | ja | in der Periode der Auszahlung |
| • Gehälter, Löhne | ja | in der Periode der Auszahlung (zu beachten ist aber, dass ua die Lohnsteuer für Dezember erst im nächsten Jahr überwiesen wird) |
| **Investitionstätigkeit:** | | |
| • Auszahlung für Anlagenkäufe | nein | dafür werden die planmäßigen Abschreibungen berücksichtigt |
| • planmäßige Abschreibungen betr Anlagenkäufe | ja | dafür werden die Auszahlungen für die Anlagenkäufe nicht be-rücksichtigt |
| **Finanzierungstätigkeit:** | | |
| • Rückzahlung von Krediten | nein | keine Erfassung, da nicht erfolgs-wirksam |
| • Bezahlung von Kreditzinsen | ja | in der Periode der Bezahlung |

*zwei Methoden für die Er-*
*mittlung des Erfolgs:*
*Bruttomethode und*
*Nettomethode*

Für die Ermittlung des Erfolgs gem der Einnahmen-Ausgaben-Rechnung stehen **zwei Methoden** offen:

- Die **Bruttomethode**, nach der alle Einnahmen und Ausgaben brutto, dh inkl USt angesetzt werden (mit Ausnahme der Privatentnahmen, die netto anzusetzen sind).
- Die **Nettomethode**, nach der alle Einnahmen und Ausgaben netto, dh ohne USt angesetzt werden.

*die Behandlung der USt*
*unterscheidet sich bei der*
*Brutto- und der*
*Nettomethode*

Diese Unterscheidung zwischen der Brutto- und der Nettomethode hat somit auch zentrale Auswirkungen hinsichtlich der Behandlung der USt:

- Die USt-Zahllasten stellen nur bei der **Bruttomethode** Betriebsausgaben in jener Periode dar, in der sie geleistet werden. Zu beachten ist, dass die Umsatzsteuer für die private Entnahme von Sachgütern und Leistungen aber keine Betriebsausgabe darstellt, da der Unternehmer in diesem Fall Letztverbraucher ist.

> IdR fallen unter die Betriebsausgaben eines Geschäftsjahres die USt-Zahllasten für November und Dezember des Vorjahres, da diese erst im nächsten Jahr (Jänner bzw Februar) überwiesen werden. Weiters fallen darunter die USt-Zahllasten für Jänner bis Oktober des laufenden Jahres (Erl: die USt betr Oktober ist bis 15. Dezember zu bezahlen). Siehe dazu § 21 Abs 1 UStG.

- Bei der **Nettomethode** wird die Umsatzsteuer als reiner Durchlaufposten betrachtet, da alle Einnahmen und Ausgaben netto (dh ohne Umsatzsteuer) angesetzt werden. Die Umsatzsteuer wirkt sich damit auf die Erfolgsermittlung nicht aus. Die von einem Unternehmen bezahlten Zahllasten sind damit keine Betriebsausgaben und dürfen daher bei der Erfolgsermittlung auch nicht berücksichtigt werden.

*Ermittlung der USt-*
*Zahllast:*
*USt nach dem Istsystem,*
*VSt nach dem Sollsystem*

Für die Ermittlung der Zahllast geltenden die folgenden Grundsätze:

- Die **Umsatzsteuer** betr die **Betriebseinnahmen** wird nach dem „**Istsystem**" ermittelt. Die Umsatzsteuerschuld entsteht damit am Ende jenes Monats, in dem die Zahlung eingeht.
- Die **Vorsteuer** wird nach dem „**Sollsystem**" ermittelt. Die Vorsteuerforderung entsteht damit am Ende jenes Monats, in dem sowohl die Lieferung erfolgt ist als auch eine dem USt-Gesetz entsprechende Rechnung vorliegt.

Zusammenfassend ergibt sich die Erfolgsermittlung im Vergleich „Brutto- versus Nettomethode" somit wie folgt:

Tab: *Gegenüberstellung von Brutto- und Nettomethode im Rahmen der Einnahmen-Ausgaben-Rechnung*

| Bruttomethode | Nettomethode |
|---|---|
|    Betriebseinnahmen inkl USt<br>+  Eigenverbrauch inkl USt<br>–  Betriebsausgaben inkl USt<br>–  Vorsteuer aus dem Kauf von Anlagen<br>+  eventueller Vorsteuerüberschuss (dh ein Saldo zugunsten des Unternehmens bei der USt-Abrechnung)<br>–  bezahlte USt-Zahllasten (idR Zahllast für November, Dezember des Vorjahres und für Jänner bis Oktober des laufenden Jahres) |    Betriebseinnahmen netto<br>+  Eigenverbrauch netto<br>–  Betriebsausgaben netto |
| **=  Erfolg (Gewinn/Verlust)** | **=  Erfolg (Gewinn/Verlust)** |

Hinweis: Der Eigenverbrauch unterliegt der USt (siehe dazu § 1 Abs 1 Z 2 UStG).

Als Spezifikum der Einnahmen-Ausgaben-Rechnung sei auf die Behandlung der **Investitionen** hingewiesen. Hierbei gelten die folgenden Grundsätze:

*Spezifikum betr die Behandlung von Investitionen*

- Die **Abschreibungen** stellen Betriebsausgaben dar. Zu berechnen sind sie auf Basis der Anschaffungskosten (inkl Nebenkosten), aber ohne Umsatzsteuer. Die Abschreibung beginnt ab dem Zeitpunkt der Inbetriebnahme einer Anlage, unabhängig vom Zeitpunkt deren Bezahlung. Wird beispielsweise eine Maschine im Oktober angeschafft, so wird die Abschreibung trotzdem iS der Halbjahresabschreibung berechnet.
- Die Vorsteuer betr die Anlagen wird in jener Periode geltend gemacht, in der die Rechnung bezahlt wird.
- Die Bildung steuerfreier Rücklagen (wie der →Übertragungsrücklage gem § 12 EStG) ist grundsätzlich auch für Einnahmen-Ausgaben-Rechner möglich.

Die Privatentnahmen werden bei der Einnahmen-Ausgaben-Rechnung als Einnahmen ausgewiesen.

*Spezifikum betr die Behandlung von Privatentnahmen*

## 2.b. Beispiel Bruttomethode versus Nettomethode

Für unser Beispiel zur Einnahmen-Ausgaben-Rechnung gehen wir von den in der folgenden Tabelle unterstellten Annahmen aus. Zu ermitteln ist der Erfolg des Geschäftsjahres auf Basis der Brutto- sowie der Nettomethode.

Tab: *Annahmen Beispiel zur Einnahmen-Ausgaben-Rechnung*

| Geschäftsfall | Netto (€) | USt (%) | USt | Brutto (€) |
|---|---|---|---|---|
| • Barverkäufe | 160.000 | 20 | 32.000 | 192.000 |
| • Zielverkäufe | 50.000 | 20 | 10.000 | 60.000 |
| • Eingang von Lieferforderungen aus Vorperioden | 30.000 | 20 | 6.000 | 36.000 |
| • Privatentnahme von Waren | 4.000 | 20 | 800 | 4.800 |
| • Bezahlung von Löhnen und Gehältern durch Banküberweisung | 38.000 | - | - | 38.000 |
| • Kauf von Vorräten gegen bar | 75.000 | 20 | 15.000 | 90.000 |
| • Bezug von Vorräten auf Ziel | 25.000 | 20 | 5.000 | 30.000 |
| • Zahlung von Lieferantenverbindlichkeiten | 18.000 | 20 | 3.600 | 21.600 |
| • Kauf einer EDV-Anlage (ND 4 Jahre, lineare Abschreibung); Begleichung durch Banküberweisung | 40.000 | 20 | 8.000 | 48.000 |
| • Aufnahme eines Bankkredits | 20.000 | - | - | 20.000 |
| • Bezahlung von Fremdkapitalzinsen | 1.000 | - | - | 1.000 |
| • Teilweise Rückzahlung eines Bankkredits | 6.000 | - | - | 6.000 |

Vereinfachend wird weiters unterstellt, dass die Umsatzsteuer und die Vorsteuer in derselben Rechnungsperiode bezahlt werden. Die USt-Zahllast wird damit noch innerhalb der hier betrachteten Rechnungsperiode beglichen.

Entsprechend der Brutto- und Nettomethode kommen wir zu den in der folgenden **Tabelle** dargestellten Erfolgen für das Geschäftsjahr. Hierbei ist zu beachten, dass die folgenden Geschäftsfälle bei der Ermittlung des Erfolges nicht berücksichtigt werden:

- Zielverkäufe
- Zielkauf von Vorräten
- Kauf der EDV-Anlage
- Aufnahme des Bankkredits
- teilweise Rückzahlung des Bankkredits.

Als **Ergebnisse** erhalten wir somit:

- Der Gewinn des Geschäftsjahres ist auf Basis der **Bruttomethode** € 53.400.
- Der Gewinn des Geschäftsjahres ist auf Basis der **Nettomethode** € 52.000.
- In der betrachteten Periode ist vom Unternehmen eine **USt-Zahllast** in Höhe von € 10.800 an das Finanzamt zu entrichten. Diese Zahllast stellt im Falle der **Bruttomethode** eine Betriebsausgabe dar. Im Falle der **Nettomethode** wird sie

hingegen nicht angesetzt, da die Umsatzsteuer als reiner Durchlaufposten betrachtet wird.

Tab:   *Ermittlung des Erfolges gem Einnahmen-Ausgaben-Rechnung auf Basis*
       *der Brutto- und der Nettomethode*

| | | Brutto-methode | Netto-methode | USt |
|---|---|---|---|---|
| **Betriebseinnahmen** | • Barverkäufe | +192.000 | +160.000 | +32.000 |
| | • Eingang von Lieferforderungen | +36.000 | +30.000 | +6.000 |
| | • Privatentnahme von Waren | +4.800 | +4.000 | +800 |
| **Gesamte Betriebseinnahmen** | | **+232.800** | **+194.000** | **+38.800** |
| **Betriebsausgaben** | • Bezahlung von Löhnen und Gehältern | -38.000 | -38.000 | - |
| | • Barkauf von Vorräten | -90.000 | -75.000 | 15.000 |
| | • Zielkauf von Vorräten | - | - | 5.000 |
| | • Bezahlung von Lieferantenverbindlichkeiten | -21.600 | -18.000 | -[1] |
| | • Kauf EDV-Anlage, davon: Bezahlte Vorsteuer betr die EDV-Anlage | - -8.000 | - | 8.000 |
| | • Abschreibung der EDV-Anlage | -10.000 | -10.000 | - |
| | • Bezahlung von Fremdkapitalzinsen | -1.000 | -1.000 | - |
| | • USt-Zahllast | -10.800 | | |
| **Gesamte Betriebsausgaben** | | **-179.400** | **-142.000** | **28.000** |
| **Gewinn Geschäftsjahr** (= Betriebseinnahmen – Betriebsausgaben) | | **53.400** | **52.000** | **10.800** (**Zahllast**) |

Erl:   [1] iS des Sollsystems wurde die Vorsteuer bereits bei Eingang der Rechnung geltend
       gemacht

> **Hinweis**: Würde im obigen Beispiel für die Berechnung der Zahllast die USt
> betreffend den Zielkauf der Vorräte (-5.000) und die Bezahlung der Lieferan-
> tenverbindlichkeit (+3.600) entsprechend korrigiert, so würde auch die **Brut-
> tomethode** - wie die **Nettomethode** - zu einem Gewinn des **Geschäftsjahres**
> von **52.000** kommen.

▶ Siehe **Arbeitsbuch**: **Beispiel** zu **F.2.**

▶ Siehe **Arbeitsbuch**: **Kontrollfragen** zu **F.**

# G. INTEGRATIVE FALLSTUDIE ZU BILANZ, GUV UND KAPITALFLUSSRECHNUNG

| | |
|---|---|
| **Lernziele:** | Ziel dieses Abschnitts ist es, die Funktionen und Zusammenhänge zwischen den einzelnen Instrumenten des Jahresabschlusses noch einmal zusammenfassend aufzuzeigen. Dazu werden wir die Geschäftsfälle eines Unternehmens während eines Geschäftsjahres sowohl in Bilanz und GuV als auch in der Kapitalflussrechnung abbilden. Da immer dieselben Geschäftsfälle zugrunde gelegt werden, werden somit auch die unterschiedlichen Abbildungen von Bilanz, GuV und Kapitalflussrechnung deutlich. |

# 1. AUFGABENSTELLUNG/ANNAHMEN

Für die nachfolgend dargestellten Geschäftsfälle des Geschäftsjahres X03 unseres Unternehmens sind die entsprechenden Buchungen vorzunehmen. Darauf aufbauend sind die folgenden Jahresabschlussinstrumente für dieses GJ X03 zu erstellen: *Aufgabenstellung*

- **Bilanz**, einschließlich des Anlagenspiegels,
- **GuV**, sowohl auf Basis des Gesamtkostenverfahrens als auch auf Basis des Umsatzkostenverfahrens,
- **Kapitalflussrechnung**, sowohl auf Basis der originären als auch auf Basis der derivativen Ermittlung, wobei die Unterschiede zwischen der direkten und indirekten Ermittlung betreffend den operativen Cashflow aufzuzeigen sind; Basis für die Ermittlung der Kapitalflussrechnung ist der →Fonds „Liquide Mittel (cash and cash equivalents)".

Die Eröffnungsbilanz unseres Unternehmens betr das GJ X03 ergibt sich wie folgt: *Eröffnungsbilanz*

Tab: *Eröffnungbilanz für das GJ X03*

| Aktiva | 1.1.X03 | Passiva | 1.1.X03 |
|---|---|---|---|
| **Anlagevermögen** | **27.150** | **Eigenkapital** | **25.996** |
| **Sach-AV** | **18.150** | Grundkapital | 14.000 |
| Grundstücke | 2.000 | Kapitalrücklage | 7.000 |
| Gebäude | 4.750 | Gewinnrücklage | 4.796 |
| Maschinen | 9.600 | Bilanzgewinn | 200 |
| B/G-Ausstattung | 1.800 | **Rückstellungen** | **850** |
| **Finanz-AV** | **9.000** | Garantierückstellung | 315 |
| Beteiligungen | 9.000 | Steuerrückstellung | 535 |
| **Umlaufvermögen** | **18.646** | **Verbindlichkeiten** | **19.000** |
| RHB-Stoffe | 1.760 | Bankkredite | 15.000 |
| Erzeugnisse | 7.500 | Lieferantenvbdl | 4.000 |
| Forderungen LL | 8.550 | | |
| Bank, Kassa | 836 | | |
| **aRAP** | **50** | | |
| Bilanzsumme | 45.846 | Bilanzsumme | 45.846 |

Im Geschäftsjahr X03 sind in unserem Unternehmen die **folgenden Geschäftsfälle**
angefallen:

> **Hinweis**: Hinsichtlich des **Hintergrunds** und der **Behandlung** dieser **Ge-
> schäftsfälle** sei auf die jeweiligen Stellen in den Abschnitten C. **(laufende
> Geschäftsfälle)** und D. **(Abschlussarbeiten)** dieses Buches verwiesen.

> Aus **Vereinfachungsgründen** vernachlässigen wir im Folgenden den Ein-
> fluss von Umsatzsteuer und Vorsteuer auf die behandelten Geschäftsfälle.
> Des Weiteren wird auf Vorauszahlungen betr die Steuern vom Einkom-
> men/Ertrag abgesehen. Materielle Auswirkungen auf den Aussagegehalt der
> Fallstudie ergeben sich dadurch aber nicht.

- Dividendenzahlung an die Aktionäre: 200.
- Ein Beteiligungsertrag von 200 fließt unserem Unternehmen zu; der Beteiligungsertrag unterliegt nicht der KESt und ist damit noch zu versteuern.
- Kauf von Maschinen in Höhe von 4.000, die Nutzungsdauer dieser Maschinen
  beträgt 10 Jahre.
- Kauf von Wertpapieren des Umlaufvermögens: 100.
- Auflösung einer aktiven RAP betr die Miete für ein Vertriebslager in Höhe von
  50; die Mietvorauszahlung für das GJ X03 beträgt 120; am Ende des Geschäfts-
  jahres wird eine neue Rechnungsabgrenzung für diese Mietvorauszahlung in Höhe von 60 gebildet.
- RHB-Stoffe in Höhe von 22.000 werden bezogen, davon 17.000 gegen bar und
  5.000 auf Lieferantenkredit.
- Tilgung von Lieferantenverbindlichkeiten aus Vorperioden: 4.000.
- Produktionsbezogene Löhne in Höhe von 4.170 werden bezahlt.

> Aus Vereinfachungsgründen berücksichtigen wir die Löhne nur in einem
> Posten. Bezüglich der Aufsplittung in die einzelnen Lohnbestandteile sei auf
> die entsprechenden Stellen des Buches verwiesen (→Löhne).

- RHB-Stoffe in Höhe von 21.550 werden für die Produktion eingesetzt.
- Abschreibung von Gebäuden: 125 (direkte Methode), davon entfallen auf die
  Produktion 100, auf den Vertrieb 12,5 und auf die allgemeine Verwaltung 12,5.
- Abschreibung von in der Produktion verwendete Maschinen: 1.600, davon entfallen 400 auf die im GJ X03 neu erworbenen Maschinen (direkte Methode).
- Abschreibung von Betriebs- und Geschäftsausstattung: 600 (direkte Methode),
  davon entfallen auf die Produktion 180, auf den Vertrieb 150 und auf die allgemeine Verwaltung 270.
- Im GJ X03 werden fertige Erzeugnisse mit einem Wert von 27.600 auf Lager
  produziert. Die Vorräte werden zu Vollkosten bewertet und setzen sich zusammen aus:

|   | | |
|---|---|---:|
|   | Materialeinzelkosten | 18.990 |
| + | Personaleinzelkosten | 3.210 |
| + | Materialgemeinkosten | 2.560 |
| + | Personalgemeinkosten | 960 |
| + | produktionsbedingte Abschreibungen | 1.880 |
| = | Herstellungskosten gesamt | 27.600 |

Gleichzeitig werden im GJ X03 für Verkäufe fertige Erzeugnisse mit einem Wert
von 25.300 vom Lager genommen. Der Aufbau auf Lager und die Entnahme
vom Lager werden jeweils über den Posten „Bestandsveränderung an fertigen
und unfertigen Erzeugnissen" verbucht.

- Umsatzerlöse aus dem Verkauf von Produkten: 38.500, davon werden 29.000 gegen bar und 9.500 auf Ziel verkauft.
- Eingang von Forderungen aus Lieferungen und Leistungen: 9000.
- Der Stand der Einzelwertberichtigung von Forderungen aus Lieferungen und Leistungen beträgt per 31.12.X02 450, per 31.12.X03 475.
- Bildung einer Garantierückstellung betr die verkauften Produkte: 70.
- Zahlung von Gehältern für Mitarbeiter im Vertrieb (450) und in der allgemeinen Verwaltung (850).

> Aus Vereinfachungsgründen berücksichtigen wir die Gehälter nur in einem Posten. Bezüglich der Aufsplittung in die einzelnen Gehaltsbestandteile sei auf die entsprechenden Stellen des Buches verwiesen (→Gehälter).

- Zahlung von Beiträgen an die Pensionskasse betr die Mitarbeiter im Vertrieb (40) und in der allgemeinen Verwaltung (80).

> Hinweis: Da Beiträge an eine Pensionskasse bezahlt werden, wird für die Mitarbeiter in Vertrieb und Verwaltung – wie für die Mitarbeiter in der Produktion - in der Bilanz keine Pensionsrückstellung gebildet. Für diesen Aspekt sei auf die Ausführungen zu den →Pensionsrückstellungen verwiesen.

- Zahlung von Werbungs- und Vertriebskosten: 3.300.
- Zahlung der Einkommensteuer betr das vorangegangene Geschäftsjahr X02: 535.
- Teilweise Tilgung des Bankkredits: 2.000.
- Zahlung der Zinsen für den Bankkredit: 1.500.

*weitere Annahmen*

Für das GJ X03 ist eine Dividendenausschüttung in Höhe von 500 geplant. Der Steuersatz für unser Unternehmen beträgt 25 % (Körperschaftssteuer). Da handels- und steuerrechtlich die gleichen Bilanzierungs- und Bewertungsgrundsätze verwendet werden, fallen im Rahmen der →**Mehr-Weniger-Rechnung** keine Korrekturen an.

# 2. LÖSUNG

*Lösungsschritte*

Für die Lösung unserer Fallstudie gehen wir in folgenden Schritten vor:

**Schritt 1**: Bilden der Buchungssätze.
**Schritt 2**: Übertragung der Buchungssätze in die Bilanz und GuV, Ermittlung der Steuerbelastung sowie Durchführung der Ergebnisverwendung.
**Schritt 3**: Ableitung der Kapitalflussrechnung.

## 2.a. Schritt 1: Bilden der Buchungssätze

Im ersten Schritt bilden wir die Buchungssätze zu unseren Geschäftsfällen:

*Bilden der Buchungssätze*

> Wie bereits einleitend erwähnt, vernachlässigen wir aus **Vereinfachungsgründen** im Folgenden den **Einfluss** von **Umsatzsteuer** und **Vorsteuer** auf die behandelten Geschäftsfälle. Materielle Auswirkungen auf den Aussagegehalt der Fallstudie ergeben sich dadurch aber nicht.

> Weiters vernachlässigen wir aus **Vereinfachungsgründen** im Folgenden auch die entsprechenden **Eröffnungs-** und **Abschlussbuchungen** betreffend die einzelnen Vermögens- und Kapitalkonten der Bilanz sowie die Abschlussbuchungen betreffend die Ertrags- und Aufwandskonten der GuV. Betreffend diese Buchungssätze sei auf das **Beispiel** zum →**Buchungskreislauf** verwiesen. Materielle Auswirkungen auf den Aussagegehalt der Fallstudie ergeben sich dadurch aber nicht.

a) Dividendenzahlung an die Aktionäre:

| Bilanzgewinn (9...) *200* | / | Bank (28..) *200* |
|---|---|---|

Beteiligungsertrag:

| Bank (28..) *200* | / | Beteiligungsertrag (80..) *200* |
|---|---|---|

Kauf von Maschinen:

| Maschinen (04..) *4.000* | / | Bank (28..) *4.000* |
|---|---|---|

Kauf von Wertpapieren des Umlaufvermögens:

| Wertpapiere des UV (26..) *100* | / | Bank (28..) *100* |
|---|---|---|

Auflösung der aktiven Rechnungsabgrenzung betr die Miete für ein Vertriebslager:

| Mietaufwand (74..) *50* | / | aktive RAP (29..) *50* |
|---|---|---|

b) Bezahlung der Miete im GJ X03 betr das Vertriebslager durch Banküberweisung:

| Mietaufwand (74..) *120* | / | Bank (28..) *120* |
|---|---|---|

Abgrenzung des Mietaufwands in X03:

| aktive RAP (29..) *60* | / | Mietaufwand (74..) *60* |
|---|---|---|

Erwerb von RHB-Stoffen: 17.000 bar und 5.000 auf Lieferantenkredit:

| RHB-Stoffe (11.., 13.., 14..) *22.000* | / | Bank (28..) *17.000* |
|---|---|---|
| | | Lieferantenkonto (33..) *5.000* |

Tilgung von Lieferantenverbindlichkeiten aus Vorperioden:

| Lieferantenkonto (33..) *4.000* | / | Bank (28..) *4.000* |
|---|---|---|

Bezahlung der produktionsbedingten Löhne:

| Löhne (60..) *4.170* | / | Bank (28..) *4.170* |
|---|---|---|

> Aus Vereinfachungsgründen berücksichtigen wir die Löhne nur in einem Posten. Bezüglich der Aufsplittung in die einzelnen Lohnbestandteile sei auf die entsprechenden Stellen des Buches verwiesen (→Löhne).

Einsatz von RHB-Stoffen für die Produktion:

| Materialaufwand (5...) *21.550* | / | RHB-Stoffe (11.., 13.., 14..) *21.550* |
|---|---|---|

Planmäßige Abschreibungen des Sach-AV (direkte Abschreibung):

| | |
|---|---|
| Abschreibung (70..) *125* | / Gebäude (02..) *125* |
| Abschreibung (70..) *1.600* | / Maschinen (04..) *1.600* |
| Abschreibung (70..) *600* | / B/G-Ausstattung (06..) *600* |

Aktivierung der im GJ X03 produzierten Waren über die „Bestandsveränderung an fertigen und unfertigen Erzeugnissen":

| | |
|---|---|
| Fertige Erzeugnisse (15..) *27.600* | / Bestandsveränderung (45..) *27.600* |

Entnahme von produzierten Waren über die „Bestandsveränderung an fertigen und unfertigen Erzeugnissen":

| | |
|---|---|
| Bestandsveränderung (45..) *25.300* | / Fertige Erzeugnisse (15..) *25.300* |

Verkauf von Waren gegen bar (29.000) und auf Ziel (9.500):

| | |
|---|---|
| Bank (28..) *29.000* | / Umsatzerlöse (40..) *38.500* |
| Forderungen LL (20..) *9.500* | |

Eingang von Forderungen aus LL:

| | |
|---|---|
| Bank (28..) *9.000* | / Forderungen LL (20..) *9.000* |

Wertberichtigung von Forderungen aus LL:

| | |
|---|---|
| Zuweisung zu Einzelwertberichtigungen (78..) *25* | / Einzelwertberichtigung zu Forderungen LL (20..) *25* |

Bildung einer Garantierückstellung betr die verkauften Produkte:

| | |
|---|---|
| Dotation Garantierückstellung (78..) *70* | / Garantierückstellung (30..) *70* |

Bezahlung der verwaltungs- und vertriebsbezogenen Gehälter:

| | |
|---|---|
| Gehälter (62..) *1.300* | / Bank (28..) *1.300* |

> Aus Vereinfachungsgründen berücksichtigen wir die Gehälter nur in einem Posten. Bezüglich der Aufsplittung in die einzelnen Gehaltsbestandteile sei auf die entsprechenden Stellen des Buches verwiesen (→Gehälter).

Bezahlung von Beiträgen an die Pensionskasse betr Mitarbeiter in der Verwaltung und im Vertrieb:

| | |
|---|---|
| Gehälter (62..) *120* | / Bank (28..) *120* |

Bezahlung Werbungs- und Vertriebskosten:

| | |
|---|---|
| Werbungskosten (76..) *3.300* | / Bank (28..) *3.300* |

c) Zahlung der Einkommensteuer betr das vorangegangene Geschäftsjahr X02:

| | |
|---|---|
| Steuerrückstellung (30..) *535* | / Bank (28..) *535* |

d) Teilweise Tilgung des Bankkredits:

| Bankkredit (31..) *2.000* | / | Bank (28..) *2.000* |

Bezahlung von FK-Zinsen betr den Bankkredit:

| Zinsaufwand (82..) *1.500* | / | Bank (28..) *1.500* |

## 2.b. Schritt 2: Übertragen der Buchungssätze in die Bilanz und GuV

*Erläuterung der Teilschritte*

Ausgangspunkt für die Ermittlung der Schlussbilanz ist die **Eröffnungsbilanz** per 1.1.X03 (siehe die **Annahmen** und die folgende →**Tabelle**).

> **Hinweis**: Betreffend die hierbei erforderlichen **Eröffnungsbuchungen** sei auf die entsprechenden Ausführungen an anderer Stelle dieses Buches verwiesen (→**Buchungskreislauf**).

Aufbauend auf dieser Eröffnungsbilanz übertragen wir nun in die **Spalten a-d** der folgenden →**Tabelle** die Buchungssätze betreffend die Geschäftsfälle unseres Unternehmens im GJ X03. Die **Aufteilung** der **Geschäftsfälle** haben wir in der **Tabelle** dabei wie folgt vorgenommen:

**Spalte a**: Dividendenzahlung an die Aktionäre, Beteiligungsertrag, Investition in das Sachanlagevermögen (Maschinen) und das Finanzvermögen (Wertpapiere), Auflösung der aktiven Rechnungsabgrenzungen.

**Spalte b**: Alle Buchungen betreffend die Leistungserstellung (Produktion) und den Verkauf, einschließlich der Wertberichtigungen von Forderungen sowie der Bildung von Garantierückstellungen.

**Spalte c**: Zahlung der Steuern vom Einkommen und Ertrag betreffend das Vorjahr.

**Spalte d**: Rückzahlung und Bedienung Bankkredit (Fremdkapitalzinsen).

**Spalte e**: Bildung der Steuerrückstellung für das GJ X03 und Berücksichtigung der Ergebnisverwendung.

Bevor wir die Spalte „e" lösen können, müssen wir aber die Steuerbelastung für das GJ X03 sowie die Ergebnisverwendung für dieses Geschäftsjahr berechnen.

*Ermittlung der Steuerbelastung*

Wie wir aus der vorläufigen GuV in der letzten Spalte der →**Tabelle** ersehen, weist unser Unternehmen im Geschäftsjahr X03 im Falle der →**Maßgeblichkeit** einen zu versteuernden Gewinn in Höhe von 6.530 aus (Erl: Betriebsergebnis +7.830 abzgl Finanzergebnis –1.300). Dies gilt sowohl auf Basis des Gesamtkostenverfahrens als auch auf Basis des Umsatzkostenverfahrens, da diese definitionsgemäß zum selben Ergebnis führen.

| | | |
|---|---|---:|
| | Betriebsergebnis | +7.830 |
| +/- | Finanzergebnis | -1.300 |
| +/- | ao Ergebnis | - |
| = | **Gewinn vor Steuern** | **+6.530** |
| +/- | Mehr-Weniger-Rechnung | - |
| = | **zu versteuerndes Ergebnis** | **+6.530** |
| - | Steuern vom Einkommen und Ertrag (25 %) | -1.633 |
| = | **Jahresüberschuss** | **+4.898** |

Gehen wir annahmegemäß davon aus, dass im Rahmen der **Mehr-Weniger-Rechnung keine Korrekturen** anfallen und dass wir keine Vorauszahlungen für die Steuer vom Einkommen/Ertrag (KÖSt) geleistet haben, so muss unser Unternehmen für die daraus resultierenden Steuerzahlungen (Steuersatz 25 %) Vorsorge über die Bildung einer **Steuerrückstellung** treffen (dh 25 % von 6.530). Als **Buchungssatz** ergibt sich:

e) Bildung der Steuerrückstellung betreffend das Geschäftsjahr X03:

> Steuern vom Einkommen u. Ertrag / Steuerrückstellung (30..) *1.633*
> (85..) *1.633*

*Durchführung der Ergebnisverwendung*

Durch die (voraussichtliche) Steuerbelastung verringert sich der ausschüttbare Gewinn des Geschäftsjahres X03 von 6.530 auf 4.898 (Erl: 6.530 abzgl 1.633). Entsprechend unseren Annahmen plant unser Unternehmen eine Dividendenausschüttung an die Aktionäre für dieses Geschäftsjahr in Höhe von 500, aufgrund derer in die Gewinnrücklage ein Betrag von 4.398 eingestellt werden kann. Die **Ergebnisverwendung** ergibt sich somit mit:

| | | |
|---|---|---:|
| | Jahresüberschuss | +4.898 |
| – | Zuführung zu Gewinnrücklagen | -4.398 |
| + | Auflösung von Rücklagen | - |
| = | Bilanzgewinn | 500 |
| – | geplante Dividendenausschüttung | 500 |
| = | Gewinnvortrag | 0 |

> **Hinweis**: Da die **Bilanz nach →Ergebnisverwendung** aufgestellt wird, wird als Bilanzgewinn der für die Ausschüttung (Dividenden) vorgesehene Betrag ausgewiesen. Der Differenzbetrag der geplanten Dividendenausschüttung (500) zum Jahresüberschuss (4.898) wird daher in die Gewinnrücklagen eingestellt.

Als **Buchungssatz** ergibt sich:

e) Zuweisung zu Gewinnrücklagen:

| Zuweisung zu Gewinnrücklagen (89..) *4.398* | / | Gewinnrücklage (93..) *4.398* |
|---|---|---|

*Ergebnis: Schlussbilanz und GuV*

Berücksichtigen wir nun auch die Steuerbelastung und die Ergebnisverwendung in der Spalte „e", so erhalten wir als Summe aus Eröffnungsbilanz und der Spalten a-e die **Schlussbilanz** für das Geschäftsjahr X03. Für die Erfolgsrechnung ergibt die Summe der Spalten a-e die **GuV** für das Geschäftsjahr X03 (Hinweis: Rundungen können Differenzen ergeben).

> **Hinweis**: Beachten Sie, dass für die **GuV keine Eröffnungsbuchungen** anfallen. Diesbezüglich sei auf die Erläuterungen zum Zusammenhang der Jahresabschlussinstrumente iS des →Buchungskreislaufes verwiesen.

> **Hinweis**: Da die Zahlen aus Gründen der Übersichtlichkeit ohne Kommastellen ausgewiesen werden, können **Rundungen Differenzen** in Bilanz, GuV und/oder KFR ergeben.

Tab: *Eröffnungs- und Schlussbilanz für das GJ X03*

| | 1.1.X03 | a | b | c | d | e | 31.12.X03 |
|---|---|---|---|---|---|---|---|
| **AV** | **27.150** | | | | | | **28.825** |
| **Sach-AV** | **18.150** | | | | | | **19.825** |
| Grundstücke | 2.000 | | | | | | 2.000 |
| Gebäude | 4.750 | | -125 | | | | 4.625 |
| Maschinen | 9.600 | +4.000 | -1.600 | | | | 12.000 |
| B/G-Ausstattung | 1.800 | | -600 | | | | 1.200 |
| **Finanz-AV** | **9.000** | | | | | | **9.000** |
| Beteiligungen | 9.000 | | | | | | 9.000 |
| **Umlaufvermögen** | **18.646** | | | | | | **21.826** |
| RHB-Stoffe | 1.760 | | +450 | | | | 2.210 |
| Erzeugnisse | 7.500 | | +2.300 | | | | 9.800 |
| Forderungen aus LL | 8.550 | | +475 | | | | 9.025 |
| Wertpapiere | - | +100 | | | | | 100 |
| Bank, Kassa | 836 | -4.100 | +7.990 | -535 | -3.500 | | 691 |
| **aRAP** | **50** | -50 | +60 | | | | **60** |
| **Eigenkapital** | **25.996** | | | | | | **30.694** |
| Grundkapital | 14.000 | | | | | | 14.000 |
| Kapitalrücklage | 7.000 | | | | | | 7.000 |
| Gewinnrücklage | 4.796 | | | | | +4.398 | 9.194 |
| Bilanzgewinn | 200 | -50 | +7.880 | +/-0 | -1.500 | -6.030 | 500 |
| **Rückstellungen** | **850** | | | | | | **2.018** |
| Garantierückstellung | 315 | | +70 | | | | 385 |
| Steuerrückstellung | 535 | | | -535 | | +1.633 | 1.633 |
| **Verbindlichkeiten** | **19.000** | | | | | | **18.000** |
| Bankkredite | 15.000 | | | | -2.000 | | 13.000 |
| Lieferantenvbdl | 4.000 | | +1.000 | | | | 5.000 |
| Bilanzsumme | 45.845 | -50 | +8.950 | -535 | -3.500 | +/-0 | 50.711 |

Tab: *GuV für das GJ X03 (Basis GKV)*

| | a | b | c | d | e | X03 |
|---|---|---|---|---|---|---|
| Umsatzerlöse | | +38.500 | | | | +38.500 |
| Bestandsveränderung | | +2.300 | | | | +2.300 |
| Materialaufwand | | -21.550 | | | | -21.550 |
| Personalaufwand | | -5.590 | | | | -5.590 |
| Abschreibungen | | -2.325 | | | | -2.325 |
| Sonst betriebl Aufwand | -50 | -3.455 | | | | -3.505 |
| **Betriebsergebnis** | **-50** | **+7.880** | **-** | **-** | **-** | **+7.830** |

Tab: *GuV für das GJ X03 (Basis UKV)*

| | a | b | c | d | e | X03 |
|---|---|---|---|---|---|---|
| Umsatzerlöse | | +38.500 | | | | +38.500 |
| Herstellungskosten | | -25.300[2)] | | | | -25.300 |
| **Bruttoergebnis vom Umsatz** | | | | | | **+13.200** |
| Vertriebskosten | -50[1)] | -4.107[3)] | | | | -4.157 |
| Allg Verwaltungskosten | | -1.212[4)] | | | | -1.212 |
| **Betriebsergebnis** | **-50** | **+7.880** | **-** | **-** | **-** | **+7.830** |

Erl: [1)] betr die aRAP auf das Vertriebslager; [2)] Warenentnahme vom Lager gemäß Angabe; [3)] WB zu Forderungen 25, Bildung Garantierückstellung 70, Gehälter Vertrieb 450, Beiträge Pensionskasse betr Vertrieb 40, Werbungs- und Vertriebskosten 3.300, abgegrenzter Mietaufwand Vertriebslager 60, Abschreibungen betr Vertrieb für Gebäude 12,5 und B/G-Ausstattung 150; [4)] Gehälter allgemeine Verwaltung 850, Beiträge Pensionskasse betr allgemeine Verwaltung 80, Abschreibungen betr allgemeine Verwaltung für Gebäude 12,5 und B/G-Ausstattung 270

Tab: *Forts GuV für das GJ X03 (Basis GKV und UKV)*

| | a | b | c | d | e | X03 |
|---|---|---|---|---|---|---|
| Dividendenertrag | +200 | | | | | +200 |
| Zinsaufwand | | | | -1.500 | | -1.500 |
| **Finanzergebnis** | **+200** | **-** | **-** | **-1.500** | **-** | **-1.300** |
| **EGT** | **+150** | **+7.880** | **-** | **-1.500** | | **+6.530** |
| **Ao Ergebnis** | **-** | **-** | **-** | **-** | **-** | **-** |
| Steuern | | | | | -1.633 | -1.633 |
| **Jahresüberschuss** | **+150** | **+7.880** | | **-1.500** | **-1.633** | **+4.898** |
| Zuführung Gewinn-RL | | | | | -4.398 | -4.398 |
| Ergebnisvortrag | | | | | | - |
| **Bilanzgewinn** | **+150** | **+7.880** | **-** | **-1.500** | **-6.030** | **+500** |

Die **Bilanz** und die **GuV** für das **Geschäftsjahr X03** ergeben sich somit wie folgt:  *Abschluss des GJ X03*

Tab: *Schlussbilanz im GJ X03 (mit Vergleich der Vorjahreszahlen)*

| Aktiva | 31.12.X02 | 31.12.X03 | Passiva | 31.12.X02 | 31.12.X03 |
|---|---|---|---|---|---|
| **Anlagevermögen** | **27.150** | **28.825** | **Eigenkapital** | **25.996** | **30.694** |
| **Sach-AV** | **18.150** | **19.825** | Grundkapital | 14.000 | 14.000 |
| Grundstücke | 2.000 | 2.000 | Kapitalrücklage | 7.000 | 7.000 |
| Gebäude | 4.750 | 4.625 | Gewinnrücklage | 4.796 | 9.194 |
| Maschinen | 9.600 | 12.000 | Bilanzgewinn | 200 | 500 |
| B/G-Ausstattung | 1.800 | 1.200 | **Rückstellungen** | **850** | **2.018** |
| **Finanz-AV** | **9.000** | **9.000** | Garantierückstellung | 315 | 385 |
| Beteiligungen | 9.000 | 9.000 | Steuerrückstellung | 535 | 1.633 |
| **Umlaufvermögen** | **18.646** | **21.826** | **Verbindlichkeiten** | **19.000** | **18.000** |
| RHB-Stoffe | 1.760 | 2.210 | Bankkredite | 15.000 | 13.000 |
| Erzeugnisse | 7.500 | 9.800 | Lieferantenvbdl | 4.000 | 5.000 |
| Forderungen LL | 8.550 | 9.025 | | | |
| Wertpapiere | - | 100 | | | |
| Kassa, Bank | 836 | 691 | | | |
| **aRAP** | **50** | **60** | | | |
| Bilanzsumme | 45.846 | 50.711 | Bilanzsumme | 45.846 | 50.711 |

Tab: *(Verkürzter) Anlagenspiegel für das GJ X03*

| Anlagen-spiegel | AK/HK | | | | Abschreibungen | | | | | Bilanz-wert |
|---|---|---|---|---|---|---|---|---|---|---|
| | Stand 1.1. X03 | Zu-gänge | Ab-gänge | Stand 31.12. X03 | Stand 1.1. X03 | Ab-schrei-bungen | Zu-schrei-bungen | Ab-gänge | Stand 31.12. X03 | 31.12. X03 |
| **Sach-AV** | **22.000** | **4.000** | **-** | **26.000** | **3.850** | **2.325** | **-** | **-** | **6.175** | **19.825** |
| Grundstücke | 2.000 | - | - | 2.000 | - | - | - | - | - | 2.000 |
| Gebäude | 5.000 | - | - | 5.000 | 250 | 125 | - | - | 375 | 4.625 |
| Maschinen | 12.000 | 4.000 | - | 16.000 | 2.400 | 1.600 | - | - | 4.000 | 12.000 |
| B/G-Ausstatt. | 3.000 | - | - | 3.000 | 1.200 | 600 | - | - | 1.800 | 1.200 |
| **Finanz-AV** | **9.000** | **-** | **-** | **9.000** | **-** | **-** | **-** | **-** | **-** | **9.000** |
| Beteiligungen | 9.000 | - | - | 9.000 | - | - | - | - | - | 9.000 |
| **Gesamtes AV** | **31.000** | **4.000** | **-** | **35.000** | **3.850** | **2.325** | **-** | **-** | **6.175** | **28.825** |

Tab: *GuV für das GJ X03 (Basis GKV)*

| | X02 | X03 |
|---|---|---|
| Umsatzerlöse | +31.500 | +38.500 |
| Bestandsveränderung an fertigen und unfertigen Erzeugnissen | +2.500 | +2.300 |
| Materialaufwand | -19.620 | -21.550 |
| Personalaufwand | -5.200 | -5.590 |
| Abschreibungen | -1.925 | -2.325 |
| Sonstiger betrieblicher Aufwand | -3.415 | -3.505 |
| **Betriebsergebnis** | **+3.840** | **+7.830** |
| Dividendenertrag | - | +200 |
| Zinsaufwand | -1.700 | -1.500 |
| **Finanzergebnis** | **-1.700** | **-1.300** |
| **Ergebnis der gewöhnlichen Geschäftstätigkeit (EGT)** | **+2.140** | **+6.530** |
| **Ao Ergebnis** | **-** | **-** |
| Steuern vom Einkommen und vom Ertrag | -535 | -1.633 |
| **Jahresüberschuss** | **+1.605** | **+4.898** |
| Zuweisung zu Gewinnrücklagen | -1.405 | -4.398 |
| Ergebnisvortrag | - | - |
| **Bilanzgewinn** | **+200** | **+500** |

Tab: *GuV für das GJ X03 (Basis UKV)*

| | X02 | X03 |
|---|---|---|
| Umsatzerlöse | +31.500 | +38.500 |
| Herstellungskosten der zur Erzielung der Umsatzerlöse erbrachten Leistungen | -22.500 | -25.300 |
| **Bruttoergebnis vom Umsatz** | **+9.000** | **+13.200** |
| Vertriebskosten | -4.008 | -4.157 |
| Allg Verwaltungskosten | -1.153 | -1.212 |
| **Betriebsergebnis** | **+3.840** | **+7.830** |
| Dividendenertrag | - | +200 |
| Zinsaufwand | -1.700 | -1.500 |
| **Finanzergebnis** | **-1.700** | **-1.300** |
| **Ergebnis der gewöhnlichen Geschäftstätigkeit (EGT)** | **+2.140** | **+6.530** |
| **Ao Ergebnis** | **-** | **-** |
| Steuern vom Einkommen und vom Ertrag | -535 | -1.633 |
| **Jahresüberschuss** | **+1.605** | **+4.898** |
| Zuweisung zu Gewinnrücklagen | -1.405 | -4.398 |
| Ergebnisvortrag | - | - |
| **Bilanzgewinn** | **+200** | **+500** |

## 2.c. Schritt 3: Ableitung der Kapitalflussrechnung

Wie wir bei den erklärenden Ausführungen zur →Kapitalflussrechnung gesehen haben, werden bei der →originären Ermittlung die Geschäftsfälle eines Unternehmens dahin gehend untersucht, ob diese iS der Fondsabgrenzung zahlungswirksam sind oder nicht, wobei nur jene Geschäftsfälle in die Kapitalflussrechnung aufgenommen werden, die zahlungswirksam sind.

*KFR:*
*originäre Ermittlung*

Diese Aufteilung nehmen wir nun in der folgenden →**Tabelle** für den **Fonds** „→**Liquide Mittel** (→cash and cash equivalents)" vor, wobei zu den Liquiden Mittel in unserer Fallstudie annahmegemäß nur der Bilanzposten „Kassa/Bank" zählt. In der letzten Spalte der Tabelle erfolgt die Angabe, wo – im Falle der Zahlungswirksamkeit – der Ausweis in der Kapitalflussrechnung erfolgt.

> **Hinweis**: Im Grunde geht es bei der **originären Ermittlung** des **Cashflow-Statements** um nichts anderes, als dass sämtliche Bewegungen auf den Konten der „Liquiden Mittel" gesammelt und strukturiert werden. Wenn wir also alle **Buchungssätze**, die wir in **Schritt 1** der **Fallstudie** gebildet haben und die das Konto „Kassa bzw Bank" betreffen, nehmen und dem operativen Cashflow, dem Investitions- und dem Finanzierungs-Cashflow zuweisen, so haben wir damit auch gleichzeitig das Cashflow-Statement. Dasselbe tun wir implizit auch in der folgende **Tabelle**, da wir die einzelnen Geschäftsfälle hinsichtlich zahlungswirksam und zahlungsunwirksam einstufen.

Tab: *Zahlungswirksamkeit der Geschäftsfälle im GJ X03*

| Geschäftsfall | | zahlungs-wirksam | Mittelzufluss (+) Mittelabfluss (–) | Ausweis in der KFR |
|---|---|---|---|---|
| • | Dividendenzahlung an die Aktionäre | -200 | ja | -200 | Finanzbereich |
| • | Beteiligungsertrag | +200 | ja | +200 | Operativer Bereich |
| • | Kauf von Maschinen | -4.000 | ja | -4.000 | Investitionsbereich |
| • | Kauf Wertpapiere des UV | -100 | ja | -100 | Investitionsbereich |
| • | Auflösung der aRAP | -50 | nein | - | - |
| • | Mietvorauszahlung | -120 | ja | -120 | Operativer Bereich |
| • | Bildung einer aRAP betr die Mietvorauszahlung | +60 | nein | - | - |
| • | Bezug von RHB-Stoffen | -22.000 | teilweise | -17.000 | Operativer Bereich |
| • | Tilgung von Lieferantenvbdl aus Vorperioden | -4.000 | ja | -4.000 | Operativer Bereich |
| • | Bezahlung produktionsbezogener Löhne | -4.170 | ja | -4.170 | Operativer Bereich |
| • | Einsatz von RHB-Stoffen für die Produktion | -21.550 | nein | - | - |
| • | Abschreibung Gebäude | -125 | nein | - | - |
| • | Abschreibung Maschinen | -1.600 | nein | - | - |
| • | Abschreibung B/G-Ausstattung | -600 | nein | - | - |
| • | Produktion von Erzeugnissen auf Lager | +27.600 | nein | - | - |
| • | Entnahme von Erzeugnissen vom Lager | -25.300 | nein | - | - |
| • | Verkauf von Produkten | +38.500 | teilweise | +29.000 | Operativer Bereich |

| Geschäftsfall | | zahlungs-wirksam | Mittelzufluss (+) Mittelabfluss (–) | Ausweis in der KFR |
|---|---|---|---|---|
| • | Eingang von Forderun-gen aus LL | +9.000 | ja | +9.000 | Operativer Bereich |
| • | Wertberichtigung von Forderungen aus LL | -25 | nein | - | - |
| • | Bildung einer Garantie-rückstellung | -70 | nein | - | - |
| • | Zahlung verwaltungs- und vertriebsbezogener Gehälter | -1.300 | ja | -1.300 | Operativer Bereich |
| • | Zahlung an Pensions-kasse betr Mitarbeiter in Vertrieb/Verwaltung | -120 | ja | -120 | Operativer Bereich |
| • | Werbungs- und Ver-triebskosten | -3.300 | ja | -3.300 | Operativer Bereich |
| • | Zahlung der Einkom-mensteuer betr GJ X02 | -535 | ja | -535 | Operativer Bereich |
| • | Tilgung Bankkredit | -2.000 | ja | -2.000 | Finanzbereich |
| • | Zahlung von FK-Zinsen betr Bankkredit | -1.500 | ja | -1.500 | Operativer Bereich |
| • | Rückstellung für Steu-ern vom Einkommen u. Ertrag betr GJ X03 | -1.633 | nein | - | - |
| • | Zuführung zu den Ge-winn-RL im Rahmen der Gewinnverwendung | -4.398 | nein | - | - |
| | | | **Saldo** | **-145** | |

*KFR auf Basis der originä-ren Ermittlung*

Werden die obigen zahlungswirksamen Geschäftsfälle (siehe Spalte „Mittelzu-fluss/Mittelabfluss") nun in die Kapitalflussrechnung übertragen, so erhalten wir die folgende Lösung (mit Angabe der Vorjahreszahlen, wobei für das GJ X02 auf die Fallstudie zur →Kapitalflussrechnung in Abschnitt E. verwiesen sei; Hinweis: Rundungen können Differenzen ergeben):

Tab: *KFR für das GJ X03 im Falle der originären Ermittlung; (operativer Cashflow auf Basis der direkten Methode)*

| | | X02 | X03 |
|---|---|---|---|
| | Umsatzeinzahlungen | +22.500 | +29.000 |
| | Umsatzeinzahlungen iS des Eingangs v Forderungen LL | +8.000 | +9.000 |
| | Materialauszahlungen | -14.000 | -17.000 |
| | Materialauszahlungen iS der Tilgung v Lieferantenvbdl | -3.000 | -4.000 |
| | Personalkosten | -5.200 | -5.590 |
| | Werbungs- und Vertriebskosten | -2.600 | -3.300 |
| | Mietzahlungen | -100 | -120 |
| | Steuern vom Einkommen und Ertrag | -1.164 | -535 |
| | Beteiligungsertrag | - | +200 |
| | Fremdkapitalzinsen | -1.700 | -1.500 |
| **1** | **Saldo operativer Bereich** | **+2.736** | **+6.155** |
| | Kauf von Maschinen | - | -4.000 |
| | Erwerb Beteiligung | -9.000 | - |
| | Kauf von Wertpapieren des UV | - | -100 |
| **2** | **Saldo Investitionsbereich** | **-9.000** | **-4.100** |
| | Aufnahme Eigenkapital | +6.000 | - |
| | Tilgung Bankkredit | -2.000 | -2.000 |
| | Zahlung Dividende | -100 | -200 |
| **3** | **Saldo Finanzierungsbereich** | **+3.900** | **-2.200** |
| **1+2+3** | **Vdg Fonds „Liquide Mittel"** | **-2.364** | **-145** |
| **+** | Stand Liquide Mittel per 1.1.Xn | 3.200 | 836 |
| **=** | Stand Liquide Mittel per 31.12.Xn | 836 | 691 |

Wir sehen in der obigen Kapitalflussrechnung auch, dass im operativen Cashflow die Betriebsein- und die Betriebsauszahlungen ausgewiesen werden. Also zB die Umsatzeinzahlungen, die Auszahlungen für Material, Personal usw. Damit entspricht der obige Ausweis des operativen Cashflows auch der **direkten Methode**.

*direkte Ermittlung des operativen Cashflows*

Berechnen wir den operativen Cashflow für das GJ X03 hingegen **indirekt**, so ergibt sich:

*indirekte Ermittlung des operativen Cashflows*

| | | | |
|---|---|---|---:|
| | | Jahresüberschuss | +4.898 |
| | + | Abschreibungen | +2.325 |
| | + | Bildung Garantierückstellung (langfristig) | +70 |
| | +/– | *Vdg des sonstigen Netto-Umlaufvermögens:* | |
| | - | Erhöhung RHB-Stoffe | -450 |
| | - | Erhöhung fertige Erzeugnisse | -2.300 |
| | - | Erhöhung Forderungen LL | -475 |
| | - | Erhöhung aRAP | -10 |
| | + | Erhöhung Lieferantenverbindlichkeiten | +1.000 |
| | + | Erhöhung Steuerrückstellung | +1.098 |
| **1** | **=** | **Saldo operativer Bereich** | **+6.155** |

Beachten Sie, dass eine **Erhöhung** einzelner Posten des **Netto-UV** in der Kapitalflussrechnung entsprechend unseren erläuternden Ausführungen als **Mittelverwendung** interpretiert wird (Ausweis mit negativem Vorzeichen), eine **Abnahme** einzelner Posten als **Mittelzunahme**.

> **Hinweis**: Beachten Sie auch nochmals, dass die Frage „**direkte versus indirekte Ermittlung**" nur den **operativen Cashflow** betrifft. Nicht tangiert werden durch diese Frage hingegen der Investitions- und Finanzierungsbereich, da die Cashflows dieser Bereiche grundsätzlich direkt ermittelt werden.

Entsprechend unseren Ausführungen muss der Saldo des operativen Bereichs nach der direkten und der indirekten Methode wiederum gleich hoch sein (+6.155).

Im Geschäftsjahr X03 hat sich die Liquidität des Unternehmens um -145 verschlechtert (**Fondsveränderungsrechnung**). Ausschlaggebend für diese Verschlechterung sind trotz des gegenüber dem Vorjahr verbesserten positiven operativen Cashflows (Zunahme um +3.419) vor allem die Investition in neue Maschinen mit -4.000 sowie die Teiltilgung des Bankkredits mit -2.000 (**Ursachenrechnung**). Allerdings sind die Mittelzuflüsse aus dem operativen Cashflow in diesem Geschäftsjahr nun höher als die Investitionen dieses Geschäftsjahres.

*Interpretation der KFR*

## 2.d.  Erläuterung der Schnittpunkte

In dieser Fallstudie sehen wir auch wiederum die **Schnittpunkte** zwischen den einzelnen **Instrumenten** des **Jahresabschlusses** (siehe dazu auch die →**Abbildung**):

*Schnittpunkt zwischen Bilanz und GuV ist der Bilanzgewinn*

- **Schnittpunkt** zwischen **Bilanz** und **GuV**: Der **Bilanzgewinn** von € 500 wird sowohl in der GuV als auch in der Bilanz (innerhalb des Eigenkapitals) ausgewiesen. Während aber die GuV aufzeigt, wie dieser Bilanzgewinn zustande gekommen ist, hilft der Bilanzgewinn in der Bilanz die Finanzlage zu erklären (siehe dazu die statischen Liquiditätskennzahlen im Rahmen der →**Analyse**).

> **Erl**: So zeigt die **Bilanz** für das GJ X03 nur auf, dass der Bilanzgewinn 500 ist, die **GuV** zeigt zusätzlich auf, dass sich dieser Bilanzgewinn aus einem Betriebsergebnis von +7.830, einem Finanzergebnis von –1.300, Steuern von –1.633 sowie einer Dotierung der Gewinnrücklagen von 4.398 zusammensetzt. Die GuV erlaubt damit einen Einblick in die „**Qualität**" des **Ergebnisses**, beispielsweise die Frage, in welchem Ausmaß der Gewinn aus dem Kernbereich eines Unternehmens (Betriebsergebnis) stammt oder nicht (siehe dazu auch die →**Analyse** der Erfolgssituation).

*Schnittpunkt zwischen Bilanz und Anlagenspiegel ist der (Rest-)Buchwert des Anlagevermögens*

- Der **Schnittpunkt** zwischen **Bilanz** und **Anlagenspiegel** ergibt sich über die (Rest-)Buchwerte des Anlagevermögens. Diese Restbuchwerte scheinen sowohl in der Bilanz im Anlagevermögen als auch im Anlagenspiegel auf. Allerdings weist der Anlagenspiegel nun zusätzlich die (historischen) Anschaffungs-/Herstellungskosten sowie die kumulierten Abschreibungen betreffend die einzelnen Vermögensgegenstände des Anlagevermögens auf. Betrachten wir nur das gesamte Anlagevermögen, so sehen wir den (Rest-)Buchwert des Anlagevermögens (€ 28.825) sowohl in der Bilanz als auch im Anlagenspiegel.

> **Erl**: Im Gegensatz zur **Bilanz** wird aus dem **Anlagenspiegel** somit auch das „Investitionsvolumen" eines Unternehmens ersichtlich. So hat das Unternehmen der Fallstudie im Anlagevermögen bisher Investitionen in Höhe von 31.000 getätigt, die aufgrund von Abschreibungen in der Bilanz nur mehr mit einem Wert von 28.825 ausgewiesen werden. Allerdings ist zu berücksichtigen, dass gewisse Investitionen in der Bilanz nicht abgebildet werden (siehe dazu die Ausführungen zur →Bilanz).

Abb: *Integriertes Rechnungswesen iS von Bilanz, Anlagenspiegel, GuV und Kapitalflussrechnung am Beispiel der Fallstudie*

|  | 31.12.X02 | 31.12.X03 |
|---|---|---|
| **Anlagevermögen** | 27.150 | **28.825** |
| Sonstiges UV | 17.810 | 21.135 |
| aRAP | 50 | 60 |
| **„Liquide Mittel"** | **836** | **691** |
| Grundkapital Rücklagen | 25.796 | 30.194 |
| **Bilanzgewinn** | 200 | **500** |
| Rückstellungen | 850 | 2.018 |
| Verbindlichkeiten | 19.000 | 18.000 |

**Bilanz**

**Anlagenspiegel**

|  |  |
|---|---|
| historische AK/HK per 1.1.X03 | 31.000 |
| + Zugänge | +4.000 |
| - Abgänge | - |
| + Zuschreibungen | - |
| - kumulierte Abschreibungen | -6.175 |
| +/- Umbuchungen | - |
| = **(Rest-)BW AV per 31.12.X03** | **28.825** |

**GuV**

|  |  |
|---|---|
| Betriebsergebnis | +7.830 |
| +/- Finanzergebnis | -1.300 |
| = EGT | +6.530 |
| +/- Ao Ergebnis | - |
| - Steuern vom Einkommen/Ertrag | -1.633 |
| = **Jahresübschuss/-fehlbetrag** | **+ 4.898** |
| - Zuführung zu Gewinnrücklagen | -4.398 |
| + Auflösung von Rücklagen | - |
| +/- Ergebnisvortrag | - |
| = **Bilanzgewinn** | **+500** |

**KFR**

|  |  |
|---|---|
| Operativer Cashflow | +6.155 |
| +/- Investitions-Cashflow | -4.100 |
| +/- Finanzierungs-Cashflow | -2.200 |
| = **Vdg „Liquide Mittel"** | **-145** |
| Stand „Liquide Mittel" per 1.1.X03 | 836 |
| Stand „Liquide Mittel" per 31.12.X03 | 691 |

Hinweis: Rundungen können Differenzen ergeben

- Der **Schnittpunkt** zwischen der **Kapitalflussrechnung** und der **Bilanz** ergibt sich über die **liquiden Mittel** (**cash and cash equivalents**), die in beiden Instrumenten gleich hoch sind. Somit ist auch die Veränderung der liquiden Mittel in der Bilanz als auch in der Kapitalflussrechnung gleich hoch. In unserer Fallstudie haben die liquiden Mittel um € -145 abgenommen. Während aber die Bilanz nur aufzeigt, in welcher Höhe sich diese liquiden Mittel verändern, zeigt die Kapitalflussrechnung zusätzlich auf, warum sich diese liquiden Mittel verändert haben.

> **Erl**: So haben die liquiden Mittel in der **Bilanz** um 145 abgenommen, was ohne weitere Informationen nur schwer als positiv oder negativ einzuschätzen ist. Die **Kapitalflussrechnung** trennt nun aber in den operativen Bereich (Veränderung der liquiden Mittel um +6.155), den Investitionsbereich (Veränderung der liquiden Mittel um -4.100) sowie den Finanzierungsbereich (Veränderung der liquiden Mittel um -2.200). Damit werden auch die **Gründe** für die Abnahme der liquiden Mittel ersichtlich und können besser eingeschätzt werden. Beispielsweise ist es gänzlich unterschiedlich zu beurteilen, ob eine Abnahme der liquiden Mittel durch einen negativen operativen Cashflow (dh das Kerngeschäft kann die laufenden Zahlungen nicht decken) oder durch Investitionen (wie in unserer Fallstudie) bedingt ist.

▶ Siehe **Arbeitsbuch**: **Beispiele** zu G.

# H. ANALYSE VON JAHRESABSCHLÜSSEN

| **Lernziele:** | In diesem Abschnitt werden zuerst zentrale Kennzahlen behandelt, die im Rahmen der Jahresabschlussanalyse für die Beurteilung der Liquiditäts-, Ertrags- und Rentabilitätslage von Unternehmen zur Anwendung kommen können. Darauf aufbauend werden mögliche Bereiche aufgezeigt, welche den Aussagegehalt von Kennzahlen reduzieren können. Den Abschluss bildet die Berechnung der Kennzahlen auf Basis der Fallstudie in Abschnitt G. |
|---|---|

## 1. ZIELGRUPPEN UND EBENEN DER ANALYSE

An den Informationen des Jahresabschlusses (Bilanz, GuV und Kapitalflussrechnung) sind sowohl interne als auch externe Gruppen interessiert:

*den Jahresabschluss nutzen* **interne** *und* **externe** **Gruppen**

- **Intern** nutzen den Jahresabschluss vor allem das **Management** und das **Controlling**, welche die darin gegebenen Informationen als Grundlage für die Unternehmenssteuerung verwenden. Je nach Verhältnis zwischen internem (Leistungs- und Kostenrechnung) und externem Rechnungswesen (handelsrechtlicher Abschluss) kommt dem Jahresabschluss hierbei ein mehr oder weniger hoher Stellenwert zu. Angesprochen ist in diesem Zusammenhang auch die Frage Einkreissystem versus Zweikreissystem (→interne Rechnungen).
- **Extern** sind vor allem **Aktionäre** und **Banken** am Jahresabschluss interessiert, welche sich mit den im Jahresabschluss gegebenen Informationen über die Qualität ihrer Investments bzw ihrer Kreditvergaben orientieren wollen. Vor allem kleinere Investoren können ihrer Beurteilung idR nur jene Informationen zugrunde legen, die von Unternehmen freiwillig oder gezwungenermaßen nach außen gegeben werden. Bei Unternehmen, die der Publizitätspflicht unterliegen, ist dies in erster Linie der Jahresabschluss, bestehend aus Bilanz, GuV, (sofern verlangt) Kapitalflussrechnung, Anhang und (sofern verlangt) Lagebericht (→Jahresabschluss, Instrumente). Weitere Informationen können diese Gruppen nur der Wirtschaftspresse und Verlautbarungen der Unternehmen (Pressekommuniqués) entnehmen.

> **Hinweis**: Oft vernachlässigt wird, dass auch der →**Anhang** wichtige **Informationen** für die **Analyse** enthält. Beispielsweise werden im Anhang **weitere/tiefergehende Angaben** zu einzelnen **Bilanz-** und **GuV-Posten** gemacht. Auch wird eine Aufteilung der Verbindlichkeiten nach der Laufzeit vorgenommen (der sog „**Verbindlichkeitenspiegel**").

*Analyseebenen*:
Analyse im Zeitablauf und
Konkurrenzvergleich

Diese Zielgruppen analysieren Unternehmen auf zwei *Ebenen*:

- **Ebene I**: Analyse der Entwicklung eines Unternehmens im Zeitablauf über die einzelnen vergangenen Geschäftsjahre und die prognostizierte zukünftige Entwicklung (**Periodenvergleich**).
- **Ebene II**: Vergleich eines Unternehmens mit anderen Unternehmen derselben Branche (**Branchenvergleich/Betriebsvergleich**).

*Gliederungskennzahlen,
Beziehungskennzahlen,
Indexkennzahlen*

Die Basis solcher Vergleiche bilden **Kennzahlen**. Diese Kennzahlen setzen absolute Zahlen zueinander ins Verhältnis, wobei hierfür Zähler und Nenner der jeweiligen Kennzahl in einem sinnvollen Zusammenhang zueinander stehen müssen. Berechnet werden neben Gliederungskennzahlen und Beziehungskennzahlen auch Indexkennzahlen:

- Bei **Gliederungskennzahlen** werden Teilgrößen einer Gesamtgröße gegenübergestellt: beispielsweise das Verhältnis des Umlaufvermögens zum gesamten Vermögen oder das Verhältnis des Eigenkapitals zum gesamten Kapital.
- Bei **Beziehungskennzahlen** werden verschiedene Gesamtheiten, die aber zueinander in einem sinnvollen Zusammenhang stehen, einander gegenübergestellt: beispielsweise das Verhältnis des Eigenkapitals zum Anlagevermögen, des Eigen- und langfristigen Fremdkapitals zum Anlagevermögen oder des Umlaufvermögens zum kurzfristigen Fremdkapital.
- Bei **Indexkennzahlen** wird der Wert eines Basiszeitpunktes als 100 % angenommen und alle weiteren Veränderungen einer Kennzahl im Verhältnis zu diesem Basiswert ausgedrückt. Damit werden vor allem zeitliche Veränderungen bzw Entwicklungen einer Kennzahl ersichtlich, beispielsweise bei Aktien- und Preisindizes.

*Kennzahlen zur Liquidität,
Investition, Finanzierung,
Ertragslage und Rentabilität*

Welche Kennzahlen nun genau im Rahmen der Analyse zur Anwendung kommen, hängt von der jeweiligen **Fragestellung** ab:

- Die Frage, ob der *Fortbestand eines Unternehmens* in finanzieller Hinsicht abgesichert ist: Angesprochen sind hier die Kennzahlen zur **Liquidität**, **Investition** und **Finanzierung**.
- Darauf aufbauend interessiert vor allem die Frage, *wie gut oder schlecht ein Unternehmen arbeitet*: Angesprochen sind hier die Kennzahlen zur **Ertragslage/Rentabilität** sowie wiederum die Kennzahlen zur **Investitionstätigkeit**, da sich die Investitionstätigkeit nicht nur auf die Liquidität auswirkt, sondern auch als Indikator für die zukünftige Ertragslage dienen kann.

*Kennzahlensysteme*
verknüpfen verschiedene/
mehrere Kennzahlen mit-
einander

Auf Basis solcherart ermittelter Kennzahlen lässt sich die Analyse von Jahresabschlüssen über die Verwendung von *Kennzahlensystemen* erweitern. Diese Kennzahlensysteme bauen auf mehreren einzelnen Kennzahlen auf, die zueinander in einer bestimmten Beziehung stehen und jeweils spezifische Aspekte erfassen. Sie sind idR hierarchisch angeordnet und münden in einer oder mehreren Spitzenkennzahl/-en, die die wichtigsten Aussagen des Systems in komprimierter Form vermitteln. Beispielsweise im Falle des →ROI-Schemas, auf das noch eingegangen wird.

Solche hierarchisch geordneten Kennzahlensysteme haben **zwei Vorteile**:

- Zum einen werden die quantitativen Auswirkungen von **Veränderungen** einzelner Kennzahlen auf hierarchisch höhere Kennzahlen dieses Kennzahlensystems deutlich.
- Zum anderen ermöglichen sie eine **Ursachenanalyse** dahin gehend, warum sich hierarchisch höhere Kennzahlen verändert haben.

Schließlich ist noch hinsichtlich der **zeitlichen Dimension der Analyse** wie folgt zu unterscheiden:

- Bei der **retrospektiven Analyse** werden Kennzahlen aus Jahresabschlüssen bereits abgeschlossener Geschäftsjahre berechnet.
- Bei der **prospektiven Analyse** erfolgt die Berechnung der Kennzahlen auf Basis von Planbilanzen, Plan-GuV und Plankapitalflussrechnungen.

*Kennzahlensysteme ermöglichen sowohl eine **Analyse der Veränderungen** als auch eine **Ursachenanalyse***

*retrospektive und prospektive Analyse*

Abb: *Analyse von Jahresabschlüssen mittels Kennzahlen*

# 2. ZENTRALE KENNZAHLEN UND KENNZAHLENSYSTEME

## 2.a. Liquiditätskennzahlen

*inwieweit kann ein Unternehmen seine **laufenden Zahlungen** und **Investitionen finanzieren**?*

Wie einleitend beschrieben, beschäftigen wir uns zuerst mit der Frage, ob der Fortbestand eines Unternehmens in finanzieller Hinsicht abgesichert ist. Diese Frage stellt sich neben den **Auszahlungen** für die **laufende Geschäftstätigkeit** (ua Personalzahlungen, Materialzahlungen, Zins- und Steuerzahlungen) auch im Zusammenhang mit **Investitionen**, bei denen die zeitliche Struktur der Ein- und Auszahlungen idR deutlich auseinander klafft:

- So erfordern Investitionsprojekte im Investitionszeitpunkt zunächst (beträchtliche) Auszahlungen.
- Die Rückflüsse aus diesen Investitionen sind aber erst in späteren Perioden zu erwarten.

Der aus dieser **zeitlichen Inkongruenz** resultierende Finanzbedarf (Kapitalbedarf) muss - wie die laufenden Zahlungen - von einem Unternehmen abgedeckt werden. Die Sicherung der Liquidität ist damit das vorrangige Ziel des Finanzmanagements einer Unternehmung.

> **Hinweis**: Hinsichtlich der Ermittlung dieses Finanzbedarfs sei auch auf die **Struktur** der **Kapitalflussrechnung** iS von laufenden Ein- und Auszahlungen aus der Geschäftstätigkeit (**operativer Bereich**), Ein- und Auszahlungen aus Desinvestitionen und Investitionen (**Investitionsbereich**) sowie Ein- und Auszahlungen aus Finanzierungen (**Finanzierungsbereich**) verwiesen (→Kapitalflussrechnung, Ursachenrechnung).

*2 Aspekte der Liquidität: statische und dynamische Interpretation*

Die Frage der Liquidität stellt sich für ein Unternehmen in zweifacher Hinsicht:

- In **statischer Hinsicht** beschreibt die Liquidität die Fähigkeit eines Unternehmens, seinen fälligen Zahlungsverpflichtungen jederzeit nachkommen zu können. Angesprochen sind hier die statischen Liquiditätskennzahlen.
- In **dynamischer Hinsicht** beschreibt die Liquidität die Fähigkeit eines Unternehmens zur Erzielung von Einzahlungsüberschüssen. Angesprochen sind hier die dynamischen Liquiditätskennzahlen.

Die **Abbildung** gibt einen Überblick über diesen Analysebereich, den wir im Folgenden näher diskutieren werden.

Abb: *Analyse der Liquiditätslage eines Unternehmens mittels Kennzahlen*

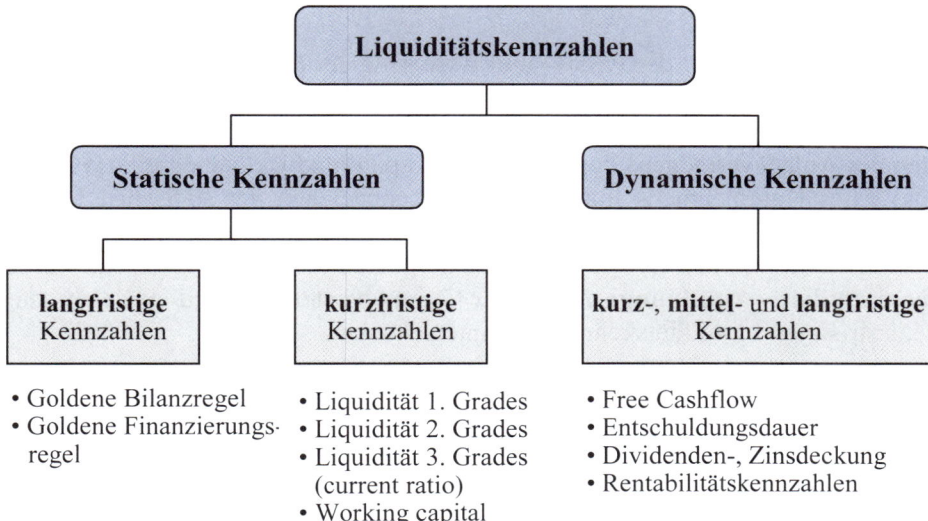

## 2.a.1. Statische Liquiditätskennzahlen

Die Kennzahlen der statischen Liquiditätsanalyse gehen davon aus, dass - entsprechend dem **Prinzip der Fristenkongruenz** - zwischen der Bindungsdauer der in einem Unternehmen investierten Mittel und der jeweiligen Kapitalüberlassungsdauer (zumindest) Übereinstimmung herrschen muss.

*die **Finanzierungsregeln** leiten sich aus dem Prinzip der **Fristenkongruenz** ab*

 Entsprechend dem Prinzip der **Fristenkongruenz** ist somit **langfristiges Vermögen** durch langfristiges Kapital (Eigenkapital und langfristiges Fremdkapital) zu finanzieren, **kurzfristiges Vermögen** durch kurzfristiges Kapital.

Da die Kennzahlen dieser Analyse Posten der Aktiv- und Passivseite der Bilanz iSv Mittelverwendung und Mittelherkunft gegenüberstellen, werden sie auch als **horizontale Bilanzstrukturkennzahlen** bezeichnet. Im Sinne einer **Risikobegrenzungsnorm** liegt solchen Gegenüberstellungen die Vorstellung zugrunde, dass durch die Einhaltung des Grundsatzes der Fristenkongruenz die Liquidität eines Unternehmens gesichert werden kann.

*horizontale Kennzahlen: Kapitalposten werden Vermögensposten gegenübergestellt*

Im Vergleich dazu zeigen die Kennzahlen zur Vermögensintensität den Anteil des Anlage- bzw des Umlaufvermögens am gesamten Vermögen (sog **vertikale Kennzahlen**):

*vertikale Vermögenskennzahlen*

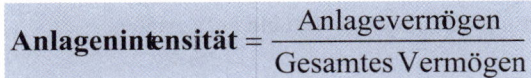

$$\text{Anlagenintensität} = \frac{\text{Anlagevermögen}}{\text{Gesamtes Vermögen}}$$

$$\textbf{Umlaufintensität} = \frac{\text{Umlaufvermögen}}{\text{Gesamtes Vermögen}}$$

*die **Zuordnung von Aktiv- und Passivposten** iS der Liquiditätskennzahlen ist idR nur auf aggregierter Ebene möglich*

Die Gruppenbildung auf der Passiv- und Aktivseite der Bilanz wird notwendig, da einzelne Finanzierungsposten idR nicht einzelnen Posten des Anlage- oder Umlaufvermögens zuordenbar sind. Beispielsweise ist idR nicht zuordenbar, welche Posten des Anlagevermögens durch das Eigenkapital und welche durch das Fremdkapital eines Unternehmens finanziert sind. Kennzeichen der statischen Liquiditätskennzahlen ist somit, dass die in der Bilanz ausgewiesenen **Gruppen von Aktivposten** zu bestimmten **Gruppen von Passivposten** in Beziehung gesetzt werden (siehe dazu die →**Abbildung**). Bei dieser Gegenüberstellung wird zwischen lang- und kurzfristigen Liquiditätskennzahlen unterschieden.

Abb: *Prinzip der Fristenkongruenz (iSd goldenen Finanzierungsregel)*

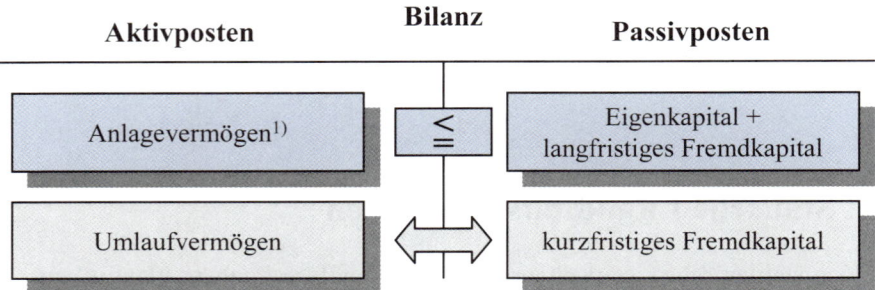

Erl: [1] allenfalls erhöht um langfristige Teile des UV (eiserner Bestand an Vorräten)

*langfristige Kennzahlen: Verhältnis von langfristigem Vermögen zu langfristigem Kapital*

Die **langfristigen Liquiditätskennzahlen** stellen das langfristig gebundene Vermögen dem langfristigen Kapital gegenüber. In der Literatur und Praxis finden sich dazu unterschiedliche *langfristige Deckungsgrade*:

> **Hinweis**: Diese **Deckungsgrade** unterscheiden sich dahin gehend, ob nur das Anlagevermögen oder das Anlagevermögen zzgl langfristig gebundenem Umlaufvermögen (eiserner Bestand an Vorräten, dh jenen Bestand, den ein Unternehmen immer halten muss, um seine Lieferbereitschaft gewährleisten zu können) dem Eigenkapital oder dem Eigenkapital zzgl langfristigem Fremdkapital gegenübergestellt wird:

$$\textbf{Deckungsgrad A}: \frac{\text{EK}}{\text{AV}} \geq 1$$

$$\textbf{Deckungsgrad B}: \frac{\text{EK} + \text{langfristiges FK}}{\text{AV}} \geq 1 \quad [1]$$

Erl: [1] allenfalls korrigiert um den eisernen Bestand an Vorräten

So sollte nach dem Deckungsgrad A (der sog **goldenen Bilanzregel**) das gesamte Anlagevermögen durch Eigenkapital gedeckt sein. Allerdings kommt diese enge Auslegung in der Praxis idR nicht zur Anwendung. Ausschlaggebend dafür sind einerseits die niedrigen Eigenkapitalquoten von österreichischen Unternehmen, andererseits der gestiegene Konkurrenzdruck im Bankensektor und die daraus resultierende größere Risikobereitschaft der Banken.

*goldene Bilanzregel: Anlagevermögen sollte durch Eigenkapital finanziert sein*

Größere Bedeutung haben in der Praxis somit die **goldene Finanzierungsregel** (auch **Bankregel** bzw **Deckungsgrad B** genannt). Nach diesen Regeln soll das Anlagevermögen (und das langfristige Umlaufvermögen) durch Eigenkapital und langfristiges Fremdkapital finanziert werden.

*goldene Finanzierungsregel: AV sollte durch EK und langfristiges FK finanziert sein*

Die kurzfristigen Liquiditätskennzahlen stellen das kurzfristige Vermögen dem kurzfristigen Fremdkapital gegenüber.

*kurzfristige Kennzahlen: Verhältnis von kurzfristigem Vermögen zu kurzfristigem Fremdkapital*

 Die **kurzfristigen Liquiditätskennzahlen** sollen Informationen darüber liefern, ob und inwieweit die kurzfristigen Verbindlichkeiten in ihrer Höhe und Fälligkeit durch Zahlungsmittel und - je nach Liquiditätsgrad - andere kurzfristig realisierbare Teile des Umlaufvermögens gedeckt sind.

Wie im langfristigen Bereich, so finden sich auch im kurzfristigen Bereich in der Literatur und Praxis verschiedene, nach der Geldwerdungsdauer abgestufte Kennzahlen:

*es gibt verschiedene Abstufungen der kurzfristigen Liquiditätskennzahlen entsprechend der* **Geldwerdungsdauer**

$$\textbf{Liquidität 1. Grades}: \frac{\text{liquide Mittel}}{\text{kurzfristiges FK}}$$

$$\textbf{Liquidität 2. Grades}: \frac{\text{liquide Mittel + kurzfristige Forderungen}}{\text{kurzfristiges FK}}$$

$$\textbf{Liquidität 3. Grades}: \frac{\text{Umlaufvermögen}}{\text{kurzfristiges FK}}$$

**Erl**: Als Modifikation wäre bei der Liquidität 3. Grades der eingangs diskutierte eiserne Bestand an Vorräten abzuziehen.

Von diesen kurzfristigen Liquiditätskennzahlen erlangt in der Praxis vor allem die Liquidität 3. Grades Bedeutung, die auch als **current ratio** bekannt ist:

*current ratio: Verhältnis von Umlaufvermögen zu kurzfristigem Fremdkapital*

$$\textbf{current ratio} = \frac{\text{Umlaufvermögen}}{\text{kurzfristiges FK}}$$

*working capital*:
*Umlaufvermögen abzgl
kurzfristigem Fremdkapital*
Diese current ratio entspricht vom Ansatz her dem in der Praxis auch sehr bekannten **working capital**, welches die Differenz zwischen dem gesamten Umlaufvermögen und dem gesamten kurzfristigen Fremdkapital bildet. Die current ratio und auch das working capital zeigen somit jenen Betrag auf, über den eine Gesellschaft frei verfügen kann, nachdem das gesamte kurzfristige Fremdkapital beglichen ist:

|  | Umlaufvermögen |
|---|---|
| - | kurzfristiges Fremdkapital |
| = | **working capital** |

*das **working capital** gibt
**Hinweise** darauf, ob eine
**fristenkongruente Finan-
zierung** eingehalten wird*
Hierbei gilt folgende *Beziehung*:
- Ein **positives working capital** bedeutet, dass das gesamte kurzfristige Fremdkapital durch Veräußerung des gesamten Umlaufvermögens beglichen werden könnte. Gleichzeitig zeigt ein positives working capital auch auf, dass kurzfristig realisierbares Umlaufvermögen in Höhe des working capitals langfristig finanziert ist.
- Im umgekehrten Fall weist ein **negatives working capital** darauf hin, dass nur ein Teil des kurzfristigen Fremdkapitals durch Veräußerung des gesamten Umlaufvermögens beglichen werden könnte. Gleichzeitig zeigt ein negatives working capital auch auf, dass langfristig gebundene Vermögensteile kurzfristig finanziert sind und damit die goldene Finanzierungsregel verletzt ist.

Wird das **working capital im Zeitverlauf analysiert**, so erhält man Hinweise darauf, inwieweit das Finanzmanagement dieses Unternehmens dem Prinzip der fristenkongruenten Finanzierung gefolgt ist. So zeigt eine **Erhöhung** des **working capitals** gegenüber den Vorperioden eine verstärkte langfristige Finanzierung (je nach Entwicklung auch kurzfristigen Vermögens) an. Im Gegensatz dazu bedeutet eine **Reduktion** des **working capitals** eine verstärkte kurzfristige Finanzierung (je nach Entwicklung auch langfristiger Vermögensposten).

*Praxis: die **current ratio**
sollte **mindestens 2** betragen*
In der **Praxis** wird im Allgemeinen davon ausgegangen, dass das **Umlaufvermögen** mindestens das **1,5-fache** bzw auch das **Zweifache des kurzfristigen Fremdkapitals** betragen sollte. Dies bedeutet, dass jeder Euro an kurzfristigem Fremdkapital (kurzfristigen Schulden) durch mindestens 2 Euro Umlaufvermögen gedeckt sein sollte.

*der **Sicherheitsabstand** ist
ein „**finanzieller Puffer**"
im Krisenfall*
Das Verhältnis von Umlaufvermögen zu kurzfristigem Fremdkapital lässt sich als **Sicherheitsabstand** interpretieren. Die Höhe dieses Sicherheitsabstands erlangt vor allem bei Eintritt eines Krisenszenarios an Bedeutung, bei dem das kurzfristige Fremdkapital sofort zur Gänze beglichen werden muss und bei dem nicht davon ausgegangen werden kann, dass das Umlaufvermögen schnell zu dem in der Bilanz ausgewiesenen Wert realisiert werden kann.

> Je vorsichtiger ein Unternehmen/ein Investor ist, desto höher sollte die current ratio bzw das working capital sein, da in diesem Fall der **Sicherheitsabstand** zwischen dem Umlaufvermögen und dem kurzfristigen Fremdkapital zunimmt.

> **Hinweis**: Ein hoher Sicherheitsabstand verleiht einem Unternehmen aus Sicht der Liquidität zwar Sicherheit, gleichzeitig vermindern hohe liquide Mittel die Rentabilität eines Unternehmens. Zwischen der **Liquidität** und der **Rentabilität** eines Unternehmens besteht somit ein **Zielkonflikt** (→Analyse, Liquidität).

Wie hoch ein solcher Sicherheitsabstand im Einzelfall ist, hängt von mehreren Faktoren ab:

*die **Höhe des Sicherheitsabstands** hängt ab vom **Ziel** der Risikobegrenzung, der **Größe** und **Entwicklungsphase** des Unternehmens*

- Vom Ausmaß des **Ziels der Risikobegrenzung**: So ist die zugrunde liegende Idee des oben angesprochenen Ziels einer current ratio von 2:1 darin zu sehen, dass - selbst wenn das Umlaufvermögen nur zu 50 % der Bilanzwerte realisiert werden kann - die Rückzahlung des kurzfristigen Fremdkapitals bei Eintritt des Krisenszenarios für die Gläubiger abgesichert ist.

> **Erl**: Würde der **Sicherheitsabstand** nur **1,5:1** betragen, so würde dies bedeuten, dass - selbst wenn das Umlaufvermögen nur zu 67 % der Bilanzwerte realisiert werden kann - die Rückzahlung der kurzfristigen Schulden bei Eintritt des Krisenszenarios für die Gläubiger abgesichert ist. Im Vergleich zu einer current ratio von 2:1 wird die **Risikobegrenzung** damit aber **kleiner**.

- Von der **Größe** eines Unternehmens: So werden Unternehmen mit kleinen Lagerbeständen und niedrigen Außenständen (Forderungen aus Lieferungen und Leistungen) mit einem kleineren working capital arbeiten können als jene Unternehmen, die einen größeren Teil ihres Umlaufvermögens in Lagern gebunden haben und ihre Produkte auf Ziel (Kredit) verkaufen.
- Von der **Entwicklungsphase** eines Unternehmens: So werden Unternehmen in der *Wachstumsphase* aufgrund des mit diesem Wachstum verbundenen Risikos einen höheren Sicherheitsabstand zwischen Umlaufvermögen und kurzfristigem Fremdkapital zur Sicherstellung der Liquidität benötigen als Unternehmen in der *Reifephase*.

Neben diesen horizontalen Kennzahlen finden in der Analyse auch vertikale Liquiditätskennzahlen Anwendung. Diese vertikalen Kennzahlen stellen passivseitig die **Struktur von Eigen- und Fremdkapital** gegenüber und ermitteln daraus Kennzahlen zum statischen Verschuldungsgrad und zum Anspannungsgrad eines Unternehmens:

*vertikale Kennzahlen: ua wird das Eigenkapital dem Fremdkapital gegenübergestellt*

$$\text{Statischer Verschuldungsgrad}: \frac{\text{Fremdkapital}}{\text{Eigenkapital}}$$

$$\text{Anspannungsgrad}: \frac{\text{Fremdkapital}}{\text{Gesamtkapital}}$$

In der Praxis werden die obigen Verschuldungsgrade oft als ein Indikator für die Konkursgefahr eines Unternehmens angesehen. Da zwar nicht alle, aber doch viele der Investitionen und Finanzierungskontrakte im Jahresabschluss abgebildet werden, kommt der Analyse von Jahresabschlüssen in der Praxis eine zentrale Rolle

*die **Verschuldungsgrade** dienen in der Praxis als ein **Indikator für die Konkursgefahr** eines Unternehmens*

bei der Beurteilung der Kreditwürdigkeit von Unternehmen zu. Zu berücksichtigen bleibt jedoch das **Spezifikum** des **Fristigkeitsausweises** in der **Bilanz** (→Bilanz, Eigenkapital versus Fremdkapital). Zu berücksichtigen bleibt auch die unterschiedliche Abbildung der „**Liquidität**" in der **Bilanz** und in der **Kapitalflussrechnung** (siehe zu diesem Zusammenhang die →Kapitalflussrechnung).

## 2.a.2. Dynamische Liquiditätskennzahlen

*die dynamischen Kennzahlen erläutern die Gründe für die Veränderung der Liquidität*

Die im vorangegangenen Punkt behandelten statischen Liquiditätskennzahlen zeigen nur die Veränderung der Finanzmittel und damit nur die Veränderung der finanziellen Situation eines Unternehmens auf. Sie erklären aber nicht den Grund für diese Veränderungen. Sollen auch diese **Gründe** analysiert werden, so müssen wir die statischen Kennzahlen um eine dynamische Sichtweise erweitern.

> Im Gegensatz zu den statischen Kennzahlen erklären die **dynamischen Kennzahlen** auch die **Gründe** für die **Veränderung** der **Liquidität**.

*die dynamischen Kennzahlen können aus der KFR abgeleitet werden*

Ein Instrument, das uns diese Informationen liefern kann, haben wir bereits kennen gelernt und behandelt: Die **Kapitalflussrechnung**. Diese bildet nicht nur

- iS einer **statischen Rechnung** die Veränderung der Liquidität (Fondsveränderungsrechnung) ab, sondern vor allem
- iS einer **dynamischen Rechnung (Stromgrößenrechnung)** die Gründe für diese Veränderung hinsichtlich der operativen Tätigkeit, Investitions- und Finanzierungstätigkeit (**Ursachenrechnung**).

*Vorteil von Cashflows: sie unterliegen keinen Bilanzierungs- und Bewertungseinflüssen*

Im Gegensatz zu dem im vorangegangenen Punkt diskutierten working capital erlaubt die Analyse der Ursachenrechnung einer Kapitalflussrechnung nun einen aussagefähigeren Einblick betr die Frage, **warum** sich die Liquidität eines Unternehmens in einem Geschäftsjahr verändert hat:

- Dies wird möglich, da bei der **Kapitalflussrechnung** auf **reine Ein- und Auszahlungen** abgestellt wird (vergleichbar mit der Liquidität 1. Grades), während bei der current ratio/dem working capital auch Bewertungseinflüsse eine Rolle spielen. Beispielsweise über die Bewertung der Vorräte und der Forderungen. Diesbezüglich sei auf die entsprechenden Stellen des Buches verwiesen.

*im Rahmen der Analyse interessieren die Cashflows aus dem operativen Bereich sowie dem Investitions- und Finanzierungsbereich*

- Insbesondere gibt die **Ursachenrechnung** der **Kapitalflussrechnung** aber – im Gegensatz zum working capital – nun Auskunft darüber, aufgrund welcher Geschäftsfälle sich die Liquidität eines Unternehmens verändert hat.

> Die Aufteilung der Mittelzu- und -abflüsse in der Kapitalflussrechnung hinsichtlich der Geschäftstätigkeit (operativer Bereich), der Investitionstätigkeit und der Finanzierungstätigkeit ist insofern wichtig, als die **Qualität der Cashflows** aus diesen Bereichen aus Sicht der **Analyse** sehr unterschiedlich ist.

Beispielsweise ist eine **Verbesserung** der **Liquidität** durch einen Mittelzufluss aus der **Geschäftstätigkeit** (operativer Bereich) in Höhe von € 1 Mio als positiv einzuschätzen, da er vom Unternehmen selbst in dessen Kernbereich erzielt worden ist.

> **Hinweis**: Zu prüfen sind aber Einflüsse aus dem Finanz- und dem außerordentlichen Ergebnis, da auch diese in Österreich im operativen Ergebnis ausgewiesen werden (beispielsweise Zinsein- und Zinsauszahlungen).

Eine **Verbesserung** der **Liquidität** durch einen Mittelzufluss von € 1 Mio aus der **Finanzierungstätigkeit** durch eine Kreditaufnahme kann jedoch ohne weitere Informationen weder positiv noch negativ eingeschätzt werden. Dafür müsste bekannt sein, wie das Unternehmen seinen Kredit verwendet und welche künftigen Auswirkungen sich aus dieser Verwendung auf dessen Liquidität und Rentabilität ergeben.

Über den **operativen Cashflow** werden auch folgende Fragestellungen ersichtlich:

- In welchem Ausmaß stehen Mittel für Investitionen zur Verfügung? Angesprochen ist hier der Free Cashflow:

*der **operative Cashflow** gibt **Hinweise auf die Finanzkraft** eines Unternehmens*

| | operativer Cashflow (Cashflow der Geschäftstätigkeit) |
|---|---|
| + | Cashflow aus der Investitionstätigkeit (wobei dieser Cashflow iS der Mittelverwendung idR negativ ist) |
| = | **Free Cash Flow** |

- In welchem Ausmaß sind die Zins- bzw Dividendenzahlungen eines Unternehmens gedeckt?

$$\text{Zinsdeckung} = \frac{\text{operativer Cashflow (vor Zinszahlungen)}}{\text{Zinszahlungen}}$$

$$\text{Dividendendeckung} = \frac{\text{operativer Cashflow}}{\text{Dividendenzahlungen}}$$

- Wie lange würde das Unternehmen zur Rückzahlung seines Fremdkapitals benötigen (sog Schuldentilgungsdauer/**Entschuldungsdauer**):

$$\text{Schuldentilgungsdauer} = \frac{\text{Fremdkapital}}{\text{operativer Cashflow}}$$

Der operative Cashflow misst somit die **Selbstfinanzierungskraft** und damit das **Potential der Innenfinanzierung**. Gleichzeitig vermittelt er aber auch Informationen über die „Ertragslage" eines Unternehmens (aber mit unterschiedlichem Inhalt zur GuV).

*nur bei der **direkten Me-***
***thode** wird die Struktur der*
*Betriebsein- und*
*-auszahlungen sichtbar*

Allerdings lässt sich die Analyse der strukturellen Liquiditätsveränderung nur in jenen Fällen aussagefähig durchführen, in denen der **operative Cashflow** auf Basis der **direkten Methode** ermittelt worden ist, dh die Betriebsauszahlungen den Betriebseinzahlungen gegenübergestellt werden (→Kapitalflussrechnung, direkte und indirekte Ermittlung). Über deren Struktur können die zukünftigen operativen Cashflows und damit die zukünftige Liquiditätsentwicklung abgeschätzt werden. Nur bedingt möglich ist eine solche Analyse im Falle der **indirekten Ermittlung** des operativen Cashflows, bei der das Jahresergebnis um die nicht auszahlungswirksamen Aufwendungen (+) und die nicht einzahlungswirksamen Erträge (-) sowie um die Veränderung des sonstigen Netto-Umlaufvermögens (+/-) korrigiert wird.

## 2.a.3. Wie sind die Liquiditätskennzahlen einzuschätzen?

> **Bedeutung** erlangen die **Liquiditätskennzahlen** vor allem durch die ihnen in der Praxis zukommende **normative Wirkung**, da Banken Kreditvergabeentscheidungen ua von der Einhaltung bestimmter (vorsichtig ermittelter) Kennzahlenwerte abhängig machen.

*die **Finanzierungsregeln**
haben eine **normative Wir-**
***kung** und müssen wie*
***Spielregeln** eingehalten*
*werden*

Unternehmen, die einen Kredit in Anspruch nehmen wollen, müssen sich somit an der Einhaltung der jeweiligen Finanzierungsrelationen iS von „**Spielregeln**" orientieren. Anderenfalls besteht die Gefahr, dass diese Unternehmen als risikobehaftet eingestuft und in weiterer Folge Kredite möglicherweise nicht gewährt, prolongiert oder aufgestockt werden - wodurch sich die Liquiditätssituation eines Unternehmens (weiter) anspannen kann.

*die **Finanzierungsregeln**
sind **empirisch nicht beleg-**
**bar***

Der Aussagegehalt der Finanzierungsregeln wird in der theoretischen Diskussion jedoch in Zweifel gezogen. So wird angeführt, dass sich die Finanzierungsregeln weder **sachlogisch** noch **empirisch** eindeutig begründen lassen. Insbesondere wird auf das Problem der Daten des Jahresabschlusses hingewiesen. Kritisiert wird vor allem, dass diese unvollständige und durch **Bilanzierungs**- und **Bewertungsvorschriften** (einschließlich der Wahlrechte) sowie durch **bilanzpolitische Maßnahmen** verzerrte **Vergangenheitsdaten** darstellen, denen nur bedingte Aussagekraft für die zukünftige Entwicklung zukommt. Ein Aspekt, den wir an anderer Stelle des Buches noch diskutieren (→Bilanzpolitik). Verzerrungen resultieren insbesondere aus dem Ziel der Unternehmen, der von den Kreditgebern erwarteten Einhaltung bestimmter Finanzierungsregeln zu entsprechen.

> Beispielsweise vermindert die Bewertung der →fertigen und unfertigen Erzeugnisse zu Teilkosten das working capital, während die Bewertung der fertigen und unfertigen Erzeugnisse zu Vollkosten beim selben Unternehmen das working capital erhöht.

**Einige** dieser **Kritikpunkte** sind aber **lösbar**:

- Beispielsweise lassen sich die Kritikpunkte hinsichtlich der **Vergangenheitsorientierung** des Jahresabschlusses beheben, wenn die Berechnung der Liquiditätskennzahlen auf Basis von in die Zukunft gerichteten Planbilanzen und Planz-GuV vorgenommen wird.
- Der Kritikpunkt der **Bilanzierungs-** und **Bewertungseinflüsse** lässt sich beheben, wenn die Liquiditätskennzahlen auf Basis der →**Kapitalflussrechnung** berechnet werden (Voraussetzung ist aber, dass die Kapitalflussrechnung auf Basis des →Fonds „Liquide Mittel" erstellt wird), da sich nur bei dieser Abgrenzung Bilanzierungs- und Bewertungseinflüsse nicht auswirken.

*ein Teil der Kritikpunkte ist lösbar*

Bei der Interpretation der Liquiditätskennzahlen muss aber berücksichtigt werden, dass deren Aussagefähigkeit aufgrund verschiedener Faktoren beeinträchtigt sein kann:

*die Aussagefähigkeit der Kennzahlen kann beeinträchtigt sein*

- Entwickeln sich die **Märkte rückläufig** und steigen als Folge davon die Warenvorräte, so interpretiert die current ratio diesen Anstieg des Warenlagers als Verbesserung der Liquidität. Tatsächlich können diese Umsatzrückgänge aber zu einer ernsthaften Anspannung der Liquidität führen, da finanzielle Mittel in den Vorräten gebunden sind und aufgrund fehlender Nachfrage nicht (oder nur teilweise) freigesetzt werden können.
- **Bestimmte Arten von kurzfristigen Zahlungsverpflichtungen** spiegeln sich nicht in den kurzfristigen Liquiditätskennzahlen wider: zB Bestellungen, Löhne, Mieten, Zinsen. Die Finanzierungsregeln berücksichtigen somit nicht, dass die über den Umsatzprozess freigesetzten liquiden Mittel nicht nur für die Rückzahlung des ursprünglich investierten Kapitals (vor allem Fremdkapitals) ausreichen, sondern darüber hinaus auch die Finanzierung aller weiteren, zur Aufrechterhaltung der Betriebsbereitschaft erforderlichen Auszahlungen (einschließlich der Auszahlungen für Neuanschaffungen) sicherstellen müssen.
- Auch das einem Unternehmen offen stehende **Kreditaufnahmepotential** sowie offen stehende **Prolongations-** und **Substitutionsmöglichkeiten** von Krediten werden in den Liquiditätskennzahlen nicht berücksichtigt. Trotz der Nichteinhaltung der für einzelne Liquiditätskennzahlen festgelegten Grenzwerte ist daher nicht auszuschließen, dass Unternehmen kreditwürdig sind und im Falle einer Prolongation der gewährten Kredite oder durch Neuaufnahme von Krediten durchaus ihren fälligen Verpflichtungen nachkommen können. Es bleibt aber zu berücksichtigen, dass Kreditgeber bei nachhaltig gesunkener Bonität eines Unternehmens weniger an einer Prolongation oder Schuldensubstitution, als vielmehr an der Rückzahlung der gewährten Mittel interessiert sind.
- In der Bilanz wird nicht die eigentlich interessierende **Restlaufzeit des Fremdkapitals** abgebildet. Damit können **extern** Kennzahlen wie die Deckung des Anlagevermögens durch langfristiges Kapital nur näherungsweise berechnet werden (→Analyse, Liquidität). Teilweise lässt sich dieses Manko aber durch die Angaben im Anhang betr die Fristigkeit der Verbindlichkeiten beheben (→Verbindlichkeitenspiegel).

*es besteht ein **Zielkonflikt** zwischen der **Liquidität** und der **Rentabilität***

Hohe Bestände an liquiden Mitteln bzw an kurzfristig veräußerbaren Vermögensposten verleihen einem Unternehmen unter Liquiditätsgesichtspunkten Sicherheit und vermindern die Gefahr der Illiquidität. Allerdings stehen hohe Liquiditätsbestände dem Rentabilitätsstreben eines Unternehmens entgegen (→Analyse, Rentabilität):

 Zwischen dem **Liquiditätsziel** und dem **Rentabilitätsziel** besteht ein **Zielkonflikt**.

*Beispiele für den **Zielkonflikt** zwischen Liquidität und Rentabilität*

Beispiele für diesen Zielkonflikt sind:

- Eine höhere Liquiditätsreserve sichert ein Unternehmen gegen **unvorhergesehene Auszahlungsverpflichtungen** ab. Allerdings kann diese höhere Liquiditätsreserve nicht anderweitig investiert werden (zB in höherverzinste Projekte). Die höhere Sicherheit der Liquidität verringert damit die Gesamtrentabilität eines Unternehmens.

- Sind die **Zinsen für kurzfristiges Fremdkapital niedriger** als die Zinsen für langfristiges Fremdkapital, so könnte ein Unternehmen seine Kapitalkosten (iSv Zinsauszahlungen) dadurch verringern, indem es längerfristige Investitionsprojekte durch eine Abfolge kurzfristiger Kredite finanziert. Durch die niedrigere Zinsbelastung würde sich auch die Gesamtkapitalrentabilität erhöhen. Allerdings setzt sich ein Unternehmen in diesem Fall dem **Risiko der Anschlussfinanzierung** aus. Beispielsweise in jenen Fällen, in denen der Zinssatz für kurzfristige Kredite durch eine Konjunkturverbesserung unerwartet hoch steigt.

- Auf Finanzmärkten zeigt sich, dass ein **höherer Ertrag** nur bei Eingehen eines **höheren Risikos** erzielt werden kann. Dies gilt auch für die Investitionen eines Unternehmens. Ein höherer Ertrag ist idR auch hier nur bei höherem Risiko möglich. Treten aber diese höheren Risiken ein, so kann es bei einem Unternehmen zu Liquiditätsproblemen kommen.

- Viele jener **Risiken**, denen Unternehmen ausgesetzt sind, könnten durch **Absicherung** oder **Versicherung** ausgeschlossen werden. Beispielsweise über eine Kurssicherung von Devisen oder eine Sachversicherung. Allerdings kosten solche Absicherungen/Versicherungen Geld und reduzieren damit die Kapitalrentabilität. Die Unternehmen müssen sich somit zwischen einem geringeren Risiko, verbunden mit Absicherungskosten, und einem höheren Risiko, allenfalls verbunden mit eintretenden Liquiditätsproblemen, entscheiden.

Die in obigen Punkten angesprochene **Rentabilität** wird in einem nachfolgenden Teil des Buches betr deren **Berechnung** noch ausführlich diskutiert (→Analyse, Kapitalrentabilität).

## 2.b. Erfolgskennzahlen

Im Abschnitt B. haben wir gesehen, dass die GuV den Erfolg während eines Geschäftsjahres darstellt. Werden die einzelnen Posten der Erfolgsrechnung über mehrere Perioden hinweg analysiert, so stellt die GuV eine wertvolle Basis für die Abschätzung der voraussichtlichen zukünftigen Entwicklung eines Unternehmens dar.

*die **GuV** zeigt den **Erfolg eines Unternehmens** auf*

Abb: *Analyse der Erfolgslage eines Unternehmens mittels Kennzahlen*

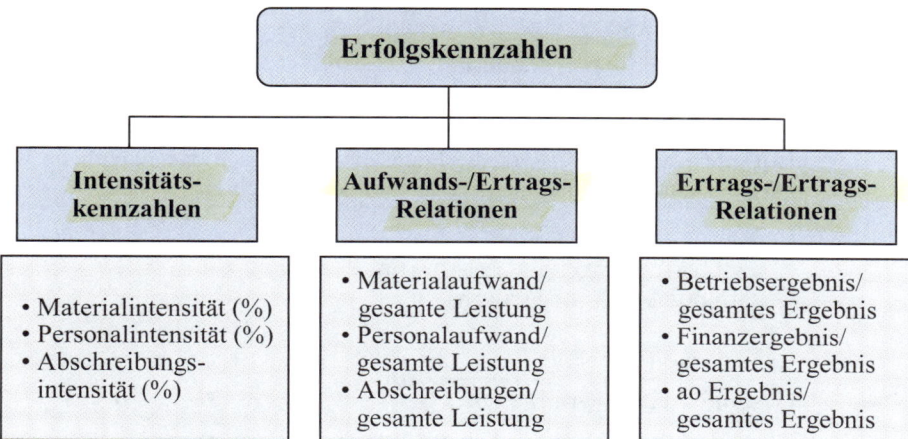

Ein erster Einstieg in die Erfolgsanalyse ist über eine strukturelle Analyse möglich, im Rahmen derer die Struktur der Erträge, Aufwendungen und die Ergebnisse der GuV durchleuchtet wird.

*die **strukturelle Analyse** durchleuchtet die Struktur der Erträge, Aufwendungen und Ergebnisse*

Beispielsweise über die **Intensitätskennzahlen**:

$$\text{Materialintensität (\%)} = \frac{\text{Materialaufwand}}{\text{gesamter Aufwand}} \times 100$$

$$\text{Personalintensität (\%)} = \frac{\text{Personalaufwand}}{\text{gesamter Aufwand}} \times 100$$

$$\text{Abschreibungsintensität (\%)} = \frac{\text{Abschreibung auf Sachanlagen}}{\text{gesamter Aufwand}} \times 100$$

über **Aufwands-Ertrags-Relationen**:

$$\frac{\text{Materialaufwand}}{\text{gesamte Leistung}} \times 100$$

$$\frac{\text{Personalaufwand}}{\text{gesamte Leistung}} \times 100$$

$$\frac{\text{Abschreibungen auf Sachanlagen}}{\text{gesamte Leistung}} \times 100$$

> **Erl:** Unter der **gesamten Periodenleistung** eines Unternehmens während eines Geschäftsjahres wird die Summe aus a) den Umsatzerlösen; b) der Erhöhung/Verminderung des Bestandes an fertigen und unfertigen Erzeugnissen sowie c) den anderen aktivierten Eigenleistungen verstanden.

sowie über **Ertrags-Ertrags-Relationen**:

$$\frac{\text{Betriebsergebnis}}{\text{Gesamtergebnis (vor Steuern)}} \times 100$$

> **Hinweis**: Ein Vergleich von Betriebsergebnis zu Finanzergebnis im Zeitablauf gibt einen Hinweis auf die Frage, inwieweit sich das eigentliche **Kerngeschäft** eines Unternehmens verbessert oder verschlechtert hat.

$$\frac{\text{Finanzergebnis}}{\text{Gesamtergebnis (vor Steuern)}} \times 100$$

$$\frac{\text{ao Ergebnis}}{\text{Gesamtergebnis (vor Steuern)}} \times 100$$

*die **Berechnung** der **Erfolgskennzahlen** hängt davon ab, ob die **GuV auf Basis** des **GKV oder** des **UKV** erstellt ist*

Inwieweit extern die Berechnung solcher Kennzahlen möglich ist, hängt davon ab, ob die GuV nach dem Gesamtkostenverfahren oder dem Umsatzkostenverfahren strukturiert ist. Wie wir bereits gesehen haben, führen die beiden Verfahren zwar zum selben Betriebsergebnis, sie weisen jedoch für die Ermittlung dieses Betriebsergebnisses eine **gänzlich unterschiedliche Struktur** auf (→GuV):

- das **Gesamtkostenverfahren (GKV)** ist nach Kostenarten (iW Materialaufwand, Personalaufwand, Abschreibungen) gegliedert,
- das **Umsatzkostenverfahren (UKV)** nach Kostenstellen (iW Herstellungskosten, Vertriebs- und allgemeine Verwaltungskosten).

Intensitätskennzahlen wie die Materialintensität (Materialaufwand/gesamter Aufwand) oder die Personalintensität (Personalaufwand/gesamter Aufwand) können **extern** damit nur auf Basis des GKV, nicht aber auf Basis des UKV berechnet werden. Es sei denn, dass - wie nach HGB - bei Anwendung des UKV der **Material- und Personalaufwand** im Anhang offen gelegt wird. Hingegen stellt der Umstand, dass die **Abschreibungen** in der GuV auf Basis UKV nicht direkt ausgewiesen werden, kein Problem für die externe Analyse dar, da diese auch aus dem →Anlagenspiegel entnommen werden können.

## 2.c. Rentabilitätskennzahlen

Ein Analyseschnittpunkt zwischen Erfolgsrechnung und Bilanz ergibt sich über die Rentabilität. Während bis vor wenigen Jahren die Liquidität noch das im Vordergrund stehende Ziel gewesen ist, ist in den letzten Jahren vor allem infolge des Drucks des Kapitalmarkts bzw der Investoren das Erreichen von Rentabilitätszielen ständig wichtiger geworden.

*Liquidität und **Rentabilität** sind **konkurrierende Ziele** eines Unternehmens*

Abb: *Analyse der Rentabilitätslage eines Unternehmens mittels Kennzahlen*

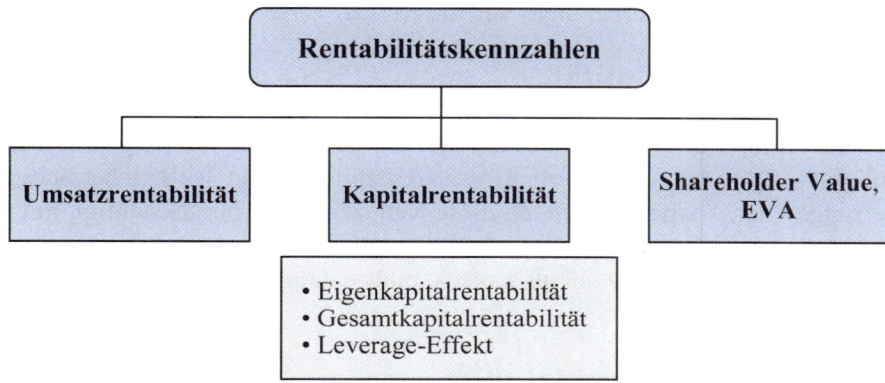

Die Rentabilitätskennzahlen drücken die Erfolgsfähigkeit eines Unternehmens aus. Dazu setzen sie eine Erfolgsgröße zu einer diesen Erfolg wesentlich mitbestimmenden Einflussgröße in Beziehung. Berechnet werden ua die Umsatzrentabilität, die Eigenkapital- und die Gesamtkapitalrentabilität.

*die **Rentabilität drückt die Erfolgskraft** eines Unternehmens **aus***

## 2.c.1. Umsatzrentabilität

Ein erster Einstieg in die Analyse der Rentabilität eines Unternehmens ist über die Entwicklung der **Umsatzrentabilität** (auch **Umsatzmarge** oder **Gewinnmarge** genannt) möglich. Diese Umsatzrentabilität drückt aus, wie viel Gewinn aus jedem Euro Umsatzerlös einem Unternehmen zufließt.

*Umsatzrentabilität: Betriebsergebnis zu Umsatzerlösen*

Basis der Umsatzrentabilität kann sowohl das **Jahresergebnis** (Jahresüberschuss/Jahresfehlbetrag) als auch das **Betriebsergebnis** sein. Im Sinne korrespondierender Größen ist aber für die Umsatzrentabilität die Verwendung des Betriebsergebnisses aus mehreren Gründen zu bevorzugen:

- Die Umsatzerlöse gehören zur operativen Tätigkeit. Basis des Vergleichs sollte damit auch das Betriebsergebnis sein. Die Berücksichtigung des Finanz- und außerordentlichen Ergebnisses würde diesen Vergleich beeinträchtigen.
- Das Finanzergebnis ist im Rahmen eines Unternehmensvergleichs idR zu vernachlässigen, um das Problem **unterschiedlicher Finanzierungsstrukturen**, mit denen das Kerngeschäft von Unternehmen finanziert ist, auszuschließen.
- Bei Verwendung des Jahresergebnisses würde **unterstellt**, dass alle **Quellen** des Jahresergebnisses als **gleichwertig** eingestuft werden. Eine Annahme, die

idR nicht gegeben ist, da nur das Betriebsergebnis die eigentliche Ertragskraft eines Unternehmens widerspiegelt (→GuV, Gliederung).

Als Berechnung für die Umsatzrentabilität ergibt sich somit:

$$\text{Umsatzrentabilität (\%)} = \frac{\text{Betriebsergebnis}}{\text{Umsatzerlöse}} \times 100$$

Wird die Entwicklung der Umsatzrentabilität im Zeitablauf analysiert, so lassen sich daraus Hinweise erhalten, inwieweit sich die Rentabilität des eigentlichen **Kerngeschäfts** eines Unternehmens verbessert oder verschlechtert hat.

## 2.c.2. Kapitalrentabilität

*die **Kapitalrentabilität** berücksichtigt nicht nur den **Erfolg**, sondern auch den **Mitteleinsatz***

Ein weiterer Einstieg in die Rentabilitätsanalyse ist über die sog **Kapitalrentabilität** möglich. Die oben diskutierte Umsatzrentabilität kann isoliert betrachtet zu Verzerrungen der Analyse führen, da diese Kennzahl nicht berücksichtigt, mit welchem Mitteleinsatz dieses Ergebnis erzielt worden ist. Berechnet wird die Kapitalrentabilität in der Praxis sowohl als Eigenkapitalrentabilität als auch als Gesamtkapitalrentabilität.

### 2.c.2.1. Eigenkapitalrentabilität

*Eigenkapitalrentabilität: Jahresergebnis zu durchschnittlich eingesetztem Eigenkapital*

Zur Ermittlung der **Eigenkapitalrentabilität** eines Unternehmens wird das Jahresergebnis (Jahresüberschuss/Jahresfehlbetrag) mit dem im betrachteten Geschäftsjahr durchschnittlich investierten Eigenkapital in Beziehung gesetzt. Soll das →außerordentliche Ergebnis (**ao Ergebnis**) nicht berücksichtigt werden, so wird hierbei auf das →Ergebnis der gewöhnlichen Geschäftstätigkeit (**EGT**) abgestellt.

$$\text{Eigenkapitalrentabilität (\%)} = \frac{\text{Jahresergebnis}}{\left(\dfrac{\text{EK}_{1.1.} + \text{EK}_{31.12.}}{2}\right)} \times 100$$

Hinzuweisen ist darauf, dass die Eigenkapitalrendite nicht den Dividendenbetrag darstellt, den ein Eigentümer/Investor auf sein investiertes Kapital/seine Aktien erhält. Die Eigenkapitalverzinsung sagt nur aus, wie attraktiv ein Unternehmen für einen Eigentümer/Investor ist. Inwieweit sich diese Attraktivität auch in künftigen Dividendenausschüttungen sowie Aktienkurssteigerungen widerspiegelt, ist jedoch offen.

### 2.c.2.2. Gesamtkapitalrentabilität/ROI

*Gesamtkapitalrentabilität: EBIT zu durchschnittlich eingesetztem Gesamtkapital*

Soll die Kapitalrentabilität eines Unternehmens mit der Kapitalrentabilität eines anderen Unternehmens verglichen werden, so wirft ein solcher **zwischenbetrieblicher Vergleich** (**Branchenvergleich**) idR das Problem auf, dass Unternehmen verglichen werden, die unterschiedliche Finanzierungsstrukturen aufweisen. Dh die verglichenen Unternehmen arbeiten mit unterschiedlich hohen Anteilen von Eigenkapital und Fremdkapital. Um daraus resultierende verzerrende Effekte auf den Aussagegehalt der Kennzahlen zu vermeiden, ist in einem solchen Fall auf die **Gesamtkapitalrentabilität**, den **ROI** abzustellen.

> Wie wirkt sich beispielsweise eine höhere Fremdkapitalfinanzierung gegenüber einer höheren Eigenkapitalfinanzierung aus? Eine höhere **Fremdkapitalfinanzierung** führt zu höheren Fremdkapitalzinsen, die - ceteris paribus - das Jahresergebnis (den Gewinn) verringern. Bei einer **Eigenkapitalfinanzierung** bleibt der Jahresüberschuss/Jahresfehlbetrag hingegen unberührt, da auf das Eigenkapital im handelsrechtlichen Abschluss keine Zinsen angesetzt werden (angesetzt werden solche Zinsen hingegen in der Kostenrechnung). Auch die Dividendenausschüttungen eines Unternehmens wirken sich nicht auf die Höhe des Jahresüberschusses/Jahresfehlbetrages aus (Dividenden werden direkt aus dem Eigenkapital ausgeschüttet).

Basis für die Berechnung der Gesamtkapitalrentabilität ist das gesamte durchschnittlich in einer Berichtsperiode eingesetzte Kapital (dh Anlage- und Umlaufvermögen bzw Eigen- und Fremdkapital). Um die Einflüsse aus unterschiedlichen Finanzierungsstrukturen zu eliminieren, ist als Zählergröße der Gewinn vor Abzug der (um den steuerlichen Effekt korrigierten) Zinsaufwendungen zu verwenden. Soll das →außerordentliche Ergebnis (**ao Ergebnis**) nicht berücksichtigt werden, so wird hierbei auf das →Ergebnis der gewöhnlichen Geschäftstätigkeit (**EGT**) abgestellt.

*iS **internationaler Vergleichbarkeit** ist der **EBIT** die **Basis** für die Berechnung der **Gesamtkapitalrentabilität***

Will man auch die Einflüsse aus international unterschiedlichen steuerlichen Rahmenbedingungen ausschließen, so ist der Gewinn vor Ertragssteuern und Zinsaufwendungen, der sog **EBIT (earnings before interest and taxes)** bzw das **Betriebsergebnis** zu verwenden. Im Falle des Betriebsergebnisses ist dieses auf das durchschnittliche **betriebsnotwendige Vermögen** zu beziehen.

$$\text{GKR/ROI (\%)} = \frac{\text{Gewinn vor Zinsen und Steuern (EBIT)}}{\left( \dfrac{\text{GK}_{1.1.} + \text{GK}_{31.12.}}{2} \right)} \times 100$$

$$\text{GKR/ROI (\%)} = \frac{\text{Betriebsergebnis}}{\left( \dfrac{\text{GK}_{1.1.} + \text{GK}_{31.12.}}{2} \right)} \times 100$$

**Hinweis**: **EBIT** und **Betriebsergebnis** sind nicht deckungsgleich, da im EBIT mit Ausnahme der Zinsaufwendungen das restliche →Finanzergebnis berücksichtigt ist, im Betriebsergebnis hingegen nicht.

> **Erl**: Da im externen Jahresabschluss nur **Zinsen** auf das **Fremdkapital**, nicht aber auf das Eigenkapital angesetzt werden, müssen die Fremdkapitalzinsen bei der Berechnung der Gesamtkapitalrentabilität korrigiert werden. Womit unterstellt wird, dass sich ein Unternehmen ausschließlich über Eigenkapital finanziert. Nach dieser Korrektur können somit nun auch Unternehmen mit unterschiedlichen Verhältnissen von Eigen- und Fremdkapitalfinanzierung miteinander verglichen werden. Analoges gilt für die Eliminierung des **Steueraufwands**. Wird der Steueraufwand wieder eliminiert, so sind Unternehmen unabhängig davon vergleichbar, wie hoch die Steuerbelastung im betreffenden Land eines Unternehmens ist.

*der EBITDA ist als Annäherung an den Cashflow zu sehen*

Als weitere Abstufung der Analyse findet sich in der Praxis schließlich auch der **EBITDA (earnings before interest, taxes, depreciation and amortization)**. Mit dieser Kennzahl werden über den EBIT hinaus auch die Amortisationen des immateriellen Vermögens und die Abschreibungen eliminiert. Im Ergebnis entspricht der EBITDA einer Annäherung an den →Cashflow eines Unternehmens und fördert damit die zwischenbetriebliche Vergleichbarkeit, da die Bilanzierungs- und Bewertungseinflüsse weiter reduziert werden.

*Rentabilitätskennzahlen: Berechnung entweder auf Basis der Gewinne oder auf Basis der Cashflows*

Dieser **Cashflow** wird in der jüngeren Literatur vermehrt für die Berechnung der Eigen- und Gesamtkapitalrentabilität anstelle des Gewinns genommen. In diesem Fall ergibt sich die Berechnung im Falle der Gesamtkapitalrentabilität mit:

$$\text{GKR/ROI (\%)} = \frac{\text{operativer Cashflow vor Zinsen und Steuern}}{\text{durchschnittliches investiertes Vermögen}} \times 100$$

*Cashflows und Gewinne weisen jeweils spezifische Vor- und Nachteile auf*

Im Falle der Verwendung eines solchen operativen Cashflows müssen jedoch die sich im Vergleich von Gewinnen und Cashflows ergebenden **Vor- und Nachteile** berücksichtigt werden (→Cashflow, Eigenschaften):

- Der **Vorteil** von **Cashflows** liegt darin, dass sie keinen Bilanzierungs- und Bewertungsspielräumen unterliegen (sofern die Cashflows auf Basis des Fonds Liquide Mittel berechnet weden). Als **Nachteil** ist jedoch zu sehen, dass sie als unperiodisierte Größen im Zeitablauf stärkeren Schwankungen unterliegen. Die Gefahr, dass Kennzahlen auf Basis eines „Ausreißers" berechnet werden, ist damit größer als bei Gewinnen.
- Der **Vorteil** von **Gewinnen** liegt darin, dass sie als periodisierte Größen im Zeitablauf geringeren Schwankungen unterliegen als Cashflows. Die Gefahr, dass Kennzahlen auf Basis eines „Ausreißers" berechnet werden, ist damit geringer als bei Cashflows. Allerdings ist als **Nachteil** zu sehen, dass sich bei den Gewinnen Bilanzierungs- und Bewertungsspielräume der Unternehmen auswirken. Damit einhergehend sinkt sowohl die zwischenbetriebliche als auch die internationale Vergleichbarkeit von Unternehmen auf Basis von Gewinnen.

*ein Rentabilitätsvergleich ist nur bei gleicher Risikoklasse möglich*

Doch unabhängig davon, ob die Rentabilität auf Basis von Gewinnen oder auf Basis von Cashflows berechnet wird, gilt: Eine sinnvolle Einschätzung der Eigenkapitalrentabilität und/oder der Gesamtkapitalrentabilität eines Unternehmens ist nur möglich, wenn wir einen **Vergleich** anstellen. Da die Rendite eines Unternehmens ua aufgrund konjktureller Schwankungen unsicher ist, darf die Rendite eines Unternehmens nicht mit (weitgehend) sicheren Renditen (wie zB aus Staatsanleihen) verglichen werden. Ein sinnvoller Vergleich ist nur mit der Rendite von Investments der **gleichen Risikoklasse** möglich. Beispielsweise ein Vergleich mit der Rendite von anderen Unternehmen, die derselben Branche wie das betrachtete Unternehmen angehören.

## 2.c.2.3. Leverage-Effekt

Ein Schnittpunkt zwischen der Eigen- und der Gesamtkapitalrentabilität eines Unternehmens ergibt sich über den sog **Leverage-Effekt**. Formal stellt sich die Beziehung zwischen der Eigenkapitalrentabilität (EKR) und der Gesamtkapitalrentabilität (GKR) über die Leverage-Formel wie folgt dar:

*der **Leverage-Effekt** verbindet die **Eigen**- und die **Gesamtkapitalrentabilität***

$$EKR = GKR + (GKR - FKZ) \times \frac{\phi\,FK}{\phi\,EK}$$

mit: FKZ (Fremdkapitalzins), FK (durchschnittliches Fremdkapital), EK (durchschnittliches Eigenkapital), FK/EK (Verschuldungsgrad)

---

**Herleitung der *Leverage-Formel*:**

I:   Gesamter Kapitalgewinn = GKR x (EK + FK)
II:  Rentabilität der Aktionäre (EKR x EK) =
     gesamter Kapitalgewinn – Zinsaufwand, dh
     GKR x (EK + FK) - (FKZ x FK)
III: Damit ergibt sich: EKR x EK = GKR x (EK + FK) – (FKZ x FK)
IV:  Durch Umformung erhalten wir dann:

$$EKR = GKR + (GKR - FKZ) \times \frac{FK}{EK}$$

---

Demnach wird die **Eigenkapitalrentabilität** durch **3 Einflussfaktoren** bestimmt: Gesamtkapitalrentabilität, Fremdkapitalzins und Verschuldungsgrad. Die EKR weicht dabei umso mehr von der GKR ab, je größer der (positive oder negative) Klammerausdruck (GKR - FKZ) und je höher der Verschuldungsgrad ist:

*es gibt einen **positiven** und einen **negativen** Leverage-Effekt*

- Ein **positiver Klammerausdruck** (GKR > FKZ) bewirkt, dass sich die Eigenkapitalrentabilität mit zunehmender Verschuldung gegenüber der Gesamtkapitalrentabilität immer stärker erhöht.
- Ein **negativer Klammerausdruck** (GKR < FKZ) hat eine entgegengesetzte Wirkung, dh die Eigenkapitalrentabilität reduziert sich mit zunehmender Verschuldung gegenüber der Gesamtkapitalrentabilität immer stärker.

Der **Verschuldungsgrad (FK/EK)** wirkt damit wie ein „**Hebel**" auf die Eigenkapitalrentabilität. Im Falle eines positiven Klammerausdrucks (GKR > FKZ) spricht man daher auch vom **positiven Leverage-Effekt** iS einer Erhöhung der Eigenkapitalrentabilität durch wachsende Verschuldung. Allerdings wirkt dieser Verschuldungshebel auch in der umgekehrten Richtung, wenn der Klammerausdruck negativ wird (GKR < FKZ). Daraus resultiert ein **negativer Leverage-Effekt**. In diesem Fall sinkt die Eigenkapitalrentabilität unter die Gesamtkapitalrentabilität und kann bei hoher Verschuldung auch negativ werden, bis hin zum vollständigen Verzehr des Eigenkapitals (EKR = -100 %) oder noch darüber hinaus (Tatbestand der Überschuldung).

Das hier thematisierte Verschuldungsrisiko ist somit **umso größer**,

- je höher der Verschuldungsgrad ist,
- je niedriger die GKR liegt und
- je größer die Gefahr ist, dass zumindest längerfristig GKR < FKZ.

 | Zentral für die **Wirkungsrichtung des Leverages** ist die Frage, ob die Gesamtkapitalrentabilität über den Zinsen für das Fremdkapital liegt, dh GKR > FKZ (**positiver Leverage-Effekt**) oder ob die Fremdkapitalzinsen höher sind als die Gesamtkapitalrentabilität, dh GKR < FKZ (**negativer Leverage-Effekt**). Der Verschuldungsgrad (FK/EK) wirkt auf diese beiden Effekte jeweils wie ein **Hebel**.

Für die Zwecke der Analyse müssen wir daraus ableiten, dass nicht nur die derzeitige und zukünftige Beziehung zwischen der Eigen- und der Fremdkapitalrentabilität, sondern darüber hinaus auch die Auswirkungen von Zielen und Entscheidungen im Finanzbereich eines Unternehmens beachtet werden müssen.

*Beispiel zum Leverage-Effekt*

Für die Berechnung des **Leverage-Effektes** sei folgendes **Beispiel** angenommen:

| Annahmen: | Fall 1 | Fall 2 | Fall 3 |
|---|---|---|---|
| Gesamtkapitalrendite (%) | 10 | 10 | 10 |
| Fremdkapitalzinssatz (%) | 6 | 12 | 6 |
| Fremdkapital | 40 | 40 | 60 |
| Eigenkapital | 60 | 60 | 40 |
| **Eigenkapitalrendite (%)** | **12,67** | **8,67** | **16,00** |

Im **Fall 1** beträgt die Eigenkapitalrendite 12,67 %. Verändern wir nun die Parameter, so ergeben sich folgende Wirkungen:

- Im **Fall 2** wird der Fremdkapitalzinssatz verändert. Der Fremdkapitalzinssatz (12 %) liegt nun über der Gesamtkapitalrentabilität (10 %), womit sich ein **negativer Leverage-Effekt** ergibt. Die Eigenkapitalrentabilität sinkt in dieser Folge von 12,67 % auf 8,67 %.
- Im **Fall 3** wird das Verhältnis zwischen Eigen- und Fremdkapital verändert. Da die Gesamtkapitalrentabilität (10 %) über dem Fremdkapitalzinssatz (6 %) liegt, wirkt eine steigende Verschuldung wie ein **positiver Hebel**. Die Eigenkapitalrentabilität steigt in dieser Folge von 12,67 % auf 16,00 %.

## 2.c.3. Wertorientierte Konzepte

## 2.c.3.1. Allgemeine Überlegungen

Aufbauend auf der Kapitalrentabilität hat sich das Interesse der Investoren in den letzten Jahren vermehrt auf jene Kennzahlen gerichtet, die aufzeigen, ob ein Unternehmen für Investoren Wert schafft oder Wert vernichtet. Diese Information sollen der Shareholder Value sowie der Economic Value Added (EVA) liefern.

*Shareholder Value,*
*EVA™ (Economic Value*
*Added)*

> Im Mittelpunkt des **Shareholder Value** und des **Economic Value Added (EVA™)** steht die Frage, ob mit den einem Unternehmen von den Aktionären zur Verfügung gestellten Mitteln eine über den Opportunitätskosten der Investoren liegende Verzinsung erwirtschaftet wird und das Management damit einen **Mehrwert** für die Aktionäre erzielt oder nicht.

> **Erl**: Liegt die von einem Unternehmen in einer Periode (einem Geschäftsjahr) erwirtschaftete Rendite über den Opportunitätskosten der Investoren, so erwirtschaftet dieses Unternehmen für seine Aktionäre/Eigentümer einen **Mehrwert**. Liegt die erwirtschaftete Rendite hingegen unter den Opportunitätskosten der Investoren, so **vernichtet** ein Unternehmen **Wert**.

## 2.c.3.2. Shareholder Value

Der **Shareholder Value (Marktwert des Eigenkapitals)** wird berechnet, indem der Barwert der künftigen Free Cashflows berechnet und davon der Marktwert des Fremdkapitals abgezogen wird:

*der Shareholder Value*
*entspricht dem Marktwert*
*des Eigenkapitals*

$$\text{Shareholder Value} = (\sum_{t=1}^{\infty} \frac{\text{Free Cashflows}_t}{(1 + \text{WACC})^t}) - \text{Marktwert FK}$$

mit:    FK      Fremdkapital
         WACC    weighted average cost of capital

Der **Free Cashflow** entspricht hierbei einem finanzierungsneutralen Cashflow, der sich nach Abzug der Investitionen ergibt:

|   | operativer Cashflow (Cashflow der Geschäftstätigkeit) |
|---|---|
| + | Zinszahlungen, korrigiert um die darauf entfallenden Steuern |
| + | Cashflow aus der Investitionstätigkeit (wobei dieser Cashflow iS der Mittelverwendung idR negativ ist) |
| = | **Free Cash Flow** |

Die **Berechnung** des Zinssatzes **WACC** wird nachfolgend erläutert.

**Werterhöhung**: *Erhöhung des Eigenkapitals*
**Wertvernichtung**: *Verminderung des Eigenkapitals*

Darauf aufbauend lässt sich nun über die Veränderung des Marktwertes des Eigenkapitals berechnen, inwieweit ein Unternehmen in einer Periode (einem Geschäftsjahr) Mehrwert für seine Investoren geschaffen oder Wert vernichtet hat. Dies wird auch aus der **Abbildung** ersichtlich. Hier wird im **Fall A** von einem Unternehmen für die Aktionäre ein Mehrwert generiert, da sich der Marktwert des Eigenkapitals im Geschäftsjahr Xn erhöht. Hingegen wird im **Fall B** Unternehmenswert vernichtet, da sich im Geschäftsjahr Xn der Marktwert des Eigenkapitals vermindert.

Abb: *Shareholder-Value-Analyse*

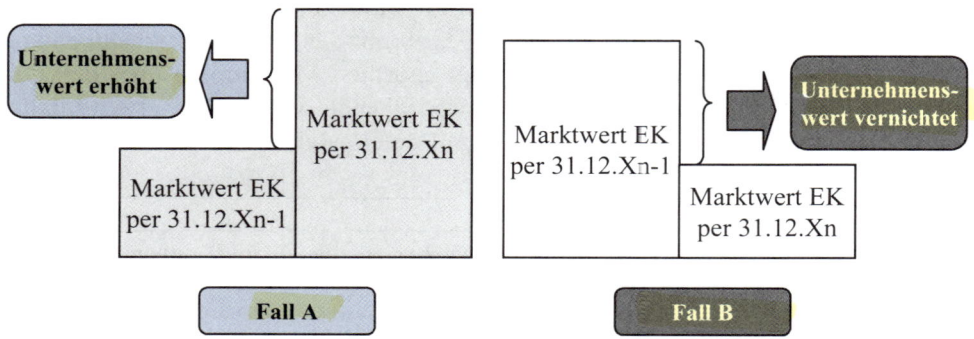

### 2.c.3.3. EVA (Economic Value Added)

*der EVA (Economic Value Added) ist ein Residualgewinn iS eines verdienten Wertbeitrags*

Der **EVA (Economic Value Added)** ist eine **absolute Kenngröße** und entspricht dem in einer Periode (einem Geschäftsjahr) erzielten **Wertbeitrag**. Berechnet wird der EVA als **Residualergebnis**, das übrig bleibt, wenn vom Betriebsergebnis die Kapitalkosten betreffend das in einem Unternehmen investierte betriebsnotwendige Kapital abgezogen werden:

|   | Betriebsergebnis |
|---|---|
| - | adjustierte Ertragssteuern |
| = | NOPAT (net operating profit after taxes) |
| - | Kapitalkosten (dh investiertes Kapital x WACC) |
| = | **EVA (Economic Value Added)** |

**Hinweis**: Im Gegensatz zum Shareholder Value baut der EVA nicht auf Cashflows, sondern auf Gewinnen auf. Damit wirken sich auf den EVA - im Gegensatz zum Shareholder Value - Bilanzierungs- und Bewertungseinflüsse aus. In der **Praxis** werden bei den verwendeten Rechnungslegungszahlen daher idR **Korrekturen** vorgenommen, um zB durch steuerliche Überlegungen verzerrte Gewinne durch Gewinne zu ersetzen, die rein betriebswirtschaftlich ermittelt worden sind. Insofern begünstigen die Zahlen eines →**IAS/IFRS-Abschlusses** die Berechnung des EVA. Vorgeschlagen wird in der Praxis im Rahmen dieser Korrekturen ua eine Aktivierung der Forschungs- und Entwicklungsaufwendungen.

Gemäß dem **EVA-Konzept schafft** ein Unternehmen somit für seine Aktionäre **Wert**, wenn der NOPAT größer ist als die Kapitalkosten auf das Eigen- und das Fremdkapital (siehe die →**Abbildung**). Hingegen wird **Wert vernichtet**, wenn der NOPAT kleiner ist als die Kapitalkosten auf das Eigen- und das Fremdkapital.

*Werterhöhung:*
*NOPAT > Kapitalkosten*
*Wertvernichtung:*
*NOPAT < Kapitalkosten*

Abb: *EVA-Analyse*

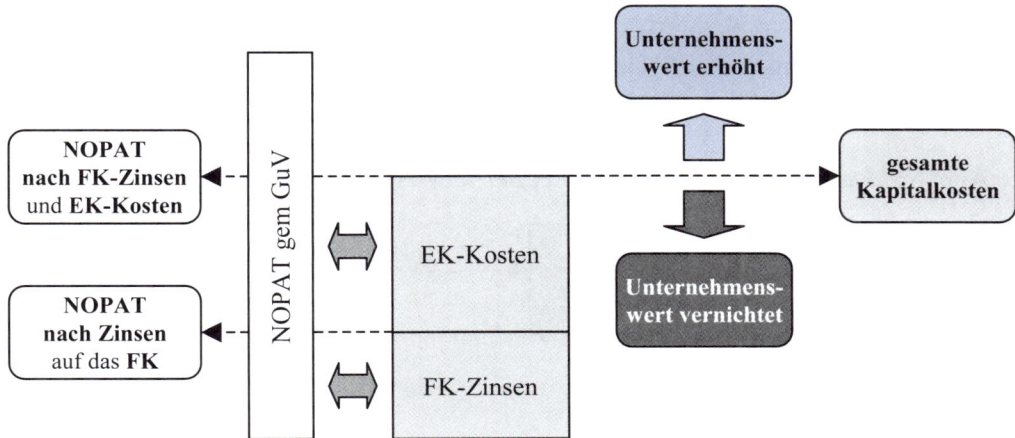

Wie die obigen Berechnungen gezeigt haben, wird der Shareholder Value und der EVA (Economic Value Added) auf Basis des **WACC** (**weighted average cost of capital**) berechnet. Dieser WACC entspricht einem gewichteten Eigen- und Fremdkapitalkostensatz:

*der **WACC** ist ein gewichteter **Eigen- und Fremdkapitalkostensatz***

$$\textbf{WACC} = r \times \frac{EK^M}{GK^M} + (1-t) \times i \times \frac{FK^M}{GK^M}$$

mit:

| | | |
|---|---|---|
| | $EK^M$ | Marktwert des Eigenkapitals |
| | $FK^M$ | Marktwert des verzinslichen Fremdkapitals |
| | $GK^M$ | Marktwert des Eigenkapitals und des verzinslichen Femdkapitals |
| | r | die von den Investoren (Eigentümern) geforderte Rendite |
| | i | Zinssatz für Fremdkapital |
| | t | Steuersatz |

## 2.d. Kennzahlensysteme

*in Kennzahlensystemen werden **verschiedene/mehrere Kennzahlen miteinander verknüpft***

Aufbauend auf den in den vorangegangenen Punkten isoliert diskutierten Erfolgs- und Rentabilitätskennzahlen lässt sich die Analyse von Jahresabschlüssen über die Verwendung von **Kennzahlensystemen** verbessern. Diese Kennzahlensysteme bauen auf mehreren einzelnen Kennzahlen auf, die zueinander in einer bestimmten Beziehung stehen und jeweils spezifische Aspekte erfassen. Sie sind idR hierarchisch angeordnet und münden in einer oder mehreren Spitzenkennzahlen, die die wichtigsten Aussagen des Systems in komprimierter Form vermitteln. Beispielsweise im Falle des ROI-Schemas.

Abb: *Struktur des ROI-Schemas (Basis Betriebsergebnis, GuV auf Basis GKV)*

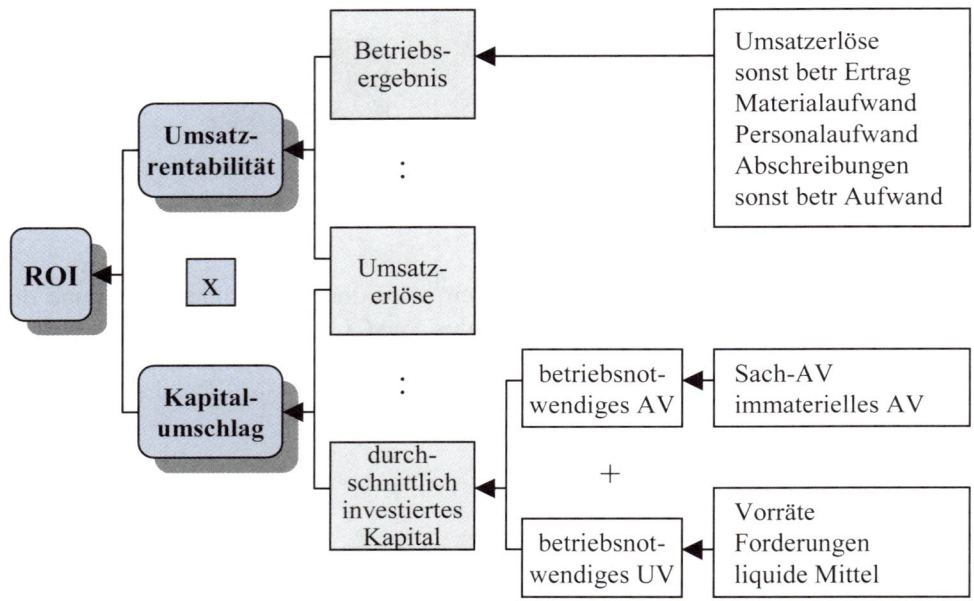

*das **ROI-System** baut auf der **Umsatzrentabilität** und dem **Kapitalumschlag** auf*

Dieses **ROI-Schema (Return-on-Investment-Schema)** erlaubt einen detaillierteren Einblick in die Rentabilitätssituation eines Unternehmens, als es im Falle von einzelnen Kennzahlen möglich ist. Dazu teilt das ROI-Schema die im vorangegangenen Punkt diskutierte Gesamtkapitalrentabilität in die einzelnen Einflussfaktoren auf und stellt die einzelnen Verknüpfungen zu dieser Zielgröße her (siehe die **Abbildung**). Zentral für dieses ROI-Schema ist, dass der ROI als Gesamtkapitalrentabilität in die zwei Bereiche „**Umsatzrentabilität**" (dh Betriebsergebnis zu Umsatzerlösen) und „**Kapitalumschlag**" (dh Umsatzerlöse zu durchschnittlich investiertem betriebsnotwendigem Kapital) aufgeteilt wird. Mit dieser Abgrenzung wird das eigentliche Kerngeschäft eines Unternehmens analysiert (alternativ könnten zusätzlich auch das Finanzergebnis und das Finanzvermögen in diese Analyse einbezogen werden). Im ROI-Schema werden dann diese Umsatzrentabilität und der Kapitalumschlag weiter in die einzelnen Einflussgrößen aufgeteilt: Dh eine Aufteilung in Betriebsergebnis, Umsatzerlöse und durchschnittlich investiertes betriebsnotwendiges Kapital. Wobei das Betriebsergebnis und das investierte Kapital wiederum in die einzelnen Bestandteile aufgesplittet werden.

Aus dem Einsatz des ROI-Schemas lassen sich **zwei Informationen** generieren:

*Einsatz des ROI-Schemas: Ermittlung der Veränderungen und Ursachenanalyse*

- Zum einen werden die quantitativen **Auswirkungen** von **Veränderungen einzelner Kennzahlen auf** den **ROI** deutlich. Beispielsweise lässt sich ermitteln, wie sich der ROI verändern würde, wenn sich die Umsatzrentabilität und/oder der Kapitalumschlag verbessern/verschlechtern.
- Zum anderen ist eine **Ursachenanalyse** dahin gehend möglich, inwieweit sich hierarchisch höhere Kennzahlen durch Verbesserungen/Verschlechterungen von nachfolgenden Kennzahlen verändern. Beispielsweise könnte ermittelt werden, welchen Einfluss eine 5-%ige Reduktion der Materialkosten (Materialaufwand) auf das Betriebsergebnis und in weiterer Folge auf die Umsatzrentabilität und den ROI hat. Es könnte auch ermittelt werden, inwieweit ein verbessertes Lagermanagement die Vorräte und damit das investierte Kapital reduzieren würde und sich somit der Kapitalumschlag bzw in weiterer Folge der ROI verbessert. Die hierbei auftretenden **Wirkungsrichtungen auf den ROI** werden aus der →**Abbildung** ersichtlich.

Abb: *Mögliche Wirkungsrichtungen betreffend den ROI*

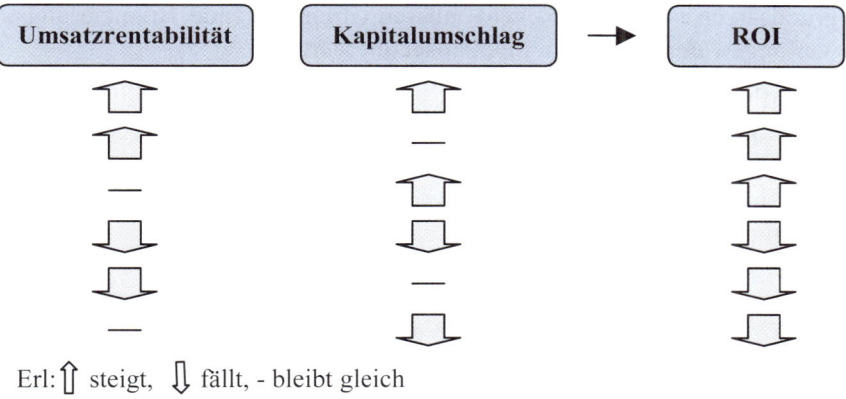

Erl: ⇑ steigt, ⇓ fällt, - bleibt gleich

▶ Siehe **Arbeitsbuch**: **Beispiele zu H.2.**

# 3. PROBLEMBEREICHE DER ANALYSE

*eine aussagekräftige Analyse setzt die **Qualität des Datenmaterials** und die **Vergleichbarkeit der Daten** voraus*

Obwohl in der Praxis über diverse EDV-Programme quasi „auf Knopfdruck" eine Reihe verschiedenster Kennzahlen verfügbar ist, muss vor einer unreflektierten Anwendung solcherart ermittelter Kennzahlen gewarnt werden. Insbesondere sei darauf hingewiesen, dass der Aussagegehalt von Kennzahlen durch folgende Faktoren bestimmt wird (siehe auch die →**Abbildung**):

- Durch die **Qualität** des zugrunde liegenden **Datenmaterials**. So werden Kennzahlen in jenen Fällen aussagekräftiger, in denen der Informationsgehalt der Jahresabschlüsse nicht durch das Ziel der Steuer- und/oder der Ausschüttungsoptimierung negativ verzerrt ist. Diese Verzerrung kann aber im Falle des HGB gegeben sein. Die Zahlen des Jahresabschlusses sind damit idR vor Berechnung der Kennzahlen zu bereinigen. Beispielsweise sind im Rahmen der Analyse stille Reserven im Anlagevermögen sowie zu hoch dotierte Rückstellungen zu berücksichtigen.

- Für einen sinnvollen Vergleich eines einzelnen Unternehmens im Zeitablauf sowie einen Branchenvergleich müssen die zugrunde liegenden **Daten vergleichbar** sein. Dies setzt voraus, dass die Daten der einzelnen miteinander verglichenen Jahresabschlüsse auf denselben Bilanzierungs- und Bewertungsgrundsätzen basieren. Weiters müssen offen stehende Bilanzierungs- und Bewertungswahlrechte einheitlich ausgeübt werden.

- Beeinflusst werden kann die Aussagefähigkeit der Kennzahlen auch durch die **Bilanzpolitik eines Unternehmens**, die sowohl zu einem zu optimistischen als auch zu einem zu pessimistischen Bild eines Unternehmens führen kann. Solche bilanzpolitischen Maßnahmen werden in einem eigenen Abschnitt behandelt (→Bilanzpolitik).

> **Hinweis**: Gerade am Beispiel der bilanzpolitischen Maßnahmen zeigt sich der **Vorteil** der **Cashflows** aus Sicht der **Analyse**. Da die Cashflows (wenn sie auf Basis des Fonds „Liquide Mittel" basieren) nicht durch bilanzpolitische Maßnahmen verzerrt werden können, haben Unternehmen hier idR keine Möglichkeit, die Höhe der Cashflows zu beeinflussen. Die Cashflows sind damit ua unabhängig davon, welche Abschreibungsmethode, Abschreibungsdauer oder Rückstellungsbildung Unternehmen in Bilanz und GuV anwenden (→Cashflow, Eigenschaften).

 > Der Vorteil der Verwendung von **Cashflows** aus Sicht der Analyse liegt darin, dass diese **nicht durch bilanzpolitische Maßnahmen verzerrt** werden können.

- Als Kritikpunkt der Kennzahlenanalyse wird schließlich immer wieder genannt, dass es sich beim Jahresabschluss um eine **vergangenheitsorientierte Rech-**

**nung** handelt und sich damit auch die Qualität bzw die Aussagefähigkeit der Kennzahlen vermindert. Allerdings stellt die retrospektive Ausrichtung des Jahresabschlusses die Eignung bzw die Qualität der ermittelten Kennzahlen nicht grundsätzlich in Frage, sondern thematisiert nur die **Aufbereitung der Daten** iS einer prospektiven Analyse. Werden die Kennzahlen auf Basis von **Planbilanzen**, **Plan-GuV** und **Plankapitalflussrechnungen** ermittelt, so relativiert sich damit auch dieser Einwand.

Abb: *Problembereiche der Analyse*

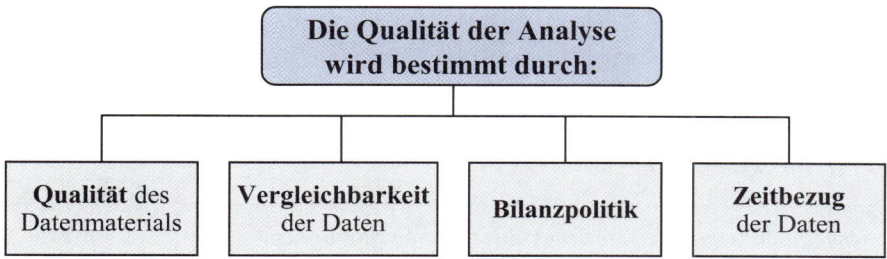

# 4. FALLSTUDIE ZUR JAHRESABSCHLUSS-ANALYSE

Im Folgenden werden auf Basis einer Fallstudie ausgewählte, zentrale **Jahresabschlusskennzahlen** berechnet.

*Fallstudie zur Jahresabschlussanalyse*

> **Hinweis**: Betreffend die **Berechnung** und den **Aussagegehalt** der folgenden **Kennzahlen** sei auf die im vorangegangenen Punkt gemachten Ausführungen verwiesen.

Basis für diese Berechnung sind die Bilanz, GuV und das Cashflow-Statement für das GJ X03 aus unserer Fallstudie in Abschnitt G., die nachfolgend noch einmal dargestellt sind. Für die Analyse ist die **Bilanz** nun aber **nach Gewinnverwendung** aufgestellt, da davon ausgegangen wird, dass die Dividendenausschüttung in dieser Höhe wahrscheinlich ist. Die geplante Dividendenausschüttung (bisher als Bilanzgewinn dargestellt) wird demnach nunmehr als kurzfristige Verbindlichkeit ausgewiesen.

Tab: *Schlussbilanz im GJ X03 (aufgestellt nach Gewinnverwendung)*

| Aktiva | 31.12.X02 | 31.12.X03 | Passiva | 31.12.X02 | 31.12.X03 |
|---|---|---|---|---|---|
| **Anlagevermögen** | **27.150** | **28.825** | **Eigenkapital** | **25.796** | **30.194** |
| **Sach-AV** | **18.150** | **19.825** | Grundkapital | 14.000 | 14.000 |
| Grundstücke | 2.000 | 2.000 | Kapitalrücklage | 7.000 | 7.000 |
| Gebäude | 4.750 | 4.625 | Gewinnrücklage | 4.796 | 9.194 |
| Maschinen | 9.600 | 12.000 | **Rückstellungen** | **850** | **2.018** |
| B/G-Ausstattung | 1.800 | 1.200 | Garantierückstellung | 315 | 385 |
| **Finanz-AV** | **9.000** | **9.000** | Steuerrückstellung | 535 | 1.633 |
| Beteiligungen | 9.000 | 9.000 | **Verbindlichkeiten** | **19.200** | **18.500** |
| **Umlaufvermögen** | **18.646** | **21.826** | Bankkredite | 15.000 | 13.000 |
| RHB-Stoffe | 1.760 | 2.210 | Lieferantenvbdl | 4.000 | 5.000 |
| Erzeugnisse | 7.500 | 9.800 | Vbdl gg Aktionäre | 200 | 500 |
| Forderungen LL | 8.550 | 9.025 | | | |
| Wertpapiere | - | 100 | | | |
| Kassa, Bank | 836 | 691 | | | |
| **aRAP** | **50** | **60** | | | |
| Bilanzsumme | 45.846 | 50.711 | Bilanzsumme | 45.846 | 50.711 |

Tab: *GuV für das GJ X03 (Basis GKV)*

| | X02 | X03 |
|---|---|---|
| Umsatzerlöse | +31.500 | +38.500 |
| Bestandsveränderung an fertigen und unfertigen Erzeugnissen | +2.500 | +2.300 |
| Materialaufwand | -19.620 | -21.550 |
| Personalaufwand | -5.200 | -5.590 |
| Abschreibungen | -1.925 | -2.325 |
| Sonstiger betrieblicher Aufwand | -3.415 | -3.505 |
| **Betriebsergebnis** | **+3.840** | **+7.830** |
| Dividendenertrag | - | +200 |
| Zinsaufwand | -1.700 | -1.500 |
| **Finanzergebnis** | **-1.700** | **-1.300** |
| **Ergebnis der gewöhnlichen Geschäftstätigkeit** | **+2.140** | **+6.530** |
| **Ao Ergebnis** | **-** | **-** |
| Steuern vom Einkommen und vom Ertrag | -535 | -1.633 |
| **Jahresüberschuss** | **+1.605** | **+4.898** |
| Zuweisung zu Gewinnrücklagen | -1.405 | -4.398 |
| Ergebnisvortrag | - | - |
| **Bilanzgewinn** | **+200** | **+500** |

Tab: *KFR für das GJ X03 im Falle der originären Ermittlung; (operativer Cashflow auf Basis der direkten Methode)*

| | | X02 | X03 |
|---|---|---|---|
| | Umsatzeinzahlungen | +22.500 | +29.000 |
| | Umsatzeinzahlungen iS des Eingangs v Forderungen LL | +8.000 | +9.000 |
| | Materialauszahlungen | -14.000 | -17.000 |
| | Materialauszahlungen iS der Tilgung v Lieferantenvbdl | -3.000 | -4.000 |
| | Personalkosten | -5.200 | -5.590 |
| | Werbungs- und Vertriebskosten | -2.600 | -3.300 |
| | Mietzahlungen | -100 | -120 |
| | Steuern vom Einkommen und Ertrag | -1.164 | -535 |
| | Beteiligungsertrag | - | +200 |
| | Fremdkapitalzinsen | -1.700 | -1.500 |
| **1** | **Saldo operativer Bereich** | **+2.736** | **+6.155** |
| | Kauf von Maschinen | - | -4.000 |
| | Erwerb Beteiligung | -9.000 | - |
| | Kauf von Wertpapieren des UV | - | -100 |
| **2** | **Saldo Investitionsbereich** | **-9.000** | **-4.100** |
| | Aufnahme Eigenkapital | +6.000 | - |
| | Tilgung Bankkredit | -2.000 | -2.000 |
| | Zahlung Dividende | -100 | -200 |
| **3** | **Saldo Finanzierungsbereich** | **+3.900** | **-2.200** |
| **1+2+3** | **Vdg Fonds „Liquide Mittel"** | **-2.364** | **-145** |
| + | Stand Liquide Mittel per 1.1.X03 | 3.200 | 836 |
| = | Stand Liquide Mittel per 31.12.X03 | 836 | 691 |

Auf Basis dieses Abschlusses ergeben sich für das **GJ X03** nachfolgende Kennzahlenwerte.

> **Hinweis**: Vereinfachenderweise wird bei den Berechnungen unterstellt, dass der Ausweis des Fremdkapitals in der Bilanz den jeweiligen **Restlaufzeiten** entspricht (siehe dazu den →**Verbindlichkeitenspiegel**). Als **kurzfristiges Fremdkapital** werden die Steuerrückstellung, die Lieferantenverbindlichkeiten sowie die Verbindlichkeiten gegenüber Aktionären angenommen. Als **betriebsnotwendiges Vermögen** ist das gesamte Vermögen abzgl des Finanzvermögens (des Anlage- und Umlaufvermögens) definiert.

| Kennzahl | Berechnung für GJ X03 | Wert |
|---|---|---|
| Anlagenintensität | AV / Bilanzsumme <br> 28.825 / 50.711 | 57 % |
| Umlaufintensität | UV / Bilanzsumme <br> 21.826 / 50.711 | 43 % |
| Goldene Finanzierungsregel | (EK + langfristiges FK) / AV <br> (30.194 + 385 + 13.000) / 28.825 | 1,51 |
| Eigenkapitalquote | Eigenkapital / Bilanzsumme <br> 30.194 / 50.711 | 60 % |
| Fremdkapitalquote | Fremdkapital / Bilanzsumme <br> (2.018 + 18.500) / 50.711 | 40 % |
| Statischer Verschuldungsgrad | Fremdkapital / Eigenkapital <br> (2.018 + 18.500) / 30.194 | 0,68 |
| Current ratio | UV / kurzfristiges FK <br> 21.826 / (1.633 + 5.000 + 500) | 3,1 |
| Working capital | UV abzgl kurzfristiges FK <br> 21.826 − (1.633 + 5.000 + 500) | +14.693 |
| Umsatzrentabilität | Betriebsergebnis x 100 / Umsatzerlöse <br> 7.830 x 100 / 38.500 | 20,3 % |
| Eigenkapitalrentabilität | Jahresergebnis x 100 / Ø Eigenkapital <br> 4.898 x 100 / [ (25.796+30.194) / 2 ] | 17,5 % |
| Gesamtkapitalrentabilität (ROI) | Betriebsergebnis x 100 / Ø betriebsnotwendiges Vermögen <br> 7.830 x 100 / [ (36.846 + 41.611) / 2 ] | 20,0 % |
| | (Jahresergebnis vor Zinsen) x 100 / Ø gesamtes Kapital <br> (4.898 + 1.500 x (1-0,25)) x 100 / [ (45.846 + 50.711) / 2 ] | 12,5 % |
| EVA | Betriebsergebnis nach Steuern abzgl Kapitalkosten <br> [ 7.830 x (1 − 0,25) ] − 0,10 x [ (31.796 + 34.094) / 2 ] | +2.578 |
| Schuldentilgungsdauer | Fremdkapital / Operativer Cashflow <br> (2.018 + 18.500) / 6.155 | 3,3 |
| | Fremdkapital / Free Cashflow <br> (2.018 + 18.500) / (6.155 − 4.100) | 10,0 |

Für unser Unternehmen ergeben sich somit folgende **Ergebnisse**:

> Die →**goldene Finanzierungsregel** wird eingehalten (Wert von 1,51 und damit > 1), womit das Anlagevermögen durch langfristiges Kapital (Eigen- und langfristiges Fremdkapital) finanziert ist. Ausschlaggebend dafür ist eine im Vergleich zum Durchschnitt der österreichischen Unternehmen sehr hohe →**Eigenkapitalquote** von 60 %. Dementsprechend niedrig ist auch der →**statische Verschuldungsgrad** des hier betrachteten Unternehmens mit 0,68.

> Die →**current ratio (Liquidität 3. Grades)** liegt mit 3,1 deutlich über dem in der Praxis angestrebten Zielwert von 1,5 bzw 2. Damit könnte das Unternehmen beim Zielwert von 2 sein gesamtes kurzfristiges Fremdkapital zum Bilanzstichtag durch Veräußerung des Umlaufvermögens zurückbezahlen, selbst wenn das Umlaufvermögen nur mit knapp 33 % des in der Bilanz ausgewiesenen Wertes verkauft werden könnte. Dies zeigt auch der deutlich positive Wert des →**working capitals** (+14.694), wobei dieser positive Wert auch darauf hinweist, dass bei dem hier betrachteten Unternehmen Teile des Umlaufvermögens langfristig finanziert sind. Der Vergleich des working capitals im Zeitablauf (X02 von 13.911 und X03 von 14.694) zeigt aufgrund des gestiegenen Wertes zudem eine (leicht) verstärkte langfristige Finanzierung dieses Unternehmens auf.

> Die →**Eigen-** (17,5 %) und die →**Gesamtkapitalrentabilität** bzw der **ROI** (20,0 % bzw 12,5 %) sind im Vergleich zum Durchschnitt der am Kapitalmarkt langfristig erzielbaren Renditen grds als positiv einzuschätzen, was jedoch noch vor dem Hintergrund zu diskutieren wäre, mit welchem Risiko die Geschäftstätigkeit des hier betrachteten Unternehmens behaftet ist.

> Der →**EVA** ist mit +2.578 positiv, was bedeutet, dass das Unternehmen sowohl die von den Eigentümern (Investoren) hier geforderte Rendite von 10 % auf das betriebsnotwendige Vermögen als auch einen Mehrwert von +2.578 erzielen konnte. Die Verzinsung des eingesetzten betriebsnotwendigen Kapitals lag für die Investoren mit 17,8 % (nach Steuern) damit über der geforderten Mindestverzinsung von 10 %.

**Erläuterung** zur Berechnung des eingesetzten betriebsnotwendigen Kapitals:

|  | X02 | X03 |
|---|---|---|
| Eigenkapital[1] | 25.796 | 30.194 |
| + verzinsliches Fremdkapital | +15.000 | +13.000 |
| - Finanzinvestitionen | -9.000 | -9.100 |
| **= capital employed** | **31.796** | **34.094** |

Erl:   [1] hier vereinfachend iS des bilanziellen Eigenkapitals berechnet, grds aber iS der Marktwerte des Eigenkapitals definiert

> Die →**Schuldentilgungsdauer** ist mit 3,3 Jahren niedrig, was ua auf den niedrigen Fremdkapitalanteil dieses Unternehmens zurückzuführen ist. Auf Basis des Free Cashflow (dh wenn die gesamten Investitionen des Geschäftsjah-

res X03 mitberücksichtigt werden), erhöht sich die Schuldentilgungsdauer auf 10,0 Jahre. Allerdings wird über die einzelnen Geschäftsjahre hinweg ein schwankendes Investitionsvolumen zu erwarten sein, was auch die Höhe dieses Kennzahlenwertes beeinflusst. Insofern wäre hier ein über die letzten Geschäftsjahre (mittelfristiger) durchschnittlicher Free Cashflow für die Berechnung zu verwenden.

Zu prüfen wäre, ob das Unternehmen durch eine Ausweitung des Fremdkapitals die Eigenkapitalrentabilität steigern könnte. Dies zeigt uns der →**Leverage-Effekt**:

$$EKR = GKR + (GKR - FKZ) \times \frac{\phi\,FK}{\phi\,EK}$$

Für unsere Fallstudie bedeutet dies:

$$17,5 = 12,5 + (12,5 - 5,55) \times \frac{20.284}{27.995}$$

> **Erläuterung** zur **Berechnung** des **Fremdkapitalzinssatzes**: Zinsaufwand nach Steuern 1.500 x (1-0,25) bezogen auf das durchschnittliche gesamte Fremdkapital von (20.050 + 20.518)/2 ergibt einen Fremdkapitalzinssatz nach Steuern von 5,55 %; für die Berechnung der **Eigen-** und **Gesamtkapitalrentabilität** siehe die obige →Tabelle.

Da der Fremdkapitalzinssatz nach Steuern von 5,55 % deutlich unter der Gesamtkapitalrentabilität von 12,5 % liegt, **könnte** bei diesem Unternehmen ceteris paribus die **Eigenkapitalrentabilität** durch eine Erhöhung des Fremdkapitalanteils weiter **gesteigert werden**.

Die →**Gesamtkapitalrentabilität** bzw der →**ROI** sind als **Spitzenkennzahlen** zu verstehen, die von der Ertrags-, Aufwands- und Vermögensstruktur eines Unternehmens beeinflusst werden. Um einen verbesserten Einblick in diese Ertrags-, Aufwands- und Vermögensstruktur zu erhalten, ist für die Fallstudie das →**ROI-Schema** auf Basis des Betriebsergebnisses und des betriebsnotwendigen Vermögens abgebildet (→**Abbildung**).  *ROI-Schema*

Auf Basis dieses **ROI-Schemas** könnten jetzt iS einer **Sensitivitätsrechnung** verschiedene Fragestellungen durchgespielt werden, ua:

- Wie würde sich der ROI verbessern, wenn der Personalaufwand von 5.590 auf beispielsweise 5.000 gesenkt werden könnte?

- Um wie viel müssten sich die Umsatzerlöse verbessern, sich einzelne Aufwendungen verringern und/oder sich der Kapitalumschlag verbessern, um einen höheren ROI von zB 25 % zu erreichen? Beispielsweise könnte dazu der Kapitalumschlag durch ein verbessertes Lagermanagement (niedrigere Lagerbestände an fertigen Erzeugnissen und RHB-Stoffen) sowie niedrigere Außenstände (Forderungen aus LL) erhöht und damit der ROI gesteigert werden. Diesbezüglich sei auch auf die **Abbildung** betreffend die Wirkungsrichtungen auf den ROI im Rahmen der Erläuterung des →**ROI-Schemas** verwiesen.

Abb: *ROI-Schema Fallstudie GJ X03 (Basis: Betriebsergebnis, GuV auf Basis GKV)*

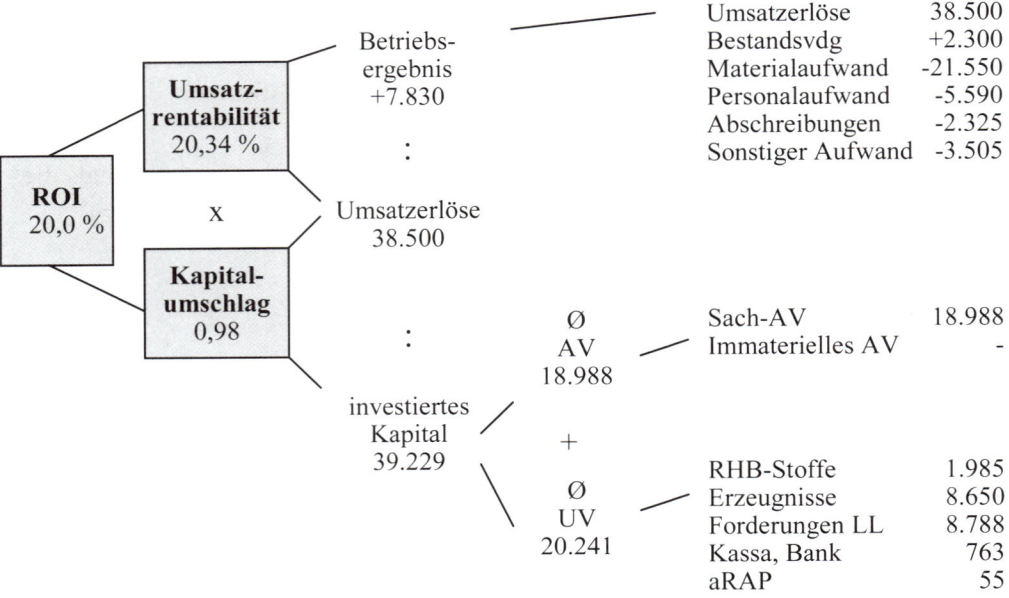

| | | |
|---|---|---|
| Umsatzerlöse | 38.500 |
| Bestandsvdg | +2.300 |
| Materialaufwand | -21.550 |
| Personalaufwand | -5.590 |
| Abschreibungen | -2.325 |
| Sonstiger Aufwand | -3.505 |

| | |
|---|---|
| Sach-AV | 18.988 |
| Immaterielles AV | - |

| | |
|---|---|
| RHB-Stoffe | 1.985 |
| Erzeugnisse | 8.650 |
| Forderungen LL | 8.788 |
| Kassa, Bank | 763 |
| aRAP | 55 |

Hinweis: Rundungen können Differenzen ergeben

▶ Siehe **Arbeitsbuch: Kontrollfragen** zu H.

# I. BILANZPOLITIK

| | |
|---|---|
| **Lernziele:** | Die Qualität und damit die Aussagefähigkeit der im Jahresabschluss offen gelegten Informationen hängt ua vom Einfluss der Bilanzpolitik eines Unternehmens ab. In diesem Abschnitt werden daher die Ziele und die einem Unternehmen zur Verfügung stehenden Instrumente betreffend eine solche Bilanzpolitik aufgezeigt. |

# 1. ZIELE DER BILANZPOLITIK

Im Zusammenhang mit der Analyse von Jahresabschlüssen haben wir darauf hingewiesen, dass die Qualität und damit die Aussagefähigkeit von Kennzahlen ua durch bilanzpolitische Maßnahmen eines Unternehmens beeinflusst sein kann.

*die **Bilanzpolitik** kann in **zwei Richtungen** wirken*

 Unter dieser **Bilanzpolitik** versteht man die zweckorientierte („politische") Steuerung der Ergebnisse und Vermögensdarstellungen im handels- und steuerrechtlichen Abschluss. Aus Sicht der Analyse von Jahresabschlüssen kann es über die Bilanzpolitik sowohl zu einem **optimistischen** als auch zu einem **pessimistischen Bild** über die Vermögens- und Ertragslage eines Unternehmens kommen:

- **Ziel eines zu optimistischen Bildes** kann die Erhöhung der Attraktivität gegenüber Investoren/Aktionären sein, eine Verbesserung der Bonität bei Banken sowie die Sicherung und Vertiefung von Liefer- und Leistungsbeziehungen mit Lieferanten/Kunden (→Jahresabschluss, Adressaten). Ein Problem ergibt sich hierbei bei Unternehmen in **krisenhaften Situationen** vor allem dann, wenn diese Unternehmen

  - nicht sehr vorsichtig (eventuell sogar „verschönernd") bilanzieren und damit deren Vermögens- und Ertragslage zu optimistisch darzustellen versuchen, oder
  - in Vorjahren gebildete stille Reserven auflösen und damit das ausgewiesene Ergebnis (den Gewinn) verbessern.

  In beiden Fällen spiegelt sich im Jahresabschluss somit die sich verschlechternde wirtschaftliche Lage eines Unternehmens nur zeitverzögert wider.

- **Ziel eines zu pessimistischen Bildes** kann sowohl die Optimierung der Steuerzahlungen iS einer zeitlichen Verschiebung der Gewinne in die Zukunft als auch die Optimierung des dividendenbedingten Liquiditätsabflusses sein (diesbezüglich sei auf die Ausführungen zur Steuer- und Ausschüttungsbemessungsfunktion verwiesen). Wobei über die Vermeidung von Gewinnausschüttungen auch die Eigenkapitalbasis gestärkt werden soll.

Im Mittelpunkt dieser Politik steht eine vorsichtige Bilanzierung, über die bei günstiger Erfolgslage Gewinne in die Zukunft verschoben werden und damit das Ergebnis „geglättet" wird. Das Resultat sind stille Reserven.

*das **HGB** fördert ein vorsichtig ermitteltes **Bild** eines Unternehmens*

Ein solch vorsichtiges/pessimistisches Bild eines Unternehmens wird tendenziell durch die **Ausrichtung des HGB** gefördert. Dazu tragen mehrere Faktoren bei: ua

- die zentrale Stellung des →**Vorsichtsprinzips** (wie sie aus dem Schema der GoB ersichtlich wird),
- die Anwendung des →**Imparitätsprinzips**, nach dem im Jahresabschluss nur noch nicht realisierte Verluste, aber noch keine noch nicht realisierten Gewinne erfasst werden,
- die Bilanzierung von Vermögensposten zu (fortgeführten) →**Anschaffungs**- bzw →**Herstellungskosten** und nicht zu Marktwerten sowie
- das **Bilanzierungsverbot** betreffend →**selbst erstellter immaterieller Gegenstände** des Anlagevermögens.

Diesbezüglich sei auf die entsprechenden Stellen des Buches verwiesen.

Abb: *Auswirkungen und Adressaten der Bilanzpolitik*

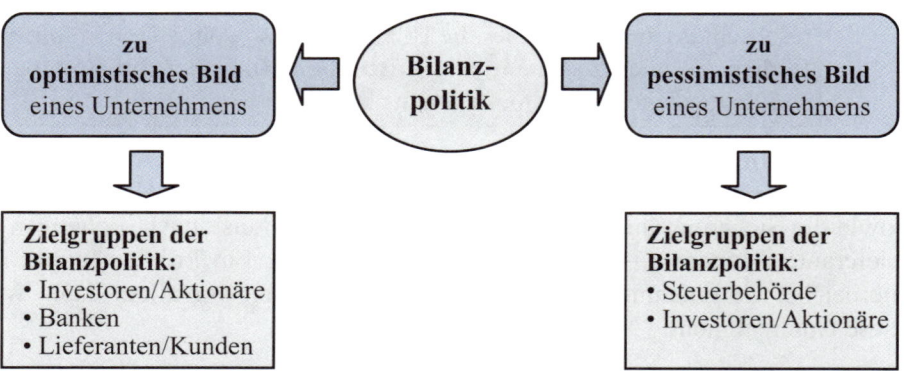

*bei **Cashflows** sind idR keine bilanzpolitischen **Maßnahmen** möglich*

Eingeschränkt werden die Möglichkeiten der Bilanzpolitik hingegen bei den **Cashflows**. Da die Cashflows (wenn sie auf Basis des Fonds „Liquide Mittel" basieren) idR nicht durch bilanzpolitische Maßnahmen verzerrt werden können, haben Unternehmen hier idR keine Möglichkeit, die Höhe der Cashflows zu beeinflussen.

 Auf **Cashflows** wirken sich bilanzierungs- und bewertungspolitische Maßnahmen und damit die Bilanzpolitik nicht aus. Damit erlangt die →**Kapitalflussrechnung** eine zentrale Bedeutung für die Analyse.

Die im folgenden Punkt dargestellten Beispiele betreffend die Bilanzpolitik (zB Vollkosten versus Teilkosten) berühren die Höhe der Cashflows somit nicht (Cashflows, Eigenschaften). Ein **Spielraum** ergibt sich bei den Cashflows allenfalls dadurch, ob **Forderungen** noch am Ende des laufenden oder am Beginn des folgenden Geschäftsjahres eingehen bzw ob **Verbindlichkeiten** noch am Ende des laufenden oder erst am Beginn des folgenden Geschäftsjahres zurückbezahlt werden.

## 2. INSTRUMENTE DER BILANZPOLITIK

**Instrumente der Bilanzpolitik** können ua die Ausnutzung von Bilanzierungs- und Bewertungswahlrechten, die Nutzung von Bewertungs- und Schätzungsspielräumen sowie Sachverhaltsgestaltungen sein.

*Übersicht über die*
*Instrumente der*

Abb: *Instrumente der Bilanzpolitik*

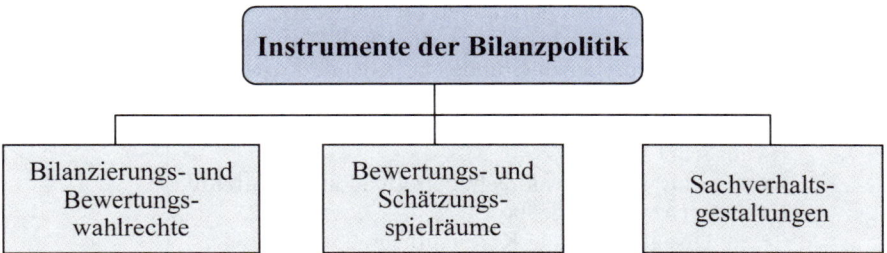

So fallen handelsrechtlich zB unter die Ausnutzung von **Bilanzierungs- und Bewertungswahlrechten**:

*Bilanzierungs- und*
*Bewertungswahlrechte*

- das Wahlrecht betr die Aktivierung von **Aufwendungen** für die →**Ingangsetzung** und **Erweiterung** eines Betriebes,
- das Wahlrecht betr die Aktivierung eines derivativen →**Firmenwerts**,
- das Wahlrecht betr die Aktivierung von →**geringwertigen Wirtschaftsgütern**,
- das Wahlrecht betr die **Aktivierung** von →**latenten Steuern**,
- das Wahlrecht betr die Aktivierung eines →**Disagios**,
- das Wahlrecht betr die Passivierung von →**Aufwandsrückstellungen** (sofern diese iS der GoB nicht verpflichtend anzusetzen sind),
- das Wahlrecht betr die Bewertung der →**selbst erstellten Erzeugnisse** zum Mindestansatz (Teilkosten) bzw zum Höchstansatz (Vollkosten),
- das Wahlrecht betr die Anwendung der →**Verbrauchsfolgeverfahren** (zB FIFO oder LIFO),
- das aus steuerlichen Gründen bestehende Wahlrecht betr die **Wertaufholung** (→**Zuschreibung**) im Falle einer vorangegangenen außerplanmäßigen Abschreibung bei Wegfall der Gründe, die zu der außerplanmäßigen Abschreibung geführt haben sowie

- das Wahlrecht zum Ansatz von →**Rückstellungen** im Falle von untergeordneter Bedeutung.

Bezüglich den Auswirkungen dieser Wahlrechte sei auf die entsprechenden Stellen des Buches verwiesen.

Verfolgt nun zB ein Unternehmen das Ziel, den Gewinnausweis aus Bonitätsgründen gegenüber Banken zu erhöhen, so könnte es ua folgende bilanzpolitische Maßnahmen aus den oben angeführten **Bilanzierungs-** und **Bewertungswahlrechten** treffen:

| Maßnahme | Auswirkung Gewinn Periode[1] |
|---|:---:|
| • Aktivierung der **fertigen** und **unfertigen Erzeugnisse** zu Vollkosten anstelle zu Teilkosten | ↑ |
| • Aktivierung von **geringwertigen Wirtschaftsgütern** anstelle der sofortigen Verrechnung als Aufwand | ↑ |
| • Aktivierung eines derivativen **Firmenwerts** anstelle der sofortigen Verrechnung als Aufwand | ↑ |
| • das aus steuerlichen Gründen bestehende **Zuschreibungswahlrecht** bei Wegfall der Gründe für eine vorangegangene außerplanmäßige Abschreibung wird ausgeübt | ↑ |
| • das Aktivierungswahlrecht betreffend **aktive latente Steuern** wird ausgeübt | ↑ |
| • ein **Disagio** aus einer Kreditaufnahme wird aktiviert und nicht sofort als Aufwand verrechnet | ↑ |
| • das handelsrechtlich bestehende Wahlrecht zum Ansatz von **Aufwandsrückstellungen** wird nicht ausgeübt | ↑ |

Hinweis: [1] Betrachtet werden die Auswirkungen auf den Gewinn in der Periode der Ausübung/Verrechnung, nicht aber in den Folgeperioden, in denen sich dieser Effekt wieder ausgleicht

*Bewertungs- und Schätzungsspielräume*

Die **Bewertungs- und Schätzungsspielräume** ergeben sich daraus, dass die Bewertung/Schätzung von gewissen Posten des Jahresabschlusses mit Unsicherheiten verbunden ist. Für Unternehmen eröffnen sich damit Bewertungs- bzw Schätzungsspielräume. Dazu zählen zB die Bewertung/Schätzung betreffend

- die **Beteiligung** an Unternehmen, deren Ertragslage sich verschlechtert,
- die →dubiosen **Forderungen** und
- die →**Rückstellungen** für ungewisse Verbindlichkeiten sowie für **drohende Verluste** aus schwebenden Geschäften.

Bezüglich dieser Bereiche sei auf die entsprechenden Stellen des Buches verwiesen.

Zu den **Sachverhaltsgestaltungen** zählen zB:

- die Unterlassung von **Teilabrechnungen** im Rahmen der →langfristigen Fertigung,
- die Realisation von →**stillen Reserven** im Anlagevermögen sowie
- die Gestaltung von →**Leasingverträgen**.

*Sachverhalts-gestaltungen*

> Verfolgt ein Unternehmen zB das bilanzpolitische Ziel eines **niedrigeren Fremdkapitalausweises**, so könnte es die Sachverhaltsgestaltungen betreffend die **Leasingverträge** in der Weise ausüben, dass ein Leasingvertrag nicht als Finanzierungsleasing, sondern als operatives Leasing eingestuft wird. In dieser Folge werden die Leasingraten nur als Aufwand behandelt, eine Aktivierung des Leasinggutes als Vermögensgegenstand und eine Passivierung als Verbindlichkeit (in deren Folge sich der Fremdkapitalanteil an der Bilanzsumme erhöhen würde) scheidet damit aus (siehe dazu die Leasingverträge).

Ein Unternehmen wird nun bestrebt sein, den **Einsatz** der einzelnen obigen **bilanzpolitischen Instrumente** im Hinblick auf die gewünschten Ziele der Bilanzpolitik **zu optimieren**. Allerdings wird diese Optimierung durch verschiedene Faktoren erschwert:

*Probleme beim Einsatz der Bilanzpolitik*

- Eine Optimierung der bilanzpolitischen Instrumente ist im Kontext einer **Mehrperiodenbetrachtung** zu sehen. So wird der Einsatz der bilanzpolitischen Instrumente ua von der Entwicklung der Gewinnsituation in den nächsten Jahren beeinflusst.
- Einzelne bilanzpolitische Ziele können sich aufgrund bestehender **Interdependenzen** nicht gleichzeitig realisieren lassen. Beispielsweise wirkt ein aus steuerlichen Motiven angestrebter niedriger Gewinnausweis dem bilanzpolitischen Ziel einer höheren Eigenkapitalquote iS einer verbesserten Kreditwürdigkeit entgegen.
- Die bilanzpolitischen Maßnahmen werden von Unternehmen unter **Unsicherheit** getroffen, da die kurz- und langfristigen Reaktionen der Bilanzadressaten nur abgeschätzt werden können. Beispielsweise beim Versuch, über die Bilanzpolitik die **Kreditwürdigkeit** zu verbessern oder die **freiwillige Publizität** zu erhöhen. Für eine optimale Bilanzpolitik müsste auch Sicherheit über die zukünftige **Gewinnentwicklung** eines Unternehmens bestehen. Auch ist das optimale **Timing** beim Einsatz bilanzpolitischer Maßnahmen mit Unsicherheit derart verbunden, wann nicht beliebig wiederholbare, aber zeitlich ungebundene Maßnahmen eingesetzt werden sollen.

▶ Siehe **Arbeitsbuch: Kontrollfragen zu I.**

# ANHANG

**Anhang 1:**

## ÖPWZ: Österreichischer Einheitskontenrahmen

| | | | |
|---|---|---|---|
| **0** | **Anlagevermögen und Aufwendungen für das Ingangsetzen und Erweitern des Betriebes** | | |
| | | 00 | Aufwendungen für das Ingangsetzen und Erweitern eines Betriebes |
| | | 01 | Immaterielle Vermögensgegenstände |
| | | 02-03 | Grundstücke, grundstücksgleiche Rechte, einschließlich Bauten auf fremden Grund |
| | | 04-05 | Technische Anlagen und Maschinen |
| | | 06 | Andere Anlagen, Betriebs- und Geschäftsausstattung |
| | | 07 | Geleistete Anzahlungen und Anlagen in Bau |
| | | 08, 09 | Finanzanlagen |
| **1** | **Vorräte** | | |
| | | 10 | Bezugsverrechnung |
| | | 11 | Rohstoffe |
| | | 12 | Bezogene Teile |
| | | 13 | Hilfsstoffe, Betriebsstoffe |
| | | 14 | Unfertige Erzeugnisse |
| | | 15 | Fertige Erzeugnisse |
| | | 16 | Waren |
| | | 17 | Noch nicht abrechenbare Leistungen |
| | | 18 | Geleistete Anzahlungen |
| | | 19 | Wertberichtigungen |
| **2** | **Sonstiges Umlaufvermögen, Rechnungsabgrenzungsposten** | | |
| | | 20-21 | Forderungen aus Lieferungen und Leistungen |
| | | 22 | Forderungen gegenüber verbundenen Unternehmen und Unternehmen, mit denen ein Beteiligungsverhältnis besteht |
| | | 23, 24 | Sonstige Forderungen und Vermögensgegenstände |
| | | 25 | Forderungen aus der Abgabenverrechnung |
| | | 26 | Wertpapiere und Anteile |
| | | 27-28 | Kassenbestand, Schecks, Guthaben bei Banken |
| | | 29 | Rechnungsabgrenzungsposten |
| **3** | **Rückstellungen, Verbindlichkeiten, Rechnungsabgrenzungsposten** | | |
| | | 30 | Rückstellungen |
| | | 31 | Anleihen, Verbindlichkeiten gegenüber Banken |
| | | 32 | Erhaltene Anzahlungen auf Bestellungen |

| | | 33 | Verbindlichkeiten aus Lieferungen und Leistungen, Verbindlichkeiten aus der Annahme gezogener und der Ausstellung eigener Wechsel |
| | | 34 | Verbindlichkeiten gegenüber verbundenen Unternehmen und Unternehmen, mit denen ein Beteiligungsverhältnis besteht, Verbindlichkeiten gegenüber Gesellschaftern |
| | | 35 | Verbindlichkeiten aus Steuern |
| | | 36 | Verbindlichkeiten im Rahmen der sozialen Sicherheit |
| | | 37-38 | Übrige sonstige Verbindlichkeiten |
| | | 39 | Rechnungsabgrenzungsposten |
| **4** | **Betriebliche Erträge** | | |
| | | 40-44 | Bruttoumsatzerlöse und Erlösschmälerungen |
| | | 45 | Bestandsveränderungen und aktivierte Eigenleistungen |
| | | 46-49 | Sonstige betriebliche Erträge |
| **5** | **Materialaufwand und sonstige bezogene Herstellungsleistungen** | | |
| | | 50 | Wareneinsatz |
| | | 51 | Verbrauch von Rohstoffen |
| | | 52 | Verbrauch von bezogenen Fertig- und Einzelteilen |
| | | 53 | Verbrauch von Hilfsstoffen |
| | | 54 | Verbrauch von Betriebsstoffen |
| | | 55 | Verbrauch von Werkzeugen und anderen Erzeugungshilfsmitteln |
| | | 56 | Verbrauch von Brenn- und Treibstoffen, Energie und Wasser |
| | | 57 | Sonstige bezogene Herstellungsleistungen |
| | | 58 | Skontoerträge auf Materialaufwand sowie auf sonstige bezogene Leistungen |
| | | 59 | Aufwandsstellenrechnung |
| **6** | **Personalaufwand** | | |
| | | 60, 61 | Löhne |
| | | 62, 63 | Gehälter |
| | | 64 | Abfertigungs- und Pensionsaufwand |
| | | 65 | Gesetzlicher Sozialaufwand |
| | | 66 | Lohn- und gehaltsabhängige Abgaben und Pflichtbeiträge |
| | | 67-68 | Sonstige Sozialaufwendungen |
| | | 69 | Aufwandsstellenrechnung |
| **7** | **Abschreibungen und sonstige betriebliche Aufwendungen** | | |
| | | 70 | Abschreibungen |
| | | 71 | Sonstige Steuern |
| | | 72 | Instandhaltung und Reinigung durch Dritte, Entsorgung, Beleuchtung |
| | | 73 | Transport-, Reise- und Fahrtaufwand, Nachrichtenaufwand |
| | | 74 | Miet-, Pacht-, Leasing- und Lizenzaufwand |

| | | | |
|---|---|---|---|
| | | 75 | Aufwendungen für beigestelltes Personal, Provisionen an Dritte, Aufsichtsratsvergütungen |
| | | 76 | Büro-, Werbe- und Repräsentationsaufwand |
| | | 77-78 | Versicherungen, sonstige Aufwendungen |
| | | 79 | Konten für das Umsatzkostenverfahren |
| **8** | **Finanzerträge und Finanzaufwendungen, ao Erträge und ao Aufwendungen, Steuern vom Einkommen und vom Ertrag, Rücklagenbewegung** | | |
| | | 80-83 | Finanzerträge und Finanzaufwendungen |
| | | 84 | Außerordentliche Erträge und außerordentliche Aufwendungen |
| | | 85 | Steuern vom Einkommen und Ertrag |
| | | 86-89 | Rücklagenbewegung, Ergebnisüberrechnung |
| **9** | **Eigenkapital, unversteuerte Rücklagen, Einlagen stiller Gesellschafter, Abschluss- und Evidenzkonten** | | |
| | | 90, 91 | Gezeichnetes bzw gewidmetes Kapital, nicht eingeforderte ausstehende Einlagen |
| | | 92 | Kapitalrücklagen |
| | | 93 | Gewinnrücklagen, Bilanzgewinn/Bilanzverlust |
| | | 94-95 | Bewertungsreserven und sonstige unversteuerte Rücklagen |
| | | 96 | Privat- und Verrechnungskonten von Einzelunternehmen und Personengesellschaften |
| | | 96 | Einlagen stiller Gesellschafter |
| | | 98 | Eröffnungsbilanz, Schlussbilanz, Gewinn- und Verlustrechnung |
| | | 99 | Evidenzkonten |

**Anhang 2:**

## Gliederung von Bilanz und GuV nach dem HGB für Kapitalgesellschaften

## Gliederung Bilanz (§ 224 Abs 2 HGB)

### AKTIVSEITE

*Bilanz: Aktivseite*

**A. Anlagevermögen**

I. Immaterielle Vermögensgegenstände
1. Konzessionen, gewerbliche Schutzrechte und ähnliche Rechte und Vorteile, sowie daraus abgeleitete Lizenzen
2. Geschäfts-(Firmen-)wert
3. geleistete Anzahlungen

II. Sachanlagen
4. Grundstücke, grundstücksgleiche Rechte und Bauten, einschließlich der Bauten auf fremdem Grund
5. technische Anlagen und Maschinen
6. andere Anlagen, Betriebs- und Geschäftsausstattung
7. geleistete Anzahlungen und Anzahlungen in Bau

III. Finanzanlagen
1. Anteile an verbundenen Unternehmen
2. Ausleihungen an verbundene Unternehmen
3. Beteiligungen
4. Ausleihungen an Unternehmen, mit denen ein Beteiligungsverhältnis besteht
5. Wertpapiere (Wertrechte) des Anlagevermögens
6. sonstige Ausleihungen

**B. Umlaufvermögen**

I. Vorräte
1. Roh-, Hilfs- und Betriebsstoffe
2. unfertige Erzeugnisse
3. fertige Erzeugnisse und Waren
4. noch nicht abrechenbare Leistungen
5. geleistete Anzahlungen

II. Forderungen und sonstige Vermögensgegenstände
1. Forderungen aus Lieferungen und Leistungen
2. Forderungen gegenüber verbundenen Unternehmen
3. Forderungen gegenüber Unternehmen, mit denen ein Beteiligungsverhältnis besteht
4. sonstige Forderungen und Vermögensgegenstände

III. Wertpapiere und Anteile
1. Anteile an verbundenen Unternehmen
2. sonstige Wertpapiere und Anteile

IV. Kassenbestand, Schecks, Guthaben bei Kreditinstituten

**C. Rechnungsabgrenzungsposten**

# PASSIVSEITE

## A. Eigenkapital

    I. Nennkapital (Grund-, Stammkapital)

    II. Kapitalrücklagen

        1. gebundene

        2. nicht gebundene

    III. Gewinnrücklagen

        1. gesetzliche Rücklage

        2. satzungsmäßige Rücklagen

        3. andere Rücklagen (freie Rücklagen)

    IV. Bilanzgewinn (Bilanzverlust); davon Gewinnvortrag/Verlustvortrag

## B. Unversteuerte Rücklagen

    1. Bewertungsreserve auf Grund von Sonderabschreibungen

    2. sonstige unversteuerte Rücklagen

## C. Rückstellungen

    1. Rückstellungen für Abfertigungen

    2. Rückstellungen für Pensionen

    3. Steuerrückstellungen

    4. sonstige Rückstellungen

## D. Verbindlichkeiten

    1. Anleihen, davon konvertibel

    2. Verbindlichkeiten gegenüber Kreditinstituten

    3. erhaltene Anzahlungen auf Bestellungen

    4. Verbindlichkeiten aus Lieferungen und Leistungen

    5. Verbindlichkeiten aus der Annahme gezogener Wechsel und der Ausstellung eigener Wechsel

    6. Verbindlichkeiten gegenüber verbundenen Unternehmen

    7. Verbindlichkeiten gegenüber Unternehmen, mit denen ein Beteiligungsverhältnis besteht

    8. sonstige Verbindlichkeiten, davon aus Steuern, davon im Rahmen der sozialen Sicherheit

## E. Rechnungsabgrenzungsposten

# Gewinn- und Verlustrechnung
# auf Basis des Gesamtkostenverfahrens (§ 231 Abs 2 HGB)

*GuV: GKV*

1. Umsatzerlöse
2. Veränderung des Bestands an fertigen und unfertigen Erzeugnissen sowie an noch nicht abrechenbaren Leistungen
3. andere aktivierte Eigenleistungen
4. sonstige betriebliche Erträge
   a. Erträge aus dem Abgang vom und der Zuschreibung zum Anlagevermögen mit Ausnahme der Finanzanlagen
   b. Erträge aus der Auflösung von Rückstellungen
   c. übrige
5. Aufwendungen für Material und sonstige bezogene Herstellungsleistungen
   a. Materialaufwand
   b. Aufwendungen für bezogene Leistungen
6. Personalaufwand
   a. Löhne
   b. Gehälter
   c. Aufwendungen für Abfertigungen
   d. Aufwendungen für Altersversorgung
   e. Aufwendungen für gesetzlich vorgeschriebene Sozialabgaben sowie vom Entgelt abhängige Abgaben und Pflichtbeiträge
   f. sonstige Sozialaufwendungen
7. Abschreibungen
   a. auf immaterielle Gegenstände des Anlagevermögens und Sachanlagen sowie auf aktivierte Aufwendungen für das Ingangsetzen und Erweitern eines Betriebes
   b. auf Gegenstände des Umlaufvermögens, soweit diese die im Unternehmen üblichen Abschreibungen überschreiten *Schwund*
8. sonstige betriebliche Aufwendungen
   a. Steuern, soweit sie nicht unter Z 21 fallen
   b. übrige
9. **Zwischensumme aus Z 1 bis 8**
10. Erträge aus Beteiligungen, davon aus verbundenen Unternehmen *über 50%*
11. Erträge aus anderen Wertpapieren und Ausleihungen des Finanzanlagevermögens, davon aus verbundenen Unternehmen
12. sonstige Zinsen und ähnliche Erträge, davon aus verbundenen Unternehmen
13. Erträge aus dem Abgang von und der Zuschreibung zu Finanzanlagen und Wertpapieren des Umlaufvermögens
14. Aufwendungen aus Finanzanlagen und aus Wertpapieren des Umlaufvermögens, davon sind gesondert auszuweisen:
    a. Abschreibungen
    b. Aufwendungen aus verbundenen Unternehmen
15. Zinsen und ähnliche Aufwendungen, davon betreffend verbundene Unternehmen
16. **Zwischensumme aus Z 10 bis 15**
17. **Ergebnis der gewöhnlichen Geschäftstätigkeit**
18. außerordentliche Erträge
19. außerordentliche Aufwendungen
20. **außerordentliches Ergebnis**
21. Steuern vom Einkommen und vom Ertrag
22. **Jahresüberschuss/Jahresfehlbetrag**
23. Auflösung unversteuerter Rücklagen

24. Auflösung von Kapitalrücklagen
25. Auflösung von Gewinnrücklagen
26. Zuweisung zu unversteuerten Rücklagen
27. Zuweisung zu Gewinnrücklagen
    Die Auflösungen und Zuweisungen gemäß Z 23 bis 27 sind entsprechend den in der Bilanz ausgewiesenen Unterposten aufzugliedern
28. Gewinnvortrag/Verlustvortrag aus dem Vorjahr
**29. Bilanzgewinn/Bilanzverlust**

## Gewinn- und Verlustrechnung auf Basis des Umsatzkostenverfahrens (§ 231 Abs 3 HGB)

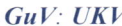

*GuV: UKV*

1. Umsatzerlöse
2. Herstellungskosten der zur Erzielung der Umsatzerlöse erbrachten Leistungen
**3. Bruttoergebnis vom Umsatz**
4. sonstige betriebliche Erträge
   a. Erträge aus dem Abgang vom und der Zuschreibung zum Anlagevermögen mit Ausnahme der Finanzanlagen
   b. Erträge aus der Auflösung von Rückstellungen
   c. übrige
5. Vertriebskosten
6. Verwaltungskosten
7. sonstige betriebliche Aufwendungen
**8. Zwischensumme aus Z 1 bis 7**
9. Erträge aus Beteiligungen, davon aus verbundenen Unternehmen
10. Erträge aus anderen Wertpapieren und Ausleihungen des Finanzanlagevermögens, davon aus verbundenen Unternehmen
11. sonstige Zinsen und ähnliche Erträge, davon aus verbundenen Unternehmen
12. Erträge aus dem Abgang von und der Zuschreibung zu Finanzanlagen und Wertpapieren des Umlaufvermögens
13. Aufwendungen aus Finanzanlagen und aus Wertpapieren des Umlaufvermögens, davon sind gesondert auszuweisen:
    a. Abschreibungen
    b. Aufwendungen aus verbundenen Unternehmen
14. Zinsen und ähnliche Aufwendungen, davon betreffend verbundene Unternehmen
**15. Zwischensumme aus Z 9 bis 14**
**16. Ergebnis der gewöhnlichen Geschäftstätigkeit**
17. außerordentliche Erträge
18. außerordentliche Aufwendungen
**19. außerordentliches Ergebnis**
20. Steuern vom Einkommen und vom Ertrag
**21. Jahresüberschuss/Jahresfehlbetrag**
22. Auflösung unversteuerter Rücklagen
23. Auflösung von Kapitalrücklagen
24. Auflösung von Gewinnrücklagen
25. Zuweisung zu unversteuerten Rücklagen
26. Zuweisung zu Gewinnrücklagen
    Die Auflösungen und Zuweisungen gemäß Z 22 bis 26 sind entsprechend den in der Bilanz ausgewiesenen Unterposten aufzugliedern
27. Gewinnvortrag/Verlustvortrag aus dem Vorjahr
**28. Bilanzgewinn/Bilanzverlust**

# GLOSSAR

Im Glossar werden zentrale Begriffe des Jahresabschlusses, die im Buch angesprochen werden, noch einmal kurz zusammenfassend dargestellt.

**Abschreibungen, planmäßige**

Über die planmäßigen Abschreibungen wird der Wertverzehr betr abschreibbare Vermögenswerte des Anlagevermögens bei der Erfolgsermittlung in der GuV berücksichtigt. Die planmäßigen Abschreibungen haben drei Aufgaben: 1. Ausgabenverteilung, 2. Geldbereitstellung (Finanzierungseffekt) sowie 3. Instrument der Wirtschaftspolitik. Zu trennen ist zwischen handelsrechtlichen Abschreibungen, steuerrechtlichen Abschreibungen (AfA, dh Absetzung für Abnutzung) sowie kalkulatorischen Abschreibungen (iS der Kostenrechnung).

**Abschreibungen, außerplanmäßige**

Über die außerplanmäßigen Abschreibungen wird ein unregelmäßiger Wertverfall bei Vermögensgegenständen berücksichtigt (zB die Abschreibung von Maschinen infolge technischer Veralterung oder die Abschreibung von Vorräten infolge gesunkener Wiederbeschaffungskosten). Die außerplanmäßigen Abschreibungen können iS eines gemilderten Niederstwertprinzips sowie iS eines strengen Niederstwertprinzips auftreten. Steuerrechtlich spricht man von einer Teilwertabschreibung.

**Adressaten(-gruppen) des Jahresabschlusses**

Zu den Adressatengruppen eines Jahresabschlusses zählen die Eigentümer/Gesellschafter (Aktionäre), Kreditgeber, Lieferanten, Kunden, Mitarbeiter, Konkurrenten, Steuerbehörden und die Öffentlichkeit.

**Aktivierung**

Die Aktivierung von Vermögensgegenständen in der Bilanz führt im Gegensatz zu einer Nichtaktivierung zu einer zeitlichen Vorverlagerung der Gewinne.

**Aktivseite**

Die linke Seite einer Bilanz. Die Aktivseite stellt das Vermögen (Anlage- und Umlaufvermögen) eines Unternehmens dar. Auf der Aktivseite werden auch die aktiven Rechnungsabgrenzungsposten sowie die aktivierten Aufwendungen für das Ingangsetzen und Erweitern eines Betriebes ausgewiesen.

**Anhang**

Die Funktion des Anhangs liegt vor allem in der Ergänzung von Bilanz, GuV und (sofern offen gelegt) Kapitalflussrechnung. In diesem Anhang werden ua Erläuterungen zu den angewandten (gewählten) Bilanzierungs- und Bewertungsmethoden, weitergehende oder erläuternde Ausführungen zu einzelnen Bilanzposten, GuV-Posten und/oder Posten der Kapitalflussrechnung gegeben.

**Anlagenspiegel**

Der Anlagenspiegel zeigt die Entwicklung/die Bewegungen der einzelnen Posten des Anlagevermögens von den (historischen) Anschaffungs-/Herstellungskosten per 1.1. eines Geschäftsjahres bis zum jeweiligen Buchwert am Ende dieses Geschäftsjahres auf.

| | |
|---|---|
| **Anlagevermögen** | Das Anlagevermögen umfasst die über einen längeren Zeitraum (mehrere Perioden, Geschäftsjahre) hinweg gebundenen Vermögensgegenstände. Es wird weiter in das immaterielle Anlagevermögen, das Sachanlagevermögen sowie das Finanzanlagevermögen untergliedert. |
| **Anschaffungskosen** | All jene Aufwendungen, die geleistet werden, um einen Vermögensgegenstand zu erwerben und ihn in einen betriebsbereiten Zustand zu versetzen, soweit sie dem Vermögensgegenstand einzeln zugeordnet werden können. |
| **Aufwand** | Jeder Geschäftsfall, der zu einer Verminderung des Nettovermögens in einem Geschäftsjahr führt. Aufwendungen können Auszahlungen und/oder Ausgaben der gleichen Periode, aber auch einer früheren oder einer späteren Periode zurechenbar sein. Zu den Aufwendungen zählen zB die Abschreibungen sowie der Personal- und Materialaufwand. |
| **Ausgabe** | Jeder Geschäftsfall, der zu einer Verminderung des Geldvermögens führt; beispielsweise der Bezug von Vorräten auf Lieferantenkredit. |
| **Ausgleich** | Der Ausgleich ist ein Verfahren zur Sanierung von zahlungsunfähigen Unternehmen. Im Rahmen dieses Ausgleichs gewähren die Gläubiger dem Schuldner einen teilweisen Nachlass seiner Schuld. Der Schuldner zahlt somit nur mehr die sog Ausgleichsquote. Diese Ausgleichsquote muss bei einem Zeitraum von 12 Monaten mindestens 40 %, bei einem Zeitraum von 18 Monaten mindestens 50 % betragen. Mit einem solchen Ausgleich sollen vor allem zwei Ziele erreicht werden: a) Weiterbestand des Unternehmens und b) Abdeckung eines Teiles der Schulden aus den zukünftigen Erträgen des weiterbestehenden Unternehmens. |
| **außerordentliches Ergebnis** | Erträge und/oder Aufwendungen, die außerhalb der gewöhnlichen Geschäftstätigkeit anfallen. |
| **Auszahlung** | Jeder Vorgang, der zu einer Abnahme der liquiden Mittel führt; beispielsweise die Bezahlung von Löhnen und Gehältern. |
| **Betriebsergebnis** | Begriff der GuV. Umfasst all jene betriebsspezifischen Posten, die dem eigentlichen Leistungserstellungsprozess eines Unternehmens zuzurechnen sind: zB Aufwendungen und Erträge betr die Produktion und den Verkauf von Waren sowie die Erbringung von Dienstleistungen. Das Betriebsergebnis kann entweder nach dem Gesamt- oder dem Umsatzkostenverfahren ermittelt werden. |
| **Bilanz** | Die Bilanz bildet auf der einen Seite (Aktivseite) die Mittelverwendung und damit das Vermögen eines Unternehmens, auf der anderen Seite (Passivseite) die Mittelherkunft und damit die Finanzierungsmittel eines Unternehmens zu einem bestimmten Stichtag (dem Bilanzstich- |

tag) ab. Man spricht daher bei der Bilanz auch von einer Bestandsgrößenrechnung bzw einer statischen Rechnung.

| | |
|---|---|
| **Bilanzierung dem Grunde nach** | Regelt die Frage, welche Vermögensgegenstände in die Bilanz aufgenommen werden müssen bzw dürfen. Es geht hierbei um die Bilanzierungsfähigkeit. Verbunden damit ist die Frage der Bilanzierungspflicht, des Bilanzierungsverbots, des Bilanzierungswahlrechts sowie auch die Frage der Bilanzierungshilfen. |
| **Bilanzierung der Höhe nach** | Regelt die Frage, auf Basis welcher Wertmaßstäbe die Vermögensgegenstände in der Bilanz anzusetzen sind. Verbunden damit ist die Bewertung zu (fortgeführten) Anschaffungs- bzw Herstellungskosten. |
| **Bilanzierungshilfe** | Aktive Posten in der Bilanz, die weder ein Vermögensgegenstand noch ein Rechnungsabgrenzungsposten noch ein Korrekturposten zu den Passiva sind. |
| **Bilanzierungsverbot** | Im Falle eines Bilanzierungsverbots darf ein Vermögenswert nicht in die Bilanz aufgenommen werden (zB der eigene, dh der originäre Firmenwert). |
| **Bilanzierungswahlrecht** | Im Falle der Bilanzierungswahlrechte steht es einem Bilanzierenden frei, die „Vermögenswerte" entweder in die Bilanz aufzunehmen und in den Folgeperioden (planmäßig) abzuschreiben oder sie sofort als Aufwand zu verbuchen. |
| **Bilanzpolitik** | Zweckorientierte („politische") Steuerung der Ergebnisse und Vermögensdarstellungen im handels- und steuerrechtlichen Abschluss. Die Bilanzpolitik kann sowohl zu einem zu optimistischen als auch zu pessimistischen Bild eines Unternehmens führen. Instrumente der Bilanzpolitik sind ua die Ausnutzung von Bilanzierungs- und Bewertungswahlrechten, die Nutzung von Bewertungs- und Schätzungsspielräumen sowie Sachverhaltsgestaltungen. |
| **Bilanzsumme** | Höhe der Aktivseite bzw Höhe der Passivseite. |
| **Briefkurs** | Kurs, zu dem die Kreditinstitute Devisen verkaufen. Der Briefkurs ist höher als der Geldkurs. |
| **Disagio (Damnum)** | Bei einem Disagio (Damnum) wird einem Kreditnehmer bei Auszahlung des Kredites nicht der ganze Kreditbetrag, sondern nur der um das Disagio verminderte Betrag ausbezahlt. Das Disagio zählt nach seinem Charakter somit zu den Fremdkapitalkosten. |
| **Doppelte Buchhaltung** | Charakteristisch für die doppelte Buchhaltung ist, dass jeder Geschäftsfall sowohl im Soll eines Kontos wie auch im Haben eines Gegenkontos gebucht wird. Auf Basis der doppelten Buchhaltung kann der Erfolg eines Geschäftsjahres nicht nur indirekt über einen Reinvermögensvergleich zwischen zwei Bilanzstichtagen, sondern auch direkt über die GuV iS einer Gegenüberstellung von Erträgen und Aufwendungen ermittelt werden. |

| | |
|---|---|
| **EBIT** | Earnings before interest and taxes. Da beim EBIT die Zinsen und die Steuern korrigiert werden, eignet sich der EBIT für den internationalen (Ertrags-)Vergleich von Unternehmen, da hier unterschiedliche Kapitalstrukturen sowie unterschiedliche steuerliche Rahmenbedingungen der verglichenen Unternehmen keine Rolle spielen. |
| **Eigenkapital** | Sämtliche vom Unternehmer bzw den Gesellschaftern zur Verfügung gestellten Mittel. Hierzu zählen sowohl die von außen eingebrachten Mittel (aus der Unternehmensgründung sowie nachfolgenden Kapitaleinzahlungen/Kapitalerhöhungen) als auch die vom Unternehmen selbst erarbeiteten und im Unternehmen belassenen (nicht ausgeschütteten, dh thesaurierten) Mittel. |
| **Einkreissystem** | Beim Einkreissystem bilden die handelsrechtliche Rechnungslegung und die Leistungs- und Kostenrechnung eine Einheit. Parallel dazu wird von den Unternehmen eine eigenständige steuerrechtliche Rechnungslegung geführt. |
| **Einnahme** | Jeder Geschäftsfall, der zu einer Erhöhung des Geldvermögens führt; beispielsweise der Verkauf von Waren auf Ziel. |
| **Einnahmen-Ausgaben-Rechnung** | Bei der Einnahmen-Ausgaben-Rechnung ermittelt sich der Erfolg (Gewinn oder Verlust) eines Geschäftsjahres durch Gegenüberstellung der betriebsbedingten Einnahmen und der betriebsbedingten Ausgaben. |
| **Einzahlung** | Jeder Geschäftsfall, der zu einer Erhöhung der liquiden Mittel führt; beispielsweise der Barverkauf von Waren. |
| **Einzelkosten** | Jene Kosten, die auch bei strenger Auslegung des Kostenverursachungsprinzips direkt auf jene Produkte oder Leistungen eines Unternehmens verrechnet werden können, die sie verursacht haben. Zu den Einzelkosten zählen die Materialeinzelkosten, die Personaleinzelkosten sowie die Sondereinzelkosten der Fertigung. |
| **Erfolgsermittlung** | Der Erfolg eines Geschäftsjahres kann a) indirekt über einen Reinvermögensvergleich zwischen zwei Bilanzstichtagen sowie b) direkt über die GuV iS einer Gegenüberstellung von Erträgen und Aufwendungen ermittelt werden. Bei bestimmten Unternehmen ist auch die Ermittlung über die Einnahmen-Ausgaben-Rechnung vorgesehen. |
| **Ergebnis** | Gewinn/Verlust eines Unternehmens in einem bestimmten Geschäftsjahr. Hierbei ist zwischen einem Betriebsergebnis, Finanzergebnis, Ergebnis der gewöhnlichen Geschäftstätigkeit sowie einem außerordentlichen Ergebnis zu unterscheiden. Ferner muss noch zwischen dem Jahresüberschuss/-fehlbetrag und dem Bilanzgewinn/-verlust unterschieden werden. |

| | |
|---|---|
| **Ergebnis-verwendung** | Im Rahmen der Ergebnisverwendung werden bei Kapital-gesellschaften die in einem Geschäftsjahr erzielten Ge-winne nach Abzug der Gewinnausschüttungen (Dividen-den) entweder den Gewinnrücklagen zugewiesen oder in der Bilanz als Gewinnvortrag ausgewiesen. |
| **Ermessens-reserven** | Entstehen als Folge der Ungewissheit bei Schätzungen und infolge von Wahlrechten bei der Bilanzierung und Bewertung. Beispielsweise bei der Ermittlung des Wert-berichtigungsbetrages von dubiosen Forderungen oder bei der Bilanzierung von fertigen Erzeugnissen zum Mindest-ansatz (zu Teilkosten). |
| **Ertrag** | Jeder Geschäftsfall, der zu einer Erhöhung des Nettover-mögens in einem Geschäftsjahr führt. Erträge können Einzahlungen und/oder Einnahmen der gleichen Periode, aber auch einer früheren Periode oder späterer Periode zurechenbar sein. Zu den Erträgen zählen vor allem die Verkäufe von Produkten und Dienstleistungen (Umsatzerlöse). |
| **EVA (Economic Value Added)** | Zählt zu den Konzepten der wertorientierten Steuerung. Berechnet wird der EVA als Residualergebnis, das übrig bleibt, wenn vom NOPAT (net operating profit after ta-xes) die Kapitalkosten betr das in einem Unternehmen investierte Kapital abgezogen werden. Ist der EVA posi-tiv, so schafft ein Unternehmen für seine Aktionäre Wert, ist der EVA negativ, so vernichtet ein Unternehmen aus Sicht der Aktionäre Wert. |
| **FIFO-Verfahren** | Verfahren der Gruppenbewertung betr Vorräte. Das FI-FO-Verfahren unterstellt, dass die zuerst beschafften Vorräte als Erste wieder die Unternehmung verlassen. |
| **Finanzergebnis** | Begriff der GuV. Umfasst die Erträge und Aufwendungen aus Finanzierungs- und Kapitalanlagegeschäften, bei-spielsweise Zinserträge, Dividendenerträge sowie Zins-aufwendungen (Hinweis: Die eigenen Dividendenaus-schüttungen zählen nicht zum Finanzergebnis). |
| **Fremdkapital** | Zum Fremdkapital zählen die Verbindlichkeiten, welche dem Grunde und der Höhe nach sichere Verpflichtungen sind (zB Bankkredite). Zum Fremdkapital zählen aber auch die Rückstellungen, welche als Vorsorge für zukünf-tige, wahrscheinliche, aber hinsichtlich ihrer Höhe oder dem Zeitpunkt ihres Eintritts nach unsichere Zahlungen an Dritte zu verstehen sind (zB Garantierückstellungen). |
| **Fristenkongruenz** | Entsprechend dem Prinzip der Fristenkongruenz ist lang-fristiges Vermögen durch langfristiges Kapital (Eigenka-pital und langfristiges Fremdkapital) zu finanzieren, kurz-fristiges Vermögen durch kurzfristiges Kapital. |
| **Funktion(en) des Jahresabschlusses** | Der Jahresabschluss hat nach HGB eine Informations-funktion, eine Ausschüttungsbemessungsfunktion sowie eine Steuerbemessungsfunktion. |

| | |
|---|---|
| **Geldkurs** | Kurs, zu dem die Kreditinstitute Devisen ankaufen. Der Geldkurs ist niedriger als der Briefkurs. |
| **Gemeinkosten** | Gemeinkosten sind im Gegensatz zu den Einzelkosten jene Kosten, die Produkten oder Dienstleistungen nicht direkt, sondern nur über Schlüssel zugerechnet werden können (beispielsweise die Kosten der allgemeinen Verwaltung). |
| **Generalnorm** | Nach der Generalnorm (dem true and fair view) soll ein Jahresabschluss den Adressaten einen möglichst getreuen Einblick in die Vermögens-, Finanz- und Ertragslage eines Unternehmens vermitteln. |
| **Gesamtkosten-verfahren** | Nach dem Gesamtkostenverfahren ist die GuV im Betriebsergebnis nach Kostenarten (vor allem Materialaufwand, Personalaufwand, Abschreibungen) gegliedert. Spezifische Posten sind die „Bestandsveränderung an fertigen und unfertigen Erzeugnissen" sowie die „aktivierten Eigenleistungen". |
| **gesamte Periodenleistung** | Summe aus a) den Umsatzerlösen; b) der Erhöhung/Verminderung des Bestandes an fertigen und unfertigen Erzeugnissen sowie c) den anderen aktivierten Eigenleistungen. |
| **GoB** | Die Grundsätze ordnungsmäßiger Buchführung (GoB) sind allgemein anerkannte Regeln betr die Führung der Handelsbücher (Dokumentation) sowie die Erstellung des Jahresabschlusses (Rechenschaftslegung) von Unternehmen. |
| **goldene Finanzierungsregel** | Das Anlagevermögen und das langfristige Umlaufvermögen (eiserner Bestand an Vorräten) sollen durch Eigenkapital und langfristiges Fremdkapital finanziert werden. |
| **Going concern** | Nach dem Grundsatz der Unternehmensfortführung (Going concern-Prinzip) wird davon ausgegangen, dass ein Unternehmen solange weiterbestehen wird, solange dem nicht tatsächliche oder rechtliche Gründe entgegenstehen. Damit sind in der Bilanz Fortführungswerte und keine Zerschlagungswerte (Liquidationswerte) anzusetzen. |
| **GuV** | In der GuV (Erfolgsrechnung) werden die Erträge und die Aufwendungen eines Unternehmens für eine bestimmte Rechnungsperiode (einem Geschäftsjahr) einander gegenübergestellt und daraus abgeleitet der Erfolg eines Unternehmens ermittelt. Die GuV ist damit eine Stromgrößenrechnung bzw eine dynamische Rechnung und ergänzt die statische Bilanzrechnung. |
| **GuV-Konto** | Unterkonto des Eigenkapitals, das die Erträge und Aufwendungen abbildet. Das Eigenkapital-Konto ist wiederum ein Konto der Bilanz. |
| **Haben(seite)** | Rechte Seite eines Kontos. |

| | |
|---|---|
| **Habensaldo** | Wenn die Habenseite größer ist als die Sollseite. Der Habensaldo steht damit auf der Sollseite. |
| **Herstellungskosten** | Alle Aufwendungen, die durch den Verbrauch von Gütern und die Inanspruchnahme von Diensten für die Herstellung eines Vermögensgegenstandes, seine Erweiterung oder für eine über seinen ursprünglichen Zustand hinausgehende wesentliche Verbesserung entstehen. Handelsrechtlich ist zwischen einem Höchst- und einem Mindestansatz zu unterscheiden. |
| **IAS/IFRS** | Die IAS/IFRS (International Accounting Standards/International Financial Reporting Standards) sind ein internationaler Rechnungslegungsstandard, in dessen Mittelpunkt betriebswirtschaftlich orientierte Bilanzierungs- und Bewertungsgrundsätze stehen. Im Gegensatz zum HGB-Abschluss tritt das Vorsichtsprinzip in den Hintergrund. In IAS/IFRS-Abschlüssen werden zB in Teilbereichen Vermögensgegenstände zu Marktwerten ausgewiesen. |
| **Imparitätsprinzip** | Noch nicht realisierte Erträge dürfen im Jahresabschluss nicht ausgewiesen werden, während noch nicht realisierte Verluste anzusetzen sind. |
| **Indexkennzahl** | Bei Indexkennzahlen wird der Wert eines Basiszeitpunktes als 100 % angenommen und alle weiteren Veränderungen einer Kennzahl im Verhältnis zu diesem Basiswert ausgedrückt. Dargestellt werden damit vor allem zeitliche Veränderungen bzw Entwicklungen einer Kennzahl (zB Aktien- und Preisindizes). |
| **Kapitalflussrechnung** | In der Kapitalflussrechnung (dem Cashflow-Statement) werden die Einzahlungen und Auszahlungen eines Unternehmens für eine bestimmte Rechnungslegungsperiode einander gegenübergestellt und daraus abgeleitet die Veränderung der Finanzlage eines Unternehmens dargestellt. Die Kapitalflussrechnung ist damit eine Stromgrößenrechnung. In der Kapitalflussrechnung wird ein operativer Cashflow (Cashflow der laufenden Geschäftstätigkeit), ein Investitions-Cashflow sowie ein FinanzierungsCashflow ausgewiesen. Diese drei Cashflows bilden zusammen die Ursachenrechnung. Diese Ursachenrechnung gibt Auskunft darüber, warum sich die Liquidität eines Unternehmens in einem bestimmten Geschäftsjahr verändert hat. |
| **Kennzahl** | Die Kennzahlen setzen absolute Zahlen zueinander ins Verhältnis, wobei hierfür Zähler und Nenner der jeweiligen Kennzahl in einem sinnvollen Zusammenhang zueinander stehen müssen. |
| **Kennzahlensysteme** | Bauen auf mehreren einzelnen Kennzahlen auf, die zueinander in einer bestimmten Beziehung stehen und jeweils spezifische Aspekte erfassen. Sie sind idR hierarchisch angeordnet und münden in einer oder mehreren Spitzenkennzahlen, die die wichtigsten Aussagen des Systems in |

komprimierter Form vermitteln. Beispielsweise im Falle des ROI-Schemas.

**Konkurs**

Verfahren zur Liquidation von zahlungsunfähigen Unternehmen. Im Rahmen des Konkursverfahrens wird das Unternehmen aufgelöst und das Vermögen veräußert. Die Gläubiger erhalten aus dem Liquidationserlös die sog Konkursquote. Diese Konkursquote ist idR sehr niedrig und oft null. Zwar bleibt der Forderungsrest rechtlich gesehen 30 Jahre aufrecht, in der Praxis wird er jedoch vollständig ausgebucht.

**Kontenrahmen**

Mittels eines Kontenrahmens soll die formale Ausgestaltung der Buchhaltung vereinheitlicht werden. Ein solcher Kontenrahmen stellt alle Konten einer Buchhaltung in einer strukturierten Form dar.

**Konto**

Der kleinste Baustein in einer Buchhaltung. In diesem Konto werden die Belege verbucht. Solche Konten existieren für jeden Vermögens- und Kapitalposten der Bilanz sowie für jeden Ertrags- und Aufwandsposten der GuV.

**Kostenartenrechnung**

Beantwortet die Frage, welche Kosten entstanden sind: zB Materialkosten, Personalkosten.

**Kostenstellenrechnung**

Beantwortet die Frage, wo welche Kosten entstanden sind. Als Kostenstellen dienen die Herstellung, der Vertrieb und die allgemeine Verwaltung. Die Kostenstellenrechnung ist Basis für die Erstellung der GuV nach dem Umsatzkostenverfahren.

**Kostenträgerrechnung**

Im Rahmen der Kostenträgerrechnung werden die Kosten auf die einzelnen Produkte und Dienstleistungen weiterverrechnet. Vor der Kostenträgerrechnung sind die Kostenarten- und die Kostenstellenrechnung durchzuführen.

**Lagebericht**

Im Lagebericht ist der Geschäftsverlauf und die Lage eines Unternehmens so darzustellen, dass ein möglichst getreues Bild der Vermögens-, Finanz- und Ertragslage dieses Unternehmens vermittelt wird. Der Lagebericht hat dabei auch auf Vorgänge von besonderer Bedeutung einzugehen, die nach dem Schluss des Geschäftsjahres eingetreten sind, sowie auf die voraussichtliche Entwicklung des Unternehmens, den Bereich Forschung und Entwicklung sowie bestehende Zweigniederlassungen der Gesellschaft.

**latente Steuern**

Mittels der Bildung und Auflösung von latenten Steuern soll ein sinnvoller Zusammenhang zwischen dem Ergebnis vor Steuern und den Steuern vom Einkommen und Ertrag hergestellt werden, wenn handels- und steuerrechtlich unterschiedlich bilanziert wird. Latente Steuern können nur in handelsrechtlichen Abschlüssen, nicht aber in steuerrechtlichen Abschlüssen auftreten. Je strenger die Maßgeblichkeit ist, desto weniger latente Steuern treten in einem Jahresabschluss auf.

| | |
|---|---|
| **Leistungs- und Kostenrechnung** | Im Gegensatz zum handelsrechtlichen Abschluss arbeitet die Leistungs- und Kostenrechnung nicht mit Erträgen und Aufwendungen, sondern mit Leistungen und Kosten. Typisch ist der Ausweis von kalkulatorischen Kosten iS von kalkulatorischen Abschreibungen, kalkulatorischen Wagnissen, kalkulatorischen Zinsen, kalkulatorischen Mieten und dem kalkulatorischen Unternehmerlohn. |
| **Leverage-Effekt** | Beantwortet die Frage, ob ein Unternehmen mit steigender Verschuldung die Eigenkapitalrentabilität verbessern kann. Dies ist der Fall, wenn die Gesamtkapitalrentabilität über den Zinsen für das Fremdkapital liegt (positiver Leverage-Effekt). Sind hingegen die Fremdkapitalzinsen höher als die Gesamtkapitalrentabilität, so wirkt der Leverage in die andere Richtung (negativer Leverage-Effekt) und verzehrt Eigenkapital. Der Verschuldungsgrad (FK/EK) wirkt auf diese beiden Effekte jeweils wie ein Hebel. |
| **LIFO-Verfahren** | Verfahren der Gruppenbewertung betr Vorräte. Unterstellt, dass die zuletzt beschafften Vorräte als Erste wieder die Unternehmung verlassen. |
| **Liquidität** | In statischer Hinsicht beschreibt die Liquidität die Fähigkeit eines Unternehmens, seinen fälligen Zahlungsverpflichtungen jederzeit nachkommen zu können. In dynamischer Hinsicht beschreibt die Liquidität die Fähigkeit eines Unternehmens zur Erzielung von Einzahlungsüberschüssen. |
| **Maßgeblichkeit** | Nach der Maßgeblichkeit der Handelsbilanz für die Steuerbilanz sind für die steuerliche Gewinnermittlung von Unternehmen die handelsrechtlichen Grundsätze ordnungsmäßiger Buchführung maßgebend, außer zwingende gesetzliche Vorschriften sehen abweichende Regelungen vor. |
| **Mehr-Weniger-Rechnung** | Im Rahmen der Mehr-Weniger-Rechnung wird das handelsrechtliche Ergebnis hinsichtlich der steuerlich nicht anerkannten Aufwendungen und Erträge mittels Addition bzw Subtraktion außerhalb des handelsrechtlichen Abschlusses auf das steuerliche Ergebnis übergeleitet. Die Mehr-Weniger-Rechnung stellt damit einen Schnittpunkt zu den latenten Steuern dar. |
| **Niederstwertprinzip** | Das Niederstwertprinzip tritt in Verbindung mit den außerplanmäßigen Abschreibungen auf. Hierzu wird der fortgeführte Restbuchwert eines Vermögensgegenstandes einem Vergleichswert gegenübergestellt. Ist dieser Vergleichswert niedriger als der fortgeführte Restbuchwert, so muss im Falle des strengen Niederstwertprinzips eine außerplanmäßige Abschreibung auf diesen Vergleichswert gemacht werden. Im Falle des gemilderten Niederstwertprinzips darf eine solche außerplanmäßige Abschreibung grds nur dann gemacht werden, wenn die Wertminderung voraussichtlich von Dauer ist. |

| | |
|---|---|
| **Passivseite** | Die rechte Seite einer Bilanz. Die Passivseite stellt das Kapital (Eigen- und Fremdkapital) eines Unternehmens dar. Auf der Passivseite werden auch die passiven Rechnungsabgrenzungsposten ausgewiesen. |
| **Realisationsprinzip** | Noch nicht realisierte Erträge dürfen in der Bilanz und GuV noch nicht ausgewiesen werden. |
| **Rechnungs-abgrenzung** | Wird notwendig, wenn Erträge und Einzahlungen bzw Aufwendungen und Auszahlungen zeitlich auseinanderfallen. Hierbei wird zwischen aktiven Rechnungsabgrenzungen (zB betr eine eigene Mietvorauszahlung) sowie passiven Rechnungsabgrenzungen (zB betr erhaltene Zinserträge) unterschieden. |
| **Rentabilitäts-kennzahl** | Drückt die Ertragsfähigkeit eines Unternehmens aus. Dazu setzt sie eine Erfolgsgröße zu einer diesen Erfolg wesentlich mitbestimmenden Einflussgröße in Beziehung. Berechnet werden die Umsatzrentabilität, die Eigenkapitalrentabilität und die Gesamtkapitalrentabilität bzw der ROI. |
| **Rücklagen** | Teil des Eigenkapitals, der aufgrund von gesetzlichen und satzungsmäßigen Bestimmungen oder freiwillig gebildet wird. Zu unterscheiden ist zwischen Kapitalrücklagen (zB Bildung infolge einer Kapitalerhöhung) und Gewinnrücklagen (Bildung über thesaurierte Gewinne). |
| **Rückstellung** | Kennzeichen der (kurz- und langfristigen) Rückstellungen ist, dass von einem Unternehmen mit einer bestimmten Wahrscheinlichkeit eine Zahlung zu leisten ist, der genaue Zeitpunkt oder die Höhe dieses Mittelabflusses aber noch unsicher ist (im Gegensatz zu den Verbindlichkeiten, wo sowohl die Höhe als auch der Zeitpunkt des Mittelabflusses sicher ist). |
| **Shareholder Value** | Zählt zu den Konzepten der wertorientierten Steuerung. Der Shareholder Value entspricht dem Marktwert des Eigenkapitals eines Unternehmens. Ein Unternehmen schafft somit für seine Aktionäre Wert, wenn der Marktwert des Eigenkapitals steigt. Hingegen vernichtet ein Unternehmen Wert, wenn der Marktwert des Eigenkapitals sinkt. |
| **Soll(seite)** | Linke Seite eines Kontos. |
| **Sollsaldo** | Wenn die Sollseite größer ist als die Habenseite. Der Sollsaldo steht damit auf der Habenseite. |
| **Sozialkapital** | Als Sozialkapital werden die Rückstellungen für Pensionen einschließlich der Rückstellungen für Abfertigungen verstanden. |
| **Spiegelbild-methode** | Methode für die Bewertung von Beteiligungen. Hierbei erhöhen die dem Kapitalkonto eines Gesellschafters zugewiesenen und nicht entnommenen Gewinne den Bilanzansatz „Beteiligung", anteilige Verluste betr diesen Gesellschafter vermindern ihn. In der GuV werden die |

Ergebnisanteile als Erträge (bei einem Gewinn) bzw als Aufwendungen (bei einem Verlust) des Finanzergebnisses ausgewiesen. Erfasst werden die Ergebnisanteile mit Ablauf des Geschäftsjahres des Beteiligungsunternehmens.

**Status**

Eine kontenförmige Gegenüberstellung von Vermögen und Schulden, die außerhalb einer kaufmännischen Buchhaltung erstellt wird.

**Teilwert**

Jener Betrag, den der Erwerber des ganzen Betriebes im Rahmen des Gesamtkaufpreises für das einzelne Wirtschaftsgut ansetzen würde. Hierbei ist davon auszugehen, dass der Erwerber den Betrieb fortführt.

**umgekehrte Maßgeblichkeit**

Die Behandlung eines Wertes in der Steuerbilanz setzt eine entsprechend gleiche Behandlung in der Handelsbilanz voraus.

**Umlaufvermögen**

All jene Vermögensgegenstände, die nicht dauernd dem Geschäftsbetrieb dienen, zB Bargeldbestand, Guthaben bei Banken, Forderungen aus Lieferungen und Leistungen sowie Vorräte.

**Umsatzkostenverfahren**

Nach dem Umsatzkostenverfahren ist die GuV im Betriebsergebnis nach Kostenstellen (Herstellung, Vertrieb, allgemeine Verwaltung) gegliedert und entspricht von daher der innerbetrieblichen Verrechnungsstruktur (der Kostenrechnung). Voraussetzung für das Umsatzkostenverfahren ist eine Kostenstellenrechnung.

**Verbindlichkeit**

Leistungsverpflichtung eines Unternehmens, die eine wirtschaftliche Belastung darstellt. Im Gegensatz zu den Rückstellungen sind der Zeitpunkt und die Höhe der Verpflichtung sicher.

**Vermögensgegenstand**

Gegenstand, der für das Unternehmen einen (künftigen) wirtschaftlichen Nutzen aufweist, selbständig bewertbar und einzeln veräußerbar ist.

**Vorsichtsprinzip**

Nach dem Grundsatz der Vorsicht soll der Jahresabschluss keinen zu optimistischen Eindruck von der Lage eines Unternehmens vermitteln. Diesem Vorsichtsprinzip liegt die Vorstellung eines vorsichtigen Kaufmanns zugrunde, der sich im Zweifelsfall nicht reicher, sondern ärmer darstellt, als er tatsächlich ist. Zum Vorsichtsprinzip tragen vor allem das Realisations- und das Imparitätsprinzip sowie daraus abgeleitet die Bewertung zu (fortgeführten) Anschaffungs-/Herstellungskosten bei. Zu nennen ist aber auch der Einfluss des Vorsichtsprinzips auf die Bildung von Rückstellungen für ungewisse Verbindlichkeiten und für drohende Verluste.

**Vorsteuer**

Jene Umsatzsteuer, die einem Unternehmen von einem anderen Unternehmen für die von Letzterem erbrachten Lieferungen oder sonstigen Leistungen in Rechnung gestellt wird.

| | |
|---|---|
| **WACC** | Weighted average cost of capital. Der WACC entspricht einem gewichteten Eigen- und Fremdkapitalkostensatz. |
| **Wertberichtigung von Forderungen** | Mittels einer Wertberichtigung wird einem voraussichtlich uneinbringlichen Teil einer Forderung Rechnung getragen. Hierbei wird zwischen Einzelwertberichtigungen und pauschalen Wertberichtigungen unterschieden. |
| **wertorientierte Steuerung** | Die wertorientierte Steuerung ist ein kapitalmarktorientiertes Konzept, im Rahmen dessen untersucht wird, ob ein Unternehmen aus Sicht der Aktionäre Wert schafft oder Wert vernichtet. So schafft ein Unternehmen Wert, wenn es mit den ihm von den Aktionären zur Verfügung gestellten Mittel eine über den Opportunitätskosten der Aktionäre liegende Verzinsung erwirtschaftet. Liegt die Verzinsung hingegen unter den Opportunitätskosten der Aktionäre, so vernichtet es Wert. Als Konzepte für die wertorientierte Steuerung werden der Shareholder Value und der Economic Value Added (EVA) verwendet. |
| **Willkürreserven** | Jene stillen Reserven, die über die Zwangsreserven und die Ermessensreserven hinaus gebildet werden. Beispielsweise wenn Unternehmen über den iS des Vorsichtsprinzips notwendigen Betrag hinaus Rückstellungen dotieren. |
| **working capital** | Das working capital ist die Differenz zwischen Umlaufvermögen und kurzfristigem Fremdkapital. Ein positives working capital bedeutet, dass das gesamte kurzfristige Fremdkapital durch Veräußerung des gesamten Umlaufvermögens beglichen werden könnte. Gleichzeitig zeigt ein positives working capital auch auf, dass kurzfristig realisierbares Umlaufvermögen in Höhe des working capitals langfristig finanziert ist. Im umgekehrten Fall weist ein negatives working capital darauf hin, dass nur ein Teil des kurzfristigen Fremdkapitals durch Veräußerung des gesamten Umlaufvermögens beglichen werden könnte. Gleichzeitig zeigt ein negatives working capital auch auf, dass langfristig gebundene Vermögensteile kurzfristig finanziert sind und damit die goldene Finanzierungsregel verletzt ist. |
| **Zahllast** | Ist die Umsatzsteuer höher als die Vorsteuer, so ergibt sich eine Zahllast, die von einem Unternehmen an das Finanzamt zu entrichten ist. |
| **Zuschreibungen** | Mittels der Zuschreibungen wird eine vorangegangene außerplanmäßige Abschreibung rückgängig gemacht, sofern die Gründe, aufgrund derer die außerplanmäßige Abschreibung durchgeführt wurde, nicht mehr bestehen. Für die Zuschreibung kann eine Pflicht oder ein Wahlrecht bestehen. |
| **Zwangsreserven** | Jene stillen Reserven, die aufgrund von verpflichtend anzuwendenden Bilanzierungs-/Bewertungsmethoden entstehen. Beispielsweise aufgrund des Anschaffungskostenprinzips, wenn der Marktwert eines Vermögenswertes |

in den auf die Anschaffung folgenden Perioden über diese Anschaffungskosten hinaus steigt.

**Zweikreissystem**        Beim Zweikreissystem bilden die handels- und steuerrechtliche Rechnungslegung eine Einheit. Parallel dazu wird von den Unternehmen eine eigenständige Leistungs- und Kostenrechnung geführt.

# LITERATURVERZEICHNIS

*Auer, K. V.* (2004), Kennzahlen für die Praxis. SWK-Sonderheft LINDE Verlag, Wien 2004.

*Auer, K. V.* (2003), IAS/IFRS Kompakt. Vergleich IAS/IFRS – HGB, Analyse, Beispiele, 2. Auflage, Wien 2003.

*Auer, K. V.* (2000), Externe Rechnungslegung. Eine fallstudienorientierte Einführung in den Einzel- und Konzernabschluss sowie die Analyse auf Basis von US-GAAP, IAS und HGB, Berlin-Heidelberg-New York 2000.

*Beiser, R.* (2004), Steuern. Ein systematischer Grundriss, 3. Auflage, Wien 2004.

*Bertl, R./Deutsch, E./Hirschler, K.* (2004), Buchhaltungs- und Bilanzierungshandbuch, 4. Aufl, Wien 2004.

*Coenenberg, A. G.* (2003), Jahresabschluss und Jahresabschlussanalyse. Betriebswirtschaftliche, handelsrechtliche, steuerrechtliche und internationale Grundsätze – HGB, IAS/IFRS, US-GAAP, DRS, 19. Aufl, Stuttgart 2003.

*Doralt, W./Ruppe, H. G.* (2003), Grundriss des österreichischen Steuerrechts, Bd 1: Einkommensteuer, Körperschaftssteuer, Umgründungssteuergesetz, Umsatzsteuer, Kommunalsteuer, 8. Aufl 2003.

*Egger, A./Samer, H./Bertl, R.* (2004), Der Jahresabschluss nach dem Handelsgesetzbuch. Bd 2. Der Konzernabschluss unter Einbeziehung der IAS bzw IFRS, 5. Aufl, Wien 2004.

*Egger, A./Samer, H./Bertl, R.* (2002), Der Jahresabschluß nach dem Handelsgesetzbuch. Bd 1, Der Einzelabschluß. Erstellung und Analyse mit Grundzügen der International Accounting Standards, 8. Aufl, Wien 2002.

*Seicht, G.* (2002), Buchführung, Jahresabschluß und Steuern. Handbuch für Studierende und Praktiker, 12. Aufl, Wien 2002.

*Wagenhofer, A.* (2002), Bilanzierung und Bilanzanalyse. Eine Einführung für Manager, 7. Aufl, Wien 2002.

*Wagenhofer, A.* (2003), Internationale Rechnungslegungsstandards IAS/IFRS. Grundkonzepte, Bilanzierung, Bewertung, Aufgaben, Umstellung und Analyse. 4. Aufl, Frankfurt/Wien 2003.

# STICHWORTVERZEICHNIS